理论力学

（第2版）

商泽进 王爱勤 尹冠生 编著

清华大学出版社
北京

内容简介

本书是陕西省"工程力学专业综合改革试点"项目及"省级精品资源共享课程——理论力学"项目的研究成果之一。本书是根据教育部高等学校工科本科理论力学课程(中、少学时)教学的基本要求编写的。全书分静力学、运动学、动力学和分析力学基础四篇，共13章。注重阐述理论力学的基本概念、基本理论及基本方法。取材得当、问题分析深入浅出。各章例题丰富，并配备适当习题，适用于课堂教学。

本书可作为高等院校机械、交通运输、土木、水利水电及能源动力等专业的理论力学课程教材，也可供相关工程技术人员参考。

图书在版编目(CIP)数据

理论力学/商泽进，王爱勤，尹冠生编著. —2版. —北京：清华大学出版社，2017 (2024.8重印)
ISBN 978-7-302-45850-0

Ⅰ. ①理… Ⅱ. ①商… ②王… ③尹… Ⅲ. ①理论力学－高等学校－教材 Ⅳ. ①O31

中国版本图书馆CIP数据核字(2016)第288568号

责任编辑：佟丽霞
封面设计：常雪影
责任校对：王淑云
责任印制：刘海龙

出版发行：清华大学出版社
网　　址：https://www.tup.com.cn，https://www.wqxuetang.com
地　　址：北京清华大学学研大厦A座　　**邮　　编**：100084
社 总 机：010-83470000　　**邮　　购**：010-62786544
投稿与读者服务：010-62776969，c-service@tup.tsinghua.edu.cn
质量反馈：010-62772015，zhiliang@tup.tsinghua.edu.cn
印 装 者：涿州市般润文化传播有限公司
经　　销：全国新华书店
开　　本：185mm×260mm　　**印　　张**：22.75　　**字　　数**：551千字
版　　次：2000年8月第1版　2017年3月第2版　　**印　　次**：2024年8月第7次印刷
定　　价：64.00元

产品编号：059621-02

FOREWORD

前言

本书是陕西省“工程力学专业综合改革试点”项目及“省级精品资源共享课程——理论力学”项目的研究成果之一，获得长安大学中央高校教育教学改革专项资金建设项目(编号：0012-310612170701)和长安大学教育教学改革研究(一般)项目(编号：0012-310600161000)资助。

本书是根据教育部高等学校工科本科理论力学课程(中、少学时)教学的基本要求编写的，是长安大学新编工科力学系列教材之一。编者根据多年来在理论力学教学实践中积累的经验，采纳部分专业教师及大学物理教师的建议，注重汲取同类教材的精华，注意与先修的高等数学、大学物理等课程的衔接及后续材料力学等课程的过渡，从实用的角度阐述理论力学的核心内容，在优化课程内容的同时，加强学生能力的培养。因此，本书在编写过程中考虑了以下几点：

(1) 充分利用先修课程的基础，提高起点，对教材内容进行较大幅度的整合与优化，以减少教材篇幅，减少教学学时。对与大学物理重复的内容只作了复习性介绍，精简了部分非基本内容(如变质量力学、碰撞问题等)。强调了矢量方法在公式推导和定理证明中的应用，从而使公式定理的推导证明更为简洁严谨，并试图使学生逐渐学会用更普遍的数学方法描述力学问题。

(2) 多年的实践教学证明“静力学—运动学—动力学—分析力学基础”这样的理论力学教学体系是最符合学生认知规律的，故本书沿用该教学体系。

(3) 加强矢量力学和分析力学方法在求解问题上的比较和对照，以利于培养学生应用计算机解决问题的能力。

(4) 注重阐述理论力学的基本概念、基本理论及基本方法。取材得当，问题分析深入浅出。各章例题丰富，并配备适当习题，便于读者学习。

(5) 本书定位明确，可作为高等院校机械、交通运输、土木、水利水电及能源动力等专业的理论力学课程(中、少学时)教材。

全书分 4 篇，共 13 章。第 1 篇静力学(第 1～3 章)由王爱勤编写，第 2 篇运动学(第 4～6章)由尹冠生编写，第 3 篇动力学(第 7～11 章)、第 4 篇分析力学基础(第 12～13 章)由商泽进编写。全书由商泽进统稿、定稿并担任主编。

在本书编写过程中，长安大学理论力学教研室的各位教师给予了大力的支持与帮助，冯振宇教授认真细致地审阅了全书，提出了许多宝贵意见和建议。王慧博士、赵建华博士认真校阅书稿并验算了部分习题。同时，编者还参考了国内外一些优秀教材，选用了其中的部分例题和习题。本书的出版还得到清华大学出版社的大力支持。在此一并表示诚挚的感谢。

由于编者水平有限，书中欠妥之处在所难免，恳请同行及广大读者批评指正。

编　者

2016 年 8 月

CONTENTS

目录

第2篇 运 动 学

第3篇 动 力 学

绪　论

1. 研究内容

理论力学是研究物体机械运动一般规律的科学。所谓机械运动是指物体在空间的位置随时间变化的现象。自然界中存在着各种各样的物质运动形式，包括发热、发光、电磁现象、化学过程，甚至于人脑的思维活动等。机械运动是物质运动形式中最简单、最基本的，在生产生活中随处可见。例如：各种交通工具的运行、机器的运转、大气和水的流动、人造卫星的飞行、建筑物的振动等，都是机械运动。平衡是机械运动的特殊情况。各种物质运动形式在一定条件下可以相互转化，而且在高级和复杂的运动形式中，通常也包含或伴随机械运动。因此，理论力学不仅揭示机械运动的规律，也是研究其他物质运动形式的基础。这就决定了理论力学在自然科学研究中的重要的基础地位。

理论力学以伽利略和牛顿所建立的基本定律为基础，研究速度远小于光速的宏观物体的机械运动，属于古典力学的范畴。19 世纪后半期，由于近代物理的发展，许多力学现象不能用古典力学的理论解释，因而产生了研究高速(接近光速)物质运动规律的相对论力学和研究微观粒子运动规律的量子力学。但是一般工程中遇到的力学问题，即使是一些尖端科技中出现的力学问题，研究对象都是速度远小于光速的宏观物体，运用古典力学的理论研究这些力学问题，不仅方便，而且还能保证足够的精确性。所以古典力学至今仍有非常重要的实用价值，是各种工程技术学科的基础，在古典力学基础上诞生的各个新的力学分支正在迅猛发展。

理论力学研究作用于物体上的力与物体运动之间的关系，其研究内容通常包括以下三个方面：

(1) 静力学研究力的一般性质、力系的简化及物体在力系作用下的平衡规律。

(2) 运动学不考虑作用在物体上的力，仅从几何角度研究物体的运动。

(3) 动力学研究作用于物体上的力与其运动变化之间的关系。

2. 研究方法

理论力学产生和发展的过程就是人类对于物体运动认识不断深化的过程，遵循“实践—理论—实践”的认识论规律。其研究问题的方法概括来说，就是从实际出发，通过观察实验，从复杂现象中抓住共性，找到反映事物本质的主要因素，忽略次要因素，经过抽象化、综合归纳而建立公理，再应用数学演绎和逻辑推理得到基本规律和定理，形成理论体系，最后再通过实验观察验证理论的正确性。

理论力学是一门历史悠久的成熟学科，其研究问题的方法具有相对的稳定性，具体遵循的方法一般是：

(1) 通过观察实验，将所研究的复杂问题抽象化为既反映问题本质，又便于求解的力学模型。

(2) 应用力学原理对力学模型进行数学描述,建立各物理量之间的数学关系,得到力学方程,即数学模型。

(3) 应用数学工具求解数学模型。

(4) 根据具体问题,进一步通过实验实践,对数学解进行分析讨论。

理论力学有两种描述力学问题的基本数学方法:一种是用矢量的方法研究物体机械运动的一般规律,称为矢量力学;另一种是用数学分析的方法进行研究,称为分析力学。基于此,形成了理论力学的两大体系。本书以矢量力学方法为主,也简要介绍分析力学的研究方法。

3. 学习目的

理论力学是一门理论性较强的技术基础课,它与现代工程技术有着广泛的联系。学习理论力学课程的主要目的是:

(1) 为解决工程问题打下一定的基础。学习理论力学,掌握机械运动的客观规律,就可以直接应用理论力学的基本理论解决许多工程实际问题。如土木、水利工程中的平衡问题,传动机械的运动分析问题,火箭卫星的轨道设计问题等。一些更为复杂的工程问题,尽管需要理论力学和其他专门知识共同解决,但理论力学的知识是不可或缺的。

(2) 理论力学是学习工程类专业后续一系列课程的重要基础。它研究力学中最普遍、最基本的规律。许多工程类专业的课程,如材料力学、弹性力学、结构力学、振动理论、流体力学、机械原理、机械零件、飞行力学等课程都要用到理论力学的知识。因此,理论力学是各工程专业所需的完备知识体系中的重要组成部分。

(3) 理论力学的研究方法具有一定的典型性,深入理解掌握这门学科,不仅有助于其他科学技术理论的学习,也有助于培养辩证唯物主义世界观以及分析解决问题的能力,可为今后解决生产实际问题,从事科学研究工作打下基础。

第1篇 静 力 学

静力学是研究物体受力及平衡一般规律的科学。**平衡**是指物体相对于惯性参考系保持静止或作匀速直线运动，是物体运动的一种特殊形式。

力是物体间相互的机械作用。这种作用使物体运动状态发生变化或使物体产生变形。前者称为力的运动效应或外效应，后者称为力的变形效应或内效应。力对物体的作用效果决定于力的三要素：大小、方向和作用点。力的三要素表明，力是一个具有固定作用点的定位矢量。本书用黑斜体字母 $\boldsymbol{F}$ 表示力矢，而用普通字母 F 表示力的大小。书写时，为简便起见，常在普通字母上方加一带箭头的横线表示力矢。在国际单位制中，力的单位是牛顿(N)或千牛顿(kN)。

在力的作用下不变形的物体称为**刚体**。刚体是实际物体被抽象化了的力学模型。静力学研究的物体不加指明时均视为刚体，故又称刚体静力学，是研究变形体力学的基础。

力系是指作用于物体上的一群力。工程中常见的力系，按其作用线所在的位置可以分为平面力系和空间力系；又可以按其作用线的相互关系分为共线力系、平行力系、汇交力系和任意力系等。

分别作用于同一物体的两组力系，如果它们对该物体的作用效果完全相同，则称此两组力系互为**等效力系**。

如果力系与一个力等效，则该力称为力系的**合力**，而力系中的各力称为合力的**分力**。若力系可以用其合力代替，称为力系的合成；反之，一个力用其分力代替，称为力的分解。

不受外力作用的物体可称其受零力系作用。一个力系与零力系等效，则该力系称为**平衡力系**。

在静力学中，主要研究以下三方面问题：

(1) 物体的受力分析　分析物体共受多少力，及其每个力的作用位置和方向，以便对所要研究的力系作初步了解。

(2) 力系的等效替换(或简化)　将作用在物体上的一个力系用与它等效的另一个力系来替换，称为力系的等效替换。如果用一个简单力系等效替换一个复杂力系，则称为力系的简化。研究力系等效替换便于抓住不同力系的共同本质，明确力系对物体作用的总效果。

(3) 建立各种力系的平衡条件　研究作用在物体上的各种力系所需满足的平衡条件。

在工程实际中存在着大量的静力学问题。例如，当对各种工程结构的构件(如梁、桥墩、屋架等)进行设计时，须用静力学理论进行受力分析和计算；机械工程设计时，也要应用静力学的知识分析机械零部件的受力情况作为强度计算的依据；对于运转速度缓慢或速度变化不大的构件的受力分析通常都可简化为平衡问题来处理。另外，静力学中力系的简化理论与物体的受力分析方法可直接应用于动力学和其他学科，而且动力学问题还可以从形式上变换成平衡问题应用静力学理论求解。因此，静力学在工程中有着广泛的应用，在力学理论中占有重要的地位。

第1章

静力学基础

静力学公理及物体的受力分析是研究静力学的基础。本章着重阐述静力学公理，介绍工程中常见的约束及约束反力的分析，物体的受力分析及画受力图的方法。

1.1 静力学公理及其推论

人们在长期的生活和生产实践中，对力的基本性质进行了概括和归纳，得出了一些显而易见的、能深刻反映力的本质的一般规律。这些规律的正确性已为长期的实践反复证明，从而为人们所公认，称为静力学公理。静力学的全部推论都可借助于数学论证，从这些公理推导出来。因此，它们是静力学的理论基础。

公理 1 二力平衡条件

作用在刚体上的两个力，使刚体保持平衡的必要和充分条件是这两个力大小相等，方向相反，且在同一直线上，如图 1-1 所示。即

$$\boldsymbol{F}_1 = -\boldsymbol{F}_2 \tag{1-1}$$

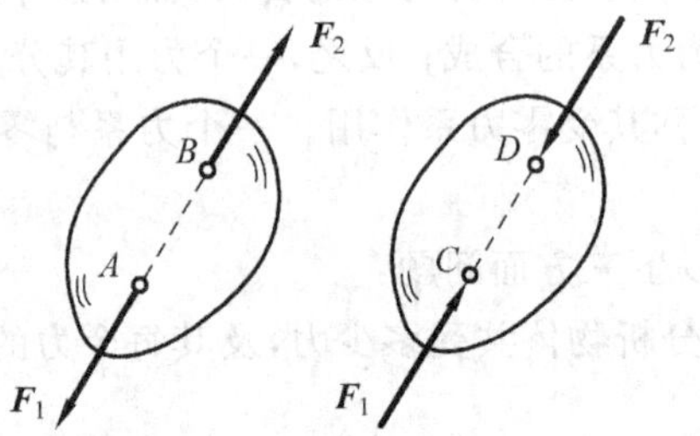

图 1-1

该公理指出了作用在刚体上最简单的力系的平衡条件。对刚体而言，这个条件既必要又充分，但对变形体(或多体系统)来讲，这个条件并不充分。

工程实际中，常遇到仅在两点受力作用而处于平衡的刚体，这类刚体称为二力体。如果它是杆件则称为二力杆，如果是结构中的构件则称为二力构件。由公理 1 可知，二力体无论其形状如何，所受两个力必沿两力作用点的连线，且等值、反向。如图 1-2(a)所示构件 BC，不计自重时，可视为二力构件，其受力如图 1-2(b)所示。

公理 2 加减平衡力系公理

在已知力系上加上或减去任意的平衡力系，并不改变原力系对刚体的作用。也就是说，彼此只相差一个或几个平衡力系的两个力系对刚体的作用是等效的。

此公理为研究力系的等效替换与力系的简化提供了重要的理论依据，它同样也只适用

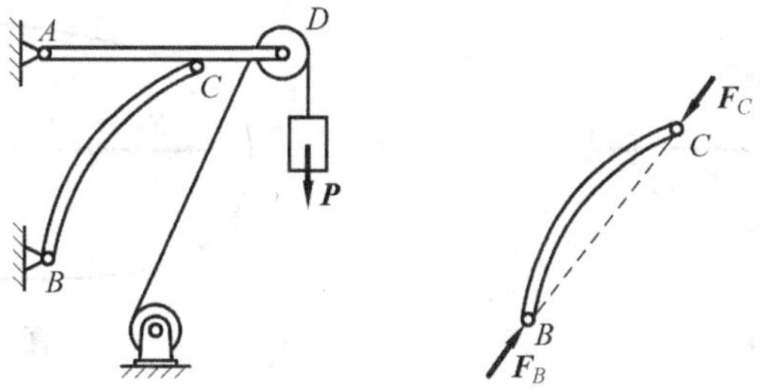

图　1-2

于刚体而不适用于变形体。

推论1　力的可传性

作用于刚体上某点的力，可以沿着它的作用线移到刚体内任意一点，并不改变该力对刚体的作用。

证明　设力 $\boldsymbol{F}$ 作用在刚体上的 A 点，如图 1-3(a)所示。在力 $\boldsymbol{F}$ 的作用线上任取点 B，并在点 B 加一对沿 AB 线的平衡力 $\boldsymbol{F}_1$ 和 $\boldsymbol{F}_2$，且使 $\boldsymbol{F}_1=-\boldsymbol{F}_2=\boldsymbol{F}$，如图 1-3(b)所示。由加减平衡力系公理知，$\boldsymbol{F}_1$、$\boldsymbol{F}_2$、$\boldsymbol{F}$ 三力组成的力系与原力 $\boldsymbol{F}$ 等效。再从该力系中去掉由 $\boldsymbol{F}$ 与 $\boldsymbol{F}_2$ 组成的平衡力系，则剩下的力 $\boldsymbol{F}_1$ 与原力 $\boldsymbol{F}$ 等效，如图 1-3(c)所示。这样，就把原来作用在点 A 的力 $\boldsymbol{F}$ 沿其作用线移到点 B。

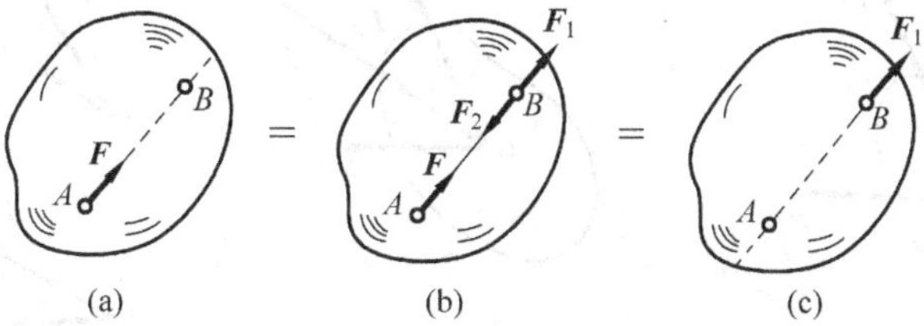

图　1-3

这个推论表明：作用于刚体的力的三要素可改为大小、方向和作用线。沿其作用线可任意滑动的矢量称为滑动矢量。因此，作用于刚体上的力是滑动矢量。力的可传性不适用于变形体，只适用于同一刚体，不能将力沿其作用线由一个刚体移到另一刚体上。

公理3　力的平行四边形法则

作用在物体上同一点的两个力，可以合成为一个合力。合力的作用点也在该点，合力的大小和方向由以这两个力为邻边构成的平行四边形的对角线确定，如图 1-4 所示。或者说，合力矢 $\boldsymbol{F}_R$ 等于这两个分力矢 $\boldsymbol{F}_1$、$\boldsymbol{F}_2$ 的几何和，即

$$\boldsymbol{F}_R=\boldsymbol{F}_1+\boldsymbol{F}_2 \tag{1-2}$$

这个公理给出了最简单力系的简化规律，也是较复杂力系简化的基础。另外，它也给出了将一个力分解为两个分力的依据。

推论2　三力平衡条件

作用在刚体上三力平衡的必要条件是此三力共面汇交于一点，或共面平行。

其证明过程，读者可参考图 1-5 的提示自行完成。此外，“三力共面平行”是“三力不平行必共面汇交于一点”的特例，即在无穷远处汇交，故无须单作证明。

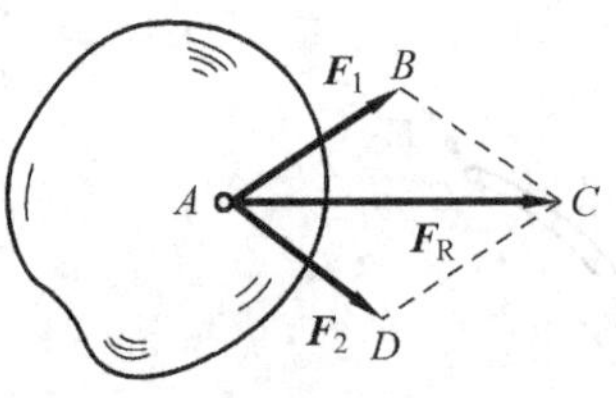

图 1-4

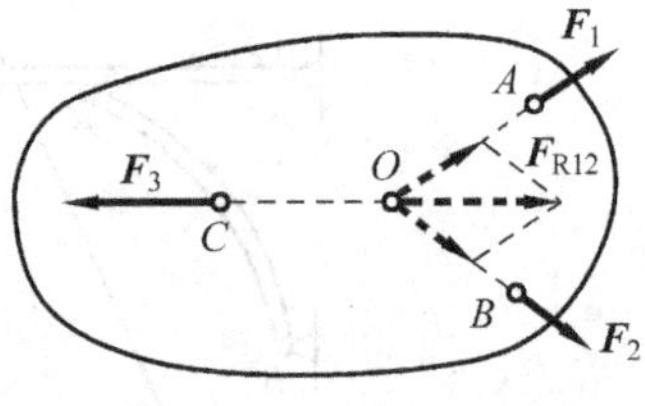

图 1-5

各个力的作用线共面且汇交于一点的力系称为平面汇交力系。三力平衡条件给出了三个不平行的共面力构成平衡力系的必要条件，即这三个力构成一平面汇交力系。当刚体受不平行的三力作用处于平衡时，常利用这个关系来确定未知力的作用线方位。

推论 3 力的三角形法则——用几何法求两个共点力的合力

如图 1-6(a)所示，设刚体上作用着两个力 $\boldsymbol{F}_1$、$\boldsymbol{F}_2$，其作用线相交于 O 点，由力的可传性知，可以把这两个力分别沿其作用线移至 O 点，则这两个力的合力 $\boldsymbol{F}_R$ 可由力的平行四边形法则确定，如图 1-6(b)所示。

应用公理 3 求这两个汇交力的合力矢时，也可由任一点 A 起，另作一力三角形，如图 1-6(c)所示，力三角形的两个边分别为 $\boldsymbol{F}_1$ 和 $\boldsymbol{F}_2$，第三边 $\boldsymbol{F}_R$ 即代表合力矢，而合力作用点仍在 O 点。这种求合力的方法称为力的三角形法则。

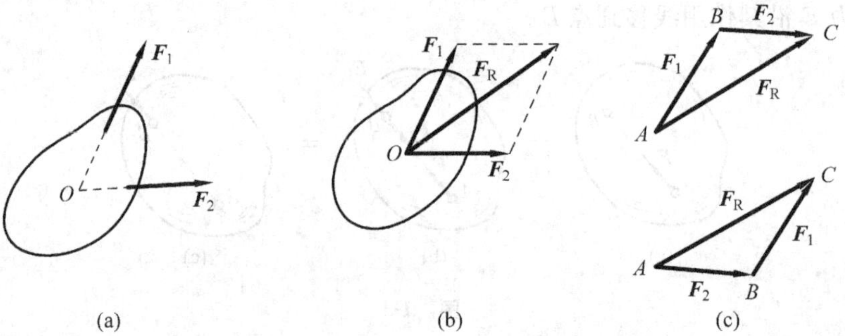

图 1-6

推论 4 力的多边形法则——用几何法求平面汇交力系的合力

不妨设在刚体上 O 点作用着一个平面汇交力系($\boldsymbol{F}_1$,$\boldsymbol{F}_2$,$\boldsymbol{F}_3$,$\boldsymbol{F}_4$)，如图 1-7(a)所示。为求其合力，只需连续应用力的三角形法则，将这些力依次两两相加，即可求得该力系的合力矢为 $\boldsymbol{F}_R=\boldsymbol{F}_1+\boldsymbol{F}_2+\boldsymbol{F}_3+\boldsymbol{F}_4=\sum_{i=1}^{4}\boldsymbol{F}_i$，求和过程如图 1-7(b)所示，合力作用点仍在原汇交力系的汇交点 O。

由该图不难看出，各分力矢与合力矢一起构成了多边形 $ABCDE$，称为力多边形，在此力多边形中，各分力首尾相接，而合力矢是其封闭边，方向从第一个力矢的起点指向最后一个力矢的终点，这就是作力多边形时必须遵循的矢序规则。至于图中的矢量$\overrightarrow{AC}$,$\overrightarrow{AD}$属于几何运算的中间结果，可不必作出。另外，作图时也可改变各分力矢的相连顺序，这只会导致力多边形的形状发生变化，如图 1-7(c)所示，但合力矢不变，即矢量相加符合交换律。力多边形法则是一般矢量相加的几何解释。

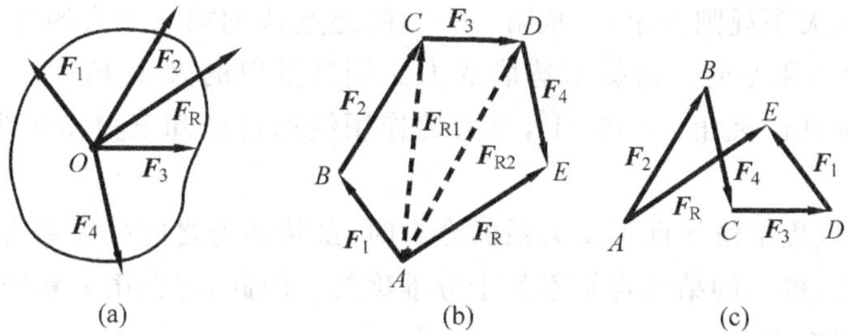

图　1-7

推而广之，平面汇交力系可简化为一合力，其合力矢等于各分力矢的矢量和，合力的作用线通过原力系的汇交点。合力矢大小和方向由各分力矢首尾相接所得到的力多边形的封闭边确定。设平面汇交力系包含 n 个力，以 $\boldsymbol{F}_R$ 表示它们的合力矢，则有

$$\boldsymbol{F}_R = \boldsymbol{F}_1 + \boldsymbol{F}_2 + \cdots + \boldsymbol{F}_n = \sum_{i=1}^{n} \boldsymbol{F}_i$$

在理论力学教科书中一般可以略去求和指标，故上式可以简写成

$$\boldsymbol{F}_R = \sum \boldsymbol{F}_i \tag{1-3}$$

若力系中各力沿同一直线作用，则称为共线力系，它是平面汇交力系的特殊情况，欲求其合力，作其力多边形，则各边重合在同一条直线上，此时只要规定沿直线某一指向为正，相反为负，则力系合力的大小就等于各分力的代数和，即 $F_R = \sum F_i$，方向由其正、负号确定。可见，共线矢量求和，实质上是代数求和。

例 1-1　在螺栓的环眼上套有三根绳索，各力的大小分别为 $F_1 = 300\text{N}$，$F_2 = 600\text{N}$，$F_3 = 1\,500\text{N}$，各力方向如图 1-8(a)所示，试用几何法求其合力。

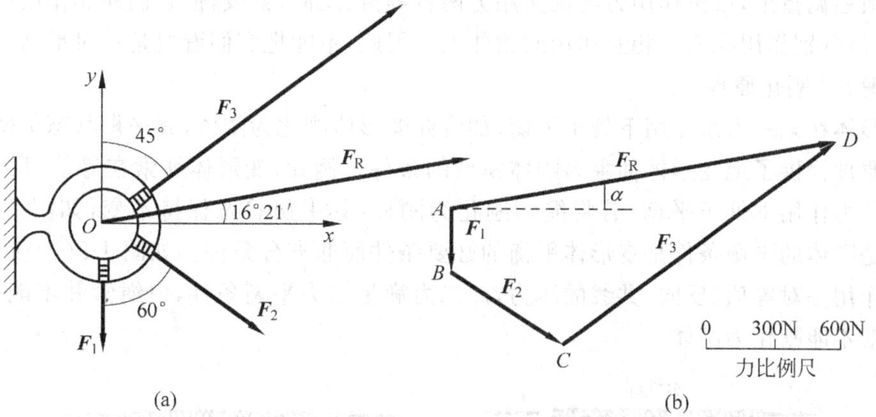

图　1-8

解　用几何法（也称力多边形法）求合力时，首先要选定合适的力比例尺，然后按选定的力比例尺画出力多边形，再由力多边形的封闭边来确定合力的大小和方向。

本题中，选取图 1-8(b)所示的力比例尺，用 1cm 代表 300N，然后按比例依次首尾相接这三个力，得到不封闭（开口）的力多边形 $ABCD$（注意：各个力的连接次序可以不同，但必

须依照首尾相接的矢序规则去做)。从第一个力的起点 A 向第三个力的终点 D 作矢量$\overrightarrow{AD}$，即为合力 $\boldsymbol{F}_R$ 的大小和方向。根据所选取的力比例尺量得的大小 $F_R=1\ 650\text{N}$，并量得 $\boldsymbol{F}_R$ 的方向与 x 轴正向间的夹角 $\alpha=16°21'$，合力的作用线通过已知三力作用线的汇交点 O，如图 1-8(a)所示。

显然，按上述过程求解平面汇交力系的合力时，虽然各力之间的关系直观、清楚，但限于作图的手段和技巧，得出的结果常常不是十分准确的。因此，将在第 2 章中介绍用解析法计算力系合成的一般方法。

推论 5 平面汇交力系平衡的几何条件

由力多边形法则知，平面汇交力系可用其合力等效替换。显然，平面汇交力系平衡的必要和充分条件是该力系的合力等于零，即

$$\boldsymbol{F}_R=\sum \boldsymbol{F}_i=\boldsymbol{0} \tag{1-4}$$

在平衡的情形下，力多边形中最后一力的终点与第一个力的起点重合，此时的力多边形称为封闭的力多边形。于是，可得如下结论：平面汇交力系平衡的必要和充分条件是该力系的力多边形自行封闭。此即平面汇交力系平衡的几何条件。

利用这一条件，可以求得一个平衡的平面汇交力系的某些未知力的大小和方向，这种研究平面汇交力系平衡的方法称为几何法。

公理 4 作用和反作用定律

作用力和反作用力总是同时存在，两力的大小相等、方向相反且沿着同一直线分别作用在两个相互作用的物体上。

该定律揭示了物体之间相互作用力的定量关系。它是分析物体间受力关系时必须遵循的原则。根据这个定律，我们才能从一个物体的受力分析过渡到相邻物体的受力分析，为研究由多个物体组成的物体系统的受力分析提供理论依据。

必须强调指出，虽然作用力与反作用力两者等值、反向、共线，但它们并非作用在同一物体上，而是分别作用在两个相互作用的物体上。因此，不能把它们看成是一对平衡力。

公理 5 刚化原理

变形体在某一力系作用下处于平衡，如将此变形体刚化为刚体，其平衡状态保持不变。

该原理提供了把变形体抽象为刚体模型的条件。例如，变形体绳索在等值、反向、共线的两个拉力作用下处于平衡，若将绳索刚化为刚杆，其平衡状态保持不变，如图 1-9(a)所示。但是刚体的平衡条件是变形体平衡的必要条件而非充分条件。如图 1-9(b)所示，若在绳索上作用一对等值、反向、共线的压力，此二力满足二力平衡条件，但绳索并不能平衡，这时绳索就不能刚化为刚体。

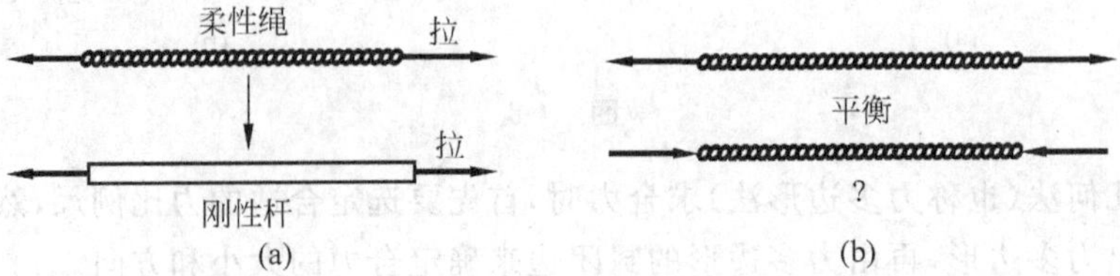

图 1-9

由此可见，变形体已处于平衡状态，则作用于其上的力系一定满足刚体的平衡条件，即刚体的平衡条件对于变形体来讲也是必要的。但反过来，只满足了刚体的平衡条件，变形体却不一定是平衡的。对于变形体的平衡，除了应满足刚体的平衡条件外，还必须满足与变形体有关的某些附加条件。故该原理给出了刚体力学与变形体力学间的关系，也为研究物系的平衡提供了基础。

静力学全部理论都可以由上述 5 个公理推证而得到，如前述若干推论。本篇基本上采用这种逻辑推演的方法，建立静力学的理论体系。一方面能保证理论体系的完整性和严密性，另一方面也可以培养读者的逻辑思维能力。然而，对于某些易于理解或推证过程比较繁琐的个别结论，本书将省略其证明过程，直接得出结论，以便于应用。读者也可自行推论。

1.2　约束和约束反力

为了分析和解决实际力学问题，除了对物体本身理想化，还要对物体间的接触面物理性质与连接方式进行理想化。

有些物体，如飞行的飞机、炮弹和火箭等，它们在空间的运动没有受到其他物体预加的限制，称为自由体；相反，有些物体，如在轨道上行进的机车、支承在柱子上的屋架、轴承中的轴等，其空间运动受到了其他物体预加的限制，称为非自由体或被约束体。对非自由体的某些位移起限制作用的周围物体，称为非自由体的约束。上述轨道对于机车、柱子对于屋架、轴承对于轴等都是约束。

从运动的角度看，约束起着限制物体运动的作用，但从力的角度看，物体的运动被限制或阻碍意味着物体受到了力的作用。将约束作用于被约束物体的力称为约束反力，简称反力。因此，约束反力的方向必与该约束所能阻碍的被约束物体的运动方向相反。应用这个原则，可以确定约束反力的方向或作用线方位。至于反力的大小则是未知的，可借助平衡条件求得。除约束反力以外，物体还受到其他力的作用，称为主动力或荷载。如物体的重力、结构承受的风力、水压力、机械零件的弹力等。本书中主动力通常是给定的。但在实际中，特别是研究工作中往往需要自己确定。

由此可见，对物体的受力分析主要是分析约束反力，而约束反力的特征决定于被约束体与约束体接触面的物理性质及连接方式。前者分为绝对光滑（是一种理想化的约束）和存在摩擦（一般为非理想化约束）两种。它们将在本节和 2.7 节分别予以讨论。而物体的连接方式多样又复杂，如不进行理想化，其约束反力将无从分析。为此，我们将物体间多样复杂的连接方式抽象化为几种典型的约束模型，分别介绍如下。

1. 理想刚性约束

约束也是刚体，它与被约束物体之间为刚性接触。常见的有以下几种：

1）光滑接触表面约束　当物体与固定或活动约束间的接触面比较光滑，可以忽略摩擦时便可简化为这类约束（如图 1-10 所示）。其特点是不论接触表面形状如何，它只能阻碍物体沿两接触面法线指向约束内部的运动，不能阻碍它沿切线方向的运动。因此，光滑接触面约束对物体的约束反力作用在接触点处、沿两接触面公法线方向并指向被约束物体，通常称为法向反力，记作 $\boldsymbol{F}_{\mathrm{N}}$。

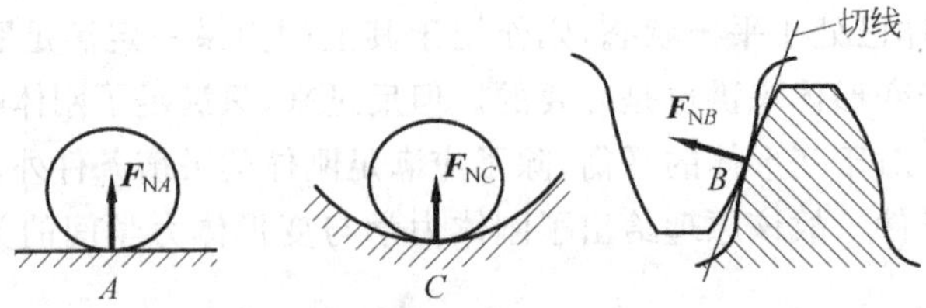

图 1-10

图 1-11 中所示的直杆放在槽中,它在 A,B,C 三处受到槽的约束,这种有尖端物体作用的光滑支承面约束,可将尖端处看作小圆弧与直线相切,则约束反力仍是法向反力。

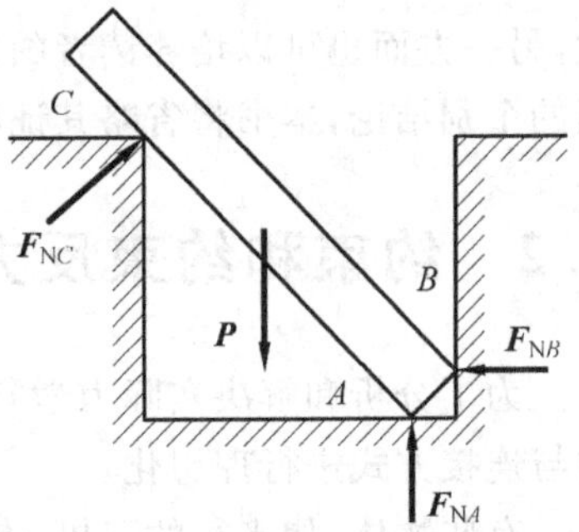

图 1-11

2) 滚动支座　在桥梁、屋架等工程结构中,经常采用滚动支座,又称辊轴约束(或活动铰支座),如图 1-12(a)所示。这种约束用几个圆柱形滚轮支承结构,以便当温度及其他因素变化引起桥梁等结构物在跨度方向伸缩时,滚轮可有微小滚动。显然滚动支座的约束性质与光滑接触面约束相同,其约束反力 $\boldsymbol{F}_N$ 必垂直于接触面,如图 1-12(c)所示。其支座结构简图如图 1-12(b)所示。

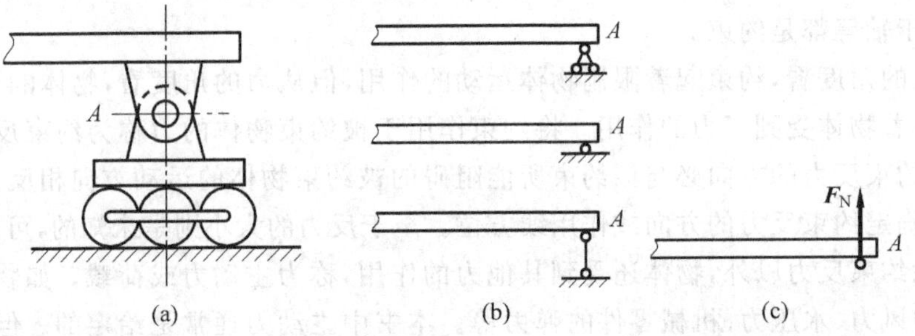

图 1-12

3) 光滑圆柱形铰链　这类约束包括固定铰链支座、连接铰链和向心轴承等。

(1) 固定铰链支座(固定铰支座)

在物体与固定于机架或地基上支座的连接处钻上圆柱形的孔,用一圆形销钉将它们连接,这种约束称为固定铰链支座,简称固定铰支座,如图 1-13(a)所示。被约束的物体可绕销钉轴转动,但是限制物体沿垂直于销钉轴线任何方向的移动。铰链中的销钉与物体的圆柱孔之间看成光滑面接触,因此固定铰链的约束反力总是沿接触点的公法线,即通过圆孔中心且垂直于销钉中心轴线,如图 1-13(b)所示。约束反力 $\boldsymbol{F}_R$ 的大小及方向均未知,它们与作用于物体上的主动力有关,通常可用两个正交的分力 $\boldsymbol{F}_x$ 和 $\boldsymbol{F}_y$ 表示,如图 1-13(c)所示。固定铰链支座的结构简图如图 1-13(d)所示。

(2) 连接铰链(中间铰)

两物体上分别做出直径相同的圆孔并用销钉连接起来,不计销钉与圆孔壁之间的摩擦,这类约束称为连接铰链或中间铰链约束,如图 1-14(a)所示。其结构简图如图 1-14(b)所示。

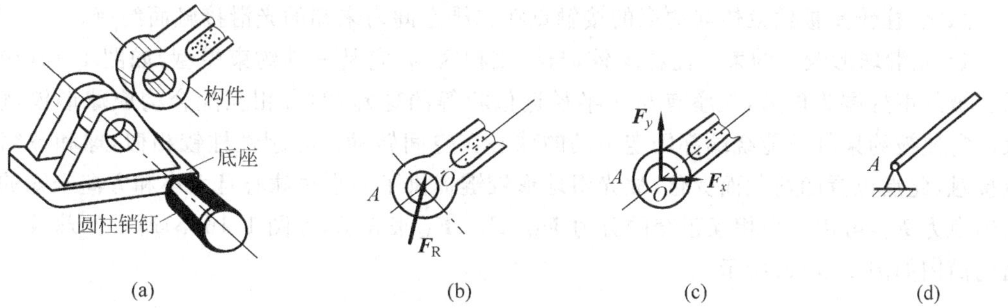

图　1-13

若无须单独研究销钉的受力情况时，可将销钉与其中一个物体视为一体作为约束。与固定铰链支座类似，这类约束的特点是只限制物体在垂直销钉轴线的平面内沿圆孔径向的相对移动，但不限制物体绕销钉轴线的相对转动和沿其轴线方向的相对移动。因此，中间铰链对物体的约束反力作用在与销钉轴线垂直的平面内，并通过销钉孔中心，由于销钉与孔壁间的接触点不定，故而反力方向待定，如图 1-14(c)所示。工程中常用通过铰链中心的相互垂直的两个分力 $\boldsymbol{F}_{Ax}$、$\boldsymbol{F}_{Ay}$ 表示，如图 1-14(d)所示。

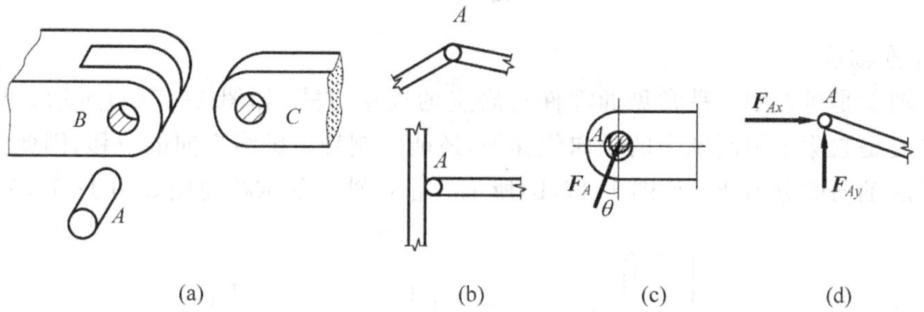

图　1-14

(3) 向心轴承(径向轴承)

机器中的向心轴承是转轴的约束，如图 1-15(a)所示，它允许转轴转动，但限制转轴垂直于轴线的任何方向的移动。因此，其约束反力的特征与光滑圆柱铰链相同，也可用垂直于轴线的两个正交分力来表示，如图 1-15(b)所示。向心轴承的结构简图如图 1-15(c)所示。

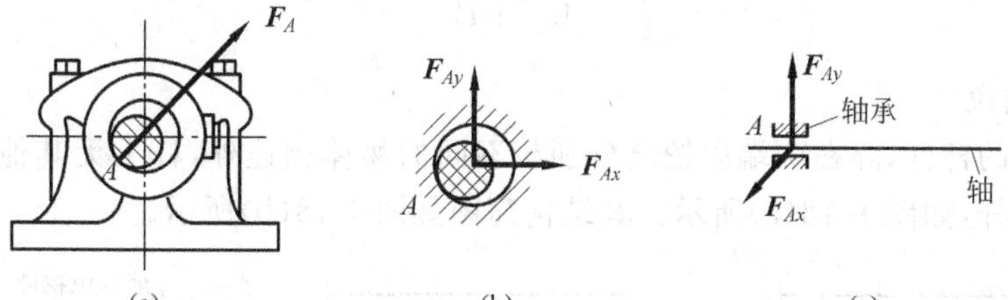

图　1-15

虽然上述三种约束(固定铰支座、中间铰、径向轴承)具体的结构不同，但构成约束的性质却是相同的，都可表示为光滑圆柱形铰链，简称柱铰。此约束的特点是只限制两物体径向的相对移动，而不限制两物体绕铰链中心的相对转动及沿轴向的相对移动。

总之,柱铰是被约束体与约束的接触点在二维空间内未知的光滑接触面约束。

4) 光滑球形铰链约束　简称球铰,与柱铰相区别,它是三维约束模型,如图 1-16(a)所示。被约束杆端为球形,支座有与之半径近似相等的球窝,两者相互配合构成球形铰链约束。它使被约束杆只能绕端部固定不动的球心在空间转动。与刚性柱铰相似,球和球窝是点接触,此点位置随荷载而变化,故光滑球形铰链提供了一个过球心且大小和方向未知的空间约束力 $\boldsymbol{F}_A$,可用三个相互正交的分力 $\boldsymbol{F}_{Ax}$、$\boldsymbol{F}_{Ay}$、$\boldsymbol{F}_{Az}$ 来表示,如图 1-16(b)所示。球铰支座结构简图如图 1-16(c)所示。

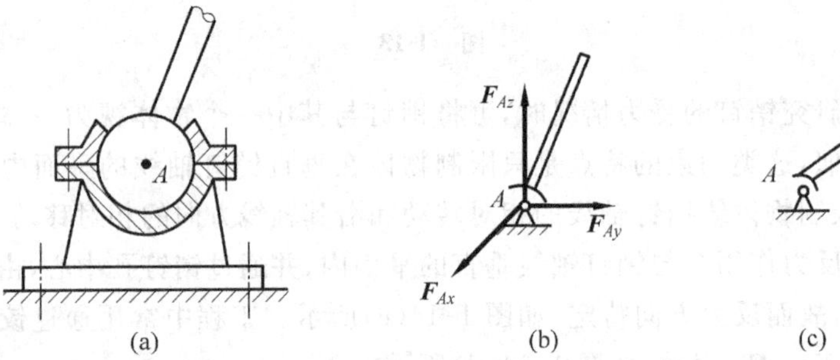

图 1-16

5) 止推轴承

止推轴承是机器中一种常见的零件与底座的连接方式,如图 1-17(a)所示。与向心轴承不同之处是它除了限制轴颈的径向位移外,还能限制轴沿轴线方向的位移,因此其约束反力增加了沿轴向的分力 $\boldsymbol{F}_z$,如图 1-17(b)所示。止推轴承的结构简图如图 1-17(c)所示。

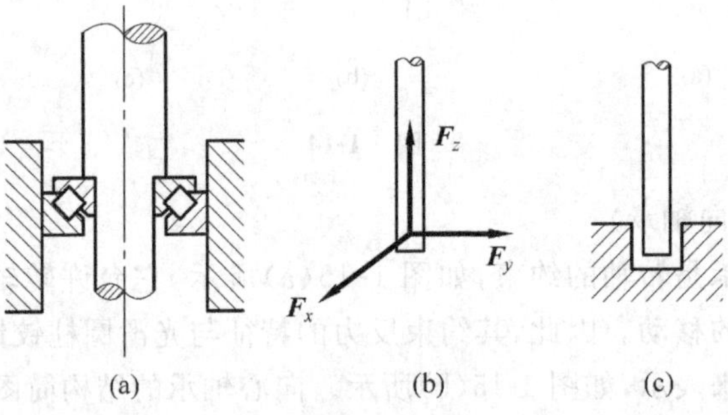

图 1-17

6) 链杆约束

自重不计的杆件,除在两端以铰链分别与不同的物体相连外,杆上无其他力的作用,这种杆件称为链杆,如图 1-18(a)所示。其结构简图如图 1-18(b)所示。

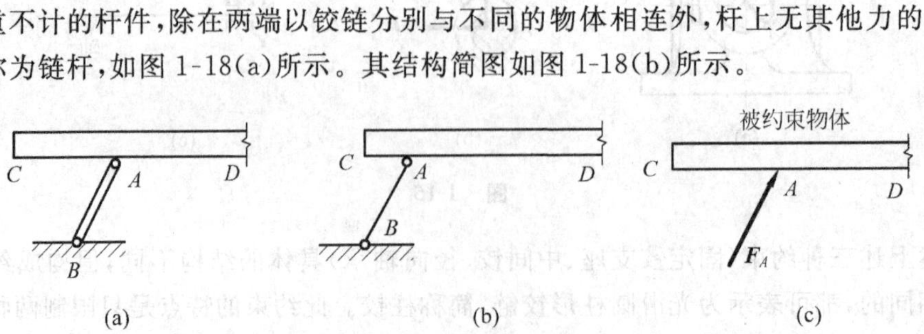

图 1-18

在这类约束中，链杆可视为二力杆，只能承受沿两铰接点连线方向的作用力，因此，根据作用与反作用定律，链杆对物体的约束反力沿着链杆两铰中心线，指向或背离物体。如图 1-18(c)所示。

2. 理想柔性约束

这类约束一般由绳索、链条、皮带等构成。仍然忽略摩擦，把柔性体视为约束，称为柔性约束。如不特别说明，其截面尺寸及重量一律不计。当忽略其刚性将其视为绝对柔软时，它们便只能承受拉力而不能承受压力和抵抗弯曲，故只有当柔索被拉直时才能起约束作用。因此，柔索对物体的约束反力(常称其为张力)沿柔索中心线，背离物体，只能为拉力，记为 $\boldsymbol{F}_{\mathrm{T}}$。如图 1-19 为一皮带传动装置，假想地切开皮带轮中的皮带，由于它是被预拉后套在两皮带轮上的，故无论在皮带的紧边还是松边上都承受拉力。

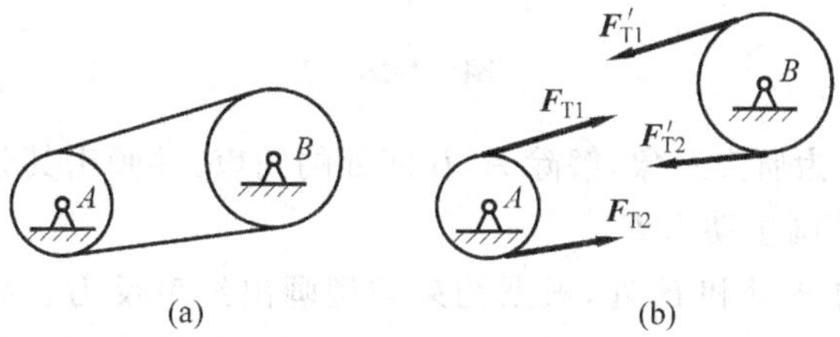

图　1-19

以上列举了几种常见的理想化的约束模型，工程实际中的约束并不一定完全与这几种类型相同，这就需要具体分析约束的特点，适当忽略次要因素，建立正确的约束类型，以便确定其约束反力的方向。

1.3　物体的受力分析及受力图

在力学问题的研究中，一般都需要分析所研究的物体受到哪些力的作用，以及每个力的作用位置及方向，哪些力是已知的，哪些力是未知的。这个分析过程称为物体的受力分析。作用在物体上的力分为两类：一类是主动力，一般而言，主动力是事先确定的已知力；另一类是约束对于物体的约束反力，而这些力通常是需要求解的未知力。

在对物体进行受力分析时，为了准确而清晰地表示物体的受力情况，首先必须依据问题的要求确定需要进行分析研究的具体物体，这称为确定研究对象；然后把研究对象所受外约束全部解除，把它从周围物体中假想地分离出来，单独画出其简图，这称为取分离体；最后，这样取出的分离体必须与它实际受力情况相同，故须对其进行受力分析，把作用在分离体上的所有主动力和约束反力用相应的力矢量画在研究对象的简图上，这称为画受力图。

总之，画受力图的步骤可概括如下：

(1) 根据题意选取研究对象，并用尽可能简明的轮廓把它单独画出，即取分离体；

(2) 画出作用在分离体上的全部主动力；

(3) 根据各类约束性质逐一画出全部外约束反力。

正确画出物体的受力图是分析、解决力学问题的基础和关键。下面举例说明。

例 1-2 如图 1-20(a)所示简支梁 AB,跨中受一集中力 $\boldsymbol{F}$ 作用,A 端为固定铰支座,B 端为活动铰支座。试画出梁的受力图。

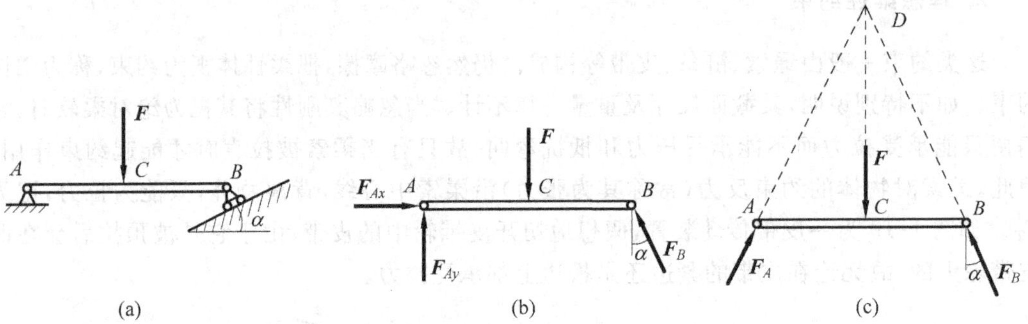

图 1-20

解 (1) 取梁 AB 为研究对象,解除 A、B 两处的约束,并画出其分离体图。

(2) 在梁的中点 C 画主动力 $\boldsymbol{F}$。

(3) 在解除约束的 A 处和 B 处,根据约束类型画出约束反力。A 处为固定铰支座,其反力用过铰链中心 A 的相互垂直的分力 $\boldsymbol{F}_{Ax}$、$\boldsymbol{F}_{Ay}$ 表示。B 处为活动铰支座,其反力过铰链中心 B 且垂直支承面,指向假定如图 1-20(b)所示。

此外,考虑到梁仅在 A、B、C 三点受力作用而处于平衡,根据三力平衡定理,已知 $\boldsymbol{F}$ 与 $\boldsymbol{F}_B$ 的作用线相交于 D 点,故 A 处反力 $\boldsymbol{F}_A$ 的作用线也应相交于 D 点,从而确定其必沿 A、D 两点连线,故梁 AB 受力分析也可如图 1-20(c)所示。

例 1-3 重量为 $\boldsymbol{P}$ 的圆球放在板 AC 与墙壁 AB 之间,如图 1-21(a)所示。设板 AC 自重不计,忽略各处摩擦,试画出板和球的受力图。

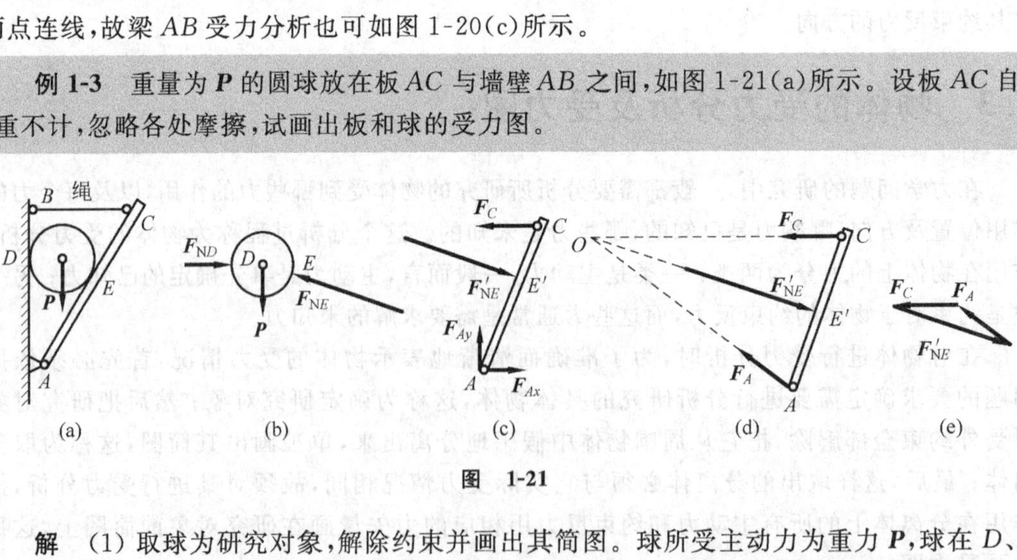

图 1-21

解 (1) 取球为研究对象,解除约束并画出其简图。球所受主动力为重力 $\boldsymbol{P}$,球在 D、E 处受到光滑支承面约束,其反力 $\boldsymbol{F}_{ND}$ 和 $\boldsymbol{F}_{NE}$ 的作用线应分别沿相应接触处的公法线并指向球心,球受力如图 1-21(b)所示。

(2) 取板为研究对象,解除约束并画出其简图。由于板的自重不计,故只有在 A、C、E' 处的约束反力。其中 A 处为固定铰支座,其反力用 $\boldsymbol{F}_{Ax}$、$\boldsymbol{F}_{Ay}$ 表示;C 处为柔性约束,其反力为拉力 $\boldsymbol{F}_C$;E' 处有法向反力 $\boldsymbol{F}'_{NE}$,应注意该反力与球在 E 处所受反力 $\boldsymbol{F}_{NE}$ 为一对作用力与反作用力，$F_{NE}=-F'_{NE}$，板的受力图如图 1-21(c)所示。

另外，注意到板 AC 上只有 A、E'、C 处三个反力，且处于平衡状态，因此可利用三力平衡定理确定出 A 处约束反力的作用线方位，即先由力 F_C 与 F'_{NE} 的作用线延长后求得汇交点 O，再由点 A 向点 O 连线，则 F_A 的方向必沿 AO 连线，如图 1-21(d)所示。

有必要指出，F_A 的指向可以先假定，然后由平衡方程计算求得，也可以由平面汇交力系平衡的几何条件即力多边形自行封闭的矢序规则定出，如图 1-21(e)所示。

例 1-4　如图 1-22(a)所示三铰架，A、B 均为固定铰支座，C 为圆柱铰链，BC 直角弯杆上作用有力 P_1 和 P_2。力 P 作用在销钉 C 上。若不计 AC 杆和 CB 杆的自重，试画出 AC 杆、销钉 C 和 CB 杆的受力图。再画出销钉 C 带在 AC 杆上时 AC 杆的受力图。

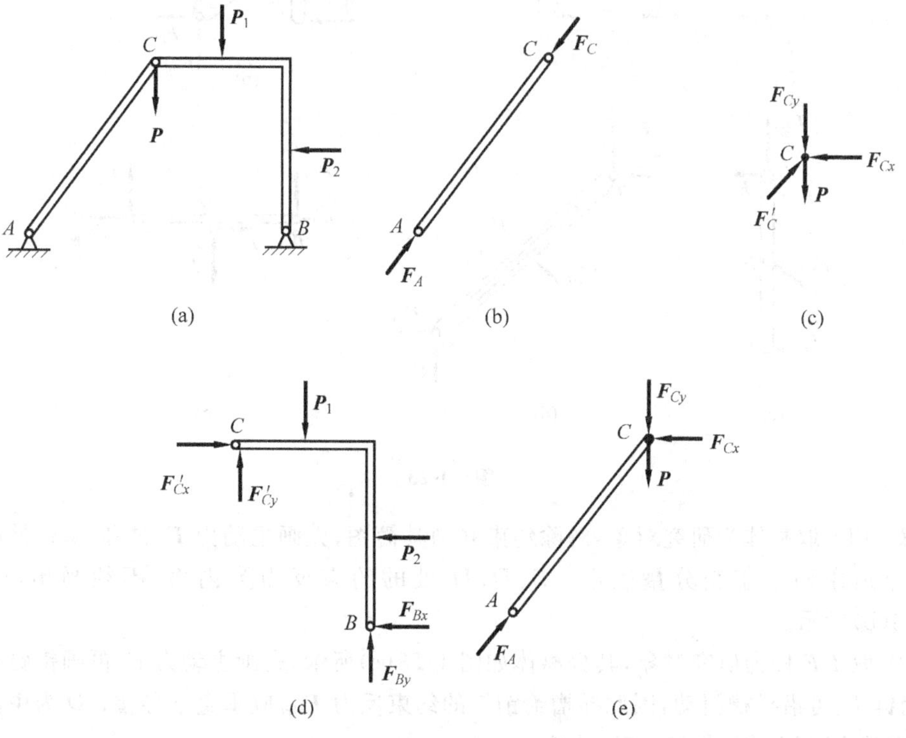

图　1-22

解　(1) 注意到 AC 是一个二力杆，故其受力如图 1-22(b)所示。

(2) 取销钉 C 为研究对象，解除约束画出其简图，其上作用有主动力 P，以及 AC 杆和 BC 杆给的约束反力 F'_C(F_C 的反作用力)和 F_{Cx}、F_{Cy}，其受力如图 1-22(c)所示。

(3) 取 CB 杆为研究对象，解除约束画出其简图，其上作用有主动力 P_1，P_2，由于 C 是中间铰，B 是固定铰支座，故其约束反力均用一对正交分力 F'_{Cx}、F'_{Cy} 和 F_{Bx}、F_{By} 表示。值得注意，这里的 F'_{Cx}、F'_{Cy} 分别是 F_{Cx}、F_{Cy} 的反作用力，其受力如图 1-22(d)所示。

(4) 将销钉 C 和 AC 杆视为一体作为研究对象，画出其分离体图，画上主动力 P，固定铰支座 A 的约束反力 F_A，方向一定沿 AC 连线。由于销钉 C 带在 AC 杆上，这里销钉 C 与 AC 杆的相互作用力 F_C 和 F'_C 成为内力不必画出，而 CB 杆作用在销钉 C 的约束反力 F_{Cx}、

F_{Cy}必须画出,受力如图1-22(e)所示。

例1-5 图1-23(a)所示的构架中,BC杆上有一导槽,DE杆上的销钉H可在其中滑动,设所有接触面均为光滑,各杆自重不计,试画出整体及杆AB、BC、DE的受力图。

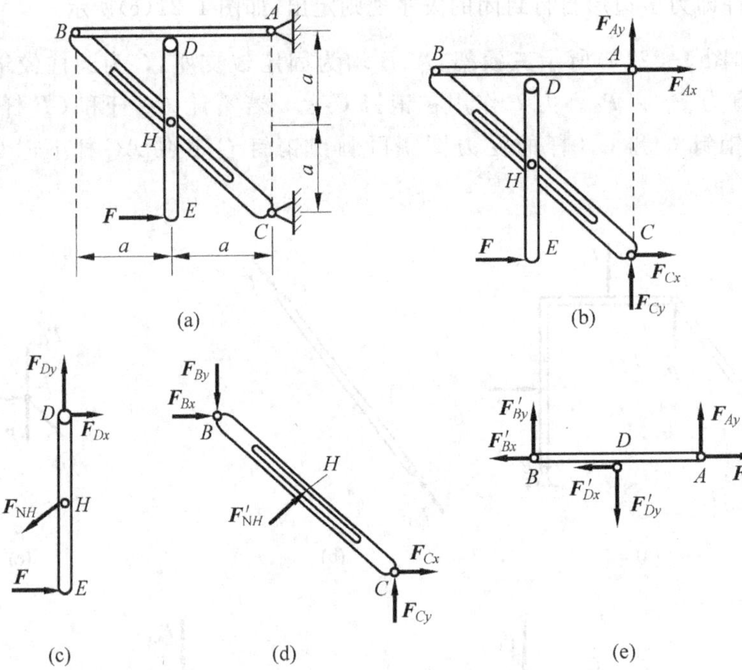

图 1-23

解 (1) 取整体为研究对象,解除约束并画其简图,先画主动力$\boldsymbol{F}$,再画A、C处的约束反力,分别用两个正交分量表示。B、D、H处的约束反力为内力,不须画出,受力如图1-23(b)所示。

(2) 取DE杆为研究对象,其分离体如图1-23(c)所示,先画主动力$\boldsymbol{F}$,再画销钉所受之力。销钉H可沿导槽滑动,因此导槽给销钉的约束反力$\boldsymbol{F}_{NH}$应垂直于导槽;D为中间柱铰链,约束反力可用正交力$\boldsymbol{F}_{Dx}$、$\boldsymbol{F}_{Dy}$表示。

(3) 取BC杆的分离体如图1-23(d)所示。先画销钉H对导槽的作用力F'_{NH},它与力$\boldsymbol{F}_{NH}$是作用力与反作用力的关系;再画铰链支座C的约束反力$\boldsymbol{F}_{Cx}$、$\boldsymbol{F}_{Cy}$,它应与整体受力图中C处受力一致;中间铰链B处约束反力用$\boldsymbol{F}_{Bx}$、$\boldsymbol{F}_{By}$表示。

(4) 取AB杆的分离体如图1-23(e)所示。铰链支座A的约束反力应与整体受力图1-21(b)中的一致;中间铰链D、B的约束反力应与1-23(c)、(d)图中D、B的约束反力是作用力与反作用力的关系。

读者也可以尝试利用三力平衡定理对该题进行受力分析。

最后再举一例,综合练习受力图的画法。

例 1-6　如图 1-24(a)所示的平面构架，由杆 AB、DE 及 DB 铰接而成。A 为链杆约束，E 为固定铰链。钢绳一端拴在 K 处，另一端绕过定滑轮Ⅰ和动滑轮Ⅱ后拴在销钉 B 上。物重为 $\boldsymbol{P}$，各杆及滑轮的自重不计。(1)试分别画出各杆、各滑轮、销钉 B 以及整个系统的受力图；(2)画出销钉 B 与滑轮Ⅰ一起的受力图；(3)画出杆 AB，滑轮Ⅰ、Ⅱ，钢绳和重物作为一个系统时的受力图。

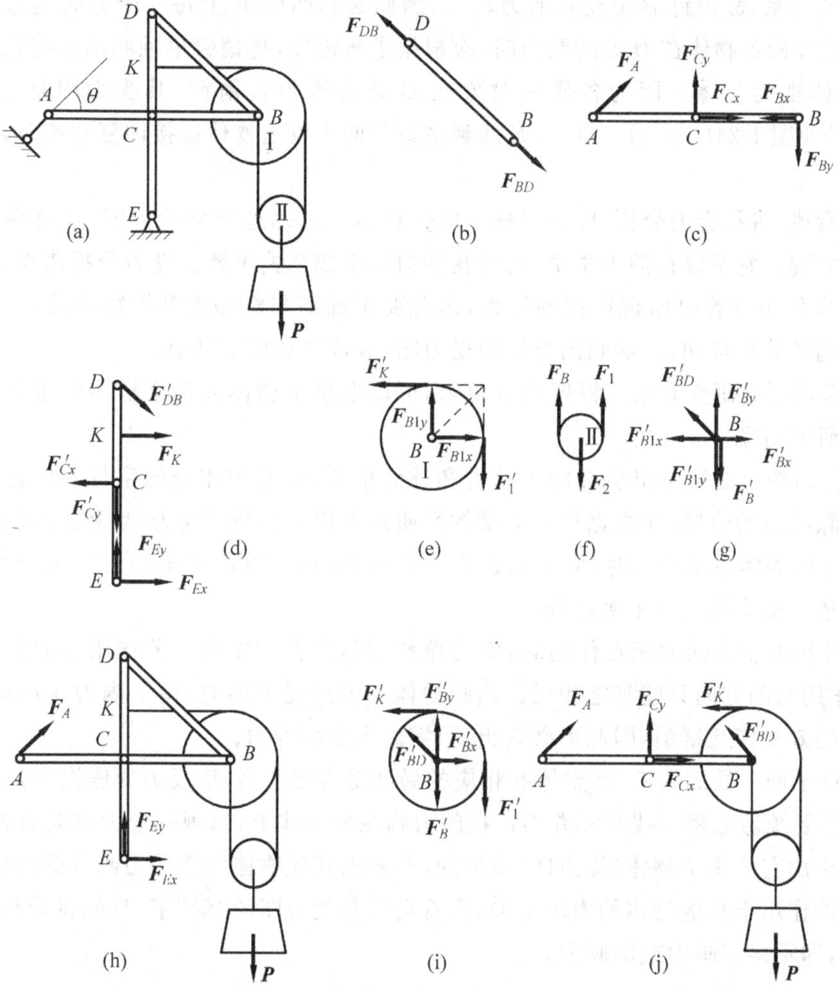

图　1-24

解　(1) 取杆 BD 为研究对象(B 处为没有销钉的孔)，其受力如图 1-24(b)所示。

(2) 取 AB 为研究对象(B 处仍为没有销钉的孔)，其受力如图 1-24(c)所示。

(3) 取杆 DE 为研究对象，其受力如图 1-24(d)所示。

(4) 取轮Ⅰ为研究对象(B 处为没有销钉的孔)，其受力如图 1-24(e)所示(也可根据三力平衡定理，确定铰链 B 处约束反力的方向，如图中虚线所示)。

(5) 取轮Ⅱ为研究对象，其受力如图 1-24(f)所示。

(6) 单独取销钉 B 为研究对象,其受力如图 1-24(g)所示。

(7) 取整体为研究对象,可把整个系统刚化为刚体,其受力如图 1-24(h)所示。

(8) 取销钉 B 与滑轮Ⅰ一起为研究对象,其受力如图 1-24(i)所示。

(9) 取杆 AB,轮Ⅰ、Ⅱ,重物,钢绳(包括销钉 B)一起为研究对象,其受力如图 1-24(j)所示。

此题较为复杂,是由于销钉 B 与四个物体连接,销钉 B 与每个连接物体之间都有作用与反作用的关系,故销钉 B 上受到的力较多,因此必须明确 B 上每一个力的施力物体。必须注意:当分析各物体在 B 处的受力时,应根据求解需要,将销钉单独画出或将它与某一个或几个物体视为一体。因为各研究对象在 B 处是否包含销钉,其受力图是不同的,如图 1-24(e)和图 1-24(i)所示。以后,凡遇到销钉与两个以上物体连接即复合铰时,均应注意上述问题。

综上所述,进行受力分析,即恰当地选取分离体并正确地画出受力图,是解决力学问题的基础和关键。它不仅在静力学中,而且在动力学中都至关重要。受力分析错误,会导致所做的进一步分析计算也出现错误的结果,因此要求准确和熟练地掌握物体受力分析方法。通过上述例题分析可知,正确画出物体的受力图,应该注意以下几点:

(1) 必须明确研究对象。根据题意要求,可以取单个物体或几个物体的组合或物体系统本身为研究对象。

(2) 受力图上必须画出全部的主动力和外约束反力,并用相应的字母加以标记。在分离体被解除约束的位置,应根据约束类型的性质画出相应的约束反力,切忌主观臆断。

(3) 分析物体系统受力时,应正确识别二力构件,从而有助于未知力方位的判断,同时也应注意适当地应用三力平衡定理。

(4) 分析两物体间的相互作用时,应遵循作用与反作用定律。若作用力的方向一旦假定,则反作用力的方向只能与之相反。当画物体系统的受力图时,由于内力是成对出现,它们对系统的效应相互抵消,因此不必画出,只需画出全部外力。

(5) 对于同一处的约束,在整体和相应的局部受力图上,约束反力要假设一致。

(6) 不要臆想地将一些实际并不存在的力画在分离体上,每画一个力都要有根有据,都应该能够指出它是哪个物体(施力体)施加的,不要把其他物体所受的力画在分离体上,也不要将分离体作用于其他物体的力画上去,要着重领会受力图的"受"字,只能将受到的力画在受力图上,即不得多画力或漏画力。

习题

1-1 回答下列问题:

(1) 二力平衡条件与作用反作用定律都提到二力等值、反向、共线,二者有什么区别?

(2) 题 1-1(a)图中所示三铰拱架上的作用力 $\boldsymbol{F}$ 可否依据力的可传性原理把它移到 D 点?为什么?

(3) 二力平衡条件、加减平衡力系公理等能否应用于变形体?为什么?

(4) 只受两个力作用的构件称为二力构件,这种说法对吗?

(5) 题 1-1(b),(c)图中所画的两个力三角形各表示什么意思？二者有什么区别？

(6) 题 1-1(d)图所示系统在 A、B 两处设置约束，并受力 $\boldsymbol{F}$ 作用而平衡。其中 A 为固定铰支座，今欲使其约束力的作用线与 AB 成 $\beta=135°$角，则 B 处应设置何种约束？如何设置？请举例图示说明。

(7) n 根平面杆件用同一销钉铰接在一起，试分析拆开后将出现多少个未知力。

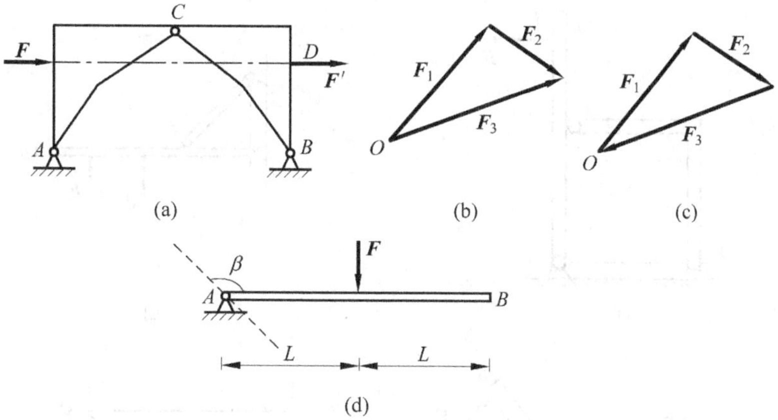

题 1-1 图

1-2　试用几何法求题 1-2 图所示平面汇交力系的合力。

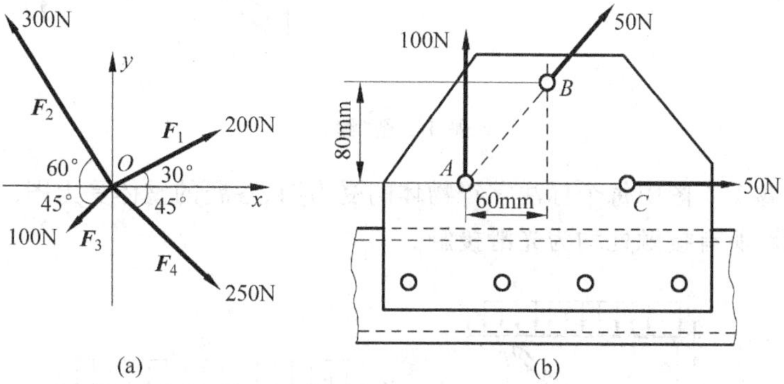

题 1-2 图

1-3　画出题 1-3 图中物体 A,ABC 或构件 AB,DC 的受力图。未画重力的物体的重量均不计，所有接触处均为光滑接触。

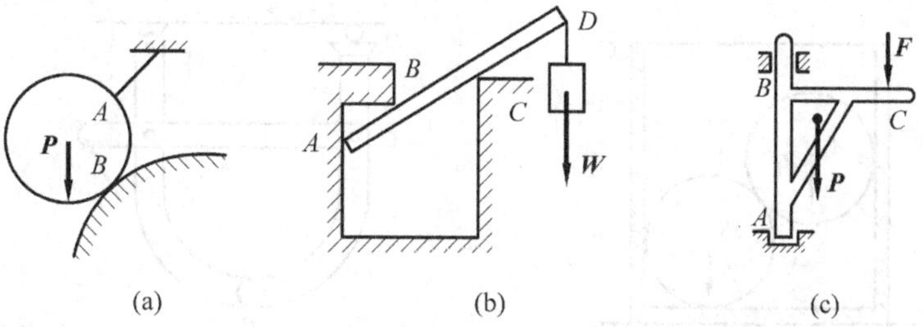

题 1-3 图

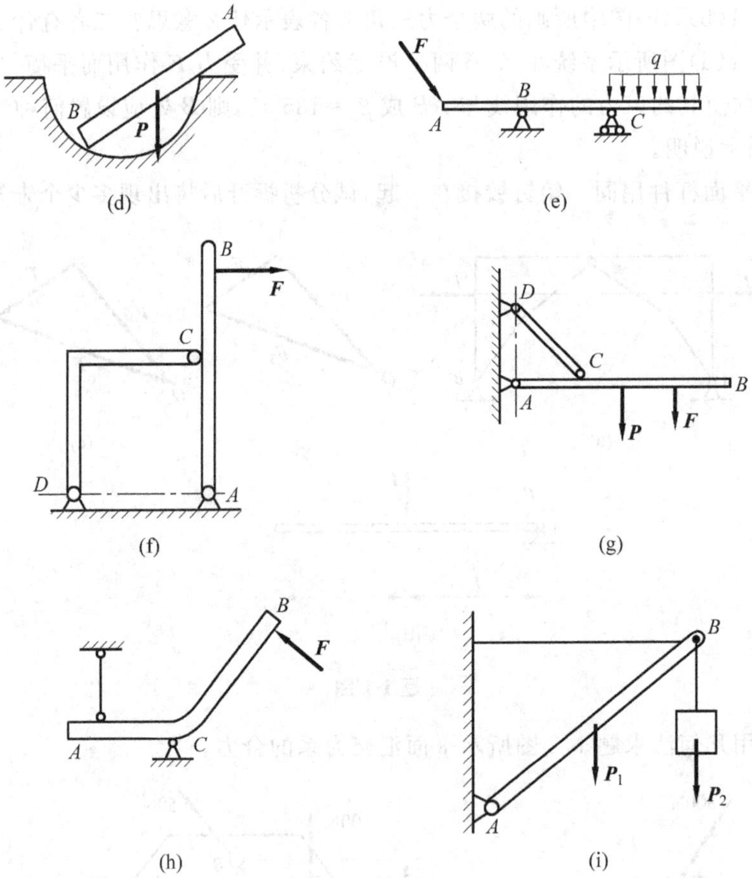

题 1-3 图(续)

1-4 画出题 1-4 图中每个标注字符物体的受力图、各题的整体受力图。未画重力的物体的重量均不计,所有接触处均为光滑接触。

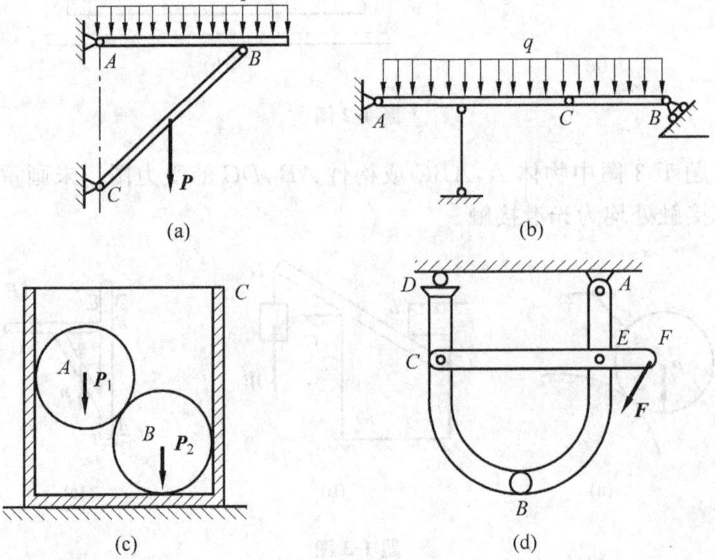

题 1-4 图

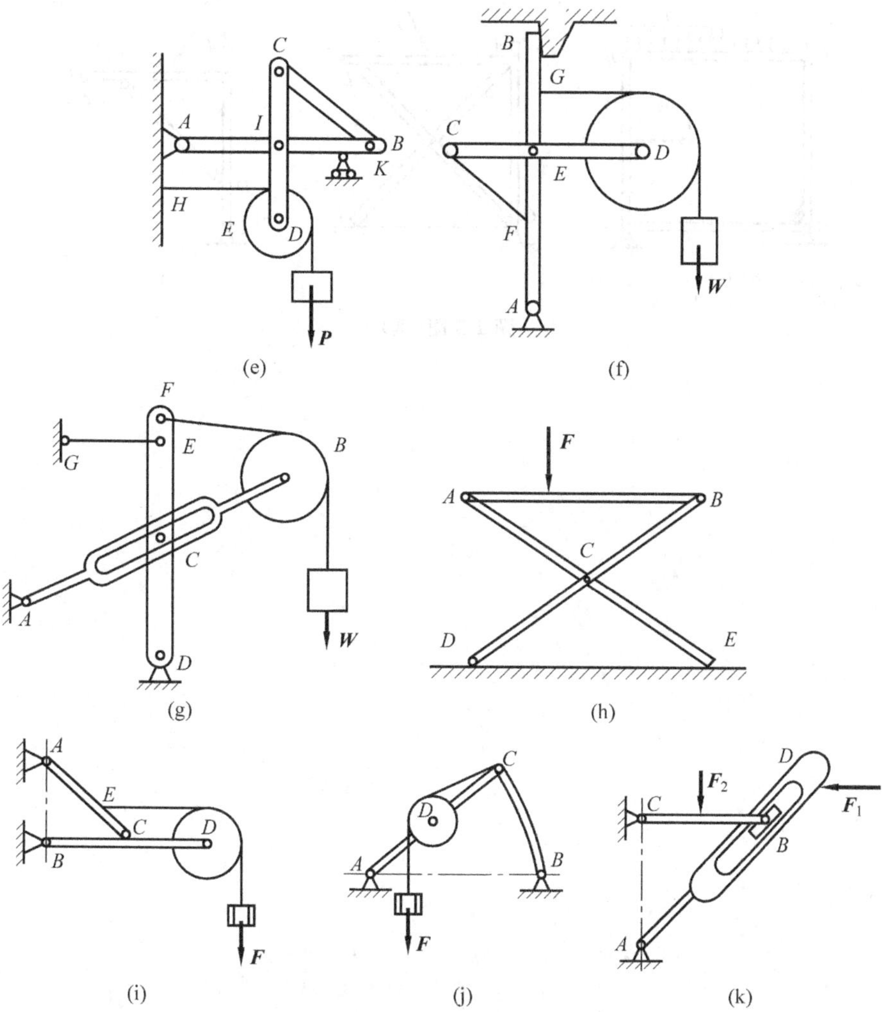

题 1-4 图(续)

1-5　画出题 1-5 图中每个标注字符物体的受力图、各题的整体受力图及销钉 A(销钉 A 穿透各构件)的受力图。未画重力的物体的重量均不计,所有接触处均为光滑接触。

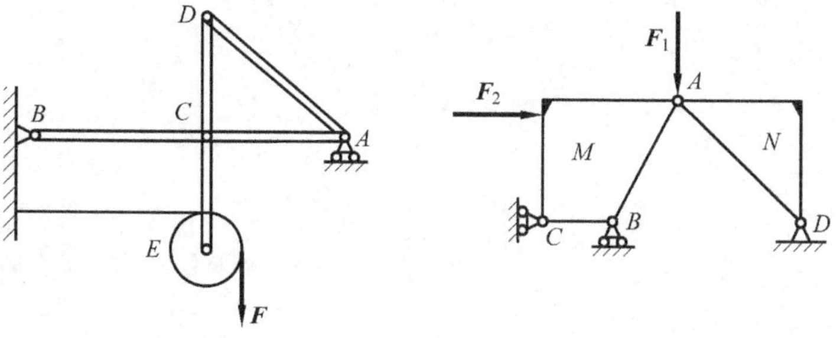

题 1-5 图

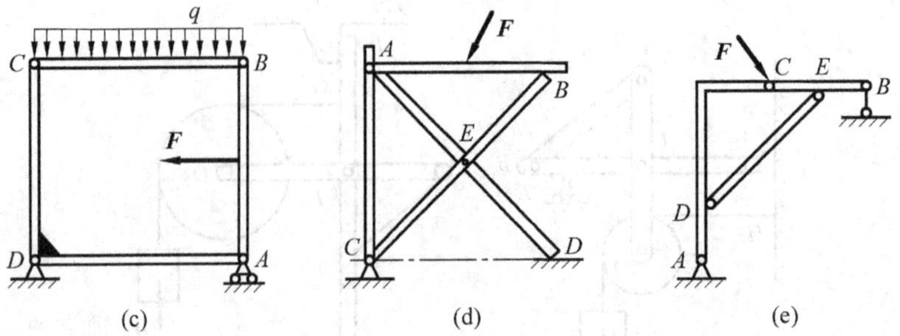

题 1-5 图(续)

第2章

平面力系

工程中经常遇到平面力系的问题，即作用在物体上的力，其作用线都分布在同一平面内（或近似地分布在同一平面内）。当对称结构所受的力都对称于其对称平面时，也可视作平面力系问题。平面力系可分为平面汇交力系、平面平行力系、平面力偶系及平面任意力系等。本章将较为详细地讨论平面力系的简化和平衡问题，并简单介绍其应用专题：桁架与摩擦。

2.1 力在轴上的投影和平面力对点之矩

力对刚体的作用效应是使刚体的运动状态发生改变（包括移动和转动），其中力对刚体的移动效应可以用力在轴上的投影来描述；而力对刚体的转动效应可用力对点的矩（简称力矩）来度量。

1. 力在轴上的投影

力 $\boldsymbol{F}$ 与 x 轴的单位向量 $\boldsymbol{i}$ 的数量积称为力 $\boldsymbol{F}$ 在轴 x 上的投影，记为 X，如图 2-1 所示。于是有

$$X=\boldsymbol{F}\cdot\boldsymbol{i}=F\cos\alpha \tag{2-1}$$

从几何上看，X 是过力矢的起点 A 和终点 B 分别向 x 轴引垂线所得到的有向线段$\overrightarrow{ab}$。力在轴上的投影为代数值，当力与轴正向间的夹角为锐角时，其值为正；夹角为钝角时，其值为负；夹角为直角时，其值为零。实际计算时，当夹角为钝角时，常用其补角计算力投影的大小，并在其前面加上负号。

为了计算上方便，经常求力在一对直角坐标轴上的投影，如图 2-2 所示。此时有

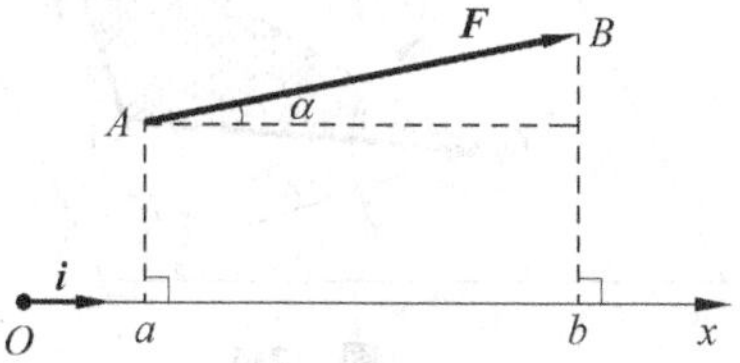

图 2-1

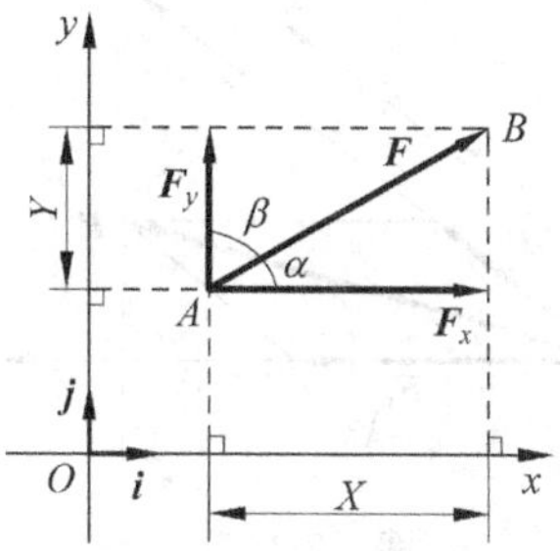

图 2-2

$$\left.\begin{aligned} X &= \boldsymbol{F}\cdot\boldsymbol{i} = F\cos\alpha \\ Y &= \boldsymbol{F}\cdot\boldsymbol{j} = F\cos\beta \end{aligned}\right\} \tag{2-2}$$

又由图2-2可知,力 $\boldsymbol{F}$ 可分解为两个分力 $\boldsymbol{F}_x$,$\boldsymbol{F}_y$ 时,其分力与投影有如下关系:

$$\boldsymbol{F}_x = X\boldsymbol{i},\quad \boldsymbol{F}_y = Y\boldsymbol{j}$$

故力 $\boldsymbol{F}$ 的解析表达式为

$$\boldsymbol{F} = X\boldsymbol{i} + Y\boldsymbol{j} \tag{2-3}$$

反之,若已知力 $\boldsymbol{F}$ 在两正交轴上的投影 X 和 Y,则该力的大小与方向余弦为

$$\left.\begin{aligned} F &= \sqrt{X^2+Y^2} \\ \cos\alpha &= \frac{X}{F},\quad \cos\beta = \frac{Y}{F} \end{aligned}\right\} \tag{2-4}$$

式中 α 和 β 分别表示力 $\boldsymbol{F}$ 与 x,y 轴之间的方向角。

显然,力在一对直角坐标轴上的投影与力沿这两个方向分力的大小在数值上是相等的。但必须注意,力在轴上的投影 X,Y 为代数量,而力沿两轴的分力 $\boldsymbol{F}_x = X\boldsymbol{i}$,$\boldsymbol{F}_y = Y\boldsymbol{j}$ 是矢量,且当 x,y 两轴不相垂直时,力沿两轴的分力 $\boldsymbol{F}_x$,$\boldsymbol{F}_y$ 在数值上也不等于力在两轴上的投影 X 和 Y,如图2-3所示。

力既然是矢量,自然满足矢量运算的一般规则。根据合矢量的投影规则,可以得到下面这个重要的结论:

合力投影定理 力系的合力在某轴上的投影等于各分力在同一轴上投影的代数和。即

$$\left.\begin{aligned} X_R &= X_1 + X_2 + \cdots + X_n = \sum X_i \\ Y_R &= Y_1 + Y_2 + \cdots + Y_n = \sum Y_i \end{aligned}\right\} \tag{2-5}$$

式中 X_R,Y_R 与 X_1,X_2,…,X_n;Y_1,Y_2,…,Y_n 分别表示合力 $\boldsymbol{F}_R$ 与力系($\boldsymbol{F}_1$,$\boldsymbol{F}_2$,…,$\boldsymbol{F}_n$)的各分力在 x 轴和 y 轴上的投影。

利用式(2-4)和式(2-5),可以从原始力系出发,直接计算力系合力的大小和方向。

2. 平面力对点之矩(力矩)

如图2-4所示,平面上有一力 $\boldsymbol{F}$ 作用,在同平面内任取一点 O,称点 O 为矩心,力 $\boldsymbol{F}$ 与矩心 O 所在的平面称为力矩平面,矩心 O 到力 $\boldsymbol{F}$ 的作用线的垂直距离 h 称为力臂,则平面问题中力对点之矩可定义如下:

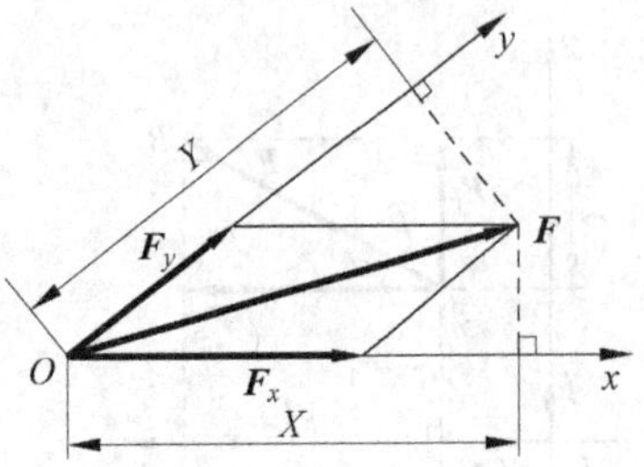

图 2-3

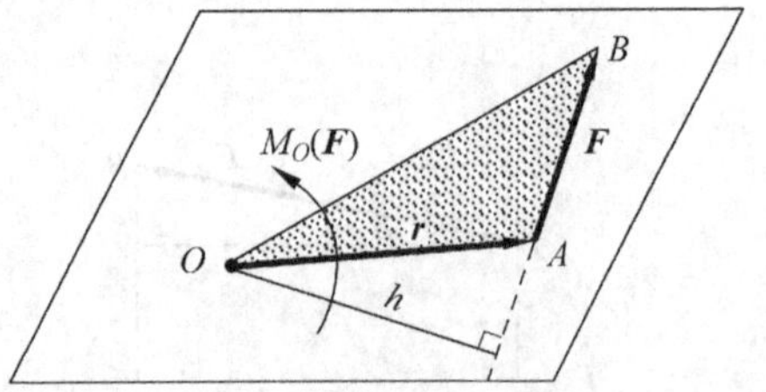

图 2-4

平面力对点之矩是一个代数量,其绝对值等于力的大小和力臂的乘积,其正负号一般按以下方法确定:力使物体绕矩心逆时针转向转动时为正,反之为负,记作

$$M_O(\boldsymbol{F}) = \pm Fh \tag{2-6}$$

由定义可知，力矩是相对于某一矩心而言的，离开了矩心，力矩就没有意义。而矩心的位置可以是力矩平面内任意一点，并非一定是物体内固定的转动中心。一般而言，矩心位置选取不同，力矩也就不同。

从几何上看，力 $\boldsymbol{F}$ 对点 O 之矩在数值上等于△OAB 面积的2倍，如图2-4所示。

显然，当力的作用线过矩心时，则它对矩心的力矩为零；当力沿其作用线移动时，力对点之矩保持不变。力矩的单位常用牛顿·米(N·m)或千牛顿·米(kN·m)。

在计算力系的合力对某点之矩时，由于合力与力系等效，常用到所谓的合力矩定理，即，平面力系的合力对某点之矩等于各分力对同一点之矩的代数和。

设平面力系($\boldsymbol{F}_1,\boldsymbol{F}_2,\cdots,\boldsymbol{F}_n$)的合力为 $\boldsymbol{F}_R$，根据合力矩定理则有

$$M_O(\boldsymbol{F}_R) = \sum M_O(\boldsymbol{F}_i) \tag{2-7}$$

利用该定理，有时会给力矩的计算带来方便。

例 2-1 试求图2-5所示构件上的力 $\boldsymbol{F}$ 对 A 点之矩。

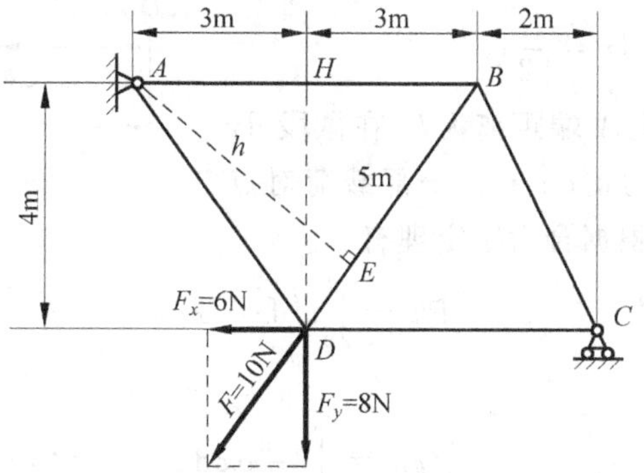

图 2-5

解 可以用三种方法计算力 $\boldsymbol{F}$ 对 A 点之矩 $M_A(\boldsymbol{F})$。

(1) 由定义有 $M_A(\boldsymbol{F}) = -Fh$，如图2-5所示。

因为△AEB～△DHB，则 $\dfrac{h}{6}=\dfrac{4}{5}$，所以 $h=4.8\text{m}$，故有

$$M_A(\boldsymbol{F}) = -10\text{N}\times 4.8\text{m} = -48\text{N}\cdot\text{m}$$

(2) 将 $\boldsymbol{F}$ 分解为图示正交分力 $\boldsymbol{F}_x,\boldsymbol{F}_y$，则

$$F_x = 10\text{N}\times\frac{3}{5} = 6\text{N},\quad F_y = 10\text{N}\times\frac{4}{5} = 8\text{N}$$

根据合力矩定理有

$$M_A(\boldsymbol{F}) = M_A(\boldsymbol{F}_x) + M_A(\boldsymbol{F}_y) = -6\text{N}\times 4\text{m} - 8\text{N}\times 3\text{m} = -48\text{N}\cdot\text{m}$$

(3) 先将力 $\boldsymbol{F}$ 沿其作用线移至图中的 B 点，再将 $\boldsymbol{F}$ 分解为水平和垂直两个方向的分力，其中水平方向的分力通过矩心 A，其分力矩为零，由合力矩定理有

$$M_A(\boldsymbol{F}) = -6\text{N}\times 0\text{m} - 8\text{N}\times 6\text{m} = -48\text{N}\cdot\text{m}$$

综上所述，计算力矩常用如下两种方法：

(1) 直接计算力臂，按定义求力矩。

(2) 应用合力矩定理求力矩。此时应注意：①将一个力恰当地分解为两个相互垂直的分力，利用已求得的分力矩计算合力矩，并注意力的分解方向。②刚体上的力可沿其作用线移动，故力可在作用线上任意一点分解。而具体在力作用线上选择哪一点进行力的分解，其原则是使分解后的两个分力取矩比较方便。

在工程中，结构常受到在狭长面积和体积上平行分布的力作用，这些力都可抽象简化为线性分布力(或称分布载荷)。平面结构所受的线性分布力常见的是沿某一直线连续分布的同向平行力系，为求其合力，需应用数学上的积分知识和合力矩定理。下面举例说明这种分布力系的简化。

例 2-2 水平梁 AB 受三角形分布载荷作用，如图 2-6 所示，载荷集度的最大值为 q，梁长为 l，试求合力的大小及其作用线的位置。

解 在梁上距 A 端为 x 的微段 $\mathrm{d}x$ 上，作用力的大小为 $q'\mathrm{d}x$，其中 q' 为该处的载荷集度，且 $q'=\dfrac{x}{l}q$。因此分布载荷的合力大小为

$$P=\int_0^l q'\mathrm{d}x=\frac{1}{2}ql$$

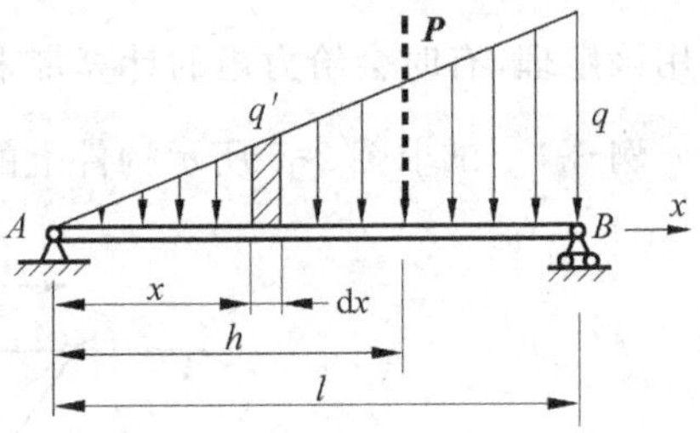

图 2-6

设合力 $\boldsymbol{P}$ 的作用线距 A 端距离为 h，在微段 $\mathrm{d}x$ 上的作用力对点 A 之矩为 $q'\mathrm{d}x\cdot x$，全部载荷对点 A 之矩可以用积分求得，根据合力矩定理有

$$Ph=\int_0^l q'\mathrm{d}x\cdot x$$

即

$$\frac{1}{2}qlh=\int_0^l \frac{x}{l}qx\,\mathrm{d}x$$

解得

$$h=\frac{2}{3}l$$

计算结果表明：合力大小等于三角形分布载荷图的面积，合力作用线通过该三角形的几何中心，方向与各分力方向一致。

上述结论不难推广到一般情形，即同向的线性分布力的合力大小等于载荷图的面积(这个面积具有力的量纲)，合力的作用线通过载荷图的形心，并与各分力同向平行。当分布力的载荷图是简单图形时，应用这一法则可以方便地求出分布力的合力大小及其作用线位置。

2.2 平面力偶理论

1. 力偶和力偶矩

大小相等、方向相反且不共线的二平行力 $\boldsymbol{F},\boldsymbol{F}'$ 组成的力系称为力偶，记为$(\boldsymbol{F},\boldsymbol{F}')$；二平行力所在的平面称为力偶作用面；二平行力之间的垂直距离 d 称为力偶臂，如图 2-7 所示。

力偶在实际生活中经常遇到，诸如汽车司机转动方向盘（图 2-8(a)所示）、钳工用丝锥攻螺纹（图 2-8(b)所示）以及日常生活中人们用手指旋转钥匙、拧水龙头等都是施加力偶的实例。

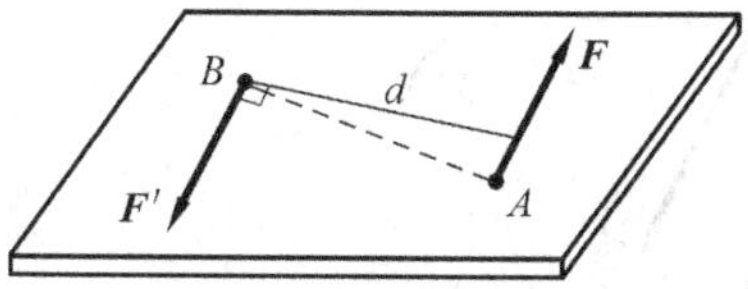

图　2-7

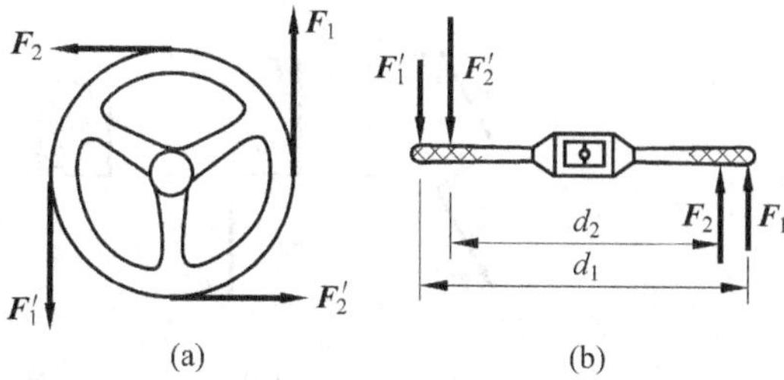

图　2-8

力偶是由两个力组成的，它对刚体的作用效应就是这两个力分别对刚体作用效应的叠加。由于组成力偶的两个力等值、反向，它们的矢量和必为零，它们在任一轴上的投影之和也必为零，故力偶无平移效应，只有纯转动效应。这表明，力偶不可能与一个力等效，也不能与一个力平衡。因此，在力学中，除了力之外，力偶也是一个基本的力系组成元素。

力偶对物体的转动效应，可用力偶矩来度量，即用力偶的两个力对其作用面内某点之矩的代数和来度量。

设有力偶$(\boldsymbol{F},\boldsymbol{F}')$，其力偶臂为 d，如图 2-9 所示，力偶对点 O 之矩 $M_O(\boldsymbol{F},\boldsymbol{F}')$为

$$M_O(\boldsymbol{F},\boldsymbol{F}') = M_O(\boldsymbol{F}) + M_O(\boldsymbol{F}') = F\,\overline{DO} - F'\,\overline{EO} = F(\overline{DO} - \overline{EO}) = Fd$$

矩心 O 是任选的，可见力偶对物体的作用效应决定于力偶中力的大小、力偶臂的长短以及力偶的转向，而与矩心的位置无关。在力学中，把力和力偶臂的乘积并冠以正负号称为力偶矩，记作 $M(\boldsymbol{F},\boldsymbol{F}')$，简记为 M，则有

$$M_O(\boldsymbol{F},\boldsymbol{F}') = M = \pm Fd \tag{2-8}$$

于是有结论：平面力偶矩是一个代数量，其绝对值等于力的大小和力偶臂的乘积，正负号表示力偶的转向，通常规定逆时针转向为正，反之为负。力偶矩的单位与力矩相同，也为牛顿·米（N·m）或千牛顿·米（kN·m）。

从几何上看，力偶矩在数值上等于$\triangle ABC$面积的 2 倍，如图 2-9 所示。

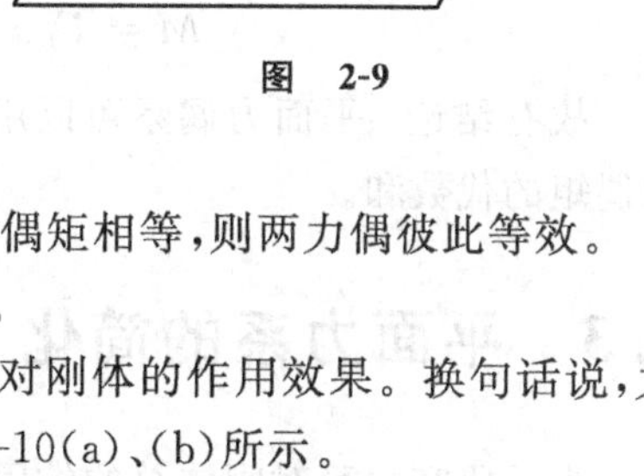

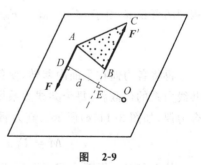

图　2-9

2. 力偶的等效定理

定理：作用在刚体上同一平面内的两个力偶，如果力偶矩相等，则两力偶彼此等效。

由这一定理可以得出关于平面力偶性质的两个推论。

推论 1　力偶可在其作用面内任意移转，而不改变它对刚体的作用效果。换句话说，力偶对刚体的作用效果与它在作用面内的位置无关，如图 2-10(a)、(b)所示。

推论 2　只要保持力偶矩的大小和力偶的转向不变，可以同时改变力偶中力的大小和力偶臂的长短，而不会改变力偶对刚体的作用效果，如图 2-10(c)、(d)所示。

由此可见,力偶中力的大小和力偶臂的长短都不是力偶的特征量,力偶矩才是力偶作用效果的唯一度量。因此,常用图 2-10(e)所示的符号表示力偶,其中 M 表示力偶矩的大小,带箭头的弧段表示力偶的转向。力偶的等效性可形象地表示为图 2-10。

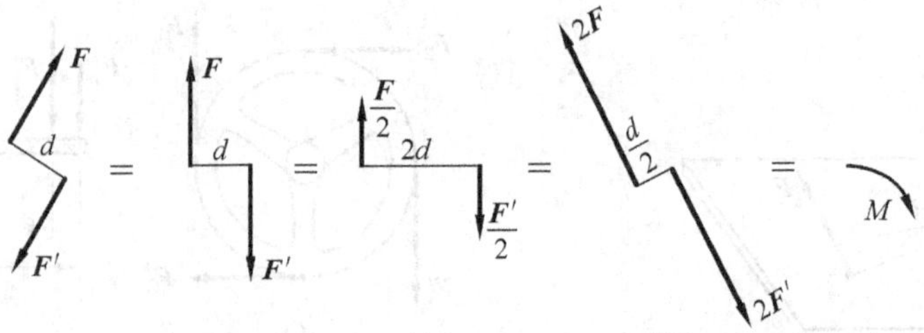

图 2-10

结论证明从略。应当指出,上述关于力偶的等效结论只适用于刚体,不能用于变形体。

下面运用这些结论讨论平面力偶系的简化问题。

设平面力偶系由 n 个力偶组成,其力偶矩分别为 $M_1, M_2, \cdots, M_n$,现求其合成结果,如图 2-11 所示(为方便作图起见,取 $n=2$,这并不失一般性)。

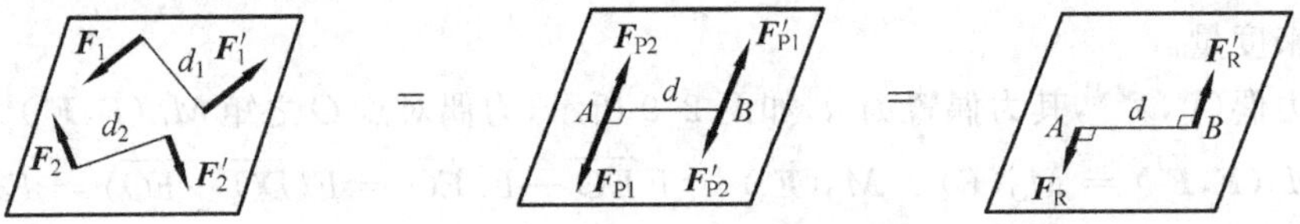

图 2-11

根据力偶的性质,保持各力偶矩不变,同时调整其力的大小和力偶臂的长短,使它们有相同的臂长 d,由于 $M_i = F_i d_i = F_{Pi} d$,故调整后各力的大小为

$$F_{Pi} = \frac{F_i d_i}{d} \quad (i = 1, 2, \cdots, n)$$

再将各力偶在平面内移转,使各对力的作用线分别共线(如图 2-11(b)所示),然后求各共线力系的代数和,每个共线力系得一合力,而这两个合力等值、反向且相距为 d,构成一个合力偶,如图 2-11(c)所示。其力偶矩为

$$M = F_R d = \sum F_{Pi} d = \sum F_i d_i = \sum M_i \tag{2-9}$$

故有结论:平面力偶系可以用同平面内的一个力偶等效替换,其力偶矩等于原来各分力偶矩的代数和。

2.3 平面力系的简化

为了研究力系对刚体总的作用效果,并研究其平衡条件,需要对力系进行简化,即用最简单的力系等效替换原来的复杂力系。力系向一点简化是一种较为简便并具有普遍性的力系简化方法,其理论基础是力线平移定理。

1. 力线平移定理

定理 可以把作用在刚体上点 A 的力 $\boldsymbol{F}$ 平行移到刚体上任一点 B，但必须同时附加一个力偶，这个附加力偶的矩等于原来的力 $\boldsymbol{F}$ 对新的作用点 B 的矩。

证明 设力 $\boldsymbol{F}$ 作用于刚体上的点 A，如图 2-12(a)所示。在刚体上任取另一点 B，根据加减平衡力系公理，在点 B 上加一平衡力系($\boldsymbol{F}'$,$\boldsymbol{F}''$)，令 $\boldsymbol{F}'=-\boldsymbol{F}''=\boldsymbol{F}$，如图 2-12(b)所示。则力 $\boldsymbol{F}$ 与力系($\boldsymbol{F}$,$\boldsymbol{F}'$,$\boldsymbol{F}''$)等效或与力系[$\boldsymbol{F}'$,($\boldsymbol{F}$,$\boldsymbol{F}''$)]等效，($\boldsymbol{F}$,$\boldsymbol{F}''$)组成一对力偶，其力偶矩为 $M=Fd=M_B(\boldsymbol{F})$。

这样，原来作用于刚体上点 A 的力 $\boldsymbol{F}$ 向 B 点平移后，必须同时附加相应的力偶，如图 2-12(c)所示。

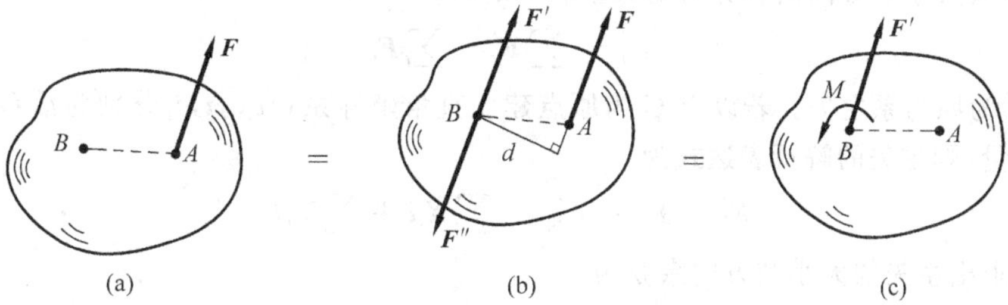

图 2-12

由力线平移定理可知，可以将一个力分解为一个力和一个力偶，反之，也可以将一个力和一个力偶合成一个力。合成过程为上图的逆过程。

力线平移定理在理论上和实践上都有重要的意义。在理论上，它建立了力和力偶这两个基本要素之间的联系；在实践上，它是力系向一点简化的理论依据，同时还可用来分析一些力学现象。例如，用丝锥攻螺纹时，操作规程规定，必须用两手同时握扳手，而且要用力均匀，以期丝锥只产生转动，绝不允许只用一只手去转动扳手。读者可借助于图 2-13，应用力线平移定理，自行分析其原因。

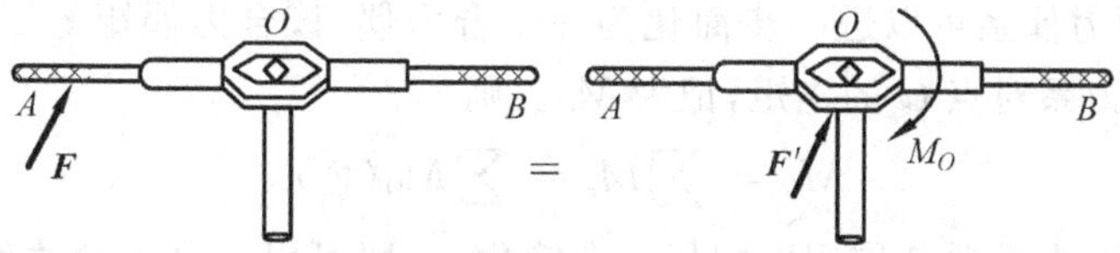

图 2-13

2. 平面力系向作用面内一点简化、主矢和主矩

设刚体上作用有一平面力系($\boldsymbol{F}_1$,$\boldsymbol{F}_2$,…,$\boldsymbol{F}_n$)，如图 2-14(a)所示。现应用力系向一点简化的方法来简化原力系，具体做法如下：

(1) 在力系所在平面内任选一点 O，称为简化中心。借助力线平移定理，将力系中诸力向点 O 平移。这样，原力系便分解为两个简单力系，一个是汇交于点 O 的平面汇交力系($\boldsymbol{F}_1'$,$\boldsymbol{F}_2'$,…,$\boldsymbol{F}_n'$)，一个是力偶矩分别为 M_1,M_2,…,M_n 的附加平面力偶系，如图 2-14(b)所示。

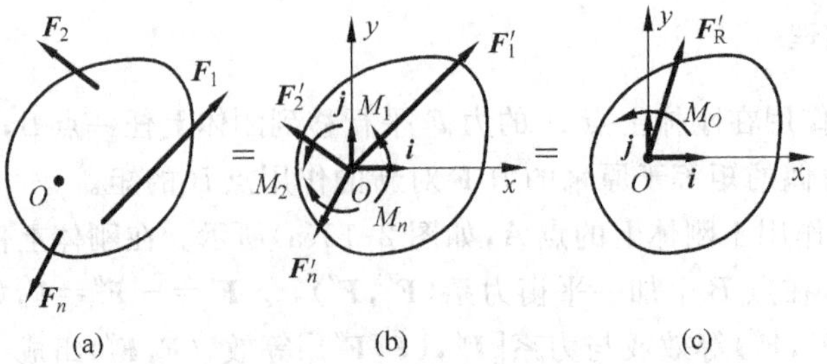

图 2-14

(2) 由前述讨论已知,该平面汇交力系可以进一步简化成一个合力 $\boldsymbol{F}'_R$,其作用点过简化中心 O,其大小和方向由各分力的矢量和决定,即

$$\boldsymbol{F}'_R = \sum \boldsymbol{F}'_i = \sum \boldsymbol{F}_i \tag{2-10}$$

称力矢 $\boldsymbol{F}'_R$ 为原力系主矢。若以点 O 为原点建立直角坐标系 Oxy,$\boldsymbol{i}$,$\boldsymbol{j}$ 分别为沿 Ox,Oy 轴的单位矢量,则主矢的解析表达式为

$$\boldsymbol{F}'_R = \boldsymbol{F}'_{Rx} + \boldsymbol{F}'_{Ry} = \sum X_i \boldsymbol{i} + \sum Y_i \boldsymbol{j} \tag{2-11}$$

由此可以求出主矢的大小和方向余弦为

$$\left.\begin{aligned} F'_R &= \sqrt{\left(\sum X_i\right)^2 + \left(\sum Y_i\right)^2} \\ \cos(\boldsymbol{F}'_R, \boldsymbol{i}) &= \frac{\sum X_i}{F'_R}, \cos(\boldsymbol{F}'_R, \boldsymbol{j}) = \frac{\sum Y_i}{F'_R} \end{aligned}\right\} \tag{2-12}$$

有时,为了方便,也可用主矢 $\boldsymbol{F}'_R$ 与 x 轴的方向角 α 的正切值来确定 $\boldsymbol{F}'_R$ 的方向。

$$\tan\alpha = \frac{\sum Y_i}{\sum X_i} \tag{2-13}$$

其中,α 所在象限由 $\sum X_i$,$\sum Y_i$ 的正负号确定。

(3) 上述平面力偶系可以进一步简化为一个合力偶,该合力偶矩等于各附加力偶矩的代数和,称之为原力系对点 O 的主矩,记为 M_O。则

$$M_O = \sum M_i = \sum M_O(\boldsymbol{F}_i) \tag{2-14}$$

由此可见,平面力系向其作用面内任一点简化,一般可以得到一个力和一个力偶,该力的作用点通过简化中心,其大小和方向等于原力系的主矢,该力偶的力偶矩等于原力系对简化中心的主矩。

从简化过程不难看出,力系的主矢与简化中心的选取无关,是自由矢量;而主矩与简化中心的选取有关。因此,对于主矩,应指明是对哪个简化中心而言的。比如,M_O 中的下标 O 就指明了力系的简化中心是点 O。

下面用力系向一点简化理论,分析固定端(插入端)支座的约束反力。

固定端或插入端是常见的一种约束形式。例如嵌入墙内的防雨篷的一端,与基础整体浇注在一起的钢筋混凝土柱和基础的连接端,夹持车刀的刀架(图 2-15(a)),夹紧工件的卡盘(图 2-15(b))等都属于这类约束。图 2-15(c)是它们的力学简图。

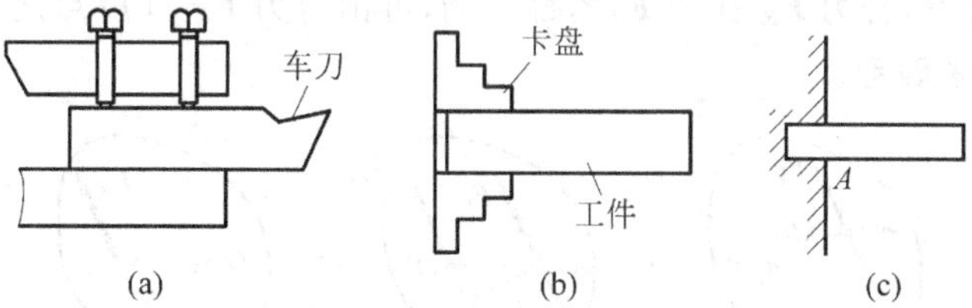

图　2-15

这类约束的特点是连接处有很大的刚性,不允许被约束物体发生任何移动和转动。它对物体的作用是在接触面上作用了一群约束反力。当被约束物体所受的主动力系位于同一平面时,物体所受的约束反力也构成一个与主动力有关的平面任意力系,如图 2-16(a)所示。将其向固定端中心 A 点简化得一力和一力偶,如图 2-16(b)所示,力的大小、方向未知,可以用两个未知的正交分量表示。故在平面问题中,固定端约束的约束反力包括两个反力 $\boldsymbol{F}_{Ax}$,$\boldsymbol{F}_{Ay}$ 和一个力偶矩为 M_A 的约束反力偶,如图 2-16(c)所示。

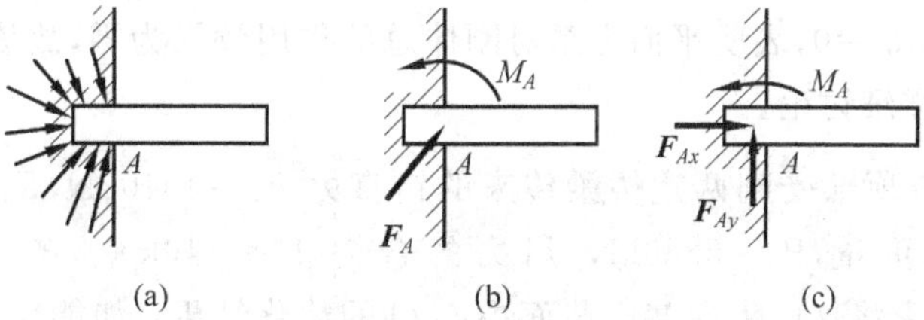

图　2-16

比较固定端支座和固定铰链支座的约束性质可知,固定铰支座只能限制物体的移动而不能限制物体在约束平面内的转动。固定端支座则除了限制物体的移动之外,还限制物体在约束平面内的转动,因此,除了约束反力外,还必须有约束反力偶。

工程中,固定端支座是一种常见的约束类型,除上面提到的刀架和卡盘外,插入地基的电线杆以及悬臂梁等都是其应用实例。

3. 简化结果的讨论

由于平面力系对刚体的作用决定于力系的主矢和主矩,因此,可由这两个基本物理量来研究力系简化的最后结果。

(1) 若 $\boldsymbol{F}'_{\mathrm{R}}=\boldsymbol{0}$,$M_O\neq 0$,平面力系与一力偶等效,此力偶称为平面力系的合力偶,其力偶矩用主矩 $M_O=\sum M_O(\boldsymbol{F}_i)$ 度量。由力偶的性质可知,力偶对任意点的矩恒等于力偶矩,故这时主矩与简化中心的选取无关。

(2) 若 $\boldsymbol{F}'_{\mathrm{R}}\neq\boldsymbol{0}$,$M_O=0$,平面力系等效于作用线过简化中心的一个合力(若否,力系的主矩将不为零)。合力 $\boldsymbol{F}_{\mathrm{R}}$ 的大小和方向由力系的主矢 $\boldsymbol{F}'_{\mathrm{R}}$ 确定,即 $\boldsymbol{F}_{\mathrm{R}}=\boldsymbol{F}'_{\mathrm{R}}$。

(3) 若 $\boldsymbol{F}'_{\mathrm{R}}\neq\boldsymbol{0}$,$M_O\neq 0$,这种情形还可以进一步简化。根据力线平移定理可知,$\boldsymbol{F}'_{\mathrm{R}}$ 和 M_O 可以由一个力 $\boldsymbol{F}_{\mathrm{R}}$ 等效替换,且 $\boldsymbol{F}_{\mathrm{R}}=\boldsymbol{F}'_{\mathrm{R}}$,但其作用线不过简化中心 O。若设合力作用线到简化中心 O 的距离为 d,则 $d=\left|\dfrac{M_O}{F'_{\mathrm{R}}}\right|$。图 2-17 说明了上述简化过程,其中合力 $\boldsymbol{F}_{\mathrm{R}}$ 的作用线

过O'点。这种情况下,合力$\boldsymbol{F}_R$在力$\boldsymbol{F}'_R$的哪一侧,可由合力$\boldsymbol{F}_R$对O点之矩的转向应与力偶矩M_O的转向一致来确定。

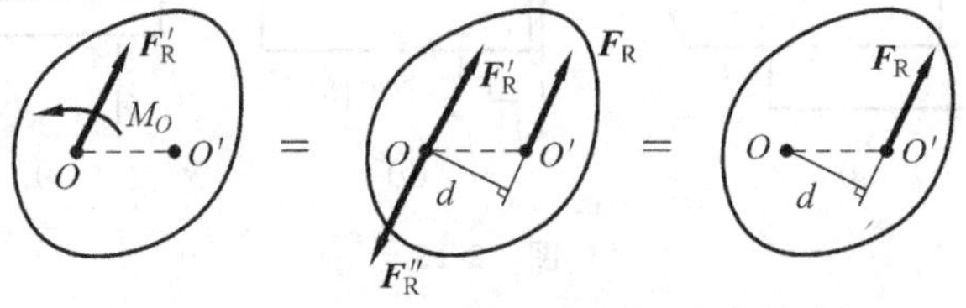

图 2-17

另外由图2-17及其证明过程易知,

$$M_O(\boldsymbol{F}_R) = F_R d = M_O = \sum M_O(\boldsymbol{F}_i)$$

由于简化中心O是任取的,所以上式有普遍意义。即,平面力系的合力对作用面内任一点的矩等于各分力对同一点矩的代数和。这恰是我们前面叙述的合力矩定理及其证明。

(4) 若$\boldsymbol{F}'_R=\boldsymbol{0}$,$M_O=0$,表明平面力系对刚体总的作用效果为零,故该力系为平衡力系。这种情形将在下节详细讨论。

例 2-3 某桥墩顶部受到两边桥梁传来的铅直力$F_1=1940\text{kN}$,$F_2=800\text{kN}$,水平力$F_3=193\text{kN}$,桥墩重量$P=5280\text{kN}$,风力的合力$F=140\text{kN}$。各力作用线位置如图2-18(a)所示。求将这些力向基底截面中心O的简化结果;如能简化为一合力,试求出合力作用线位置。

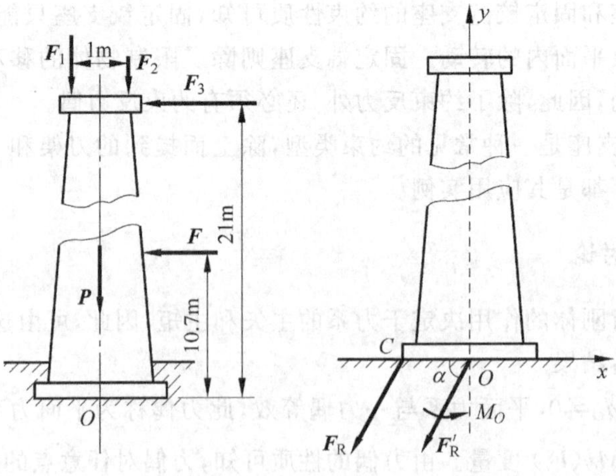

图 2-18

解 (1) 先将力系向O点简化,求得其主矢$\boldsymbol{F}'_R$和主矩M_O。

$$\sum X_i = -F_3 - F = -333\text{kN}$$

$$\sum Y_i = -F_1 - F_2 - P = -8\,020\text{kN}$$

故

$$F'_R = (-333\boldsymbol{i} - 8\,020\boldsymbol{j})\text{kN}$$

主矢 $\boldsymbol{F}'_R$的大小为

$$F'_R = \sqrt{\left(\sum X_i\right)^2 + \left(\sum Y_i\right)^2} = \sqrt{333^2 + 8\,020^2}\text{kN} = 8\,027\text{kN}$$

方向为

$$\tan\alpha = \frac{\sum Y_i}{\sum X_i} = \frac{-8\,020}{-333}$$

所以

$$\alpha = 87.62°$$

即主矢 $\boldsymbol{F}'_R$在第三象限内，与 x 轴的夹角为 87.62°。

力系对 O 点的主矩为

$$M_O = F_1 \times 0.5\text{m} - F_2 \times 0.5\text{m} + F_3 \times 21\text{m} + F \times 10.7\text{m} = 6\,121\text{kN} \cdot \text{m}$$

(2) 由于 $\boldsymbol{F}'_R \neq \boldsymbol{0}, M_O \neq 0$，故原力系的简化结果为一合力 $\boldsymbol{F}_R$，其合力矢 $\boldsymbol{F}_R$ 的大小和方向与主矢 $\boldsymbol{F}'_R$相同。合力作用线位置的 x 值可根据合力矩定理求得(图 2-18(b))，即

$$M_O = M_O(\boldsymbol{F}_R) = M_O(\boldsymbol{F}_{Rx}) + M_O(\boldsymbol{F}_{Ry})$$

其中

$$M_O(\boldsymbol{F}_{Rx}) = 0$$

故

$$M_O = M_O(\boldsymbol{F}_{Ry}) = xF_{Ry}$$

解得

$$x = \overline{OC} = \left|\frac{M_O}{F_{Ry}}\right| = \frac{6\,121}{8\,020}\text{m} = 0.763\text{m}$$

2.4　平面力系的平衡条件和平衡方程

从上节分析可以看出，平面任意力系向其作用面内任一点简化后，若主矢 $\boldsymbol{F}'_R$和主矩 M_O 不同时为零时，力系是不平衡的。因此，要使平面力系平衡，则必须有 $\boldsymbol{F}'_R = \boldsymbol{0}, M_O = 0$；反之，如果 $\boldsymbol{F}'_R = \boldsymbol{0}, M_O = 0$，则说明力系必然是平衡的。所以，平面力系平衡的必要和充分条件是力系的主矢和对作用面内任意一点的主矩同时为零。

将上述平衡条件用解析形式表述，就可以得到平面力系的平衡方程式。

由 $\boldsymbol{F}'_R = \boldsymbol{0}$，有 $F'_R = \sqrt{\left(\sum X_i\right)^2 + \left(\sum Y_i\right)^2} = 0$，必有

$$\left.\begin{aligned}\sum X_i = 0\\ \sum Y_i = 0\end{aligned}\right\} \tag{2-15a}$$

由 $M_O = 0$，有 $M_O = \sum M_O(\boldsymbol{F}_i) = 0$，即

$$\sum M_O(\boldsymbol{F}_i) = 0 \tag{2-15b}$$

综合以上两式，并采用简写记号，以 X, Y 代表力在轴上的投影，$M_O(\boldsymbol{F}) = 0$ 表示力对点

O(简化中心)之矩,最后可得

$$\left.\begin{aligned}\sum X &= 0\\ \sum Y &= 0\\ \sum M_O(\boldsymbol{F}) &= 0\end{aligned}\right\}\qquad(2\text{-}16)$$

方程(2-16)就是平面力系平衡方程的基本形式。它由两个投影方程和一个力矩方程组成,也称为一矩式平衡方程。它表明,平面力系平衡的必要和充分条件是力系中各力在平面坐标系中每一轴上投影的代数和分别为零,并且各力对力系作用面内任一点之矩的代数和也等于零。

平面力系有三个独立的平衡方程,可以求解三个未知量,并且除了上述基本形式外,还有所谓的二矩式、三矩式两种。它们之间是相互等价的,下面分别介绍。

二矩式平衡方程为

$$\left.\begin{aligned}\sum M_A(\boldsymbol{F}) &= 0\\ \sum M_B(\boldsymbol{F}) &= 0\\ \sum X &= 0\end{aligned}\right\}\qquad(2\text{-}17)$$

即两个力矩方程和一个投影方程,其中两个矩心 A,B 连线不得与投影轴 x 相垂直。

下面分析其满足力系平衡的必要和充分条件的原因,如图 2-19 所示。

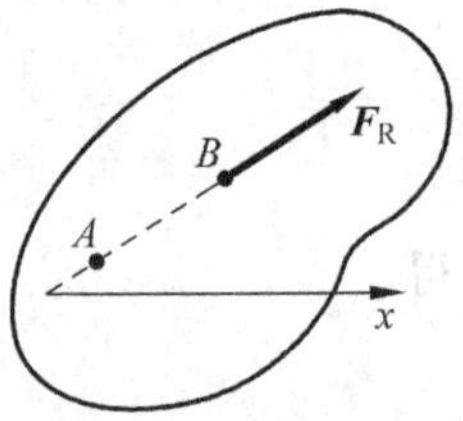

图 2-19

必要性:如果一平面力系满足 $\boldsymbol{F}'_R=\boldsymbol{0}$,$M_O=0$,即与零力系等效,则该力系对任意轴(含 x 轴)的投影及对任意点(含 A,B 点)之矩都应当为零,故式(2-17)必成立。

充分性:假设式(2-17)成立,若力系不平衡,则由 $\sum M_A(\boldsymbol{F})=0$ 或 $\sum M_B(\boldsymbol{F})=0$ 可知,力系不可能简化为一个力偶,只可能简化为通过 A,B 两点的一个合力。但 $\sum X=0$,否定了简化为一个合力的可能性。因为 x 轴与 A,B 两点连线不垂直,如有合力 $\boldsymbol{F}_R$,则合力在 x 轴上投影不可能等于零。此与 $\sum X=0$ 矛盾,故原力系必为平衡力系。

三矩式平衡方程为

$$\left.\begin{aligned}\sum M_A(\boldsymbol{F}) &= 0\\ \sum M_B(\boldsymbol{F}) &= 0\\ \sum M_C(\boldsymbol{F}) &= 0\end{aligned}\right\}\qquad(2\text{-}18)$$

式中 A,B,C 三点不能共线。

关于这组方程的证明,读者可自行考虑。另外,为什么不能写出 3 个投影平衡方程,也请读者思考。

上述三组平衡方程,都可用来解决平面力系的平衡问题。尽管它们形式不同,对投影轴和矩心的选择除上面提到的条件,也别无限制,但究竟选用哪一组方程,需根据具体条件确定。对于作用平面力系的物体,只能建立 3 个独立的平衡方程,从而最多可以求解 3 个未知量。任何第4个方程都只能是上述3个方程的线性组合，因而不是独立的，但可以利用多余的方程来校核计算结果。

以上讨论了最一般平面力系的平衡条件和平衡方程。在此基础上，我们可以很方便地推导出某些特殊的平面力系的平衡方程。

例如，对于平面汇交力系，即各力作用线共面且汇交于一点的力系。设力系的汇交点为O，不妨取点O为简化中心，则力系主矩$M_O \equiv 0$，从而只要主矢为零，则原力系就平衡，其平衡方程式为

$$\left.\begin{aligned}\sum X = 0\\ \sum Y = 0\end{aligned}\right\} \tag{2-19}$$

这恰是式(2-16)的前二式，而其第三式被自然满足了，如图2-20所示。

若力系中各力作用线都沿同一直线，则该力系称为共线力系，它是平面汇交力系的特殊情形，不妨取$\boldsymbol{F}_i$与x轴共线，则$\sum Y \equiv 0$，故其平衡方程式为

$$\sum X = 0 \tag{2-20}$$

再如，对于平面平行力系，即各力的作用线共面且平行的力系，该力系简化后其主矢必与各力平行，从而方向已知。不妨取两个投影轴分别与力系平行或垂直(如图2-21所示)，则有$\sum X \equiv 0$，故其平衡方程式为

$$\left.\begin{aligned}&\sum Y = 0(\boldsymbol{F}_i \,//\, y\text{ 轴})\\ &\sum M_O(\boldsymbol{F}) = 0\end{aligned}\right\} \tag{2-21}$$

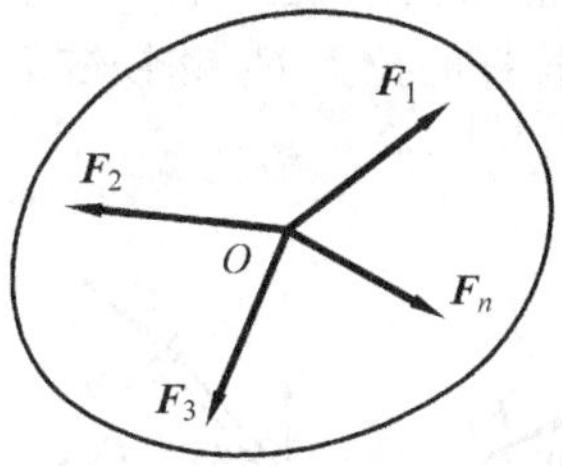

图 2-20

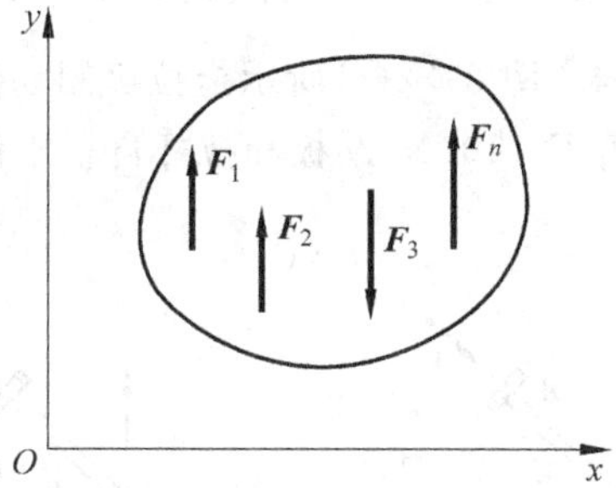

图 2-21

平面汇交力系和平面平行力系的平衡方程式同样可用多矩式表达，但必须附加相应的限制条件。请读者自行给出。

最后，对于平面力偶系，由于简化结果为一个合力偶，而力偶在任何轴上的投影均为零，故式(2-16)中的前二式自然满足$\left(\sum X \equiv 0, \sum Y \equiv 0\right)$，故其平衡方程式为

$$\sum M = 0 \tag{2-22}$$

注意：这里去掉M_O的下标O，是由于力偶矩与矩心的选择无关。

上述几种特殊的平面力系，由于力系本身满足了某些条件，因此其独立的平衡方程数目也随之减少。

至此，基本完成了平面力系的简化及其平衡条件的讨论。下面将应用上述结果来解决

平面力系的平衡问题。

应用平衡方程式求解平衡问题的方法称为解析法。解析法是求解平衡问题的主要方法,这种解题方法包含以下步骤:

(1) 根据求解的问题,恰当地选取研究对象。所谓研究对象,是指为了解决问题而选择的分析主体。选取研究对象的原则是:要使所取物体上既包含已知条件,又包含待求的未知量。

(2) 对选取的研究对象进行受力分析,正确地画出受力图。在正确画出研究对象受力图的基础上,应注意适当地运用简单力系的平衡条件如二力平衡条件、三力平衡条件、力偶等效定理等确定未知反力的方位,以简化求解过程。

(3) 建立相应的平衡方程式,求解未知量。为顺利地建立平衡方程式求解未知量,应注意以下几点:

① 根据所研究的力系选择平衡方程式的类别(如汇交力系、平行力系、力偶系、任意力系等)和形式(如基本式、二矩式、三矩式等)。

② 建立投影方程时,投影轴的选取原则上是任意的,并非一定取水平或铅垂方向,应根据具体问题从解题方便入手去考虑。

③ 建立力矩方程时,矩心的选取也应从解题方便的角度加以考虑。

④ 求解未知量。由于所列平衡方程一般是一组线性方程组,这说明一个静力学平衡问题经过上述力学分析后将归结为一组线性方程的求解问题。从理论上讲,只要所建立的平衡方程组具有完整的定解条件(独立方程个数和未知量个数相等),则求解并不困难,但若要解的方程组相互联立,则计算(指手算)耗时费力。为免去这种麻烦,就要求在列写平衡方程式时要运用一些技巧,尽可能做到每个方程只含有一个(或较少)未知量,以便手算求解。

例 2-4 图 2-22(a)所示拖拉机制动镫,制动时用力 $\boldsymbol{F}$ 踩踏板,通过拉杆 CD 使拖拉机制动。若 $F=100\text{N}$,踏板和拉杆自重不计,求图示位置时拉杆的拉力 $\boldsymbol{F}_{\mathrm{T}}$ 和铰链 B 处的支座反力。

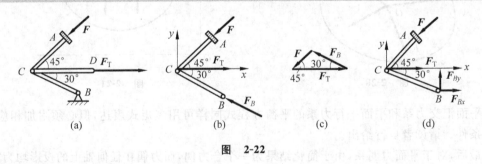

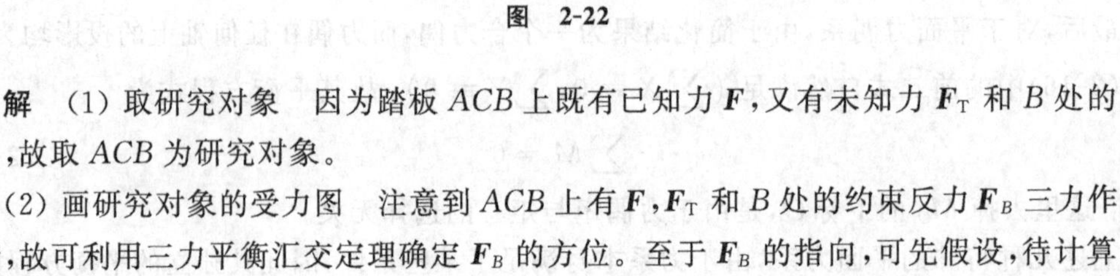

图 2-22

解 (1) 取研究对象 因为踏板 ACB 上既有已知力 $\boldsymbol{F}$,又有未知力 $\boldsymbol{F}_{\mathrm{T}}$ 和 B 处的支座反力,故取 ACB 为研究对象。

(2) 画研究对象的受力图 注意到 ACB 上有 $\boldsymbol{F}$,$\boldsymbol{F}_{\mathrm{T}}$ 和 B 处的约束反力 $\boldsymbol{F}_B$ 三力作用而平衡,故可利用三力平衡汇交定理确定 $\boldsymbol{F}_B$ 的方位。至于 $\boldsymbol{F}_B$ 的指向,可先假设,待计算之后由 F_B 的正负号即可判定。另外,拉杆 CD 为二力杆,按二力平衡公理可直接确定 C 端的约束反力的方向,而不必单独研究 CD 杆,受力如图 2-22(b)所示。

(3) 列平衡方程式，求解未知量

(a) 选平衡方程的类型。由于 ACB 上受一平面汇交力系，故应选用相应的平衡方程式(2-19)。

(b) 建立投影轴(图 2-22(b))，列平衡方程

$$\sum X = 0,\quad F_{\mathrm{T}} - F\cos45^\circ - F_B\cos30^\circ = 0$$

$$\sum Y = 0,\quad F_B\sin30^\circ - F\sin45^\circ = 0$$

(c) 解方程，求得

$$F_B = F\frac{\sin45^\circ}{\sin30^\circ} = \sqrt{2}F = \sqrt{2}\times100\mathrm{N} = 141.4\mathrm{N}$$

$$F_{\mathrm{T}} = F(\cos45^\circ + \cot30^\circ\sin45^\circ) = 100\times\left(\frac{\sqrt{2}}{2} + \sqrt{3}\times\frac{\sqrt{2}}{2}\right)\mathrm{N} = 193.2\mathrm{N}$$

由计算结果可知，F_B 为正值，说明受力分析时假定的 $\boldsymbol{F}_B$ 的指向与实际一致。

讨论 (1) 本例中所研究的力系是由三个力组成的平面汇交力系，也可采用几何法求解，即利用前述平面汇交力系平衡的几何条件，将三力组成自行封闭且各力首尾相接的力三角形，并根据几何关系求解未知力 $\boldsymbol{F}_{\mathrm{T}}$ 和 $\boldsymbol{F}_B$。力三角形如图 2-22(c)所示，由正弦定理得

$$F_B = F\frac{\sin45^\circ}{\sin30^\circ} = 141.4\mathrm{N}$$

$$F_{\mathrm{T}} = F\frac{\sin105^\circ}{\sin30^\circ} = 193.2\mathrm{N}$$

注意：几何法按力三角形自行封闭的矢序规则确定出力 $\boldsymbol{F}_B$ 的指向，此时不能随意假设。

(2) 若在受力分析中不利用三力平衡定理，则 B 处约束反力亦可由一对正交分力 $\boldsymbol{F}_{Bx}$，$\boldsymbol{F}_{By}$ 表示。这样踏板上所受的就是一个平面任意力系，于是需要选用平面任意力系的平衡方程，如基本式(2-16)，坐标系如图 2-22(d)所示，并以 B 为矩心，有

$$\left.\begin{aligned}&\sum X = 0, -F\cos45^\circ + F_{\mathrm{T}} + F_{Bx} = 0\\&\sum Y = 0, -F\sin45^\circ + F_{By} = 0\\&\sum M_B(\boldsymbol{F}) = 0, F\cos15^\circ\times\overline{BC} - F_{\mathrm{T}}\cos60^\circ\times\overline{BC} = 0\end{aligned}\right\}$$

解上述方程组可得

$$F_{By} = 70.7\mathrm{N},\quad F_{\mathrm{T}} = 193.2\mathrm{N},\quad F_{Bx} = -122.5\mathrm{N}$$

为了与前面结果对比，可将 $\boldsymbol{F}_{Bx}$，$\boldsymbol{F}_{By}$ 合成 $\boldsymbol{F}_B$，有

$$F_B = \sqrt{F_{Bx}^2 + F_{By}^2} = 141.4\mathrm{N}$$

$$\tan\alpha = \frac{F_{By}}{F_{Bx}} = -0.577$$

所以 $\alpha=150^\circ$，与前面结果一致，这里 α 是力 $\boldsymbol{F}_B$ 与轴 x 正向之间的夹角。

例 2-5 铰车系统如图 2-23(a)所示,其中直杆 AB,BC 铰接于点 B,自重不计,点 B 处滑轮尺寸不计,重物重 $P=20\text{kN}$,通过钢丝绳悬挂于滑轮上并与铰车相连,试求平衡时杆 AB 和 BC 所受的力。

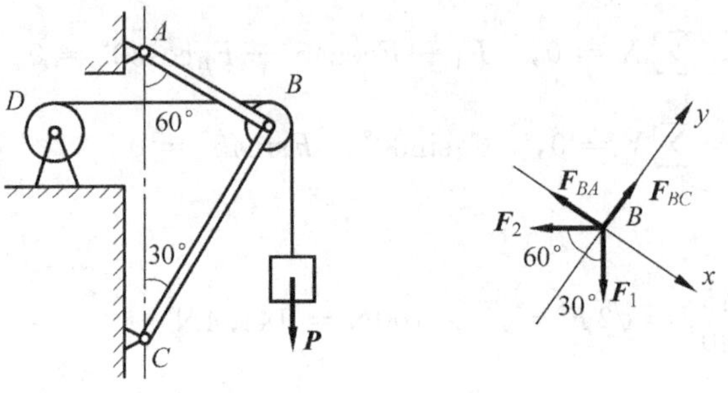

图 2-23

解 由于杆 AB,BC 都是二力杆,不妨设 AB 杆受拉,BC 杆受压,为求出这两个未知力,可通过求两杆对滑轮的约束反力来求解,故取滑轮 B 为研究对象。

滑轮受钢丝绳拉力 $\boldsymbol{F}_1$ 和 $\boldsymbol{F}_2$(已知 $F_1=F_2=P$)及约束反力 $\boldsymbol{F}_{BA}$,$\boldsymbol{F}_{BC}$ 的作用。由题意,滑轮不计尺寸,故这些力可视为平面汇交力系,受力如图 2-23(b)所示。

选取图示坐标轴,为使未知力只在一个轴上有投影,而在另一轴的投影为零,坐标方位一般应与未知力的作用线垂直。这样,列一个方程就求得一个未知量,可避免解联立方程。即

$$\left.\begin{aligned}\sum X=0,\quad -F_{BA}+F_1\cos60^\circ-F_2\cos30^\circ=0\\ \sum Y=0,\quad F_{BC}-F_1\cos30^\circ-F_2\cos60^\circ=0\end{aligned}\right\}$$

解得

$$F_{BA}=-0.366P=-7.321\text{kN},\quad F_{BC}=1.366P=27.32\text{kN}$$

假如不这样选取投影轴,而仍沿用水平方向和铅垂方向作投影轴,则将得到一个联立的方程组。虽然也能求得未知力 F_{BA},F_{BC},但求解过程较为繁琐。

另外,在所得结果中,F_{BC} 为正值,表示该力的假设方向与实际方向相同(受压),F_{BA} 为负值,表示该力的假设方向与实际方向相反,即杆 AB 也受压。

还需说明:本题虽然也是平面汇交力系的平衡问题,但却不宜用几何法求解。因为这四个力将构成一个不规则的力四边形,求解时几何关系上将比较麻烦。正是基于这样的原因,一般情况下,解析法比几何法实用性更强。

例 2-6 三铰拱的左半部 AC 上作用一力偶,如图 2-24(a)所示,其力偶矩为 M,转向如图所示,求铰 A 和 B 处的反力。

解 铰 A 和 B 处的反力 $\boldsymbol{F}_A$ 和 $\boldsymbol{F}_B$ 的方向都是未知的。但三铰拱右边拱片只在 B、C 两处受力,即拱片 BC 是二力构件,故可知力 $\boldsymbol{F}_B$ 的作用线方位必沿 BC 连线,指向假设如

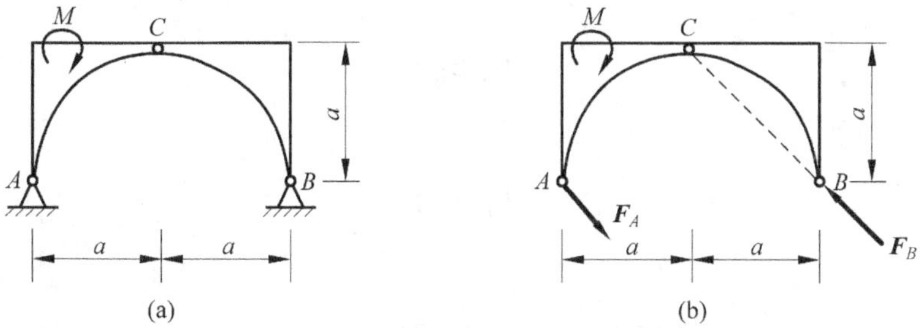

图　2-24

图 2-24(b)所示。

现在考虑整个三铰拱的平衡。因整个拱所受的主动力系只有一个力偶 M,故反力 $\boldsymbol{F}_A$ 与 $\boldsymbol{F}_B$ 应组成一个与 M 等值反向的力偶才能与之平衡。受力如图 2-24(b)所示,从而可知 $\boldsymbol{F}_A=-\boldsymbol{F}_B$,而力偶臂为 $2a\cos45°$。这是一个平面力偶系的平衡问题,于是平衡方程为

$$\sum M=0,\quad F_A\times 2a\cos45°-M=0$$

解得

$$F_A=F_B=M/(\sqrt{2}a)$$

请考虑:如果将力偶移到右边拱片 BC 上,结果将如何?这是否与力偶可在其所在平面内任意转移的性质相矛盾?

例 2-7　长凳的几何尺寸和重心位置如图 2-25(a)所示,设长凳的重量 $W=100\text{N}$,重量为 $P=700\text{N}$ 的人可在长凳上活动,求为保证长凳不致翻倒时人的活动范围 x。

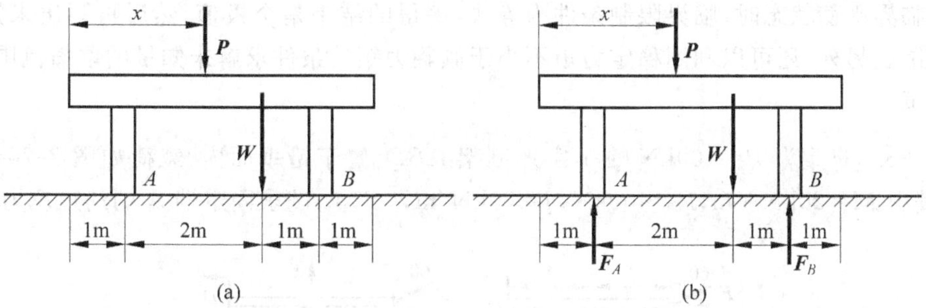

图　2-25

解　这是所谓翻倒或平衡稳定问题。物体系统倾翻,平衡即已破坏,故不再属于静力学范畴,但可以利用"平衡"与"不平衡"之间的临界状态求解翻倒条件。

取长凳为研究对象,受力分析如图 2-25(b)所示。显然这是一个平面平行力系的平衡问题。为使长凳不翻倒而始终处于平衡状态,该力系必须满足平面平行力系的平衡方程式(2-21)。为此应分下面两种情况讨论:

(1) 当人在长凳的左端时,长凳有向左翻倒的趋势,要保证凳子平衡而不向左翻倒,需满足平衡方程

$$\sum M_A(F)=0,\quad -P(x-1)-2W+3F_B=0$$

和限制条件

$$F_B \geqslant 0$$

临界平衡时

$$F_B = 0$$

解得

$$x_{\min} = 0.71\text{m}$$

(2) 当人在长凳的右端时,长凳有向右翻倒的趋势,要保证凳子平衡而不向右翻倒,需满足平衡方程

$$\sum M_B(\boldsymbol{F}) = 0, \quad P(4-x) + W \times 1 - 3F_A = 0$$

和限制条件

$$F_A \geqslant 0$$

临界平衡时

$$F_A = 0$$

解得

$$x_{\max} = 4.14\text{m}$$

所以,人在长凳上的活动范围为

$$0.71\text{m} \leqslant x \leqslant 4.14\text{m}$$

由此可见,平衡问题除满足平衡条件外,还要满足限制条件,行动式起重机的平衡问题也是此类问题,若考虑一般平衡状态时,限制条件为不等式,解得的结果也是个数值范围。若考虑临界平衡状态时,临界限制条件为等式,解得的结果是个极值,然后再写出未知量的取值范围。另外,还可以利用稳定力矩不小于倾翻力矩的条件求解未知量的取值范围,读者不妨一试。

例 2-8 自重为 $P=100\text{kN}$ 的 T 字形刚架 ABD,置于铅垂面内,载荷如图 2-26(a)所示。其中 $M=20\text{kN}\cdot\text{m}$,$F=400\text{kN}$,$q=20\text{kN/m}$,$l=1\text{m}$,试求固定端 A 的约束反力。

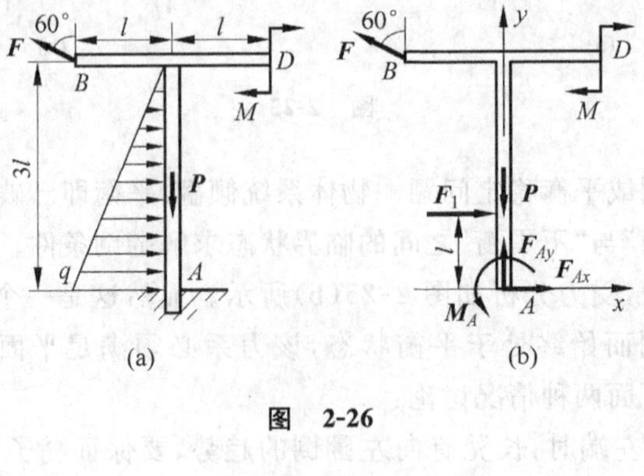

图 2-26

解 取 T 字形刚架为研究对象,其上除受主动力外,还受到固定端 A 处的约束反力 $\boldsymbol{F}_{Ax}$、$\boldsymbol{F}_{Ay}$ 和约束反力偶 M_A 的作用,而分布荷载可简化为一集中力 $\boldsymbol{F}_1$,其大小为

$$F_1 = \frac{1}{2}q \times 3l = 30\text{kN}$$

作用于三角形分布载荷的几何中心，即距点 A 为 l 处。刚架受力如图 2-26(b)所示。这是一个平面任意力系的平衡问题，于是按式(2-16)列平衡方程：

$$\sum X = 0,\quad F_{Ax} + F_1 - F\sin 60° = 0$$

$$\sum Y = 0,\quad F_{Ay} - P + F\cos 60° = 0$$

$$\sum M_A(\boldsymbol{F}) = 0,\quad M_A - M - F_1 l - Fl\cos 60° + 3Fl\sin 60° = 0$$

解方程，求得

$$F_{Ax} = F\sin 60° - F_1 = 316.4\text{kN}$$
$$F_{Ay} = P - F\cos 60° = -100\text{kN}$$
$$M_A = M + F_1 l + Fl\cos 60° - 3Fl\sin 60° = -789.2\text{kN}\cdot\text{m}$$

例 2-9 悬臂吊车如图 2-27(a)所示，横梁 AB 长 $l=2.5\text{m}$，重量 $P=1.2\text{kN}$，拉杆 CB 的倾角 $\alpha=30°$，质量不计，载荷 $Q=7.5\text{kN}$。求图示位置 $b=2\text{m}$ 时，拉杆的拉力和铰链 A 的约束反力。

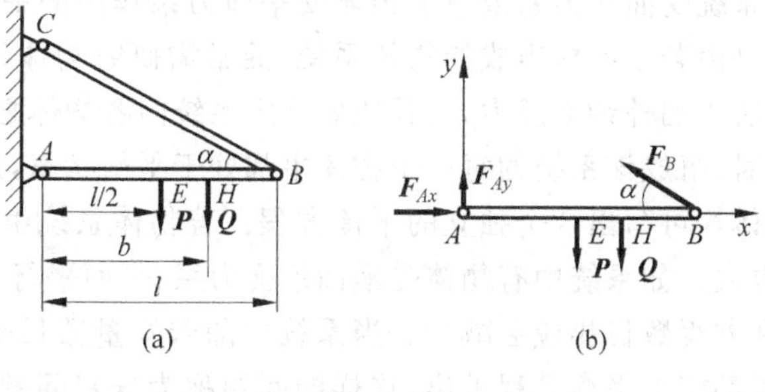

图 2-27

解 取横梁 AB 为研究对象，受力分析如图 2-27(b)所示。取图示坐标，列出平衡方程。

$$\sum M_A(\boldsymbol{F}) = 0,\quad F_B l\sin\alpha - \frac{Pl}{2} - Qb = 0$$

$$\sum X = 0,\quad F_{Ax} - F_B\cos\alpha = 0$$

$$\sum Y = 0,\quad F_{Ay} - P - Q + F_B\sin\alpha = 0$$

解得

$$F_B = \frac{1}{l\sin\alpha}\left(\frac{P}{2}l + Qb\right) = 13.2\text{kN},\quad F_{Ax} = F_B\cos\alpha = 11.43\text{kN},$$

$$F_{Ay} = P + Q - F_B\sin\alpha = 2.1\text{kN}$$

讨论 从上面计算可以看出,杆 CB 所承受的拉力和铰链 A 的约束反力是随载荷的位置不同而不同,因此工程中可以根据这些力的最大值来进行构件的力学设计。

在本例中,如果写出对 A、B 两点的力矩平衡方程和对 x 轴的投影平衡方程,同样可以求解。即"二矩式"平衡方程

$$\sum M_A(\boldsymbol{F}) = 0,\quad F_B l\sin\alpha - \frac{Pl}{2} - Qb = 0$$

$$\sum X = 0,\quad F_{Ax} - F_B\cos\alpha = 0$$

$$\sum M_B(\boldsymbol{F}) = 0,\quad P\times\frac{l}{2} - F_{Ay}l + Q(l-b) = 0$$

解此方程组,所得结果与前面结果相同。

另外,如果写出对三点 A、B、C 的力矩平衡方程,即所谓"三矩式"平衡方程,仍然可以得出同样的结果,读者不妨一试。

通过以上各例,介绍了简单平衡问题的求解步骤和基本作法,这些步骤和作法同样也是求解较复杂物体系统平衡问题的基础。

2.5 物体系统的平衡、静定和静不定问题

前面分析了物体系统受简单力系或单个物体受平面力系作用的平衡问题,但工程实际中的结构或机械大多是由若干物体组成的物体系统,故常需研究物体系统的平衡问题。这时不仅需要确定系统所受的外约束反力,而且还要确定系统内各物体之间相互作用的内力。

当物体系统平衡时,组成该系统的每一个物体也都处于平衡状态,因此对于每一个受平面任意力系作用的物体均可写出3个独立的平衡方程。若物体系统由 n 个物体组成,则共有 $3n$ 个独立的平衡方程。如系统中有物体受平面汇交力系、平面平行力系等特殊力系作用时,则系统独立的平衡方程数目相应会减少。当系统中的未知量数目等于独立平衡方程的数目时,则所有未知量都能由平衡方程求出,这样的问题称为静定问题。在工程实际中,有时为了提高结构的刚度和坚固性,常常增加多余的约束,因而使这些结构的未知量的数目多于独立的平衡方程的数目,未知量就不能全部由平衡方程求出,这样的问题称为静不定问题或超静定问题。其未知量总数与独立的平衡方程总数之差,称为该问题的静不定次数。对于静不定问题,必须考虑物体因受力作用而产生的变形,加列某些补充方程后才能使方程的数目等于未知量的数目,从而使问题得以求解。静不定问题已超出了刚体静力学的研究范围,需在材料力学、结构力学等后续课程中研究。

图2-28给出了几个静不定问题的例子。在图2-28(a),(b)中,物体分别受到平面汇交力系和平面平行力系的作用,独立平衡方程数目都是2个,未知反力的个数都是3个,所以都是一次超静定问题。

图2-28(c)表示一个梁结构,受平面任意力系作用,有3个独立的平衡方程,而结构中包含了5个未知的约束反力,故为二次静不定结构,该梁若没有中间的两个活动铰支座,则为一个静定的简支梁。

同样,图2-28(d),(e)中的两个结构也是静不定的结构,请读者自行分析。

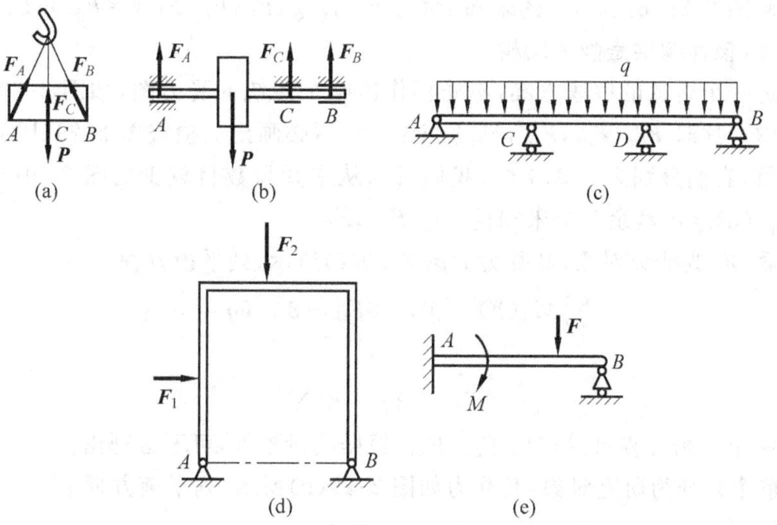

图　2-28

对于物体系统的平衡问题，为了判断其是否静定，应当将其中每个物体上所受力系的类型分析清楚，确定独立平衡方程的总数，再分析系统内、外反力等，确定未知量总数，以得出是否为静定或静不定问题的结论。

总之，求解物体或物体系统的平衡问题时，应先判断其是否静定，只有静定的平衡问题才能用刚体静力学的方法求解。

例 2-10　水平连续梁由梁 AB 和 BC 在 B 处铰接而成，如图 2-29(a)所示，A 为固定铰链支座，C 和 D 为滚动支座。已知 $F=8\text{kN}$，$q=2\text{kN/m}$，$M=5\text{kN}\cdot\text{m}$，图上长度单位为 m，试求支座 A，C，D 的约束反力。

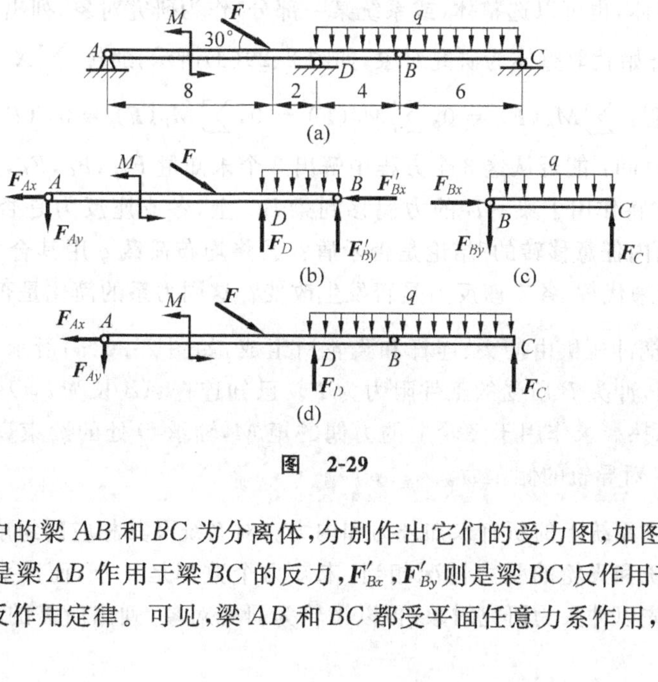

图　2-29

解　取系统中的梁 AB 和 BC 为分离体，分别作出它们的受力图，如图 2-29(b)、(c)所示，其中 $\boldsymbol{F}_{Bx}$，$\boldsymbol{F}_{By}$ 是梁 AB 作用于梁 BC 的反力，$\boldsymbol{F}'_{Bx}$，$\boldsymbol{F}'_{By}$ 则是梁 BC 反作用于梁 AB 的力，它们应符合作用与反作用定律。可见，梁 AB 和 BC 都受平面任意力系作用，共有 6 个独立的

平衡方程。而图2-29(b)、(c)上的未知量有：F_{Ax}，F_{Ay}，F_C，F_D，$F_{Bx}(=F'_{Bx})$，$F'_{By}(=F_{By})$，共计6个。因此，该连续梁是静定结构。

为了确定一个合适的解题方案，不妨再作出整个系统的受力图，如图2-29(d)所示，以便作全面考虑。这时$\boldsymbol{F}_{Bx}$，$\boldsymbol{F}_{By}$，$\boldsymbol{F}'_{Bx}$，$\boldsymbol{F}'_{By}$属于内力，不必画出。检查图2-29(b)，(c)和(d)上未知量的数目，它们分别为5，3，4个，我们可以从未知量数目较少的图2-29(c)着手，求出F_C，再从2-29(d)求出其余3个未知量F_{Ax}，F_{Ay}，F_D。

(1) 取梁BC为研究对象，其受力如图2-29(c)所示，列平衡方程

$$\sum M_B(\boldsymbol{F})=0,\quad 6F_C-3\times 6q=0$$

解得

$$F_C=3q=6\text{kN}$$

通过另两个平衡方程可以求出F_{Bx}，F_{By}，根据题设条件，可不必列出。

(2) 取整个系统为研究对象，其受力如图2-29(d)所示，列平衡方程

$$\sum X=0,\quad -F_{Ax}+F\cos 30^\circ=0$$

$$\sum M_A(\boldsymbol{F})=0,\quad F\sin 30^\circ\times 8-M-F_C\times 20-F_D\times 10+10q\times 15=0$$

$$\sum Y=0,\quad -F_{Ay}+F_C+F_D-F\sin 30^\circ-10q=0$$

解得

$$F_{Ax}=F\cos 30^\circ=6.928\text{kN},\quad F_{Ay}=2.7\text{kN},\quad F_D=20.7\text{kN}$$

讨论 (1) 考察梁AB，BC和整个系统的平衡，如图2-29(b)、(c)、(d)，总共可以列出9个平衡方程，但其中只有6个平衡方程是独立的。实际上，以整个系统为研究对象列出的平衡方程可由对系统中每一刚体列出的平衡方程线性组合而得到。所以，计算独立平衡方程总数时，只需将每个刚体的独立平衡方程式的数目相加即可，而不应将整体或非单个刚体作为研究对象时的平衡方程数目包括在内。但是，在写解题所需的平衡方程时，根据具体情况，可以选单个刚体，也可以选整体(或系统某一部分)作为研究对象，列出平衡方程。

(2) 如果一开始就取整体为研究对象，如图2-29(d)所示，通过$\sum X=0$，求出F_{Ax}，再列出3个平衡方程：$\sum M_A(\boldsymbol{F})=0$，$\sum M_C(\boldsymbol{F})=0$，$\sum M_P(\boldsymbol{F})=0$，($P$是与$A$，$C$不共线的一个已知点)，试问：能否从这3个方程中解出3个未知量F_{Ay}，F_C，F_D，为什么？

(3) 试问：①将作用于梁AB的力偶移到梁BC上，各支座反力是否发生变化？这同"力偶可在作用面内任意移转的"结论是否矛盾？②将均布荷载q用其合力(大小为20kN，作用于CD中点)来代替，各支座反力是否发生改变？这同力系的简化是否矛盾？

例2-11 曲柄冲压机由冲头、连杆和飞轮所组成，如图2-30(a)所示。设OA在铅垂位置时系统平衡，冲头B所受的工件阻力为$\boldsymbol{F}$。已知连杆AB长为l，OA长为r，不计各构件的自重及摩擦。求作用于飞轮上的力偶的矩M，轴承O处的约束反力，连杆AB所受的力及冲头B对导轨的侧压力。

解 本例要求系统上的所有未知外力和内力。对系统及其相应的组成物体分别受力分析，不难发现，系统和飞轮的受力情况相当，未知力个数都是4个，而冲头上未知力只有2个。故而本题首先以冲头为研究对象，再以飞轮为研究对象，列出所需的独立方程，求解全

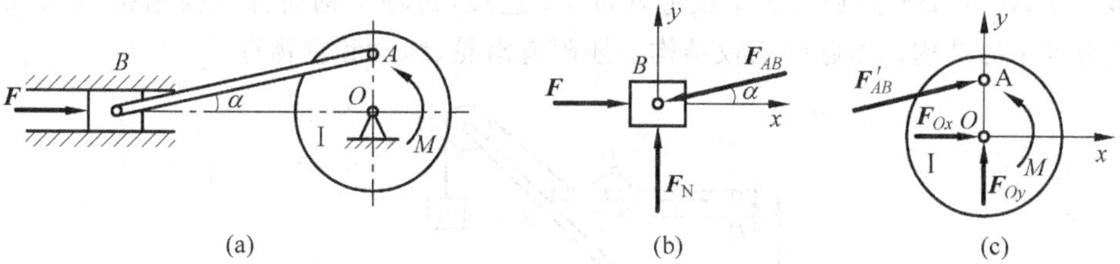

图 2-30

部未知量。

(1) 取冲头 B 为研究对象，受力如图 2-30(b)所示，列平衡方程

$$\sum X = 0,\quad F - F_{AB}\cos\alpha = 0$$

$$\sum Y = 0,\quad F_N - F_{AB}\sin\alpha = 0$$

由图中的几何关系

$$\sin\alpha = \frac{r}{l},\quad \cos\alpha = \frac{\sqrt{l^2 - r^2}}{l},\quad \tan\alpha = \frac{r}{\sqrt{l^2 - r^2}}$$

代入上式解得

$$F_{AB} = \frac{F \cdot l}{\sqrt{l^2 - r^2}},\quad F_N = F\tan\alpha = \frac{Fr}{\sqrt{l^2 - r^2}}$$

由作用与反作用定律，冲头对导轨的侧压力

$$F'_N = F_N = \frac{Fr}{\sqrt{l^2 - r^2}}$$

(2) 再取飞轮为研究对象，受力如图 2-30(c)所示，列平衡方程

$$\sum X = 0,\quad F_{Ox} + F'_{AB}\cos\alpha = 0$$

$$\sum Y = 0,\quad F_{Oy} + F'_{AB}\sin\alpha = 0$$

$$\sum M_O(\boldsymbol{F}) = 0,\quad M - F'_{AB}\cos\alpha \cdot r = 0$$

由以上各式解出

$$F_{Ox} = -F,\quad F_{Oy} = -\frac{F \cdot r}{\sqrt{l^2 - r^2}},\quad M = F \cdot r$$

讨论 取飞轮为研究对象，可以借助力偶平衡方程求解，另外本题也可以先取整体研究对象，再取滑块研究，列平衡方程求解。请读者自解，并作比较。

例 2-12 如图 2-31(a)所示平面构架中，杆 AC 与 BE 在 B 处铰接，已知两滑轮的半径为 r=10cm，其他尺寸如图所示，绳索一端系于固定点 H，另一端绕过两滑轮挂一重为 P=20kN 的物体 M，绳索的左段与水平杆 BE 平行，倾斜段与杆 AC 平行，求支座 E 的反力。

解 杆 AC 和 BE 是通过三个铰链 A,B,E 连接,这种结构简称三铰结构,它是物体系统中较为常见的结构。本题的三铰结构上还附有滑轮、绳索和重物等。

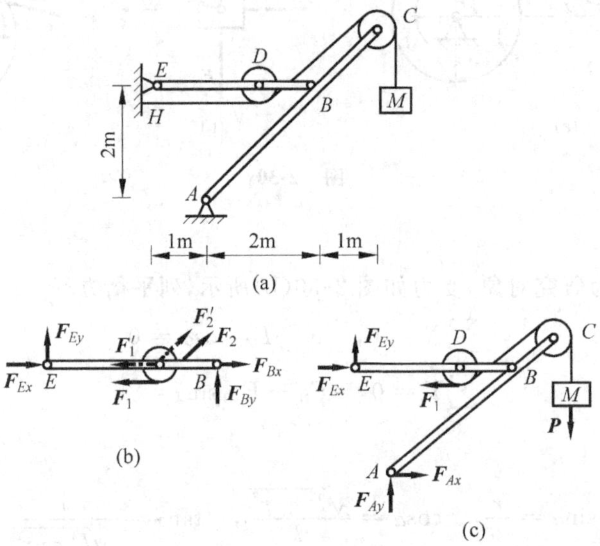

图 2-31

(1) 取 BE 杆带滑轮 D 为研究对象,受力分析如图 2-31(b)所示,列平衡方程

$$\sum M_B(\boldsymbol{F})=0,\quad -3F_{Ey}-0.1F_1-0.1F_2=0$$

注意到 $F_1=F_2=P$,故有

$$F_{Ey}=-\frac{4}{3}\text{kN}$$

(2) 取整体为研究对象,受力分析如图 2-31(c)所示,列平衡方程

$$\sum M_A(\boldsymbol{F})=0,\quad -2F_{Ex}-1F_{Ey}+(2-0.1)F_1-(3+0.1)P=0$$

解得

$$F_{Ex}=-\frac{34}{3}\text{kN}$$

注意:选取研究对象和列写平衡方程均要有针对性,应使不需要求的未知量尽量少出现或不出现在受力图中。比如,本题中要求点 E 处的反力,那么选取的研究对象应能包含待求的未知量,又能包含一定的已知条件。故题目中分别选取了 BE 杆与滑轮、整个系统作为研究对象,利用力矩方程直接求出了 E 处的约束反力。

另外,求解带滑轮的结构时,常将构件与其相连的滑轮组成的系统取为研究对象,这样可避免求滑轮轴承处的反力。对于滑轮两端大小相等的拉力,可借助力线平移定理把它们同时平移到滑轮轮心上,如图 2-31(b)虚线所示,这样更便于列写力矩平衡方程。

例 2-13 在图 2-32(a)所示悬臂台结构中,已知荷载 $M=60\text{kN}\cdot\text{m}$,$q=24\text{kN/m}$,各杆件自重不计。试求杆 BD 的内力。

解 这是一个链杆与梁构成的组合结构,求系统内力时必须将系统拆开,使其成为外力求解。

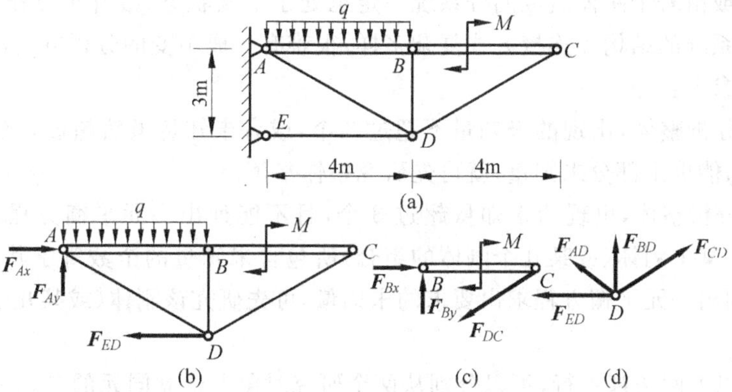

图 2-32

(1) 取整体为研究对象,注意到 ED 杆是二力杆,受力分析如图 2-32(b)所示,列平衡方程

$$\sum M_A(\boldsymbol{F}) = 0, \quad F_{ED} \times 3 + M + 4q \times 2 = 0$$

解得

$$F_{ED} = -84\text{kN}$$

(2) 取 BC 杆为研究对象,受力分析如图 2-32(c)所示,列平衡方程

$$\sum M_B(\boldsymbol{F}) = 0, \quad 0.6F_{DC} \times 4 + M = 0$$

解得

$$F_{DC} = -25\text{kN}$$

(3) 最后取铰 D 为研究对象,受力分析如图 2-32(d)所示,列平衡方程

$$\sum X = 0, \quad 0.8F_{CD} - F_{ED} - 0.8F_{AD} = 0$$

$$\sum Y = 0, \quad 0.6F_{AD} + F_{BD} + 0.6F_{CD} = 0$$

解得

$$F_{AD} = 80\text{kN}, \quad F_{BD} = -33\text{kN}$$

请读者考虑以上求解过程是否简单,如果先分析 BC 段的平衡,再取梁 ABC 分析,是否可以简洁地求出 BD 杆的内力。请对比分析,并注意复合铰的处理。

通过以上例题可知,受平面力系作用的刚体系统平衡问题的解法与单个刚体平衡问题的解法基本相同。对于静定刚体系统的平衡问题,由于系统未知量数等于独立平衡方程数,因此从数学角度考虑,其求解方法相同,即最终都归结为解线性代数方程组,利用高斯消元法或主元素消元法,在计算机上可以程式化地实现数值求解。除此之外,本课程主要采用解析法,以寻求某种简化运算的途径。由于许多工程实际问题并不需要求出刚体系统的所有内、外约束反力,常常只需求出其中一部分未知力。因此,利用解析法来简化运算是必要的。此外,解析法也常用来校核计算机计算结果的正确性。

解析法求解问题的关键是选择合适的研究对象。刚体系统作为整体平衡时,组成系统的每一个刚体或由若干刚体组成的分系统一定也处于平衡状态，故都可以作为研究对象分析。由于刚体系统的结构和连接方式复杂多样，很难有一成不变的分析方法，但大体有以下几个原则可供参考：

(1) 如果分析整体，出现的未知量不超过3个，或者未知量虽然超过3个，但可以列出一元平衡方程，能求出部分未知量，就可先研究整体平衡。

(2) 如果分析整体，出现的未知量超过3个，且不能列出一元平衡方程求出任何未知量，但系统中有某个刚体(或某几个刚体的组合)所包含未知量的个数等于其独立平衡方程的个数，或能列出一元平衡方程求出要求的未知量，可先研究该刚体(或某几个刚体的组合)的平衡。

(3) 如果以上两条都不行，可以分别从两个研究对象上建立同元的二元一次方程组，先求出2个未知量，再求其他未知量。

2.6 平面简单桁架的内力计算

1. 平面静定桁架结构

工程中，房屋建筑、桥梁、起重机、电视塔等常用桁架结构。

桁架是一种由杆件彼此在两端用铰链连接而成的结构，它在受力后几何形状不变。如果桁架所有的杆件都在同一平面内，这种桁架称为平面桁架。桁架中杆件的铰接接头称为节点。

桁架的优点是：杆件主要承受拉力或压力，可以充分发挥材料的作用，节约材料，减轻结构的重量。为了简化桁架的计算，工程实际中采用以下几个假设：

(1) 桁架的杆件都是直的；

(2) 杆件用光滑的铰链连接；

(3) 桁架所受的力(载荷)都作用在节点上，而且在桁架的平面内；

(4) 桁架杆件的重量略去不计，或平均分配在杆件两端的节点上。

这样的桁架，称为理想桁架。

实际的桁架，当然与上述假设有差别，如桁架的节点不是铰接的，杆件的中心线也不可能是绝对直的。但在工程实际应用中，上述假设能够简化计算，而且所得结果也符合工程实际的需要。根据这些假设，桁架的杆件都可看成为二力杆件。

本节只研究平面桁架中的静定桁架，如图2-33所示。此桁架是以三角形框架为基础，每增加一个节点需增加两根杆件，这样构成的桁架又称为平面简单桁架。容易证明，平面简单桁架是静定的。

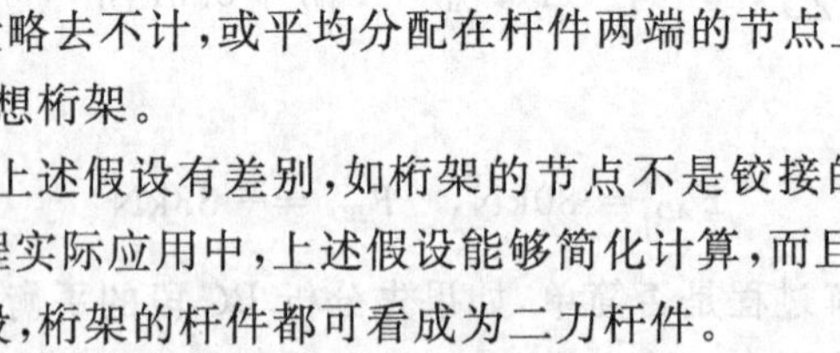

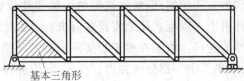

图 2-33

2. 桁架静力分析的基本方法

若桁架处于平衡,则它的任何一个局部,包括节点、杆以及用假想截面截出的任意局部都必然是平衡的。

求桁架的内力一般采用节点法或截面法。

所谓节点法,即以节点为研究对象,逐个考察其受力和平衡,从而求得全部杆件的内力。由于各节点上都作用着一个平面汇交力系,只有两个独立的平衡方程。故所取的每个节点一般应有已知力,且最多有两个未知力。在受力图中,一般均假设杆的内力为拉力,如果所得结果为负值,即表示该杆受压。

所谓截面法,就是适当地选取一截面,假想地将桁架截开,再考虑其中某一部分的平衡,求出这些被截杆件的内力。

节点法一般适用于求桁架中所有杆件内力的情况;而截面法更适合于只求桁架中某几根指定杆的内力的情形。下面通过例题介绍其应用。

例 2-14　平面桁架的尺寸和支座如图 2-34(a)所示。在节点 D 处作用载荷 $P=10\text{kN}$,试求桁架各杆件的内力。

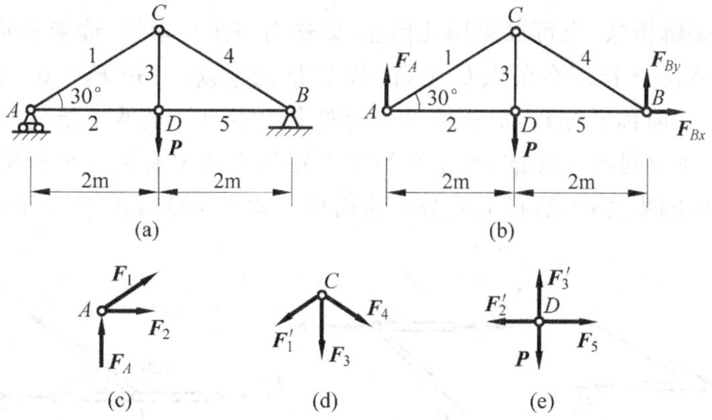

图　2-34

解　(1) 取桁架整体为研究对象,受力如图 2-34(b)所示。由结构和载荷的对称性知:

$$F_{Bx}=0$$

$$F_A=F_{By}=\frac{P}{2}=5\text{kN}$$

(2) 利用节点法,依次取各节点为研究对象,计算各杆内力。设各杆均受拉力。

节点 A:受力分析如图 2-34(c)所示,列平衡方程

$$\sum X=0,\quad F_2+F_1\cos 30^\circ=0$$

$$\sum Y=0,\quad F_A+F_1\sin 30^\circ=0$$

解得

$$F_1 = -10\text{kN},\quad F_2 = 8.66\text{kN}$$

节点 C：受力分析如图 2-34(d)所示，列平衡方程

$$\sum X = 0,\quad F_4\cos30° - F'_1\cos30° = 0$$

$$\sum Y = 0,\quad -F_3 - (F'_1 + F_4)\sin30° = 0$$

解得

$$F_4 = -10\text{kN},\quad F_3 = 10\text{kN}$$

节点 D：受力分析如图 2-34(e)所示，列平衡方程

$$\sum X = 0,\quad F_5 - F'_2 = 0$$

解得

$$F_5 = 8.66\text{kN}$$

另外，由于结构和载荷都对称，所以左右两边对称位置的杆件内力相同，故计算半个桁架即可，从而直接得出 $F_1 = F_4$，$F_2 = F_5$，以简化计算。

(3) 判断各杆受拉力或受压力

F_2、F_5、F_3 为正值，表明杆2、5、3受拉，为拉杆；F_1 和 F_4 为负值，表明杆1和4受压，为压杆。

本题采用的是解析法，也可以采用几何法，即作力三角形求解，读者不妨一试。

讨论 如将载荷 $\boldsymbol{P}$ 作用在节点 C 上，由节点 D 的平衡，可知 $F_3 = 0$。桁架内力为零的杆件称为零力杆(或简称零杆)。应该注意：桁架中的零力杆虽然不受力，但却是保持结构稳定性所必需的，不是可有可无的，且是否为零力杆与主动力有关。分析桁架内力时，如有可能应先确定其中的零力杆，这样后续分析将简单。读者可结合图 2-35 自行总结零力杆的判别方法。

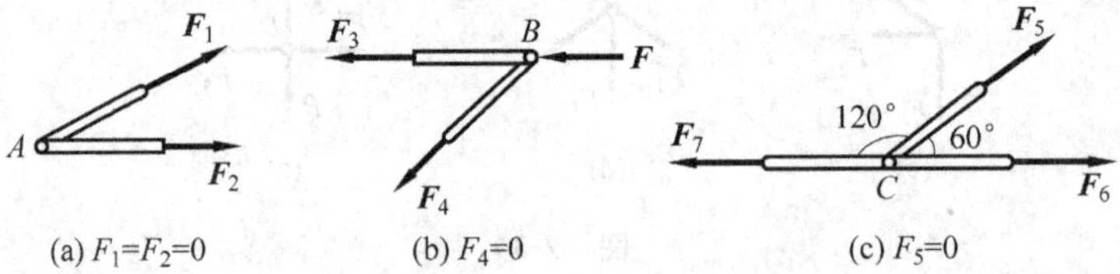

图 2-35

例 2-15 求图 2-36(a)所示桁架中 CD 杆的内力。

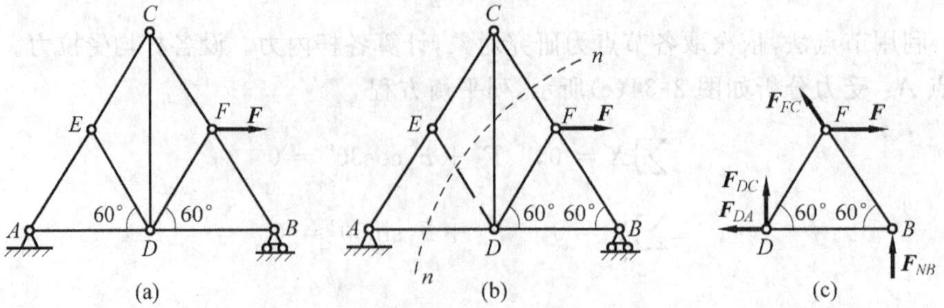

图 2-36

解 按常规解法的思路是先求出支座 B 的反力，然后应用节点法由节点 B、F、C 依次列平衡方程解出 F_{CD}。

如果用截面法求解，初看是解不出来，因为被截杆数均超过 3。

但由零力杆判定法则可知，ED 杆为零力杆，假想将其“取掉”，桁架受力情况与图 2-36(a) 中的桁架等效，再用截面 $n-n$ 截取右半部桁架作为研究对象，受力分析如图 2-36(c)所示，列平衡方程有

$$\sum M_B(\boldsymbol{F}) = 0, \quad -F_{DC} \times \overline{DB} - F \times \overline{FB} \times \sin 60^\circ = 0$$

所以

$$F_{DC} = -F\sin 60^\circ = -0.866F(\text{压力})$$

通过以上分析可知，节点法与截面法各有特点，节点法解题思路简单，但有时计算量较大；截面法比较灵活，只要选择适当的截面和恰当的平衡方程，常可较快地求得某些指定杆件的内力。有时这两种方法相结合对解题更有利。

例 2-16 试求图 2-37 所示悬臂桁架 DF 及 EF 两杆的内力。图中长度单位为 m。

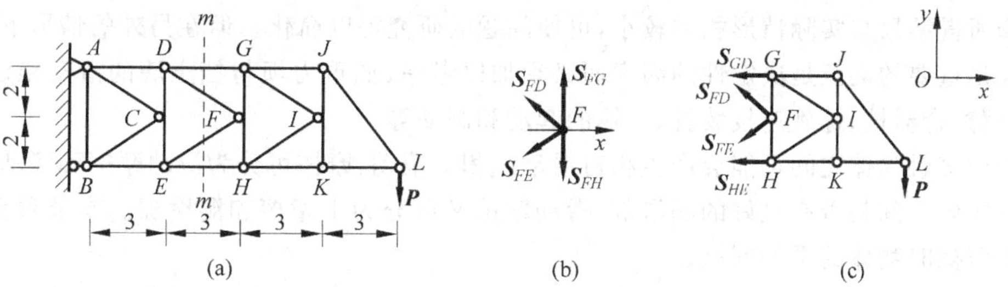

图 2-37

解 此类悬臂型桁架往往不必先求反力，可以直接从自由端开始分析。

如用节点法，从节点 L 开始，依次考察各节点，必能求得 DF 和 EF 杆件的内力，但计算量太大，过于麻烦。而若用截面将 DF,EF 两杆截断，则同时被截断的杆件将在 4 根以上，且不能直接求得。为此，较为简单的方法是联合应用节点法与截面法。

先取节点 F 研究，受力分析如图 2-37(b)所示，由

$$\sum X = 0, \quad -\frac{3}{\sqrt{13}}S_{FD} - \frac{3}{\sqrt{13}}S_{FE} = 0$$

得

$$S_{FD} = -S_{FE} \tag{1}$$

然后再用图示截面 $m-m$ 将桁架截开，取右半部分为研究对象，受力分析如图 2-37(c) 所示，由

$$\sum Y = 0, \quad \frac{2}{\sqrt{13}}S_{FD} - \frac{2}{\sqrt{13}}S_{FE} - P = 0 \tag{2}$$

将式(1)代入式(2)，解得

$$S_{FD}=-S_{EF}=\frac{\sqrt{13}}{4}P$$

3. 关于桁架内力的计算机分析

由上述分析不难看出，在桁架结构比较复杂或杆件总数和节点总数都比较大的情形下，无论采用节点法或截面法，计算量都可能较大。若采用计算机分析方法，则会简单很多。目前一些工程力学应用软件中，都包含有分析静定和超静定桁架内力的程序。有兴趣的读者不妨从简单的桁架入手，研究怎样将桁架各杆和节点处的受力写成矩阵的形式，编写计算程序求解。

2.7 摩擦与考虑摩擦时物体的平衡问题

在前述关于光滑表面约束的讨论中，约束与被约束物体间的接触面(或点)都假设为绝对光滑的，此为理想化约束模型。在这种模型中，约束反力沿二者接触面的公法线方向，称为法向力。实际上所有接触面都是粗糙的，故在接触面处，除法向力外，还可能存在沿二者接触面切线方向的切向力(或力系)即摩擦力(或摩擦力偶)。在某些问题中，使用理想化约束模型所得结果与实际情形相差较小，可使问题的研究得以简化。但在另外的情形下，摩擦却可能是重要的甚至是决定性的因素而必须加以考虑，如重力坝与挡土墙的滑动稳定性问题、摩擦离合器械、螺旋连接装置、车辆的起动和制动等。

按照接触物体之间可能会产生相对滑动或相对滚动，摩擦可分为滑动摩擦和滚动摩擦；又根据物体之间是否有良好的润滑剂，滑动摩擦又可分为干摩擦和湿摩擦。本节着重讨论考虑干摩擦时物体的平衡问题。

1. 滑动摩擦

当两个物体沿着它们粗糙的接触面相对滑动，或者有相对滑动的趋势时，在接触面上彼此作用着阻碍相对滑动的力，这种力称为滑动摩擦力，简称摩擦力。在仅有相对滑动趋势而尚未滑动时产生的摩擦力称为静摩擦力，在相对滑动时产生的摩擦力称为动摩擦力。

可以通过图2-38所示的简单实验来分析摩擦力的规律。设物块重P，放在固定水平面上，两者接触面是粗糙的，物块上作用有水平力$\boldsymbol{F}$，在$\boldsymbol{F}$的大小由零逐渐增加到某一值F_1的过程中，物块始终保持静止。分析物块的平衡条件，如图2-38(b)所示。可见两接触面间除法向反力$\boldsymbol{F}_N$外，必定还存在着切向反力即静摩擦力$\boldsymbol{F}_s$，否则物块在水平方向是不可能保持平衡的。在此过程中，静摩擦力$\boldsymbol{F}_s$的大小将随主动力$\boldsymbol{F}$的增大而增大，其值可以通过平衡方程$\left(\sum X=F-F_s=0\right)$来确定。实验也表明，当力$\boldsymbol{F}$的大小增加到超过上述值$F_1$时，物体就不能继续保持静止，而开始沿水平面滑动。这说明，静摩擦力$\boldsymbol{F}_s$的大小不能无限增加，而具有一最大值F_{max}。最大静摩擦力$\boldsymbol{F}_{max}$发生在力$\boldsymbol{F}$增大到$F=F_1$时，这时物体处于尚未滑动但无限接近滑动的状态，故称为临界状态。

由此可知，静摩擦力作用于两物体接触的公切面内，方向与两接触面相对滑动的趋势相反，在未达到临界状态时，其大小可在一定范围内($0\leqslant F_s<F_{max}$)变化。这时，$\boldsymbol{F}_s$的大小应

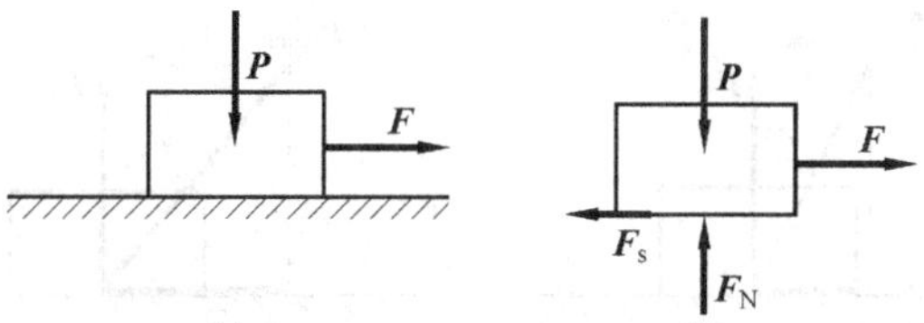

图　2-38

通过平衡方程确定，就像确定普通的约束反力一样。当达到临界状态时，静摩擦力达到其最大值 F_{max}，通过大量实验知道，最大静摩擦力 F_{max} 的近似规律为最大静摩擦力与两接触面的法向压力(即法向约束力)成正比，即

$$F_{max}=f_sF_N \tag{2-23}$$

这就是静滑动摩擦定律，又称库仑定律。式中，f_s 是无量纲的比例常数，称为静摩擦因数。它可由实验测定，也可以在一般的工程手册中查找。静摩擦因数与两接触物体的材料和接触表面的状态(粗糙程度、湿度等)有关，一般与接触面积的大小无关。

当两接触面产生相对滑动时，两者之间相互作用着动摩擦力 $\boldsymbol{F}_d$。动摩擦力的方向与两接触面相对滑动的方向相反。通过实验知道，动摩擦力 $\boldsymbol{F}_d$ 的大小也与两接触面间的法向压力 F_N 成正比

$$F_d=f_dF_N \tag{2-24}$$

式中比例常数 f_d 称为动摩擦因数。实验表明，动摩擦因数与接触面材料、表面状态以及相对滑动速度等因素有关，其值一般略小于静摩擦因数。工程中，当精确度要求不高时，可近似认为动摩擦因数与静摩擦因数相等。

在机器运行过程中，往往用降低接触面的粗糙度和加入润滑剂等方法，使动摩擦因数 f_d 减少，从而减少摩擦和磨损。

综上所述，滑动摩擦力实质上就是一种切向约束反力。静摩擦力 $\boldsymbol{F}_s$ 具有一般约束反力的特点，即属于由主动力所确定的被动力，随主动力的变化而变化，但它有一个极值，不能无限地增大，这是一般约束反力所不具备的；动摩擦力 $\boldsymbol{F}_d$ 也是由于主动力作用而产生的，与静摩擦力不同的是它不存在一个变化范围。根据滑动摩擦力的上述特点，在考虑含摩擦的力学问题时，必须分清问题处于何种状态，据此采用相应的办法来计算摩擦力。

库仑定律只适用于干摩擦，而完全不适用于湿摩擦如粘性摩擦。粘性摩擦力主要表现为动摩擦力，它与物体滑动的方向相反，大小则主要取决于相对滑动速度。工程计算中通常认为粘性摩擦力与滑动速度成正比，这将在动力学问题中予以说明。

2. 摩擦角和自锁现象

1) 摩擦角

当考虑摩擦时，接触面对平衡物体的约束反力包含两个分量：法向反力 $\boldsymbol{F}_N$ 和切向反力 $\boldsymbol{F}_s$(即静摩擦力)。这两个分力的矢量和 $\boldsymbol{F}_R=\boldsymbol{F}_N+\boldsymbol{F}_s$ 称为接触面的全约束反力，简称全反力，它的作用线与接触面的公法线成一偏角 φ，如图 2-39(a)所示。在临界状态下，$\boldsymbol{F}_{Rmax}=\boldsymbol{F}_N+\boldsymbol{F}_{max}$，此时上述偏角 φ 达到最大值 φ_m，如图 2-39(b)所示。全约束反力与法线间夹角的最大值 φ_m，称为摩擦角。由图 2-39(b)可知

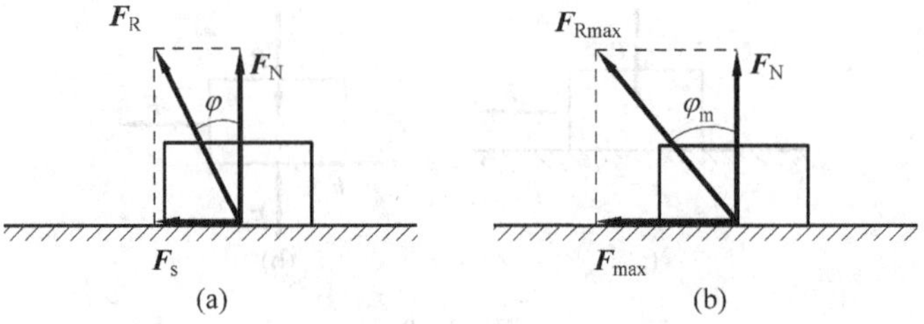

图 2-39

$$\tan\varphi_m = \frac{F_{max}}{F_N} = \frac{f_s F_N}{F_N} = f_s \quad (2\text{-}25)$$

此式表明,摩擦角的正切等于静摩擦因数。可见,摩擦角和摩擦因数一样,都是表示材料的表面性质的重要参数。摩擦角与摩擦因数之间的数值关系为用几何法求解考虑摩擦的平衡问题提供了方便。

2) 自锁现象

下面分析与摩擦角有关的力学现象。一个考虑摩擦的静止物体所受的力如果按主动力和约束力来分类,则可认为其上作用有两个力:主动力系的合力 $\boldsymbol{F}_A$ 和全约束反力 $\boldsymbol{F}_R$,由于 $F_s \leqslant F_{max}$,所以物体在静平衡状态条件下全反力 $\boldsymbol{F}_R$ 的作用线总保持在摩擦角内,至多到达摩擦角的边界上(如图 2-40 所示)。

当主动力系的合力 $\boldsymbol{F}_A$ 的作用线与接触面法线的夹角 $\varphi \leqslant \varphi_m$ 时,即 $\boldsymbol{F}_A$ 的作用线位于摩擦角以内,至多到达边界上时,不论其值 F_A 多大,必能产生与它等值、反向、共线的全反力 $\boldsymbol{F}_R$ 使物体保持静止;当主动力系的合力 $\boldsymbol{F}_A$ 作用线位于摩擦角之外,不论其值 F_A 多小,全反力 $\boldsymbol{F}_R$ 不可能与之共线,因此物体不能保持静止。主动力系的合力 $\boldsymbol{F}_A$ 的作用线在摩擦角内能使物体保持静止的现象称为自锁现象。$\varphi \leqslant \varphi_m$ 称为自锁条件。

若物体沿接触面各个方向的静摩擦因数相等,则可以 n—n 法线为轴,φ_m 为半顶角画出一个圆锥,称为摩擦锥,如图 2-41 所示。若主动力系合力 $\boldsymbol{F}_A$ 的作用线位于摩擦锥内,则不论其值 F_A 多大,物体都可保持静止。

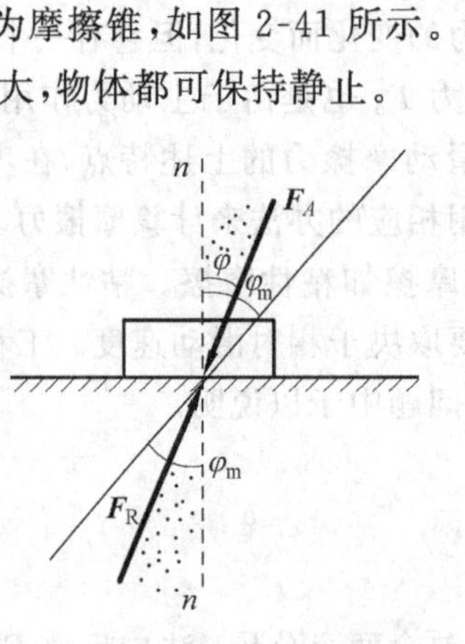

图 2-40

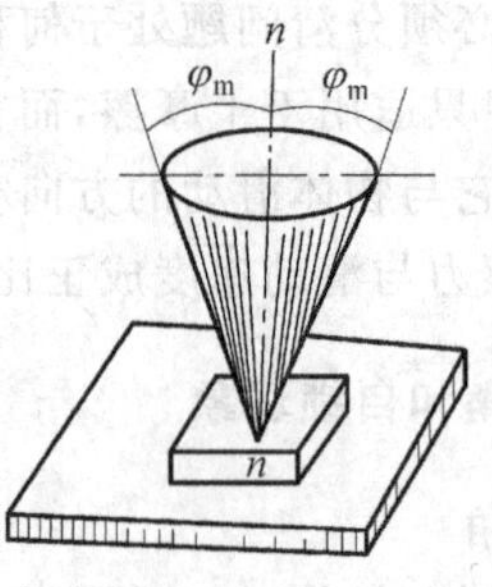

图 2-41

摩擦自锁现象在日常生活及工程技术中都是很常见的。例如,在木器上钉木楔、千斤顶、螺栓等均是利用自锁条件工作的。而一些运动机械如水闸门的自动启闭、工作台在导轨中的滑动等则要避免出现自锁现象。

3. 考虑滑动摩擦的物体的平衡问题

考虑滑动摩擦的物体的平衡问题大致分为两类：

1) $F_s < F_{max}$ 的情形，一般要求解出未知的约束反力。对此类静定问题，可将静摩擦力 $\boldsymbol{F}_s$ 完全视为普通的约束反力，其方向可以假设，大小可由平衡方程解出，其解题方法及步骤与前面所述平衡问题相似。

2) $F_s = F_{max}$ 的情形，此时一般要求分析保持平衡或不平衡的条件，这两种条件常体现为判定平衡位置、平衡时主动力之间关系等。求解这类问题，主要借助于处于临界平衡状态的条件，所用方法可以是解析法，也可以是几何法。特别应注意的是：

(1) 分析受力时，$\boldsymbol{F}_{max}$ 的方向要根据相关物体接触面的相对滑动趋势正确判定。

(2) 作用于物体上的力系，除须满足平衡方程外，还要满足摩擦补充方程 $F_{max} = f_s F_N$。

工程实际中有不少问题是分析物体的平衡范围（通常平衡的破坏可能是滑动、翻倒等），此时补充方程可能取不等号（如 $0 \leqslant F_s \leqslant F_{max}$），因而考虑摩擦的平衡问题的解也有一定的范围，而非一个确定的值。有时候，为了计算方便，避免解不等式，即使求解确定平衡范围的问题，通常也是在临界状态下计算，求得结果后，再利用力学概念或实践经验确定所需的平衡范围。下面举例说明。

例 2-17 一重 $W = 1.2\text{kN}$ 的物块在倾角 30°的斜面上，并受到一水平力 $F_P = 0.5\text{kN}$ 的作用，如图 2-42(a)所示。设接触面间的静摩擦因数 $f_s = 0.20$，问物块在斜面上处于静止还是滑动？如果静止，摩擦力的大小和方向如何？若接触面间的静摩擦因数 $f_s = 0.10$，重新考虑上述问题。设动摩擦因数 $f_d = 0.09$。

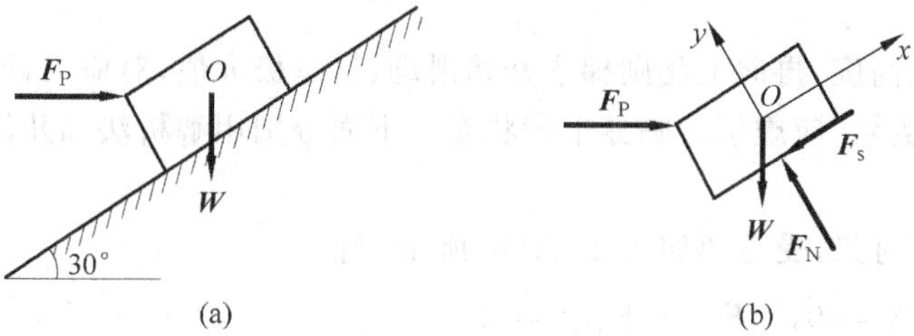

图 2-42

解 取物块为研究对象。先假设物块处于静止，受力分析如图 2-42(b)所示，摩擦力方向可以假设，大小由平衡方程求得。则

$$\sum X = 0, \quad -F_s + F_P\cos 30° - W\sin 30° = 0$$

$$\sum Y = 0, \quad F_N - F_P\sin 30° - W\cos 30° = 0$$

解得

$$F_s = -0.17\text{kN}, \quad F_N = 1.29\text{kN}$$

按库仑摩擦定律，接触面间的最大静摩擦力为

$$F_{max} = f_s F_N = 0.26\text{kN}$$

由于 $|F_s| < F_{max}$，物块在斜面上静止，前面的假设是正确的。故接触面静摩擦力的大小

为0.17kN,方向与图示假设的方向相反。

若接触面间的静摩擦因数 $f_s=0.10$,则同上方法求得 $F_{max}=0.13$kN,从而 $|F_s|>F_{max}$,表明物块不可能在斜面上静止,物块滑动的方向与摩擦力的实际方向相反,这就是说物块下滑。动摩擦因数 $f_d=0.09$,按式(2-24),滑动时的摩擦力为

$$F_d = 0.12\text{kN}$$

这类问题称为判断平衡状态或求摩擦力问题。

例 2-18 梯子 AB 长 l,一端支于地板,另一端靠在墙上,梯与地板成角 α,若梯与地板及墙壁的摩擦角都等于 φ_m,不计梯重,如图 2-43(a)所示。求重为 P 的人沿梯上行而梯不致滑倒的最大距离。设墙壁与地板垂直。

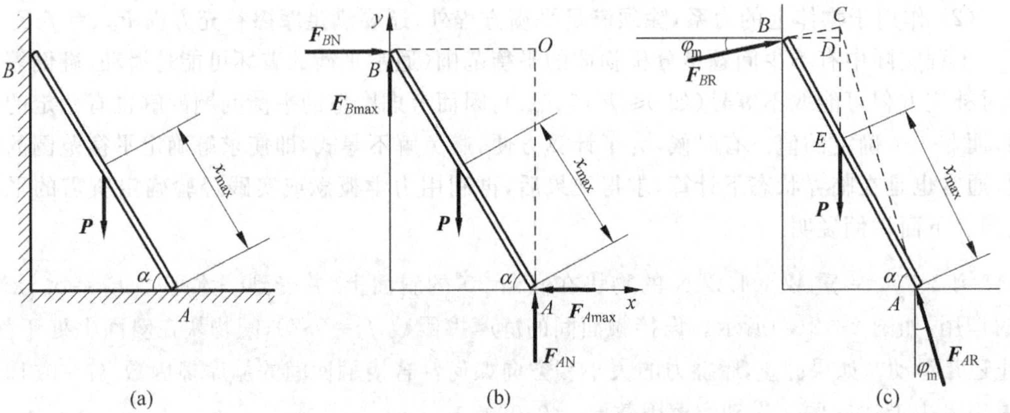

图 2-43

解 人爬到某高度,再向上爬则梯子开始滑动,这是极大值,对应 A,B 处均处于临界平衡状态,所以解这类题,应虚拟为临界平衡状态。下面分别用解析法和几何法求解。

(1) 解析法

以 AB 为研究对象,受力图如图 2-43(b)所示,则

$$\sum X = 0,\quad F_{BN} - F_{Amax} = 0 \tag{1}$$

$$\sum Y = 0,\quad F_{AN} + F_{Bmax} - P = 0 \tag{2}$$

$$\sum M_O(F) = 0,\quad -lF_{Amax}\sin\alpha - lF_{Bmax}\cos\alpha + Px_{max}\cos\alpha = 0 \tag{3}$$

临界平衡时

$$F_{Amax} = \tan\varphi_m F_{AN} \tag{4}$$

$$F_{Bmax} = \tan\varphi_m F_{BN} \tag{5}$$

联立以上五个方程,可解得

$$x_{max} = l[1-\cos(\alpha+\varphi_m)\cos\varphi_m\sec\alpha]$$

(2) 几何法

以 AB 为研究对象,受力图如图 2-43(c)所示。

当人上行的距离达到极限值 x_{max},梯将开始滑动时,A、B 两处的全反力都与其接触面的法线成角 φ_m,如图 2-43(c)所示。延长 $\boldsymbol{F}_{AR}$ 与 $\boldsymbol{F}_{BR}$ 的作用线交于点 C,则重力 $\boldsymbol{P}$ 必须通过

点 C，三力才能平衡。这时，人所在的位置就是极限值。因设墙壁与地板垂直，所以 $AC \perp BC$。由直角三角形 ABC 及 BCD 中的几何关系可得：

$$\overline{BC} = l\cos(\alpha + \varphi_m)$$

$$\overline{BD} = \overline{BC}\cos\varphi_m = l\cos(\alpha + \varphi_m)\cos\varphi_m$$

而

$$x_{max} = l - \overline{BE} = l - \overline{BD}\sec\alpha = l[1 - \cos(\alpha + \varphi_m)\cos\varphi_m\sec\alpha]$$

讨论 (1)由解可知，当 α 为一定值时，人上行的最大距离决定于摩擦角 φ_m 的大小，而与人本身的重量无关。

(2) 由受力图 2-43(c)容易看出，欲使人沿梯上行至最高点 B 而梯不滑动，α 值应为 $90° - \varphi_m$。

(3) 若人在 AE 之间，$0 < x < x_{max}$，A，B 两处的反力不能全部求解，因为此时静滑动摩擦力未达到临界值，即 $F_A < \tan\varphi_m F_{AN}$，$F_B < \tan\varphi_m F_{BN}$，三个独立平衡方程，无法求解五个未知量。

(4) 若还要考虑梯重，那么主动力 $\boldsymbol{P}$ 应是人重与梯重的合力，上面两种解法仍是正确的。

这类问题称为临界平衡问题。

例 2-19 重量为 $\boldsymbol{P}$ 的物块放在固定斜面上，斜面的倾角为 α，已知物块与斜面的静摩擦因数为 f_s，且 $\varphi_m < \alpha$，为使物块在斜面上保持静止，在其上作用一水平力 $\boldsymbol{F}_1$，如图 2-44(a)所示，试求力 $\boldsymbol{F}_1$ 的大小。

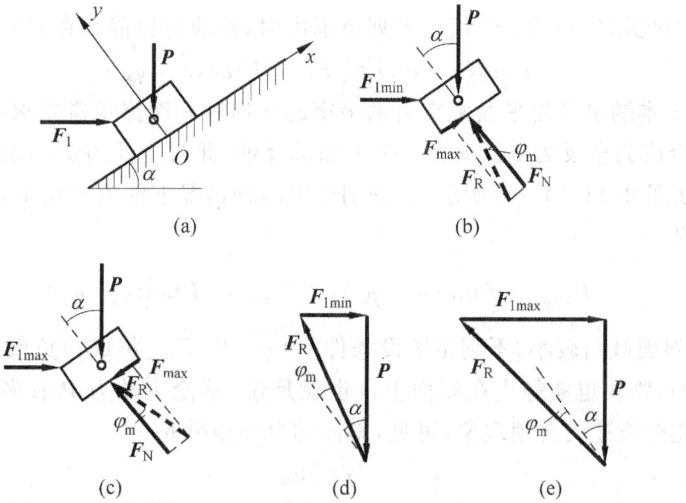

图 2-44

解 F_1 力过大或过小，将使物块沿斜面上滑或下滑，故 F_1 值在一定范围内时可以保持物块处于静止状态。

先求 F_1 的最小值 F_{1min}。在力 $\boldsymbol{F}_{1min}$ 的作用下，物块处于下滑的临界平衡状态，它所受的摩擦力方向沿斜面向上，并达到最大值 F_{max}，物块的受力如图 2-44(b)所示，若略去物块的大小，则这些力可作为平面汇交力系处理，取图示坐标轴，列平衡方程如下：

$$\sum X = 0, \quad F_{1\min}\cos\alpha - P\sin\alpha + F_{\max} = 0 \tag{1}$$

$$\sum Y = 0, \quad F_{N} - P\cos\alpha - F_{1\min}\sin\alpha = 0 \tag{2}$$

此外,根据摩擦定律有补充方程

$$F_{\max} = f_s F_N \tag{3}$$

解之得

$$F_{1\min} = P\frac{\sin\alpha - f_s\cos\alpha}{\cos\alpha + f_s\sin\alpha} \tag{4}$$

若令 $f_s = \tan\varphi_m$,则上式可改为

$$F_{1\min} = P\frac{\sin\alpha - \tan\varphi_m\cos\alpha}{\cos\alpha + \tan\varphi_m\sin\alpha} = P\tan(\alpha - \varphi_m) \tag{5}$$

再求 F_1 的最大值 $F_{1\max}$,在力 $\boldsymbol{F}_{1\max}$ 作用下,物块处于上滑的临界平衡状态,物块受到的最大静摩擦力 $\boldsymbol{F}_{\max}$ 方向沿斜面向下,如图 2-44(c)所示。同样列出平衡方程和补充方程:

$$\sum X = 0, \quad F_{1\max}\cos\alpha - P\sin\alpha - F_{\max} = 0 \tag{6}$$

$$\sum Y = 0, \quad F_{N} - P\cos\alpha - F_{1\max}\sin\alpha = 0 \tag{7}$$

$$F_{\max} = f_s F_N \tag{8}$$

可解得

$$F_{1\max} = P\frac{\sin\alpha + f_s\cos\alpha}{\cos\alpha - f_s\sin\alpha} = P\tan(\alpha + \varphi_m) \tag{9}$$

综合式(5)和式(9)可得,F_1 值在下列范围内时,物块可以静止在斜面上。

$$P\tan(\alpha - \varphi_m) \leqslant F_1 \leqslant P\tan(\alpha + \varphi_m) \tag{10}$$

讨论 (1) 本题也可用平面汇交力系平衡的几何法和摩擦角概念求解。受力分析时将力 $\boldsymbol{F}_N$ 和 $\boldsymbol{F}_{\max}$ 合成为全反力 $\boldsymbol{F}_R$,视为一个未知量处理,此时全反力 $\boldsymbol{F}_R$ 偏离斜面法线的角度等于摩擦角(如图 2-44(b)、(c)所示)。分别作出两种情况下的力三角形如图 2-44(d)和(e)所示,不难求得

$$F_{1\min} = P\tan(\alpha - \varphi_m), \quad F_{1\max} = P\tan(\alpha + \varphi_m)$$

(2) 如果斜面倾角较小,不满足题设条件 $\alpha > \varphi_m$,则 $F_{1\min}$ 将成为负值,这说明无需力 $\boldsymbol{F}_1$ 的维持($F_1 = 0$),物块也能静止在斜面上。也就是说,不论主动力 $\boldsymbol{P}$ 有多大,都无法使物块沿斜面下滑,此即前述的自锁现象,可见,斜面的自锁条件是

$$\alpha \leqslant \varphi_m \tag{2-26}$$

利用斜面自锁条件,可以方便地测定材料的摩擦角,即静滑动摩擦因数。

这类问题称为求平衡范围问题。

例 2-20 图 2-45(a)所示的均质木箱重 $P = 5\text{kN}$,其与地面间的静摩擦因数 $f_s = 0.4$。图中 $h = 2a = 2\text{m}$,$\alpha = 30°$。求:(1)当 D 处的拉力 $F = 1\text{kN}$,木箱是否平衡?(2)保持木箱平衡的最大拉力。

解 欲保持木箱平衡,必须满足两个条件:一是不发生滑动,即要求静摩擦力 $F_s \leqslant$

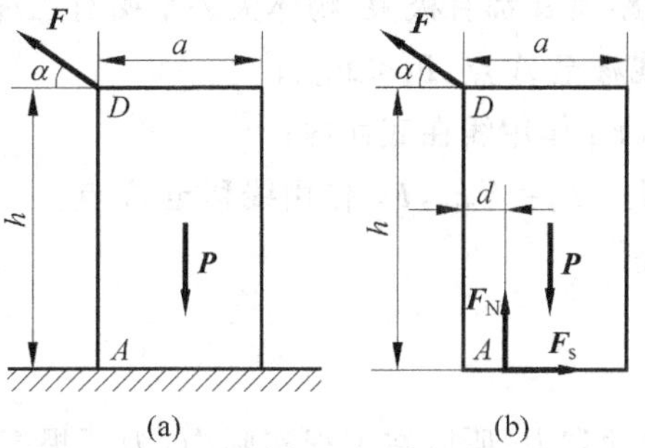

图　2-45

$F_{max}=f_sF_N$；二是不绕 A 点翻倒，则法向约束力 $\boldsymbol{F}_N$ 的作用线距点 A 的距离 $d>0$。

（1）取木箱为研究对象，受力如图 2-45(b)所示，由平衡方程

$$\sum X=0,\quad F_s-F\cos\alpha=0 \tag{1}$$

$$\sum Y=0,\quad F_N-P+F\sin\alpha=0 \tag{2}$$

$$\sum M_A(\boldsymbol{F})=0,\quad hF\cos\alpha-P\frac{a}{2}+F_Nd=0 \tag{3}$$

得

$$F_s=866\text{N},\quad F_N=4\,500\text{N},\quad d=0.17\text{m}$$

又木箱与地面间最大摩擦力

$$F_{max}=f_sF_N=1\,800\text{N}$$

因为 $F_s<F_{max}$，木箱不会滑动；又 $d>0$，木箱不会翻倒。故木箱保持平衡。

（2）为求保持平衡的最大拉力 F，可分别求出木箱将滑动时的临界拉力 F_1 和木箱将绕 A 点翻倒的临界拉力 F_2。二者中取其较小者，即为所求。

木箱将滑动的条件为

$$F_s=F_{max}=f_sF_N$$

将上式代入式(1)并与式(2)联立解得

$$F_1=\frac{f_sP}{\cos\alpha+f_s\sin\alpha}=1\,876\text{N}$$

木箱将绕 A 点翻倒的条件为 $d=0$，由式(3)得

$$F_2=\frac{Pa}{2h\cos\alpha}=1\,443\text{N}$$

由于 $F_2<F_1$，则保持木箱平衡的最大拉力

$$F=F_2=1\,443\text{N}$$

结果表明，当拉力 F 逐渐增大时，木箱将先翻倒而失去平衡。

讨论　（1）本题在求解物体的平衡问题时，除了考虑物体底面上的静摩擦力 $\boldsymbol{F}_s$ 外，同时注意到了法向约束反力 $\boldsymbol{F}_N$ 作用线在底面上的位置。这对于一些需考虑翻倒的问题是很必要的。

（2）法向约束反力分布在木箱底面，是一分布力系，$\boldsymbol{F}_N$ 是其合力。在力 $\boldsymbol{F}$ 的作用下，力 $\boldsymbol{F}_N$ 的作用线将向 A 端偏移。

(3) 由于摩擦力 $\boldsymbol{F}_s$ 和距离 d 都有极限，物体失去平衡有三种可能情况：

① 先翻倒　$\boldsymbol{F}_N$ 作用线移至 A 点，$F_s<F_{max}$；

② 先滑动　$F_s=F_{max}$，$\boldsymbol{F}_N$ 作用线在底面内；

③ 翻倒、滑动同时发生　$F_s=F_{max}$，$\boldsymbol{F}_N$ 作用线移至 A 点。

这类问题称为翻倒问题。

4. 滚动摩擦

由实践可知，滚动比滑动省力，所以在工程实际中，为了提高工作效率、减轻劳动强度，常常利用物体的滚动代替物体的滑动。平时可见搬运笨重物体时，在物体下面垫上圆形管子就是用滚动代替滑动的应用实例。

当物体滚动时，存在什么阻力？它有什么特性？以滚动代替滑动为什么会省力？这是本小节要解决的问题，为此需要建立滚动时轮—轨约束的正确力学模型。

1) 绝对刚性约束模型　设在水平面(或路轨)上有一半径为 r，重量为 P 的滚子(或轮子)，若将轮—轨间视为绝对刚性约束，则二者仅在点 A 接触，如图 2-46 所示。现在轮心 O 作用一水平拉力 $\boldsymbol{F}$，由于轮—轨间是粗糙的，故轮上除受法向力 $\boldsymbol{F}_N$ 外，还受有因阻碍轮缘上点 A 与轨发生相对滑动而产生的摩擦力 $\boldsymbol{F}_s$。不难看出，轮上作用的力系是不平衡的，因为只要施加微小的拉力 $\boldsymbol{F}$，不管轮上荷载 $\boldsymbol{P}$ 多大，轮都会在力偶$(\boldsymbol{F},\boldsymbol{F}_s)$作用下发生滚动。

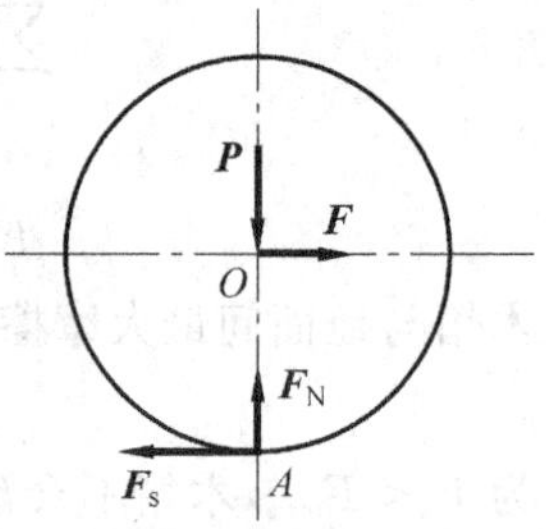

图 2-46

但是，实际情形却是只有当拉力 $\boldsymbol{F}$ 达到一定的数值时，轮子才会滚动，否则仍保持相对静止。产生矛盾的原因在于，轮—轨间并不是绝对刚性的，当两者相互压紧时，一般会产生微量的接触变形，从而影响了约束力的分布，这表明，采用绝对刚性的约束模型是不合理的。此种情形下，必须考虑变形的影响。

2) 考虑接触变形的柔性约束模型　为简单起见，仍将轮视为刚性的，而将轨视为具有接触变形的柔性约束。

当轮受到较小的水平力 $\boldsymbol{F}$ 作用后，轮—轨间相互压紧，接触处一定会发生局部变形，形成一微小的接触面，从而轮子所受的反作用力将不均匀地分布在这个小面积上，如图 2-47(a)所示，求此分布阻力系的合力 $\boldsymbol{F}_R$，由三力平衡汇交条件可知，合力 $\boldsymbol{F}_R$ 必过轮心 O，将 $\boldsymbol{F}_R$ 分解为切向摩擦力 $\boldsymbol{F}_s$ 和法向力 $\boldsymbol{F}_N$，这时 $\boldsymbol{F}_N$ 已偏离 OA 线一微小距离 δ_1(如图 2-47(b)所示)。连续增加拉力 $\boldsymbol{F}$，则 $\boldsymbol{F}_N$ 的作用点与 OA 线之间的距离也随之增加，当增加到某一数值 δ 时，轮子开始滚动。

若将 $\boldsymbol{F}_N$，$\boldsymbol{F}_s$ 向点 A 简化，除了得到 $\boldsymbol{F}_N$，$\boldsymbol{F}_s$ 外，还有力偶

$$0\leqslant M\leqslant M_{max} \tag{2-27}$$

式中 M 称为滚动摩阻力偶，简称滚阻力偶，如图 2-47(c)所示。

由上述分析可知，滚阻力偶 M 是由于轮—轨接触变形而产生的阻碍滚动的阻力偶(而滑动摩擦是阻碍滑动的阻力)，该力偶是介于零与最大值之间($0\leqslant M\leqslant M_{max}$)的约束力偶，是约束力系的一部分(性质同滑动摩擦力)。实验表明，一般情况下，最大滚阻力偶矩 M_{max} 与

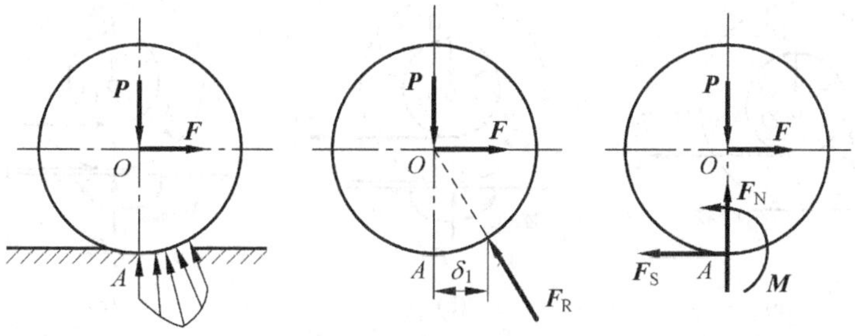

(a)　(b)　(c)

图　2-47

接触面法向反力 $\boldsymbol{F}_N$ 成正比，即

$$M_{max} = \delta F_N \tag{2-28}$$

这就是滚动摩阻定律，δ 是比例系数，称为滚动摩阻系数，其物理意义是：轮子处于临界平衡时，法向反力 $\boldsymbol{F}_N$ 偏离中心线 OA 的最远距离，因而具有长度量纲，单位常用 mm 或 cm。δ 一般与接触物体材料的硬度及湿度有关，但与滚动半径无关，其大小可由实验测定。不同材料的滚动摩阻系数的数值，可查阅相关手册。

由于滚动摩阻系数一般较小，所以在大多数情况下，滚动摩阻可以忽略不计。

轮在滚动前后，除存在阻碍滚动的 M 外，还存在滑动摩擦力 $\boldsymbol{F}_s$。$\boldsymbol{F}_s$ 阻碍轮与轨在接触处发生相对滑动，但不阻碍滚动，相反，它还是轮产生滚动的条件，如图 2-47(c)所示。只有足够大的力 $\boldsymbol{F}_s$ 与拉力 $\boldsymbol{F}$ 形成足够大的主动力偶才能克服滚阻力偶 M，这就是为什么车辆轮胎上要刻上花纹，雪地行车要在轮胎上系防滑链等的原因。

借助图 2-47(c)可以分别计算出使轮滚动或滑动所需要的水平拉力 $\boldsymbol{F}$，以分析究竟是使轮滚动省力还是使轮滑动省力。

列平衡方程 $\sum M_A(\boldsymbol{F}) = 0$，可以求得

$$F_{滚} = \frac{M_{max}}{R} = \frac{\delta F_N}{R} = \frac{\delta}{R}P$$

由平衡方程 $\sum X = 0$，可以求得

$$F_{滑} = F_{max} = f_s F_N = f_s P$$

一般情况下，有 $\frac{\delta}{R} \ll f_s$，故有 $F_{滑} \gg F_{滚}$，即圆轮总是先达到滚动临界平衡状态，这就是克服滚动摩阻比克服滑动摩擦要省力的原因。轮在主动力作用下，克服滚阻力偶产生滚动时，其滑动摩擦力远小于最大摩擦力($F_s \leqslant F_{max}$)，于是轮沿支撑面只滚动而不滑动，这样的轮的运动称为滚而不滑或纯滚动。

例 2-21　图 2-48 所示匀质轮子的重量 $W=300$N，由半径 $R=0.4$m 和半径 $r=0.1$m 两个同心圆固连而成。已知轮子与地面的滚阻系数 $\delta=0.05$m，滑动摩擦因数 $f_s=0.2$，求拉动轮子所需力 F_p 的最小值。

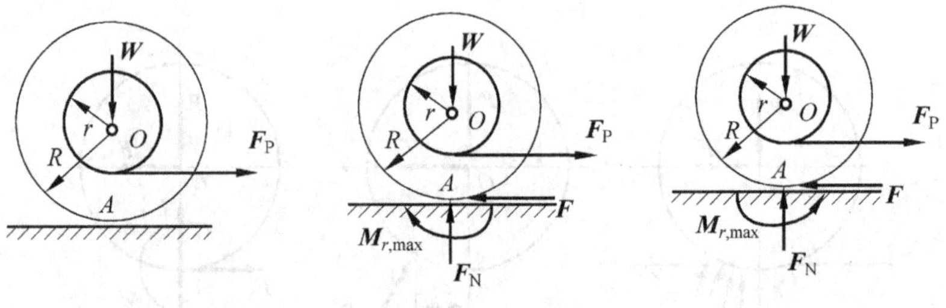

(a) (b) (c)

图 2-48

解 轮子可能发生的三种运动趋势：向左滚动趋势；向右滚动趋势；滑动趋势。下面分别予以考虑。

(1) 轮子不滑动，处于向左滚动的临界状态(受力如图 2-48(b))。列平衡方程：

$$\sum X = 0, \quad F_P - F = 0$$

$$\sum Y = 0, \quad F_N - W = 0$$

$$\sum M_O = 0, \quad rF_p - M_{r,\max} - FR = 0$$

解得

$$F_N = W = 300\text{N}$$

$$M_{r,\max} = \delta F_N = 1.5\text{N}$$

$$F_p = F = \frac{-M_{r,\max}}{R-r} = -5\text{N}$$

负值说明轮不可能有向左滚动的趋势。

(2) 轮子不滑动，处于向右滚动的临界状态(受力如图 2-48(c))。列平衡方程：

$$\sum X = 0, \quad F_P - F = 0$$

$$\sum Y = 0, \quad F_N - W = 0$$

$$\sum M_O = 0, \quad rF_p + M_{r,\max} - FR = 0$$

临界时

$$M_r = M_{r,\max} = \delta F_N$$

解得

$$F_N = W = 300\text{N}$$

$$M_{r,\max} = \delta F_N = 1.5\text{N} \cdot \text{m}$$

此时拉动轮子所需力 F_p 为

$$F_p = F = 5\text{N}$$

(3) 轮子不滚动，处于滑动的临界状态。

此时静摩擦力达到最大值，列写平衡方程并补充临界方程 $F_{\max} = f_s F_N$，不难得出拉动轮子所需力

$$F_p = F = F_{\max} = f_s F_N = f_s W = 60\text{N}$$

可见，拉动轮子所需力远远大于轮子滚动所需的拉力 F_p 值。

所以拉动轮子的力最小值 $F_p=5N$。轮子向右滚动。

习题

2-1 一个450N的力作用在点 A，方向如题2-1图所示。求：(1)此力对点 D 的矩；(2)欲得到与(1)相同的力矩，应在点 C 所加水平力的大小与指向；(3)欲得到与(1)相同的力矩，在点 C 应加的最小力。

2-2 求题2-2图所示齿轮和皮带轮上各力对点 O 之矩。已知：$F=1kN$，$\alpha=20°$，$D=160mm$，$F_{T1}=200N$，$F_{T2}=100N$。

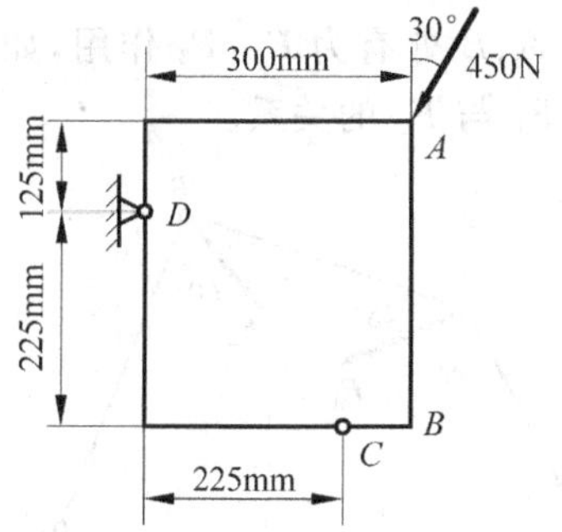

题2-1图

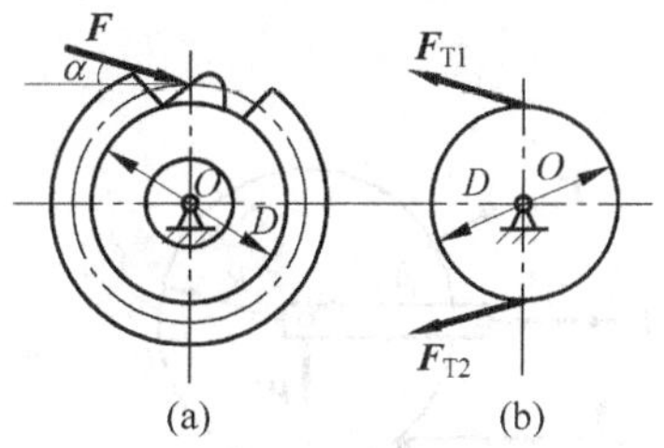

题2-2图

2-3 题2-3图所示 A、B、C、D 均为滑轮，绕过 B、D 两轮的绳子两端的拉力为400N，绕过 A、C 两滑轮的绳子两端的拉力为300N，$\alpha=30°$。试求该两力偶的合力偶矩的大小和转向，滑轮尺寸不计。

2-4 题2-4图所示一曲杆，其上作用两个力偶，试求其合力偶矩。若令此合力偶的两力分别作用在 A、B 两点，问其方向如何选取才能使力的大小为最小。

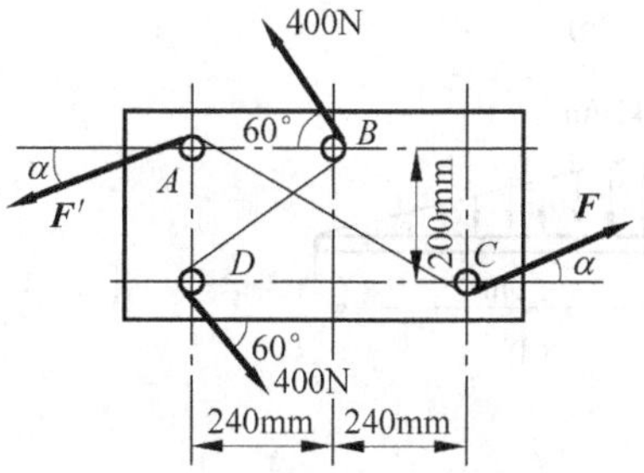

题2-3图

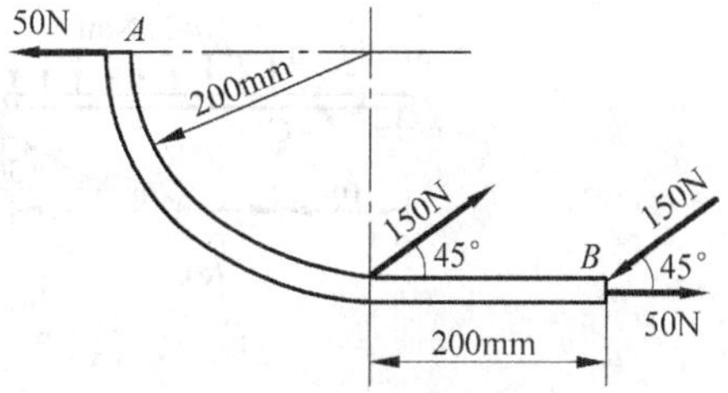

题2-4图

2-5 题2-5图所示一平面力系，已知 $P=200N$，$Q=100N$，$M=300N\cdot m$，欲使力系的合力通过 O 点，问水平力 $\boldsymbol{T}$ 之值应为多少？

2-6 如题2-6图所示，已知 $F_1=150N$，$F_2=200N$，$F_3=300N$，$F=F'=200N$。求力系向点 O 的简化结果及合力。

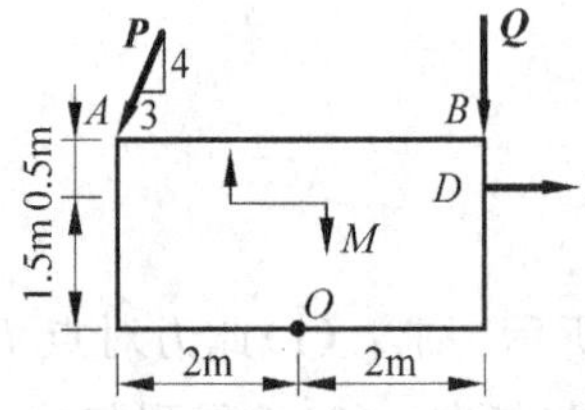

题 2-5 图

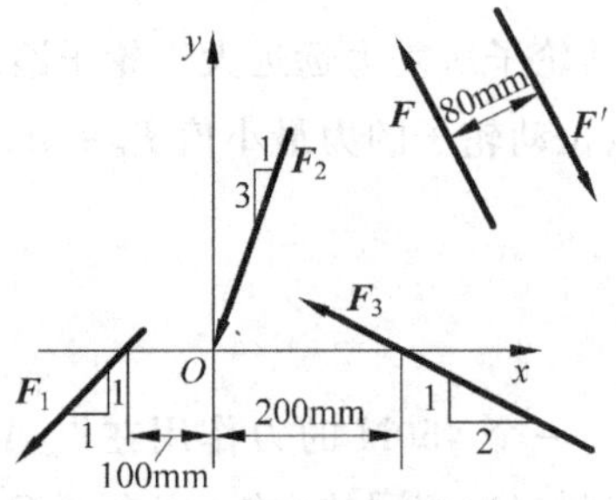

题 2-6 图

2-7　题 2-7 图所示，压路机碾子重 $W=20\text{kN}$，半径 $R=400\text{mm}$，若用水平力 $\boldsymbol{F}$ 拉碾子越过 $h=80\text{mm}$ 的石坎，问 F 应多大？若要使 F 为最小，力 $\boldsymbol{F}$ 与水平线的夹角 θ 应为多大？此时 F 应等于多少？

2-8　铰接四杆机构 $CABD$ 的边 CD 固定，在铰链 A、B 处有力 $\boldsymbol{F}_1$，$\boldsymbol{F}_2$ 作用，如题 2-8 图所示。该机构在图示位置平衡，杆重略去不计。求力 F_1 与 F_2 的关系。

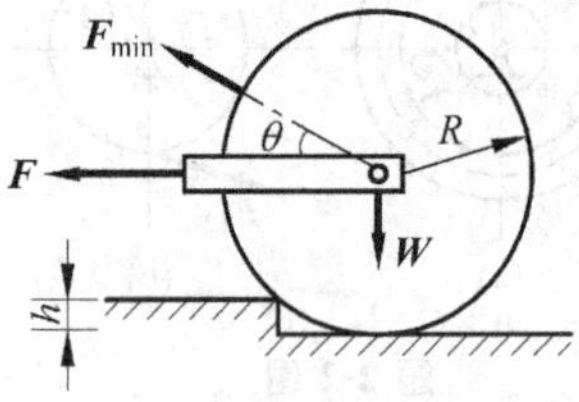

题 2-7 图

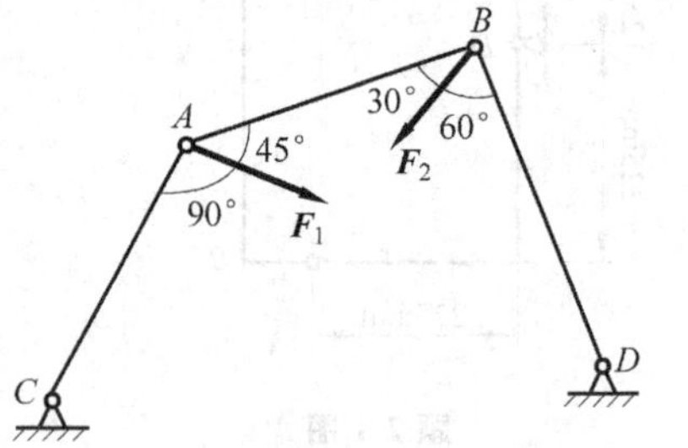

题 2-8 图

2-9　求题 2-9 图所示各梁的外约束力。

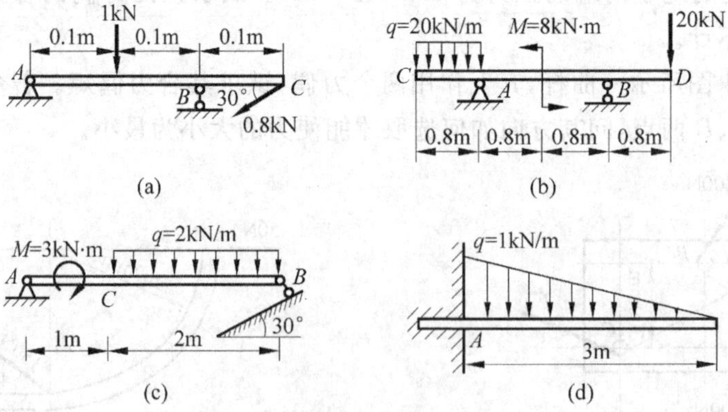

题 2-9 图

2-10　直角弯杆 $ABCD$ 与直杆 DE 及 EC 铰接如题 2-10 图所示，作用在 DE 杆上力偶的矩 $M=40\text{kN}\cdot\text{m}$，不计各杆件自重，不考虑摩擦，尺寸如图所示。求支座 A、B 处的约束反力及 EC 杆受到的力。

2-11　如题 2-11 图所示，起重机的铅直支柱 AB 由点 B 的止推轴承和点 A 的径向轴承支持。起重机上有载荷 $\boldsymbol{P}_1$ 和 $\boldsymbol{P}_2$ 作用，它们与支柱的距离分别为 a 和 b。如 A、B 两点间的距离为 c，求在轴承 A 和 B 两处的反力。

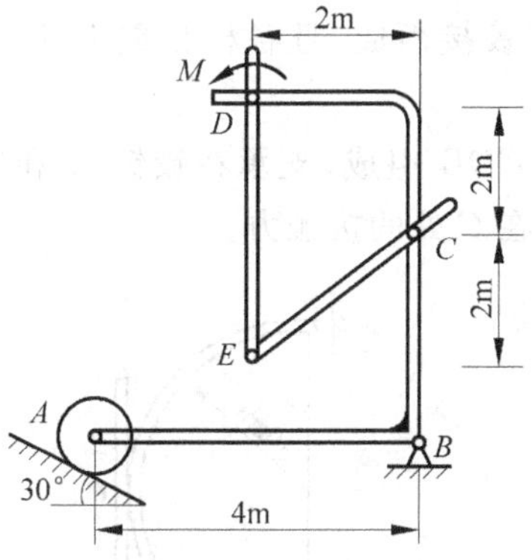

题 2-10 图

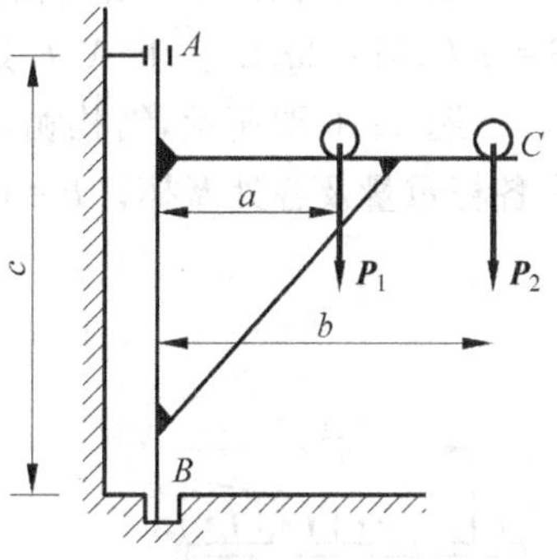

题 2-11 图

2-12　行动式起重机如题 2-12 图所示，已知轨距 $d_2=3\text{m}$，机身重 $G=500\text{kN}$，其作用线至右轨的距离 $d_3=1.5\text{m}$，起重机的最大载荷 $P_1=250\text{kN}$，其作用线至右轨的距离 $l=10\text{m}$。欲使起重机满载时不向右倾倒，空载时不向左倾倒，试确定平衡重 P_2 之值，设其作用线至左轨的距离 $d_1=6\text{m}$。

2-13　静定刚架载荷及尺寸如题 2-13 图所示，求支座约束反力和中间铰的反力。

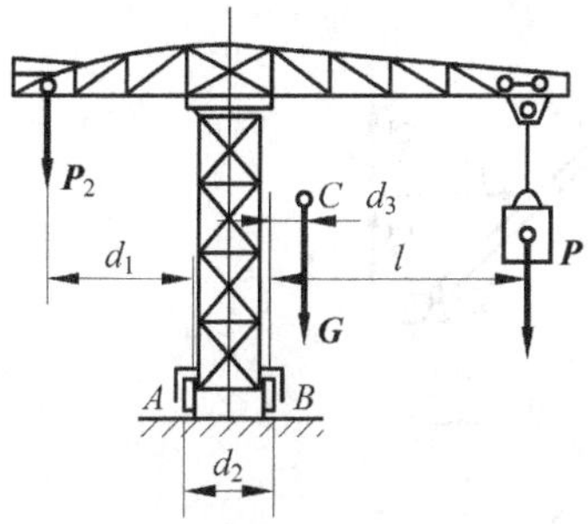

题 2-12 图

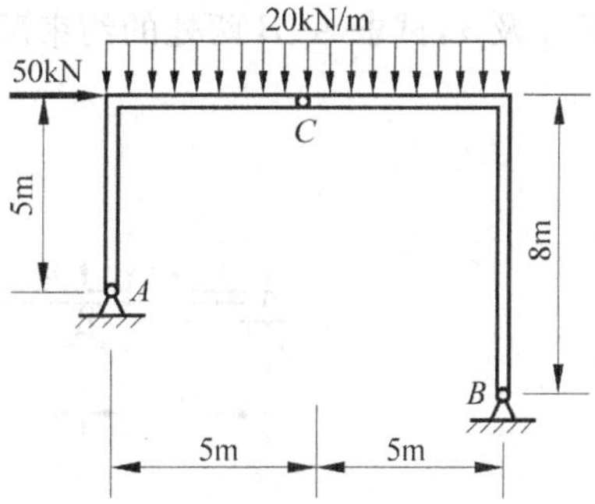

题 2-13 图

2-14　静定多跨梁的载荷尺寸如题 2-14 图所示，长度单位为 m，求支座约束反力和中间铰的反力。

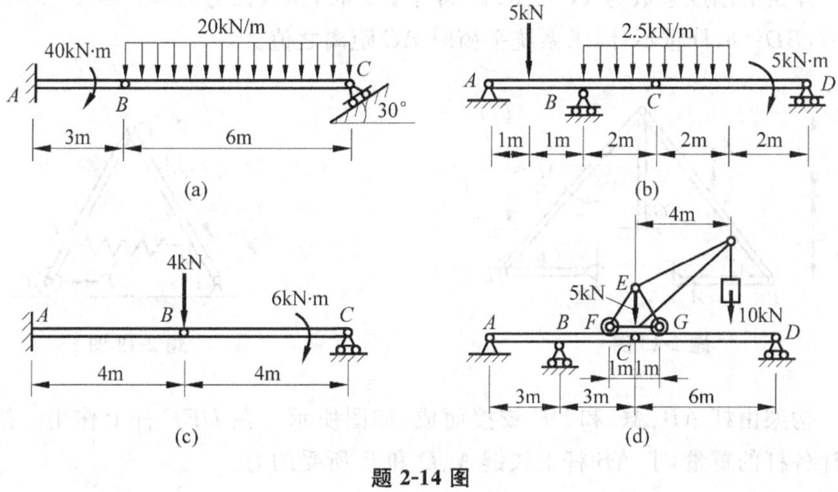

题 2-14 图

2-15　题2-15图所示，结构由 AB、BC、CE 三杆铰接而成，且各杆自重不计。已知：q_0，L，$P=q_0L$，$M=2q_0L^2$。求 A、E 处的约束反力。

2-16　题2-16图所示，结构由半圆杆 ACB 和杆 CDB 组成，支承在铰链 A 和辊轴 D 上，略去各杆重量及各处摩擦。$F=600\text{N}$，试求两构件在 C 处的接触力。

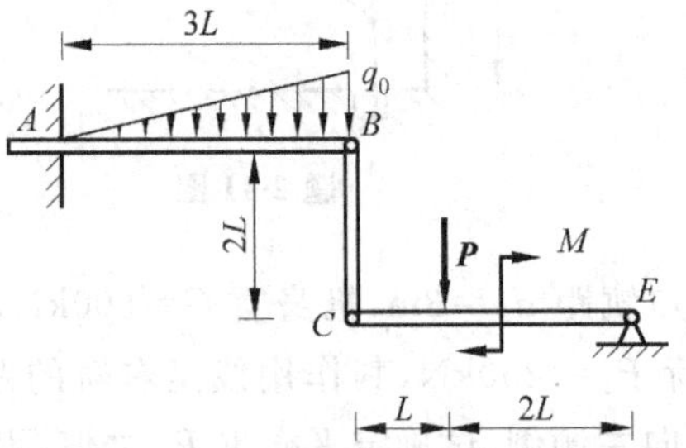

题 2-15 图

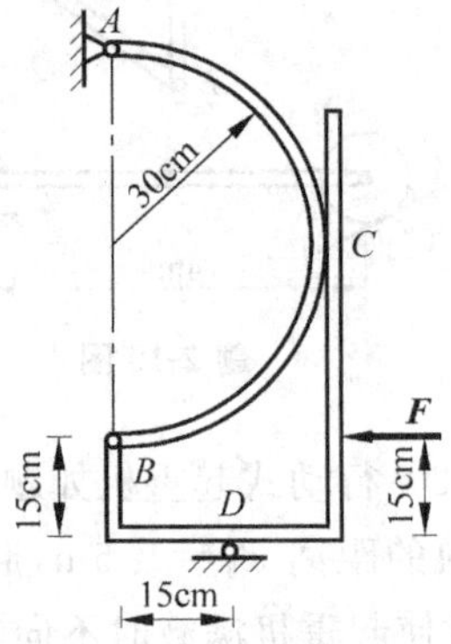

题 2-16 图

2-17　在题2-17图所示结构中，A、E 为固定铰支座，B 为滚动支座，C、D 为中间铰。已知 F、q 及 a，试求 A、B 两处的约束反力。

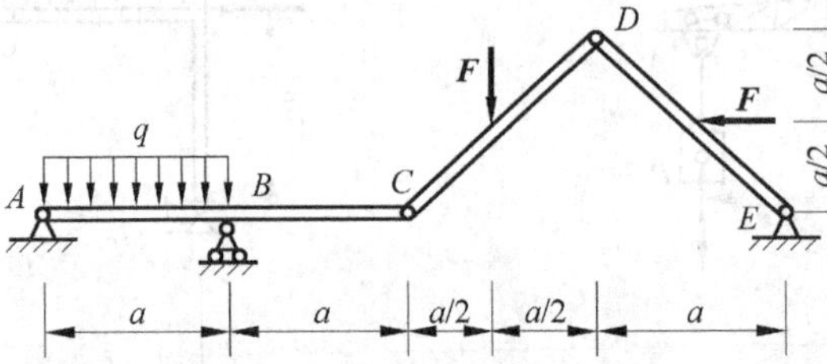

题 2-17 图

2-18　对称构架的尺寸及所受载荷如题2-18图所示，试求固定端 G 处的约束反力。

2-19　如题2-19图所示两等长杆 AB 与 BC 在点 B 用铰链连接，又在杆的 D、E 两点连一弹簧。弹簧的刚度系数为 k，当 AC 距离等于 a 时，弹簧拉力为零。点 C 作用一水平力 F，设 $\overline{AB}=l$，$\overline{BD}=b$，杆重不计，求系统平衡时 AC 距离之值。

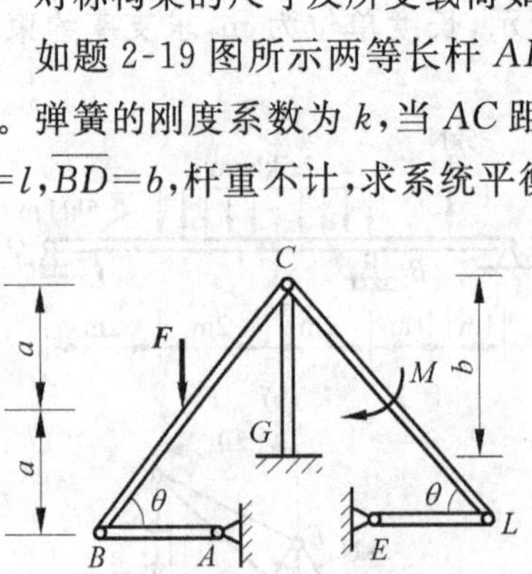

题 2-18 图

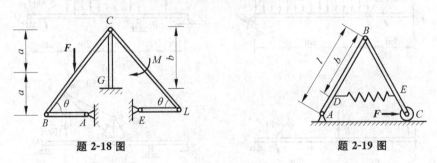

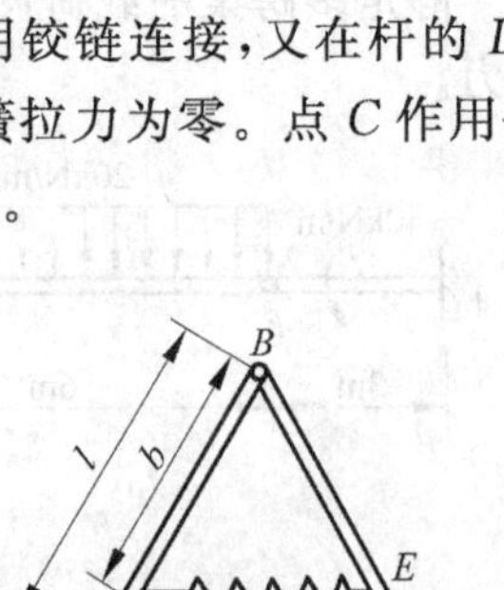

题 2-19 图

2-20　构架由杆 AB、AC 和 DF 铰接而成，如图所示。在 DEF 杆上作用一矩为 M 的力偶。不计各杆的重量，求 AB 杆上铰链 A、D 和 B 所受的力。

2-21　题 2-21 图所示结构中，A 处为固定端约束，C 处为光滑接触，D 处为固定铰链支座。已知 $F_1=F_2=400\text{N}$，$M=300\text{N}\cdot\text{m}$，$\overline{AB}=\overline{BC}=400\text{mm}$，$\overline{CD}=\overline{CE}=300\text{mm}$，$\alpha=45°$，不计各构件自重，求固定端 A 处与铰链 D 处的约束反力。

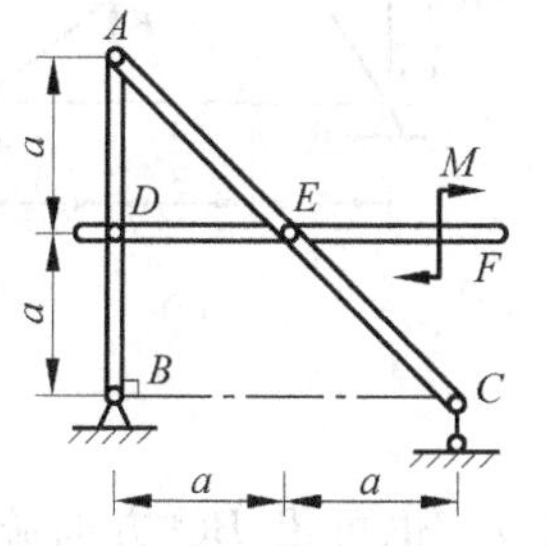

题 2-20 图

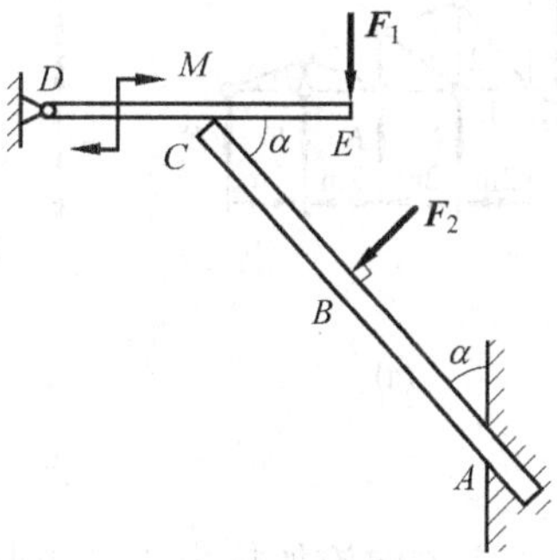

题 2-21 图

2-22　图示构架，由直杆 BC、CD 及直角弯杆 AB 组成，各杆自重不计，载荷分布及尺寸如图。在销钉 B 上作用载荷 $\boldsymbol{P}$。已知 q、a、P，且 $M=qa^2$。求固定端 A 的约束反力及销钉 B 对 BC 杆、AB 杆的作用力。

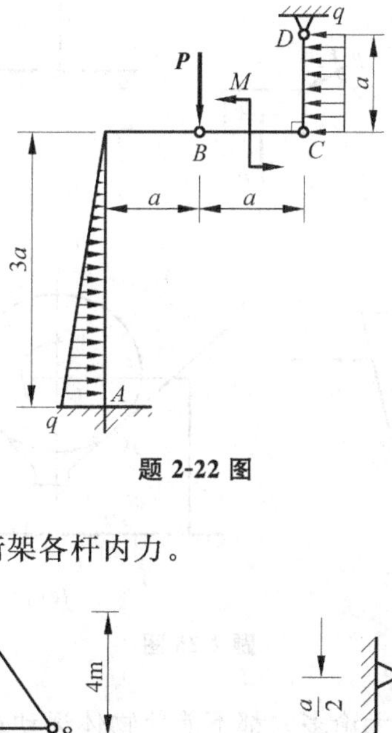

题 2-22 图

2-23　求题 2-23 图所示桁架各杆内力。

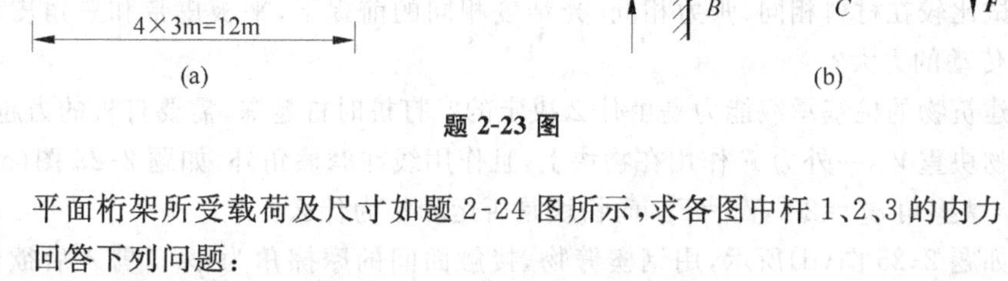

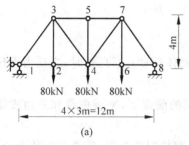

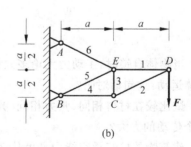

题 2-23 图

2-24　平面桁架所受载荷及尺寸如题 2-24 图所示，求各图中杆 1、2、3 的内力。

2-25　回答下列问题：

(1) 物块重 $\boldsymbol{P}$，放置在粗糙的水平面上，接触处的摩擦因数为 f_s。要使物块沿水平面向

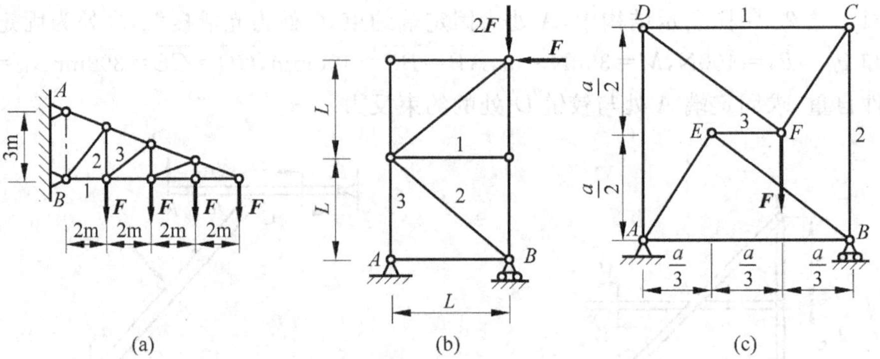

题 2-24 图

右滑动,可沿 OA 方向施加拉力 $\boldsymbol{F}_1$(如题 2-25 图(a)所示)。也可沿 BO 方向施加推力 $\boldsymbol{F}_2$(如题 2-25 图(b)所示),试问哪种方法省力。

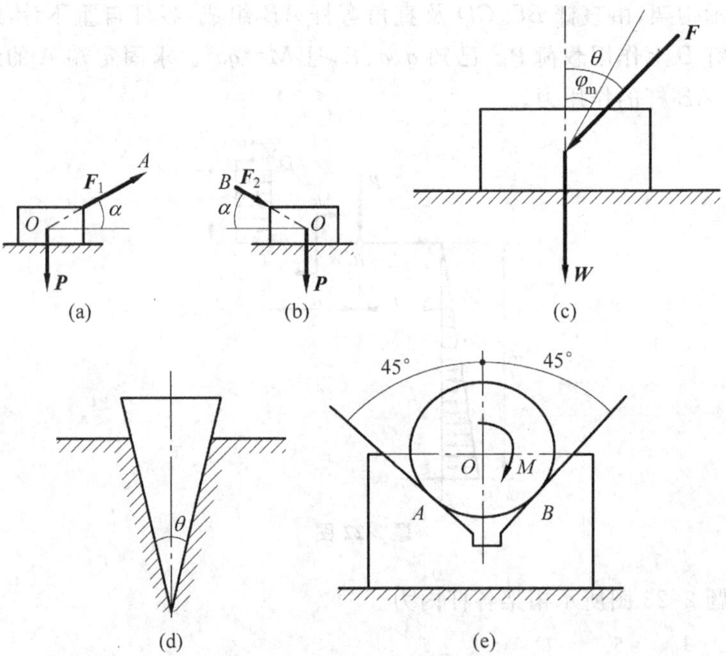

题 2-25 图

(2) 当物体自锁时,主动力无论多大都不能使物体运动;不自锁时,主动力无论多小都能使物体运动,这句话对吗?

(3) 试比较在材料相同、张力相同、光洁度相同的前提下,平板皮带和三角皮带在传动中哪一个传动的力大?

(4) 建筑物的桩基承载能力是由什么决定的? 打桩时桩越深,需要打桩的力越大吗?

(5) 物块重 $\boldsymbol{W}$,一外力 $\boldsymbol{F}$ 作用在物块上,且作用线在摩擦角外,如题 2-25 图(c)所示,已知 $\theta=25°$,摩擦角 $\varphi_m=20°$,$W=F$。问物块是否运动? 为什么?

(6) 如题 2-25 图(d)所示,用钢楔劈物,接触面间的摩擦角为 φ_m。劈入后欲使楔块不滑出,问钢楔两个平面间的夹角 θ 应为多大? 楔重不计。

(7) 重 P 的圆柱放在粗糙的 V 形槽里，如题 2-25 图(e)所示，当圆柱上作用矩为 M 的力偶时，圆柱处于临界平衡状态，问此时 A、B 接触点处的摩擦力是否相等？

(8) 当车轮轮心受到水平力 $\boldsymbol{F}$ 作用而沿粗糙地面运动时，为什么总是先开始滚动而不先滑动。

2-26　如题 2-26 图所示，已知：$W=200\mathrm{N}$，$F=100\mathrm{N}$，$\alpha=30°$，物体与水平面之间的摩擦因数均为 0.5，试分析在图示三种情况下，物体各处于何种状态，所受摩擦力各为多大？

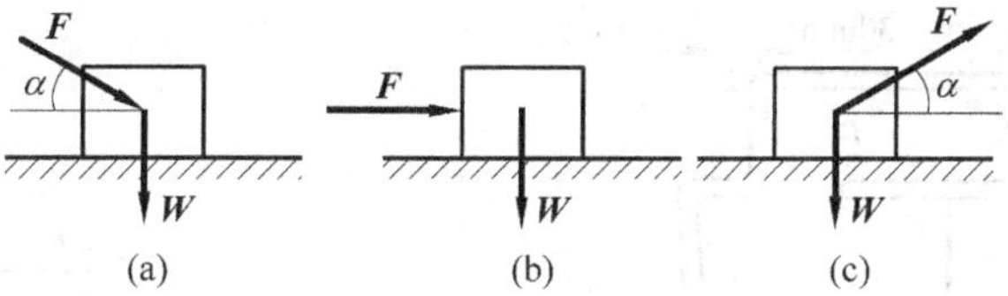

题 2-26 图

2-27　在题 2-27 图所示物块中，已知：Q、θ，接触面间的摩擦角为 φ_m。试问：(1)β 等于多大时拉动物块最省力；(2)此时所需拉力 $\boldsymbol{P}$ 为多大。

2-28　题 2-28 图中，AB 杆的 A 端放在水平面上，B 端放在斜面上，A、B 处的摩擦因数都是 0.25。试求能够支承荷重 F 的最大距离 a，杆重不计。

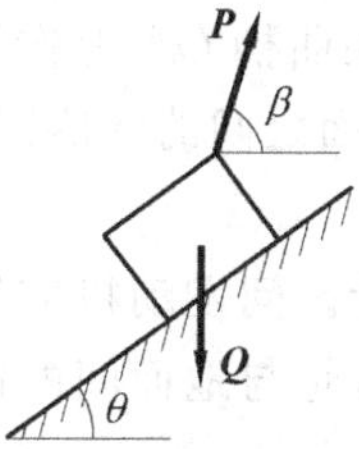

题 2-27 图

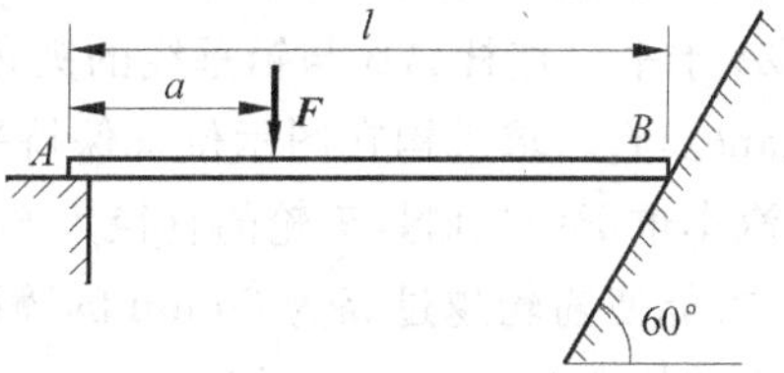

题 2-28 图

2-29　鼓轮 B 重 500N，放在墙角里，如题 2-29 图所示。已知鼓轮与水平地板间的摩擦因数为 0.25，铅直墙壁则假定是绝对光滑的。鼓轮上的绳索下端挂着重物。设半径 $R=200\mathrm{mm}$，$r=100\mathrm{mm}$，求平衡时重物 A 的最大重量。

2-30　如题 2-30 图所示，物块 A 和 B 叠放在水平固定面上，两者重量都是 10N，两物块之间以及物块 B 和固定面之间的摩擦因数都是 0.2。设在物块 A 上施加大小等于 5N 的力 $\boldsymbol{P}$，该力的方向偏向下方并与水平面成倾角 30°。试分别判断两物块能否运动，并求各物块受到的摩擦力大小。

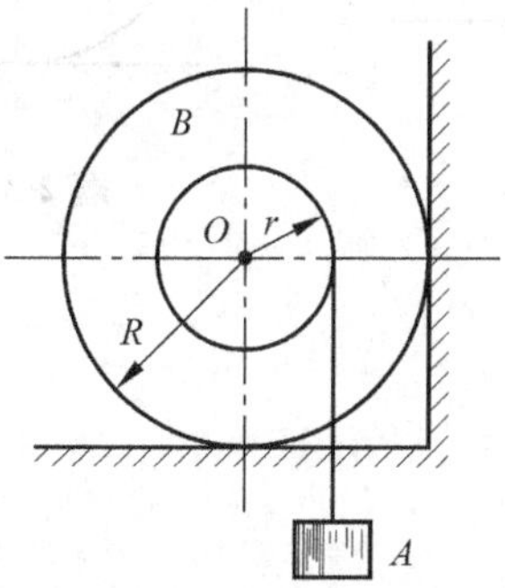

题 2-29 图

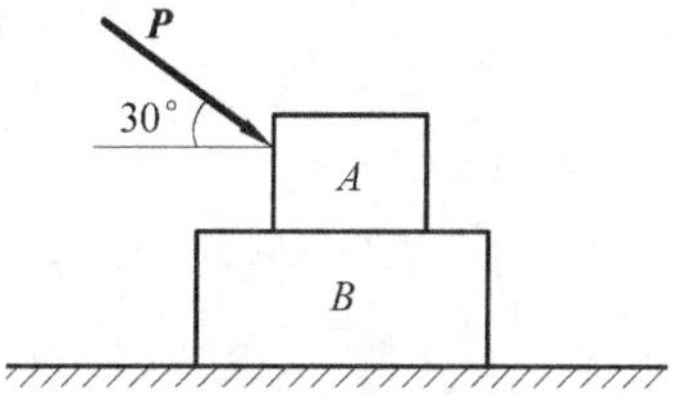

题 2-30 图

2-31 砖夹的宽度为0.25m,曲杆 AGB 与 $GCED$ 在 G 点铰接,尺寸如题2-31图所示。设砖重 $P=120\text{N}$,提起砖的力 $\boldsymbol{F}$ 作用在砖夹的中心线上,砖夹与砖间的摩擦因数 $f_s=0.5$,试求距离 b 为多大才能把砖夹起。

2-32 如题2-32图所示,均质矩形箱重 $P=500\text{N}$,D 处作用一水平力 $Q=100\text{N}$,设箱子与水平面间的摩擦因数 $f_s=0.4$,$b=h=1\text{m}$。问:(1)箱子会滑动吗?(2)箱子会翻倒吗?(3)若平衡时,地面对箱子的法向反力的合力的作用位置应在何处?

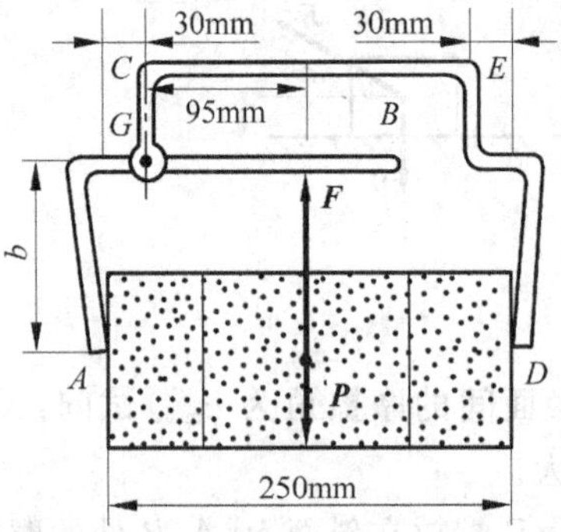

题 2-31 图

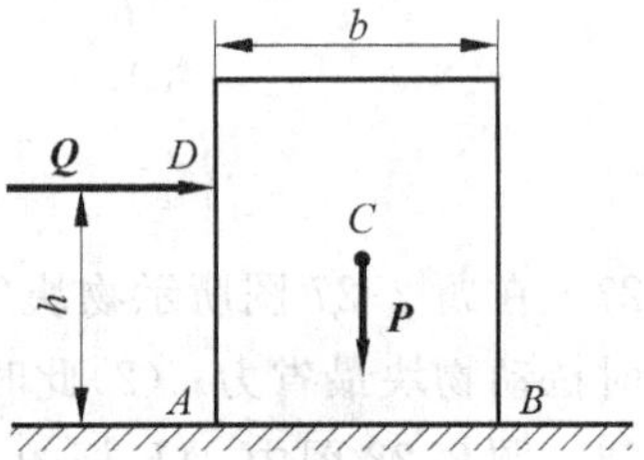

题 2-32 图

2-33 平面曲柄连杆滑块机构如题2-33图所示。$\overline{OA}=l$,在曲柄 OA 上作用有一矩为 M 的力偶,OA 水平。连杆 AB 与铅垂线的夹角为 θ,滑块与水平面之间的摩擦因数为 f_s,不计重量,且 $\tan\theta \geqslant f_s$。求机构在图示位置保持平衡时 $\boldsymbol{F}$ 力的值。

2-34 汽车重 $P=15\text{kN}$,车轮的直径为600mm,轮自重不计。问发动机应给予后轮多大的力偶矩,方能使前轮越过高为80mm的障碍物?并问此时后轮与地面间的静摩擦因数应为多大才不致打滑?

2-35 如题2-35图所示一轮半径为 R,在其铅直直径的上端 B 点作用水平力 $\boldsymbol{F}$,轮与水平面间的滚阻系数为 δ。问水平力 $\boldsymbol{F}$ 使轮只滚动而不滑动时轮与水平面的滑动摩擦因数 f_s 需要满足什么条件?

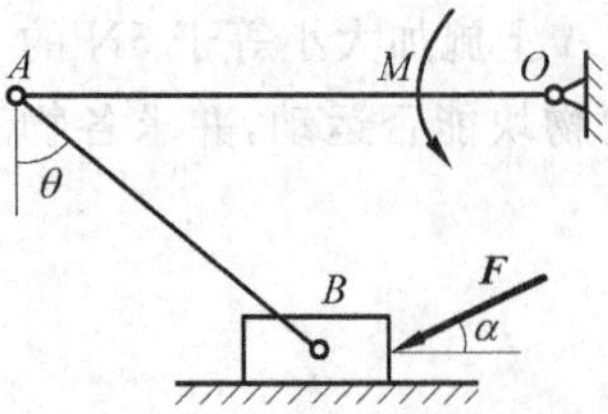

题 2-33 图

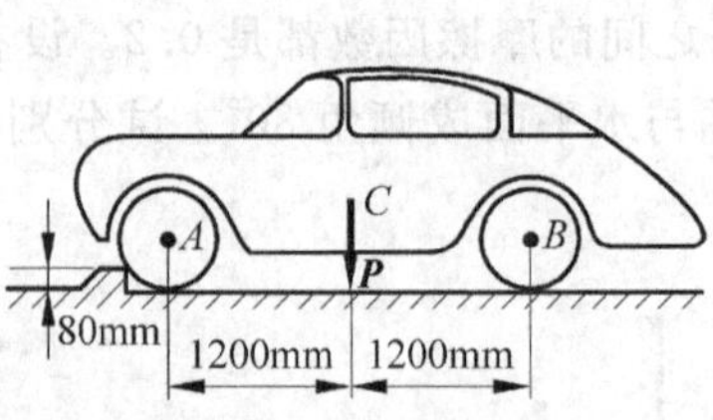

题 2-34 图

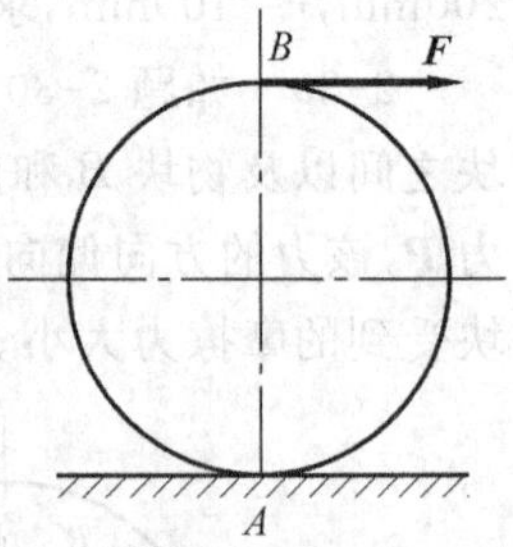

题 2-35 图

第3章 空间力系

本章研究空间力系的简化和平衡问题。在工程实际中，经常遇到诸如各类机床、起重设备、运输机械、高压输电线塔等空间结构，作用在这些结构上的各力的作用线就是呈空间分布的空间力系。空间力系按其作用线的分布可分为空间汇交力系、空间平行力系、空间力偶系及空间任意力系。空间力系的研究方法与平面力系基本相同，但是由于各力的作用线分布在空间，故具体研究时，还须将平面问题中的一些概念、理论和方法加以推广和延伸。

3.1 力在直角坐标轴上的投影

与平面力系常将作用于物体某点上的力向坐标轴 x、y 上投影一样，在空间力系中，也可将作用于空间某一点的力向空间坐标轴 x、y、z 上投影。

由前面研究可知，力在轴上的投影等于力矢量与该轴单位矢量的点积。在空间力系中，若已知力 $\boldsymbol{F}$ 与直角坐标系 $Oxyz$ 三轴间的夹角 α，β，γ，如图 3-1 所示，则可直接得到力在三个坐标轴上的投影，即

$$\left.\begin{aligned} X &= \boldsymbol{F}\cdot\boldsymbol{i} = F\cos\alpha \\ Y &= \boldsymbol{F}\cdot\boldsymbol{j} = F\cos\beta \\ Z &= \boldsymbol{F}\cdot\boldsymbol{k} = F\cos\gamma \end{aligned}\right\} \tag{3-1}$$

这种投影法称为一次投影法(或直接投影法)。

当力 $\boldsymbol{F}$ 与坐标轴 x、y 间的夹角不易确定时，可采用二次投影法(也称间接投影法)求力在轴上的投影。即先将力 $\boldsymbol{F}$ 投影到平面 Oxy 上，得到投影力 $\boldsymbol{F}_{xy}$，再将 $\boldsymbol{F}_{xy}$ 投影到 x、y 轴上，如图 3-2 所示。已知角 γ 和 φ，则力 $\boldsymbol{F}$ 在三个直角坐标轴上的投影分别为

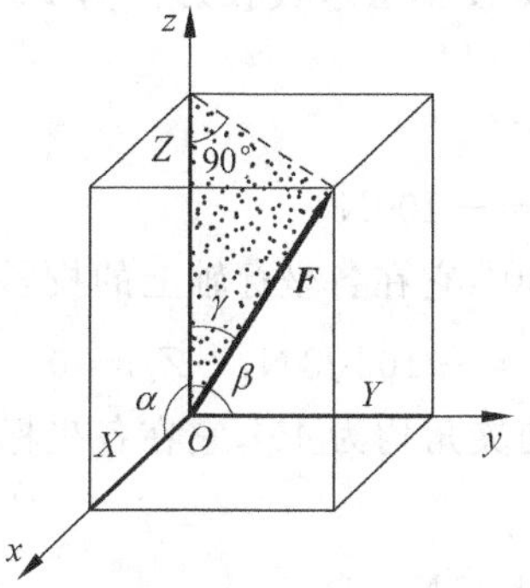

图 3-1

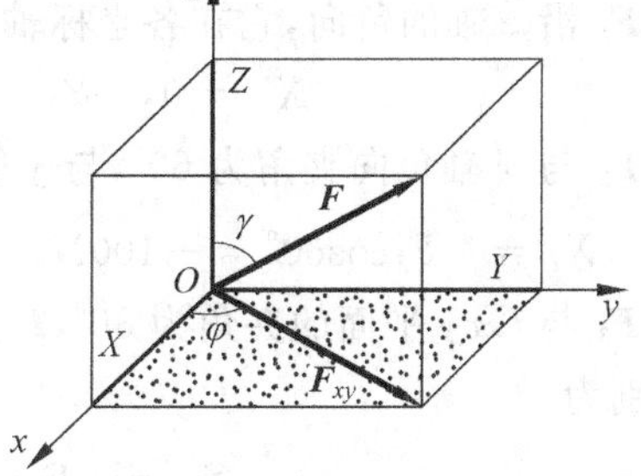

图 3-2

$$\left.\begin{aligned} X &= F\sin\gamma\cos\varphi \\ Y &= F\sin\gamma\sin\varphi \\ Z &= F\cos\gamma \end{aligned}\right\} \tag{3-2}$$

具体计算时,选用哪一种方法要视已知条件而定。应当注意,力在轴上的投影是代数量,在平面上的投影是矢量。

若以 $\boldsymbol{F}_x,\boldsymbol{F}_y,\boldsymbol{F}_z$ 表示力 $\boldsymbol{F}$ 沿直角坐标轴 x、y、z 的正交分量,以 $\boldsymbol{i},\boldsymbol{j},\boldsymbol{k}$ 表示相应的三个坐标轴的单位矢量,如图 3-3 所示,则

$$\boldsymbol{F} = \boldsymbol{F}_x + \boldsymbol{F}_y + \boldsymbol{F}_z = X\boldsymbol{i} + Y\boldsymbol{j} + Z\boldsymbol{k} \tag{3-3}$$

与平面力系类似,力 $\boldsymbol{F}$ 在空间直角坐标轴上的投影和沿此坐标轴的正交分量关系仍为

$$\boldsymbol{F}_x = X\boldsymbol{i},\quad \boldsymbol{F}_y = Y\boldsymbol{j},\quad \boldsymbol{F}_z = Z\boldsymbol{k} \tag{3-4}$$

故若已知力 $\boldsymbol{F}$ 在正交直角坐标轴系 $Oxyz$ 的三个投影,则力 $\boldsymbol{F}$ 的大小和方向余弦为

$$\left.\begin{aligned} &F = \sqrt{X^2 + Y^2 + Z^2} \\ &\cos(\boldsymbol{F},\boldsymbol{i}) = \frac{X}{F},\quad \cos(\boldsymbol{F},\boldsymbol{j}) = \frac{Y}{F},\quad \cos(\boldsymbol{F},\boldsymbol{k}) = \frac{Z}{F} \end{aligned}\right\} \tag{3-5}$$

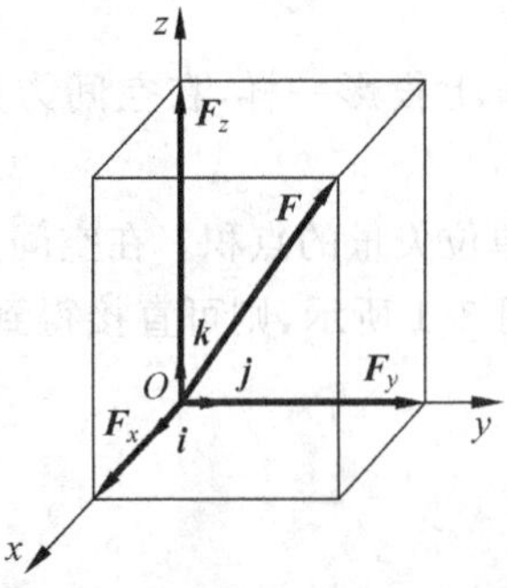

图 3-3

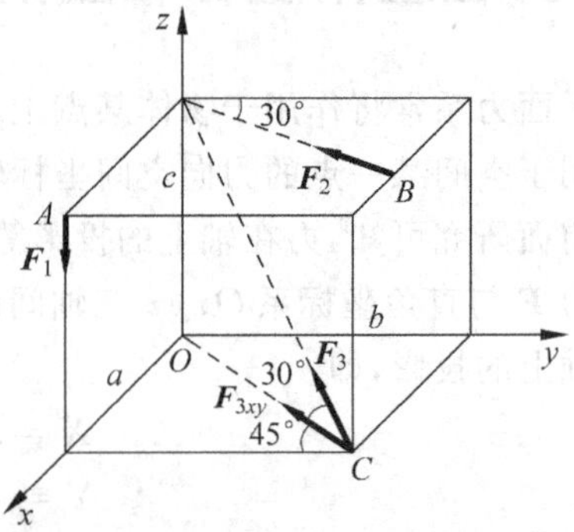

图 3-4

例 3-1 在图 3-4 中,长方体三边长分别为 $a=b=\sqrt{3}\,\text{m}$,$c=\sqrt{2}\,\text{m}$。长方体上作用三个力,$F_1=100\text{N}$,$F_2=200\text{N}$,$F_3=300\text{N}$,方向如图。求各力在三个坐标轴上的投影。

解 力 $\boldsymbol{F}_1$、$\boldsymbol{F}_2$ 与坐标轴正向夹角比较明显,可用直接投影法求其投影。力 $\boldsymbol{F}_3$ 宜用二次投影法求其在坐标轴上的投影。

力 $\boldsymbol{F}_1$ 沿 z 轴的负向,它在各坐标轴上的投影分别为

$$X_1 = 0,\quad Y_1 = 0,\quad Z_1 = -F_1 = -100\text{N}$$

力 $\boldsymbol{F}_2$ 与 x 轴负向夹角为 60°,与 y 轴的负向夹角为 30°,它在各坐标轴上的投影分别为

$$X_2 = -F_2\cos60° = -100\text{N},\quad Y_2 = -F_2\cos30° = -100\sqrt{3}\,\text{N},\quad Z_2 = 0$$

力 $\boldsymbol{F}_3$ 与 Oxy 平面的夹角为 30°,$\boldsymbol{F}_{3xy}$ 与 x、y 轴的负向夹角均为 45°,它在各坐标轴上的投影分别为

$$X_3 = -F_3\cos30°\sin45° = -75\sqrt{6}\,\text{N}$$

$$Y_3 = -F_3\cos30°\cos45° = -75\sqrt{6}\,\text{N}$$

$$Z_3 = F_3\sin30° = 150\text{N}$$

3.2 力对点之矩和力对轴之矩

在平面问题中，讨论力矩概念时曾指出，力对点之矩是力使刚体绕矩心转动效应的度量。在空间问题中也会遇到同样的问题。同时，为了度量力使刚体绕某轴转动的效应，还将引入力对轴之矩的概念。

1. 力对点之矩

在研究平面问题时，用代数量表示力对点之矩已能充分反映力使物体绕矩心转动的效应，因为此时力对点之矩只与力矩的大小及转向这两个因素有关。但在空间力系中，力系中各力与矩心可能构成方位不同的各个力矩作用面，此时力对点之矩取决于力与矩心所构成的平面方位、力矩在该平面内的转向及力矩的大小这三个要素。这三个要素可以用一个矢量来表示。矢量的模表示力对点之矩的大小，矢量的方位与该力和矩心所在平面的法线方位相同，矢量的指向按右手螺旋法则确定力矩的转向。这个矢量称为力对点的矩矢，简称力矩矢，记作 $\boldsymbol{M}_O(\boldsymbol{F})$，如图 3-5 所示。力矩矢大小为

$$|\boldsymbol{M}_O(\boldsymbol{F})| = Fh = 2S_{\triangle OAB}$$

式中，$S_{\triangle OAB}$ 为三角形 OAB 的面积。由于 $\boldsymbol{M}_O(\boldsymbol{F})$ 的大小及方向与矩心 O 的位置有关，故力矩矢的始端必须画在矩心上。它属于定位矢量。

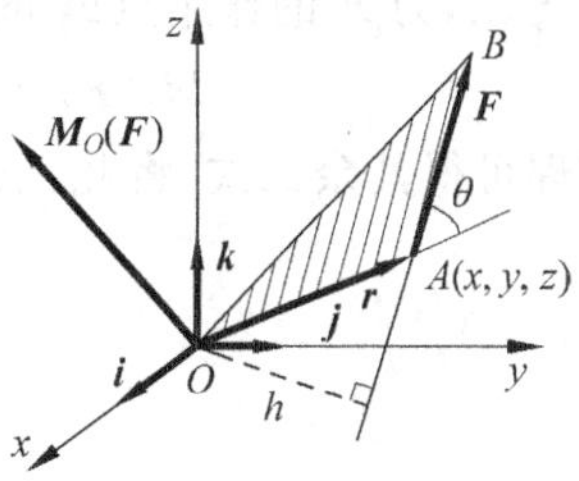

图 3-5

若以 $\boldsymbol{r}$ 表示矩心 O 到力作用点 A 的位置矢量，则由矢量代数的知识可得，矢积 $\boldsymbol{r}\times\boldsymbol{F}$ 的模 $|\boldsymbol{r}\times\boldsymbol{F}|=Fr\sin\theta=Fh=|\boldsymbol{M}_O(\boldsymbol{F})|$，其方向垂直于 $\boldsymbol{r}$ 与 $\boldsymbol{F}$ 所决定的平面并与 $\boldsymbol{M}_O(\boldsymbol{F})$ 的指向一致。故力矩矢也可写成

$$\boldsymbol{M}_O(\boldsymbol{F}) = \boldsymbol{r}\times\boldsymbol{F} \tag{3-6}$$

即力对点之矩矢等于矩心到该力作用点的位置矢径与该力的矢量积。式(3-6)称为力矩矢的矢积表达式。

若以矩心 O 为原点建立空间直角坐标系 $Oxyz$，如图 3-5 所示，则由于

$$\boldsymbol{r} = x\boldsymbol{i} + y\boldsymbol{j} + z\boldsymbol{k}, \quad \boldsymbol{F} = X\boldsymbol{i} + Y\boldsymbol{j} + Z\boldsymbol{k}$$

于是式(3-6)可写成相应的解析表达式，即

$$\boldsymbol{M}_O(\boldsymbol{F}) = \boldsymbol{r}\times\boldsymbol{F} = \begin{vmatrix} \boldsymbol{i} & \boldsymbol{j} & \boldsymbol{k} \\ x & y & z \\ X & Y & Z \end{vmatrix} = (yZ - zY)\boldsymbol{i} + (zX - xZ)\boldsymbol{j} + (xY - yX)\boldsymbol{k} \tag{3-7}$$

式中，单位矢量 $\boldsymbol{i},\boldsymbol{j},\boldsymbol{k}$ 前面的三个系数分别表示力矩矢 $\boldsymbol{M}_O(\boldsymbol{F})$ 在对应坐标轴上的投影，即

$$\left.\begin{aligned} [\boldsymbol{M}_O(\boldsymbol{F})]_x &= yZ - zY \\ [\boldsymbol{M}_O(\boldsymbol{F})]_y &= zX - xZ \\ [\boldsymbol{M}_O(\boldsymbol{F})]_z &= xY - yX \end{aligned}\right\} \tag{3-8}$$

2. 力对轴之矩

设力 $\boldsymbol{F}$ 作用在可绕 z 轴转动的刚体上的 A 点，如图 3-6 所示。选取正交坐标轴系

$Oxyz$,不妨使 A 点位于坐标面 Oxy 上,将力 $\boldsymbol{F}$ 分解为平行于 z 轴的分力 $\boldsymbol{F}_z$ 和垂直于 z 轴的分力 $\boldsymbol{F}_{xy}$。由经验可知,只有分力 $\boldsymbol{F}_{xy}$ 才能使刚体绕 z 轴转动。将分力 $\boldsymbol{F}_{xy}$ 的大小与其作用线到 z 轴的垂直距离 h 的乘积 $F_{xy}h$ 冠以正负号来表示力 $\boldsymbol{F}$ 对 z 轴之矩,并记为

$$M_z(\boldsymbol{F}) = M_O(\boldsymbol{F}_{xy}) = \pm F_{xy}h = \pm 2S_{\triangle OAB} \tag{3-9}$$

于是力对轴之矩可定义如下:力对轴之矩是力使刚体绕该轴转动效果的度量。它是一个代数量,其大小等于力在垂直于该轴平面上的分力对于轴与平面的交点之矩。其正负号按右手螺旋法则确定,拇指与 z 轴一致为正,反之为负。

由定义不难知道,当力的作用线与轴相交或平行时(即力与轴共面),力对该轴之矩为零;当力沿其作用线滑移时,力对轴之矩不变。在日常生活中,开关门就是一个很好的例子。当施加于门上的力的作用线过门轴或与门轴平行时,都不能将门打开或关闭。

有必要指出,一般情况下,矩轴并不一定是真正的转轴。

力对轴之矩也可用解析式表示。设力 $\boldsymbol{F}$ 在直角坐标系 $Oxyz$ 的坐标轴的投影分别为 X、Y、Z,力 $\boldsymbol{F}$ 的作用点 A 的坐标为 (x,y,z),如图 3-7 所示。根据合力矩定理得

$$M_z(\boldsymbol{F}) = M_O(\boldsymbol{F}_{xy}) = M_O(\boldsymbol{F}_x) + M_O(\boldsymbol{F}_y) = xY - yX$$

同理可得其余二式,将此三式合写为

$$\left.\begin{aligned} M_x(\boldsymbol{F}) &= yZ - zY \\ M_y(\boldsymbol{F}) &= zX - xZ \\ M_z(\boldsymbol{F}) &= xY - yX \end{aligned}\right\} \tag{3-10}$$

式(3-10)是计算力对直角坐标轴之矩的解析表达式。

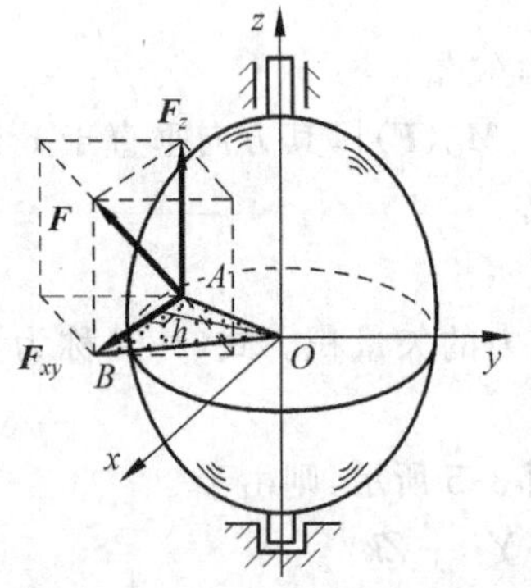

图 3-6

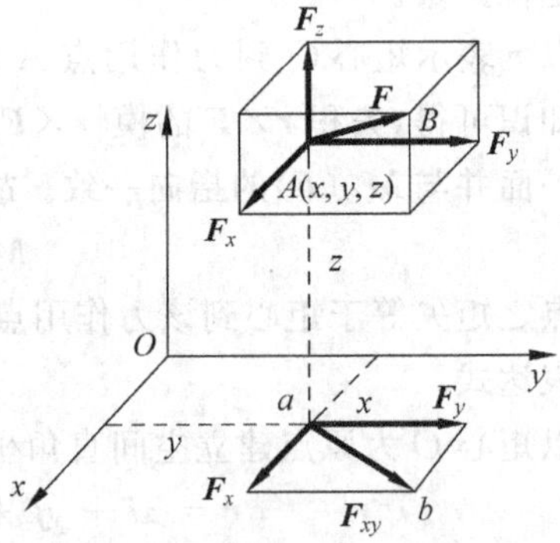

图 3-7

3. 力对点之矩与力对通过该点的轴之矩的关系

将式(3-8)与式(3-10)比较,可得

$$\left.\begin{aligned} [\boldsymbol{M}_O(\boldsymbol{F})]_x &= M_x(\boldsymbol{F}) \\ [\boldsymbol{M}_O(\boldsymbol{F})]_y &= M_y(\boldsymbol{F}) \\ [\boldsymbol{M}_O(\boldsymbol{F})]_z &= M_z(\boldsymbol{F}) \end{aligned}\right\} \tag{3-11}$$

由此可得力矩关系定理:力对点之矩矢在通过该点的某轴上的投影,等于力对该轴之矩。这一结论给出了力对点之矩与力对轴之矩之间的关系。前者在理论分析中比较方便,而后者在实际计算中较为实用。

若 $M_x(\boldsymbol{F})=M_y(\boldsymbol{F})=0$，则式(3-11)退化为

$$M_O(\boldsymbol{F}) = M_z(\boldsymbol{F}) \tag{3-11$'$}$$

式(3-11)′表明：平面力对点之矩与该力对过此点并垂直于力矩平面的轴之矩相同。前者同样可用代数量表示，故在平面问题中，我们不区分力对点之矩与力对轴之矩。

例 3-2　折杆 OA 各部分尺寸如图 3-8(a)所示，杆端 A 作用一大小等于 1 000N 的力 $\boldsymbol{P}$，求力 $\boldsymbol{P}$ 对点 O 之矩以及它对坐标系 $Oxyz$ 各轴之矩。

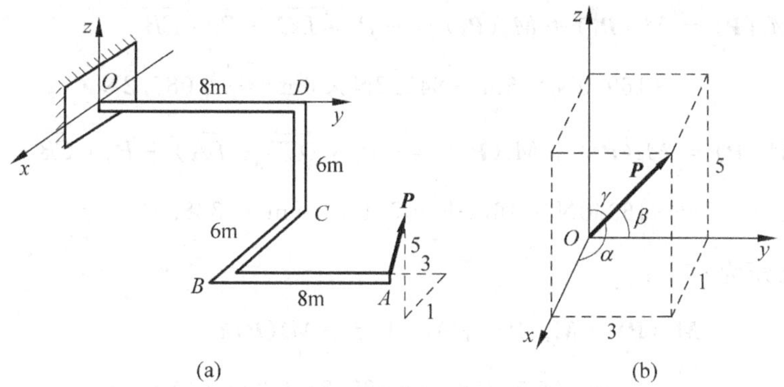

图　3-8

解　由图 3-8(b)得力 $\boldsymbol{P}$ 的三个方向余弦，即

$$\cos\alpha = \frac{1}{\sqrt{1^2+3^2+5^2}} = \frac{1}{\sqrt{35}},\quad \cos\beta = \frac{3}{\sqrt{35}},\quad \cos\gamma = \frac{5}{\sqrt{35}}$$

于是，力 $\boldsymbol{P}$ 在各坐标轴上的投影分别为

$$X = P\cos\alpha = 1\,000\text{N} \times \frac{1}{\sqrt{35}} = 169.0\text{N}$$

$$Y = P\cos\beta = 1\,000\text{N} \times \frac{3}{\sqrt{35}} = 507.1\text{N}$$

$$Z = P\cos\gamma = 1\,000\text{N} \times \frac{5}{\sqrt{35}} = 845.2\text{N}$$

又力 $\boldsymbol{P}$ 的作用点 A 的坐标为

$$x = 6\text{m},\quad y = 16\text{m},\quad z = -6\text{m}$$

于是由式(3-7)可得力 $\boldsymbol{P}$ 对坐标原点 O 之矩为

$$\begin{aligned}\boldsymbol{M}_O(\boldsymbol{P}) &= (yZ - zY)\boldsymbol{i} + (zX - xZ)\boldsymbol{j} + (xY - yX)\boldsymbol{k} \\ &= \{[16 \times 845.2 - (-6) \times 507.1]\boldsymbol{i} + [(-6) \times 169.0 - 6 \times 845.2]\boldsymbol{j} \\ &\quad + [6 \times 507.1 - 16 \times 169.0]\boldsymbol{k}\}\text{N}\cdot\text{m} \\ &= (16\,565.8\boldsymbol{i} - 6\,085.2\boldsymbol{j} + 338.6\boldsymbol{k})\text{N}\cdot\text{m}\end{aligned}$$

力 $\boldsymbol{P}$ 对各坐标轴之矩为

$$M_x(\boldsymbol{P}) = [\boldsymbol{M}_O(\boldsymbol{P})]_x = 16\,565.8\text{N}\cdot\text{m}$$

$$M_y(\boldsymbol{P}) = [\boldsymbol{M}_O(\boldsymbol{P})]_y = -6\,085.2\text{N}\cdot\text{m}$$

$$M_z(\boldsymbol{P}) = [\boldsymbol{M}_O(\boldsymbol{P})]_z = 338.6\text{N}\cdot\text{m}$$

讨论 力 $\boldsymbol{P}$ 对各坐标轴之矩也可以直接由公式(3-10)求得。此题还可以先求力 $\boldsymbol{P}$ 对各坐标轴之矩,然后再求它对坐标原点 O 之矩。

根据合力矩定理,力 $\boldsymbol{P}$ 对轴之矩等于各分力对同一轴之矩的代数和,注意到力与轴共面时力对该轴之矩为零。于是有

$$M_x(\boldsymbol{P}) = M_x(\boldsymbol{P}_y) + M_x(\boldsymbol{P}_z) = P_y \cdot \overline{DC} + P_z(\overline{OD} + \overline{BA})$$

$$= 507.1\text{N} \times 6\text{m} + 845.2\text{N} \times (8+8)\text{m} = 16\,565.8\text{N} \cdot \text{m}$$

$$M_y(\boldsymbol{P}) = M_y(\boldsymbol{P}_x) + M_y(\boldsymbol{P}_z) = -P_x \cdot \overline{DC} - P_z \cdot \overline{CB}$$

$$= -169.0\text{N} \times 6\text{m} - 845.2\text{N} \times 6\text{m} = -6\,085.2\text{N} \cdot \text{m}$$

$$M_z(\boldsymbol{P}) = M_z(\boldsymbol{P}_x) + M_z(\boldsymbol{P}_y) = -P_x \cdot (\overline{OD} + \overline{BA}) + P_y \cdot \overline{CB}$$

$$= -169.0\text{N} \times 16\text{m} + 507.1\text{N} \times 6\text{m} = 338.6\text{N} \cdot \text{m}$$

力 $\boldsymbol{P}$ 对点 O 之矩为

$$\boldsymbol{M}_O(\boldsymbol{P}) = M_x(\boldsymbol{P})\boldsymbol{i} + M_y(\boldsymbol{P})\boldsymbol{j} + M_z(\boldsymbol{P})\boldsymbol{k}$$

$$= (16\,565.8\boldsymbol{i} - 6\,085.2\boldsymbol{j} + 338.6\boldsymbol{k})\text{N} \cdot \text{m}$$

3.3 空间力偶理论

1. 力偶矩以矢量表示,空间力偶等效条件

在平面力偶理论中,已经得出了关于同一平面内力偶等效的条件:只要不改变力偶矩的大小和转向,力偶可以在其作用面内任意移转或同时改变力和力偶臂大小,其作用效果不变。但对于空间问题,由于空间力偶可作用在不同方位的平面内,因此平面力偶的相应理论必须加以扩展。

实践证明,空间力偶的作用面可以平行移动。例如,用螺丝刀拧螺丝时,只要力偶矩的大小和力偶的转向保持不变,长螺丝刀或短螺丝刀的作用效果是一样的,即力偶的作用面可以垂直于螺丝刀的轴线平移,而不影响拧螺丝的效果。由此可知:空间力偶的作用面可以平行移动,而不改变力偶对刚体的作用效果。反之,如果两个力偶的作用面不相互平行(即作用面的法线不相互平行),即使其力偶矩大小转向均相同,其对刚体的作用效果也不同。

因此,空间力偶对刚体的作用效果取决于下列三个要素:①力偶矩的大小;②力偶作用面的方位;③力偶的转向。

空间力偶的三个要素可以用一个矢量完全表示出来:矢量的长度表示力偶矩的大小,矢量的方位与力偶作用面的法线方位一致,矢量的指向与力偶转向的关系服从右手螺旋法则,即从矢量的末端看力偶的转向是逆时针的,如图3-9(a)、(b)所示,这个矢量称为力偶矩矢,记为 $\boldsymbol{M}$。可见,力偶对刚体的作用效果由力偶矩矢唯一决定。

由于空间力偶可以在其作用面内任意移转,并可搬移到平行平面内,而不改变它对刚体的作用效果,故力偶矩矢可以平行移动且无须确定矢的始端位置,即力偶矩矢是一个自由

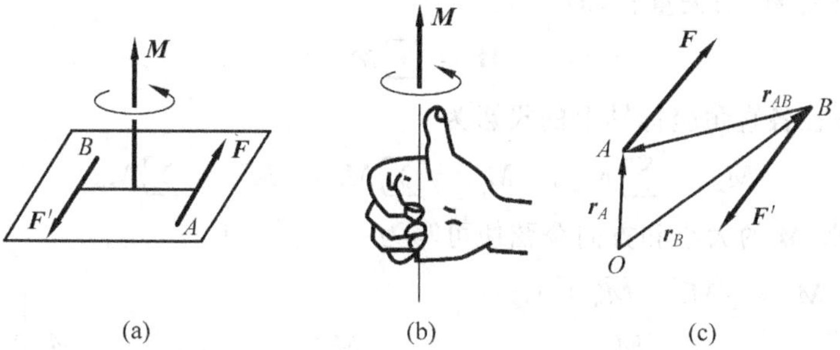

图　3-9

矢量。

为进一步说明力偶矩矢是自由矢量，揭示力偶的等效特性，可以证明：力偶对空间任一点 O 的矩都是相等的，都等于力偶矩。

如图 3-9(c)所示，组成力偶的两个力 $\boldsymbol{F}$ 和 $\boldsymbol{F}'$ 对空间任一点 O 之矩的矢量和为

$$\boldsymbol{M}_O(\boldsymbol{F},\boldsymbol{F}') = \boldsymbol{M}_O(\boldsymbol{F}) + \boldsymbol{M}_O(\boldsymbol{F}') = \boldsymbol{r}_A \times \boldsymbol{F} + \boldsymbol{r}_B \times \boldsymbol{F}'$$
$$= \boldsymbol{r}_A \times \boldsymbol{F} + \boldsymbol{r}_B \times (-\boldsymbol{F}) = (\boldsymbol{r}_A - \boldsymbol{r}_B) \times \boldsymbol{F}$$

式中，$\boldsymbol{r}_A$ 和 $\boldsymbol{r}_B$ 分别是点 O 到两个力的作用点 A 和 B 的矢径。令点 A 相对于点 B 的矢径为 $\boldsymbol{r}_{AB}$，则有 $\boldsymbol{r}_A - \boldsymbol{r}_B = \boldsymbol{r}_{AB}$，代入上式得

$$\boldsymbol{M}_O(\boldsymbol{F},\boldsymbol{F}') = \boldsymbol{r}_{AB} \times \boldsymbol{F}$$

由于 $\boldsymbol{r}_{AB} \times \boldsymbol{F}$ 的大小等于 Fd，它表征了力偶对刚体转动效果的强弱，方向与力偶($\boldsymbol{F}$, $\boldsymbol{F}'$)的力偶矩矢 $\boldsymbol{M}$ 一致。可见，力偶对空间任一点的矩矢都等于力偶矩矢，与矩心的位置无关。

综上所述，力偶矩矢是力偶转动效果的唯一度量。因此，两个力偶等效的条件是它们的力偶矩矢相等，亦即说，力偶矩矢相同的力偶等效。该结论称为力偶等效定理。

2. 空间力偶系的合成与平衡

设刚体作用一群力偶矩矢分别为 $\boldsymbol{M}_1, \boldsymbol{M}_2, \cdots, \boldsymbol{M}_n$ 的力偶系，如图 3-10(a)所示。

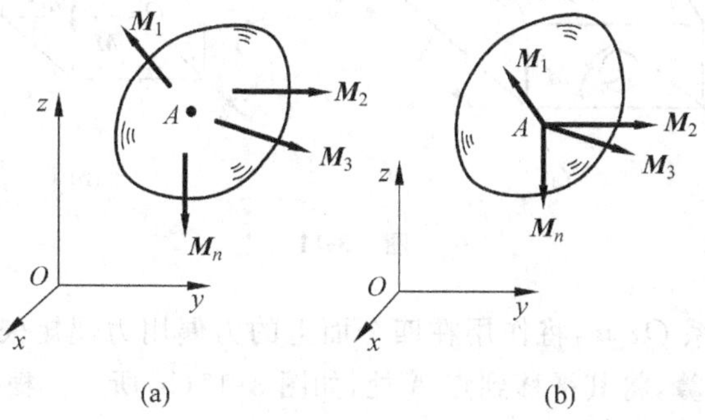

图　3-10

根据力偶矩矢是自由矢量的性质，将各力偶矩矢平移至任一点 A，如图 3-10(b)所示。由汇交矢量的合成结果可得该刚体所受力偶系的合成结果为一合力偶矩矢，其力偶矩矢 $\boldsymbol{M}$

等于各分力偶矩矢 $\boldsymbol{M}_i$ 的矢量和,即

$$\boldsymbol{M}=\sum \boldsymbol{M}_i \tag{3-12}$$

合力偶矩矢在各直角坐标轴上的投影为

$$M_x=\sum M_{ix},\quad M_y=\sum M_{iy},\quad M_z=\sum M_{iz} \tag{3-13}$$

于是,合力偶矩矢 $\boldsymbol{M}$ 的大小和方向余弦便可写为

$$\left.\begin{aligned}&M=\sqrt{M_x^2+M_y^2+M_z^2}\\&\cos(\boldsymbol{M},\boldsymbol{i})=\frac{M_x}{M},\quad \cos(\boldsymbol{M},\boldsymbol{j})=\frac{M_y}{M},\quad \cos(\boldsymbol{M},\boldsymbol{k})=\frac{M_z}{M}\end{aligned}\right\} \tag{3-14}$$

由空间力偶系的合成结果可知,空间力偶系平衡的必要和充分条件是:该力偶系的合力偶矩矢等于零,亦即所有力偶矩矢的矢量和等于零,即

$$\sum \boldsymbol{M}_i=0 \tag{3-15}$$

其投影形式可表示为

$$\left.\begin{aligned}\sum M_{ix}=0\\\sum M_{iy}=0\\\sum M_{iz}=0\end{aligned}\right\} \tag{3-16}$$

上式为空间力偶系的平衡方程。

上述三个独立的平衡方程可求解三个未知量。

例 3-3 工件如图 3-11(a)所示。它的 4 个面上同时钻 5 个孔,每个孔所受的切削力偶矩均为 80N·m,试求合力偶矩矢的大小和方向。

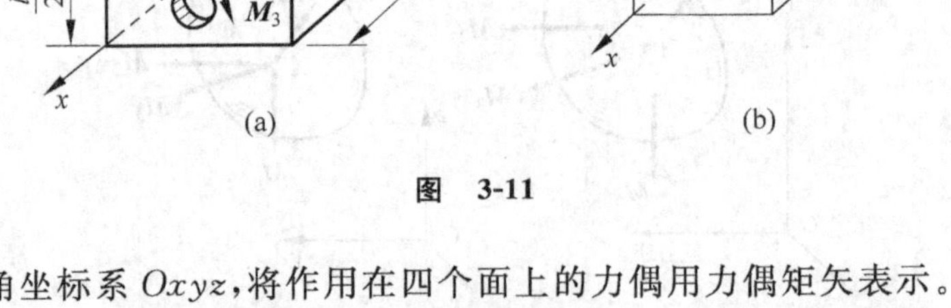

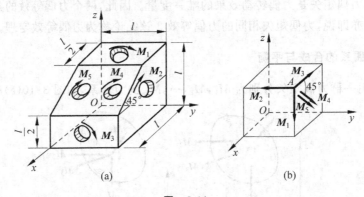

图 3-11

解 取直角坐标系 $Oxyz$,将作用在四个面上的力偶用力偶矩矢表示。由于力偶矩矢是自由矢量,为便于计算,将其平移到点 A 处,如图 3-11(b)所示。根据式(3-13),得

$$M_x=\sum M_{ix}=-M_3-M_4\cos45^\circ-M_5\cos45^\circ=-193.1\text{N}\cdot\text{m}$$

$$M_y=\sum M_{iy}=-M_2=-80\text{N}\cdot\text{m}$$

$$M_z=\sum M_{iz}=-M_1-M_4\cos45^\circ-M_5\cos45^\circ=-193.1\text{N}\cdot\text{m}$$

再根据式(3-14),求得合力偶矩矢的大小及方向余弦为

$$M=\sqrt{M_x^2+M_y^2+M_z^2}=284.6\text{N}\cdot\text{m}$$

$$\cos(\boldsymbol{M},\boldsymbol{i})=\frac{M_x}{M}=-0.6785,\quad \cos(\boldsymbol{M},\boldsymbol{j})=\frac{M_y}{M}=-0.2811,$$

$$\cos(\boldsymbol{M},\boldsymbol{k})=\frac{M_z}{M}=-0.6785$$

3.4 空间任意力系的简化

1. 空间任意力系向一点的简化,主矢和主矩

空间任意力系是作用线既不全在同一平面内,又不全相交或平行的一些力组成的力系。其向空间任意一点简化的过程与平面力系的简化过程相似,同样可利用力线平移定理。只是由于空间各力的作用线与简化中心一般将构成不同方位的许多平面,因此力向一点平移时产生的附加力偶应当用矢量表示。

设($\boldsymbol{F}_1,\boldsymbol{F}_2,\cdots,\boldsymbol{F}_n$)为作用在刚体上的空间力系,如图3-12(a)所示。任取一点O为简化中心,将各力向点O平移,同时附加相应的力偶矩矢,这样原来的空间力系被空间汇交力系和空间力偶系两个简单力系等效替换,如图3-12(b)所示。其中,

$$\boldsymbol{F}_1=\boldsymbol{F}_1',\quad \boldsymbol{F}_2=\boldsymbol{F}_2',\quad \cdots,\quad \boldsymbol{F}_n=\boldsymbol{F}_n'$$

$$\boldsymbol{M}_1=\boldsymbol{M}_O(\boldsymbol{F}_1),\quad \boldsymbol{M}_2=\boldsymbol{M}_O(\boldsymbol{F}_2),\quad \cdots,\quad \boldsymbol{M}_n=\boldsymbol{M}_O(\boldsymbol{F}_n)$$

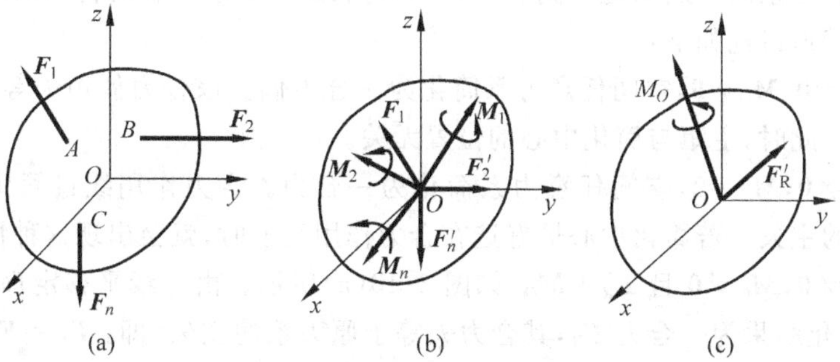

图 3-12

作用于点O的空间汇交力系($\boldsymbol{F}_1',\boldsymbol{F}_2',\cdots,\boldsymbol{F}_n'$)可合成为作用于点$O$的合力$\boldsymbol{F}_R'$,合力矢$\boldsymbol{F}_R'$等于原力系中各力的矢量和,即

$$\boldsymbol{F}_R'=\sum\boldsymbol{F}_i'=\sum\boldsymbol{F}_i=\sum X_i\boldsymbol{i}+\sum Y_i\boldsymbol{j}+\sum Z_i\boldsymbol{k} \tag{3-17}$$

空间力偶系($\boldsymbol{M}_1,\boldsymbol{M}_2,\cdots,\boldsymbol{M}_n$)可合成为一个合力偶,其合力偶矩矢$\boldsymbol{M}_O$等于各附加力偶矩的矢量和,即

$$\begin{aligned}\boldsymbol{M}_O&=\sum\boldsymbol{M}_i=\sum\boldsymbol{M}_O(\boldsymbol{F}_i)=\sum\boldsymbol{r}_i\times\boldsymbol{F}_i\\&=\sum(y_iZ_i-z_iY_i)\boldsymbol{i}+\sum(z_iX_i-x_iZ_i)\boldsymbol{j}+\sum(x_iY_i-y_iX_i)\boldsymbol{k}\end{aligned} \tag{3-18}$$

式中,$\boldsymbol{F}_R'$称为原力系的主矢,$\boldsymbol{M}_O$称为原力系对简化中心O的主矩。如图3-12(c)所示。

由此可得结论：空间任意力系向任一点 O 简化，可得一力和一力偶。该力的力矢等于力系的主矢，作用线过简化中心；该力偶的矩矢等于力系对简化中心的主矩。与平面力系相似，主矢与简化中心的位置无关，而主矩一般与简化中心的位置有关。因此，力系的主矢是自由矢量，而力系的主矩一般是定位矢量。

如果通过简化中心 O 作直角坐标系 $Oxyz$，由式(3-17)，此力系的主矢的大小与方向余弦为

$$\left.\begin{aligned}&F'_{\mathrm{R}}=\sqrt{\left(\sum X_i\right)^2+\left(\sum Y_i\right)^2+\left(\sum Z_i\right)^2}\\&\cos(\boldsymbol{F}'_{\mathrm{R}},\boldsymbol{i})=\frac{\sum X_i}{F'_{\mathrm{R}}},\quad \cos(\boldsymbol{F}'_{\mathrm{R}},\boldsymbol{j})=\frac{\sum Y_i}{F'_{\mathrm{R}}},\quad \cos(\boldsymbol{F}'_{\mathrm{R}},\boldsymbol{k})=\frac{\sum Z_i}{F'_{\mathrm{R}}}\end{aligned}\right\}\tag{3-19}$$

而式(3-18)中，单位矢量 $\boldsymbol{i},\boldsymbol{j},\boldsymbol{k}$ 前的系数，即主矩 $\boldsymbol{M}_O$ 沿 x,y,z 轴的投影也分别等于力系中的各力对 x,y,z 轴之矩的代数和 $\sum M_x(\boldsymbol{F}_i)$，$\sum M_y(\boldsymbol{F}_i)$，$\sum M_z(\boldsymbol{F}_i)$。于是，此力系对点 O 的主矩的大小和方向余弦为

$$\left.\begin{aligned}&M_O=\sqrt{\left[\sum M_x(\boldsymbol{F}_i)\right]^2+\left[\sum M_y(\boldsymbol{F}_i)\right]^2+\left[\sum M_z(\boldsymbol{F}_i)\right]^2}\\&\cos(\boldsymbol{M}_O,\boldsymbol{i})=\frac{\sum M_x(\boldsymbol{F}_i)}{M_O},\quad \cos(\boldsymbol{M}_O,\boldsymbol{j})=\frac{\sum M_y(\boldsymbol{F}_i)}{M_O},\quad \cos(\boldsymbol{M}_O,\boldsymbol{k})=\frac{\sum M_z(\boldsymbol{F}_i)}{M_O}\end{aligned}\right\}\tag{3-20}$$

2. 简化结果的讨论，合力矩定理的证明

将空间任意力系向一点简化得到一个力和力偶，还可以进一步简化为最简单的力系，现分几种可能的情形讨论如下：

(1) 若 $\boldsymbol{F}'_{\mathrm{R}}=\boldsymbol{0}$，$\boldsymbol{M}_O\neq\boldsymbol{0}$，空间任意力系简化为一合力偶。该合力偶矩矢等于原力系对简化中心的主矩。此时，主矩与简化中心的位置无关。

(2) 若 $\boldsymbol{F}'_{\mathrm{R}}\neq\boldsymbol{0}$，$\boldsymbol{M}_O=\boldsymbol{0}$，空间任意力系简化为一合力。合力作用线过简化中心，其合力矢等于原力系的主矢。若简化中心恰好选在合力作用线上时，就会出现这种情况。

(3) 若 $\boldsymbol{F}'_{\mathrm{R}}\neq\boldsymbol{0}$，$\boldsymbol{M}_O\neq\boldsymbol{0}$ 且 $\boldsymbol{F}'_{\mathrm{R}}\perp\boldsymbol{M}_O$，如图 3-13(a)所示。由力线平移定理的逆过程不难看出，原力系简化结果为一合力 $\boldsymbol{F}_{\mathrm{R}}$，其合力矢等于原力系的主矢，即：$\boldsymbol{F}_{\mathrm{R}}=\boldsymbol{F}'_{\mathrm{R}}$，其作用线到简化中心 O 的距离为 $d=\left|\dfrac{M_O}{F'_{\mathrm{R}}}\right|$。

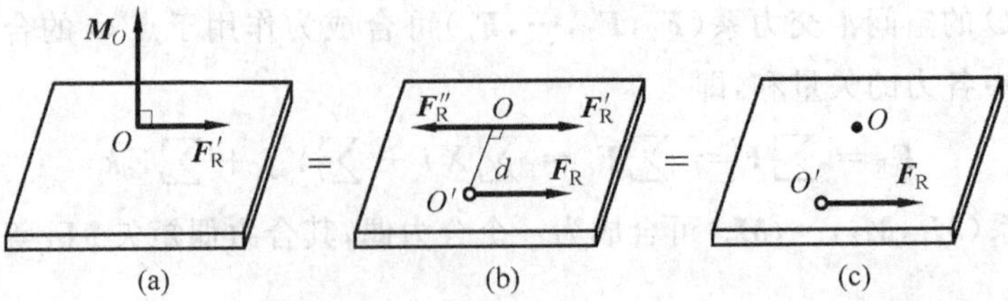

图 3-13

由图 3-13(b)可见，$\boldsymbol{M}_O(\boldsymbol{F}_{\mathrm{R}})=\overrightarrow{OO'}\times\boldsymbol{F}_{\mathrm{R}}=\boldsymbol{M}_O$，再由式(3-18)则有关系式

$$\boldsymbol{M}_O(\boldsymbol{F}_{\mathrm{R}})=\sum\boldsymbol{M}_O(\boldsymbol{F}_i)\tag{3-21}$$

由于简化中心点 O 的任意性，可得空间任意力系的合力对任一点之矩等于力系中各力对同一点矩的矢量和。

根据力矩关系定理，将式(3-21)投影到过点 O 的任一轴 z 上，则有

$$M_z(\boldsymbol{F}_R) = \sum M_z(\boldsymbol{F}_i) \tag{3-22}$$

即空间任意力系的合力对任一轴之矩等于力系中各力对同一轴之矩的代数和。

以上两个关系式统称为空间力系的合力矩定理。

(4) 若 $\boldsymbol{F}'_R \neq \boldsymbol{0}$，$\boldsymbol{M}_O \neq \boldsymbol{0}$ 且 $\boldsymbol{F}'_R // \boldsymbol{M}_O$，如图 3-14 所示，此时力系无法作进一步简化。这种由一个力和一个力偶组成的力系，其中力的作用线垂直于力偶的作用面，称为力螺旋。若力矢 $\boldsymbol{F}'_R$ 与矩矢 $\boldsymbol{M}_O$ 同向，则称为右手力螺旋，反之称为左手力螺旋。力螺旋中力的作用线称为力螺旋的中心轴。在上述情形下，力螺旋的中心轴过简化中心。

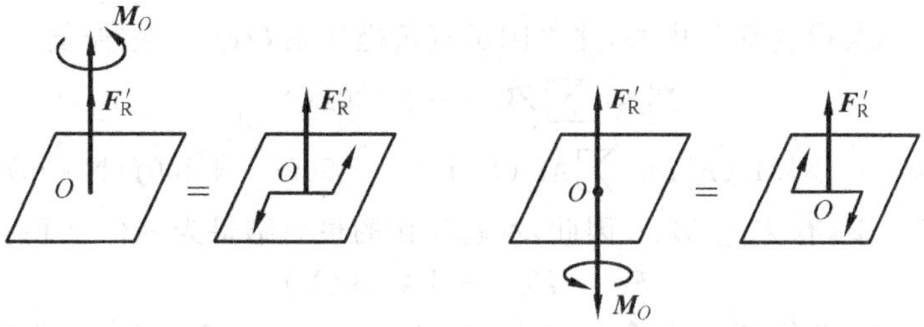

(a) (b)

图 3-14

力螺旋是由组成力系的两个基本要素力和力偶组成的最简单力系之一，不能再进一步简化，也不能自身平衡。诸如钻头对于工件的作用、螺旋桨对于流体的作用等都是力螺旋的工程应用实例。

(5) 若 $\boldsymbol{F}'_R \neq \boldsymbol{0}$，$\boldsymbol{M}_O \neq \boldsymbol{0}$，且 $\boldsymbol{F}'_R$ 与 $\boldsymbol{M}_O$ 既不平行也不垂直，而是成任意角 α，如图 3-15(a)所示。此时可将力偶矩矢 $\boldsymbol{M}_O$ 分解为垂直于 $\boldsymbol{F}'_R$ 和平行于 $\boldsymbol{F}'_R$ 的两个分力偶矩矢 $\boldsymbol{M}''_O$ 和 $\boldsymbol{M}'_O$(如图 3-15(b)所示)，其中 $\boldsymbol{M}''_O$ 和 $\boldsymbol{F}'_R$ 可以简化为作用于点 O' 的一个力 $\boldsymbol{F}_R$。因力偶矩矢是自由矢量，故将 $\boldsymbol{M}'_O$ 平移使之与 $\boldsymbol{F}_R$ 共线，从而得到一个中心轴过点 O' 的力螺旋(如图 3-15(c)所示)。

$$OO' \text{ 两点之距为：} d = \frac{|\boldsymbol{M}''_O|}{F'_R} = \frac{|\boldsymbol{M}_O \sin\alpha|}{F'_R} \tag{3-23}$$

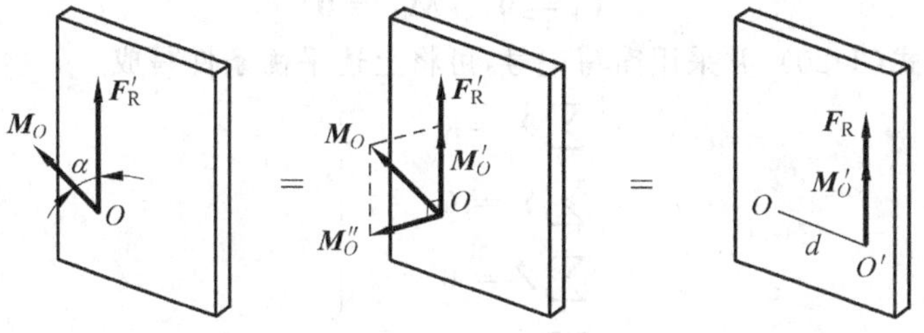

(a) (b) (c)

图 3-15

(6) $F'_R=0$, $M_O=0$，则空间力系平衡。此种情形将在下节详细讨论。

例 3-4 如图 3-16(a)所示，板上作用有四个平行力，求力系的合力。

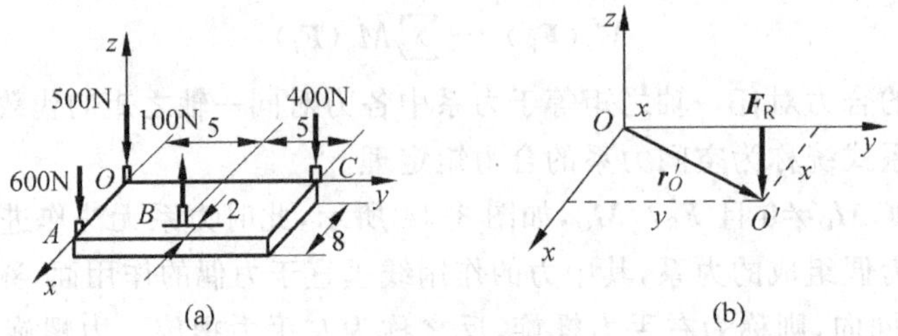

图 3-16

解 先以任一点 O 为简化中心，建立图示直角坐标系 $Oxyz$。主矢量

$$F'_R=\sum Z\boldsymbol{k}=-1\,400\boldsymbol{k}(\mathrm{N})$$

主矩 $$\boldsymbol{M}_O=\sum M_x(\boldsymbol{F})\boldsymbol{i}+\sum M_y(\boldsymbol{F})\boldsymbol{j}=-3\,500\boldsymbol{i}+4\,200\boldsymbol{j}(\mathrm{N\cdot m})$$

对空间平行力系，有 $F'_R\perp M_O$。因此，本题简化的最后结果为一合力 F_R，合力矢

$$\boldsymbol{F}_R=\boldsymbol{F}'_R=-1\,400\boldsymbol{k}(\mathrm{N})$$

再求合力作用线位置。设合力作用线与 Oxy 平面交点 O' 的坐标为 (x,y)，如图 3-16(b)。则矢径

$$\boldsymbol{r}_{O'}=x\boldsymbol{i}+y\boldsymbol{j}$$

由合力矩定理得

$$(x\boldsymbol{i}+y\boldsymbol{j})\times(-1\,400\boldsymbol{k})=-1\,400y\boldsymbol{i}+1\,400x\boldsymbol{j}=-3\,500\boldsymbol{i}+4\,200\boldsymbol{j}$$

得

$$x=3.0\mathrm{m},\quad y=2.5\mathrm{m}$$

简化结果如图 3-16(b)所示。

3.5 空间力系的平衡条件和平衡方程

空间任意力系处于平衡的必要和充分条件是：力系的主矢和对任一点的主矩都等于零。即

$$F'_R=0,\quad M_O=0$$

根据式(3-19)和式(3-20)，并采用简写记号，可将上述平衡条件写成

$$\left.\begin{aligned}&\sum X=0\\&\sum Y=0\\&\sum Z=0\\&\sum M_x(\boldsymbol{F})=0\\&\sum M_y(\boldsymbol{F})=0\\&\sum M_z(\boldsymbol{F})=0\end{aligned}\right\}\qquad(3\text{-}24)$$

式(3-24)称为空间任意力系的平衡方程。空间任意力系平衡的必要和充分条件是：所有各力在三个坐标轴中每一轴上投影的代数和等于零，以及这些力对每一轴之矩的代数和也等于零。

须指出，方程式(3-24)虽然是在直角坐标系下导出的，但具体应用时，与平面力系的平衡方程类似，不一定使三个投影轴或矩轴相互垂直，也没有必要使矩轴和投影轴重合，而可以选取适宜轴线为投影轴或矩轴，使每一个平衡方程中所含未知量最少，以简化计算。此外，还可将投影方程用适当的力矩方程取代，得到四矩式、五矩式甚至六矩式的平衡方程，使计算更为方便。后面将用具体例子加以说明。

空间任意力系是物体受力最一般情形，其他类型的力系均可认为是空间任意力系的特殊情况。因而，它们的平衡方程均可由式(3-24)直接导出。例如：

(1) 空间汇交(共点)力系　不妨将简化中心 O 取在力系的汇交点处，则 $\boldsymbol{M}_O=\mathbf{0}$ 自然满足，故空间汇交力系的平衡方程为

$$\left.\begin{aligned}\sum X&=0\\\sum Y&=0\\\sum Z&=0\end{aligned}\right\}\tag{3-25}$$

(2) 空间平行力系　不妨取轴 Oz 与力系中各力作用线平行，则各力在轴 Ox 和 Oy 的投影以及对轴 Oz 之矩恒等于零。故空间平行力系的平衡方程为

$$\left.\begin{aligned}\sum Z&=0\\\sum M_x(\boldsymbol{F})&=0\\\sum M_y(\boldsymbol{F})&=0\end{aligned}\right\}\tag{3-26}$$

(3) 空间力偶系　由于力偶系的主矢恒为零，故空间力偶系的平衡方程为

$$\left.\begin{aligned}\sum M_x(\boldsymbol{F})&=0\\\sum M_y(\boldsymbol{F})&=0\\\sum M_z(\boldsymbol{F})&=0\end{aligned}\right\}\tag{3-27}$$

与式(3-16)完全相同。

同理，可由式(3-24)直接推出平面力系的各组平衡方程。读者可自行练习。

3.6 空间力系平衡问题举例

空间力系平衡问题的求解过程与平面力系相似。首先要选取研究对象，并对其进行受力分析。在此须注意：在空间问题中，物体所受的约束，有些类型不同于平面问题中的约束类型，因此要特别注意空间约束的类型、简化符号以及约束反力或约束反力偶的表示方法。现将空间问题中的常见约束列入表3-1以供参考。至于某种约束为什么可能有这样的约束反力或反力偶，可参阅平面力系的约束构造，依据以下原则进行：观察被约束物体在空间可能的六种独立位移(沿三维空间三个坐标轴的移动和绕这三个坐标轴的转动)有哪几种位移被约束所阻碍，阻碍移动的是约束反力，阻碍转动的是约束反力偶。最后，要根据力系的类

型列出相应的平衡方程求解。

应用空间任意力系的六个平衡方程,可求解六个未知量。下面通过具体例子说明空间平衡问题的解题方法及应注意的问题。

表 3-1 空间约束的类型及其约束反力举例

<table>
<tr><th colspan="2">约束反力未知量</th><th>约束类型</th></tr>
<tr><td>1</td><td>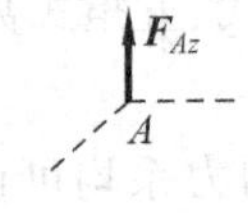</td><td>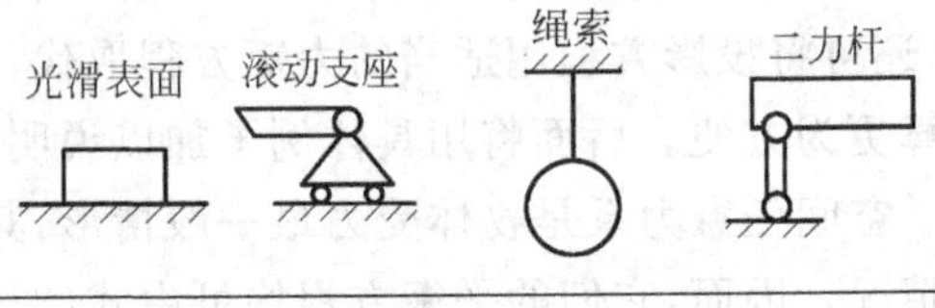</td></tr>
<tr><td>2</td><td>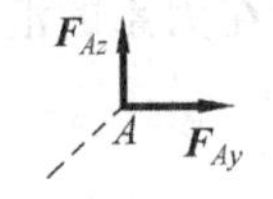</td><td>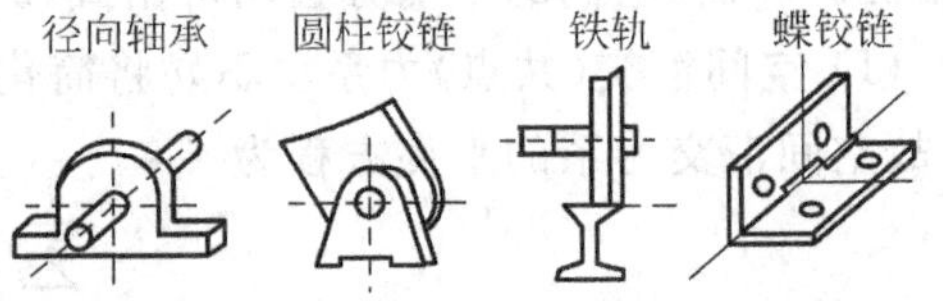</td></tr>
<tr><td>3</td><td>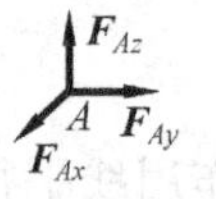</td><td>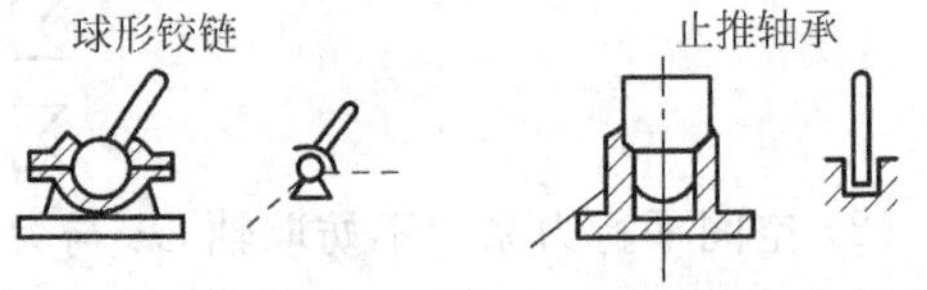</td></tr>
<tr><td>4</td><td>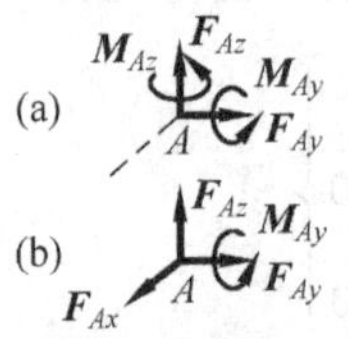</td><td>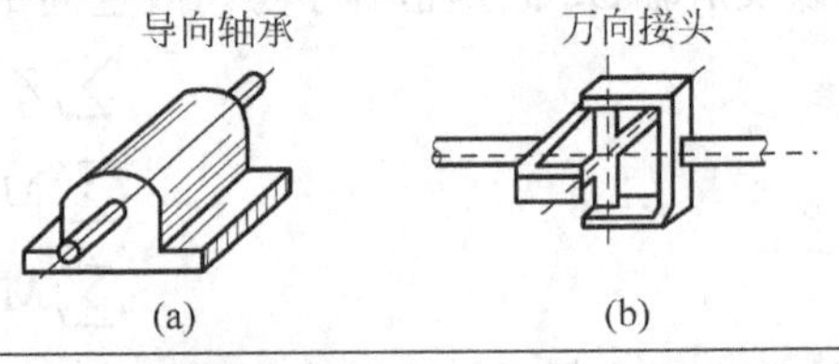</td></tr>
<tr><td>5</td><td>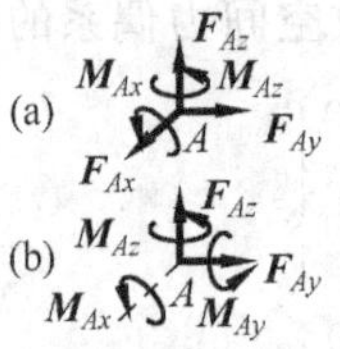</td><td>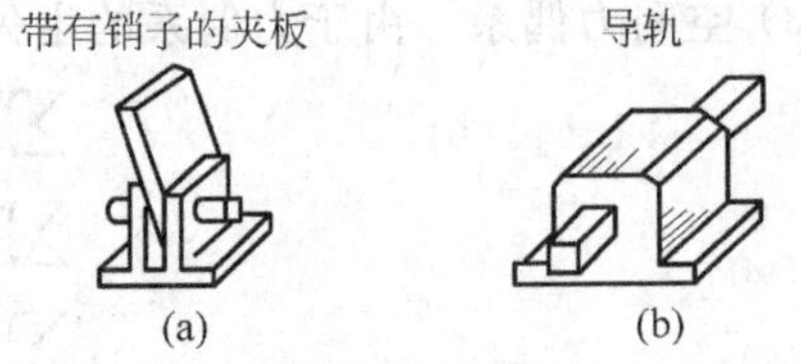</td></tr>
<tr><td>6</td><td>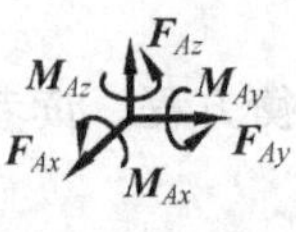</td><td>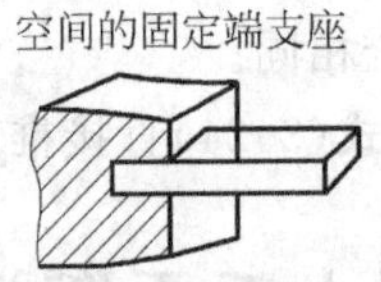</td></tr>
</table>

例 3-5 起吊装置如图 3-17(a)所示,起重杆 A 端用球铰链固定在地面上,B 端则用绳 CB 和 DB 拉住,两绳分别系在墙上的点 C 和 D,连线 CD 平行于 x 轴。若已知 $\alpha=30°$,$\overline{CE}=\overline{EB}=\overline{DE}$,$BE\perp CD$,$BF\perp AE$,$\angle EBF=30°$,如图 3-17(b)所示,物重 $P=10\text{kN}$。不计杆重,试求起重杆所受的压力和绳子的拉力。

解 取起重杆 AB 与重物为研究对象,其上受有主动力 $\boldsymbol{P}$,B 处受绳拉力 $\boldsymbol{F}_1$ 与 $\boldsymbol{F}_2$,球铰链 A 的约束反力方向一般不能预先确定,可用三个正交分力表示。本题中,由于杆重不计,又只在 A、B 两端受力,所以起重杆 AB 为二力构件,球铰 A 对于 AB 杆的反力 $\boldsymbol{F}_A$ 必沿 AB

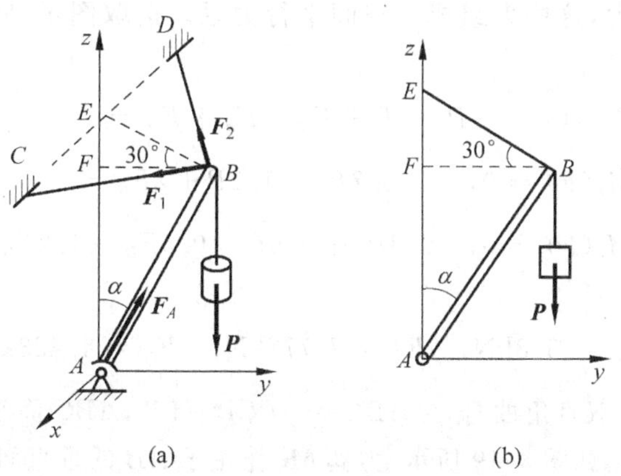

(a)　(b)

图　3-17

连线。$\boldsymbol{P}$,$\boldsymbol{F}_1$,$\boldsymbol{F}_2$ 和 $\boldsymbol{F}_A$ 四个力汇交于点 B,构成一空间汇交力系,如图 3-17(a)所示。取图示坐标系 $Axyz$,注意到$\angle CBE=\angle DBE=45°$,列平衡方程有

$$\sum X=0,\quad F_1\sin45°-F_2\sin45°=0$$

$$\sum Y=0,\quad F_A\sin30°-F_1\cos45°\cos30°-F_2\cos45°\cos30°=0$$

$$\sum Z=0,\quad F_A\cos30°+F_1\cos45°\sin30°+F_2\cos45°\sin30°-P=0$$

解得

$$F_1=F_2=3.54\text{kN},\quad F_A=8.66\text{kN}$$

F_A 为正值,说明图中 $\boldsymbol{F}_A$ 的方向假设正确,杆 AB 受压力。

注:从本题开始,在空间平衡问题的讨论中,凡是以物体系统为研究对象的,不单独取其分离体,其受力图直接在结构原图上画出。

例 3-6　图 3-18 所示的三轮小车,自重 $P=8\text{kN}$,作用于点 E,载荷 $P_1=10\text{kN}$ 作用于点 C。求小车静止时地面对车轮的约束力。

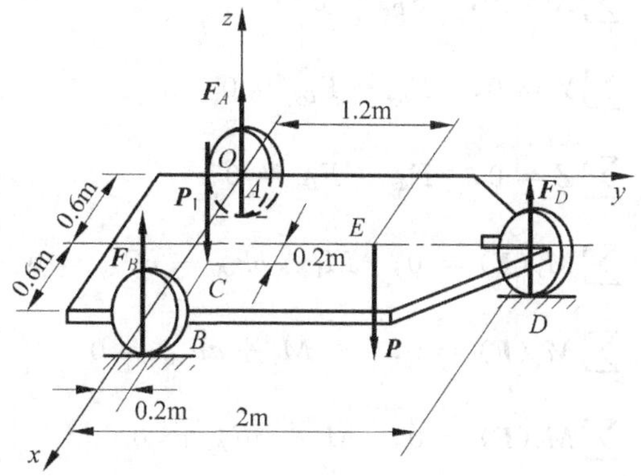

图　3-18

解　取小车为研究对象。受力分析如图 3-18 所示,其中 $\boldsymbol{P}_1$、$\boldsymbol{P}$ 为主动力,$\boldsymbol{F}_A$,$\boldsymbol{F}_B$,$\boldsymbol{F}_D$ 为

地面对轮子的约束反力，这些力组成一空间平行力系。选取图示坐标系 $Axyz$，列平衡方程，即

$$\sum Z = 0, \quad -P_1 - P + F_A + F_B + F_D = 0$$

$$\sum M_x(\boldsymbol{F}) = 0, \quad -0.2P_1 - 1.2P + 2F_D = 0$$

$$\sum M_y(\boldsymbol{F}) = 0, \quad 0.8P_1 + 0.6P - 0.6F_D - 1.2F_B = 0$$

解得

$$F_D = 5.8\text{kN}, \quad F_B = 7.777\text{kN}, \quad F_A = 4.423\text{kN}$$

例 3-7 $ABCD$ 是双直角曲杆，$\angle ABC = \angle BCD = 90°$，$ABC$ 面垂直 BCD 面，D 为球形铰链，杆长为 a、b、c，如图 3-19 所示，力偶 $\boldsymbol{M}_1$ 作用于 AB 的垂直面，力偶 $\boldsymbol{M}_2$ 作用于 BC 的垂直面，力偶 $\boldsymbol{M}_3$ 作用于 CD 的垂直面，$\boldsymbol{M}_2$、$\boldsymbol{M}_3$ 为已知。求平衡时力偶 M_1 的大小及支座反力。

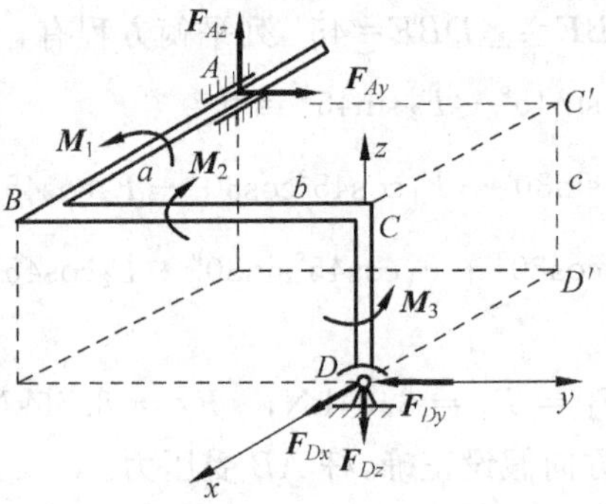

图 3-19

解 以整个曲杆为研究对象，其受力分析如图 3-19 所示，这些力组成一空间任意力系。取图示坐标系 $Dxyz$，列平衡方程

$$\sum X = 0, \quad F_{Dx} = 0$$

$$\sum Y = 0, \quad F_{Ay} - F_{Dy} = 0$$

$$\sum Z = 0, \quad F_{Az} - F_{Dz} = 0$$

$$\sum M_x(\boldsymbol{F}) = 0, \quad M_1 - bF_{Az} - cF_{Ay} = 0$$

$$\sum M_y(\boldsymbol{F}) = 0, \quad -M_2 + aF_{Az} = 0$$

$$\sum M_z(\boldsymbol{F}) = 0, \quad M_3 - aF_{Ay} = 0$$

解得

$$F_{Dx} = 0, \quad F_{Dy} = F_{Ay} = \frac{M_3}{a}, \quad F_{Az} = F_{Dz} = \frac{M_2}{a}, \quad M_1 = \frac{b}{a}M_2 + \frac{c}{a}M_3$$

例 3-8　如图 3-20 所示，水平传动轴上装有两胶带轮 C 和 D，若 $r_1=20\text{cm}$，$r_2=25\text{cm}$，$a=b=50\text{cm}$，$c=100\text{cm}$，胶带轮 C 上的胶带是水平的，上下胶带的拉力各为 $\boldsymbol{T}_1$ 和 $\boldsymbol{T}_1'$，且 $T_1'=2T_1=5\text{kN}$，胶带轮 D 上的胶带和铅垂线成角 $\alpha=30°$，两侧胶带的拉力各为 $\boldsymbol{T}_2$ 和 $\boldsymbol{T}_2'$，且 $T_2=2T_2'$。当传动轴平衡时，求胶带拉力 T_2、T_2' 的值以及轴承 A、B 的约束反力。

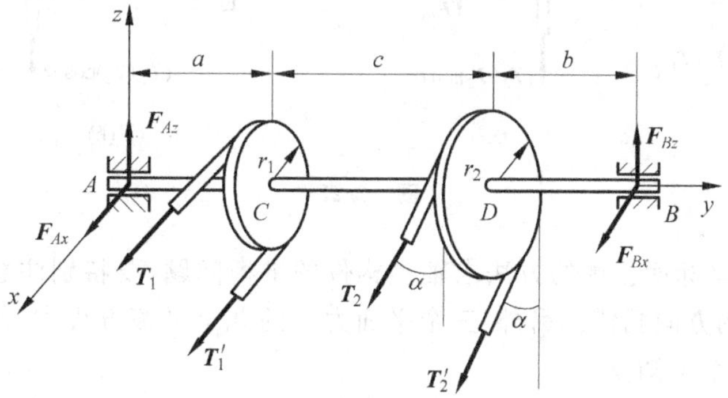

图　3-20

解　取轴和两胶带轮整体为研究对象，受力分析如图 3-20 所示。这是一个空间任意力系，未知量有 F_{Ax}，F_{Az}，F_{Bx}，F_{Bz} 以及 T_2、T_2'。有五个独立平衡方程及已知关系式 $T_2=2T_2'$，故可解。

空间力系解题时要注意优先考虑使用力对轴之矩，特别是类似本题的对传动轴 y 之矩，这是因为轴或传动轴上的力对该轴之矩为零，可简化计算过程。

$$\sum M_y(\boldsymbol{F})=0,\quad (T_1-T_1')r_1-(T_2-T_2')r_2=0$$

已知关系式 $T_2=2T_2'$ 与上式联立解出

$$T_2=4\text{kN},\quad T_2'=2\text{kN}$$

再列出其余四个平衡方程

$$\sum M_x(\boldsymbol{F})=0,\quad -(a+c)(T_2+T_2')\cos\alpha+(a+b+c)F_{Bz}=0$$

$$\sum Z=0,\quad -(T_2+T_2')\cos\alpha+F_{Bz}+F_{Az}=0$$

$$\sum M_z(\boldsymbol{F})=0,\quad -(T_1+T_1')a-(a+c)(T_2+T_2')\sin\alpha-(a+b+c)F_{Bx}=0$$

$$\sum X=0,\quad T_1+T_1'+(T_2+T_2')\sin\alpha+F_{Bx}+F_{Ax}=0$$

解出

$$F_{Bz}=3.897\text{kN},\quad F_{Az}=1.3\text{kN},\quad F_{Bx}=-4.125\text{kN},\quad F_{Ax}=-6.375\text{kN}$$

讨论　工程实际和后续有关课程中经常将空间力系转化为平面力系来处理，即将力投影到水平面 xy 和铅垂面 yz 中，然后按平面力系计算。

xy 平面受力如图 3-21(a) 所示，用 $\sum M_A(\boldsymbol{F})=0$，列出的方程正好是上面的 $\sum M_z(\boldsymbol{F})=0$，从而解出 F_{Bx}，再用 $\sum X=0$ 解出 F_{Ax}。

yz 平面受力如图 3-21(b) 所示，用 $\sum M_A(\boldsymbol{F})=0$，列出的方程正好是上面的 $\sum M_x(\boldsymbol{F})=0$，从而解出 F_{Bz}，再用 $\sum Z=0$ 解出 F_{Az}。

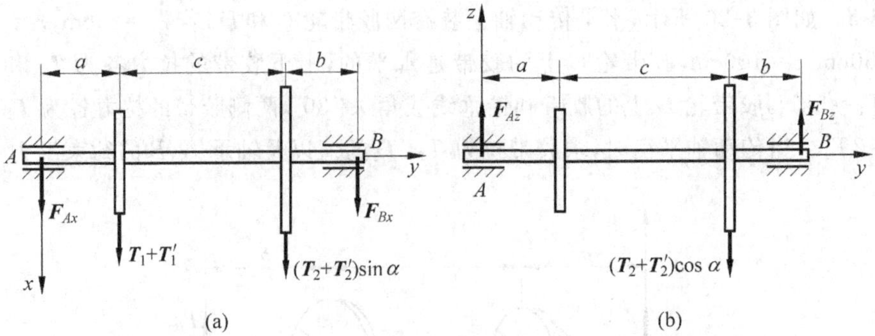

图 3-21

注意：利用向坐标面投影的方法求轴类构件的平衡问题，要特别注意力在三个视图间的关系，防止将力的方向画错。另外，三个平面力系的九个平衡方程中，仍然只有六个独立的平衡方程来求六个未知量。

例 3-9 如图 3-22 所示均质长方体刚板由 6 根直杆支持于水平位置，直杆两端各用球铰链与板和地面连接，板重为 $\boldsymbol{P}$，在 A 处作用一水平力 $\boldsymbol{F}$，且 $F=2P$，求各杆的内力。

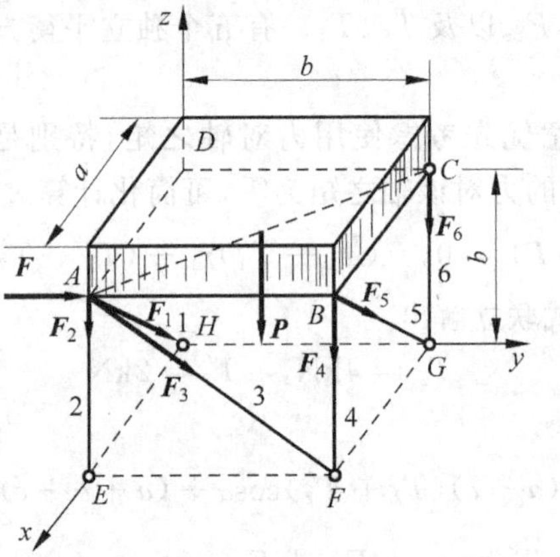

图 3-22

解 取长方体刚板为研究对象，各直杆均为二力杆，设它们均受拉力。板的受力分析如图 3-22 所示，列平衡方程，即

$$\sum M_{AB}(\boldsymbol{F})=0,\quad -aF_6-\frac{Pa}{2}=0$$

$$\sum M_{AE}(\boldsymbol{F})=0,\quad F_5=0$$

$$\sum M_{AC}(\boldsymbol{F})=0,\quad F_4=0$$

$$\sum M_{EF}(\boldsymbol{F})=0,\quad -aF_6-\frac{Pa}{2}-F_1\frac{ab}{\sqrt{a^2+b^2}}=0$$

$$\sum M_{FG}(\boldsymbol{F})=0,\quad -bF_2-\frac{Pb}{2}+Fb=0$$

$$\sum M_{BC}(\boldsymbol{F}) = 0,\quad -bF_2 - \frac{Pb}{2} - F_3 b\cos 45° = 0$$

解得

$$F_6 = -\frac{P}{2}(\text{压力}),\quad F_5 = 0,\quad F_4 = 0,\quad F_1 = 0,$$

$$F_2 = 1.5P(\text{拉力}),\quad F_3 = -2\sqrt{2}P(\text{压力})$$

讨论　此例为一空间杆系结构，主要练习力矩轴的选取问题。在本题求解过程中，采用六矩式平衡方程求得六杆的内力。一般而言，力矩方程比较灵活，常可使一个方程只含一个未知量。当然也可采用其他形式的平衡方程求解，如用 $\sum X = 0$ 求 $F_1 = 0$，$\sum Y = 0$ 求 $F_3 = -2\sqrt{2}P$ 等，但无论怎样列方程，独立的平衡方程只有六个。由于空间情况比较复杂，在此不讨论其独立性条件。

通过以上例题，现将求解空间力系平衡问题的要点归纳如下：

(1) 求解空间力系的平衡问题，其解题步骤与平面力系相同，即先确定研究对象；再进行受力分析，画出受力图；最后列出相应的平衡方程求解。但是，由于力系中各力在空间任意分布，故某些约束的类型与其反力的画法与平面力系有所不同。

(2) 为简化计算，在选择投影轴与矩轴时，应尽量使得轴与各力的有关角度及尺寸为已知或较易求出，并尽可能使轴与大多数的未知力平行或相交，这样在计算力在坐标轴上的投影和力对轴之矩时较为方便，且使平衡方程中所含未知量较少。同时注意，空间力偶对轴之矩等于力偶矩矢在该轴上的投影。

(3) 根据题目特点，可选用不同形式的平衡方程。所选投影轴不必相互垂直，也不必与矩轴重合。当用力矩方程取代投影方程时，必须附加相应条件以确保方程的独立性。但由于这些附加条件比较复杂，故具体应用时，只要所建立的一组平衡方程，能解出全部未知量，则说明这组平衡方程是彼此独立的，已满足了附加条件。

(4) 求解空间力系平衡问题，有时采用将该力系向三个正交的坐标平面投影的方法，把空间力系的平衡问题转化成平面力系的平衡问题求解。这时必须正确确定各力在投影面中投影的大小、方向及作用点的位置。

3.7　重心

1. 平行力系中心

平行力系中心是平行力系合力通过的一个点。设在刚体上 A、B 两点作用两个平行力 $\boldsymbol{F}_1$，$\boldsymbol{F}_2$，如图 3-23 所示，将其合成，得合力矢为

$$\boldsymbol{F}_R = \boldsymbol{F}_1 + \boldsymbol{F}_2$$

由合力矩定理可确定合力作用点 C：

$$\frac{F_1}{BC} = \frac{F_2}{AC} = \frac{F_R}{AB}$$

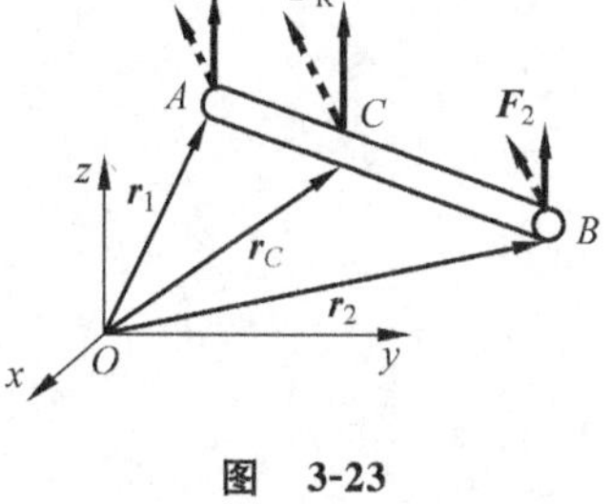

图　3-23

若将原有各力绕其作用点转过同一角度，使它们保持

相互平行,则合力 $\boldsymbol{F}_{\mathrm{R}}$ 仍与各力平行也绕点 C 转过相同的角度,且合力的作用点 C 不变,如图 3-23 所示。上面的分析对反向平行力也适用。对于多个力组成的平行力系,以上的分析方法和结论仍然适用。

由此可知,平行力系合力作用点的位置仅与各平行力的大小和作用点的位置有关,而与各平行力的方向无关。称该点为此平行力系的中心。

取各力作用点矢径如图 3-23 所示,由合力矩定理,得

$$\boldsymbol{r}_C \times \boldsymbol{F}_{\mathrm{R}} = \boldsymbol{r}_1 \times \boldsymbol{F}_1 + \boldsymbol{r}_2 \times \boldsymbol{F}_2$$

设力作用线方向的单位矢量为 $\boldsymbol{F}^0$,则上式变为

$$\boldsymbol{r}_C \times F_{\mathrm{R}} \boldsymbol{F}^0 = \boldsymbol{r}_1 \times F_1 \boldsymbol{F}^0 + \boldsymbol{r}_2 \times F_2 \boldsymbol{F}^0$$

从而得

$$\boldsymbol{r}_C = \frac{F_1 \boldsymbol{r}_1 + F_2 \boldsymbol{r}_2}{F_{\mathrm{R}}} = \frac{F_1 \boldsymbol{r}_1 + F_2 \boldsymbol{r}_2}{F_1 + F_2}$$

如果有若干个力组成的平行力系,用上述方法可以求得合力大小 $F_{\mathrm{R}} = \sum F_i$,合力方向与各力方向平行,合力的作用点为

$$\boldsymbol{r}_C = \frac{\sum F_i \boldsymbol{r}_i}{\sum F_i} \tag{3-28}$$

显然,$\boldsymbol{r}_C$ 只与各力的大小及作用点有关,而与平行力系的方向无关。点 C 即为此平行力系的中心。

将式(3-28)投影到图 3-23 中的直角坐标轴上,得

$$\left.\begin{aligned} x_C &= \frac{\sum F_i x_i}{\sum F_i} \\ y_C &= \frac{\sum F_i y_i}{\sum F_i} \\ z_C &= \frac{\sum F_i z_i}{\sum F_i} \end{aligned}\right\} \tag{3-29}$$

2. 重心

地球半径很大,地球表面物体的重力可以近似看作是平行力系,此平行力系的中心即物体的重心。重心有确定的位置,与物体在空间的位置无关。

设物体由若干部分组成,其第 i 部分重为 P_i,重心为(x_i, y_i, z_i),由式(3-29)可得物体的重心为

$$\left.\begin{aligned} x_C &= \frac{\sum P_i x_i}{\sum P_i} \\ y_C &= \frac{\sum P_i y_i}{\sum P_i} \\ z_C &= \frac{\sum P_i z_i}{\sum P_i} \end{aligned}\right\} \tag{3-30}$$

如果物体是均质的，由式(3-30)可得

$$\left.\begin{aligned} x_C &= \frac{\int_V x\,\mathrm{d}V}{V} \\ y_C &= \frac{\int_V y\,\mathrm{d}V}{V} \\ z_C &= \frac{\int_V z\,\mathrm{d}V}{V} \end{aligned}\right\} \tag{3-31}$$

式中，V 为物体的体积。显然，此时求物体重心的问题就是求物体几何形心的问题。这时的重心亦为体积中心。由于均质物体的重心位置与重力的大小无关，完全取决于物体的几何形状，特称之为形心。特殊地，对于均质等厚度的薄壳(板)、均质等截面细长线段等，也可用上述积分公式，求出其重心(形心)位置坐标。

3. 确定物体重心的方法

1) 简单几何形状均质物体的重心　凡是具有对称面、对称轴或对称中心的均质物体，其重心一定在物体的对称面、对称轴或对称中心上。简单形状物体的重心可从工程手册上查到。表 3-2 给出了常见的几种简单形状均质物体的重心。工程中常用的型钢(如工字钢、角钢、槽钢等)的截面形心，也可以从相关规范的型钢表中查到。

表 3-2 中列出的重心位置均可按前述积分公式求得。

表 3-2　简单均质形体重心表

图　形	重心位置	图　形	重心位置
圆弧 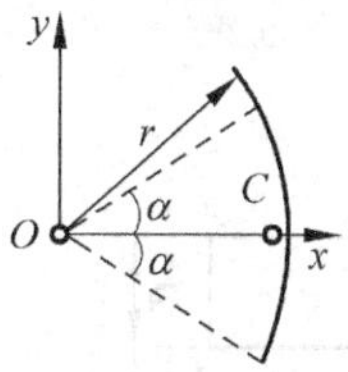	$x_C=\frac{r\sin\alpha}{\alpha}$ 半圆弧 $x_C=\frac{2r}{\pi}$	弓形 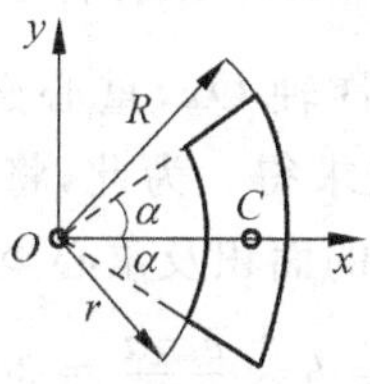	$x_C=\frac{2(R^3-r^2)\sin\alpha}{3(R^2-r^2)\alpha}$
三角形 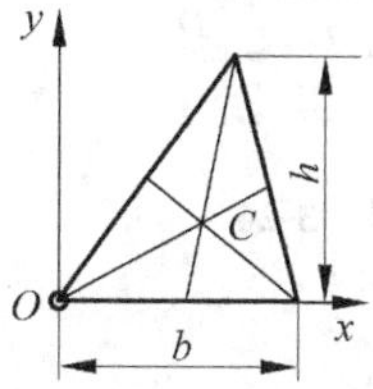	在中线交点上 $y_C=\frac{1}{3}h$	部分圆环 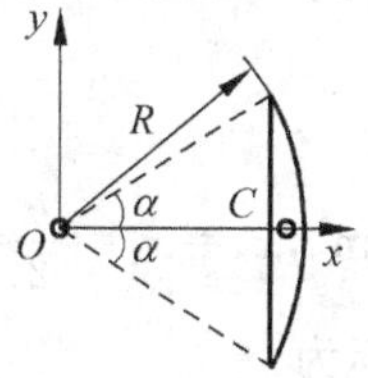	$x_C=\frac{4R\sin^3\alpha}{3(2\alpha-\sin2\alpha)}$

续表

图　形	重心位置	图　形	重心位置
梯形 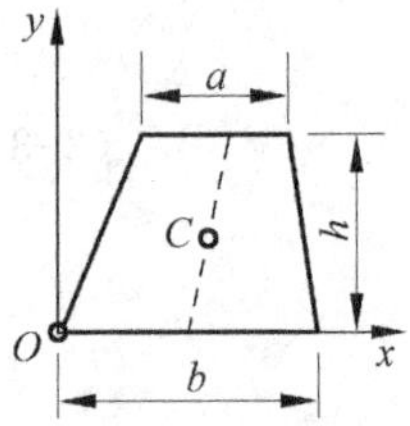	在上下底中点的连线上 $y_C=\frac{h(2a+b)}{3(a+b)}$	半圆球体 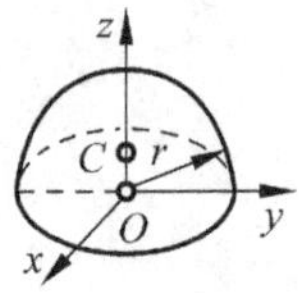	$z_C=\frac{3}{8}r$
扇形 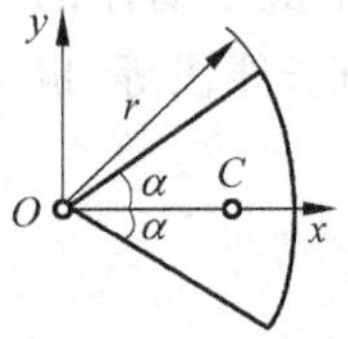	$x_C=\frac{2r\sin\alpha}{3\alpha}$ 半圆 $x_C=\frac{4r}{3\pi}$	正圆锥体 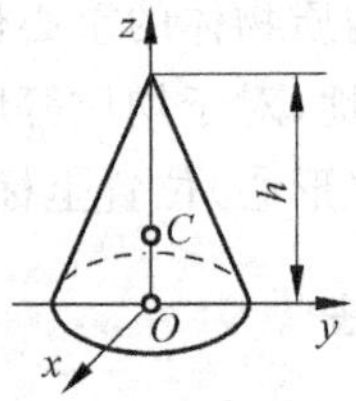	$x_C=\frac{1}{4}h$

2) 用组合法求重心　工程中有些形体虽然比较复杂,但往往是由一些简单形体所组成,习惯上称之为组合形体。这样的物体往往可以不经积分运算而用一些简单的方法求得重心坐标。求组合形体重心一般有两种方法:即分割法和负面积法(或负体积法)。分割法就是将组合形体分割成几个已知重心的简单形体,则整个物体的重心就可利用式(3-29)组合求出。对于在物体内切去一部分(如有空穴或孔洞)的物体,则其重心仍可应用与分割法相同的公式计算,只是切去部分的面积或体积应取负值。此法称为负面积法或负体积法。下面举例说明。

例 3-10　试求图 3-24 所示均质形体重心的位置。已知 $a=20\text{cm}, b=30\text{cm}, c=40\text{cm}$。

解　此组合体有一对称轴 Ox,重心必在此轴上,故 $y_C=0$,而 x_C 可利用组合法求得。为此,将图形分成三个矩形Ⅰ,Ⅱ,Ⅲ,每一个矩形的面积及重心坐标 x 为

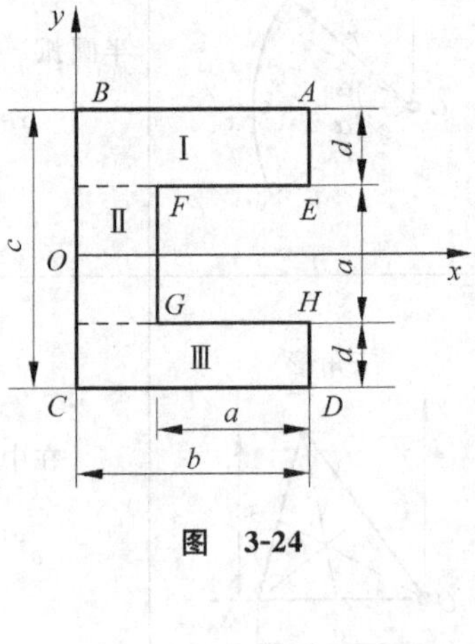

图 3-24

矩形Ⅰ,$S_1=b\times d=b\times\frac{c-a}{2}=30\text{cm}\times10\text{cm}=300\text{cm}^2$,$x_1=\frac{b}{2}=15\text{cm}$

矩形Ⅱ,$S_2=a\times(b-a)=20\text{cm}\times10\text{cm}=200\text{cm}^2$,$x_2=\frac{b-a}{2}=5\text{cm}$

矩形Ⅲ,$S_3=S_1=300\text{cm}^2$,$x_3=x_1=\frac{b}{2}=15\text{cm}$

故可得物体重心的坐标为

$$x_C=\frac{S_1x_1+S_2x_2+S_3x_3}{S_1+S_2+S_3}$$
$$=\frac{300\times15+200\times5+300\times15}{300+200+300}\text{cm}=12.5\text{cm}$$

该题也可采用负面积法求解。将此组合形体看成是由大矩形 $ABCD$ 挖去小矩形 $EFGH$ 而得到，则坐标公式中有关挖去面积的项取负值即可。

矩形 $ABCD$

$$S_1=b\times c=30\text{cm}\times40\text{cm}=1\,200\text{cm}^2$$
$$x_1=\frac{b}{2}=15\text{cm}$$

矩形 $EFGH$

$$S_2=a\times a=20\text{cm}\times20\text{cm}=400\text{cm}^2$$
$$x_2=b-\frac{a}{2}=30\text{cm}-10\text{cm}=20\text{cm}$$

则组合形体的重心坐标为

$$x_C=\frac{S_1x_1-S_2x_2}{S_1-S_2}=\frac{1\,200\times15-400\times20}{1\,200-400}\text{cm}=12.5\text{cm}$$

两种计算方法所得结果是一样的。

3）用实验方法测定重心的位置　对于形状不规则的物体或非均质的物体，应用前述方法求重心会比较困难。有时只能先作近似计算，待产品制成后，再用实验方法进行校核。即使在设计阶段物体的重心位置计算得很精确，但由于制造和装配时可能出现的误差或材料的不均匀性，要准确确定物体的重心位置，也常用实验方法进行检验。这里介绍两种常用的测定重心位置的方法：

（1）悬挂法。如果要确定一形状复杂的薄板零件的重心，可先将板悬挂于任一点 A，如图 3-25(a)所示。根据二力平衡条件，重心必在悬挂点的铅直线上，在板上标出此线；然后再将板悬挂于另一点 B，同理可标出另一铅直线，如图 3-25(b)所示。这两条铅垂线的交点即为该零部件的重心。为准确起见，也可作第三次悬挂对已测定的重心位置进行校核。

（2）对于形状复杂或体积较大的物体常用称重法求重心。例如曲柄连杆机构中的连杆，因为具有对称轴，所以只要确定重心在此轴上的位置 h 即可。可将连杆 B 端放在台秤上，A 端搁在水平面上或刀口上，使中心线 AB 处于水平位置，如图 3-26 所示。台秤上的读数就是 B 端的反力 $\boldsymbol{F}_{NB}$ 的大小。由平衡方程

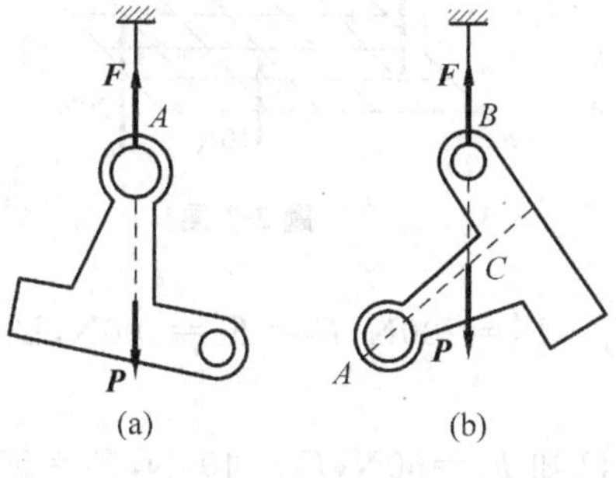

图　3-25

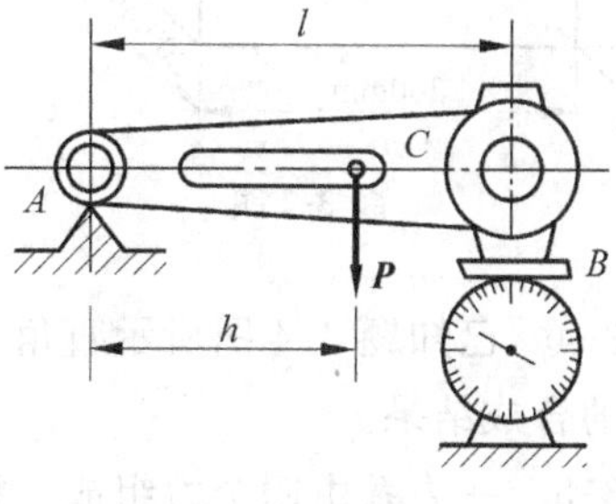

图　3-26

$$\sum M_A(\boldsymbol{F}) = 0, \quad F_{NB}l - Ph = 0$$

可得

$$h = \frac{F_{NB}l}{P}$$

式中 l 及连杆重量 P 均可事先已知或测出,代入上式,即可求出 h 的数值。

习题

3-1 回答下列问题

(1) 作用在刚体上的四个力偶,若其力偶矩矢都位于同一平面内,则一定是平面力偶系?为什么?

(2) 试证:空间力偶对任一轴之矩等于其力偶矩矢在该轴上的投影。

(3) 空间平行力系的简化结果是什么?可能合成为力螺旋吗?

(4) 空间力系总可以用两个力来平衡,为什么?

(5) 某一空间力系对不共线的三个点的主矩都等于零,问:此力系是否一定平衡?

(6) ①空间力系各力作用线平行于某一固定平面;②空间力系中各力的作用线分别汇交于两个固定点,试分析这两种力系各有几个平衡方程?

(7) 空间任意力系向两个不同的点简化,试问下列情况是否可能:①主矢相等,主矩也相等;②主矢不相等,主矩相等;③主矢相等,主矩不相等。

(8) 计算一物体重心的位置时,如果选取的坐标系不同,重心坐标是否改变?重心在物体内的位置是否改变?

3-2 力系中,$F_1=100\text{N}$,$F_2=300\text{N}$,$F_3=200\text{N}$,各力作用线的位置如题3-2图所示。试将力系向原点 O 简化。

3-3 一平行力系由五个力组成,力的大小和作用线的位置如题3-3图所示。图中小正方格的边长为10mm,求平行力系的合力。

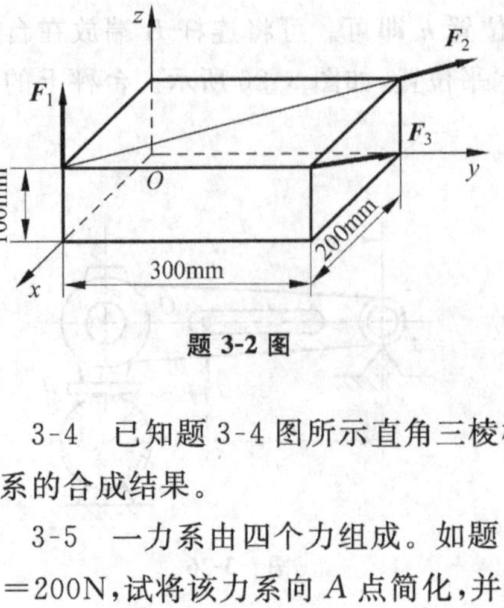

题 3-2 图

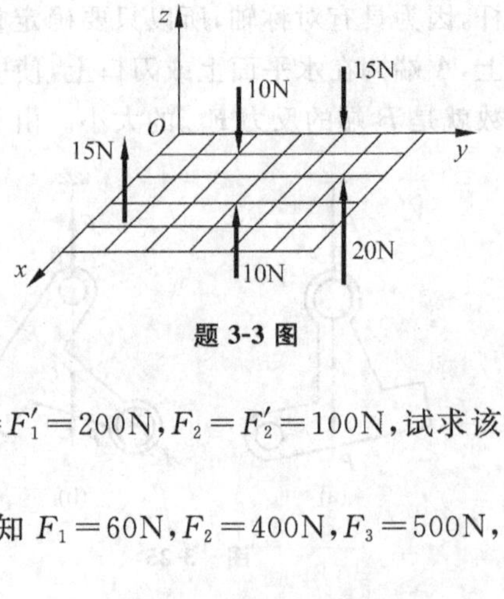

题 3-3 图

3-4 已知题3-4图所示直角三棱柱上作用力 $F_1=F_1'=200\text{N}$,$F_2=F_2'=100\text{N}$,试求该力系的合成结果。

3-5 一力系由四个力组成。如题3-5图所示。已知 $F_1=60\text{N}$,$F_2=400\text{N}$,$F_3=500\text{N}$,$F_4=200\text{N}$,试将该力系向 A 点简化,并求其简化结果。

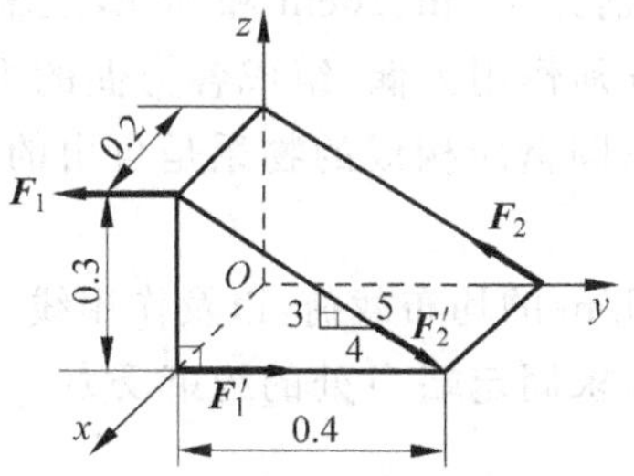

题 3-4 图

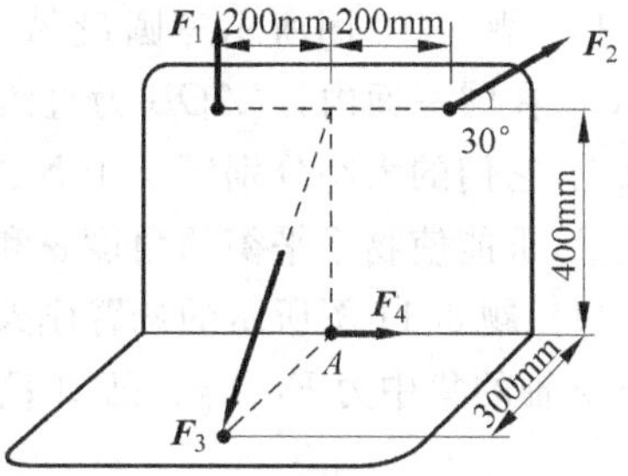

题 3-5 图

3-6　轴 AB 与铅直线成 α 角，悬臂 CD 与轴垂直且固定在轴上，其长为 a，并与铅直面 zAB 成 θ 角，如题 3-6 图所示。如在点 D 作用铅直向下的力 $\boldsymbol{F}$，求此力对轴 AB 的矩。

3-7　水平圆盘的半径为 r，外缘 C 处作用有已知力 $\boldsymbol{F}$。力 $\boldsymbol{F}$ 与 C 处圆盘切线夹角为 60°，且力 F 与圆盘 C 处切线所构成的平面为一铅垂平面，其他尺寸如题 3-7 图所示。求力 $\boldsymbol{F}$ 对 x,y,z 轴的矩。

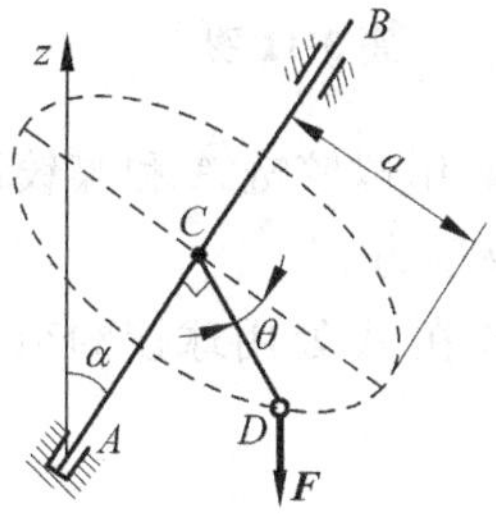

题 3-6 图

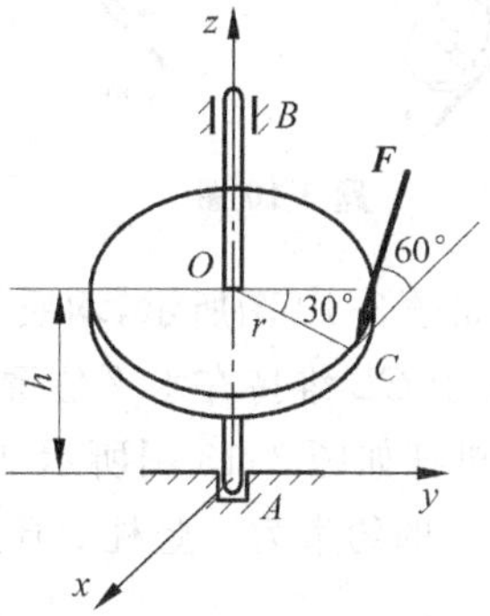

题 3-7 图

3-8　挂物架如题 3-8 图所示，三杆的重量不计，用球铰链连接于 O 点，平面 BOC 为水平面，且 $\overline{OB}=\overline{OC}$，角度如图。若在 O 点挂一重物 G，重为 1 000N，求三杆所受的力。

3-9　起重机装在三轮小车 ABC 上。已知起重机的尺寸为：$\overline{AD}=\overline{DB}=1\text{m}$，$\overline{CD}=1.5\text{m}$，$\overline{CM}=1\text{m}$，$\overline{KL}=4\text{m}$。机身连同平衡锤 F 共重 $P_1=100\text{kN}$，作用在 G 点，G 点在平面 $LMNF$ 之内，到机身轴线 MN 的距离 $\overline{GH}=0.5\text{m}$，如题 3-9 图所示，重物 $P_2=30\text{kN}$，求当起重机的平面 $LMNF$ 平行于 AB 时车轮对轨道的压力。

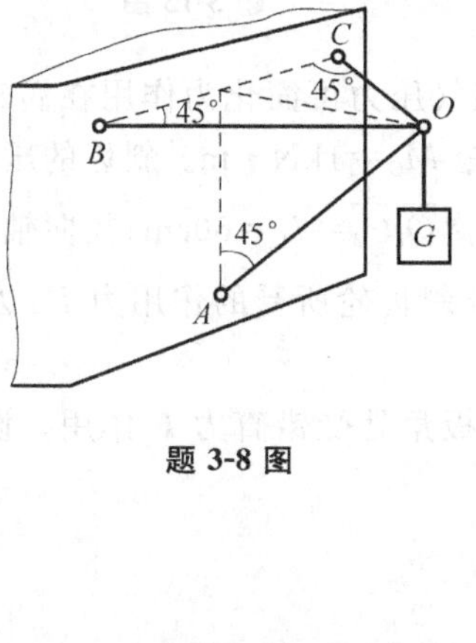

题 3-8 图

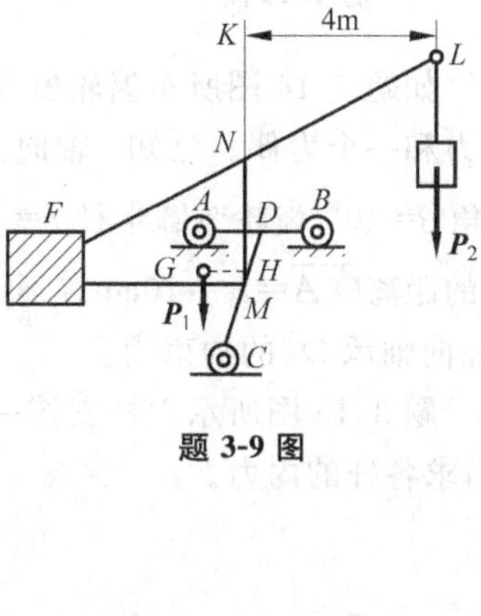

题 3-9 图

3-10 题3-10图所示三圆盘 A、B 和 C 的半径分别为15cm、10cm和5cm，三轴 OA、OB 和 OC 在同一面内，$\angle AOB$ 为直角，在这三圆盘上分别作用力偶，组成各力偶的力作用在轮缘上，它们的大小分别等于10N、20N和 F。若这三圆盘所构成的物系是自由的，不计物系重量，求能使物系平衡的角度 α 和力 $\boldsymbol{F}$ 的大小。

3-11 题3-11图所示的悬臂刚架上作用有 $q=2\text{kN/m}$ 的均布载荷，以及作用线分别平行于 x、y 轴的集中力 F_1、F_2。已知 $F_1=5\text{kN}$，$F_2=4\text{kN}$，求固定端 O 处的约束反力。

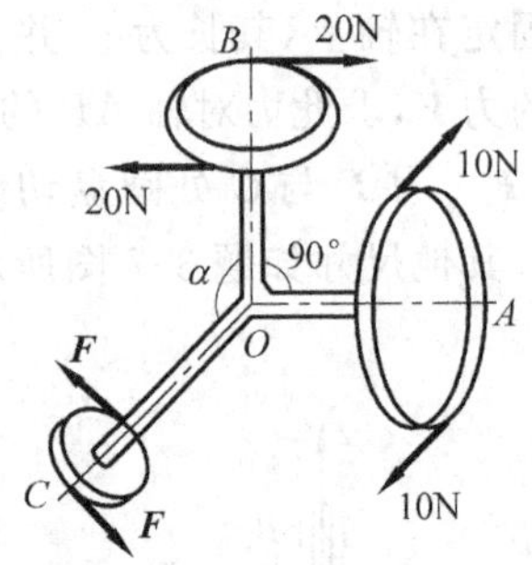

题3-10图

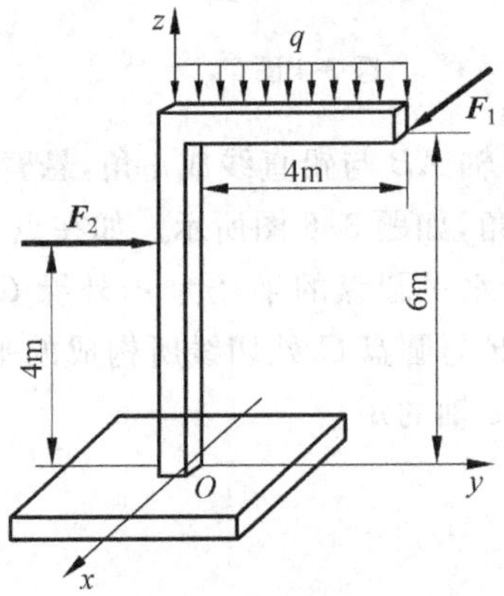

题3-11图

3-12 如题3-12图所示，均质长方形薄板重 $P=200\text{N}$，用球铰链 A 和蝶铰链 B 固定在墙上，并用绳子 CE 维持在水平位置。求绳子的拉力和支座反力。

3-13 扒杆如题3-13图所示，竖柱 AB 用两绳拉住，并在 A 处用球铰约束。试求两绳的拉力和 A 处的约束力。竖柱 AB 及梁 CD 重量不计。

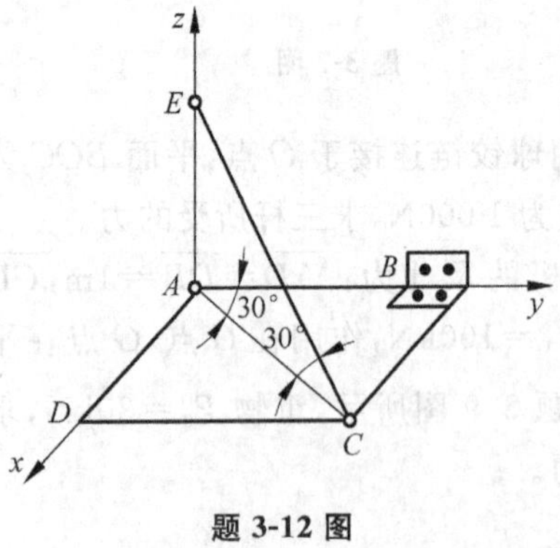

题3-12图

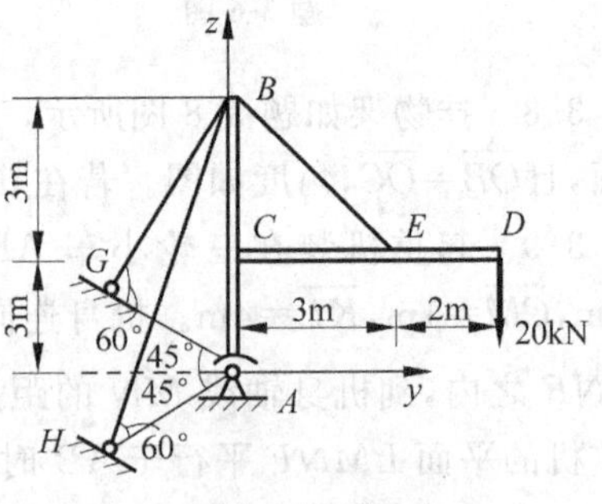

题3-13图

3-14 如题3-14图所示涡轮发动机叶片受到的燃气压力可简化为作用在涡轮盘上的一个轴向力和一个力偶。已知：轴向力 $F=2\text{kN}$，力偶矩 $M_O=1\text{kN}\cdot\text{m}$。斜齿的压力角 $\alpha=20°$，螺旋角 $\beta=10°$，齿轮节圆半径 $r=10\text{cm}$。轴承间距离 $\overline{O_1O_2}=l_1=50\text{cm}$，径向轴承 O_2 与斜齿轮间的距离 $\overline{O_2A}=l_2=10\text{cm}$。不计发动机自重。求斜齿轮所受的作用力 F_N 及推力轴承 O_1 和径向轴承 O_2 的约束力。

3-15 题3-15图所示六杆支撑一水平矩形板，在板角处受铅直力 $\boldsymbol{F}$ 作用。设板和杆自重不计，求各杆的内力。

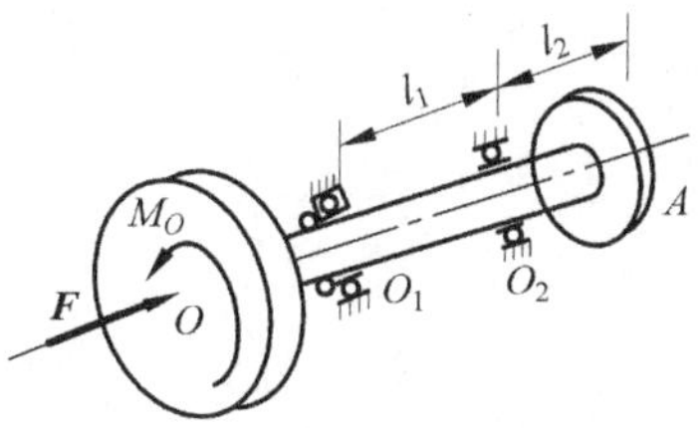

题 3-14 图

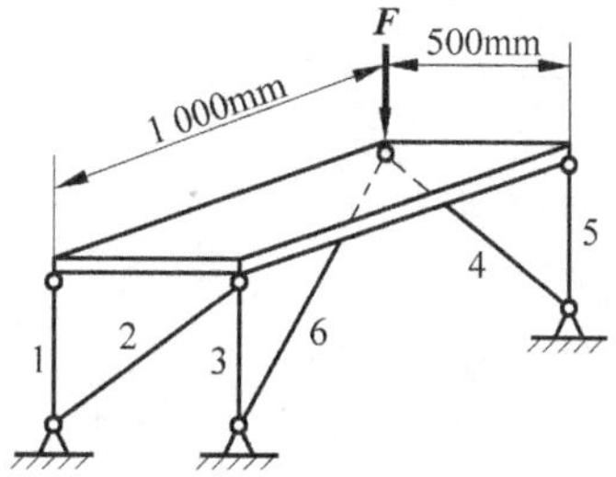

题 3-15 图

3-16 求题 3-16 图所示型钢重心 C 的位置(单位为 mm)。

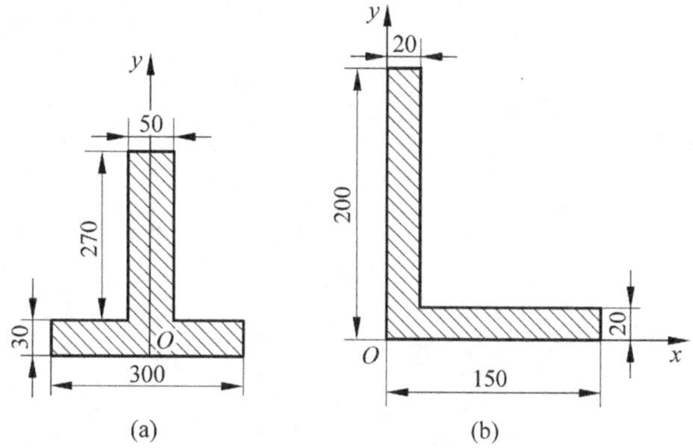

题 3-16 图

3-17 图示平面图形中每一方格的边长为 20mm,求挖去一圆后剩余部分面积重心的位置。

3-18 如题 3-18 图所示,为了测汽车的重心位置,可将汽车驶到地秤上,称得汽车总重为 P,再将后轮驶到地秤上,称得后轮的压力 F_N,即可求得重心的位置。已知 $P=34.3\text{kN}$,$F_N=19.6\text{kN}$,前后两轮之间的距离 $l=3.1\text{m}$,试求重心到后轴的距离 b。

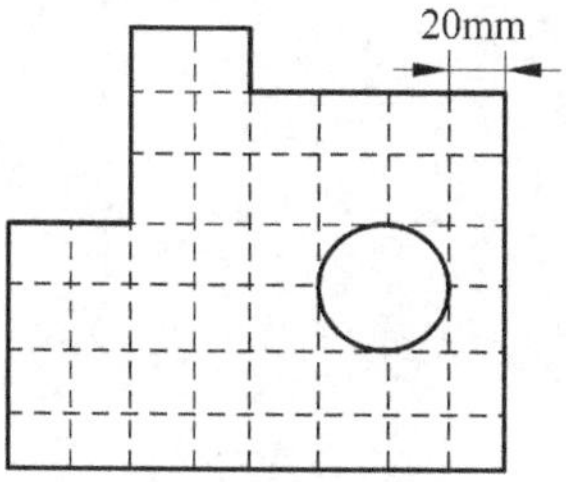

题 3-17 图

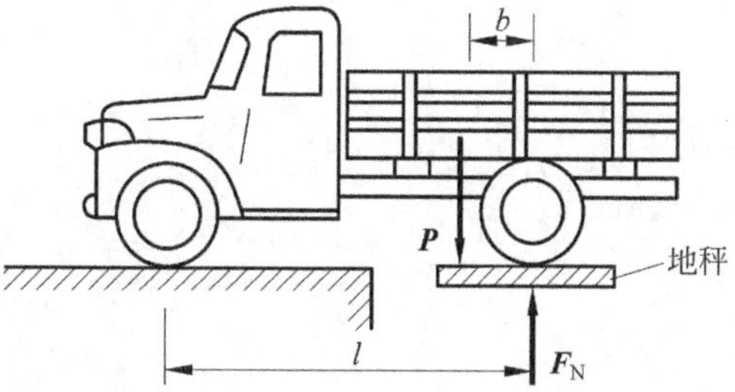

题 3-18 图

题3-14图

题3-15图

3-16 求题3-16图所示截面的形心C的位置。（单位为mm）

题3-16图

3-17 图示平面图形中每一方格的边长为20mm，求挖去一圆后剩余部分面积重心的位置。

3-18 题3-18图所示为了测汽车的重心位置，可将汽车驶到地秤上，称得汽车总重为P，再将后轮驶到地秤上，称得后轮的压力为F_N，即可求得重心的位置。已知$P=34.3$kN，$F_N=19.6$kN，前后两轮之间的距离$l=3.1$m，试求重心到后轮的距离b。

题3-18图

题3-17图

第2篇　运　动　学

运动学是从几何的角度研究物体的运动，也就是只研究物体运动的几何性质，即物体在空间的位置随时间变化的规律，包括物体的运动轨迹，速度和加速度等，而不研究物体运动状态的改变与作用力之间的关系。

在研究某一物体的运动时，必须选择另一作为参考的物体来描述该物体的运动，这个作为参考的物体称为**参考体**。在参考体上固结的坐标系称为参考坐标系或**参考系**。在力学中，描述任何物体的运动都是相对于某一参考系而言的，在不同的参考系上描述同一物体的运动将得到不同的结论。例如，地面上的房屋、桥梁，相对于地球是静止的，但相对于太阳就不是静止的；又如，在无风的情形下，雨滴相对于地面铅垂下落，而相对于行驶的车辆则倾斜向后。这就是虽然运动是绝对的，但运动的描述却是相对的。对工程实际中的大多数问题，如果不作特别说明，一般将固结于地球上的坐标系作为参考系。对于特殊问题，将根据需要另选参考系，并加以说明。

在运动学中，度量时间要涉及两个概念："**瞬时**"和"**时间间隔**"。瞬时应理解为物体运动过程中相应的某一时刻，而时间间隔则是指两瞬时之间的一段时间。瞬时对应物体的具体运动位置及运动状态，而时间间隔对应物体的运动过程。

在运动学中涉及的物体，一般可以抽象为**点**和**刚体**两种理想化模型。描述物体的运动时，当物体的形状和大小对研究的问题不起主要作用时，可将物体抽象为一个点来研究。例如，研究炮弹的射程时，因炮弹的大小远比射程小，所以可把炮弹抽象为一个点；又如，分析汽车在制动过程中的速度、加速度时，虽然汽车各部分运动情况不同，但由于研究的是汽车整体的运动规律，因此可以忽略其大小，将汽车看作一个点来讨论。如果物体的形状和大小对研究的问题起主要作用时，则应将物体视为刚体或刚体系统来研究。例如，当分析汽车各部分运动情况时，就必须把汽车作为具有一定尺寸的刚体来研究。应当指出，运动物体抽象为哪种理想化模型不是绝对的，而是取决于所研究的问题。

学习运动学，一方面是为学习动力学打基础，另一方面运动学在工程技术中也具有直接指导实践的意义。例如，在各种机构的设计中，必须进行运动学分析，设计恰当的传动装置，使其实现预定的运动要求。

第4章

运动学基础

本章将首先研究点的运动规律，也就是研究点相对于某一参考系的运动随时间的变化规律，包括点相对于所选参考系的位置随时间的变化规律(称为点的运动方程)，以及它的轨迹、速度和加速度等。然后研究刚体的两种简单运动：刚体平行移动和刚体绕定轴转动。这是两种常见的刚体运动，刚体较复杂的运动都可以看作这两种刚体运动的合成。因此，刚体平行移动和刚体绕定轴转动又统称为刚体的基本运动。研究刚体的运动，需要研究刚体整体的运动规律及刚体内各点的运动规律。

4.1 点的运动学

研究点的运动，重点解决两个问题：

(1) 如何确定点的空间位置？即如何建立点的运动方程及运动轨迹？

(2) 如何确定点的运动状态？即如何确定点的速度及加速度？

在普通物理和高等数学中，已经介绍了一些研究点的运动的基本方法，如矢量法、直角坐标法等。在本节中，我们除了复习这些基本方法外，还将介绍一种新的研究点的运动的方法——自然法。

1. 矢量法与直角坐标法

1) 矢量法

设动点 M 在空间作曲线运动，如图 4-1 所示，在空间任选一固定点 O，则动点 M 的位置可以用矢量 $\boldsymbol{r}=\overrightarrow{OM}$ 来表示，不同的矢量 $\boldsymbol{r}$ 对应于动点在不同瞬时的位置，称为动点的位置矢径。这种确定点的位置的方法称为矢量法。

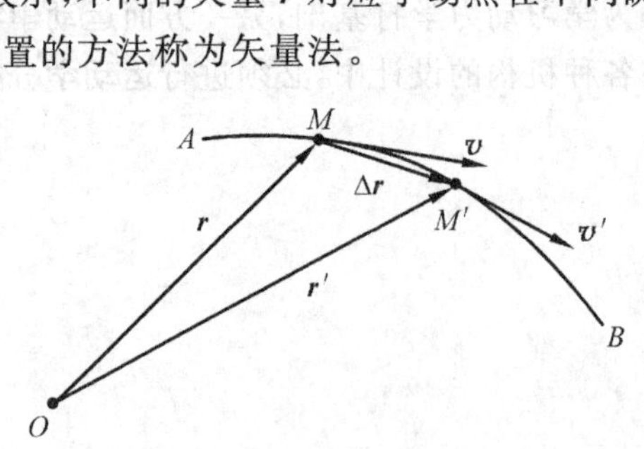

图 4-1

当点运动时，位置矢径 $\boldsymbol{r}$ 的大小和方向随时间 t 而变化，是自变量 t 的单值连续函数，可写成

$$\boldsymbol{r} = \boldsymbol{r}(t) \tag{4-1}$$

这就是以矢量表示的点的运动方程。图 4-1 中的曲线$\overset{\frown}{AB}$即为动点 M 的轨迹曲线，也称为它的位置矢端曲线。

根据速度的定义，点的速度等于位移对时间的变化率，即

$$\boldsymbol{v} = \lim_{\Delta t \to 0} \frac{\Delta \boldsymbol{r}}{\Delta t} = \frac{\mathrm{d}\boldsymbol{r}}{\mathrm{d}t} \tag{4-2}$$

速度是矢量，其大小等于$\left|\dfrac{\mathrm{d}\boldsymbol{r}}{\mathrm{d}t}\right|$，方向是 $\Delta t \to 0$ 时 $\Delta \boldsymbol{r}$ 的极限方向，即沿轨迹上点 M 处的切线并指向点运动的一方。

根据加速度的定义，点的加速度等于点的速度对时间的变化率，即

$$\boldsymbol{a} = \lim_{\Delta t \to 0} \frac{\Delta \boldsymbol{v}}{\Delta t} = \frac{\mathrm{d}\boldsymbol{v}}{\mathrm{d}t} = \frac{\mathrm{d}^2\boldsymbol{r}}{\mathrm{d}t^2} \tag{4-3}$$

它也等于位置矢径对时间的二阶导数。加速度 $\boldsymbol{a}$ 是矢量，它的大小为$\left|\dfrac{\mathrm{d}\boldsymbol{v}}{\mathrm{d}t}\right|$，方向与 $\Delta t \to 0$ 时 $\Delta \boldsymbol{v}$ 的极限方向一致。

如图 4-2(a)所示，如果从任意点 O' 作矢量$\overrightarrow{O'M_0}$、$\overrightarrow{O'M_1}$、$\overrightarrow{O'M}$、$\overrightarrow{O'M'}$等，它们分别表示动点在不同瞬时的速度矢量 $\boldsymbol{v}_0$、$\boldsymbol{v}_1$、$\boldsymbol{v}$、$\boldsymbol{v}'$等，连接这些矢量的末端 M_0、M_1、M、M'，构成一条连续的曲线，称为速度矢端曲线，也称速度矢端图(图 4-2(b))。由瞬时加速度的定义可知，瞬时加速度的方向沿着动点速度矢端曲线的切线方向。

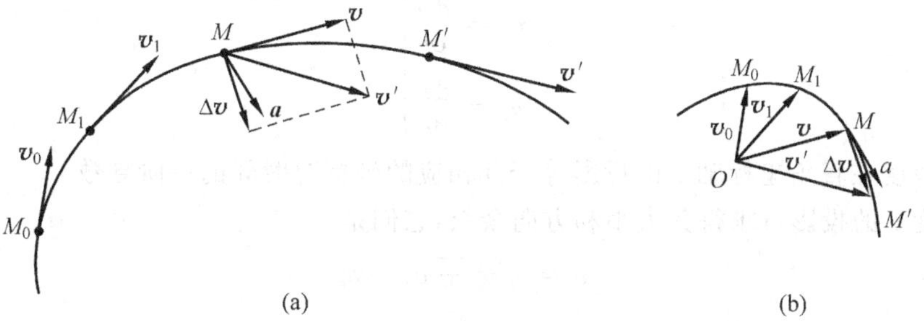

图　4-2

2）直角坐标法

设动点 M 在空间运动，取直角坐标系 $Oxyz$，如图 4-3 所示，在任意瞬时 t，动点的位置可由它的坐标(x,y,z)唯一确定。这种确定点的位置的方法称为直角坐标法。

当点运动时，其三个坐标都随时间 t 变化，因而可以表示为时间 t 的单值连续函数，即

$$\left.\begin{aligned} x &= f_1(t) \\ y &= f_2(t) \\ z &= f_3(t) \end{aligned}\right\} \tag{4-4}$$

这组方程称为以直角坐标表示的点的运动方程，也可以看作是以时间 t 为参数的点的轨迹的参数方程。如果从该方程组中消去时间参数 t，即可得到点的轨迹方程。

由图 4-3 可知，点 M 的矢径可表示为

$$\boldsymbol{r} = x\boldsymbol{i} + y\boldsymbol{j} + z\boldsymbol{k} \tag{4-5}$$

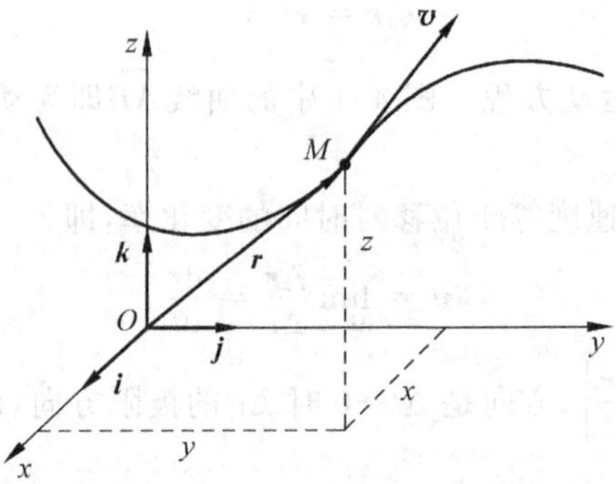

图 4-3

另一方面,点的速度沿直角坐标分解得

$$\boldsymbol{v} = v_x\boldsymbol{i} + v_y\boldsymbol{j} + v_z\boldsymbol{k} \tag{4-6}$$

式中 v_x, v_y, v_z 分别是 $\boldsymbol{v}$ 在直角坐标轴 x, y, z 上的投影。根据速度定义,并考虑到 $\boldsymbol{i}, \boldsymbol{j}, \boldsymbol{k}$ 是常矢量,则可得

$$\boldsymbol{v} = \frac{\mathrm{d}\boldsymbol{r}}{\mathrm{d}t} = \frac{\mathrm{d}x}{\mathrm{d}t}\boldsymbol{i} + \frac{\mathrm{d}y}{\mathrm{d}t}\boldsymbol{j} + \frac{\mathrm{d}z}{\mathrm{d}t}\boldsymbol{k} \tag{4-7}$$

将上式与(4-6)比较,得

$$\left.\begin{aligned} v_x &= \frac{\mathrm{d}x}{\mathrm{d}t} \\ v_y &= \frac{\mathrm{d}y}{\mathrm{d}t} \\ v_z &= \frac{\mathrm{d}z}{\mathrm{d}t} \end{aligned}\right\} \tag{4-8}$$

即动点的速度在直角坐标轴上的投影等于其相应的坐标对时间的一阶导数。

由速度 $\boldsymbol{v}$ 的投影可求得其大小和方向余弦,它们是

$$v = \sqrt{v_x^2 + v_y^2 + v_z^2} \tag{4-9}$$

$$\left.\begin{aligned} \cos\alpha &= \frac{v_x}{v} \\ \cos\beta &= \frac{v_y}{v} \\ \cos\gamma &= \frac{v_z}{v} \end{aligned}\right\} \tag{4-10}$$

其中 α, β, γ 分别为速度 $\boldsymbol{v}$ 与 x, y, z 轴正向的夹角。

同理,由加速度的定义,类似于对速度的分析,得

$$\boldsymbol{a} = a_x\boldsymbol{i} + a_y\boldsymbol{j} + a_z\boldsymbol{k} \tag{4-11}$$

$$\left.\begin{aligned} a_x &= \frac{\mathrm{d}v_x}{\mathrm{d}t} = \frac{\mathrm{d}^2 x}{\mathrm{d}t^2} \\ a_y &= \frac{\mathrm{d}v_y}{\mathrm{d}t} = \frac{\mathrm{d}^2 y}{\mathrm{d}t^2} \\ a_z &= \frac{\mathrm{d}v_z}{\mathrm{d}t} = \frac{\mathrm{d}^2 z}{\mathrm{d}t^2} \end{aligned}\right\} \tag{4-12}$$

即点的加速度在直角坐标轴上的投影等于它的速度在相应轴上的投影对时间的一阶导数，或等于相应坐标对时间的二阶导数。

加速度 $\boldsymbol{a}$ 的大小和方向余弦分别为

$$a=\sqrt{a_x^2+a_y^2+a_z^2} \tag{4-13}$$

$$\left.\begin{aligned}\cos\alpha'&=\frac{a_x}{a}\\ \cos\beta'&=\frac{a_y}{a}\\ \cos\gamma'&=\frac{a_z}{a}\end{aligned}\right\} \tag{4-14}$$

其中 α',β',γ' 分别为加速度 $\boldsymbol{a}$ 与 x,y,z 轴正向的夹角。

需要指出的是：根据点的运动特点，也可以用柱坐标、球坐标来描述点的运动。

2. 自然法

1）点的运动方程　当点运动时，如果点的轨迹已知，则它的位置可由轨迹上某一点到这一位置的轨迹弧长来确定。这种以点的轨迹作为曲线坐标轴来确定点的位置的方法称为自然法。

设点的轨迹已知，在轨迹上任选一点 O 为原点，并规定轨迹的一端为正向，一端为负向，如图 4-4 所示，则点在任意瞬时 t 的位置 M 可由具有正负号的弧长 s 来确定。s 称为弧坐标，弧坐标是代数量，当动点沿轨迹运动时，s 是时间 t 的单值连续函数

$$s=f(t) \tag{4-15}$$

上式称为以自然法表示的点的运动方程，也称为以弧坐标表示的点的运动方程。

2）密切面与自然轴系　在用自然法分析点的速度和加速度之前，先将密切面与自然轴系的概念简要介绍如下：

(1) 密切面　设有空间曲线 AB，如图 4-5 所示。MT 与 $M'T'$ 分别表示曲线上相邻两点 M 与 M' 的切线。现从 M 点引线段 MT_1，且使 $MT_1 /\!/ M'T'$，则两相交直线 MT 与 MT_1 可决定一平面。当点 M' 向点 M 靠近时，MT_1 的方位随着 $M'T'$ 方位的改变而改变。于是，相交直线 MT 与 MT_1 决定的平面的位置也在变化，而且绕切线 MT 转动。当点 M' 趋近于点 M 时，这个平面将趋近于某一极限位置，这个处于极限位置的平面称为曲线在点 M 处的密切面。由此可见，如果是平面曲线，则其密切面就是曲线所在的平面。

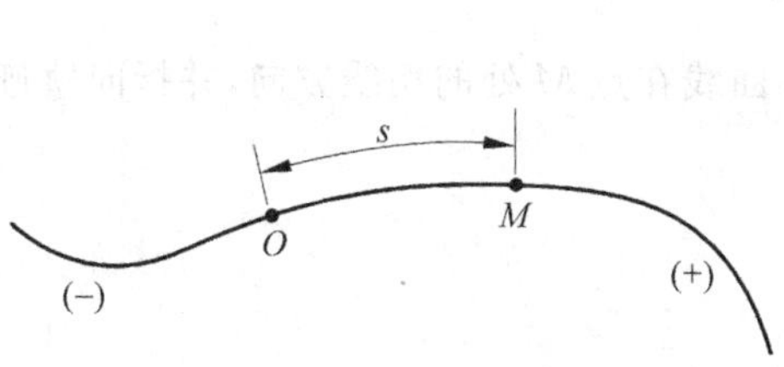

图 4-4

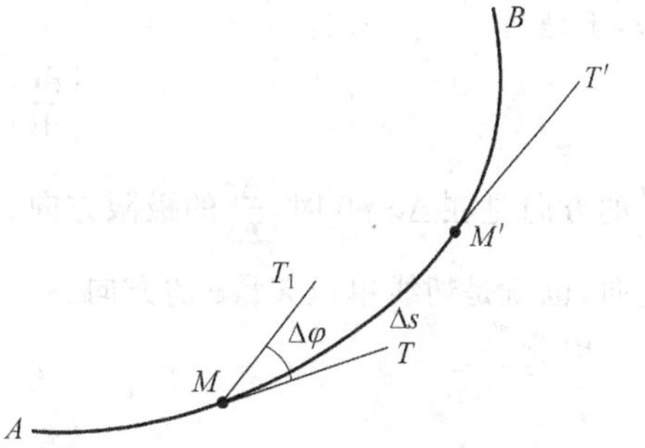

图 4-5

(2) 自然轴系　通过点 M 作与切线 MT 垂直的平面，称为曲线在点 M 处的法面，如图4-6所示。法面与密切面的交线 MN 称为曲线在点 M 处的主法线(即在密切面内的法线)。法面内与主法线垂直的法线 MB 称为曲线在点 M 处的副法线。以点 M 处的切线、主法线和副法线所构成的轴系称为自然轴系。用 $\boldsymbol{\tau}$ 表示切线的单位矢量，指向与弧坐标的正方向一致；用 $\boldsymbol{n}$ 表示主法线的单位矢量，指向曲线内凹的一侧；用 $\boldsymbol{b}$ 表示副法线的单位矢量，指向根据右手法则确定

$$\boldsymbol{b} = \boldsymbol{\tau} \times \boldsymbol{n}$$

自然轴系与固定的坐标轴系不同，它是随动点在轨迹曲线上的位置而改变的，因此沿自然轴的单位矢量 $\boldsymbol{\tau}$，$\boldsymbol{n}$，$\boldsymbol{b}$ 都是方向随动点的位置而变化的变矢量。

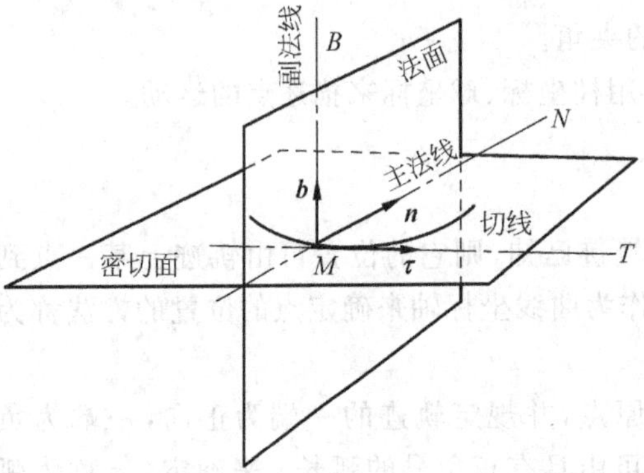

图 4-6

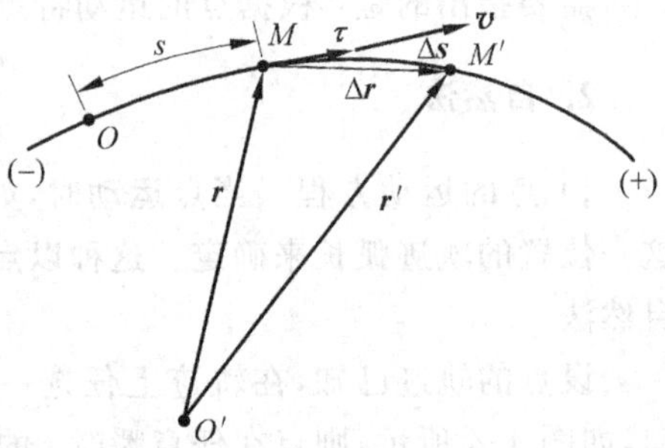

图 4-7

3) 点的速度　已知动点的轨迹，其运动方程由式(4-15)表示。在瞬时 t，动点的位置在其轨迹曲线上的点 M 处，其弧坐标为 s，对任一固定点 O' 的矢径为 $\boldsymbol{r}$；在瞬时 $t+\Delta t$，动点的位置在其轨迹曲线上的点 M' 处，其弧坐标为 $s+\Delta s$，对点 O' 的矢径为 $\boldsymbol{r}'$，如图4-7所示。根据速度定义得

$$\boldsymbol{v} = \frac{\mathrm{d}\boldsymbol{r}}{\mathrm{d}t} = \frac{\mathrm{d}\boldsymbol{r}}{\mathrm{d}s}\frac{\mathrm{d}s}{\mathrm{d}t}$$

而

$$\frac{\mathrm{d}\boldsymbol{r}}{\mathrm{d}s} = \lim_{\Delta s \to 0}\frac{\Delta \boldsymbol{r}}{\Delta s}$$

式中 Δs 为弧长 $\overset{\frown}{MM'}$，如图4-7所示。由于 $\Delta t \to 0$ 时 $\Delta s \to 0$，则矢径增量 $\Delta \boldsymbol{r}$ 的大小趋近于 Δs，于是

$$\left|\frac{\mathrm{d}\boldsymbol{r}}{\mathrm{d}s}\right| = \lim_{\Delta s \to 0}\left|\frac{\Delta \boldsymbol{r}}{\Delta s}\right| = 1$$

$\frac{\mathrm{d}\boldsymbol{r}}{\mathrm{d}s}$ 的方向是在 $\Delta t \to 0$ 时，$\frac{\Delta \boldsymbol{r}}{\Delta s}$ 的极限方向，即沿轨迹曲线在点 M 处的切线方向，并指向轨迹的正向，也就是切线单位矢量 $\boldsymbol{\tau}$ 的方向。

因此

$$\frac{\mathrm{d}\boldsymbol{r}}{\mathrm{d}s} = \boldsymbol{\tau}$$

于是

$$\boldsymbol{v}=\frac{\mathrm{d}s}{\mathrm{d}t}\boldsymbol{\tau}=v\boldsymbol{\tau} \tag{4-16}$$

式中 v 可以理解为速度 $\boldsymbol{v}$ 在切线方向的投影。由上式可得

$$v=\frac{\mathrm{d}s}{\mathrm{d}t} \tag{4-17}$$

即点沿已知轨迹的速度的代数值等于它的弧坐标表示的运动方程对时间的一阶导数。当 v 为正值，即 $\frac{\mathrm{d}s}{\mathrm{d}t}>0$ 时，弧坐标 s 的代数值随时间增大，点沿轨迹正向运动；当 v 为负值，即 $\frac{\mathrm{d}s}{\mathrm{d}t}<0$ 时，则情况相反。

4）点的加速度　由加速度的定义，得

$$\boldsymbol{a}=\frac{\mathrm{d}\boldsymbol{v}}{\mathrm{d}t}=\frac{\mathrm{d}}{\mathrm{d}t}(v\boldsymbol{\tau})=\frac{\mathrm{d}v}{\mathrm{d}t}\boldsymbol{\tau}+v\frac{\mathrm{d}\boldsymbol{\tau}}{\mathrm{d}t}$$

上式右端中的第一项表示了速度大小相对于时间的变化率，第二项表示了速度方向相对于时间的变化率。现分别讨论如下：

(1) 切向加速度 $\frac{\mathrm{d}v}{\mathrm{d}t}\boldsymbol{\tau}$　$\frac{\mathrm{d}v}{\mathrm{d}t}\boldsymbol{\tau}$ 的大小为

$$\left|\frac{\mathrm{d}v}{\mathrm{d}t}\right|=\left|\frac{\mathrm{d}^2 s}{\mathrm{d}t^2}\right|$$

其方位显然在点的轨迹的切线方向，即 $\boldsymbol{\tau}$ 的方位，故称之为切向加速度，表示为

$$\boldsymbol{a}_\tau=\frac{\mathrm{d}v}{\mathrm{d}t}\boldsymbol{\tau}=\frac{\mathrm{d}^2 s}{\mathrm{d}t^2}\boldsymbol{\tau} \tag{4-18}$$

$\frac{\mathrm{d}v}{\mathrm{d}t}$ 或 $\frac{\mathrm{d}^2 s}{\mathrm{d}t^2}$ 可理解为加速度 $\boldsymbol{a}$ 在切线上的投影。

(2) 法向加速度 $v\frac{\mathrm{d}\boldsymbol{\tau}}{\mathrm{d}t}$　$v\frac{\mathrm{d}\boldsymbol{\tau}}{\mathrm{d}t}$ 显然是一矢量，为了求其大小和方向，须先确定矢量 $\frac{\mathrm{d}\boldsymbol{\tau}}{\mathrm{d}t}$ 的大小和方向。

(a) $\frac{\mathrm{d}\boldsymbol{\tau}}{\mathrm{d}t}$ 的大小　设在瞬时 t，点在轨迹上 M 处，M 处的切线单位矢量为 $\boldsymbol{\tau}$；在瞬时 $t+\Delta t$（瞬时 t'），点运动到 M' 处，M' 处的切线单位矢量为 $\boldsymbol{\tau}'$，如图 4-8(a)所示。在时间间隔 Δt 内，弧坐标的增量为 Δs，单位矢量 $\boldsymbol{\tau}$ 的增量为 $\Delta\boldsymbol{\tau}$，作单位矢量三角形如图 4-8(b)所示。由于 $|\boldsymbol{\tau}|=|\boldsymbol{\tau}'|=1$，故 $\triangle MAB$ 是一等腰三角形，底边的长就是 $\Delta\boldsymbol{\tau}$ 的大小，即

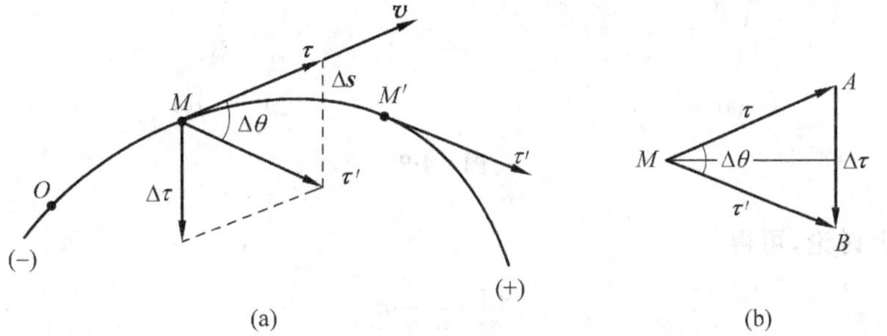

图　4-8

$$|\Delta\tau| = 2\times1\times\left|\sin\frac{\Delta\theta}{2}\right|$$

当 $\Delta t\to0$ 时，$\Delta\theta\to0$，$\Delta s\to0$，所以

$$\left|\frac{\mathrm{d}\tau}{\mathrm{d}t}\right| = \lim_{\Delta t\to0}\left|\frac{\Delta\tau}{\Delta t}\right| = \lim_{\Delta t\to0}\left|\frac{2\sin\frac{\Delta\theta}{2}}{\Delta t}\right| = \lim_{\Delta\theta\to0}\left|\frac{\sin\frac{\Delta\theta}{2}}{\frac{\Delta\theta}{2}}\right|\lim_{\Delta t\to0}\left|\frac{\Delta\theta}{\Delta t}\right| = \lim_{\Delta t\to0}\left|\frac{\Delta\theta}{\Delta t}\right| = \lim_{\Delta s\to0}\left|\frac{\Delta\theta}{\Delta s}\right|\lim_{\Delta t\to0}\left|\frac{\Delta s}{\Delta t}\right|$$

注意到

$$\lim_{\Delta s\to0}\left|\frac{\Delta\theta}{\Delta s}\right| = \kappa = \frac{1}{\rho},\quad \lim_{\Delta t\to0}\left|\frac{\Delta s}{\Delta t}\right| = |v|$$

式中 κ 是曲线在点 M 处的曲率，ρ 是曲线在 M 处的曲率半径。由此得 $\frac{\mathrm{d}\tau}{\mathrm{d}t}$ 的大小为

$$\left|\frac{\mathrm{d}\tau}{\mathrm{d}t}\right| = \left|\frac{v}{\rho}\right|$$

(b) $\frac{\mathrm{d}\tau}{\mathrm{d}t}$ 的方向　$\frac{\mathrm{d}\tau}{\mathrm{d}t}$ 的方向是 $\Delta t\to0$ 时 $\frac{\Delta\tau}{\Delta t}$ 的极限方向，而 $\frac{\Delta\tau}{\Delta t}$ 的方向与 $\Delta\tau$ 的方向相同。由图 4-8(b)可知，$\Delta\tau$ 与 τ 的夹角 $\angle MAB=\frac{\pi}{2}-\frac{\Delta\theta}{2}$，当 $\Delta t\to0$ 时，$\Delta\theta\to0$，$\angle MAB\to\frac{\pi}{2}$。而且当 $\Delta t\to0$ 时，τ 和 τ' 所决定的平面就是曲线在点 M 处的密切面，而 $\Delta\tau$ 所在的平面就是 τ 与 τ' 所决定的平面。因此，这时 $\Delta\tau$ 就在密切面内，从而 $\frac{\mathrm{d}\tau}{\mathrm{d}t}$ 在密切面内，且与曲线在点 M 处的切线垂直，即与主法线重合。当 $v>0$ 时，$\frac{\mathrm{d}\tau}{\mathrm{d}t}$ 指向曲线的凹侧，即指向曲线在点 M 处的曲率中心，与 $\boldsymbol{n}$ 方向一致，如图 4-9(a)所示；当 $v<0$ 时，$\frac{\mathrm{d}\tau}{\mathrm{d}t}$ 指向曲线的凸侧，即背离曲线在点 M 处的曲率中心，与 $\boldsymbol{n}$ 反向，如图 4-9(b)所示。

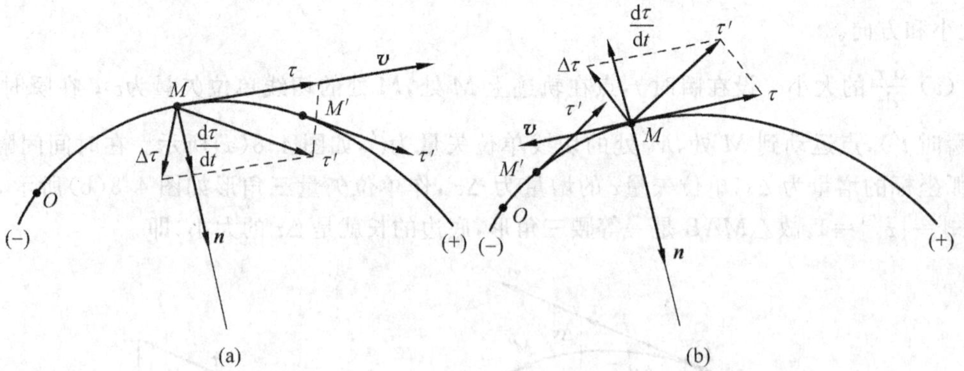

图　4-9

根据以上讨论，可得

$$\frac{\mathrm{d}\tau}{\mathrm{d}t} = \frac{v}{\rho}\boldsymbol{n}$$

由此可见，加速度 $v\frac{\mathrm{d}\tau}{\mathrm{d}t}$ 的表达式可写为

$$\boldsymbol{a}_n = \frac{v^2}{\rho}\boldsymbol{n} \tag{4-19}$$

由于 $\boldsymbol{a}_n$ 的方向始终沿主法线的正向，故称为法向加速度。

将上述讨论结果代入 $\boldsymbol{a}$ 的表达式，得

$$\boldsymbol{a} = \frac{dv}{dt}\boldsymbol{\tau} + \frac{v^2}{\rho}\boldsymbol{n} \tag{4-20}$$

若将加速度 $\boldsymbol{a}$ 沿自然轴系的各轴分解，则用自然法表示的动点加速度为

$$\boldsymbol{a} = \boldsymbol{a}_\tau + \boldsymbol{a}_n + \boldsymbol{a}_b = a_\tau \boldsymbol{\tau} + a_n \boldsymbol{n} + a_b \boldsymbol{b}$$

考虑到式(4-18)、式(4-19)和式(4-20)，得

$$\left.\begin{aligned} a_\tau &= \frac{dv}{dt} = \frac{d^2 s}{dt^2} \\ a_n &= \frac{v^2}{\rho} \\ a_b &= 0 \end{aligned}\right\} \tag{4-21}$$

式(4-20)表明：点的加速度等于切向加速度与法向加速度的矢量和。加速度 $\boldsymbol{a}$ 又称为点的全加速度。式(4-21)表明：点的加速度在切线上的投影等于速度的代数值对时间的一阶导数，或等于弧坐标表示的运动方程对时间的二阶导数；点的加速度在主法线上的投影等于速度大小的平方除以轨迹曲线上点所在处的曲率半径；点的加速度在副法线上的投影等于零。

切向加速度 $\boldsymbol{a}_\tau = \frac{dv}{dt}\boldsymbol{\tau}$ 是速度的大小对时间的变化率。如果 $v=$常数，则 $a_\tau = 0$。$\boldsymbol{a}_\tau$ 的方向总是沿着轨迹曲线的切线方向，指向由 $\frac{dv}{dt}$ 的符号确定。当 $\frac{dv}{dt} > 0$ 时，$\boldsymbol{a}_\tau$ 与 $\boldsymbol{\tau}$ 同向，反之，则 $\boldsymbol{a}_\tau$ 与 $\boldsymbol{\tau}$ 反向。若 $\boldsymbol{a}_\tau$ 与 $\boldsymbol{v}$ 同向，点作加速运动，反之，点作减速运动。

法向加速度 $\boldsymbol{a}_n = \frac{v^2}{\rho}\boldsymbol{n}$ 是速度方向变化引起的速度对时间的变化率。由 $\boldsymbol{a}_n = v\frac{d\boldsymbol{\tau}}{dt}$ 可知，若 $\boldsymbol{\tau}=$常矢量，即点作直线运动，则 $\boldsymbol{a}_n = \boldsymbol{0}$。

$a_b = 0$ 说明加速度 $\boldsymbol{a}$ 在密切面内。

若已知 $\boldsymbol{a}_\tau$ 与 $\boldsymbol{a}_n$，则全加速度 $\boldsymbol{a}$ 的大小和方向为

$$a = \sqrt{a_\tau^2 + a_n^2} = \sqrt{\left(\frac{dv}{dt}\right)^2 + \left(\frac{v^2}{\rho}\right)^2} \tag{4-22}$$

$$\tan\theta = \frac{|a_\tau|}{a_n} \tag{4-23}$$

如图 4-10 所示。

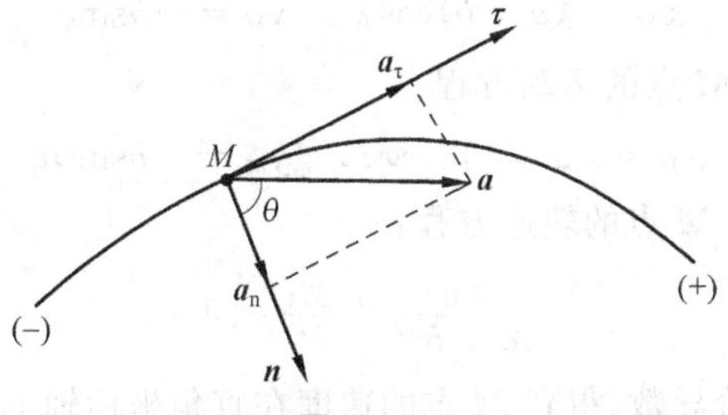

图　4-10

5）特殊情况

(1) 匀速曲线运动　由于 $v=$常数，则 $a_\tau=0$，点的运动方程可由 $v=\frac{ds}{dt}$积分求得。设 s_0 为 $t=0$ 时点的弧坐标，则点的运动方程为

$$s=s_0+vt \tag{4-24}$$

(2) 匀变速曲线运动　由于 $a_\tau=\frac{dv}{dt}=$常数，则将此式对时间积分，分别得到点的速度和运动方程，即

$$v=v_0+a_\tau t \tag{4-25}$$

$$s=s_0+v_0t+\frac{1}{2}a_\tau t^2 \tag{4-26}$$

式中 v_0 和 s_0 分别是 $t=0$ 时点的速度和弧坐标。从以上两式中消去 t，得

$$v^2-v_0^2=2a_\tau(s-s_0) \tag{4-27}$$

当点作直线运动时，以 a 代替 a_τ，式(4-25)～式(4-27)均成立。

例 4-1　如图 4-11 所示，椭圆规的曲柄 OA 可绕定轴 O 转动，$\varphi=\omega t$（ω 为常数），端点 A 以铰链连接于规尺 BC，规尺上的点 B 和 C 可分别沿互相垂直的滑槽运动，求规尺上点 M 的运动方程、轨迹方程、任一瞬时的速度及加速度。已知：$\overline{OA}=\overline{AC}=\overline{AB}=\frac{a}{2}$，$\overline{CM}=b$。

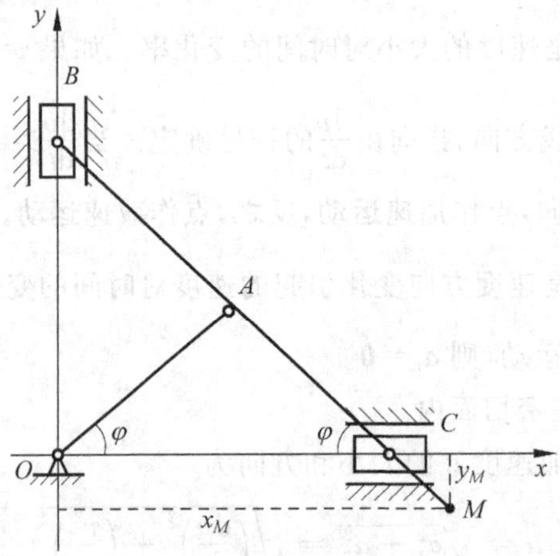

图　4-11

解　考虑任意位置，M 点的坐标 (x_M, y_M) 可以表示为

$$x_M=(a+b)\cos\varphi,\quad y_M=-b\sin\varphi$$

将 $\varphi=\omega t$ 代入上式，即得 M 点的运动方程：

$$x_M=(a+b)\cos\omega t,\quad y_M=-b\sin\omega t$$

消去上式中的时间 t，即得 M 点的轨迹方程：

$$\frac{x_M^2}{(a+b)^2}+\frac{y_M^2}{b^2}=1$$

对 M 点的运动方程求一阶导数，得到 M 点的速度在直角坐标轴上的投影：

$$v_x=\frac{\mathrm{d}x_M}{\mathrm{d}t}=-(a+b)\omega\sin\omega t,\quad v_y=\frac{\mathrm{d}y_M}{\mathrm{d}t}=-b\omega\cos\omega t$$

M 点的速度大小为

$$v=\sqrt{v_x^2+v_y^2}=\omega\sqrt{(a+b)^2\sin^2\omega t+b^2\cos^2\omega t}$$

M 点的速度方向为

$$\cos\alpha=\frac{v_x}{v}=-\frac{(a+b)\sin\omega t}{\sqrt{(a+b)^2\sin^2\omega t+b^2\cos^2\omega t}}$$

$$\cos\beta=\frac{v_y}{v}=-\frac{b\cos\omega t}{\sqrt{(a+b)^2\sin^2\omega t+b^2\cos^2\omega t}}$$

对 M 点的运动方程求二阶导数，得到 M 点的加速度在直角坐标轴上的投影：

$$a_x=\frac{\mathrm{d}^2x_M}{\mathrm{d}t^2}=\frac{\mathrm{d}v_x}{\mathrm{d}t}=-(a+b)\omega^2\cos\omega t,\quad a_y=\frac{\mathrm{d}^2y_M}{\mathrm{d}t^2}=\frac{\mathrm{d}v_y}{\mathrm{d}t}=b\omega^2\sin\omega t$$

M 点的加速度大小为

$$a=\sqrt{a_x^2+a_y^2}=\omega^2\sqrt{(a+b)^2\cos^2\omega t+b^2\sin^2\omega t}$$

M 点的加速度方向为

$$\cos\alpha'=\frac{a_x}{a}=-\frac{(a+b)\cos\omega t}{\sqrt{(a+b)^2\cos^2\omega t+b^2\sin^2\omega t}}$$

$$\cos\beta'=\frac{a_y}{a}=\frac{b\sin\omega t}{\sqrt{(a+b)^2\cos^2\omega t+b^2\sin^2\omega t}}$$

例 4-2　杆 AB 绕点 A 转动时，拨动套在固定圆环上的小环 M，如图 4-12(a)所示。已知固定圆环的半径为 R，$\varphi=\omega t$（ω 为常数）。试求小环 M 的运动方程、速度和加速度。如果将坐标系固结在 AB 杆上，试求小环 M 相对于这个动坐标系的运动方程、速度和加速度。

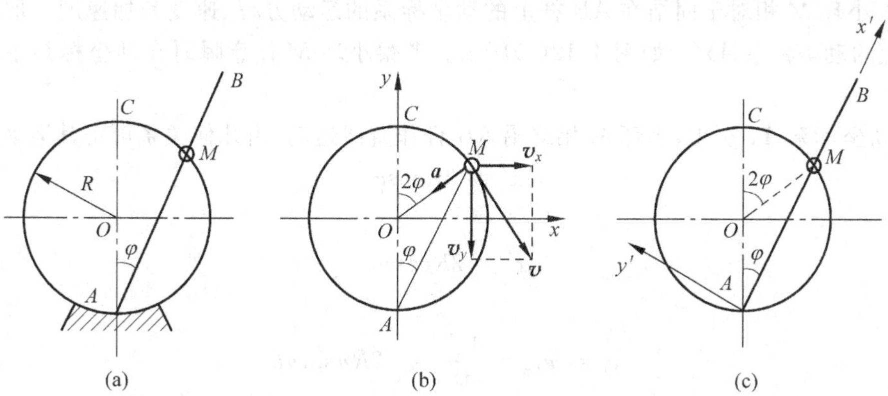

图　4-12

解　1. 直角坐标法

以小环为研究对象，小环在固定圆环平面内运动。直角坐标系 Oxy 选取如图 4-12(b)所示。

(1) 小环 M 的运动方程　为了列出小环 M 的运动方程，考察任意瞬时 t 小环 M 的坐标(x，y)。注意到$\triangle AOM$ 是等腰三角形，根据同弧上圆心角与圆周角的关系，则

$$x=\overline{OM}\sin2\varphi=R\sin2\varphi,\quad y=\overline{OM}\cos2\varphi=R\cos2\varphi$$

将 $\varphi=\omega t$ 代入以上两式，得到小环 M 的运动方程

$$x = R\sin 2\omega t,\quad y = R\cos 2\omega t$$

(2) 小环 M 的速度　将运动方程对时间求一阶导数得

$$v_x = \frac{\mathrm{d}x}{\mathrm{d}t} = 2R\omega\cos 2\omega t,\quad v_y = \frac{\mathrm{d}y}{\mathrm{d}t} = -2R\omega\sin 2\omega t$$

所以

$$v = \sqrt{v_x^2 + v_y^2} = 2R\omega$$

$$\cos\alpha = \frac{v_x}{v} = \cos 2\omega t = \cos 2\varphi$$

$$\cos\beta = \frac{v_y}{v} = -\sin 2\omega t = -\sin 2\varphi = \cos(90^\circ + 2\varphi)$$

可见速度大小为 $2R\omega$，方向与小环 M 相对于点 O 的矢径 $\boldsymbol{r}$ 垂直，其中 $\boldsymbol{r}$ 的模 $|\boldsymbol{r}|=R$，方向由点 O 指向小环 M。

(3) 小环 M 的加速度　将速度对时间求一阶导数得

$$a_x = \frac{\mathrm{d}v_x}{\mathrm{d}t} = -4R\omega^2\sin 2\omega t = -4\omega^2 x$$

$$a_y = \frac{\mathrm{d}v_y}{\mathrm{d}t} = -4R\omega^2\cos 2\omega t = -4\omega^2 y$$

所以

$$a = \sqrt{a_x^2 + a_y^2} = 4R\omega^2$$

且有

$$\boldsymbol{a} = a_x\boldsymbol{i} + a_y\boldsymbol{j} = -4\omega^2(x\boldsymbol{i} + y\boldsymbol{j}) = -4\omega^2\boldsymbol{r}$$

可见加速度大小为 $4R\omega^2$，方向与矢径 $\boldsymbol{r}$ 相反。

(4) 小环 M 相对于固结在 AB 杆上的动坐标系的运动方程、速度和加速度　取固结在 AB 杆上的动坐标系 $Ax'y'$ 如图 4-12(c)所示。考察小环 M 任意瞬时在动坐标系中的运动情况。

在动坐标系 $Ax'y'$ 中，小环 M 始终沿 AB 杆作直线运动，由几何关系可得其运动方程为

$$x' = 2R\cos\varphi$$

即

$$x' = 2R\cos\omega t$$

速度为

$$v_r = v_{x'} = \frac{\mathrm{d}x'}{\mathrm{d}t} = -2R\omega\sin\omega t$$

加速度为

$$a_r = a_{x'} = \frac{\mathrm{d}v_{x'}}{\mathrm{d}t} = -2R\omega^2\cos\omega t$$

由此可见，参考系选取不同，小环 M 的运动方程、速度、加速度的形式也不同。这就是运动描述的相对性。

2. 自然法

以小环 M 为研究对象，已知小环 M 的轨迹是半径为 R 的圆。取圆上点 C 为弧坐标原

点，并规定沿轨迹的顺时针方向为正，如图 4-13 所示。仍将小环 M 置于任意位置，则动点沿轨迹的运动方程为

$$s = R(2\varphi) = 2R\omega t$$

速度为

$$v = \frac{ds}{dt} = 2R\omega$$

切向加速度与法向加速度分别为

$$a_\tau = \frac{dv}{dt} = 0, \quad a_n = \frac{v^2}{\rho} = \frac{(2R\omega)^2}{R} = 4R\omega^2$$

加速度 $\boldsymbol{a}$ 的大小为

$$a = \sqrt{a_\tau^2 + a_n^2} = 4R\omega^2$$

小环 M 的速度及加速度方向如图 4-13 所示。

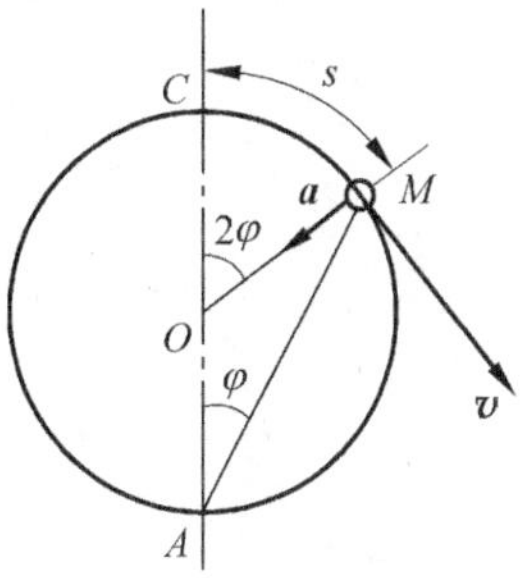

图 4-13

由于小环 M 相对于 AB 杆作直线运动，所以用自然法和直角坐标法求小环 M 相对于固结在 AB 杆上的动坐标系 $Ax'y'$ 的运动方程、速度、加速度结果完全相同。

一般说来，若动点的轨迹未知，可采用直角坐标法；若动点的轨迹已知，则自然法和直角坐标法都可采用，但自然法更方便一些。

例 4-3 一辆汽车在一曲线道路上匀速行驶，速度为 $v=10\text{m/s}$。刹车后，该车作减速运动，切向加速度为 $a_\tau=-0.1t\text{m/s}^2$。求汽车作减速运动的速度及运动方程。

解 以汽车为研究对象，弧坐标正向与汽车行驶方向相同，弧坐标原点取在汽车刹车点上。由于

$$a_\tau = \frac{dv}{dt} = -0.1t$$

取刹车时为初瞬时，则 $t=0$ 时 $v_0=10\text{m/s}$，对上式积分

$$\int_{v_0}^{v} dv = -\int_0^t 0.1t dt$$

求得速度为

$$v = v_0 - 0.05t^2 = 10 - 0.05t^2$$

又由

$$v = \frac{ds}{dt} = 10 - 0.05t^2$$

由于 $t=0$ 时 $s_0=0$，所以将上式积分

$$\int_0^s ds = \int_0^t (10 - 0.05t^2) dt$$

由此得点的运动方程

$$s = 10t - 0.05 \times \frac{t^3}{3} = 10t - 0.0167t^3$$

例 4-4 如图 4-14,已知动点 M 运动时,它的加速度为 $\boldsymbol{a}=k^2\boldsymbol{r}$,其中已知 k 为常量,而 $\boldsymbol{r}$ 是点 M 对于点 O 的矢径。初瞬时,动点 M 位于点 $M_0(x_0,0)$,初速度 v_0 的方向与 y 轴正向相同,求 M 点的运动方程。

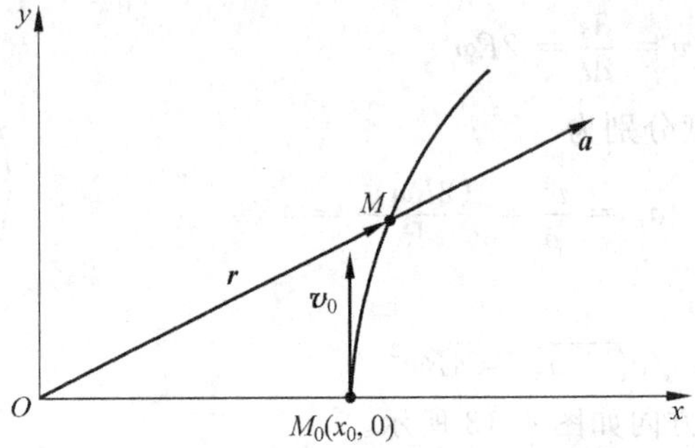

图 4-14

解 根据题意写出动点 M 的加速度在坐标轴上的投影分别为

$$\left.\begin{aligned} a_x &= \frac{\mathrm{d}v_x}{\mathrm{d}t} = k^2 x \\ a_y &= \frac{\mathrm{d}v_y}{\mathrm{d}t} = k^2 y \end{aligned}\right\} \tag{1}$$

因为

$$\frac{\mathrm{d}v_x}{\mathrm{d}t} = \frac{\mathrm{d}v_x}{\mathrm{d}x}\cdot\frac{\mathrm{d}x}{\mathrm{d}t} = v_x\frac{\mathrm{d}v_x}{\mathrm{d}x} \tag{2}$$

$$\frac{\mathrm{d}v_y}{\mathrm{d}t} = \frac{\mathrm{d}v_y}{\mathrm{d}y}\cdot\frac{\mathrm{d}y}{\mathrm{d}t} = v_y\frac{\mathrm{d}v_y}{\mathrm{d}y} \tag{3}$$

代入式(1)有

$$\left.\begin{aligned} v_x\frac{\mathrm{d}v_x}{\mathrm{d}x} &= k^2 x \\ v_y\frac{\mathrm{d}v_y}{\mathrm{d}y} &= k^2 y \end{aligned}\right\} \tag{4}$$

将式(4)分离变量并积分,注意到题设初始条件得

$$\int_0^{v_x} v_x\mathrm{d}v_x = \int_{x_0}^{x} k^2 x\mathrm{d}x;\quad \int_{v_0}^{v_y} v_y\mathrm{d}v_y = \int_0^{y} k^2 y\mathrm{d}y$$

即

$$\left.\begin{aligned} v_x &= \frac{\mathrm{d}x}{\mathrm{d}t} = k\sqrt{x^2 - x_0^2} \\ v_y &= \frac{\mathrm{d}y}{\mathrm{d}t} = k\sqrt{y^2 + \left(\frac{v_0}{k}\right)^2} \end{aligned}\right\} \tag{5}$$

利用题设初始条件，将式(5)分离变量并积分有

$$\int_{x_0}^{x}\frac{\mathrm{d}x}{\sqrt{x^2-x_0^2}}=k\int_0^t \mathrm{d}t;\quad \int_0^y\frac{\mathrm{d}y}{\sqrt{y^2+v_0^2/k^2}}=k\int_0^t \mathrm{d}t$$

即

$$\left.\begin{aligned} x&=x_0\mathrm{ch}(kt)\\ y&=\frac{v_0}{k}\mathrm{sh}(kt)\end{aligned}\right\}\tag{6}$$

上式即为所求 M 点的运动方程。

综上所述，描述点的运动的三种方法可概述如下：矢量法主要用于理论推导，直角坐标法适用于点作任何形式的运动，自然法仅适用于点的轨迹曲线已知的情况。

直角坐标法公式与自然法公式的相互转换如下：

$$\begin{cases}x=f_1(t)\\ y=f_2(t)\\ z=f_3(t)\end{cases}\Rightarrow\begin{cases}v_x=\dfrac{\mathrm{d}x}{\mathrm{d}t}\\ v_y=\dfrac{\mathrm{d}y}{\mathrm{d}t}\\ v_z=\dfrac{\mathrm{d}z}{\mathrm{d}t}\end{cases}\Rightarrow v=\sqrt{v_x^2+v_y^2+v_z^2}=v(t)\Rightarrow s=\int_0^t v(t)\mathrm{d}t$$

$$\begin{cases}a_x=\dfrac{\mathrm{d}v_x}{\mathrm{d}t}\\ a_y=\dfrac{\mathrm{d}v_y}{\mathrm{d}t}\\ a_z=\dfrac{\mathrm{d}v_z}{\mathrm{d}t}\end{cases}\Rightarrow a=\left.\begin{matrix}a_\tau=\dfrac{\mathrm{d}v}{\mathrm{d}t}\\ \sqrt{a_x^2+a_y^2+a_z^2}\end{matrix}\right\}\Rightarrow a_\mathrm{n}=\sqrt{a^2-a_\tau^2}\Rightarrow\rho=\frac{v^2}{a_\mathrm{n}}$$

点的运动学基本问题可以总结为三类：

(1) 已知(或根据已知条件建立)点的运动方程，求点的速度和加速度(微分问题)；

(2) 已知点的速度(或加速度)和运动的初始条件，求点的运动方程(或速度)(积分问题)；

(3) 已知点的直角坐标形式的运动方程，求点的法向加速度、曲率半径及弧坐标表示的运动方程。

4.2　刚体的基本运动

研究刚体的运动，应解决三个问题：

(1) 怎样定义刚体的运动形式？

(2) 如何描述刚体整体的运动规律？

(3) 如何确定刚体上任一点的速度和加速度？

本节中，我们将学习刚体运动的两种基本形式——平行移动和绕定轴转动，并讨论角速度与角加速度的矢量表示及相关问题。

1. 刚体的平行移动

刚体运动时,如果刚体上任一直线始终保持与它的初始位置平行,则这种运动称为刚体的平行移动,简称平动。

根据刚体平动的特点,可得如下定理:刚体平动时,刚体上的各点在空间的轨迹形状完全相同,且每一瞬时,刚体上各点具有相同的速度、加速度。可用矢量法做个简单的证明。

如图 4-15 所示,在刚体内任选两点 A 和 B,令点 A 的矢径为 $\boldsymbol{r}_A$,点 B 的矢径为 $\boldsymbol{r}_B$,则两条矢端曲线就是两点的轨迹。由图可知:$\boldsymbol{r}_A=\boldsymbol{r}_B+\boldsymbol{r}_{AB}$。但是当刚体平动时,线段 AB 的长度和方向都不改变,所以 $\boldsymbol{r}_{AB}$ 是常矢量。因此只要把点 B 的轨迹沿 $\boldsymbol{r}_{AB}$ 方向平行搬移一段距离 BA,就能与点 A 的轨迹完全重合。例如,汽缸内的活塞在运动时,它的内部各点都作直线运动,这些直线彼此平行,如平行搬移都可相互重合。

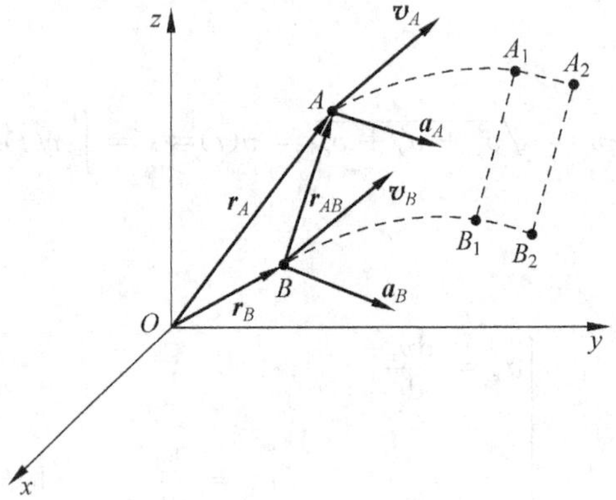

图 4-15

由此可知,刚体平动时,其上各点的轨迹不一定是直线,也可能是曲线,但是他们的形状是完全相同的。点的轨迹是直线的刚体平动,称为直线平动;点的轨迹是曲线的刚体平动,则称为曲线平动。

将式 $\boldsymbol{r}_A=\boldsymbol{r}_B+\boldsymbol{r}_{AB}$ 对时间 t 分别取一阶导数及二阶导数,因为常矢量 $\boldsymbol{r}_{AB}$ 的导数等于零,于是得

$$\frac{\mathrm{d}\boldsymbol{r}_A}{\mathrm{d}t}=\boldsymbol{v}_A=\frac{\mathrm{d}\boldsymbol{r}_B}{\mathrm{d}t}=\boldsymbol{v}_B$$

$$\frac{\mathrm{d}\boldsymbol{v}_A}{\mathrm{d}t}=\boldsymbol{a}_A=\frac{\mathrm{d}\boldsymbol{v}_B}{\mathrm{d}t}=\boldsymbol{a}_B$$

式中,$\boldsymbol{v}_A$ 和 $\boldsymbol{v}_B$ 分别表示点 A 和点 B 的速度,$\boldsymbol{a}_A$ 和 $\boldsymbol{a}_B$ 分别表示它们的加速度。因为点 A 和 B 是任意选择的,因此定理得证。

由上述讨论可知:刚体平动时,刚体内各点运动规律都相同。因此研究刚体的整体运动,可以归结为研究刚体内一个点的运动。只要知道刚体内一个点的运动情况,就可以确定平动刚体的运动。这样,就可以用点的运动学来求解刚体的平动问题。

2. 刚体绕定轴转动

刚体运动时,如果刚体内或其扩展体上有一条直线始终保持不动,这种运动称为刚体绕

定轴转动。这条固定的直线称为刚体的转轴。

如图 4-16 所示，通过转轴作两个平面 N_0 和 N，平面 N_0 在空间不动，平面 N 则固连在刚体上随刚体一起转动。于是，刚体的位置可由两个平面的夹角 φ 完全确定，夹角 φ 称为刚体的转角。φ 角应看成代数量，规定以平面 N_0 到 N 为某一转向时（例如逆时针转向）为正值，相反转向时为负值，其单位为弧度（rad）。当刚体作定轴转动时，转角 φ 随时间变化，即

$$\varphi = \varphi(t) = f(t) \tag{4-28}$$

上式称为刚体绕定轴转动的运动方程，简称转动方程。当刚体转动时，φ 是时间 t 的单值连续函数。

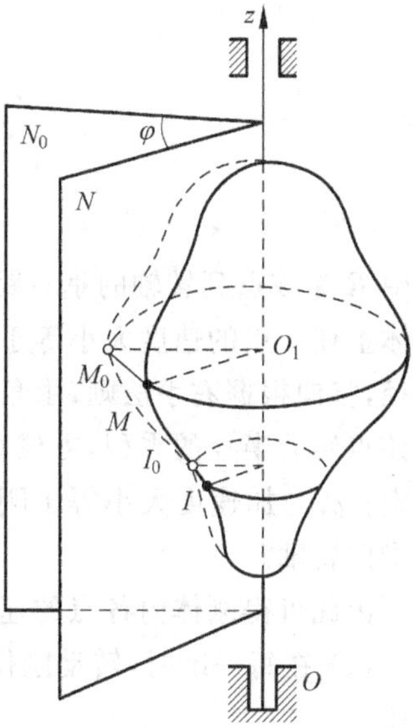

图　4-16

类似于点的速度的定义，为描述刚体转动的快慢，引入角速度的概念，即刚体的角速度等于转角相对于时间的变化率：

$$\omega = \lim_{\Delta t \to 0} \frac{\Delta \varphi}{\Delta t} = \frac{d\varphi}{dt} = f'(t) \tag{4-29}$$

ω 是代数量，其单位为弧度/秒（rad/s）。在工程上，转动的快慢还可用转速 n 来表示，其单位为转/分（r/min）。角速度与转速的关系为

$$\omega = \frac{2\pi n}{60} = \frac{\pi n}{30} \tag{4-30}$$

角速度对时间的变化率即角加速度，表示角速度变化的快慢。

$$\alpha = \lim_{\Delta t \to 0} \frac{\Delta \omega}{\Delta t} = \frac{d\omega}{dt} = \frac{d^2\varphi}{dt^2} \tag{4-31}$$

角加速度也是代数量，其单位为弧度/秒^2（rad/s^2）。如果 α 与 ω 同号，则角速度的绝对值随时间而增大，刚体作加速转动；反之，刚体作减速转动。

刚体绕定轴转动中的物理量 φ,ω,α 与点的运动学中的物理量 s,v,a_τ，在物理上和数学上是极为相似的。因此，像点的运动一样，刚体绕定轴转动也有两类问题。对照点的匀速和匀变速曲线运动的公式，就可以给出刚体定轴转动的公式。为了便于比较，列表 4-1 如下，以资对照。

表　4-1

运动状态	点的曲线运动	刚体定轴转动
匀速运动	$s=s_0+vt$（v=常数）	$\varphi=\varphi_0+\omega t$（$\omega$=常数）
匀变速运动	$v=v_0+a_\tau t$ $s=s_0+v_0t+\frac{1}{2}a_\tau t^2$ $v^2-v_0^2=2a_\tau(s-s_0)$ a_τ=常数	$\omega=\omega_0+\alpha t$ $\varphi=\varphi_0+\omega_0 t+\frac{1}{2}\alpha t^2$ $\omega^2-\omega_0^2=2\alpha(\varphi-\varphi_0)$ α=常数

由物理学我们已知，绕定轴转动刚体内任一点的速度、加速度分别为

$$v = R\omega \tag{4-32}$$

$$a_\tau = R\alpha \tag{4-33}$$

$$a_n = R\omega^2 \tag{4-34}$$

$$a = \sqrt{a_\tau^2 + a_n^2} = R\sqrt{\alpha^2 + \omega^4} \tag{4-35}$$

$$\tan\theta = \frac{|a_\tau|}{a_n} = \frac{|\alpha|}{\omega^2} \tag{4-36}$$

式中 R 为该点到转轴的垂直距离,称之为该点的转动半径。上述表达式可表述如下:转动刚体上任一点的速度大小等于刚体角速度与该点转动半径的乘积,方位垂直于该点的转动半径,指向根据右手法则,由角速度转向决定。该点的切向加速度大小等于刚体的角加速度与该点转动半径的乘积,方位垂直于该点的转动半径,指向根据右手法则,由角加速度转向决定;法向加速度大小等于刚体角速度的平方与该点转动半径的乘积,方向总是沿转动半径指向转轴。

由此可得刚体内各点的速度和加速度分布规律:

(1) 在每一瞬时,转动刚体内所有各点的速度和加速度的大小都与各点的转动半径成正比;

(2) 在每一瞬时,转动刚体内所有各点的速度都与各点的转动半径垂直,所有各点的全加速度与各点转动半径的夹角 θ 都相等。

上述结论如图 4-17 所示。

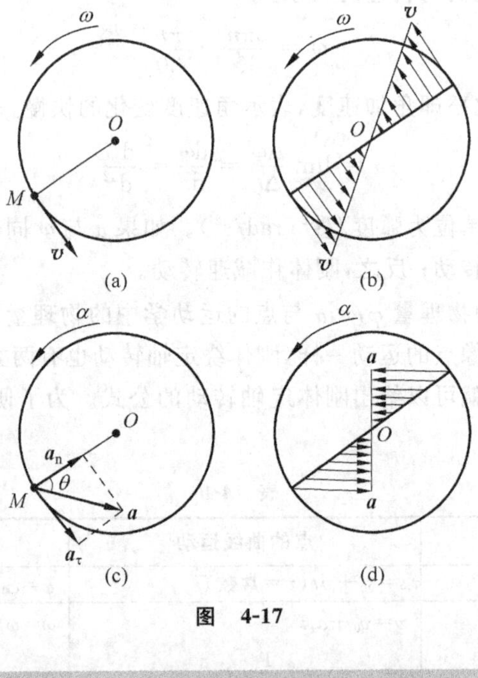

图 4-17

例 4-5 如图 4-18(a)所示,一飞轮绕固定轴 O 转动,其轮缘上任一点的全加速度在某段运动过程中与轮半径的夹角恒为 60°,当运动开始时,其转角 $\varphi_0=0$,角速度为 ω_0,求飞轮的转动方程及角速度与转角的关系。

解 如图 4-18(b),$\tan\varphi=\frac{a_\tau}{a_n}=\frac{r\alpha}{r\omega^2}=\frac{\alpha}{\omega^2}$,当 $\varphi=60°$时,有 $\alpha=\sqrt{3}\omega^2$

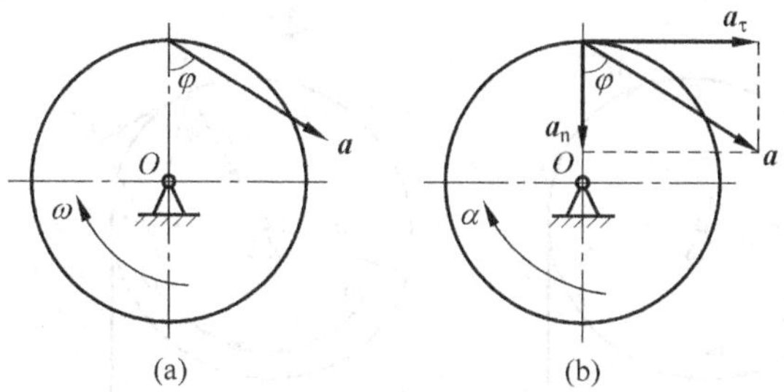

图 4-18

于是

$$\frac{d\omega}{dt}=\sqrt{3}\,\omega^2$$

分离变量并注意到题目所给初始条件，积分得

$$\int_{\omega_0}^{\omega}\frac{d\omega}{\omega^2}=\int_0^t\sqrt{3}\,dt$$

即

$$\omega=\frac{\omega_0}{1-\sqrt{3}\,\omega_0 t} \tag{1}$$

又

$$\frac{d\varphi}{dt}=\omega=\frac{\omega_0}{1-\sqrt{3}\,\omega_0 t}$$

再次分离变量并注意到题目所给初始条件，积分得

$$\int_0^{\varphi}d\varphi=\int_0^t\frac{\omega_0}{1-\sqrt{3}\,\omega_0 t}dt$$

即得飞轮的转动方程

$$\varphi=\frac{1}{\sqrt{3}}\ln\frac{1}{1-\sqrt{3}\,\omega_0 t} \tag{2}$$

将式(1)代入式(2)，整理得

$$\omega=\omega_0 e^{\sqrt{3}\varphi}$$

例 4-6 一半径 $R=0.2$m 的圆轮绕定轴 O 沿逆时针方向转动，如图 4-19(a)所示，轮的转动方程 $\varphi=-t^2+8t$(φ 以 rad 计，t 以 s 计)。此轮边缘上绕一不可伸长的软绳，绳端挂一重物 A。试求当 $t=2$s 时轮缘上任一点 M 和重物 A 的速度和加速度。

解 轮缘上 M 点的速度 v_M 和加速度 a_M，可由圆轮的角速度 ω 和角加速度 α 求得。因已知轮的转动方程，则

$$\omega=\frac{d\varphi}{dt}=(-2t+8)\text{rad/s}$$

$$\alpha=\frac{d\omega}{dt}=-2\text{rad/s}^2$$

当 $t=2$s 时，$\omega=4$rad/s，$\alpha=-2$rad/s^2

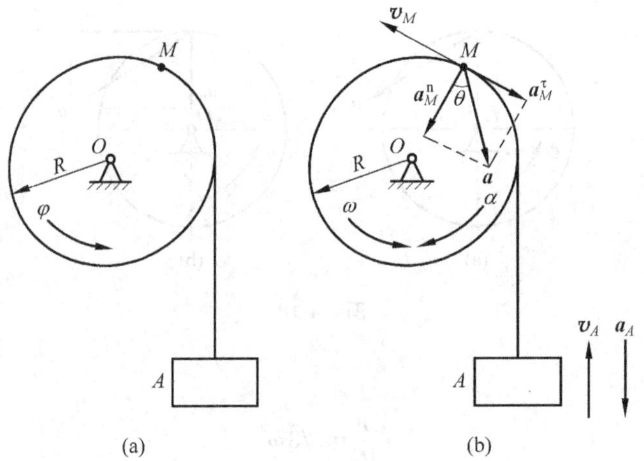

图 4-19

因 ω 与 α 异号,故知轮作减速运动。由转动刚体上任一点速度及加速度公式,可得轮缘上 M 点的速度及切向加速度和法向加速度的大小为

$$v_M = R\omega = 0.2 \times 4\text{m/s} = 0.8\text{m/s}$$

$$a_M^\tau = R\alpha = 0.2 \times 2\text{m/s}^2 = 0.4\text{m/s}^2$$

$$a_M^n = R\omega^2 = 0.2 \times 4^2\text{m/s}^2 = 3.2\text{m/s}^2$$

v_M、a_M^τ 及 a_M^n 的方向如图 4-19(b)所示。

于是 M 点全加速度的大小为

$$a_M = \sqrt{(a_M^\tau)^2 + (a_M^n)^2} = \sqrt{(0.4)^2 + (3.2)^2}\,\text{m/s}^2 = 3.22\text{m/s}^2$$

全加速度与法线的夹角为

$$\theta = \arctan\frac{|\alpha|}{\omega^2} = 7°6'$$

因绳不可伸长,且轮与绳之间无相对滑动,故重物的速度和加速度的大小应等于轮缘上 M 点的速度和切向加速度的大小,即

$$v_A = v_M = 0.8\text{m/s}, \quad a_A = a_M^\tau = 0.4\text{m/s}^2$$

$\boldsymbol{v}_A$、$\boldsymbol{a}_A$ 的方向如图 4-19(b)所示。

例 4-7 在连续印刷过程中,纸张需以匀速 v 进入印刷机,纸筒可绕其中心 O 轴转动如图 4-20 所示,设纸的厚度为 b,试求纸筒的角加速度 α 与纸筒瞬时半径 r 的关系。

解 纸筒作定轴转动,由题意知纸筒边缘上点的速度

$$v = r\omega = 常量$$

将上式两端对时间求导,注意到纸筒的半径 r 和角速度 ω 都随时间而变化,所以有

$$\frac{dv}{dt} = \frac{dr}{dt}\omega + r\frac{d\omega}{dt} = 0$$

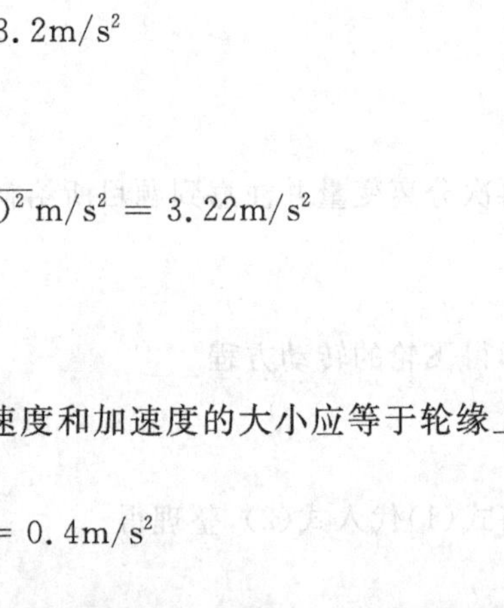

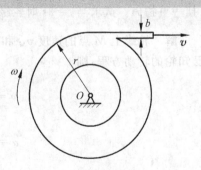

图 4-20

故纸筒的角加速度为

$$\alpha=\frac{\mathrm{d}\omega}{\mathrm{d}t}=-\frac{\omega}{r}\frac{\mathrm{d}r}{\mathrm{d}t}=-\frac{v}{r^2}\frac{\mathrm{d}r}{\mathrm{d}t} \tag{1}$$

其中$\frac{\mathrm{d}r}{\mathrm{d}t}$表示纸筒半径对时间的变化率。

问题归结为如何求解$\frac{\mathrm{d}r}{\mathrm{d}t}$。

以下介绍三种解法。

解法 1　因为当纸筒每转动一周，即 2π 弧度时，半径 r 将减少一层纸的厚度 b，所以当纸筒转过 $\mathrm{d}\varphi$ 角时，半径相应的变化量为

$$\mathrm{d}r=-\frac{b}{2\pi}\mathrm{d}\varphi$$

则有

$$\frac{\mathrm{d}r}{\mathrm{d}t}=-\frac{b}{2\pi}\frac{\mathrm{d}\varphi}{\mathrm{d}t}=-\frac{b}{2\pi}\omega=-\frac{bv}{2\pi r} \tag{2}$$

将式(2)代入式(1)，得纸筒的角加速度

$$\alpha=\frac{bv^2}{2\pi r^3}$$

解法 2　设任一瞬时纸筒的横截面面积 $A=\pi r^2$，该面积在单位时间内的变化率应与拉出的纸张侧面积相等，所以有

$$\frac{\mathrm{d}A}{\mathrm{d}t}=\frac{\mathrm{d}(\pi r^2)}{\mathrm{d}t}=-bv$$

即

$$2\pi r\frac{\mathrm{d}r}{\mathrm{d}t}=-bv$$

经过整理即得式(2)，再代入式(1)即得角加速度 α。

解法 3　因为在 Δt 时间间隔内，输出纸张的长度为 $\Delta s=v\cdot\Delta t$，所以纸筒在 Δt 时间内输出的层数为

$$\Delta n=\frac{\Delta s}{2\pi r}=\frac{v\cdot\Delta t}{2\pi r}$$

纸筒半径的改变量为

$$\Delta r=-\Delta n\cdot b=-\frac{v\cdot\Delta t}{2\pi r}b$$

故

$$\frac{\mathrm{d}r}{\mathrm{d}t}=-\frac{vb}{2\pi r}$$

上式即是解法 1 中的式(2)。

3. 角速度与角加速度的矢量表示法

在前面的讨论中，我们把角速度与角加速度看作是代数量，但在研究比较复杂的问题时，将角速度与角加速度用矢量表示往往比较方便。

1) 角速度与角加速度的矢量表示

(1) 角速度的矢量表示　在一般情况下，描述刚体转动时，必须说明转轴的位置以及刚体绕此轴转动的快慢与转向，这些要素正好可以用一个矢量$\boldsymbol{\omega}$来表示。

角速度矢$\boldsymbol{\omega}$是从转轴z上任一点沿转轴作的矢量，它的模等于角速度的绝对值，即

$$|\boldsymbol{\omega}| = \left|\frac{\mathrm{d}\varphi}{\mathrm{d}t}\right|$$

$\boldsymbol{\omega}$的方位与转轴z的方位相同，$\boldsymbol{\omega}$的指向按右手法则决定：右手除大拇指外其他四指顺着角速度的转向，大拇指的指向就是角速度矢$\boldsymbol{\omega}$的指向，如图 4-21 所示。当角速度的代数值为正时，$\boldsymbol{\omega}$的指向与z轴正向一致；反之则相反。若以$\boldsymbol{k}$表示沿转轴z正向的单位矢量，则

$$\boldsymbol{\omega} = \omega\boldsymbol{k} \tag{4-37}$$

至于$\boldsymbol{\omega}$的起点，可以在转轴上任意选取，也就是说，$\boldsymbol{\omega}$是一个滑动矢量。

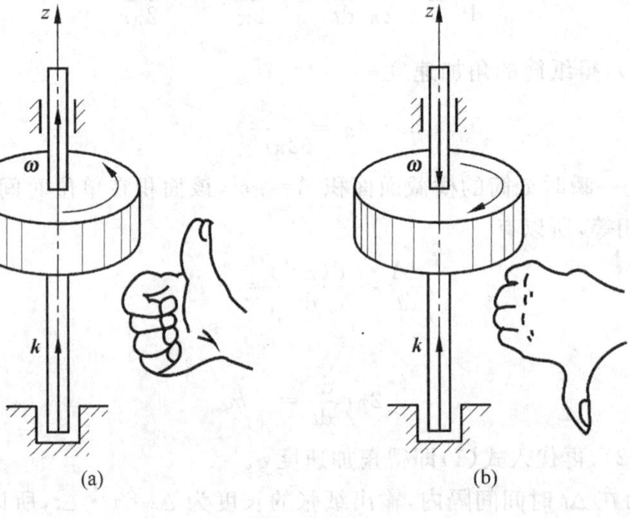

图　4-21

(2) 角加速度的矢量表示　根据定义，由式(4-37)可得角加速度矢$\boldsymbol{\alpha}$为

$$\boldsymbol{\alpha} = \frac{\mathrm{d}\boldsymbol{\omega}}{\mathrm{d}t} = \frac{\mathrm{d}}{\mathrm{d}t}(\omega\boldsymbol{k}) = \frac{\mathrm{d}\omega}{\mathrm{d}t}\boldsymbol{k} + \omega\frac{\mathrm{d}\boldsymbol{k}}{\mathrm{d}t}$$

注意到转轴z是固定不动的，于是$\boldsymbol{k}$为常矢量，则$\frac{\mathrm{d}\boldsymbol{k}}{\mathrm{d}t}=\boldsymbol{0}$，又$\frac{\mathrm{d}\omega}{\mathrm{d}t}=\alpha$，所以

$$\boldsymbol{\alpha} = \alpha\boldsymbol{k} \tag{4-38}$$

因此，刚体绕定轴转动时，角加速度矢$\boldsymbol{\alpha}$也是沿着转轴的。当角加速度的代数值为正时，$\boldsymbol{\alpha}$的指向与转轴z的正方向一致，反之则相反。若α与ω同号，则$\boldsymbol{\alpha}$与$\boldsymbol{\omega}$同向，此时刚体作加速转动，反之，刚体作减速转动。

2) 以矢积表示转动刚体内任一点的速度和加速度

(1) 以矢积表示转动刚体内任一点的速度　如图 4-22 所示，设已知刚体的角速度矢为

ω，由于它是滑动矢量，其起始点 O 可以在转轴上任意选取。过点 O 作刚体内任一点 M 的矢径 $\boldsymbol{r}$，点 M 的转动半径为 R，θ 为 $\boldsymbol{r}$ 与 ω 正向的夹角。于是，点 M 的速度 $\boldsymbol{v}$ 的大小为

$$v = R\,|\,\omega\,|$$

$\boldsymbol{v}$ 的方向垂直于 ω 与 $\boldsymbol{r}$ 所组成的平面，指向转动前进的一方。又根据矢积定义可得矢积 $\omega\times\boldsymbol{r}$ 的大小为

$$|\,\omega\times\boldsymbol{r}\,| = |\,\omega\,|\,|\,\boldsymbol{r}\,|\sin\theta = R\,|\,\omega\,|$$

它正好与点 M 的速度大小相等，而 $\omega\times\boldsymbol{r}$ 的方向也与点 M 的速度方向相同。因此，可以将速度以矢积的形式表示为

$$\boldsymbol{v} = \omega\times\boldsymbol{r} \tag{4-39}$$

即绕定轴转动刚体内任一点的速度等于刚体的角速度矢与该点相对于转轴上任一点的矢径的矢积。

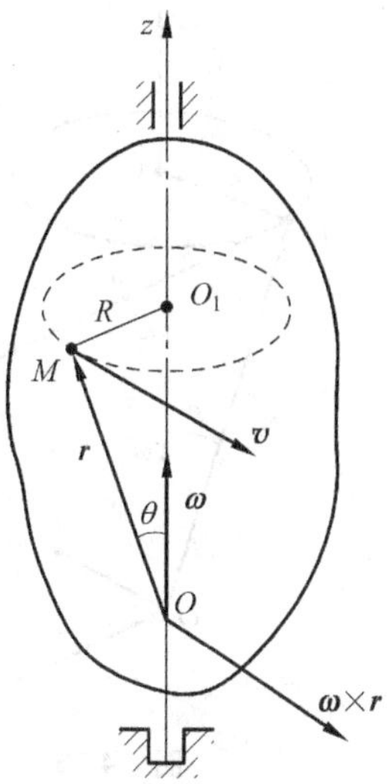

图　4-22

(2) 以矢积表示转动刚体内任一点的加速度　将式(4-39)对时间求导，由加速度定义得

$$\boldsymbol{a} = \frac{\mathrm{d}\boldsymbol{v}}{\mathrm{d}t} = \frac{\mathrm{d}}{\mathrm{d}t}(\omega\times\boldsymbol{r}) = \frac{\mathrm{d}\,\omega}{\mathrm{d}t}\times\boldsymbol{r}+\omega\times\frac{\mathrm{d}\boldsymbol{r}}{\mathrm{d}t}$$

注意到 $\frac{\mathrm{d}\,\omega}{\mathrm{d}t}=\alpha$，$\frac{\mathrm{d}\boldsymbol{r}}{\mathrm{d}t}=\boldsymbol{v}$，则

$$\boldsymbol{a} = \alpha\times\boldsymbol{r}+\omega\times\boldsymbol{v} \tag{4-40}$$

下面分别考察式(4-40)中右边两项的意义。

第一项 $\alpha\times\boldsymbol{r}$ 的模为

$$|\,\alpha\times\boldsymbol{r}\,| = |\,\alpha\,|\,|\,\boldsymbol{r}\,|\sin\theta = R\,|\,\alpha\,| = a_\tau$$

可见 $\alpha\times\boldsymbol{r}$ 的大小与点 M 的切向加速度的大小相等。根据右手法则，$\alpha\times\boldsymbol{r}$ 的方向也与 $\boldsymbol{a}_\tau$ 的方向相同，如图 4-23 所示。所以，切向加速度可表示为

$$\boldsymbol{a}_\tau = \alpha\times\boldsymbol{r} \tag{4-41}$$

即定轴转动刚体内任一点的切向加速度等于刚体的角加速度矢与该点相对于转轴上任意点的矢径的矢积。

第二项 $\omega\times\boldsymbol{v}$ 的模为

$$|\,\omega\times\boldsymbol{v}\,| = |\,\omega\,|\,|\,\boldsymbol{v}\,|\sin 90^\circ = |\,\omega\,|\,R\,|\,\omega\,| = R\omega^2 = a_\mathrm{n}$$

可见 $\omega\times\boldsymbol{v}$ 的大小与点 M 的法向加速度的大小相等。根据右手法则，$\omega\times\boldsymbol{v}$ 的方向也与 $\boldsymbol{a}_\mathrm{n}$ 的方向相同，如图 4-23 所示。所以，法向加速度可表示为

$$\boldsymbol{a}_\mathrm{n} = \omega\times\boldsymbol{v} \tag{4-42}$$

即定轴转动刚体内任一点的法向加速度等于刚体的角速度矢与该点速度矢量的矢积。

3) 泊桑公式

现利用式(4-39)推导出泊桑公式，这个公式下一章将要用到。

设在刚体上固结一坐标系 $Ax'y'z'$，它随刚体一起以角速度 ω 绕固定轴 z 转动，如图 4-24所示。所谓泊桑公式，就是动坐标轴 Ax'，Ay'，Az' 的单位矢量 $\boldsymbol{i}'$，$\boldsymbol{j}'$，$\boldsymbol{k}'$ 对于时间 t 的

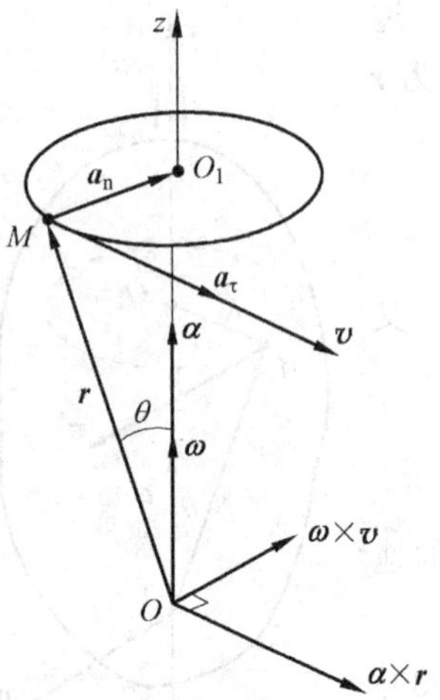

图 4-23

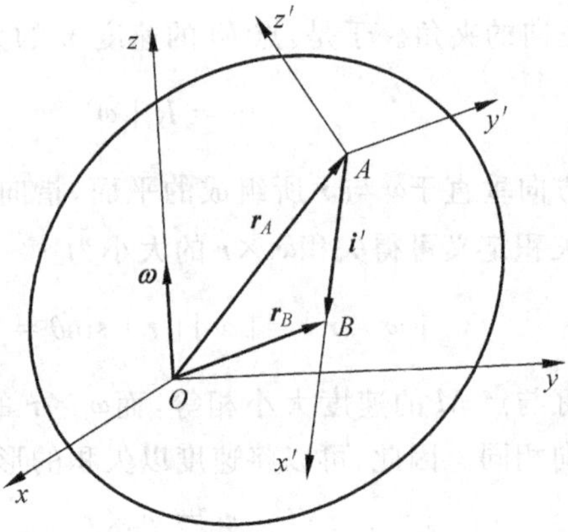

图 4-24

导数与转动角速度矢ω之间的关系式，它们可以写成如下形式，即

$$\left.\begin{aligned}\frac{\mathrm{d}\boldsymbol{i}'}{\mathrm{d}t} &= \boldsymbol{\omega}\times\boldsymbol{i}' \\ \frac{\mathrm{d}\boldsymbol{j}'}{\mathrm{d}t} &= \boldsymbol{\omega}\times\boldsymbol{j}' \\ \frac{\mathrm{d}\boldsymbol{k}'}{\mathrm{d}t} &= \boldsymbol{\omega}\times\boldsymbol{k}'\end{aligned}\right\} \tag{4-43}$$

现证明如下：

设x'方向的单位矢量$\boldsymbol{i}'$的端点分别为A和B，以$\boldsymbol{r}_A$与$\boldsymbol{r}_B$分别表示A与B相对于点O的矢径，如图4-24所示，则

$$\boldsymbol{i}' = \boldsymbol{r}_B - \boldsymbol{r}_A$$

将上式对时间求导得

$$\frac{\mathrm{d}\boldsymbol{i}'}{\mathrm{d}t} = \frac{\mathrm{d}\boldsymbol{r}_B}{\mathrm{d}t} - \frac{\mathrm{d}\boldsymbol{r}_A}{\mathrm{d}t} = \boldsymbol{v}_B - \boldsymbol{v}_A$$

由式(4-39)可得

$$\boldsymbol{v}_B = \boldsymbol{\omega}\times\boldsymbol{r}_B,\quad \boldsymbol{v}_A = \boldsymbol{\omega}\times\boldsymbol{r}_A$$

于是

$$\frac{\mathrm{d}\boldsymbol{i}'}{\mathrm{d}t} = \boldsymbol{\omega}\times\boldsymbol{r}_B - \boldsymbol{\omega}\times\boldsymbol{r}_A = \boldsymbol{\omega}\times(\boldsymbol{r}_B - \boldsymbol{r}_A) = \boldsymbol{\omega}\times\boldsymbol{i}'$$

同理

$$\frac{\mathrm{d}\boldsymbol{j}'}{\mathrm{d}t} = \boldsymbol{\omega}\times\boldsymbol{j}',\quad \frac{\mathrm{d}\boldsymbol{k}'}{\mathrm{d}t} = \boldsymbol{\omega}\times\boldsymbol{k}'$$

虽然式(4-43)是在动系作定轴转动的情况下导出的，但可以证明，动系作任何形式的运动，该式仍然是正确的。

习题

4-1　如题 4-1 图所示，水平杆 OA 两端固定在墙上，另一杆 BN 下端以铰链连接在 B 点，中间用一小环 M 将两杆套住。开始时 BN 位于铅直位置，OAB 在同一铅直平面内。已知 $\overline{OB}=a$，$\varphi=\omega t$（ω 为常数），杆绕 B 点作顺时针转动。求：(1)小环 M 沿 OA 杆的运动方程及速度；(2)小环 M 沿 BN 杆的运动方程及速度。

4-2　点沿曲线 $\widehat{AB}$ 运动，曲线由 $\widehat{AO}$ 和 $\widehat{OB}$ 两圆弧相连而成。$\widehat{AO}$ 段半径 $R_1=18\text{m}$，$\widehat{OB}$ 段半径 $R_2=24\text{m}$。取两圆弧交接处 O 为原点，规定正负方向如题 4-2 图所示。已知点 M 的运动方程为 $s=3+4t-t^2$，t 以 s 计，s 以 m 计，求：(1)点 M 由 $t=0$ 到 $t=5\text{s}$ 所经历的路程；(2)$t=5\text{s}$ 时点 M 的加速度。

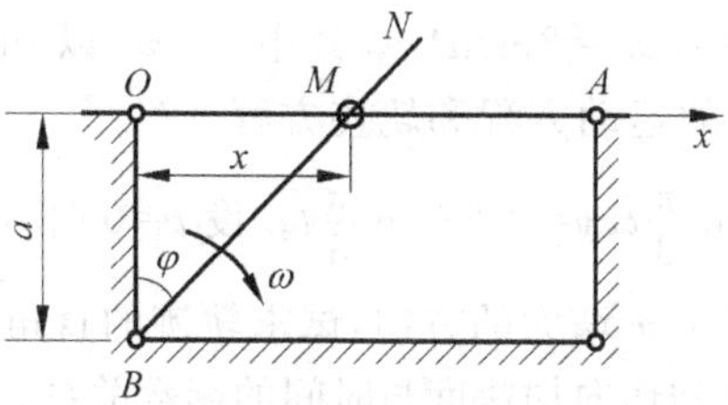

题 4-1 图

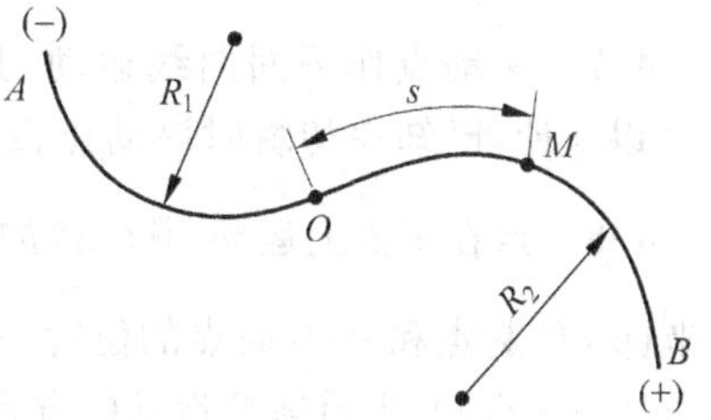

题 4-2 图

4-3　题 4-3 图所示曲线规尺的各杆，长为 $\overline{OA}=\overline{AB}=20\text{cm}$，$\overline{CD}=\overline{DE}=\overline{AC}=\overline{AE}=5\text{cm}$。如 OA 杆以匀速绕 O 转动，且 $\varphi=\frac{\pi}{5}t$，求尺上 D 点的运动方程和轨迹方程。

4-4　如题 4-4 图所示，AB 杆长 l，且绕 B 匀速转动，已知 $\varphi=\omega t$（ω 为常数），滑块 B 的运动规律为 $s=a+b\sin\omega t$（a 与 b 均为常数）。求 A 的轨迹方程。

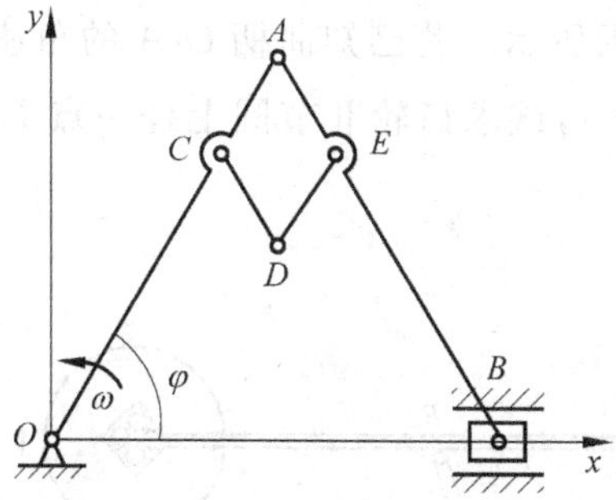

题 4-3 图

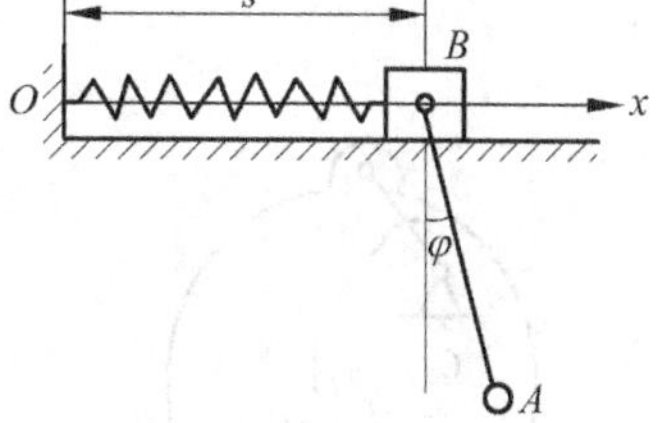

题 4-4 图

4-5　如题 4-5 图所示，在曲柄摇杆机构中，曲柄 $\overline{O_1A}=10\text{cm}$，摇杆 $\overline{O_2B}=24\text{cm}$，距离 $\overline{O_1O_2}=10\text{cm}$。如曲柄以 $\varphi=\frac{\pi}{4}t$ rad 绕 O_1 轴转动，运动开始时曲柄铅直向上。求点 B 的运动方程、速度和加速度。

4-6　炮弹从离地面高度 h 处的 A 点以初速度 $\boldsymbol{v}_0$ 在如题 4-6 图所示平面内射出，$\boldsymbol{v}_0$ 与水平线的夹角为 α。在运动过程中，炮弹的加速度 $\boldsymbol{a}=\boldsymbol{g}$（$\boldsymbol{g}$ 为重力加速度）。试求炮弹的运

动方程和轨迹方程。

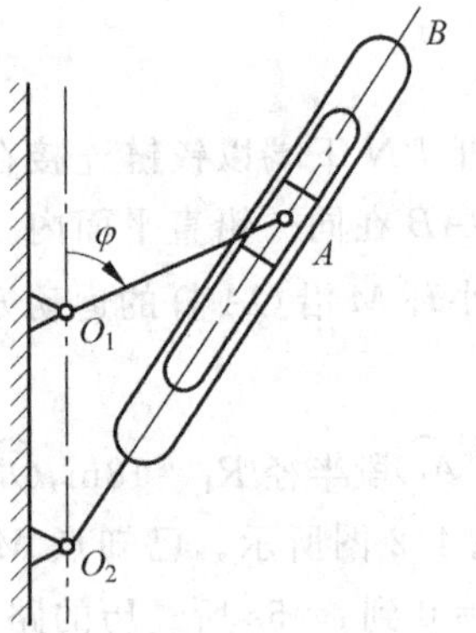

题 4-5 图

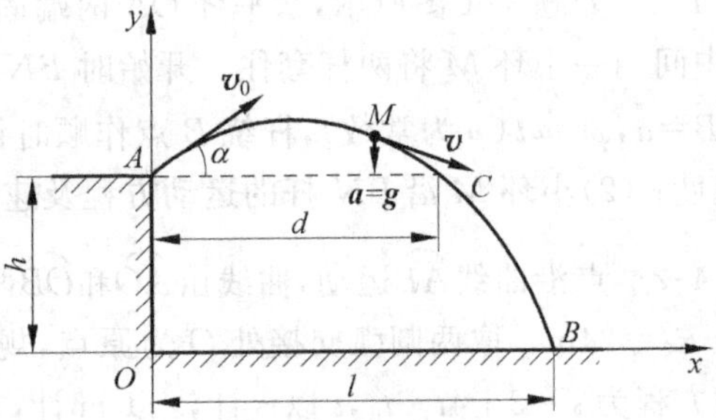

题 4-6 图

4-7 一动点作平面曲线运动,其速度方程为 $v_x=3, v_y=2\pi\sin 4\pi t$,其中 v_x, v_y 以 m/s 计,t 以 s 计,已知在初瞬时该动点在坐标原点。求该点的运动方程和轨迹方程。

4-8 点在平面上运动,其轨迹的参数方程为 $x=2\sin\dfrac{\pi}{3}t, y=4+4\sin\dfrac{\pi}{3}t$。设 $t=0$ 时,$s=0$,坐标 s 的起点和 $t=0$ 时点的位置一致,s 的正方向相当于 x 增大的方向,试求轨迹的直角坐标方程 $y=f(x)$、点沿轨迹运动的方程 $s=g(t)$、点的速度和切向加速度与时间的函数关系。

4-9 已知点沿空间曲线运动,其运动方程为 $x=7t, y=3+t^2, z=\dfrac{t^3}{3}$,其中 x,y,z 以 m 计,t 以 s 计。试求 $t=3$s 时运动点的速度、切向和法向加速度的大小及该点轨迹的曲率半径。

4-10 揉茶机的揉桶由三个曲柄支持,曲柄的支座 A,B,C 与支轴 a,b,c 都恰成等边三角形,如题 4-10 图所示。三个曲柄长度相等,均长 $l=15$cm,并以相同的转速 $n=45$r/min 分别绕其支座转动。求揉桶中心 O 的速度和加速度。

4-11 曲柄 O_1A 和 O_2B 的长度均为 $2r$,分别绕水平固定轴 O_1 和 O_2 转动,固连于连杆 AB 上的齿轮Ⅰ带动齿轮Ⅱ绕 O 轴转动,如题 4-11 图所示。若已知曲柄 O_1A 的角速度为 ω、角加速度为 α,$\overline{O_1O_2}=\overline{AB}$,齿轮Ⅰ和Ⅱ的半径均为 r,试求齿轮Ⅱ节圆上任一点 D 的加速度。

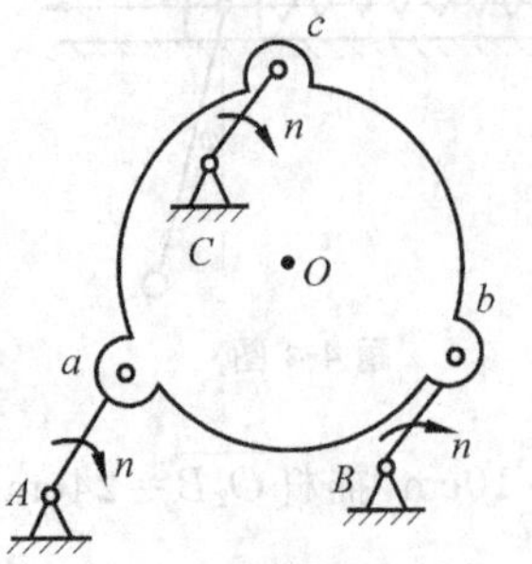

题 4-10 图

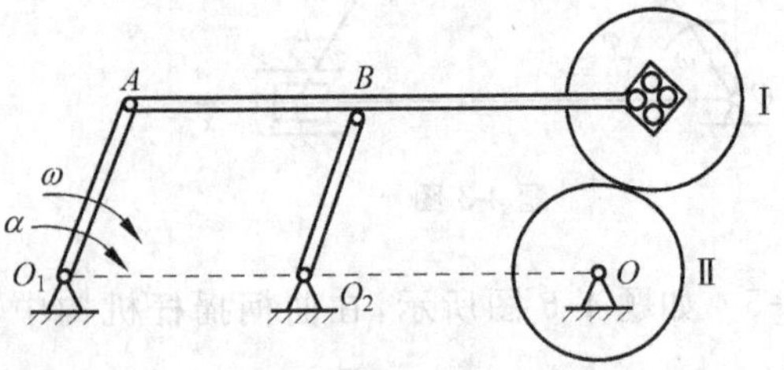

题 4-11 图

4-12 题 4-12 图所示曲柄 CB 以等角速度 ω_0 绕 C 轴转动,其转动方程为 $\varphi=\omega_0 t$,通过套筒 B 带动摇杆 OA 绕 O 轴转动。设 $\overline{OC}=h, \overline{CB}=r$,求摇杆的转动方程。

4-13　机构如题 4-13 图所示，试求当 $\varphi=\frac{\pi}{4}$ 时摇杆 OC 的角速度和角加速度。假定杆 AB 以匀速 v 运动，开始时 $\varphi=0$。

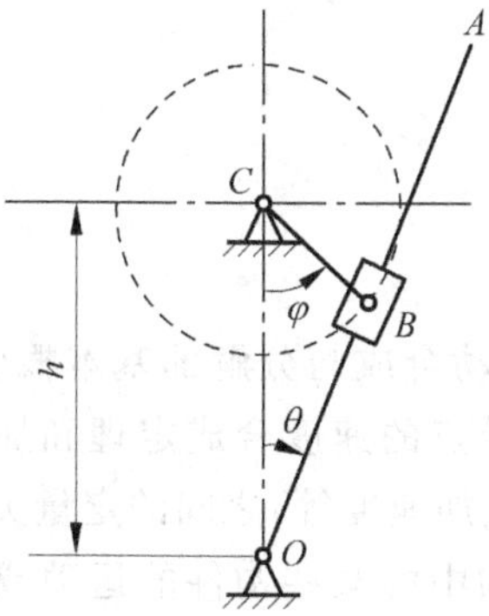

题 4-12 图

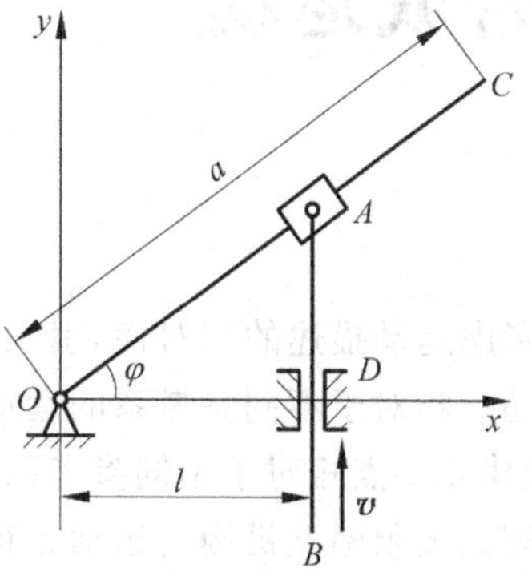

题 4-13 图

4-14　升降机装置由半径为 $R=0.5\text{m}$ 的鼓轮带动，如题 4-14 图所示，被升降物体的运动方程为 $x=5t^2$（t 以 s 计，x 以 m 计）。求鼓轮的角速度和角加速度，并求在任意瞬时，鼓轮轮缘上一点的全加速度的大小。

4-15　题 4-15 图所示曲柄滑杆机构中，滑杆上有一圆形滑道，其半径 $R=10\text{cm}$，圆心 O_1 在导杆 BC 上。曲柄长 $\overline{OA}=10\text{cm}$，以等角速度 $\omega=4\text{rad/s}$ 绕 O 轴转动。求导杆 BC 的运动规律以及当曲柄与水平面间的交角 $\varphi=30°$ 时导杆 BC 的速度和加速度。

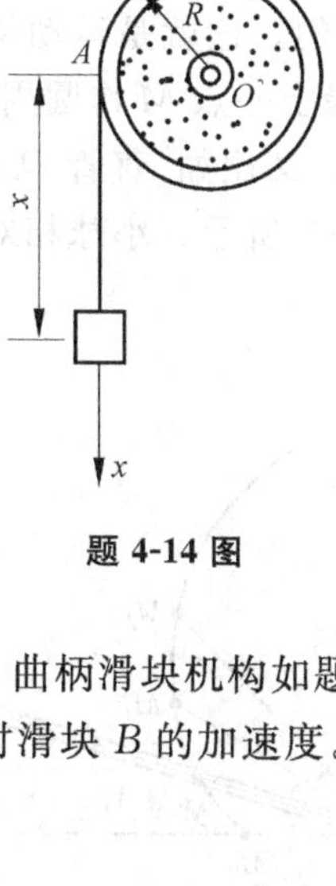

题 4-14 图

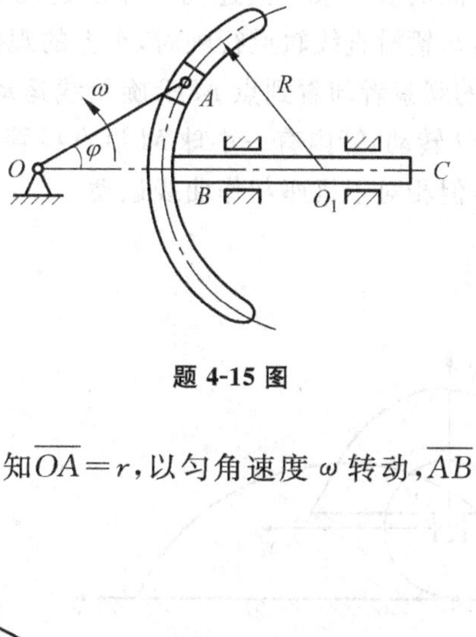

题 4-15 图

4-16　曲柄滑块机构如题 4-16 图所示，已知 $\overline{OA}=r$，以匀角速度 ω 转动，$\overline{AB}=\sqrt{3}r$，试求 $\varphi=60°$ 时滑块 B 的加速度。

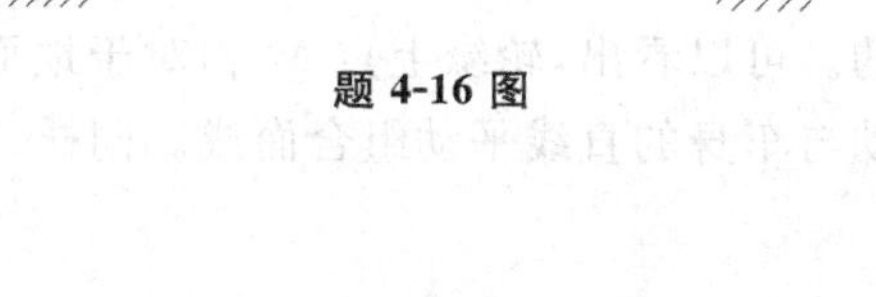

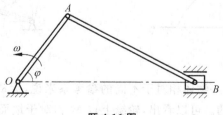

题 4-16 图

第5章

点的合成运动

本章考虑运动描述的相对性，引入动参考系，提出运动合成与分解的基本概念及方法，研究同一动点相对于不同参考系的运动之间的关系，推导点的速度合成定理和加速度合成定理，以此建立动点相对于不同参考系的各运动量(速度、加速度等)之间的定量关系。点的合成运动理论无须建立机构的运动方程，可直接求解机构中的某些构件的运动或某些点的速度、加速度，从而简化运动学问题的求解。因而合成运动的概念和方法在工程实际中有着广泛和直接的应用。

5.1 点的合成运动的基本概念

1. 点的合成运动

在上一章研究点的运动时，都是相对一个参考系，但在工程实际中，有时需要同时在两个不同的参考系中来描述同一点的运动，其中一个参考系相对于另一参考系也在运动。显然，采用不同的参考系来描述同一点的运动，其结果是不相同的。这就是运动描述的相对性。例如，车辆沿直线轨道行驶时，车上的观察者看到车轮轮缘上一点 M 作圆周曲线运动，但地面上的观察者却看到点 M 沿旋轮线运动，如图 5-1 所示。又比如，直管 OA 绕固定于机座的轴 O 转动，管内有一小球 M 沿直线管向外运动，如图 5-2 所示。小球相对于直管作直线运动，但相对于机座却作曲线运动。

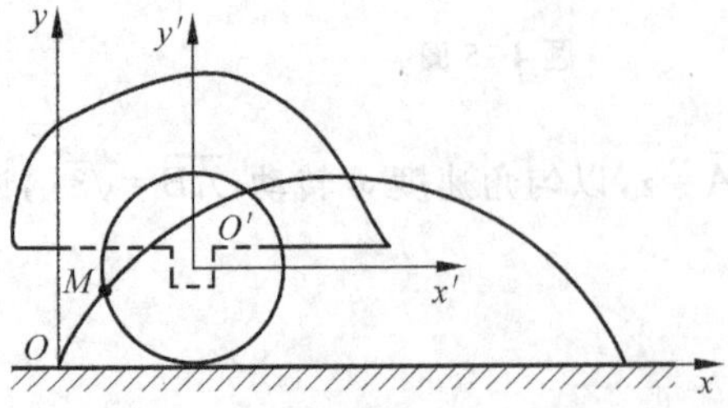

图 5-1

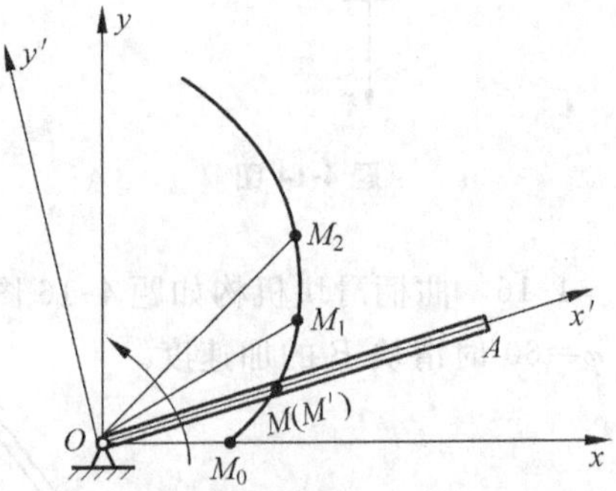

图 5-2

上面两个例子表明，同一物体相对于不同的参考系来说，运动是不相同的。但是，这些不同的运动之间是有联系的。可以看出，轮缘上点 M 相对于地面的旋轮线运动，是由点 M 相对于车身的圆周曲线运动与车身的直线平动组合而成。同样，管内小球 M 相对于机座的曲线运动，是由小球 M 相对于直管的直线运动与直管的绕定轴转动组合而成。这种运动的组合常称为合成运动。

在工程中，常常利用合成运动的概念，将一种复杂的运动看成是两种简单运动的组合，先研究这些简单运动，然后把它们合成，使复杂问题的研究得到简化。

2. 绝对运动、相对运动和牵连运动

在工程中，通常把固结在地面上的或固结在相对地面保持静止的物体上的坐标系($Oxyz$)称为静参考系，简称静系；把固结在相对于地球有运动的物体上的坐标系($O'x'y'z'$)称为动参考系，简称动系。据此，可以给出以下几个定义：

动点相对于静参考系的运动称为绝对运动；动点相对于动参考系的运动称为相对运动；动参考系相对于静参考系的运动称为牵连运动。

从上述定义可知，点的绝对运动和相对运动是指动点本身的运动(同一点相对于两个不同参考系的运动)，其运动可能是直线运动或曲线运动；而牵连运动是指动参考系的运动，也就是指与动参考系相固结的刚体的运动，其运动可能是平动、转动或其他比较复杂的刚体运动。

以图 5-1 为例，为了描述轮缘上一点 M 的运动，取静系 Oxy 固结于地面，动系 $O'x'y'$ 固结于车厢。这样，上述三种运动就随之确定：点 M 的绝对运动是旋轮线运动，相对运动是圆周曲线运动，牵连运动是车厢的直线平动。同理，对于图 5-2 中的问题，可取静系 Oxy 固结于机座，动系 $Ox'y'$ 固结于直管，于是小球 M 的绝对运动是曲线运动，相对运动是沿管子的直线运动，牵连运动是直管绕 O 轴的转动。

从上面两个例子可以看出，对于作合成运动的点，分析上述三种运动的步骤是：

(1) 把静参考系固结在地面或某一相对于地面静止的参考体上；

(2) 将动参考系固结在一个相对于地面或静参考系有运动的恰当的物体上；

(3) 根据定义区分动点的三种运动。

总之，在分析动点的三种运动时，必须明确：①站在什么地方看物体的运动，即以谁为参考系；②看什么物体的运动，即以谁为动点(观察对象)。

3. 绝对运动量、相对运动量和牵连运动量

动点相对于静参考系的位置矢径、速度和加速度称为动点的绝对位置矢径、绝对速度和绝对加速度，分别用 $\boldsymbol{r}_a$，$\boldsymbol{v}_a$ 和 $\boldsymbol{a}_a$ 表示。

动点相对于动参考系的位置矢径、速度和加速度称为动点的相对位置矢径、相对速度和相对加速度，分别用 $\boldsymbol{r}_r$，$\boldsymbol{v}_r$ 和 $\boldsymbol{a}_r$ 表示。

为了定义牵连运动量，首先给出牵连点的概念。某瞬时，动系上与动点 M 相重合的那个点叫动点 M 在该瞬时的牵连点。由此可知，牵连点并不是动点本身，而是动系中的一个点。下面给出牵连运动量的定义。

牵连点(或某瞬时动系上与动点重合的点)相对于静参考系的位置矢径、速度和加速度称为动点的牵连位置矢径、牵连速度和牵连加速度，分别用 $\boldsymbol{r}_e$，$\boldsymbol{v}_e$ 和 $\boldsymbol{a}_e$ 表示。

关于牵连运动量需要指出以下几点：

(1) 由于牵连运动是与动系相固结的刚体的运动，所以只要确定了动点某瞬时的牵连

点,其牵连速度和牵连加速度就可以根据动系的刚体运动形式,利用求运动刚体上任一点的速度和加速度公式来进行计算;

(2) 牵连点不一定在固结动系的刚体上,所以牵连点一定要理解为是某瞬时动系空间中与动点重合的那个点,也可以理解为是与动系固结的刚体或其扩展体上与动点重合的那个点;

(3) 由于动点在动系上运动,即相对运动的存在,动点不同瞬时的牵连点也是不同的。因此,在一般情况下,动点在不同瞬时的牵连速度与牵连加速度是不相同的。但当动系作平动时,由于每一瞬时动系上各点都具有相同的速度和加速度,所以动点在某瞬时的牵连速度和牵连加速度就是该瞬时动系上任一点的速度和加速度。

例如,在图 5-1 中,如果车厢的速度为 $\boldsymbol{v}$,加速度为 $\boldsymbol{a}$,则点 M 的牵连速度与牵连加速度就是

$$\boldsymbol{v}_e = \boldsymbol{v}, \quad \boldsymbol{a}_e = \boldsymbol{a}$$

而在图 5-2 中,如果直管转动的角速度为 ω,角加速度为 α,则某瞬时小球 M 的牵连速度和牵连加速度就是直管上该瞬时与小球重合点 M' 的速度和加速度。点 M' 的转动半径 $OM'=OM$,因此,牵连速度的大小为

$$v_e = \overline{OM} \cdot \omega$$

方向垂直于 OM,指向根据右手法则,由直管转动的角速度 ω 的转向决定。切向和法向的牵连加速度的大小为

$$a_e^{\tau} = \overline{OM} \cdot \alpha, \quad a_e^{n} = \overline{OM} \cdot \omega^2$$

$\boldsymbol{a}_e^{\tau}$ 与 OM 垂直,指向根据右手法则,由直管转动的角加速度 α 的转向决定。$\boldsymbol{a}_e^{n}$ 沿 OM,指向转动中心 O。

5.2 点的合成运动定理

在点的合成运动中,对应动点的三种运动,相应有三种运动量。研究动点相对于不同参考系的运动之间的关系,不仅要作三种运动间的定性分析,还要建立三种运动量间的定量关系。

1. 速度合成定理

速度合成定理反映了动点的绝对速度、相对速度和牵连速度之间的关系。下面推导这个关系式。

如图 5-3 所示,设动点 M 在动系中沿曲线 $\widehat{AB}$ 作相对运动(图中未画出动系),曲线 $\widehat{AB}$ 又随动系在静系 $Oxyz$ 中运动。设在瞬时 t,动点 M 在曲线 AB 的图示位置。经过时间间隔 Δt 后,曲线 $\widehat{AB}$ 随动系运动到 A_1B_1,$\widehat{AB}$ 上在瞬时 t 与动点 M 相重合的点(牵连点)沿弧 $\widehat{MM_1}$ 运动到 M_1,而动点 M 则沿 $\widehat{MM'}$ 运动到了 M'。由定义可知,矢量 $\overrightarrow{MM'}$ 是点 M 的绝对位移,$\overrightarrow{M_1M'}$ 是相对位移,而 $\overrightarrow{MM_1}$ 是牵连位移,它们有如下关系:

$$\overrightarrow{MM'} = \overrightarrow{MM_1} + \overrightarrow{M_1M'} \tag{5-1}$$

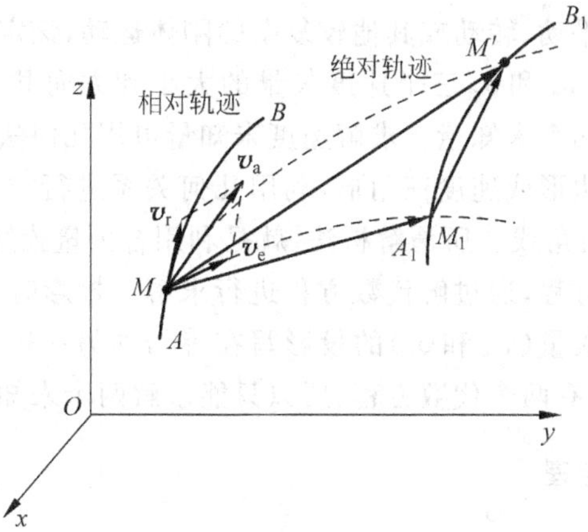

图　5-3

即动点的绝对位移等于牵连位移与相对位移的矢量和。将上式两边同除以时间间隔 Δt,并取 $\Delta t\to 0$ 的极限得

$$\lim_{\Delta t\to 0}\frac{\overrightarrow{MM'}}{\Delta t}=\lim_{\Delta t\to 0}\frac{\overrightarrow{MM_1}}{\Delta t}+\lim_{\Delta t\to 0}\frac{\overrightarrow{M_1M'}}{\Delta t}\tag{5-2}$$

根据速度的定义,式(5-2)等号左侧一项就是动点 M 在瞬时 t 的绝对速度,即

$$\boldsymbol{v}_a=\lim_{\Delta t\to 0}\frac{\overrightarrow{MM'}}{\Delta t}$$

方向沿绝对轨迹 $\widehat{MM'}$ 在点 M 的切线方向。

式(5-2)右端第一项表示曲线 AB 上在瞬时 t 与动点 M 相重合的那一点(即动点 M 在瞬时 t 的牵连点)的速度,即动点 M 在瞬时 t 的牵连速度,则

$$\boldsymbol{v}_e=\lim_{\Delta t\to 0}\frac{\overrightarrow{MM_1}}{\Delta t}$$

方向沿曲线 $\widehat{MM_1}$ 在点 M 的切线方向。

式(5-2)右端第二项表示动点 M 在瞬时 t 相对于动系的速度,即动点 M 在瞬时 t 的相对速度,则

$$\boldsymbol{v}_r=\lim_{\Delta t\to 0}\frac{\overrightarrow{M_1M'}}{\Delta t}$$

方向应当沿 $\overrightarrow{M_1M'}$ 在 M_1 处的切线方向。但当 $\Delta t\to 0$ 时,曲线 A_1B_1 趋近于曲线 AB,这样,动点在瞬时 t 的相对速度应当沿曲线 AB 在点 M 处的切线方向。

将以上分析结果代入式(5-2)得

$$\boldsymbol{v}_a=\boldsymbol{v}_e+\boldsymbol{v}_r\tag{5-3}$$

式(5-3)就是点的速度合成定理,也叫点的速度合成矢量方程。它表明在任一瞬时,动点的绝对速度等于牵连速度与相对速度的矢量和。也就是说,动点的绝对速度可由牵连速度与相对速度所构成的平行四边形的对角线来确定。

应当指出,推导速度合成定理时,对动参考系(或牵连运动)的形式未加任何限制,因此

无论动系作何种运动,如平动、转动或其他较复杂的刚体运动,该定理都成立。

式(5-3)中包含了$\boldsymbol{v}_a$,$\boldsymbol{v}_e$和$\boldsymbol{v}_r$三个速度矢量的大小和方向共6个量,如果知道其中任意4个量,便可求出其余两个未知量。求解速度未知量可用几何法,也可用解析法。所谓几何法,就是作速度平行四边形或速度三角形,利用几何关系进行求解,但必须保证绝对速度$\boldsymbol{v}_a$是速度平行四边形的对角线。所谓解析法,就是利用合矢量投影定理,将式(5-3)投影在坐标轴上,得到两个投影方程,通过解代数方程进行求解。投影时,必须将合矢量($\boldsymbol{v}_a$)的投影写在等号的一边,各分矢量($\boldsymbol{v}_e$和$\boldsymbol{v}_r$)的投影写在等号的另一边,以投影轴的正向确定各矢量投影的正负。由于只有两个代数方程,所以只能求解两个未知量。

2. 点的加速度合成定理

虽然速度合成定理与牵连运动的形式无关,但加速度合成定理是与牵连运动的形式有关的。下面分别推导牵连运动为平动和定轴转动两种情况下的加速度合成定理。

1) 牵连运动为平动时点的加速度合成定理

设动系$O'x'y'z'$相对于静系$Oxyz$作平动,动点M相对于动系沿$\widehat{AB}$运动,如图5-4所示。点M的相对运动方程为

$$x' = f'_1(t), \quad y' = f'_2(t), \quad z' = f'_3(t)$$

根据点的运动学理论,动点M的相对速度和相对加速度分别为

$$\boldsymbol{v}_r = \frac{dx'}{dt}\boldsymbol{i}' + \frac{dy'}{dt}\boldsymbol{j}' + \frac{dz'}{dt}\boldsymbol{k}'$$

$$\boldsymbol{a}_r = \frac{d^2x'}{dt^2}\boldsymbol{i}' + \frac{d^2y'}{dt^2}\boldsymbol{j}' + \frac{d^2z'}{dt^2}\boldsymbol{k}'$$

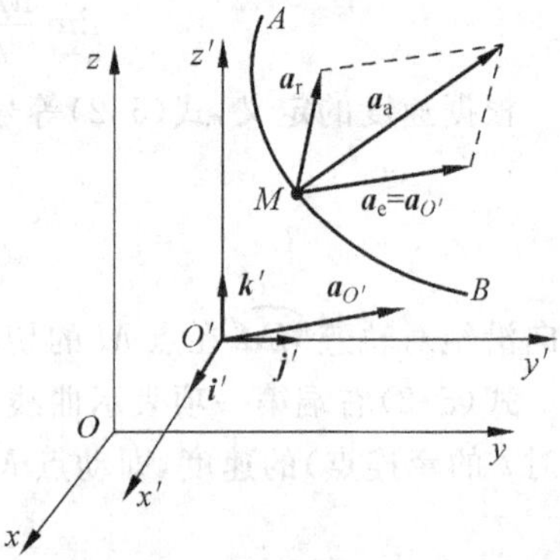

图 5-4

式中$\boldsymbol{i}'$,$\boldsymbol{j}'$,$\boldsymbol{k}'$分别为沿坐标轴x',y',z'的单位矢量。

由于在每一瞬时,平动刚体内(或平动的动空间中)各点的速度彼此相等,各点的加速度也彼此相等,因此,当牵连运动为平动时,动点在任一瞬时的牵连速度和牵连加速度都与该瞬时动系原点O'的速度和加速度相等,即

$$\boldsymbol{v}_e = \boldsymbol{v}_{O'}, \quad \boldsymbol{a}_e = \boldsymbol{a}_{O'}$$

于是,点的速度合成定理$\boldsymbol{v}_a = \boldsymbol{v}_e + \boldsymbol{v}_r$可以写成

$$\boldsymbol{v}_a = \boldsymbol{v}_{O'} + \frac{dx'}{dt}\boldsymbol{i}' + \frac{dy'}{dt}\boldsymbol{j}' + \frac{dz'}{dt}\boldsymbol{k}'$$

将上式对时间求导,并注意到,当牵连运动为平动时,单位矢量$\boldsymbol{i}'$,$\boldsymbol{j}'$,$\boldsymbol{k}'$都是常矢量,所以有$\frac{d\boldsymbol{i}'}{dt} = \frac{d\boldsymbol{j}'}{dt} = \frac{d\boldsymbol{k}'}{dt} = 0$,因此可得

$$\boldsymbol{a}_a = \frac{d\boldsymbol{v}_{O'}}{dt} + \frac{d^2x'}{dt^2}\boldsymbol{i}' + \frac{d^2y'}{dt^2}\boldsymbol{j}' + \frac{d^2z'}{dt^2}\boldsymbol{k}'$$

上式右端第一项$\frac{d\boldsymbol{v}_{O'}}{dt} = \boldsymbol{a}_{O'} = \boldsymbol{a}_e$,而后三项之和为$\boldsymbol{a}_r$。于是,上式成为

$$\boldsymbol{a}_a = \boldsymbol{a}_e + \boldsymbol{a}_r \tag{5-4}$$

式(5-4)就是牵连运动为平动时点的加速度合成定理(加速度合成矢量方程)。它表

明：当牵连运动为平动时，在任一瞬时，动点的绝对加速度等于它的牵连加速度与相对加速度的矢量和。也就是说，牵连运动为平动时，动点的绝对加速度可以由牵连加速度与相对加速度所构成的平行四边形的对角线来表示。

2）牵连运动为转动时点的加速度合成定理

首先举一个例子，设一圆盘以匀角速度 ω 绕固定轴 O 转动，同时圆盘上有一动点 M 在半径为 R 的圆槽内顺 ω 的转向以大小不变的速度 $\boldsymbol{v}_r$ 相对于圆盘运动，如图 5-5 所示。现要求点 M 的绝对加速度。

将动系固结在圆盘上，则动点的相对运动为匀速圆周运动。由于 $\boldsymbol{v}_r$ 的大小不变，所以在瞬时 t，相对加速度 $\boldsymbol{a}_r$ 只有法向分量 $\boldsymbol{a}_r^n$，其大小为 $a_r = a_r^n = \dfrac{v_r^2}{R}$，方向指向圆盘中心 O；动点 M 的牵连速度和牵连加速度等于圆盘上与动点相重合的点的速度和加速度，牵连速度的大小为 $v_e = R\omega$，方向与 $\boldsymbol{v}_r$ 相同；由于 ω 不变，所以牵连加速度 $\boldsymbol{a}_e$ 也只有法向分量 $\boldsymbol{a}_e^n$，其大小为 $a_e = a_e^n = R\omega^2$，方向指向圆盘中心 O。

根据速度合成定理，并注意到 $\boldsymbol{v}_e$ 与 $\boldsymbol{v}_r$ 方向相同，所以动点 M 的绝对速度 $\boldsymbol{v}_a$ 的大小为

$$v_a = v_e + v_r = R\omega + v_r = \text{常数}$$

即动点的绝对运动也是匀速圆周运动，所以绝对加速度 $\boldsymbol{a}_a$ 也只有法向分量 $\boldsymbol{a}_a^n$，其大小为

$$a_a = a_a^n = \frac{v_a^2}{R} = \frac{(R\omega + v_r)^2}{R} = R\omega^2 + \frac{v_r^2}{R} + 2\omega v_r = a_e + a_r + 2\omega v_r$$

其方向指向圆心 O。

从上式可以看出，动点的绝对加速度不只是牵连加速度 $a_e = R\omega^2$ 与相对加速度 $a_r = \dfrac{v_r^2}{R}$ 之和，还多了一项 $2\omega v_r$。这一项的出现，是由于牵连运动为转动时，牵连运动会影响相对速度的改变，而相对运动也会影响牵连速度的改变。由此说明，在这种情况下，式(5-4)已不适用，有必要重新推导牵连运动为转动时点的加速度合成定理。

设 $Oxyz$ 为静系，$O'x'y'z'$ 为动系，动系绕定轴 Oz 转动的角速度矢为 $\boldsymbol{\omega}_e$、角加速度矢为 $\boldsymbol{\alpha}_e$，如图 5-6 所示。动点 M 的相对速度与相对加速度分别为

$$\boldsymbol{v}_r = \frac{dx'}{dt}\boldsymbol{i}' + \frac{dy'}{dt}\boldsymbol{j}' + \frac{dz'}{dt}\boldsymbol{k}' \tag{5-5}$$

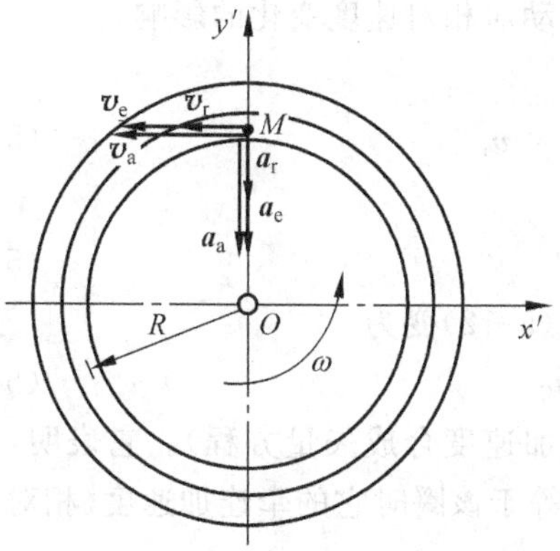

图　5-5

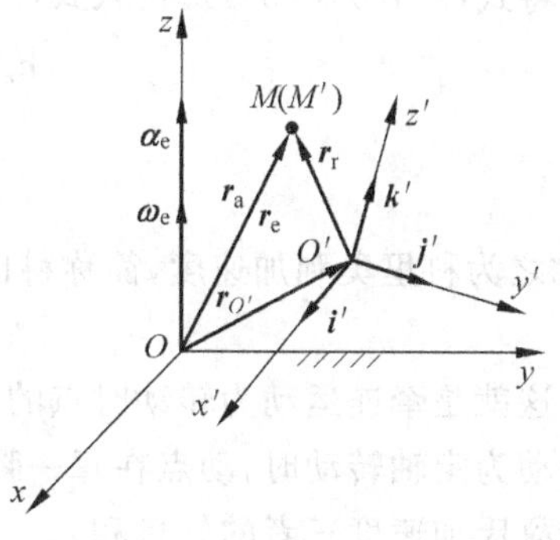

图　5-6

$$\boldsymbol{a}_{\mathrm{r}}=\frac{\mathrm{d}^2 x'}{\mathrm{d}t^2}\boldsymbol{i}'+\frac{\mathrm{d}^2 y'}{\mathrm{d}t^2}\boldsymbol{j}'+\frac{\mathrm{d}^2 z'}{\mathrm{d}t^2}\boldsymbol{k}' \tag{5-6}$$

点 M 的牵连速度和牵连加速度分别为动系上与动点 M 相重合的那一点的速度和加速度,由式(4-39)与(4-40)可得

$$\boldsymbol{v}_{\mathrm{e}}=\boldsymbol{\omega}_{\mathrm{e}}\times\boldsymbol{r}_{\mathrm{e}} \tag{5-7}$$

$$\boldsymbol{a}_{\mathrm{e}}=\boldsymbol{\alpha}_{\mathrm{e}}\times\boldsymbol{r}_{\mathrm{e}}+\boldsymbol{\omega}_{\mathrm{e}}\times\boldsymbol{v}_{\mathrm{e}} \tag{5-8}$$

根据加速度的定义及速度合成定理,动点 M 的绝对加速度可以写为

$$\boldsymbol{a}_{\mathrm{a}}=\frac{\mathrm{d}\boldsymbol{v}_{\mathrm{a}}}{\mathrm{d}t}=\frac{\mathrm{d}\boldsymbol{v}_{\mathrm{e}}}{\mathrm{d}t}+\frac{\mathrm{d}\boldsymbol{v}_{\mathrm{r}}}{\mathrm{d}t} \tag{5-9}$$

先分析式(5-9)右端第一项。将式(5-7)代入,并注意到图5-6中,$\boldsymbol{r}_{\mathrm{a}}=\boldsymbol{r}_{\mathrm{e}}$,得

$$\begin{aligned}\frac{\mathrm{d}\boldsymbol{v}_{\mathrm{e}}}{\mathrm{d}t}&=\frac{\mathrm{d}}{\mathrm{d}t}(\boldsymbol{\omega}_{\mathrm{e}}\times\boldsymbol{r}_{\mathrm{e}})=\frac{\mathrm{d}\boldsymbol{\omega}_{\mathrm{e}}}{\mathrm{d}t}\times\boldsymbol{r}_{\mathrm{e}}+\boldsymbol{\omega}_{\mathrm{e}}\times\frac{\mathrm{d}\boldsymbol{r}_{\mathrm{e}}}{\mathrm{d}t}=\frac{\mathrm{d}\boldsymbol{\omega}_{\mathrm{e}}}{\mathrm{d}t}\times\boldsymbol{r}_{\mathrm{e}}+\boldsymbol{\omega}_{\mathrm{e}}\times\frac{\mathrm{d}\boldsymbol{r}_{\mathrm{a}}}{\mathrm{d}t}\\&=\boldsymbol{\alpha}_{\mathrm{e}}\times\boldsymbol{r}_{\mathrm{e}}+\boldsymbol{\omega}_{\mathrm{e}}\times\boldsymbol{v}_{\mathrm{a}}=\boldsymbol{\alpha}_{\mathrm{e}}\times\boldsymbol{r}_{\mathrm{e}}+\boldsymbol{\omega}_{\mathrm{e}}\times(\boldsymbol{v}_{\mathrm{e}}+\boldsymbol{v}_{\mathrm{r}})=\boldsymbol{\alpha}_{\mathrm{e}}\times\boldsymbol{r}_{\mathrm{e}}+\boldsymbol{\omega}_{\mathrm{e}}\times\boldsymbol{v}_{\mathrm{e}}+\boldsymbol{\omega}_{\mathrm{e}}\times\boldsymbol{v}_{\mathrm{r}}\end{aligned}$$

将式(5-8)代入,得

$$\frac{\mathrm{d}\boldsymbol{v}_{\mathrm{e}}}{\mathrm{d}t}=\boldsymbol{a}_{\mathrm{e}}+\boldsymbol{\omega}_{\mathrm{e}}\times\boldsymbol{v}_{\mathrm{r}} \tag{5-10}$$

由此可知,当牵连运动为转动时,牵连速度 $\boldsymbol{v}_{\mathrm{e}}$ 对时间的一阶导数等于牵连加速度 $\boldsymbol{a}_{\mathrm{e}}$ 和一附加项 $\boldsymbol{\omega}_{\mathrm{e}}\times\boldsymbol{v}_{\mathrm{r}}$ 的矢量和,这个附加项就反映了相对运动对动点牵连速度变化的影响。

下面分析式(5-9)右端的第二项。将式(5-5)代入,由于牵连运动为绕定轴转动,所以 $\boldsymbol{i}',\boldsymbol{j}',\boldsymbol{k}'$ 为方向不断变化的变矢量,因此

$$\frac{\mathrm{d}\boldsymbol{v}_{\mathrm{r}}}{\mathrm{d}t}=\left(\frac{\mathrm{d}^2 x'}{\mathrm{d}t^2}\boldsymbol{i}'+\frac{\mathrm{d}^2 y'}{\mathrm{d}t^2}\boldsymbol{j}'+\frac{\mathrm{d}^2 z'}{\mathrm{d}t^2}\boldsymbol{k}'\right)+\left(\frac{\mathrm{d}x'}{\mathrm{d}t}\frac{\mathrm{d}\boldsymbol{i}'}{\mathrm{d}t}+\frac{\mathrm{d}y'}{\mathrm{d}t}\frac{\mathrm{d}\boldsymbol{j}'}{\mathrm{d}t}+\frac{\mathrm{d}z'}{\mathrm{d}t}\frac{\mathrm{d}\boldsymbol{k}'}{\mathrm{d}t}\right)$$

将式(5-6)代入,并运用泊桑公式(4-43),得

$$\frac{\mathrm{d}\boldsymbol{v}_{\mathrm{r}}}{\mathrm{d}t}=\boldsymbol{a}_{\mathrm{r}}+\left(\frac{\mathrm{d}x'}{\mathrm{d}t}\boldsymbol{\omega}_{\mathrm{e}}\times\boldsymbol{i}'+\frac{\mathrm{d}y'}{\mathrm{d}t}\boldsymbol{\omega}_{\mathrm{e}}\times\boldsymbol{j}'+\frac{\mathrm{d}z'}{\mathrm{d}t}\boldsymbol{\omega}_{\mathrm{e}}\times\boldsymbol{k}'\right)=\boldsymbol{a}_{\mathrm{r}}+\boldsymbol{\omega}_{\mathrm{e}}\times\left(\frac{\mathrm{d}x'}{\mathrm{d}t}\boldsymbol{i}'+\frac{\mathrm{d}y'}{\mathrm{d}t}\boldsymbol{j}'+\frac{\mathrm{d}z'}{\mathrm{d}t}\boldsymbol{k}'\right)$$

将式(5-5)代入,得

$$\frac{\mathrm{d}\boldsymbol{v}_{\mathrm{r}}}{\mathrm{d}t}=\boldsymbol{a}_{\mathrm{r}}+\boldsymbol{\omega}_{\mathrm{e}}\times\boldsymbol{v}_{\mathrm{r}} \tag{5-11}$$

由此可知,当牵连运动为转动时,相对速度对时间的一阶导数等于相对加速度 $\boldsymbol{a}_{\mathrm{r}}$ 和一附加项 $\boldsymbol{\omega}_{\mathrm{e}}\times\boldsymbol{v}_{\mathrm{r}}$ 的矢量和,这个附加项就反映了牵连运动对相对速度变化的影响。

将式(5-10)与(5-11)代入式(5-9),得

$$\boldsymbol{a}_{\mathrm{a}}=\boldsymbol{a}_{\mathrm{e}}+\boldsymbol{a}_{\mathrm{r}}+2\boldsymbol{\omega}_{\mathrm{e}}\times\boldsymbol{v}_{\mathrm{r}} \tag{5-12}$$

令

$$\boldsymbol{a}_{\mathrm{C}}=2\boldsymbol{\omega}_{\mathrm{e}}\times\boldsymbol{v}_{\mathrm{r}} \tag{5-13}$$

$\boldsymbol{a}_{\mathrm{C}}$ 称之为科里奥利加速度,简称科氏加速度。于是式(5-12)变为

$$\boldsymbol{a}_{\mathrm{a}}=\boldsymbol{a}_{\mathrm{e}}+\boldsymbol{a}_{\mathrm{r}}+\boldsymbol{a}_{\mathrm{C}} \tag{5-14}$$

这就是牵连运动为转动时点的加速度合成定理(加速度合成矢量方程)。它表明,当牵连运动为定轴转动时,动点在每一瞬时的绝对加速度等于该瞬时它的牵连加速度、相对加速度和科氏加速度三者的矢量和。

应当指出,尽管式(5-14)是在牵连运动为定轴转动情况下导出的,但该式适用于任何

形式的牵连运动。若动系作平动，即$\omega_e=\mathbf{0}$，由式(5-13)得$\boldsymbol{a}_C=\mathbf{0}$，式(5-14)退化为式(5-4)。

根据矢量积的定义，科氏加速度 $\boldsymbol{a}_C$ 的大小和方向可由式(5-13)确定。式中ω_e 是动系转动的角速度矢，$\boldsymbol{v}_r$ 是动点的相对速度。$\boldsymbol{a}_C$ 方向垂直于ω_e 与 $\boldsymbol{v}_r$ 所决定的平面，指向由右手螺旋法则确定，如图 5-7 所示，大小为

$$a_C = 2\omega_e v_r \sin\theta$$

当$\omega_e /\!/ \boldsymbol{v}_r$ 时，$a_C=0$；当$\omega_e \perp \boldsymbol{v}_r$ 时，$a_C=2\omega_e v_r$。

在我们经常遇到的平面问题中，即ω_e 垂直于 $\boldsymbol{v}_r$ 所在平面，所以 $\boldsymbol{a}_C$ 也在该平面上，并与 $\boldsymbol{v}_r$ 垂直。在这种简单情况下，只要将 $\boldsymbol{v}_r$ 顺着ω_e 的转向转过 90°，即得 $\boldsymbol{a}_C$ 的方向，如图 5-8 所示，此时 $a_C=2\omega_e v_r$。

由以上推导过程可知，科氏加速度 $\boldsymbol{a}_C$ 的产生是由于牵连运动含有转动成分时，牵连运动和相对运动相互影响的结果。利用科氏加速度的概念，可解释一些自然现象。地球上的物体相对于地球运动，而地球又绕地轴自转，因而是合成运动。在一般问题中，地球自转的影响可以略去不计，但在某些情况下，却必须予以考虑。例如，在北半球上，沿经线向北流动的江河右岸受到的冲刷要比左岸厉害，而在南半球则相反。这种现象可用科氏加速度来解释。如北半球的河流沿经线由南向北流，则河水的科氏加速度 $\boldsymbol{a}_C$ 沿纬度线指向西，即指向左侧，如图 5-9 所示。从牛顿第二定律可知，这是由于河流的右岸对河水作用了向左的力。根据作用与反作用定律，河水必然会给右岸一个反作用力。就是这个力成年累月的作用，造成了右岸比左岸冲刷得厉害。

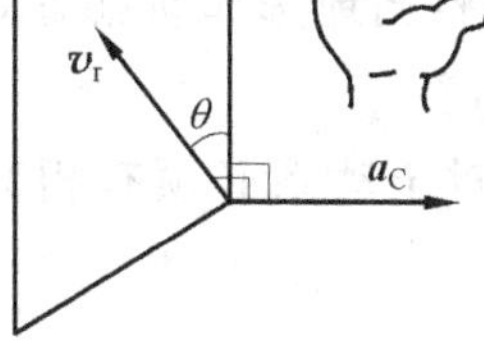

图　5-7

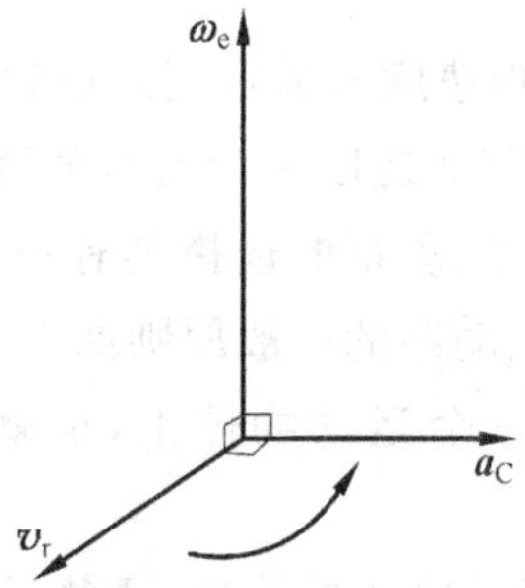

图　5-8

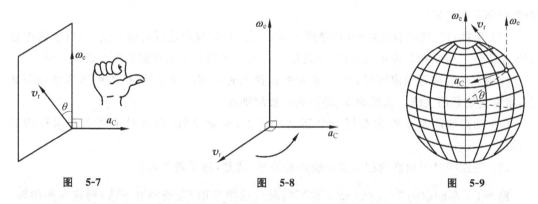

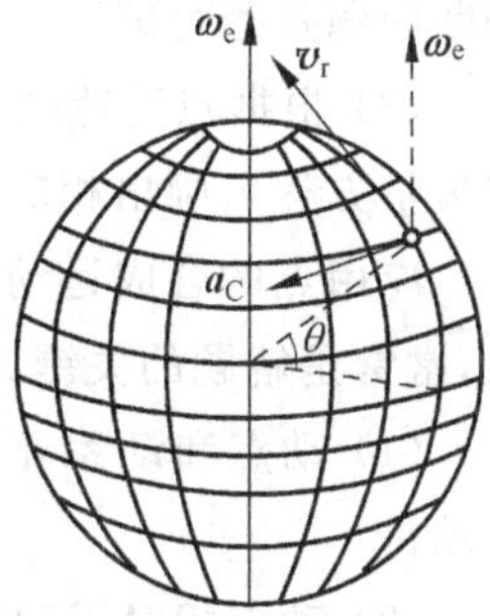

图　5-9

3）注意事项

(1) 当牵连运动不是平动时，式(5-4)不成立。只要牵连运动中包含有转动，求加速度时就必须考虑科氏加速度，其大小和方向由式(5-13)确定。

(2) 式(5-4)和(5-14)都是瞬时关系。

(3) 动点的绝对运动和相对运动都有可能是曲线运动，因此，绝对加速度和相对加速度都可能有其切向和法向分量。

当牵连运动为曲线平动时，其牵连加速度也有其切向和法向分量，在这种情况下，式(5-4)可写为

$$\boldsymbol{a}_a^\tau + \boldsymbol{a}_a^n = \boldsymbol{a}_e^\tau + \boldsymbol{a}_e^n + \boldsymbol{a}_r^\tau + \boldsymbol{a}_r^n \tag{5-15}$$

同理，当牵连运动为转动时，式(5-14)可写为

$$\boldsymbol{a}_a^\tau + \boldsymbol{a}_a^n = \boldsymbol{a}_e^\tau + \boldsymbol{a}_e^n + \boldsymbol{a}_r^\tau + \boldsymbol{a}_r^n + \boldsymbol{a}_C \tag{5-16}$$

(4) 求解加速度未知量,宜采用解析法。对于平面问题,由式(5-4)或式(5-14)只能求解两个未知量;对于空间问题,由式(5-4)或式(5-14)则可解三个未知量。

(5) 在进行加速度的分析求解之前,一般都要先进行速度的分析求解。这样,$\boldsymbol{a}_a^n$,$\boldsymbol{a}_e^n$,$\boldsymbol{a}_r^n$以及$\boldsymbol{a}_C$的大小都可以计算出来而成为已知量。

(6) 对于式(5-15)与式(5-16)中的量,方向已知的,应画出正确指向;方位已知而指向未知的,指向可以假设。当绝对加速度的大小和方向都未知时,对于平面问题,可以把绝对加速度分别沿直角坐标x、y方向分解为两个正交分量,然后将加速度合成矢量方程向x,y轴上投影,得到两个投影代数方程,联立求解,得到绝对加速度的大小和方向。对于空间问题,则可以把绝对加速度分别沿x、y、z方向分解为3个正交分量,然后将加速度合成矢量方程向x,y,z轴上投影,得到3个投影代数方程,求解3个未知量。

5.3 点的合成运动定理应用举例

应用点的合成运动定理,不仅可以求得动点相对于不同参考系的运动量,还可以建立运动机构中各运动构件相关运动量间的定量关系。

应用点的合成运动定理求解运动学问题,主要的解题步骤如下:

(1) 恰当地选择动点动系;

(2) 分析三种运动和动点的三种速度(及加速度),确定哪些是已知量,哪些是未知量,判断问题是否可解;

(3) 根据点的速度合成定理(加速度合成定理),正确写出速度合成矢量方程(加速度合成矢量方程),画出相应速度矢量图(加速度矢量图),采用几何法或解析法求解未知量。

应用点的合成运动定理时,动点、动系的选择具有一定的灵活性,恰当地选择动点与动系,常常是解题的关键。选择动点、动系的一般原则如下:

(1) 动点和动系不能选在同一个运动物体上,也就是说,动点对于动系必须有相对运动;

(2) 动点相对于动系的相对运动轨迹要简单、清楚,易于观察判断。

例 5-1 车厢以匀速$v_1=5\text{cm/s}$水平行驶。途中遇雨,雨滴铅直下落,而在车厢中观察到的雨滴的速度方向却偏斜向后,与铅直线成夹角30°,如图5-10(a)所示。试求雨滴的绝对速度。

解 这个题目的特点是题目本身已明确指定了动点,这就是雨滴,解这类题目一般就以这个指定点为动点,将动系固结在动点相对其有运动的物体上。

(1) 选择动点动系 以雨滴为动点,将动系$O'x'y'$固结于车厢。

(2) 分析三种运动及动点的三种速度

绝对运动:雨滴相对于地面铅直下落,即铅直直线运动;

相对运动:雨滴相对于车厢的与铅直线夹角为30°的直线运动;

牵连运动:车厢的水平直线平动。

绝对速度$\boldsymbol{v}_a$:大小未知,方向铅直向下;

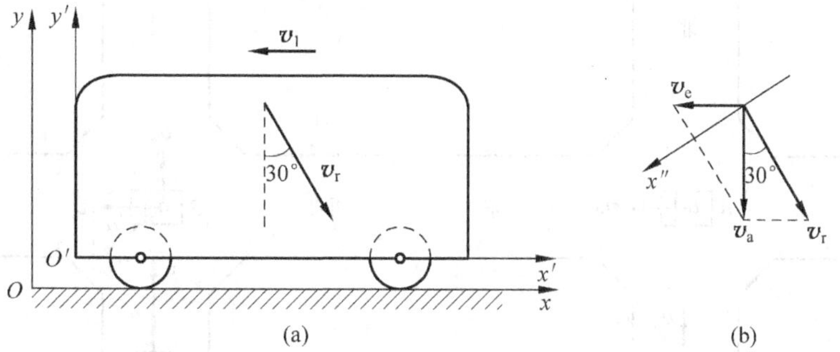

图　5-10

相对速度 $\boldsymbol{v}_r$：大小未知，方向与铅直线成 30°角斜向下；

牵连速度 $\boldsymbol{v}_e$：雨滴的牵连速度就是车厢平动的速度，大小为 v_1，方向水平向左。

(3) 根据速度合成定理求未知量

根据第二步的速度分析结果，写出速度合成矢量方程，以"√"表示已知量，"?"表示未知量，根据上述分析，判断问题是否可解：

	$\boldsymbol{v}_a$	=	$\boldsymbol{v}_e$	+	$\boldsymbol{v}_r$
大小	?		√(v_1)		?
方向	√(↓)		√(←)		√

上式中只有两个未知量，可解。

再由速度合成定理画出速度平行四边形，如图 5-10(b)所示。需要强调的是，必须保证 $\boldsymbol{v}_a$ 是速度平行四边形的对角线。由几何关系可求得雨滴的绝对速度为

$$v_a = \frac{v_e}{\tan 30°} = 8.66\text{cm/s}$$

讨论　v_a 也可以用解析法求解。将速度合成矢量方程分别向 x 和 y 轴投影，得

$$x\text{ 方向：}0 = -v_e + v_r \sin 30°$$

$$y\text{ 方向：}-v_a = 0 - v_r \cos 30°$$

解这个方程组，就可以求出 v_a，而且还可求出 v_r。

为了避免解联立方程组，可适当选取投影轴，例如取 x''轴为投影轴，如图 5-10(b)所示。由于 x''轴与 $\boldsymbol{v}_r$ 垂直，因此将速度合成矢量方程向 x''轴投影后，得

$$v_a \sin 30° = v_e \cos 30° + 0$$

由此式也可解出 v_a。

例 5-2　如图 5-11(a)所示，设汽车 A 以速度 $v_A = 40\text{km/h}$ 由南向北行驶，另一汽车 B 以速度 $v_B = 30\text{km/h}$ 由西向东行驶。试求在图示位置时，汽车 B 相对于汽车 A 的速度 v_{BA}。

解　这是两个互不相关的物体各自以不同的速度运动，求它们之间相对运动的问题。应用合成运动的分析方法求此类问题，可以选择一个物体为动点，动系固结在另一物体上。

(1) 选择动点动系　B 车为动点，动系 $Ax'y'$ 铰结在 A 车上(分析两个互不接触的几何

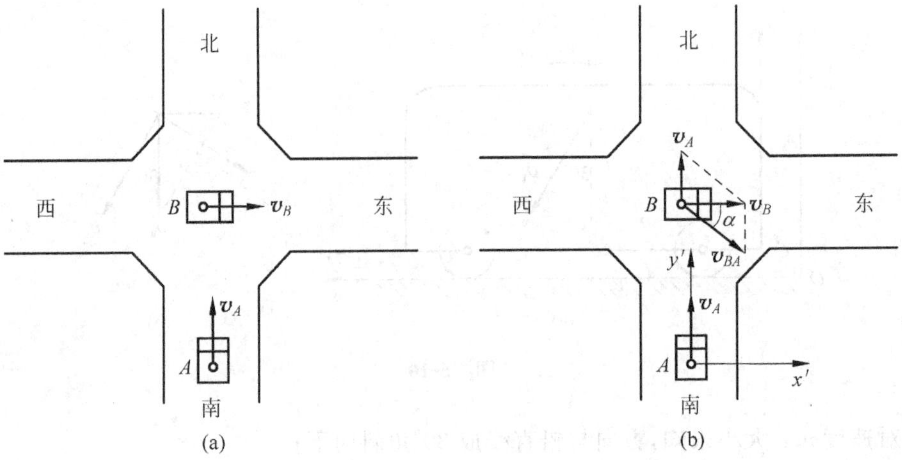

图 5-11

点之间的相对运动时，将动系铰接在其中的一个几何点上，动系作平动)，如图 5-11(b)所示。

(2) 分析三种运动及动点的三种速度

绝对运动：B 车由西向东的直线运动；

相对运动：轨迹未知的运动；

牵连运动：A 车由南向北的直线平动。

绝对速度 $\boldsymbol{v}_a$：大小已知 $v_a = v_B = 30\text{km/h}$，方向由西向东；

相对速度 $\boldsymbol{v}_r$：B 车相对于 A 车的速度 $\boldsymbol{v}_{BA}$ 的大小、方向均未知；

牵连速度 $\boldsymbol{v}_e$：大小已知，$v_e = v_A = 40\text{km/h}$，方向由南向北(因为动平面(即汽车 A)作平动，汽车 A 的速度即为汽车 B 的牵连速度)。

(3) 根据速度合成定理求未知量

速度合成矢量方程如下：

	$\boldsymbol{v}_a$	=	$\boldsymbol{v}_e$	+	$\boldsymbol{v}_r$
大小	$\surd(v_B)$		$\surd(v_A)$		$?(v_{BA})$
方向	$\surd(\rightarrow)$		$\surd(\uparrow)$		?

根据点的速度合成定理，在动点 B 上画出速度矢量平行四边形，如图 5-11(b)所示。利用几何关系，可求得相对速度 $\boldsymbol{v}_r$ 的大小为

$$v_r = v_{BA} = \sqrt{v_B^2 + v_A^2} = \sqrt{30^2 + 40^2}\,\text{km/h} = 50\text{km/h}$$

设 $\boldsymbol{v}_{BA}$ 与 $\boldsymbol{v}_B$ 之间的夹角为 α，则

$$\alpha = \arctan\frac{v_A}{v_B} = \arctan\frac{40}{30} = 57.13^\circ$$

例 5-3 在图 5-12(a)所示的机构中，已知 $\overline{O_1O_2} = \overline{O_1A} = 20\text{cm}$，$O_1A$ 杆以匀角速度 $\omega_1 = 3\text{rad/s}$ 绕 O_1 转动。求图示位置套筒 A 相对于 O_2A 杆的速度、O_2A 杆的角速度 ω_2 及角加速度 α_2。

解 这个题目的一个显著特点是两个运动构件是通过一个套筒联系在一起的，这个套

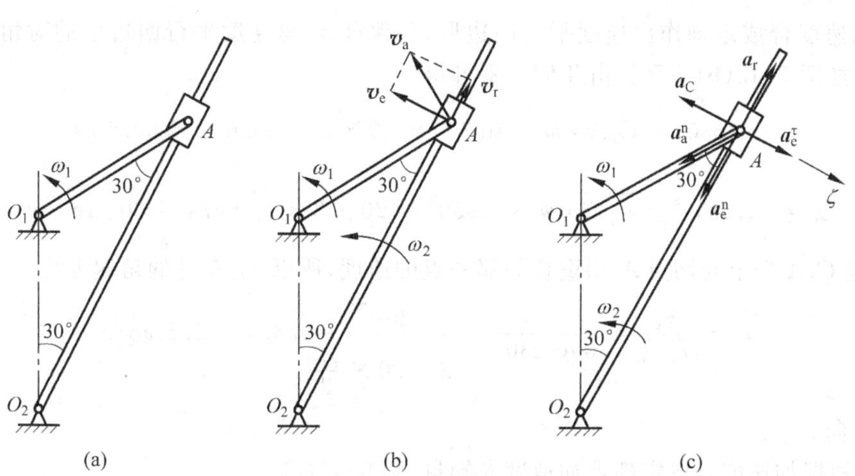

图 5-12

筒与 O_1A 杆铰接，与 O_2A 杆始终接触，且相对 O_2A 杆滑动。由于套筒的大小不计，所以可以看作为一个点，我们把这种将两个运动构件联系在一起的点称为运动连接点。除套筒外，滑块、销钉、小环等也常起运动连接点的作用。这类问题一般就以这个运动连接点作为动点，而将动系固结在与动点接触且有相对滑动的那个构件上。

(1) 选择动点动系　取套筒 A 为动点，动系 $O_2x'y'$ 固结在 O_2A 杆上(动系未在图中画出。这样处理，并不影响问题的求解。从此题开始约定，若无特殊说明，动系一般不在图中画出)。

(2) 分析三种运动及动点的三种速度(图 5-12(b))、加速度(图 5-12(c))

绝对运动：以 O_1 为圆心的圆周运动；

相对运动：沿 O_2A 杆的直线运动；

牵连运动：O_2A 杆绕 O_2 轴的定轴运动。

绝对速度 $\boldsymbol{v}_a$：大小 $\overline{O_1A}\cdot\omega_1$ 已知，方向垂直于 O_1A；

相对速度 $\boldsymbol{v}_r$：大小未知，方向沿 O_2A 杆；

牵连速度 $\boldsymbol{v}_e$：即 O_2A 杆上与 A 重合的那一点的速度，大小 $\overline{O_2A}\cdot\omega_2$ 未知，方向垂直于 O_2A。

绝对加速度 $\boldsymbol{a}_a$：法向分量 $\boldsymbol{a}_a^n$，大小 $\overline{O_1A}\cdot\omega_1^2$ 已知，方向由 A 指向 O_1；因为 O_1A 杆匀速转动，其角加速度 $\alpha_1=0$，故绝对加速度的切向分量 $\boldsymbol{a}_a^\tau$，大小为 $\overline{O_1A}\cdot\alpha_1=0$，在后续加速度合成矢量方程中，可以不予考虑；

相对加速度 $\boldsymbol{a}_r$：大小未知，方向沿 O_2A 杆长度方向；

牵连加速度 $\boldsymbol{a}_e$：法向分量 $\boldsymbol{a}_e^n$，大小为 $\overline{O_2A}\cdot\omega_2^2$，方向由 A 指向 O_2；切向分量 $\boldsymbol{a}_e^\tau$，大小 $\overline{O_2A}\cdot\alpha_2$ 未知，方向垂直于 O_2A 杆。

(3) 根据速度合成定理求速度未知量(图 5-12(b))

写出速度合成矢量方程如下：

	$\boldsymbol{v}_a$	=	$\boldsymbol{v}_e$	+	$\boldsymbol{v}_r$
大小	$\surd(\overline{O_1A}\cdot\omega_1)$		?		?
方向	$\surd(\perp O_1A)$		$\surd(\perp O_2A)$		$\surd(\nearrow)$

根据速度合成定理作出速度平行四边形,要保证$\boldsymbol{v}_a$是速度平行四边形的对角线,则各速度指向如图5-12(b)所示。由几何关系可得

$$v_r = v_a \sin 30° = \overline{O_1A} \cdot \omega_1 \cdot \sin 30° = 20 \times 3 \times \frac{1}{2} \text{cm/s} = 30\text{cm/s}$$

$$v_e = v_a \cos 30° = \overline{O_1A} \cdot \omega_1 \cdot \cos 30° = 20 \times 3 \times \frac{\sqrt{3}}{2} \text{cm/s} = 30\sqrt{3}\,\text{cm/s}$$

由于$\boldsymbol{v}_e$是O_2A杆上与动点A相重合的那一点的速度,所以,O_2A杆的角速度为

$$\omega_2 = \frac{v_e}{\overline{O_2A}} = \frac{v_e}{2a\cos 30°} = \frac{30\sqrt{3}}{2 \times 20 \times \frac{\sqrt{3}}{2}} \text{rad/s} = 1.5\text{rad/s}$$

逆时针转向。

(4) 根据加速度合成定理求加速度未知量(图5-12(c))

因为牵连运动为定轴转动,所以分析加速度时要考虑科氏加速度。于是写出加速度合成矢量方程如下:

	$\boldsymbol{a}_a^n$	=	$\boldsymbol{a}_e^n$	+	$\boldsymbol{a}_e^\tau$	+	$\boldsymbol{a}_r$	+	$\boldsymbol{a}_C$	
大小	√		√		?		?		√	(1)
方向	√		√		√		√		√	

其中

$$a_a^n = \overline{O_1A} \cdot \omega_1^2, \quad a_e^n = \overline{O_2A} \cdot \omega_2^2, \quad a_C = 2\omega_2 v_r$$

各加速度方向如图5-12(c)所示。因为$\boldsymbol{a}_a^n$、$\boldsymbol{a}_e^n$及$\boldsymbol{a}_C$三项加速度方位及指向均确定,所以图中按其确定方向画出此三项加速度矢量作用线,而$\boldsymbol{a}_e^\tau$及$\boldsymbol{a}_r$虽然只知道方位,但依然视为其方向已知,画图时其指向可以假设,求解时不影响此二加速度项的大小,但其数值可能为负数(其真实指向与假设指向相反)。

为了求O_2A杆的角加速度α_2,只需要求出$\boldsymbol{a}_e^\tau$的大小即可。为此,将式(1)向ζ轴方向投影,得

$$-a_a^n \sin 30° = a_e^\tau - a_C$$

所以

$$a_e^\tau = -a_a^n \sin 30° + a_C = -\overline{O_1A} \cdot \omega_1^2 \sin 30° + 2\omega_2 v_r = -20 \times 3^2 \times \frac{1}{2} + 2 \times 1.5 \times 30 = 0$$

又由于

$$a_e^\tau = \overline{O_2A} \cdot \alpha_2$$

所以

$$\alpha_2 = \frac{a_e^\tau}{\overline{O_2A}} = \frac{0}{2a\cos 30°} = 0$$

例5-4 凸轮在水平面上向右运动,凸轮半径为R,在图示位置凸轮的速度为$\boldsymbol{v}$,加速度为$\boldsymbol{a}$,如图5-13(a)所示。求图示瞬时AB杆的速度、AB杆的点A相对于凸轮的速度以及AB杆的加速度。

解 与例5-3类似,本题目中各构件的运动传递也是通过构件的相互接触来实现的。接触点分别属于两个物体,一个物体上的接触点始终不变,而另一个物体上的接触点始终在

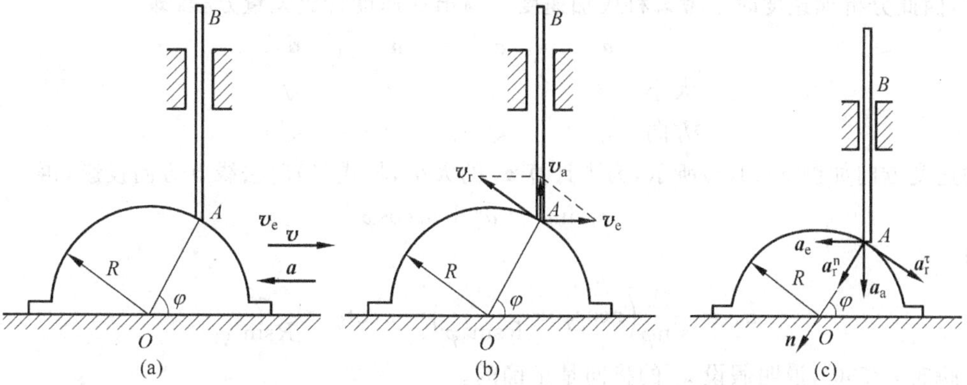

图　5-13

变,因此两个接触点有相对运动。在这种情况下,一般选不变的接触点为动点,动系固结在不包含动点的另一个运动物体上。这样容易确定动点的相对运动。

(1) 选择动点动系　取 AB 杆上的点 A 为动点,动系固结在凸轮上。

(2) 分析三种运动及动点的三种速度(图 5-13(b))、加速度(图 5-13(c))

绝对运动:竖直直线运动;

相对运动:以 O 为圆心的圆周运动;

牵连运动:水平直线平动。

绝对速度 $\boldsymbol{v}_a$:大小未知,方位铅直;

相对速度 $\boldsymbol{v}_r$:大小未知,方向垂直于 OA;

牵连速度 $\boldsymbol{v}_e$:即凸轮与 AB 杆上的点 A 重合的那一点的速度,大小已知为 v,方向水平向右。

绝对加速度 $\boldsymbol{a}_a$:大小未知,方位竖直,指向假设;

相对加速度 $\boldsymbol{a}_r$:法向分量 $\boldsymbol{a}_r^n$,大小为$\dfrac{v_r^2}{R}$,方向由 A 指向 O;切向分量 $\boldsymbol{a}_r^\tau$,大小未知,方位垂直于 OA,指向假设;

牵连加速度 $\boldsymbol{a}_e$:大小已知为 a,方向水平向左。

(3) 根据速度合成定理求速度未知量

由于 AB 杆作平动,要求 AB 杆的速度,只要求出 AB 杆上点 A 的绝对速度即可,而 AB 杆上点 A 相对于凸轮的速度就是相对速度 $\boldsymbol{v}_r$。写出速度合成矢量方程,即

	$\boldsymbol{v}_a$	=	$\boldsymbol{v}_e$	+	$\boldsymbol{v}_r$
大小	?		√(v)		?
方向	√(↑)		√(→)		√(⊥OA)

根据速度合成定理作速度平行四边形,如图 5-13(b)所示。由几何关系可得

$$v_a = v_e\cot\varphi = v\cot\varphi$$

$$v_r = \frac{v_e}{\sin\varphi} = \frac{v}{\sin\varphi}$$

(4) 根据加速度合成定理求解未知量

由于 AB 杆作平动,AB 杆上点 A 的绝对加速度就是 AB 杆的加速度;由于牵连运动为

平动,因此分析加速度时不考虑科氏加速度。写出加速度合成矢量方程,即

	$\boldsymbol{a}_a$	=	$\boldsymbol{a}_r^n$	+	$\boldsymbol{a}_r^\tau$	+	$\boldsymbol{a}_e$	
大小	?		√		?		√	(1)
方向	√		√		√		√	

各加速度方向如图 5-13(c)所示,为了计算 $\boldsymbol{a}_a$ 的大小,将式(1)向法线 $\boldsymbol{n}$ 方向投影,得

$$a_a\sin\varphi = a_r^n + a_e\cos\varphi \tag{2}$$

解得

$$a_a = \frac{1}{\sin\varphi}\left(a\cos\varphi + \frac{v^2}{R\sin^2\varphi}\right) = a\cot\varphi + \frac{v^2}{R\sin^3\varphi}$$

图示瞬时 $\varphi<90°$,说明假设 $\boldsymbol{a}_a$ 的指向是正确的。

例 5-5 凸轮机构由偏心轮和导杆 AB 组成,如图 5-14(a)所示。偏心距$\overline{OC}=e$,凸轮半径 $r=\sqrt{3}e$,在某瞬时偏心轮以角速度 ω_0、角加速度 α_0 转动,OC 垂直于 AC,求此时 AB 杆的速度和加速度。

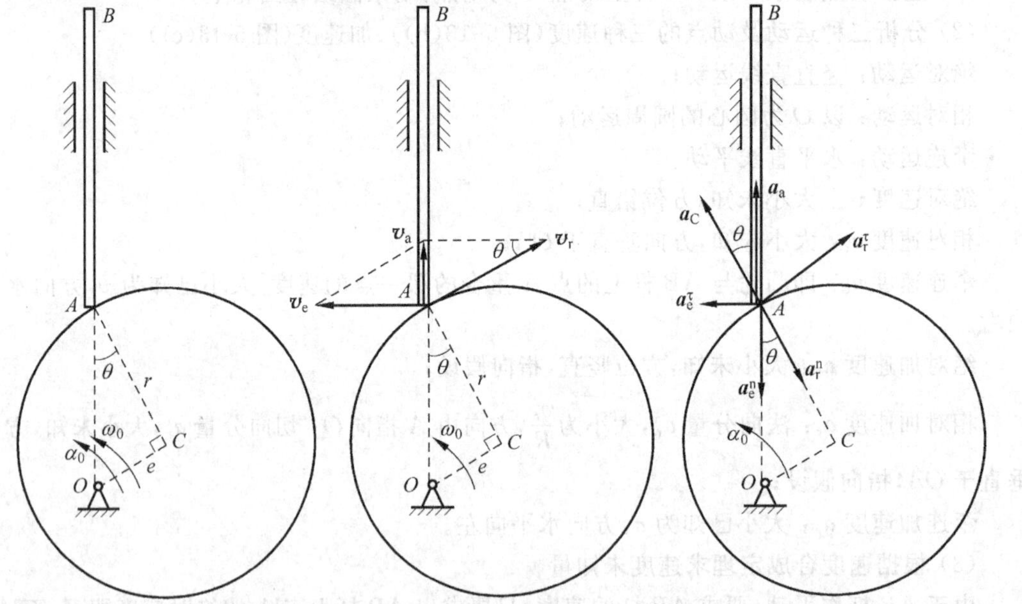

图 5-14

解 这个题目的特点与例 5-4 类似。从本题开始,求解过程从简。

为了求解方便,先将有关几何量计算出来,它们是

$$\overline{OA} = \sqrt{e^2+r^2} = 2e$$

$$\theta = \arctan\frac{e}{r} = 30°$$

取 AB 杆上的 A 点为动点,动系固结在凸轮上。

AB 杆作平动,因此,AB 杆上 A 点的绝对速度和绝对加速度就是 AB 杆的速度和加速度。

速度分析如下：

	$\boldsymbol{v}_a$	=	$\boldsymbol{v}_e$	+	$\boldsymbol{v}_r$
大小	?		$\surd(\overline{OA}\cdot\omega_0)$		?
方向	$\surd(\uparrow)$		$\surd(\leftarrow)$		$\surd(\perp CA)$

根据速度合成定理画出速度平行四边形，如图 5-14(b)所示。由几何关系得

$$v_a = v_e\tan\theta = \overline{OA}\cdot\omega_0\tan\theta = 2e\omega_0\frac{1}{\sqrt{3}} = \frac{2}{\sqrt{3}}e\omega_0$$

$$v_r = \frac{v_e}{\cos\theta} = \frac{2e\omega_0}{\frac{\sqrt{3}}{2}} = \frac{4}{\sqrt{3}}e\omega_0$$

由于牵连运动是固结在凸轮上的动系的定轴转动，故加速度分析如下：

	$\boldsymbol{a}_a$	=	$\boldsymbol{a}_e^n$	+	$\boldsymbol{a}_e^\tau$	+	$\boldsymbol{a}_r^n$	+	$\boldsymbol{a}_r^\tau$	+	$\boldsymbol{a}_C$	
大小	?		√		√		√		?		√	(1)
方向	√		√		√		√		√		√	

各加速度方向如图 5-14(c)所示，为了计算 $\boldsymbol{a}_a$ 的大小，将式(1)向 CA 方向投影，得

$$a_a\cos\theta = -a_e^n\cos\theta + a_e^\tau\sin\theta - a_r^n + a_C \tag{2}$$

式中

$$a_e^n = \overline{OA}\cdot\omega_0^2 = 2e\omega_0^2,\quad a_e^\tau = \overline{OA}\cdot\alpha_0 = 2e\alpha_0$$

$$a_r^n = \frac{v_r^2}{r} = \frac{\left(\frac{4}{\sqrt{3}}e\omega_0\right)^2}{\sqrt{3}e} = \frac{16}{3\sqrt{3}}e\omega_0^2,\quad a_C = 2\omega_0 v_r = 2\omega_0\times\frac{4}{\sqrt{3}}e\omega_0 = \frac{8}{\sqrt{3}}e\omega_0^2$$

将这些量代入式(2)得

$$\begin{aligned} a_a &= -a_e^n + a_e^\tau\tan\theta - \frac{a_r^n}{\cos\theta} + \frac{a_c}{\cos\theta} \\ &= -2e\omega_0^2 + \frac{2\sqrt{3}}{3}e\alpha_0 - \frac{16}{3\sqrt{3}}e\omega_0^2\times\frac{2}{\sqrt{3}} + \frac{8}{\sqrt{3}}e\omega_0^2\times\frac{2}{\sqrt{3}} \\ &= -\frac{2}{9}e\omega_0^2 + \frac{2\sqrt{3}}{3}e\alpha_0 \end{aligned}$$

因此

$$v_{AB} = v_a = \frac{2}{\sqrt{3}}e\omega_0,\quad a_{AB} = a_a = -\frac{2}{9}e\omega_0^2 + \frac{2\sqrt{3}}{3}e\alpha_0$$

例 5-6　已知圆轮半径为 R，偏心距为 e，绕 O 轴以匀角速度 ω 转动，如图 5-15(a)所示。求当 $\varphi=30°$ 时平底顶杆 AB 的速度及加速度。

解　这个题目中机构的运动传递也是通过两个构件的接触点来实现的，但两个构件上的接触点 C,D 在运动过程中均不断变换，其特点就是两构件均无不变的接触点。所以

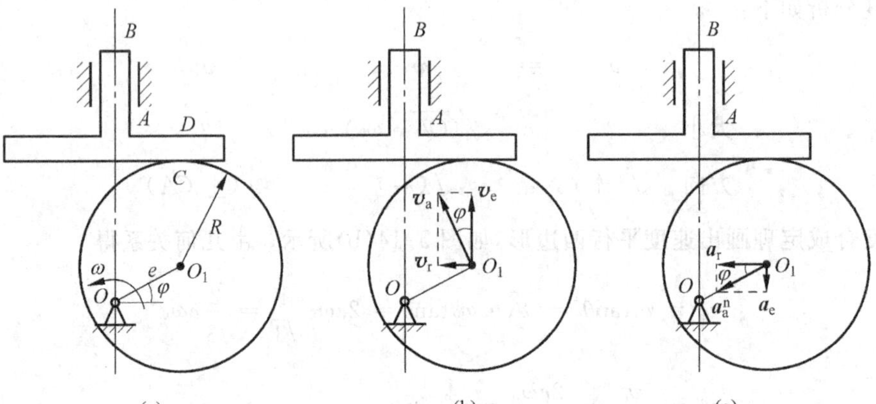

图 5-15

不论选点 C 或点 D 为动点,相对运动都较难确定。在这种情况下,一般不选接触点为动点,而另选相对运动容易确定的点为动点。这个动点称为特殊点,将动系固结在不包含动点的另一个构件上。

依据上面分析,我们看到,圆轮中心点 O_1 至平板的铅直距离 R 在运动过程中始终保持不变,因此点 O_1 相对顶杆的运动为平行于平底的直线运动,即点 O_1 的相对运动轨迹为水平直线。

选圆轮上的点 O_1 为动点,动系固结在 AB 杆上。

由于 AB 杆作平动,要求其速度及加速度,只要求出点 O_1 的牵连速度及牵连加速度即可。

速度分析如下:

	$\boldsymbol{v}_a$	=	$\boldsymbol{v}_e$	+	$\boldsymbol{v}_r$
大小	√($e\omega$)		?		?
方向	√($\perp OO_1$)		√(↑)		√(←)

根据速度合成定理作速度平行四边形,如图 5-15(b)所示。由几何关系可得

$$v_{AB} = v_e = v_a \cos 30^\circ = \frac{\sqrt{3}}{2} e\omega$$

加速度分析如下:

	$\boldsymbol{a}_a^n$	=	$\boldsymbol{a}_e$	+	$\boldsymbol{a}_r$
大小	√		?		?
方向	√		√		√

根据加速度合成定理作加速度平行四边形,如图 5-15(c)所示。由几何关系可得

$$a_{AB} = a_e = a_a^n \sin 30^\circ = \frac{1}{2} e\omega^2$$

例 5-7 圆盘绕 AB 轴转动,其角速度 $\omega = 2t\text{rad/s}$,点 M 沿圆盘半径离开中心向外缘运动,其运动规律为 $\overline{OM} = 4t^2\text{cm}$,$OM$ 与轴 AB 成 60°倾角,如图 5-16(a)所示。当 $t = 1\text{s}$ 时,圆盘位于铅直面内,求此瞬时点 M 的绝对加速度。

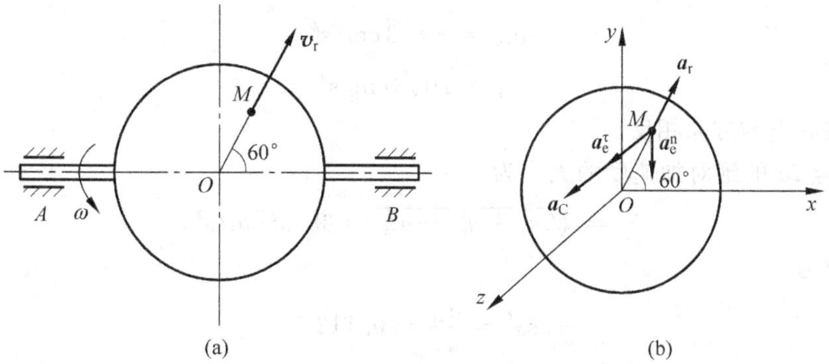

图　5-16

解　取 M 点为动点，动系固结在圆盘上，由题可知，M 点的轨迹是未知的空间曲线。

对于本题来说，为了求加速度，需在速度分析中求出相对速度。根据题意，M 点的相对运动方程为

$$s_r = \overline{OM} = 4t^2$$

所以相对速度大小为

$$v_r = \frac{ds_r}{dt} = 8t$$

方向沿 OM，如图 5-16(a)所示。

加速度分析如图 5-16(b)所示，由于 $\boldsymbol{a}_a$ 的方向未知，故在图中未画此加速度，则可将式(5-16)写成如下形式：

	$\boldsymbol{a}_a$	=	$\boldsymbol{a}_{ax}$	+	$\boldsymbol{a}_{ay}$	+	$\boldsymbol{a}_{az}$	=	$\boldsymbol{a}_e^n$	+	$\boldsymbol{a}_e^\tau$	+	$\boldsymbol{a}_r$	+	$\boldsymbol{a}_C$	
大小			?		?		?		√		√		√		√	(1)
方向			√		√		√		√		√		√		√	

即将 M 点绝对加速度 a_a 用其在三个直角坐标轴上的分量来表示，将式(1)分别向 x,y,z 轴投影，得

$$a_{ax} = a_r\cos 60° \tag{2}$$

$$a_{ay} = a_r\sin 60° - a_e^n \tag{3}$$

$$a_{az} = a_e^\tau + a_C \tag{4}$$

式中

$$a_e^n = \overline{OM}\sin 60° \cdot \omega^2 = 4t^2 \times \frac{\sqrt{3}}{2} \times 4t^2 = 8\sqrt{3}\,t^4$$

$$a_e^\tau = \overline{OM}\sin 60° \cdot \alpha = \overline{OM}\sin 60° \frac{d\omega}{dt} = 4t^2 \times \frac{\sqrt{3}}{2} \times 2 = 4\sqrt{3}\,t^2$$

$$a_r = \frac{dv_r}{dt} = 8\text{cm/s}^2, \quad a_C = 2\omega v_r\sin 60° = 2 \times 2t \times 8t \times \frac{\sqrt{3}}{2} = 16\sqrt{3}\,t^2$$

注意到当 $t=1$s 时

$$a_r = 8\text{cm/s}^2, \quad a_C = 16\sqrt{3}\,\text{cm/s}^2, \quad a_e^n = 8\sqrt{3}\,\text{cm/s}^2, \quad a_e^\tau = 4\sqrt{3}\,\text{cm/s}^2$$

将上面各量代入式(2)、(3)、(4)中，得

$$a_{ax} = 4\text{cm/s}^2$$

$$a_{ay} = -4\sqrt{3}\,\mathrm{cm/s^2}$$

$$a_{az} = 20\sqrt{3}\,\mathrm{cm/s^2}$$

负号表示与假设的方向相反。

因此，点 M 的绝对加速度的大小为

$$a_a = \sqrt{a_{ax}^2 + a_{ay}^2 + a_{az}^2} = 35.55\,\mathrm{cm/s^2}$$

其方向余弦为

$$\cos\alpha' = \frac{a_{ax}}{a_a} = 0.1125$$

$$\cos\beta' = \frac{a_{ay}}{a_a} = -0.1948$$

$$\cos\gamma' = \frac{a_{az}}{a_a} = 0.9744$$

综合以上各例，本书对采用合成运动定理分析动点或几类典型运动机构运动时，动点和动系选取的一般方法及相应的求解技巧、解题的注意事项做如下总结：

(1) 情况一　相互独立运动的两个动点(没有接触，如例 5-1、例 5-2)的相对运动规律分析。这种情况，以题目指定点为动点，动系铰结在题目给出的另一点上。

(2) 情况二　运动机构通过运动构件间的直接接触或通过运动连接件(套筒、滑块、销钉等)传递运动，其中一个运动构件始终以不变的点与另一个构件接触，而另一运动构件上的接触点随时间变化。这种情况，一般以始终不变的接触点为动点，动系固结在存在变化接触点的运动构件上(如例 5-3、例 5-4、例 5-5)。

(3) 情况三　运动机构通过运动构件间的直接接触传递运动，每一个运动构件上的接触点都随时间变化。这种情况，一般以某一运动构件上的特殊点为动点，动系固结在不包含动点的另一运动构件上(如例 5-6)。

(4) 情况四　运动机构通过小环传递运动，小环相对每一个被它连接的运动构件滑动。这种情况，一般以小环为动点，动系固结在被它连接的运动规律已知、且相对地面有运动的运动构件上；有些情况下，还需以小环为动点，将动系分别固结在被它连接的两个运动构件上，分别列出两个速度合成矢量方程(或加速度合成矢量方程)，联立矢量方程组，求解未知量。由于篇幅所限，此类问题在本书中未列举相关例题。

(5) 选好动点、动系后，如何分析三种运动量是后续求解过程中的重要步骤。一般来说，动点的绝对速度、绝对加速度、相对速度、相对加速度，可根据动点的绝对轨迹、相对轨迹，按照点的运动学的知识进行分析；牵连速度、牵连加速度是牵连点相对于静系的速度、加速度。由于牵连点是动系上的点，故应根据动系的刚体运动形式来决定牵连速度、牵连加速度的求法。

(6) 求解加速度问题时，注意区分牵连运动是转动还是平动，以决定科氏加速度是否存在。根据题目已知条件，恰当选取加速度合成公式(包括有哪些项、平面的还是空间的)，并画出与其对应的加速度矢量图，求解问题。

(7) 用解析法求解速度或加速度合成矢量方程中的未知量时，选取恰当的投影轴并在图中标出，将矢量方程中的各项在该轴上的投影按其在矢量方程中的位置分别写在投影式的两端，结果是一个等式，而不是方程式。

本书对于应用合成运动定理时，动点及动系的选择给出了一些建议，但还有一些更复杂的机构运动问题没有涉及，并且同样的问题还存在动点、动系的其他选取方法。这些留待读者自行体会。

习题

5-1 杆 OA 长 l，由推杆推动而在图示平面内绕点 O 转动，如题 5-1 图所示。假定推杆的速度为 $\boldsymbol{v}$，其弯头高为 a。试求杆端 A 的速度的大小(表示为由推杆至点 O 的距离 x 的函数)。

5-2 题 5-2 图所示机构中，已知 $\overline{O_1O_2}=a=200\text{mm}$，$\omega_1=3\text{rad/s}$。求图示位置时杆 O_2A 的角速度。

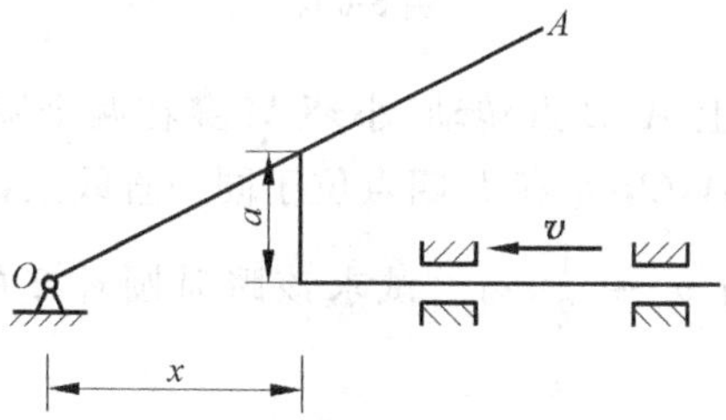

题 5-1 图

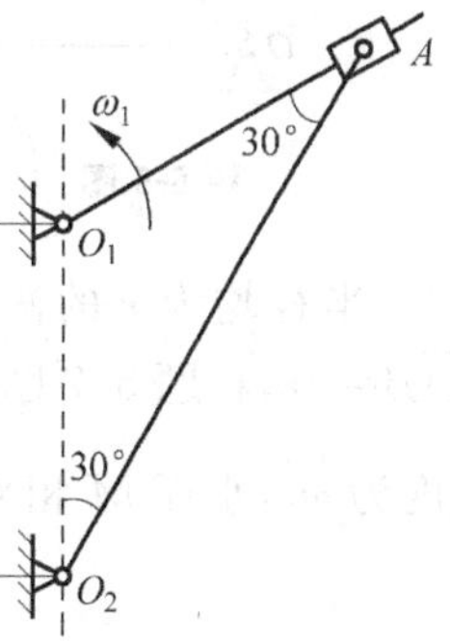

题 5-2 图

5-3 如题 5-3 图所示，摇杆机构的滑杆 AB 以等速 $\boldsymbol{v}$ 向上运动，初瞬时摇杆 OC 水平。摇杆长 $\overline{OC}=a$，距离 $\overline{OD}=l$。求当 $\varphi=\frac{\pi}{4}$ 时，点 C 速度的大小。

5-4 如题 5-4 图所示机构，已知曲柄 $\overline{OA}=r$ 以角速度 ω 绕 O 轴转动，构件 $BCDE$ 的 DE 段可在 $\varphi=30°$ 的滑道内滑动，CD 段水平，BC 段铅直。试求当 $\theta=30°$ 时，构件 $BCDE$ 上 B 点的速度。

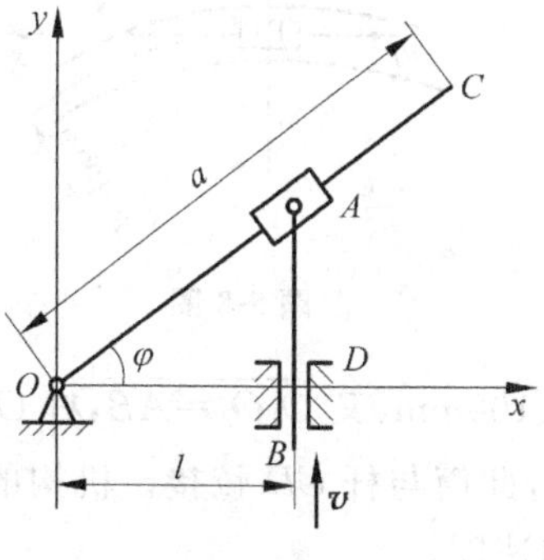

题 5-3 图

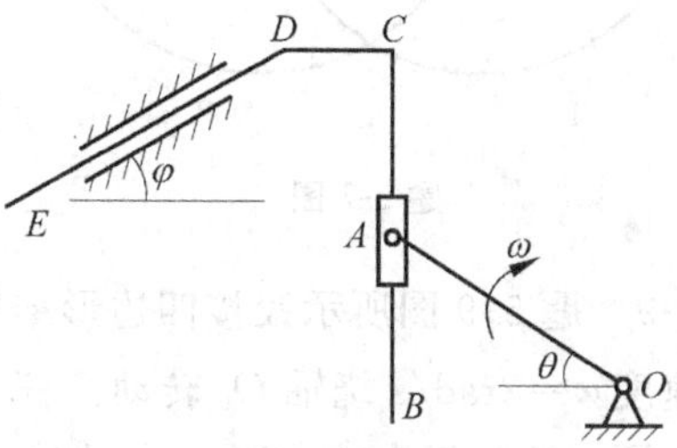

题 5-4 图

5-5 直角曲杆 OCD 在题 5-5 图所示瞬时以角速度 ω_0 绕 O 轴转动，使 AB 杆铅直运动，已知 $\overline{OC}=L$，试求 $\varphi=45°$ 时，从动杆 AB 的速度。

5-6 曲柄滑道机构如题5-6图所示，$L=20\sqrt{3}\,\text{cm}$；曲柄 $\overline{OA}=20\text{cm}$，以 $\omega=2\text{rad/s}$ 的匀角速度转动；连杆 AB 可在套筒 CD 内滑动，一端铰接于 A。试求图示位置($\varphi=60°$，OA 铅直)时，套筒的角速度。

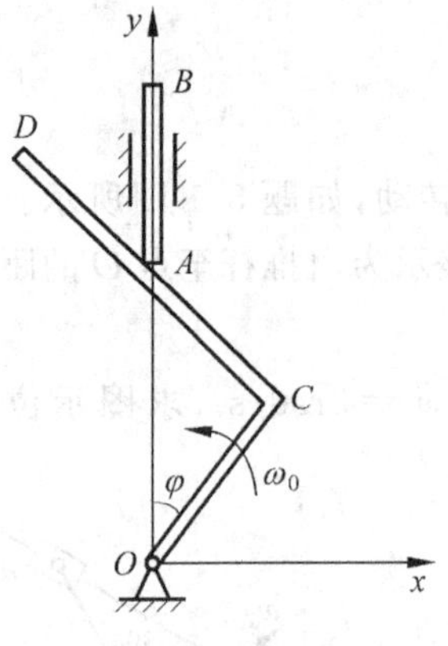

题 5-5 图

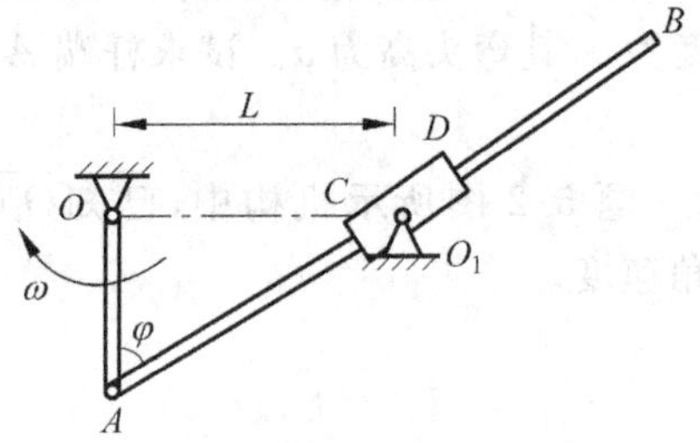

题 5-6 图

5-7 半径均为 r 的两个圆环，分别绕圆周上 A，B 点转动，小环 M 穿在两个圆环上。已知：$\overline{AB}=3r$，在题5-7图所示位置时，$\varphi=30°$，A，O，O_1 和 B 四点位于同一直线上，圆环1的角速度为 ω_1，小环 M 相对于圆环1的速度为 $v_{r_1}=\frac{1}{2}r\omega_1$。试求该瞬时圆环2的角速度 ω_2。

5-8 题5-8图所示公路上行驶的两车速度都恒为72km/h。图示瞬时，在 A 车中的观察者看来，车 B 的速度、加速度应为多大？

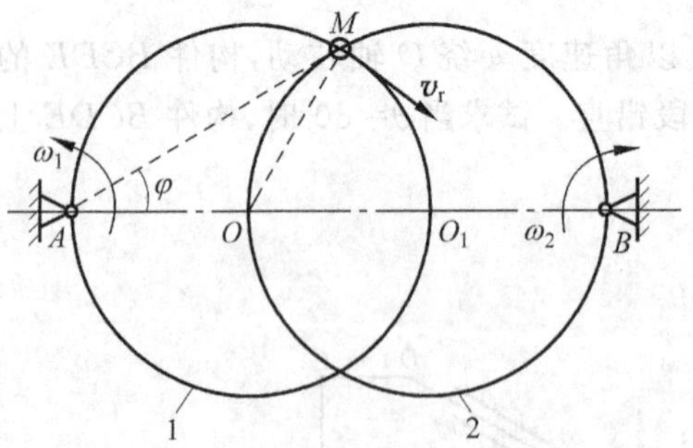

题 5-7 图

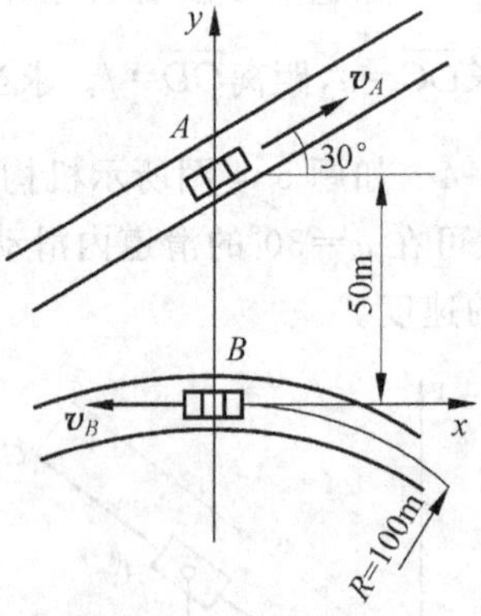

题 5-8 图

5-9 题5-9图所示铰接四边形结构中，$\overline{O_1A}=\overline{O_2B}=100\text{mm}$，又 $\overline{O_1O_2}=\overline{AB}$，杆 O_1A 以等角速度 $\omega=2\text{rad/s}$ 绕轴 O_1 转动。杆 AB 上有一套筒 C，此筒与杆 CD 铰接。机构的各部件都在同一铅直面内。求当 $\varphi=60°$时，杆 CD 的速度和加速度。

5-10 如题5-10图所示，曲柄 OA 长0.4m，以等速度 $\omega=0.5\text{rad/s}$ 绕 O 轴逆时针转向转动。由于曲柄的 A 端推动水平板 B，而使滑杆 C 沿铅直方向上升。求当曲柄与水平线间的夹角 $\theta=30°$时滑杆 C 的速度和加速度。

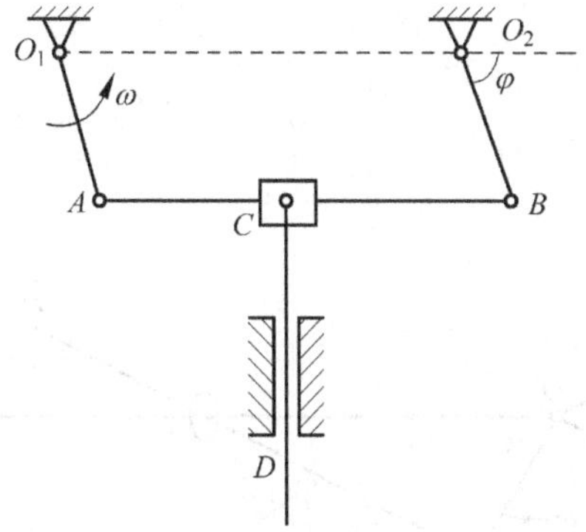

题 5-9 图

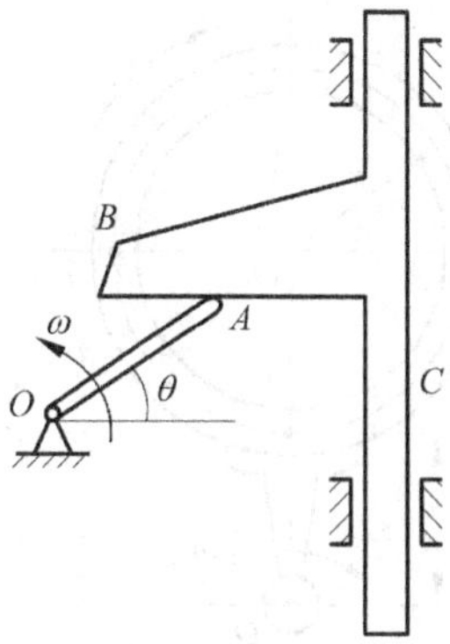

题 5-10 图

5-11　题 5-11 图所示偏心轮摇杆机构中，摇杆 O_1A 借助弹簧压在半径为 R 的偏心轮 C 上。偏心轮 C 绕轴 O 往复摆动，从而带动摇杆绕轴 O_1 摆动。设 $OC \perp OO_1$ 时，轮 C 的角速度为 ω，角加速度为零，$\theta=60°$。求此时摇杆 O_1A 的角速度 ω_1 和角加速度 α_1。

5-12　小车沿水平方向向右作加速运动，其加速度 $a=0.493\text{m/s}^2$。在小车上有一轮绕 O 轴转动，转动的规律为 $\varphi=t^2$（t 以 s 计，φ 以 rad 计），当 $t=1\text{s}$ 时，轮缘上的点 A 的位置如题 5-12 图所示。已知轮半径 $r=0.2\text{m}$，求此时点 A 的绝对加速度。

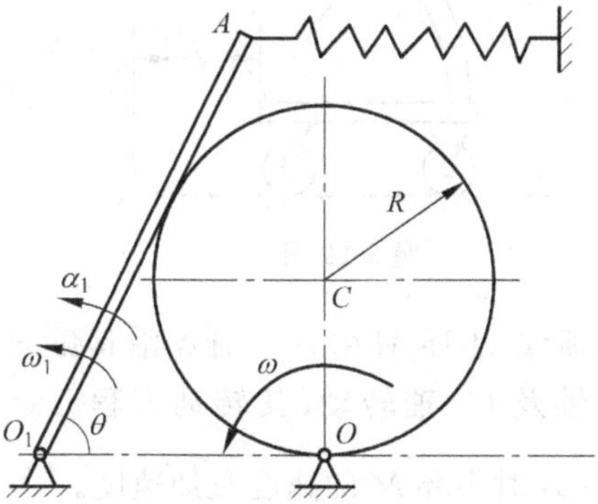

题 5-11 图

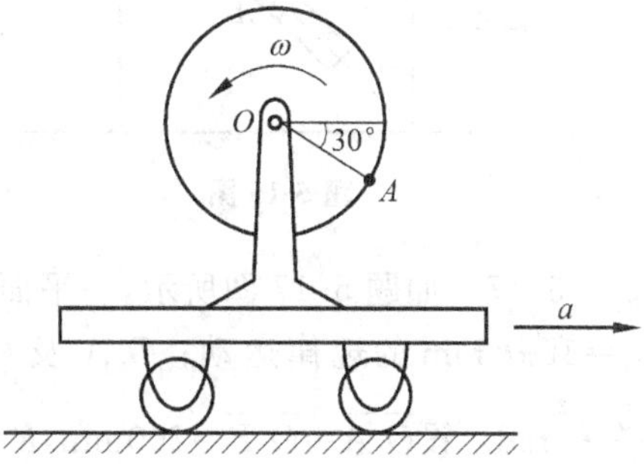

题 5-12 图

5-13　如题 5-13 图所示，半径为 r 的圆环内充满液体，液体按箭头方向以相对速度 $\boldsymbol{v}$ 在环内作匀速运动。如圆环以等角速度 ω 绕 O 轴转动，求在圆环内点 1 和点 2 处液体的绝对加速度的大小。

5-14　题 5-14 图所示直角曲杆 OBC 绕 O 轴转动，使套在其上的小环 M 沿固定直杆 OA 滑动。已知：$\overline{OB}=0.1\text{m}$，$OB$ 与 BC 垂直，曲杆的角速度 $\omega=0.5\text{rad/s}$，角加速度为零。求当 $\varphi=60°$时小环 M 的速度和加速度。

5-15　如题 5-15 图所示，开槽刚体 B 以等速 $\boldsymbol{v}$ 直线平动，通过滑块 A 带动 OA 杆绕 O 轴转动。已知：$\varphi=45°$，$\overline{OA}=L$。试求 OA 杆位于铅直瞬时的角速度和角加速度。

5-16　如题 5-16 图所示圆弧形小车，$R=40\text{cm}$，按规律 $x=24t^2+7t$ 向左运动，动点 M 沿圆弧边缘按$\overset{\frown}{OM}=20\pi t/3$ 规律运动，式中 x 及$\overset{\frown}{OM}$以 cm 计，t 以 s 计。试求 $t=1\text{s}$ 时动点 M 的速度和加速度。

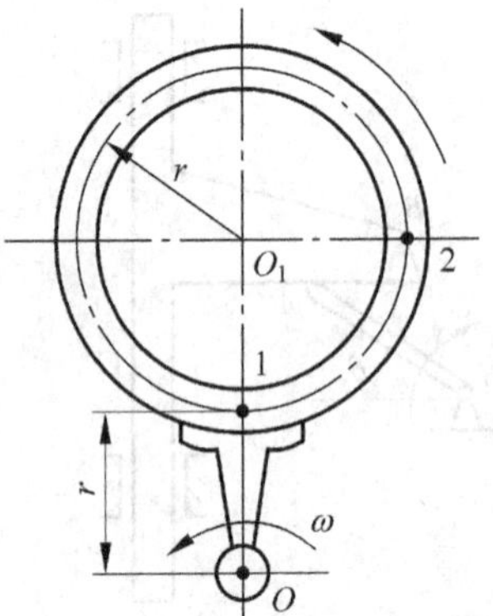

题 5-13 图

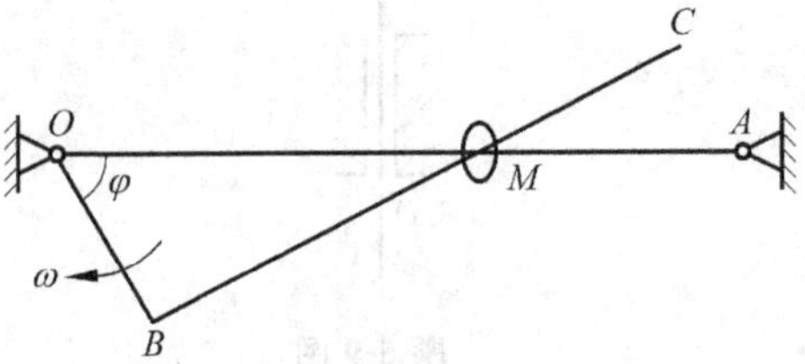

题 5-14 图

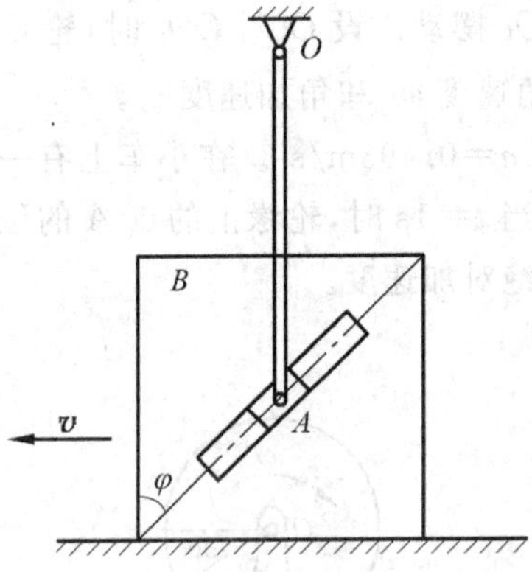

题 5-15 图

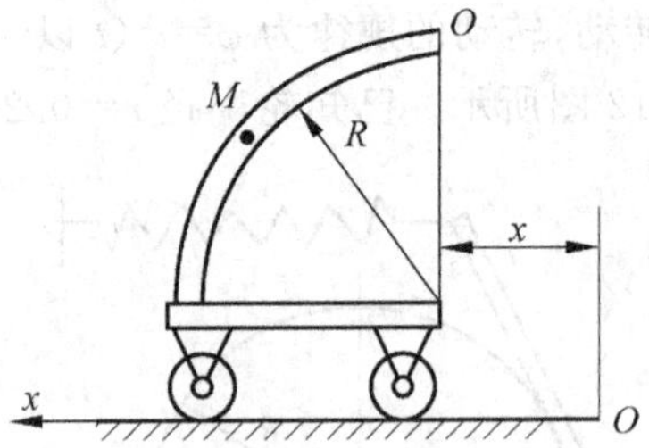

题 5-16 图

5-17 如题 5-17 图所示，一平面机构，ABC 为半圆弧线，小环 M 由 A 点开始沿其弧按 $s_r = 10\pi t^2\,\text{mm}$ 的规律运动；O_1A 及 O_2B 可分别绕 O_1 轴及 O_2 轴转动，其转动方程 $\varphi = \frac{5}{48}\pi t^3\,\text{rad}$。设 $\overline{O_1A} = \overline{O_2B} = 200\text{mm}$，$R = 160\text{mm}$。求当 $t = 2\text{s}$ 时小环 M 的速度及加速度。

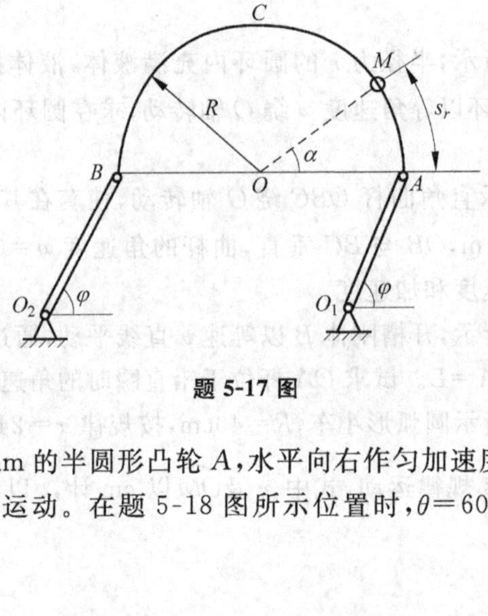

题 5-17 图

5-18 半径 $r = 400\text{mm}$ 的半圆形凸轮 A，水平向右作匀加速度运动，$a_A = 100\text{mm/s}^2$，推动 BC 杆沿 $\varphi = 30°$ 的导槽运动。在题 5-18 图所示位置时，$\theta = 60°$，$v_A = 200\text{mm/s}$。试求该

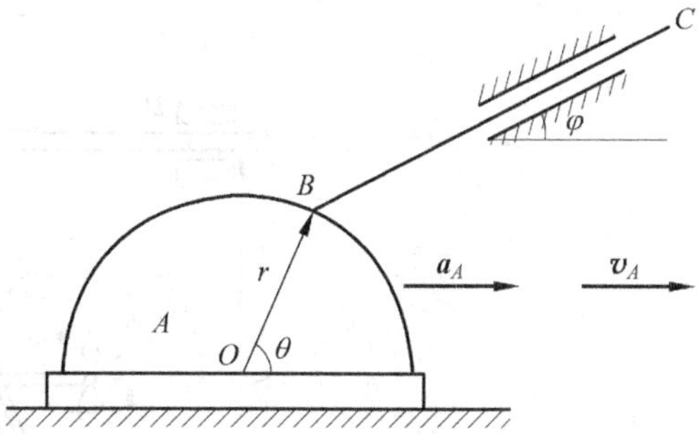

题 5-18 图

瞬时 BC 杆的加速度。

5-19 如题 5-19 图所示，半径为 r、偏心距为 e 的凸轮以匀角速度 ω 绕 O 轴转动，AB 杆长 l，A 端置于凸轮上，B 端由铰链支承。在图示瞬时，AB 杆处于水平位置，试求 AB 杆的角速度及角加速度。

5-20 边长为 $2R$ 的正方形板，以匀角速度 $\omega=4\text{rad/s}$ 绕 O_1 轴转动。板上有一个半径为 R 的半圆形槽，如题 5-20 图所示。动点 M 沿槽以 $\overset{\frown}{OM}=b=30\pi\cos(\pi t/6)$ 的规律运动，式中 b 以 cm 计，t 以 s 计。已知：$R=60\text{cm}$，当 $t=3\text{s}$ 时，板处于图示位置。试求该瞬时动点 M 的绝对加速度。

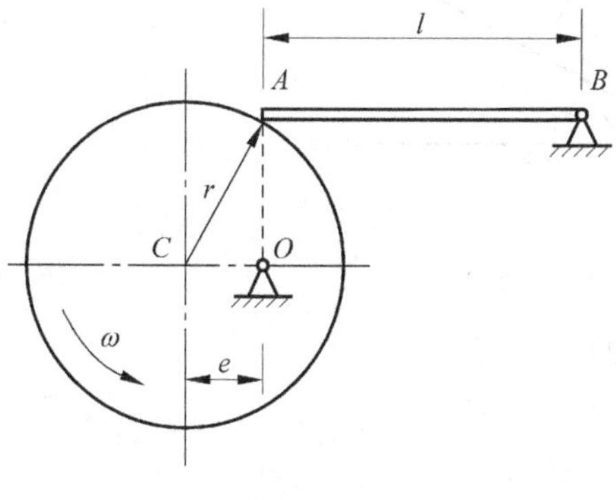

题 5-19 图

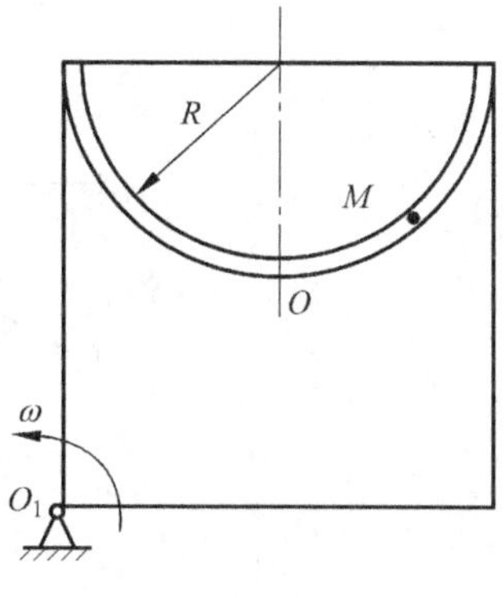

题 5-20 图

5-21 边长为 $2R$ 的正方形板，绕一边的铅垂轴 AB 以 $\omega=4\text{rad/s}$ 作匀角速度转动，板上有半径 $R=40\text{cm}$ 的圆形槽，动点 M 按 $\overset{\frown}{OM}=L=40\pi\cos(\pi t/6)$ 的规律运动，其中 L 以 cm 计，t 以 s 计。当 $t=2\text{s}$ 时，正方形板位于题 5-21 图所示位置。若取正方形为动坐标系，试求该瞬时动点 M 的相对加速度、牵连加速度和科氏加速度。

5-22 如题 5-22 图所示，刨床机构的 $R=200\text{mm}$，$l=200\sqrt{3}\,\text{mm}$，$L=400\sqrt{3}\,\text{mm}$，曲柄 OA 以匀角速度 $\omega=2\text{rad/s}$ 转动。求：(1)在图示位置时 DE 杆的移动速度及销钉 C 沿摇杆 O_1B 滑动的速度(销钉 C 对摇杆 O_1B 的相对速度)；(2)O_1B 杆的角加速度及水平杆 DE 的加速度。

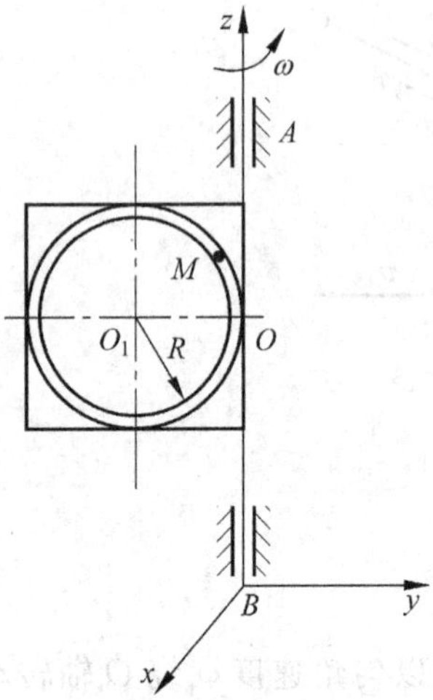

题 5-21 图

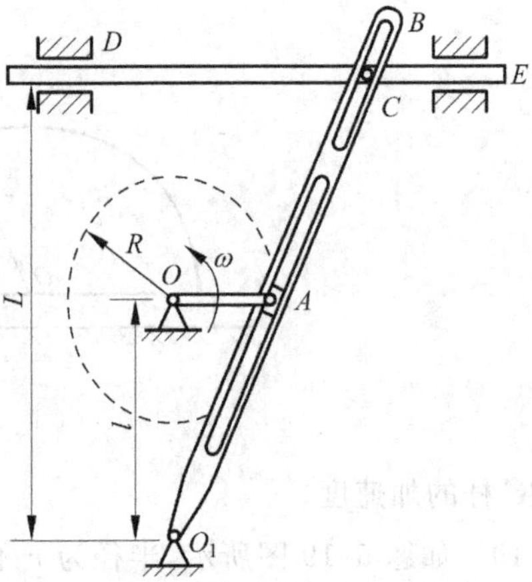

题 5-22 图

5-23 如题 5-23 图所示，直线 AB 以 $\boldsymbol{v}_1$ 的速度沿垂直于 AB 的方向向上移动，而直线 CD 以 $\boldsymbol{v}_2$ 的速度沿垂直于 CD 的方向向左上方移动，图示瞬时两直线间的交角为 α，求两直线交点的速度。

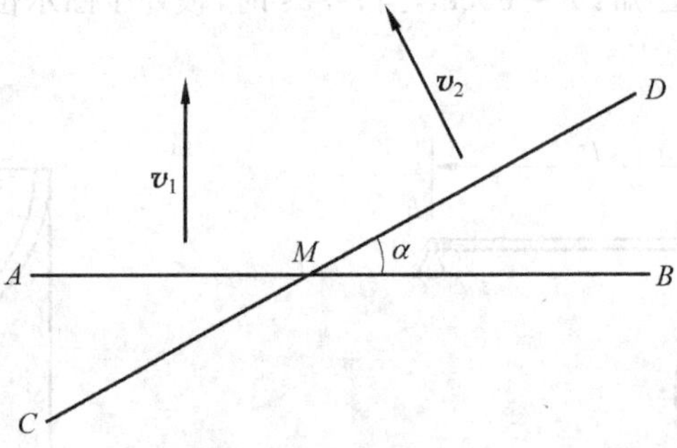

题 5-23 图

第6章 刚体的平面运动

刚体的平面运动是工程实际中常见的，更为复杂的刚体运动形式，它可以视为刚体的两种简单运动——平动与转动的合成。本章应用合成运动的方法分析刚体平面运动的分解，描述平面运动刚体的整体运动规律及刚体上各点的运动规律。

6.1 平面运动的基本概念及运动描述

1. 刚体平面运动的定义

刚体运动时，如果刚体内任一点到某一固定平面的距离始终保持不变，则这种运动称为刚体的平面运动。

刚体的平面运动是工程中常见的一种运动，例如车轮沿直线轨道滚动(图 6-1)和曲柄连杆机构中连杆 AB 的运动(图 6-2)都是刚体平面运动的实例。

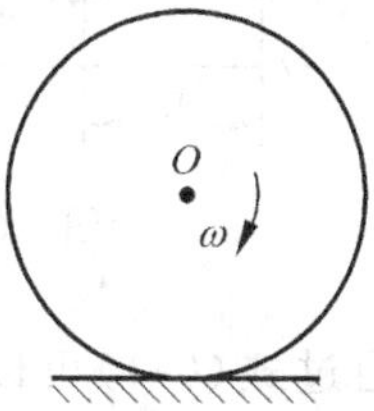

图 6-1

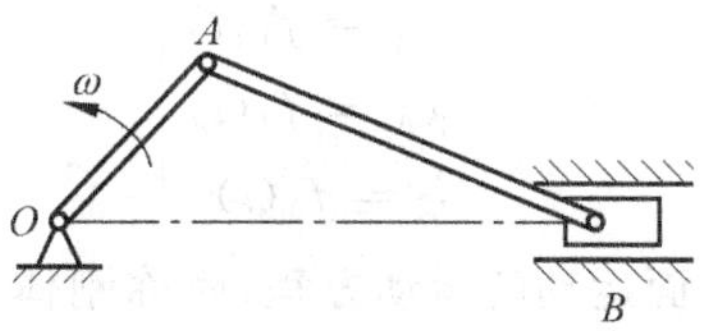

图 6-2

2. 刚体平面运动的简化

设有一刚体作平面运动，刚体内任一点到固定平面Ⅰ的距离始终保持不变。现取一个平行于固定平面Ⅰ的平面Ⅱ截割刚体，得到一平面图形 S，如图 6-3 所示。当刚体作平面运动时，平面图形 S 始终在平面Ⅱ内运动。因此，把平面Ⅱ称为平面图形 S 的自身平面。如果在平面图形 S 上任取一点 A，通过 A 作垂直于图形 S 的直线 A_1A_2，显然，直线 A_1A_2 的运动是平动，直线 A_1A_2 上各点的运动与图形 S 上 A 点的运动完全相同。因此，图形 S 上点 A 的运动就可以代表直线 A_1A_2 上所有各点的运动。同理，图形 S 上其余各点 B、C 等的运动也可以分别代表刚体内与图形 S 相垂直的直线 B_1B_2、C_1C_2 等的运动。由此可知，图形 S 上各点的运动就可以代表整个刚体的运动。于是，刚体的平面运动就可以简化为平面图形 S 在平面Ⅱ内的运动。也就是说，把对刚体平面运动的研究简化为对平面图形 S 在它自身平面内的运动来研究。

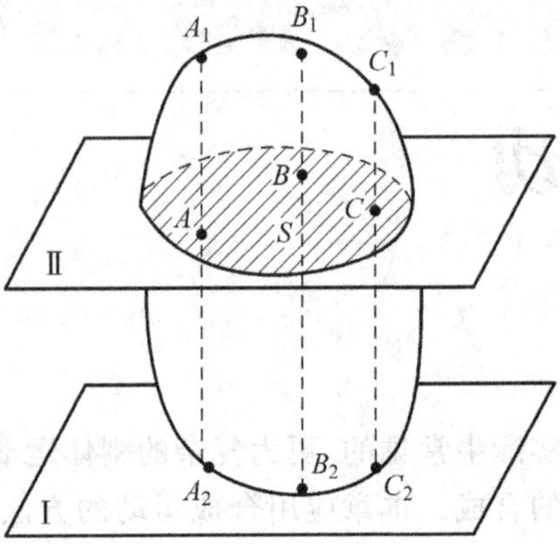

图 6-3

3. 刚体平面运动方程

由上述简化可知，确定了平面图形 S 任意瞬时 t 的位置，也就确定了平面运动刚体的运动规律。为此，只须确定平面图形 S 内任一线段 AB 的位置即可。在图形 S 所在平面内取静参考系 Oxy，如图 6-4 所示，则线段 AB 的位置可由线段上一点 A 的坐标(x_A, y_A)和线段 AB 对于 x 轴的转角 φ 来表示。所选点 A 称为基点。当图形 S 在平面内运动时，基点 A 的坐标(x_A, y_A)和 φ 角都随时间而变化，即

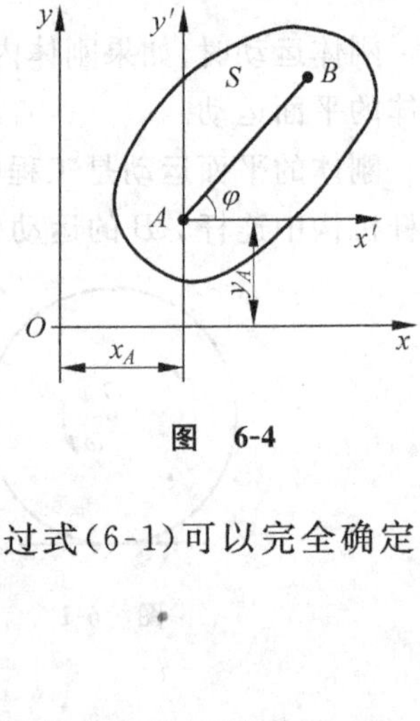

图 6-4

$$\left.\begin{aligned} x_A &= f_1(t) \\ y_A &= f_2(t) \\ \varphi &= f_3(t) \end{aligned}\right\} \tag{6-1}$$

这就是刚体平面运动的运动方程，简称刚体平面运动方程。通过式(6-1)可以完全确定刚体平面运动的运动规律。

4. 刚体平面运动的分解

从式(6-1)可以看到两种特殊情况：

(1) 当 φ=常数时，即 φ 保持不变，则图形 S 上任一线段 AB 的方位始终与其原来的位置相平行，即刚体作平动；

(2) 当 x_A=常数，y_A=常数时，即点 A 不动，则刚体作定轴转动。

由此可见，刚体的平面运动包含了刚体基本运动的两种形式：平动和转动。也就是说，平面图形的运动可以分解为平动和转动。这样，就可以用合成运动的理论来研究刚体的平面运动。

对于平面图形 S 的运动，如图 6-4 所示，可取以基点 A 为原点的动参考系 $Ax'y'$，动系只是在其原点 A 与图形相铰接，而动坐标轴 Ax'，Ay'的方向分别始终与固定坐标轴 Ox，Oy 平行，即动系 $Ax'y'$ 是一个平动坐标系。于是，图形 S 的绝对运动(相对于静系 Oxy 的运动)就是我们所研究的平面运动，它的相对运动(相对于动系 $Ax'y'$的运动)是绕基点 A 的转

动，它的牵连运动（动系 $Ax'y'$ 相对于静系 Oxy 的运动）是随基点 A 的平动。因此可以说：平面图形 S 的运动可以分解为随基点的平动和绕基点的转动。或者说，平面运动可视为随基点的平动和绕基点的转动的合成。

应当指出，这里所讲的平面运动的分解方法与点的合成运动中点的运动的分解方法是有差异的，主要不同之处在于：

（1）平面运动中是把整个刚体的运动加以分解，因此，这里所讲的绝对运动和相对运动是指刚体的运动；而在点的合成运动中，是把一个点的运动加以分解，在那里所讲的绝对运动和相对运动是指点的运动。

（2）在平面运动中，动参考系仅与图形 S 上某一点铰接，因而图形相对于动参考系可以转动；在点的合成运动中，动参考系通常固结在某个物体上，因而这个物体相对于动参考系是没有运动的。

5. 平面运动的分解与基点选择的关系

由于动系是铰接在基点 A 上的平动坐标系，所以，动系平动的速度和加速度就等于基点 A 的速度和加速度。但是，图形 S 上各点的运动轨迹、速度和加速度各不相同，并且在上述的运动分解中，对基点的选择未作限制，就是说，基点的选择是任意的。所以，选择不同的基点，图形 S 将获得不同的牵连速度和牵连加速度。可见，平面图形 S 随基点平动的速度和加速度与基点的选择有关。

对于图形 S 相对于动系转动的角速度和角加速度是否与基点的选择有关，我们可以通过下面的证明来回答这个问题。

设图形 S 上的任一线段在瞬时 t 和 t' 的位置分别为 AB 和 $A'B'$，它们表示图形 S 在这两个瞬时的位置，如图 6-5 所示。若选 A 为基点，在 Δt 时间间隔内，线段 AB 随基点平动到位置 $A'B''$，然后绕基点 A 转过角度 $\Delta\varphi_A$ 达到位置 $A'B'$；若选 B 为基点，在 Δt 时间间隔内，线段 AB 随基点 B 平动到位置 $A''B'$，然后绕基点 B 转过角度 $\Delta\varphi_B$ 也达到位置 $A'B'$。无论是点 A 还是点 B，图形 S 的牵连运动都是平动，因此，$A'B'' \parallel AB$，$A''B' \parallel AB$，所以 $A'B'' \parallel A''B'$，由此可得

$$\Delta\varphi_A = \Delta\varphi_B$$

且转向相同。当 $\Delta t \to 0$ 时，有

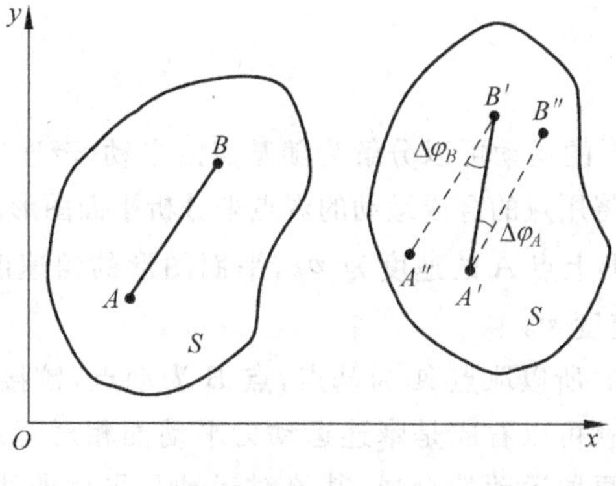

图 6-5

$$\lim_{\Delta t\to 0}\frac{\Delta\varphi_A}{\Delta t}=\lim_{\Delta t\to 0}\frac{\Delta\varphi_B}{\Delta t}$$

即

$$\omega_A=\omega_B$$

上式再对 t 求导,则有

$$\alpha_A=\alpha_B$$

由此可知,在同一瞬时,图形 S 无论是绕基点 A 转动,还是绕基点 B 转动,图形的角速度和角加速度都是相等的。这说明,图形相对于动系转动的角速度和角加速度与基点的选择无关。因此,以后只说"图形的角速度和角加速度",而不必指明基点。

综上所述,可以得出结论:平面运动可以分解为随基点的平动和绕基点的转动,其中平动的速度和加速度与基点的选择有关,而转动的角速度和角加速度与基点的选择无关。

最后还需指出,按照合成运动的观点,图形 S 绕基点转动的角速度和角加速度应该是相对角速度 ω_r 和相对角加速度 α_r,它们与绝对角速度 ω_a 和绝对角加速度 α_a 有什么关系呢?限于篇幅,这里只作一简要说明。因为动系作平动,且动坐标轴 Ax',Ay' 与固定坐标轴 Ox,Oy 始终平行,因此,图形相对于动系的转角也就是相对于静系的转角,即

$$\Delta\varphi_a=\Delta\varphi_r$$

因此有

$$\lim_{\Delta t\to 0}\frac{\Delta\varphi_a}{\Delta t}=\lim_{\Delta t\to 0}\frac{\Delta\varphi_r}{\Delta t}$$

由定义得

$$\omega_a=\omega_r$$

上式再对时间求导,得

$$\alpha_a=\alpha_r$$

由此得出结论:当把刚体的平面运动分解为随基点的平动和绕基点的转动时,其转动角速度和角加速度既是绝对运动量,又是相对运动量。在这种情况下,只说"刚体(或平面图形)的角速度和角加速度",而不必指明是绝对量还是相对量。

6.2 求平面运动刚体内各点的速度

1. 基点法

上节已说明,平面图形的运动可以分解为随基点的平动(牵连运动)和绕基点的转动(相对运动)。在这节中,我们将用点的合成运动的观点来分析平面图形内各点速度之间的关系。

设在某瞬时,平面图形上点 A 的速度为 $\boldsymbol{v}_A$,平面图形的角速度为 ω,如图 6-6 所示,求平面图形内任一点 B 的速度 $\boldsymbol{v}_B$。

由于点 A 的运动已知,所以取点 A 为基点,点 B 为动点,铰接在点 A 的平动坐标系为动系。因此,点 B 的运动就可以看成是牵连运动为平动而相对运动为绕基点 A(相对于平动坐标系)的圆周运动这两种运动的合成,其绝对运动是平面曲线运动。根据速度合成定理,可写出求 B 点绝对速度的矢量方程为

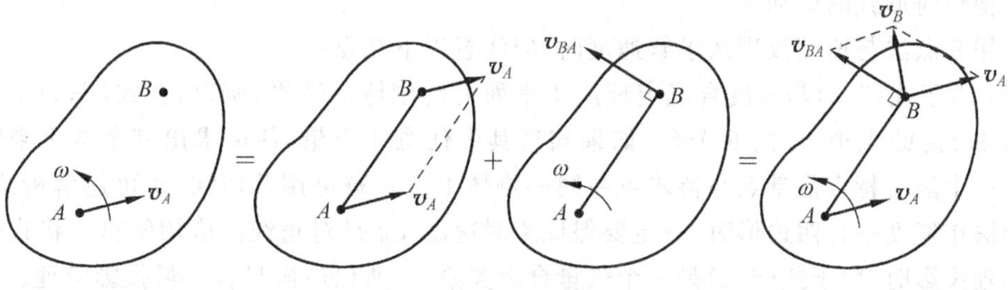

图　6-6

$$v_a = v_e + v_r$$

其中

$$v_a = v_B$$

由于点 B 的牵连运动是动系随基点 A 的平动，所以牵连速度为

$$v_e = v_A$$

而点 B 的相对运动是以基点 A 为圆心、半径为 AB 的圆周运动，所以，相对速度就是平面图形绕点 A 转动时点 B 的速度，用 v_{BA} 表示，即

$$v_r = v_{BA}$$

其大小为

$$v_r = v_{BA} = \overline{AB} \cdot \omega$$

方向垂直于 AB，指向根据右手法则，由 ω 的转向确定。因此，求点 B 绝对速度的矢量方程可改写为

$$v_B = v_A + v_{BA} \tag{6-2}$$

式(6-2)表明：平面图形内任一点的速度等于基点的速度与该点绕基点转动的速度的矢量和。这种求平面图形上任一点速度的方法称为基点法，也称为速度合成法，如图 6-6 所示。

2. 速度投影法

式(6-2)表明了平面图形上任意两点的速度之间的矢量关系。根据此式，还可以得出同一刚体上两点速度的另一种关系。

将式(6-2)向 AB 连线上投影，如图 6-7 所示，得

$$v_B\cos\beta = v_A\cos\alpha + v_{BA}\cos 90°$$

即

$$v_B\cos\beta = v_A\cos\alpha \tag{6-3a}$$

或

$$(v_B)_{AB} = (v_A)_{AB} \tag{6-3b}$$

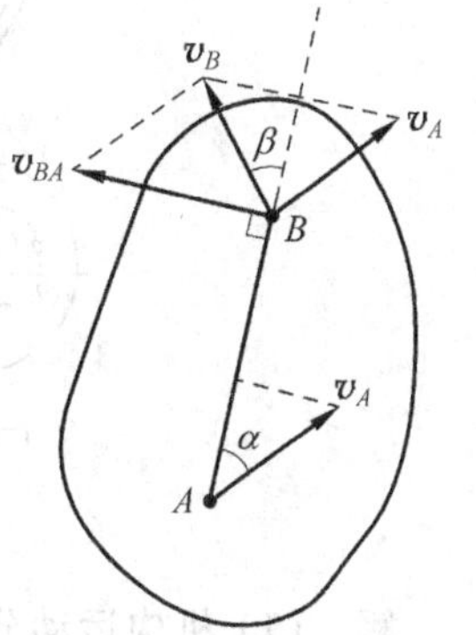

图　6-7

这就是速度投影定理，即平面图形上任意两点的速度在这两点连线上的投影彼此相等。这个定理反映了刚体的特性。因为刚体上任意两点之间的距离始终保持不变，因此，任意两点的速度在连线上的投影必须相等，否则这两点的距离就要改变，那就不称其为刚体了。这个定理不仅适用于刚体的平面运动，而且适用于

刚体其他任何形式的运动。

在用基点法与速度投影法求解速度时，应注意以下几点：

(1) 由于式(6-2)是速度合成定理用于平面运动刚体的结果，所以，在式(6-2)中，对于$\boldsymbol{v}_A$，$\boldsymbol{v}_B$和$\boldsymbol{v}_{BA}$的大小、方向6个量，如果知道其中任意4个量，便可求出其余两个未知量。求解的一个显著特点是基点与待求点在同一刚体上。求解可用几何法，也可用解析法。应用几何法作速度平行四边形时，一定要保证绝对速度$\boldsymbol{v}_B$是对角线。应用解析法将式(6-2)向坐标轴投影时，由于式(6-2)是一个矢量合成关系式，所以应满足合矢量投影定理。

(2) 一般来说，尽可能选运动已知点为基点。

(3) 速度投影定理式(6-3)只表明了平面图形上任意两点的绝对速度之间的关系，而不包含相对速度，即不包含图形的角速度ω。所以，式(6-3)不能用于求图形的角速度ω。但它也带来了方便：如果已知平面图形上一点速度的大小和方向，又知另一点速度的方向，则可在图形角速度ω未知的情况下，求出另一点的速度。式(6-3)是一个代数方程，所以只能求一个未知量。

一般来说，基点法和速度投影法的解题步骤如下：

(1) 根据题意，分析各刚体的运动，弄清楚哪些刚体作平动，哪些刚体作定轴转动，哪些刚体作平面运动；

(2) 选取作平面运动的刚体为研究对象，选取基点，进行速度分析；研究作平面运动的刚体上哪一点速度的大小和方向是已知的，哪一点速度的大小和方向是未知的，判断问题是否可解；

(3) 应用基点法式(6-2)或速度投影定理式(6-3)求解未知量。

例 6-1 曲柄滑块机构如图6-8(a)所示，已知：曲柄$\overline{OA}=r$，以匀角速度ω_O绕O轴转动，连杆$\overline{AB}=l$。在图示情形下连杆与曲柄垂直，OA杆与水平线成φ_0角。求该瞬时：(1)滑块的速度v_B；(2)连杆AB的角速度ω_{AB}。

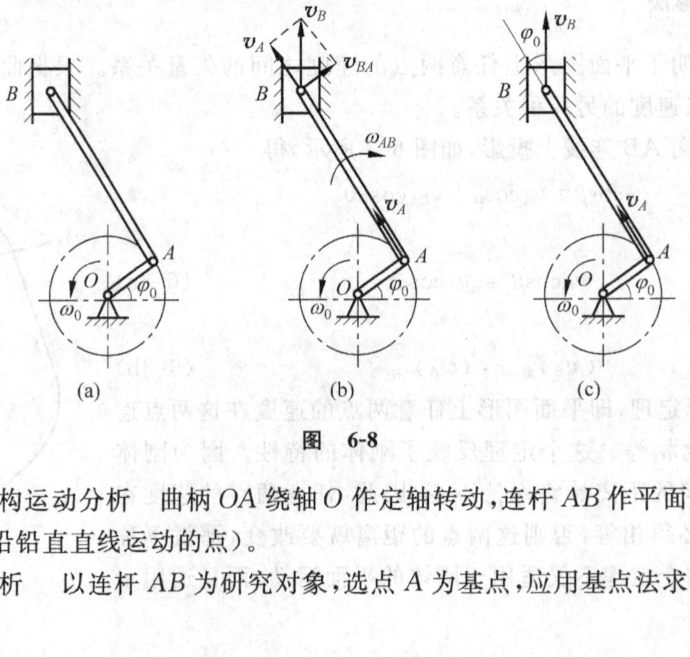

图 6-8

解 (1) 机构运动分析 曲柄OA绕轴O作定轴转动，连杆AB作平面运动，滑块B作平动(也可看作沿铅直直线运动的点)。

(2) 速度分析 以连杆AB为研究对象，选点A为基点，应用基点法求解。

基点 A 的速度 $\boldsymbol{v}_A$ 已知，大小为 $v_A = r\omega_O$，方向垂直于 OA，向上指；点 B 相对于点 A 作圆周运动的速度 $\boldsymbol{v}_{BA}$ 的大小 $v_{BA} = \overline{AB} \cdot \omega_{AB}$ 未知，方向垂直于 AB，向上指；点 B 的速度 $\boldsymbol{v}_B$ 的大小未知，方向竖直向上。

根据上面的分析，写出基点法公式为

$$\boldsymbol{v}_B = \boldsymbol{v}_A + \boldsymbol{v}_{BA}$$

大小　?　√　?

方向　√　√　√

在点 B 上画出速度平行四边形，如图 6-8(b)所示，由图可得

$$v_B = \frac{v_A}{\cos\varphi_0} = \frac{r\omega_O}{\cos\varphi_0}, \quad \omega_{AB} = \frac{v_{BA}}{\overline{AB}} = \frac{v_A \tan\varphi_0}{l} = \frac{r\omega_O}{l}\tan\varphi_0 \quad \text{（顺时针转向）}$$

讨论　也可应用速度投影法求点 B 的速度。速度图如图 6-8(c)所示，由速度投影定理得

$$[\boldsymbol{v}_A]_{AB} = [\boldsymbol{v}_B]_{AB}$$

即

$$v_A \cos 0° = v_B \cos\varphi_0$$

则有

$$v_A = v_B \cos\varphi_0$$

解得

$$v_B = \frac{v_A}{\cos\varphi_0} = \frac{r\omega_O}{\cos\varphi_0}$$

应用速度投影定理无法求得连杆 AB 的角速度。

例 6-2　四连杆机构如图 6-9(a)所示。曲柄 OA 长为 75mm，以等角速度 $\omega_O = 2\text{rad/s}$ 绕轴 O 逆时针转动。试求当 OA 水平、摇杆 BC 铅直时，连杆 AB 和摇杆 BC 的角速度 ω_{AB} 和 ω_{BC}。

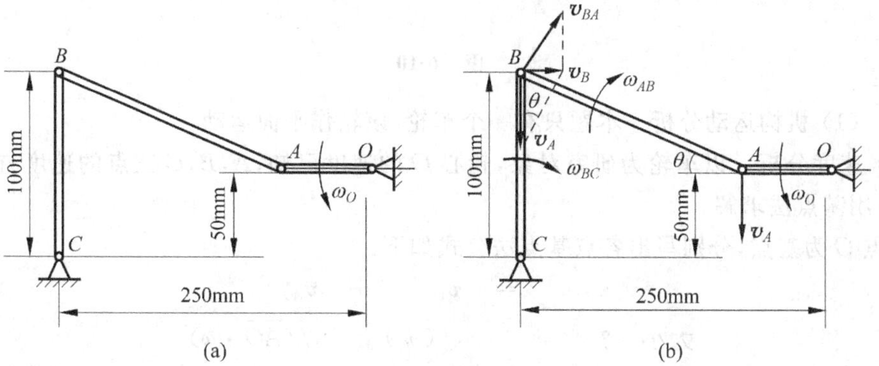

图　6-9

解　(1) 机构运动分析　曲柄 OA 绕轴 O 作定轴转动，摇杆 BC 绕轴 C 作定轴转动，连杆 AB 作平面运动。

(2) 速度分析　欲求摇杆 BC 的角速度 ω_{BC},需先求得点 B 的速度 $\boldsymbol{v}_B$,故可以连杆 AB 为研究对象。因同时求连杆 AB 的角速度 ω_{AB} 及点 B 速度 $\boldsymbol{v}_B$,故采用基点法求解。

选点 A 为基点,写出基点法公式为

	$\boldsymbol{v}_B$	=	$\boldsymbol{v}_A$	+	$\boldsymbol{v}_{BA}$
大小	?		√($\overline{OA}\cdot\omega_O$)		?
方向	√(⊥BC)		√(⊥OA)		√(⊥AB)

在点 B 上画出速度平行四边形,如图 6-9(b)所示。由图中几何关系得

$$v_B = v_A\tan\theta$$

$$v_{BA} = \frac{v_A}{\cos\theta}$$

所以

$$\omega_{AB} = \frac{v_{BA}}{\overline{AB}} = \frac{v_A}{\cos\theta}\times\frac{1}{\overline{AB}} = \frac{75\times 2}{\cos\theta}\times\frac{1}{\dfrac{250-75}{\cos\theta}}\text{rad/s} = \frac{6}{7}\text{rad/s}$$

$$\omega_{BC} = \frac{v_B}{\overline{BC}} = \frac{v_A\tan\theta}{\overline{BC}} = \frac{75\times 2}{100}\times\frac{100-50}{250-75}\text{rad/s} = \frac{3}{7}\text{rad/s}$$

例 6-3　图 6-10(a)所示车轮沿直线轨道作无滑动滚动(即纯滚动),已知车轮半径 r=60cm,转速 n=50r/min,轮心 O 的速度大小为 v_O=314cm/s,方向水平向右。求图示位置轮缘上 A,B,C 三点的速度。

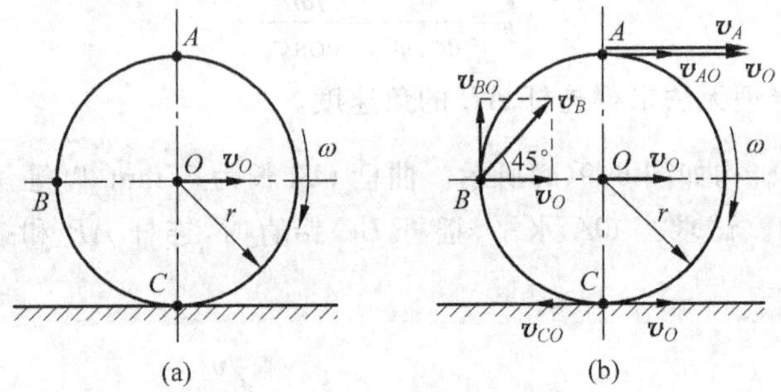

图 6-10

解　(1) 机构运动分析　本题只有一个车轮,该轮作平面运动。

(2) 速度分析　以车轮为研究对象,轮心 O 的速度已知,A,B,C 三点的速度方向不确定,故采用基点法求解。

以点 O 为基点,分别写出各点基点法公式如下:

	$\boldsymbol{v}_A$	=	$\boldsymbol{v}_O$	+	$\boldsymbol{v}_{AO}$
大小	?		√(v_O)		√($\overline{AO}\cdot\omega$)
方向	?		√(→)		√(→)

	$\boldsymbol{v}_B$	=	$\boldsymbol{v}_O$	+	$\boldsymbol{v}_{BO}$
大小	?		√(v_O)		√($\overline{BO}\cdot\omega$)
方向	?		√(→)		√(↑)

	$\boldsymbol{v}_C$	=	$\boldsymbol{v}_O$	+	$\boldsymbol{v}_{CO}$
大小	?		√(v_O)		√($\overline{CO}\cdot\omega$)
方向	?		√(→)		√(←)

车轮的角速度 $\omega=\dfrac{n\pi}{30}$。

在 A、B、C 三点分别画出速度平行四边形，如图 6-10(b)所示。由图中几何关系得

$$v_A=v_O+v_{AO}=628\text{cm/s}$$

其方向垂直于 OA，指向如图 6-10(b)所示。

$$v_B=\sqrt{v_O^2+v_{BO}^2}=\sqrt{314^2+314^2}\ \text{cm/s}=444\text{cm/s}$$

其方向与水平线 BO 成 45°角，指向如图 6-10(b)所示。

$$v_C=v_O-v_{CO}=0$$

上式表明，车轮作纯滚动时，轮缘上与轨道接触点的速度为零。事实上，轨道上的点总是不动的，其速度为零。由于车轮没有滑动，轮缘上与轨道相接触的点应与轨道上的接触点具有相同的速度，所以点 C 的速度也必定为零。

由于 A、B、C 三点的速度在求解前其大小和方向均未知，因此，这种情况用解析法求解也是很方便的，请读者一试。

此题如先以点 O 为基点，计算出点 C 的速度 $\boldsymbol{v}_C$，再以点 C 为基点计算点 A、B 或轮上其他各点的速度，会简化计算。

3. 速度瞬心法

在例 6-3 的求解中我们已看到，在轮缘上与轨道接触的点 C 的速度为零。现在的问题是，在任一瞬时，平面运动刚体是否一定存在一个速度为零的点？如果存在，应该怎样寻找这个点？这样一个点有什么特征？它会给运动分析带来什么方便？这里将详细讨论这几个问题。

1）瞬时速度中心

定理　一般情况下，在每一瞬时，平面图形内或平面图形的扩展部分上，都唯一地存在一个速度为零的点。这个点称为瞬时速度中心，简称速度瞬心。

证明　设有一平面图形 S，如图 6-11 所示。取图形上的点 A 为基点，它的绝对速度为 $\boldsymbol{v}_A$，图形的角速度为 ω，转向如图 6-11 所示。由基点法，图形上任一点 M 的速度可按下式计算：

$$\boldsymbol{v}_M=\boldsymbol{v}_A+\boldsymbol{v}_{MA}$$

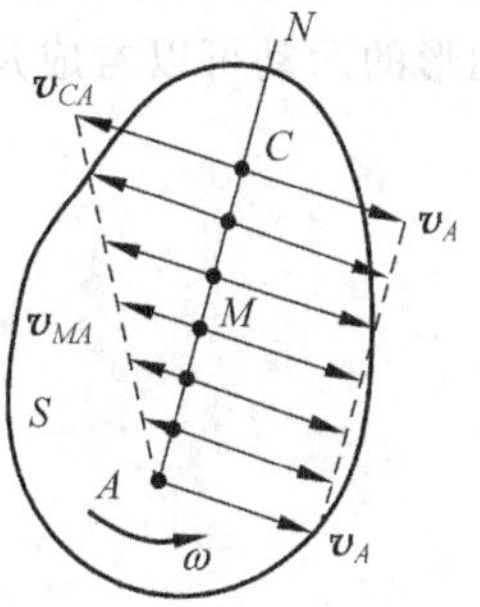

图　6-11

如果点 M 在 $\boldsymbol{v}_A$ 的垂线 AN 上（由 $\boldsymbol{v}_A$ 顺 ω 的转向转 90°就是 AN），如图 6-11 所示，由图中可以看出，$\boldsymbol{v}_A$ 和 $\boldsymbol{v}_{MA}$ 在同一直线上，且方向相反，$\boldsymbol{v}_M$ 的大小为

$$v_M=v_A-v_{MA}=v_A-\overline{AM}\cdot\omega$$

由上式可知，随着点 M 在垂线 AN 上的位置不同，$\boldsymbol{v}_M$ 的大小也不同。那么，总可以找到一点 C，在这点上有

$$|\boldsymbol{v}_{CA}|=|\boldsymbol{v}_A|$$

即

$$\overline{AC}\cdot\omega=v_A$$

于是

$$v_C=v_A-\overline{AC}\cdot\omega=0$$

由此定理得证。

关于速度瞬心的概念,应着重从以下几个方面去理解:

(1) 速度瞬心是平面图形内某瞬时速度为零的点,但并不是平面图形上的一个固定点,其位置随时间而变化,在不同瞬时有不同的位置;

(2) 速度瞬心不一定在所考虑的平面图形内,它可以在其扩展图形上;

(3) 若平面图形在某瞬时角速度不等于零,则该瞬时图形有且只有一个速度瞬心;

(4) 若平面图形在运动的某瞬时角速度为零,则该瞬时图形的运动称为瞬时平动。其特点是该瞬时图形上各点的速度大小相等,方向相同,速度瞬心不存在或速度瞬心在无穷远处;

(5) 对运动中的平面图形,速度瞬心只是其速度为零,而其加速度不为零。如果平面图形在运动中速度瞬心的加速度为零的话,则该点一定是个固定点,于是平面图形的运动就是定轴转动而不是平面运动了;

(6) 速度瞬心是相对于一个平面运动刚体而定义的,不同的平面运动刚体,同一时刻各有各的速度瞬心。

2) 速度瞬心法

如果以某瞬时速度瞬心 C 为基点,则此瞬时基点的速度 $v_C=0$,于是由基点法求平面图形内任一点 P 的速度为

$$\boldsymbol{v}_P=\boldsymbol{v}_{PC} \tag{6-4}$$

由此得出结论:平面图形内任一点的速度等于该点随图形绕速度瞬心 C 转动的速度,其大小为

$$v_P=\overline{PC}\cdot\omega \tag{6-5}$$

它的方向垂直于 PC,指向根据右手法则,由 ω 的转向确定。由此可知,平面图形上各点速度在某瞬时的分布规律与图形绕定轴转动时的分布规律相同,如图 6-12 所示。于是,平面图形的运动可以看成是绕速度瞬心的瞬时转动,因而速度瞬心又称为瞬时转动中心。

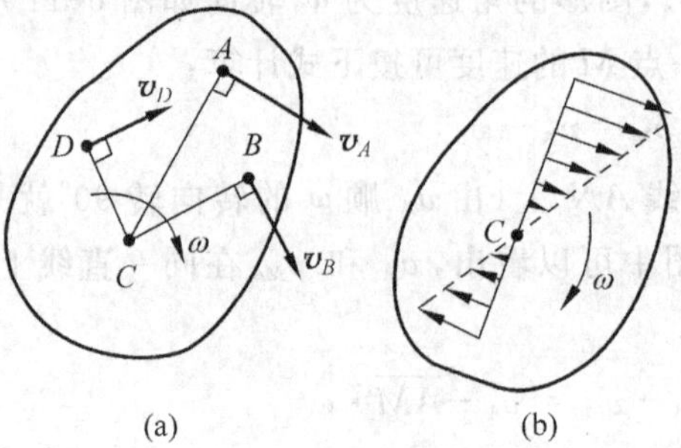

图 6-12

选择速度瞬心作为基点来求图形上任一点的速度，较选其他点为基点更为方便。这种利用速度瞬心求速度的方法称为速度瞬心法。

3）确定速度瞬心位置的方法

速度瞬心法求平面运动刚体上点的速度虽然很方便，但前提是能找到某瞬时平面运动刚体的速度瞬心。下面介绍几种情况下，找平面运动刚体速度瞬心的方法。

（1）已知某瞬时图形上 A、B 两点速度的方向，但它们互不平行，如图 6-13 所示。

由于图形上各点的速度应垂直于各点到速度瞬心的连线，所以过 A、B 两点分别作直线与其速度垂直，则此二直线的交点 C 就是该瞬时图形的速度瞬心，点 C 可能在图形内，也可能在图形的延伸部分上，如图 6-13 所示。

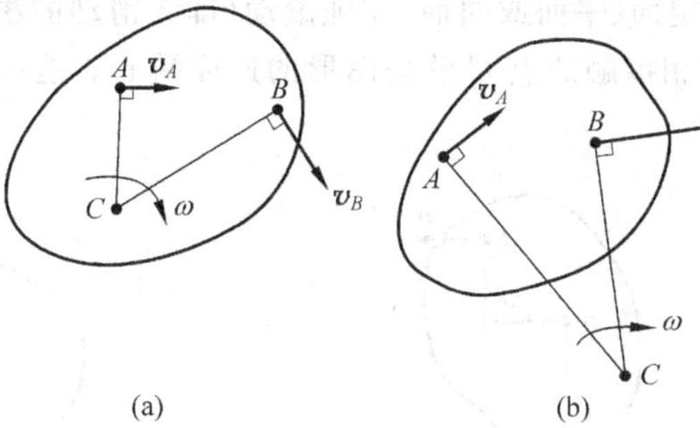

图　6-13

如果在此瞬时，已知速度瞬心 C 的位置与图形上某一点（例如点 A）速度的大小与方向，则此瞬时图形的角速度大小为

$$\omega=\frac{v_A}{\overline{AC}}$$

转向根据右手法则，由 $\boldsymbol{v}_A$ 的指向确定。

（2）已知某瞬时图形上 A、B 两点的速度 $\boldsymbol{v}_A$ 和 $\boldsymbol{v}_B$，且 $\boldsymbol{v}_A /\!/ \boldsymbol{v}_B$，但大小不相等，方向垂直于连线 AB，如图 6-14 所示。

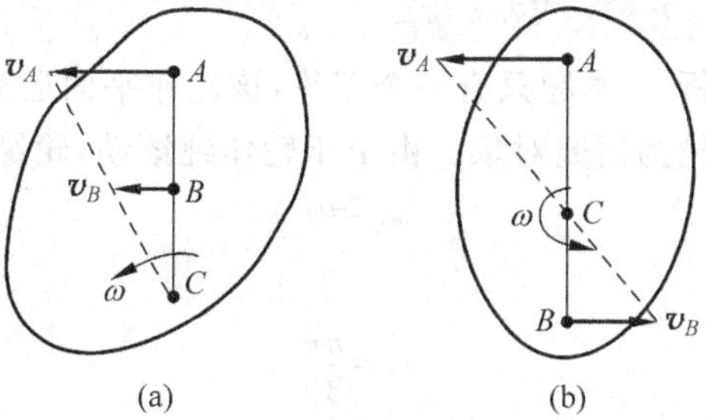

图　6-14

参照图 6-12(b) 所示的图形上各点的速度分布规律，不论 $\boldsymbol{v}_A$ 和 $\boldsymbol{v}_B$ 的指向相同（图 6-14(a)）还是相反（图 6-14(b)），该瞬时图形的速度瞬心 C 都必定在连线 AB 与速度 $\boldsymbol{v}_A$ 和 $\boldsymbol{v}_B$ 矢端连线的交点上。

在这种情况下，确定了速度瞬心 C 的位置后，就可以根据 $\boldsymbol{v}_A$ 和 $\boldsymbol{v}_B$ 的大小求出图形角速

度的大小

$$\omega=\frac{v_A}{\overline{AC}}=\frac{v_B}{\overline{BC}}=\frac{|v_A\mp v_B|}{\overline{AB}}$$

式中当 $\boldsymbol{v}_A$ 和 $\boldsymbol{v}_B$ 同向时取"－"号，反向时取"＋"号，角速度 ω 的转向应根据右手法则，由 $\boldsymbol{v}_A$ 和 $\boldsymbol{v}_B$ 的指向确定。

(3) 已知某瞬时图形上 A、B 两点的速度，$\boldsymbol{v}_A=\boldsymbol{v}_B$，$\boldsymbol{v}_A/\!/\boldsymbol{v}_B$，且都垂直于连线 AB，如图 6-15(a)所示；或已知 $\boldsymbol{v}_A/\!/\boldsymbol{v}_B$，但 $\boldsymbol{v}_A$ 和 $\boldsymbol{v}_B$ 都与连线 AB 不垂直，如图 6-15(b)所示。

根据上述两种方法，可以确定这时图形的速度瞬心在无穷远，同时可求得该瞬时图形的角速度 $\omega=0$，称平面图形此时作瞬时平动，该瞬时图形上各点的瞬时速度彼此相等。

(4) 若图形沿某一固定面(平面或曲面)作纯滚动(即无滑动的滚动)，如图 6-16 所示，则每一瞬时图形与固定面相接触的点 C 就是图形的速度瞬心。这种情况在例 6-3 中已作过说明，不再赘述。

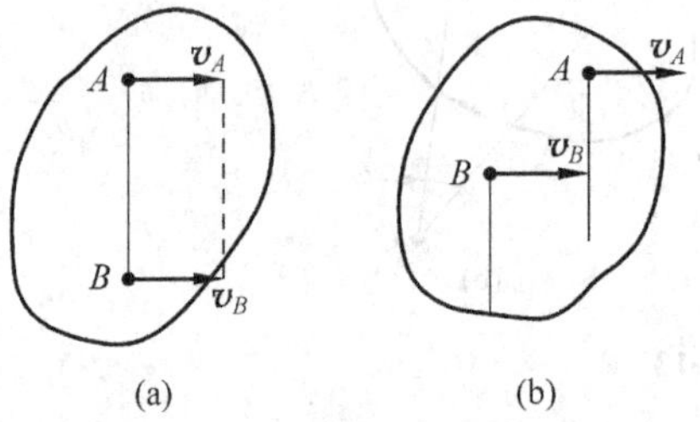

图 6-15

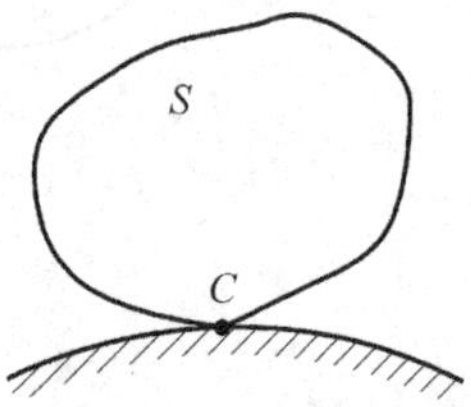

图 6-16

在举例说明速度瞬心法的应用之前，先介绍一下解题步骤：

(1) 分析机构各构件的运动；

(2) 选取平面运动刚体作为研究对象，进行速度分析，确定其速度瞬心；

(3) 用速度瞬心法求解未知量。

现举例说明速度瞬心法的应用。

例 6-4 用速度瞬心法求解例 6-3。

解 (1) 机构运动分析　本题只有一个车轮，该轮作平面运动。

(2) 速度分析　以车轮为研究对象。由于车轮作纯滚动，轮缘上点 C 为速度瞬心，即

$$v_C=0$$

又由于车轮的角速度为

$$\omega=\frac{n\pi}{30}$$

所以，点 A 的速度为

$$v_A=\overline{AC}\cdot\omega=2r\omega=628\text{cm/s}$$

方向水平向右。

点 B 的速度为

$$v_B=\overline{BC}\cdot\omega=\sqrt{2}\,r\omega=444\text{cm/s}$$

方向垂直于 BC，指向如图 6-10(b)所示。

例 6-5　已知四连杆机构如图 6-17(a)所示，$\overline{O_1B}=l$，$\overline{AB}=\frac{3}{2}l$，$\overline{AD}=\overline{DB}$，$OA$ 以角速度 ω_O 绕 O 轴转动。图示瞬时，$\angle AOO_1=45°$，$\angle OO_1B=\angle ABO_1=90°$，求：(1)点 B 和 D 的速度；(2)AB 杆的角速度。

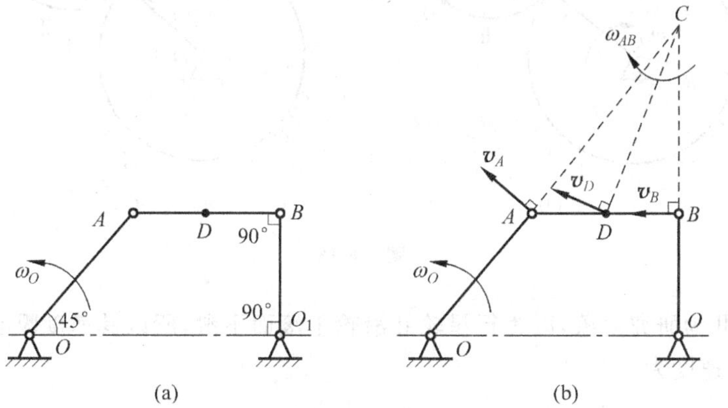

图　6-17

解　(1) 机构运动分析　OA 杆绕轴 O 作定轴转动，连杆 AB 作平面运动，O_1B 杆绕轴 O_1 作定轴转动。

(2) 速度分析　在 OA 杆上，可求得

$$v_A=\overline{OA}\cdot\omega_O=\sqrt{2}l\omega_O$$

其方向如图 6-17(b)所示。

以 AB 杆为研究对象，由于 A、B 两点的速度方向已知，可确定 C 点即为 AB 杆的速度瞬心，如图 6-17(b)所示。于是

$$\omega_{AB}=\frac{v_A}{\overline{AC}}=\sqrt{2}l\omega_O/\frac{3\sqrt{2}}{2}l=\frac{2}{3}\omega_O$$

$$v_B=\overline{BC}\cdot\omega_{AB}=\frac{3}{2}l\times\frac{2}{3}\omega_O=l\omega_O$$

$$v_D=\overline{DC}\cdot\omega_{AB}=\sqrt{(0.75l)^2+(1.5l)^2}\times\frac{2}{3}\omega_O=1.12l\omega_O$$

各点速度方向及各角速度转向如图 6-17(b)所示。

例 6-6　如图 6-18(a)所示，节圆半径为 r 的行星齿轮Ⅱ由曲柄 OA 带动在节圆半径为 R 的固定齿轮Ⅰ上作无滑动的滚动。已知曲柄 OA 以匀角速度 ω_O 转动。求在图示位置时，齿轮Ⅱ节圆上 M_1，M_2，M_3 和 M_4 各点的速度。图中 M_3M_4 连线垂直于 M_1M_2 连线。

解　(1) 机构运动分析　轮Ⅰ固定不动，曲柄 OA 绕轴 O 作定轴转动，行星齿轮Ⅱ作平面运动。

(2)速度分析　在 OA 杆上，可求得

$$v_A=\overline{OA}\cdot\omega_O=(R+r)\cdot\omega_O$$

其方向如图 6-18(b)所示。

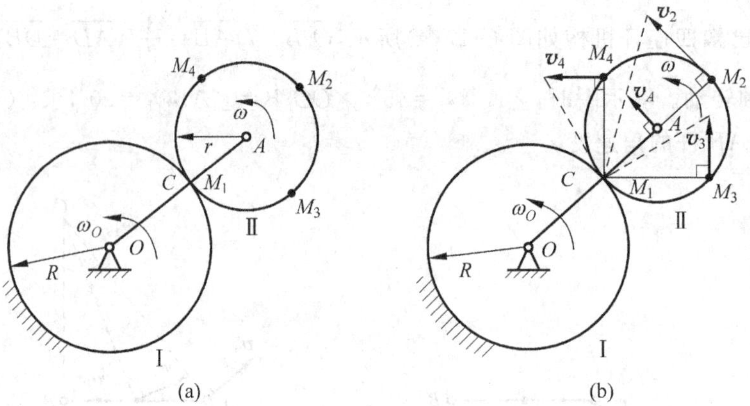

图 6-18

以行星轮Ⅱ为研究对象,因为行星轮Ⅱ沿轮Ⅰ滚而不滑,所以其速度瞬心在二轮接触点 C 处,于是其角速度为

$$\omega=\frac{v_A}{r}=\frac{R+r}{r}\omega_O$$

所以轮Ⅱ上 M_1, M_2, M_3 和 M_4 各点的速度分别为

$$v_1 = v_C = 0$$

$$v_2 = \overline{CM}_2 \cdot \omega = 2(R+r)\omega_O$$

$$v_3 = \overline{CM}_3 \cdot \omega = \sqrt{2}(R+r)\omega_O$$

$$v_4 = \overline{CM}_4 \cdot \omega = \sqrt{2}(R+r)\omega_O$$

各点速度方向如图 6-18(b)所示。

例 6-7 平面机构如图 6-19(a)所示,曲柄 $\overline{OA}=100\text{mm}$,以角速度 $\omega=2\text{rad/s}$ 绕 O 轴转动。连杆 AB 带动摇杆 CD 转动,连杆 DE 拖动轮 E(半径 $R=100\text{mm}$)沿水平面纯滚动。已知 $\overline{CD}=2\,\overline{CB}$,图示位置时,$A$、$B$、$E$ 三点恰在一水平线上,且 $CD \perp ED$,试求该瞬时 E 点的速度及轮 E 的角速度。

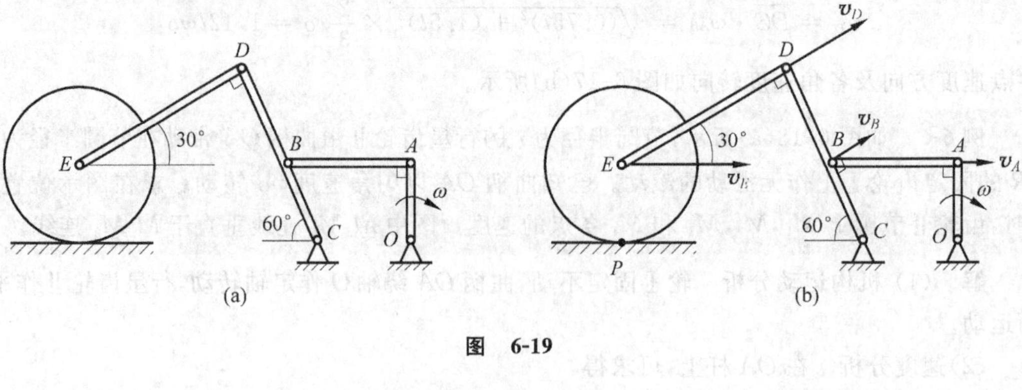

图 6-19

解 (1) 机构运动分析 OA 杆绕轴 O 作定轴转动,CD 杆绕轴 C 作定轴转动,AB 杆、DE 杆、轮 E 均作平面运动。

(2) 速度分析　在 OA 杆上，可求得

$$v_A=\overline{OA}\cdot\omega=0.2\text{m/s}$$

在 AB 杆上，由速度投影定理得

$$v_B\cos30°=v_A,\quad v_B=0.231\text{m/s}$$

在 CD 杆上，有

$$v_D=\frac{v_B}{\overline{CB}}\cdot\overline{CD}=2v_B=0.462\text{m/s}$$

在 DE 杆上，由速度投影定理得

$$v_E\cos30°=v_D,\quad v_E=0.533\text{m/s}$$

在轮 E 上，易知其速度瞬心为点 P，于是

$$\omega=\frac{v_E}{R}=5.33\text{rad/s}$$

各点速度方向如图 6-19(b)所示。

6.3 求平面运动刚体内各点的加速度

1. 基点法

平面运动的加速度分析与速度分析相仿。设已知某一瞬时平面图形内某一点 A 的加速度为 $\boldsymbol{a}_A$，角速度为 ω，角加速度为 α，如图 6-20 所示。根据前面所述，平面图形 S 的运动可以分解为随同基点 A 的平动(牵连运动)和绕基点 A 的转动(相对运动)。因此，平面图形内任一点 B 的加速度 $\boldsymbol{a}_B$(即 B 点的绝对加速度 $\boldsymbol{a}_a$)可以用牵连运动为平动时的点的加速度合成定理求出，即

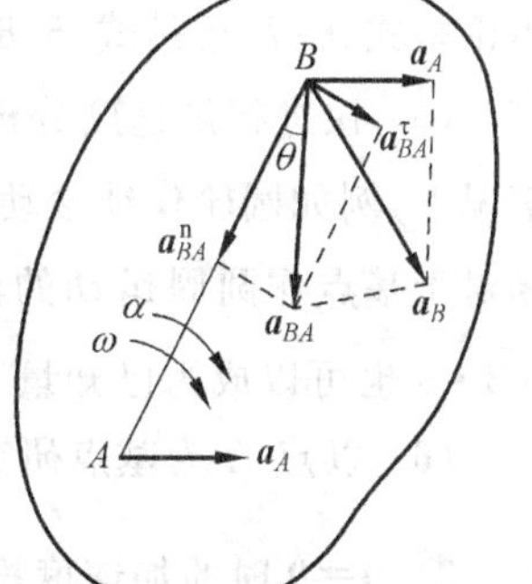

图 6-20

$$\boldsymbol{a}_a=\boldsymbol{a}_e+\boldsymbol{a}_r$$

其中

$$\boldsymbol{a}_a=\boldsymbol{a}_B$$

由于牵连运动是平动，故

$$\boldsymbol{a}_e=\boldsymbol{a}_A$$

B 点的相对加速度 $\boldsymbol{a}_r$ 是 B 点绕基点 A 作圆周运动的加速度，用 $\boldsymbol{a}_{BA}$ 表示，即

$$\boldsymbol{a}_r=\boldsymbol{a}_{BA}$$

所以，$\boldsymbol{a}_{BA}$ 由相对切向加速度和相对法向加速度组成，即

$$\boldsymbol{a}_{BA}=\boldsymbol{a}_{BA}^{\tau}+\boldsymbol{a}_{BA}^{n}$$

式中

$$a_{BA}^{\tau}=\overline{AB}\cdot\alpha$$

方向与连线 AB 垂直，指向根据右手法则，由 α 的转向确定。

$$a_{BA}^{n}=\overline{AB}\cdot\omega^2$$

方向沿连线 AB，且指向基点 A。

根据上面的分析,得

$$\boldsymbol{a}_B = \boldsymbol{a}_A + \boldsymbol{a}_{BA}^{\tau} + \boldsymbol{a}_{BA}^{n} \tag{6-6}$$

上式表明,平面图形内任一点的加速度,等于随基点平动的加速度与该点相对于基点转动的切向加速度和法向加速度的矢量和。这种求平面图形内任一点加速度的方法称为基点法,也称为加速度合成法。

用基点法求解加速度时,应注意以下几点:

(1) 由于式(6-6)中涉及的量较多,在具体计算时,一般用解析法求解比较方便,即通过矢量方程的投影式求解未知量。只有在特殊情况下用几何法才较为方便。

(2) 式(6-6)中有4个矢量,每一个矢量都有大小、方向两个量,共有8个量。但式(6-6)只是一个平面矢量关系式,所以,它只有两个投影式,因此,只有知道其中6个量,才能解出其余的两个未知量。

(3) 在分析式(6-6)中的各加速度量时应注意,要分析各项加速度的大小和方向(或方位),画出该点的加速度矢量图。通常 $\boldsymbol{a}_A$ 的大小和方向、$\boldsymbol{a}_{BA}^{n}$ 的大小和方向以及 $\boldsymbol{a}_{BA}^{\tau}$ 的方位都是已知的。对于方向已知的加速度量,要画出其正确指向;对于方位已知而指向未知的,则可假设其指向;对于大小和方向都未知的,可分解成正交的两个分量,并假定其指向。

(4) 在很多情况下,点 A 和点 B 都可能是曲线运动,因此,式(6-6)还可写成

$$\boldsymbol{a}_B^{\tau} + \boldsymbol{a}_B^{n} = \boldsymbol{a}_A^{\tau} + \boldsymbol{a}_A^{n} + \boldsymbol{a}_{BA}^{\tau} + \boldsymbol{a}_{BA}^{n} \tag{6-7}$$

当点 B 的加速度的大小和方向均未知时,式(6-6)还可写成

$$\boldsymbol{a}_{Bx} + \boldsymbol{a}_{By} = \boldsymbol{a}_A^{\tau} + \boldsymbol{a}_A^{n} + \boldsymbol{a}_{BA}^{\tau} + \boldsymbol{a}_{BA}^{n} \tag{6-8}$$

不论是式(6-7)还是式(6-8),它们都只能求两个未知量。

(5) 在进行加速度分析之前,一般应先进行速度分析,先求出图形的角速度 ω(在某些情况下,例如圆轮作纯滚动时,还可通过将 ω 对时间求导而求得图形的角加速度 α),这样,相对于基点作圆周运动的法向加速度 $a_{BA}^{n} = \overline{AB} \cdot \omega^2$ 就是已知量了(在某些情况下,$a_{BA}^{\tau} = \overline{AB} \cdot \alpha$ 也可以成为已知量)。

(6) 以点 A 为基点研究点 B 的加速度时,加速度矢量图画在点 B。

2. ω=0 时的加速度投影法

一般情况下,不存在像速度投影定理那样简单形式的加速度投影定理,即不能认为平面图形上任意两点的加速度在两点连线上的投影相等。但当图形的角速度 $\omega=0$ 时(瞬时平动或由静止到运动的初瞬时),类似于速度投影定理的推导,由式(6-6)可得如下简单形式的加速度投影定理,即

$$(\boldsymbol{a}_B)_{AB} = (\boldsymbol{a}_A)_{AB}, \quad (\omega = 0) \tag{6-9}$$

例 6-8 半径为 r 的轮子沿直线轨道作无滑动的滚动,如图 6-21(a)所示,已知某瞬时轮心 O 的速度为 $\boldsymbol{v}_O$,加速度为 $\boldsymbol{a}_O$,试求轮缘上 A,B,C,D 各点的加速度。

解 (1) 机构运动分析 本题只有一个车轮,该轮作平面运动。

(2) 车轮的角速度及角加速度分析 以轮为研究对象。轮子作纯滚动,故轮子与轨道的接触点 A 就是速度瞬心。因此,轮子的角速度为

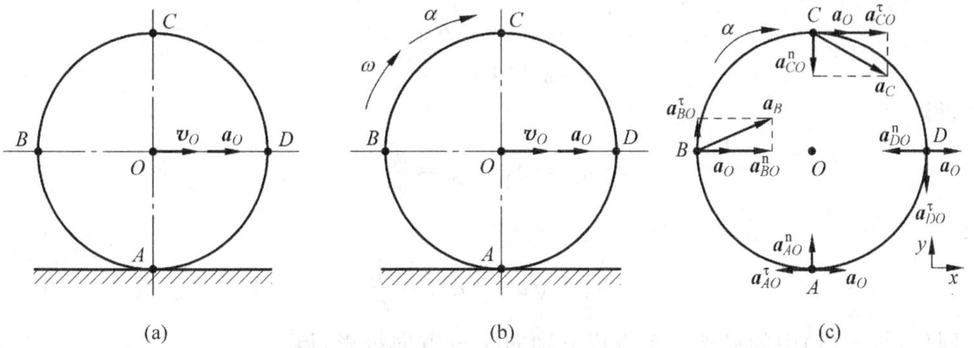

图　6-21

$$\omega=\frac{v_O}{r}$$

由于上述关系式在轮子运动过程中的任何时刻都成立，换句话说，上式是轮子运动过程中 ω 与 v_O 的函数关系式，因此，可以通过将上式对时间求导来求轮子的角加速度，即

$$\alpha=\frac{\mathrm{d}\omega}{\mathrm{d}t}=\frac{1}{r}\frac{\mathrm{d}v_O}{\mathrm{d}t}$$

由于轮心 O 作直线运动，故有

$$\frac{\mathrm{d}v_O}{\mathrm{d}t}=a_O$$

则

$$\alpha=\frac{a_O}{r}$$

ω 和 α 的转向如图 6-21(b)所示。

(3) 加速度分析　现以 O 为基点来求 A、B、C、D 各点的加速度。根据式(6-6)，有

$$\begin{aligned}\boldsymbol{a}_A &= \boldsymbol{a}_O+\boldsymbol{a}_{AO}^{\tau}+\boldsymbol{a}_{AO}^{n}\\ \boldsymbol{a}_B &= \boldsymbol{a}_O+\boldsymbol{a}_{BO}^{\tau}+\boldsymbol{a}_{BO}^{n}\\ \boldsymbol{a}_C &= \boldsymbol{a}_O+\boldsymbol{a}_{CO}^{\tau}+\boldsymbol{a}_{CO}^{n}\\ \boldsymbol{a}_D &= \boldsymbol{a}_O+\boldsymbol{a}_{DO}^{\tau}+\boldsymbol{a}_{DO}^{n}\end{aligned}\qquad(1)$$

式中的 $\boldsymbol{a}_O$ 大小为 a_O，方向水平向右；$\boldsymbol{a}_{AO}^{\tau}$，$\boldsymbol{a}_{BO}^{\tau}$，$\boldsymbol{a}_{CO}^{\tau}$，$\boldsymbol{a}_{DO}^{\tau}$ 的方向分别与 AO，BO，CO，DO 垂直，指向如图 6-21(c)所示，其大小分别为

$$a_{AO}^{\tau}=a_{BO}^{\tau}=a_{CO}^{\tau}=a_{DO}^{\tau}=r\alpha=a_O$$

$\boldsymbol{a}_{AO}^{n}$，$\boldsymbol{a}_{BO}^{n}$，$\boldsymbol{a}_{CO}^{n}$，$\boldsymbol{a}_{DO}^{n}$ 的方向分别沿 AO，BO，CO，DO 且都指向 O，它们的大小分别为

$$a_{AO}^{n}=a_{BO}^{n}=a_{CO}^{n}=a_{DO}^{n}=r\omega^2=\frac{v_O^2}{r}$$

这样，在求 A、B、C、D 四个点的加速度的四个方程中，都只包含有两个未知量，它们分别是 $\boldsymbol{a}_A$，$\boldsymbol{a}_B$，$\boldsymbol{a}_C$，$\boldsymbol{a}_D$ 的大小和方向，所以四个方程都是可解的。以点 A 为例

	$\boldsymbol{a}_A$	= $\boldsymbol{a}_O$	+ $\boldsymbol{a}_{AO}^{\tau}$	+ $\boldsymbol{a}_{AO}^{n}$
大小	?	√(a_O)	√($r\alpha$)	√($r\omega^2$)
方向	?	√(→)	√(⊥AO)	√(↑)

将上式向 x 和 y 方向投影，得

$$a_{Ax}=a_O-a_{AO}^{\tau}$$
$$a_{Ay}=a_{AO}^{n}$$

解之,得

$$a_{Ax}=0,\quad a_{Ay}=\frac{v_O^2}{r}$$

于是

$$a_A=\sqrt{a_{Ax}^2+a_{Ay}^2}=\frac{v_O^2}{r}$$

同理,将式(1)中的另外三个方程分别向 x、y 方向投影,得

$$\begin{cases}a_{Bx}=a_O+a_{BO}^{n}\\ a_{By}=a_{BO}^{\tau}\end{cases},\quad\begin{cases}a_{Cx}=a_O+a_{CO}^{\tau}\\ a_{Cy}=-a_{CO}^{n}\end{cases},\quad\begin{cases}a_{Dx}=a_O-a_{DO}^{n}\\ a_{Dy}=-a_{DO}^{\tau}\end{cases}$$

解之,得

$$\begin{cases}a_{Bx}=a_O+\dfrac{v_O^2}{r}\\ a_{By}=a_O\end{cases},\quad\begin{cases}a_{Cx}=2a_O\\ a_{Cy}=-\dfrac{v_O^2}{r}\end{cases},\quad\begin{cases}a_{Dx}=a_O-\dfrac{v_O^2}{r}\\ a_{Dy}=-a_O\end{cases}$$

所以

$$a_B=\sqrt{\left(a_O+\frac{v_O^2}{r}\right)^2+a_O^2}$$
$$a_C=\sqrt{(2a_O)^2+\left(\frac{v_O^2}{r}\right)^2}$$
$$a_D=\sqrt{\left(a_O-\frac{v_O^2}{r}\right)^2+a_O^2}$$

各点加速度方向如图6-21(c)所示。

讨论 (1) 点 A 是轮子的速度瞬心,但其加速度并不等于零。这说明,速度瞬心作为瞬时转动中心本质上不同于固定的转动中心。

(2) 本题中的 α 之所以可以通过对 ω 求导而得,是因为 $\omega=\dfrac{v_O}{r}$ 这个表达式在轮子整个运动过程中都成立,它是一个函数关系式。如果 ω 的表达式只是某一个瞬时的表达式,并不是在运动全过程都成立,则不能通过对 ω 求导来求 α。本题中如果轮子是在一个曲线轨道上作纯滚动,则 $\omega=\dfrac{v_O}{r}$ 仍成立,但 $\alpha=\dfrac{d\omega}{dt}=\dfrac{a_O^{\tau}}{r}$。一般说来,对于轮系中作纯滚动的圆轮,求出 ω 后可由 $\alpha=\dfrac{d\omega}{dt}$ 求圆轮的角加速度 α;而对于杆系中作平面运动的构件,用速度瞬心法求出的角速度 ω 一般都是瞬时关系,而不是函数关系,就不能用求导的方法求角加速度 α,而应根据式(6-6),利用解析法求出 a_{BA}^{τ} 一项,由 $a_{BA}^{\tau}=\overline{AB}\cdot\alpha$ 求得 α。

(3) 请读者自行分析,此轮速度瞬心点 A 的加速度是其切向加速度还是法向加速度。

例 6-9 如图6-22(a)所示,在椭圆规机构中,曲柄 OD 以匀角速度 ω 绕 O 轴转动,$\overline{OD}=\overline{AD}=\overline{BD}=L$。求当 $\varphi=60°$ 时,规尺 AB 的角加速度和 A 点的加速度。

解 (1) 机构运动分析 OD 杆绕 O 轴作定轴转动,AB 杆作平面运动,A、B 滑块均作

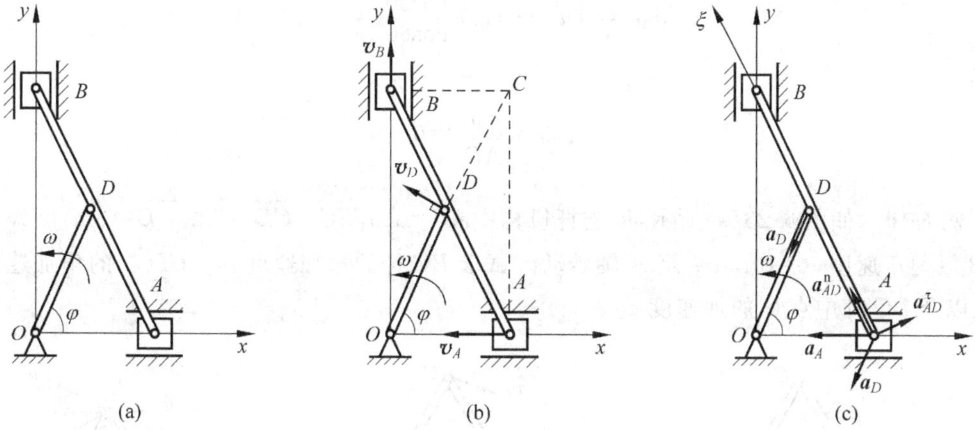

图　6-22

直线平动。

(2) 计算 AB 杆角速度　以 AB 杆为研究对象，由于 $\boldsymbol{v}_A$ 和 $\boldsymbol{v}_B$ 的方向已知，图示瞬时可找出 AB 杆速度瞬心 C 点，如图 6-22(b)所示。

$$\omega_{AB}=\frac{v_D}{\overline{CD}}=\frac{\omega\cdot\overline{OD}}{\overline{CD}}=\omega\frac{L}{L}=\omega\quad(\text{顺时针转向})$$

(3) 加速度分析　以 AB 杆为研究对象，取点 D 为基点，计算 A 滑块的加速度。

由于滑块沿水平轨道平动，所以 $\boldsymbol{a}_A$ 大小未知，方位沿水平直线，指向假设；

曲柄 OD 匀速转动，故 $\boldsymbol{a}_D$ 只有法向分量 $\boldsymbol{a}_D^n$，其大小为

$$a_D=\overline{OD}\cdot\omega^2=L\omega^2$$

方向沿 OD 连线，由 D 指向 O；

点 A 相对于点 D 的法向加速度大小已知，为

$$a_{AD}^n=\overline{AD}\cdot\omega_{AB}^2=L\omega^2$$

方向沿 AD 连线，由 A 指向 D；

点 A 相对于点 D 的切向加速度大小未知，为

$$a_{AD}^\tau=\overline{AD}\cdot\alpha_{AB}$$

方向垂直于 AD 连线，指向假设。

根据上述分析，由式(6-6)得

	$\boldsymbol{a}_A=$	$\boldsymbol{a}_D$	+	$\boldsymbol{a}_{AD}^n$	+	$\boldsymbol{a}_{AD}^\tau$
大小	?	√		√		?
方向	√	√		√		√

在点 A 上画出加速度矢量如图 6-22(c)所示。

将矢量方程分别向 ξ，y 轴投影，

$$\xi\text{方向：}\quad a_A\cos60^\circ=a_{AD}^n-a_D\cos60^\circ$$

$$y\text{方向：}\quad 0=-a_D\cos30^\circ+a_{AD}^n\cos30^\circ+a_{AD}^\tau\cos60^\circ$$

解得

$$a_A=\frac{a_{AD}^n}{\cos60^\circ}-a_D=L\omega^2$$

$$a_{AD}^{\tau} = (a_D - a_{AD}^{n})\frac{\cos 30°}{\cos 60°} = 0$$

于是

$$\alpha_{AB} = \frac{a_{AD}^{\tau}}{\overline{AD}} = 0$$

例 6-10 如图 6-23(a)所示，四连杆机构中$\overline{AB}=1$m，$\overline{BC}=\overline{CD}=2$m，$\overline{AD}=3$m，已知杆 AB 以匀角速度 $\omega=10$rad/s 绕 A 轴转动。试求 BC 杆的角加速度 α_{BC}，CD 杆的角加速度 α_{CD} 以及 BC 杆中点 G 的加速度 a_G。

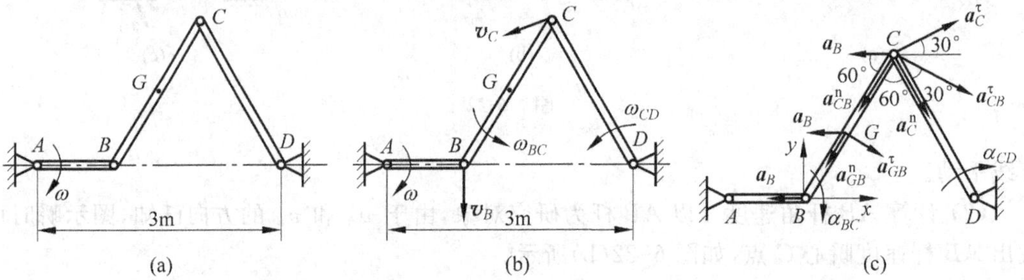

图 6-23

解 (1) 机构运动分析 AB 杆与 CD 杆分别绕轴 A 及轴 D 作定轴转动，BC 杆作平面运动。

(2) 速度分析 以 BC 杆为研究对象，由于 $\boldsymbol{v}_B$ 和 $\boldsymbol{v}_C$ 的方向已知，所以，作 $\boldsymbol{v}_B$ 和 $\boldsymbol{v}_C$ 的垂线交于点 D，则点 D 就是该瞬时 BC 杆的速度瞬心，如图 6-23(b)所示。

已知

$$v_B = \overline{AB}\cdot\omega = 10\text{m/s}$$

所以

$$\omega_{BC} = \frac{v_B}{\overline{DB}} = 5\text{rad/s}$$

由于点 C 作圆周运动，其加速度必有切向与法向两个分量。为了便于下一步的加速度分析，需将 CD 杆的角速度也求出来。由于点 C 既是 BC 杆上的一点，也是 CD 杆上的一点，因此，以 BC 杆为研究对象，则

$$v_C = \overline{CD}\cdot\omega_{BC} = 10\text{m/s}$$

再以 CD 杆为研究对象，则

$$\omega_{CD} = \frac{v_C}{\overline{CD}} = 5\text{rad/s}$$

(3) 加速度分析 以 BC 杆为研究对象，取点 B 为基点，对点 C 进行加速度分析。

$\boldsymbol{a}_C$ 有两个分量，切向分量 $\boldsymbol{a}_C^{\tau}$ 的大小为 $a_C^{\tau}=\overline{CD}\cdot\alpha_{CD}$ 未知，方向垂直于 CD，指向假设；法向分量 $\boldsymbol{a}_C^{n}$ 的大小已知，为

$$a_C^{n} = \overline{CD}\cdot\omega_{CD}^2 = 50\text{m/s}^2$$

方向沿 CD 连线，由 C 指向 D。

由于 AB 杆匀速转动，所以 $\boldsymbol{a}_B$ 只有法向分量 $\boldsymbol{a}_B^{n}$，其大小已知，为

$$a_B=a_B^n=\overline{AB}\cdot\omega^2=100\text{m/s}^2$$

方向沿 AB 连线，由 B 指向 A。

$\boldsymbol{a}_{CB}^{\tau}$ 的大小 $a_{CB}^{\tau}=\overline{BC}\cdot\alpha_{BC}$ 未知，方向垂直于 BC，指向假设。

$\boldsymbol{a}_{CB}^{n}$ 的大小已知，为

$$a_{CB}^n=\overline{BC}\cdot\omega_{BC}^2=50\text{m/s}^2$$

方向沿 BC 连线，由 C 指向 B。

根据上述分析，由式(6-7)得

	$\boldsymbol{a}_C^n$	+	$\boldsymbol{a}_C^{\tau}$	=	$\boldsymbol{a}_B$	+	$\boldsymbol{a}_{CB}^n$	+	$\boldsymbol{a}_{CB}^{\tau}$
大小	√		?		√		√		?
方向	√		√		√		√		√

在点 C 上画出加速度矢量如图 6-23(c)所示。

为了求 α_{BC}，只需求出 a_{CB}^{τ} 即可。为了求出 α_{CD}，只需求出 a_C^{τ} 即可。为此，将上式分别向 CD 方向及与 CD 垂直的方向投影，注意到$\triangle BCD$ 是一个等边三角形，由几何关系可求得各角的角度，于是得

$$CD\text{ 方向：}\quad a_C^n=-a_B\cos60^\circ+a_{CB}^{\tau}\cos30^\circ+a_{CB}^n\cos60^\circ$$

$$\perp CD\text{ 方向：}\quad a_C^{\tau}=-a_B\cos30^\circ+a_{CB}^{\tau}\cos60^\circ-a_{CB}^n\cos30^\circ$$

解之，得

$$a_{CB}^{\tau}=86.6\text{m/s}^2,\quad a_C^{\tau}=-86.6\text{m/s}^2$$

于是

$$\alpha_{BC}=\frac{a_{CB}^{\tau}}{\overline{BC}}=43.3\text{rad/s}^2,\quad \alpha_{CD}=\frac{a_C^{\tau}}{\overline{CD}}=-43.3\text{rad/s}^2$$

结果的正负说明假设指向与实际相符或相反。由此可见，当 AB 杆匀速转动时，CD 杆并不是匀速转动。

仍以 BC 杆为研究对象，B 点为基点，对 G 点进行加速度分析。

由于 $\boldsymbol{a}_G$ 的大小和方向均未知，所以将 $\boldsymbol{a}_G$ 分解为 $\boldsymbol{a}_{Gx}$ 与 $\boldsymbol{a}_{Gy}$ 两个正交分量。

$\boldsymbol{a}_B$ 的大小方向均已知，前面已经分析，此处不再赘述。

$\boldsymbol{a}_{GB}^{\tau}$ 的大小已知，为

$$a_{GB}^{\tau}=\overline{BG}\cdot\alpha_{BC}=43.3\text{m/s}^2$$

方向垂直于 BC，指向由 α_{BC} 确定，如图 6-23(b)所示。

$\boldsymbol{a}_{GB}^{n}$ 的大小已知，为

$$a_{GB}^n=\overline{BG}\cdot\omega_{BC}^2=25\text{m/s}^2$$

方向沿 BG 连线，由 G 指向 B。

根据上面分析，由式(6-8)可得

	$\boldsymbol{a}_{Gx}$	+	$\boldsymbol{a}_{Gy}$	=	$\boldsymbol{a}_B$	+	$\boldsymbol{a}_{GB}^n$	+	$\boldsymbol{a}_{GB}^{\tau}$
大小	?		?		√		√		√
方向	√		√		√		√		√

在点 G 上画出加速度矢量如图 6-23(c)所示。

取 x，y 轴如图，将上式分别向 x，y 方向投影，得

$$x 方向：\quad a_{Gx} = -a_B + a_{GB}^{\tau}\cos30° - a_{GB}^{n}\cos60°$$

$$y 方向：\quad a_{Gy} = 0 - a_{GB}^{\tau}\cos60° - a_{GB}^{n}\cos30°$$

解之，得

$$a_{Gx} = -75\text{m/s}^2,\quad a_{Gy} = -43.3\text{m/s}^2$$

负号表示 $\boldsymbol{a}_{Gx}$ 和 $\boldsymbol{a}_{Gy}$ 与假设方向相反，即都在各自坐标轴的负向。

讨论 如果本题只要求 $\boldsymbol{a}_G$，不再要求其他运动量，那么能否以 BC 杆为研究对象，以点 B 为基点，直接对点 G 进行加速度分析与求解呢？回答是否定的。因为直接对 G 点进行加速度分析与求解，方程中会包含有三个未知量，即 $\boldsymbol{a}_G$ 的大小和方向以及 $\boldsymbol{a}_{CB}^{\tau}$ 的大小。因此，为了求 $\boldsymbol{a}_G$，必须先对点 C 进行加速度分析，以求得 $\boldsymbol{a}_{CB}^{\tau}$，进而求得 α_{BC}，这样 $\boldsymbol{a}_{GB}^{\tau}$ 的大小就成为已知量了，然后再对 G 点进行加速度分析，这时方程中只包含有 $\boldsymbol{a}_G$ 的大小和方向两个未知量，求解才得以顺利进行。

例 6-11 如图 6-24(a)所示，曲柄 OA 长为 $r=0.125\text{m}$，以等转速 $n=1\,500\text{r/min}$ 绕轴 O 转动，连杆 AB 长为 $l=0.35\text{m}$。当 OA 与 OB 夹角为 90°时，求 AB 杆的角加速度 α_{AB} 和滑块 B 的加速度 $\boldsymbol{a}_B$。

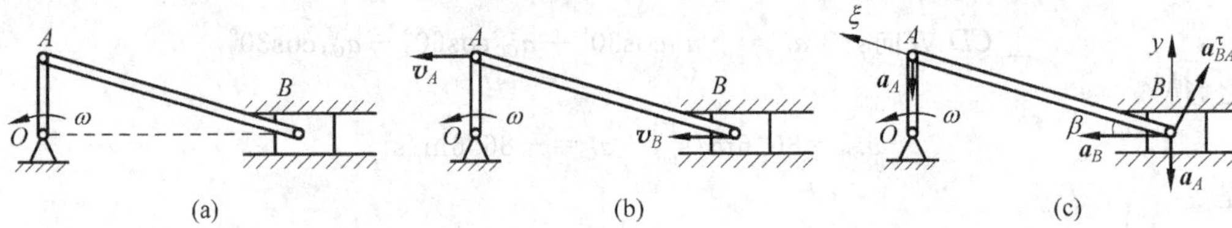

图 6-24

解 (1) 机构运动分析 OA 杆绕轴 O 作定轴转动，滑块 B 沿水平方向平动，连杆 AB 作平面运动。

(2) 速度分析 以连杆 AB 为研究对象，由于点 A 和点 B 的速度 $\boldsymbol{v}_A$ 与 $\boldsymbol{v}_B$ 的方向相同，如图 6-24(b)所示，连杆 AB 图示瞬时为瞬时平动，所以

$$\omega_{AB} = 0$$

(3) 加速度分析 以 AB 杆为研究对象，取点 A 为基点，对点 B 进行加速度分析。

$\boldsymbol{a}_B$ 的大小未知，方向水平，指向假设。

$\boldsymbol{a}_A$ 的大小已知，为

$$a_A = a_A^n = \overline{OA}\cdot\omega_{OA}^2 = \overline{OA}\times\left(\frac{2n\pi}{60}\right)^2 = 3\,084.25\text{m/s}^2$$

方向沿 OA 连线，由 A 指向 O。

$\boldsymbol{a}_{BA}^{\tau}$ 的大小未知，为

$$a_{BA}^{\tau} = \overline{AB}\cdot\alpha_{AB}$$

方向垂直于 AB，指向假设。

由于 $\omega_{AB}=0$，所以 $a_{BA}^{n}=0$。

根据上面的分析，由式(6-6)可得

$$\boldsymbol{a}_B = \boldsymbol{a}_A + \boldsymbol{a}_{BA}^{\tau}$$

大小　?　√　?

方向　√　√　√

在点 B 上画出加速度矢量如图 6-24(c)所示。

为了求 α_{AB} 和 α_B，需先解出 $\boldsymbol{a}_{BA}^{\tau}$ 与 a_B，然后再由 a_{BA}^{τ} 求得 α_{AB}。为此，将上式分别向图示的 ξ 和 y 方向投影，得

$$\xi\text{方向：}\quad a_B\cos\beta = -a_A\sin\beta$$

$$y\text{方向：}\quad 0 = -a_A + a_{BA}^{\tau}\cos\beta$$

式中

$$\sin\beta = \frac{\overline{OA}}{\overline{AB}} = \frac{r}{l},\quad \cos\beta = \frac{\overline{OB}}{\overline{AB}} = \frac{\sqrt{l^2-r^2}}{l},$$

解得

$$a_B = -\frac{\sin\beta}{\cos\beta}a_A = -\frac{r}{\sqrt{l^2-r^2}}a_A = -1\,179\text{m/s}^2$$

$$a_{BA}^{\tau} = \frac{a_A}{\cos\beta} = \frac{l}{\sqrt{l^2-r^2}}a_A = 3\,301.19\text{m/s}^2$$

负号表示指向假设与实际相反。由 a_{BA}^{τ} 即可求得

$$\alpha_{AB} = \frac{a_{BA}^{\tau}}{\overline{AB}} = \frac{a_{BA}^{\tau}}{l} = 9\,431.96\text{rad/s}^2$$

讨论　由本题的计算结果可以看出，当 AB 杆作瞬时平动时，$\boldsymbol{v}_A = \boldsymbol{v}_B$，但 $\boldsymbol{a}_A \neq \boldsymbol{a}_B$；$\omega_{AB}=0$，但 $\alpha_{AB}\neq 0$。因此，瞬时平动本质上不同于平动。

本题的 $\boldsymbol{a}_B$ 还可利用加速度投影法计算，由于 $\omega_{AB}=0$，所以有

$$a_A\sin\beta = |a_B|\cos\beta$$

将几何关系代入，得

$$|a_B| = \frac{r}{\sqrt{l^2-r^2}}a_A$$

a_B 取绝对值，只因为由加速度投影定理明显可以看出 $\boldsymbol{a}_B$ 方向假设错了，所以上式仅求其大小。

3. ω=0 时的加速度瞬心法

在式(6-6)右边有 $\boldsymbol{a}_A$ 和 $\boldsymbol{a}_{BA}$ 两个量，在某一确定瞬时，$\boldsymbol{a}_A$ 是一定的，而 $\boldsymbol{a}_{BA}$ 却随着点 B 的位置不同而改变。因此，在每一瞬时，从理论上讲，总能在图形内或其扩展部分找到一点 I，使得 $\boldsymbol{a}_{IA}$ 与 $\boldsymbol{a}_A$ 大小相等，方向相反，从而使 $\boldsymbol{a}_I$ 等于零。在某一瞬时，图形内加速度为零的点称为图形在该瞬时的加速度瞬心。加速度瞬心确定后，在求解各点加速度时，就可将图形的运动看作是绕加速度瞬心的瞬时转动。特别是当图形的 $\omega=0$ 时，若以加速度瞬心 I 为基点，则由式(6-6)可知，图形上任一点 M 的加速度为

$$\boldsymbol{a}_M = \boldsymbol{a}_{MI}^{\tau} \tag{6-10}$$

其大小为

$$a_M = \overline{IM}\cdot\alpha \tag{6-11}$$

方向垂直于IM,指向根据右手法则,由α的转向确定。

在一般情况下,加速度瞬心的确定远不像速度瞬心的确定那么简单。但在特殊情况下,加速度瞬心还是比较容易确定的。

当$\omega=0$时,式(6-6)变为

$$\boldsymbol{a}_B=\boldsymbol{a}_A+\boldsymbol{a}_{BA}^{\tau}$$

上式与基点法求速度的表示式

$$\boldsymbol{v}_B=\boldsymbol{v}_A+\boldsymbol{v}_{BA}$$

无论在数学形式上还是在物理意义上都是完全相似的。因此,在$\omega=0$的情况下,确定速度瞬心的一般方法完全可以类似地用来确定加速度瞬心。

例 6-12 用加速度瞬心法求解例6-11。

解 AB杆作瞬时平动。所以$\omega_{AB}=0$,其加速度瞬心I可过A、B两点分别作$\boldsymbol{a}_A$与$\boldsymbol{a}_B$的垂线,寻找其交点而得,如图6-25所示。由加速度瞬心法可得

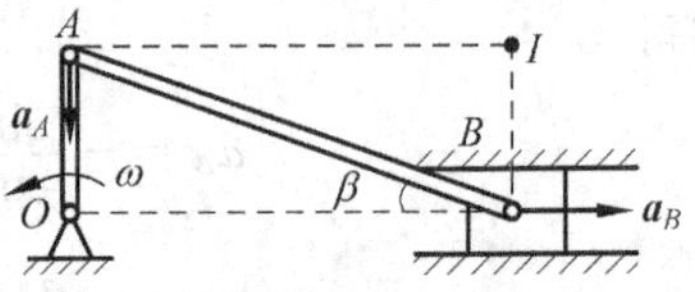

图 6-25

$$a_A=\overline{IA}\cdot\alpha$$

所以

$$\alpha=\frac{a_A}{IA}=\frac{a_A}{\overline{AB}\cos\beta}=\frac{a_A}{\sqrt{l^2-r^2}}$$

$$a_B=\overline{IB}\cdot\alpha=\overline{AB}\sin\beta\frac{a_A}{\overline{AB}\cos\beta}=a_A\tan\beta$$

结果与例6-11完全一致,且简便快捷。

例 6-13 如图6-26(a)所示平面机构,连杆BC一端与滑块C铰接,另一端铰接于半径$r=12.5\text{cm}$的圆盘的边缘B点。圆盘在一半径$R=3r$的凹形圆弧槽内作纯滚动。在图示瞬时,滑块C的速度$v_C=50\text{cm/s}$(水平向右),加速度$a_C=75\text{cm/s}^2$(水平向左),圆弧槽圆心O_1、B点及圆盘中心O在同一铅垂线上。试求该瞬时圆盘的角速度与角加速度。

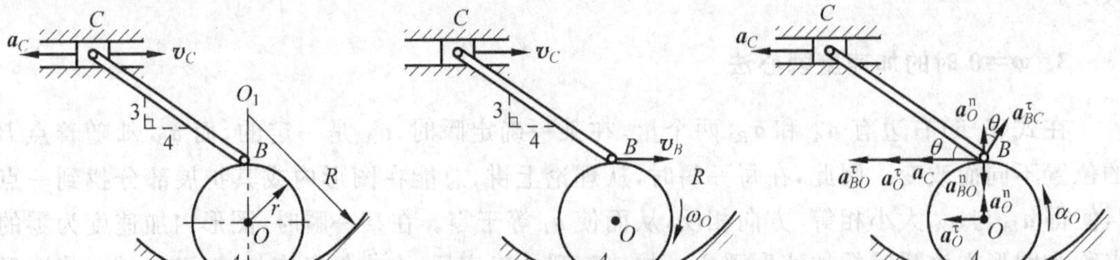

图 6-26

解 (1) 机构运动分析 滑块C作水平平动,BC杆和圆盘均作平面运动。

(2) 速度分析 如图6-26(b)所示,图示瞬时,圆盘的速度瞬心在A点,B点的速度也

水平向右，所以由 $\boldsymbol{v}_B /\!/ \boldsymbol{v}_C$ 知该瞬时，杆 BC 处于瞬时平动，杆 BC 的角速度 $\omega_{BC}=0$，杆上各点的速度相等，即 $\boldsymbol{v}_B=\boldsymbol{v}_C$，故圆盘的角速度为

$$\omega_O=\frac{v_B}{2r}=\frac{v_C}{2r}=2\text{rad/s}$$

其转向如图 6-26(b)所示。

(3) 加速度分析　先以杆 BC 为研究对象，以 C 点为基点分析 B 点加速度，有

	$\boldsymbol{a}_B$	=	$\boldsymbol{a}_C$	+	$\boldsymbol{a}_{BC}^{\mathrm{n}}$	+	$\boldsymbol{a}_{BC}^{\tau}$	
大小	?		√(75)		$\surd(\overline{BC}\cdot\omega_{BC}^2=0)$		?	(1)
方向	?		√(←)		$\surd(B\to C)$		$\surd(\perp BC)$	

式中有三个未知量，不可解。作出相应加速度矢量如图 6-26(c)所示。

再以圆盘为研究对象，以 O 点为基点分析 B 点的加速度，有

	$\boldsymbol{a}_B$	=	$\boldsymbol{a}_O^{\mathrm{n}}$	+	$\boldsymbol{a}_O^{\tau}$	+	$\boldsymbol{a}_{BO}^{\mathrm{n}}$	+	$\boldsymbol{a}_{BO}^{\tau}$	
大小	?		$\surd\left(\dfrac{v_O^2}{OO_1}\right)$		$?(r\alpha_O)$		$\surd(r\omega_O^2)$		$?(r\alpha_O)$	(2)
方向	?		√(↑)		$\surd(\perp OO_1)$		√(↓)		$\surd(\perp BO)$	

式中也有三个未知量，单独求解该式，也不可行。作出相应加速度矢量如图 6-26(c)所示。

考虑到上两式中均有矢量 $\boldsymbol{a}_B$，于是联立(1)、(2)两式有

	$\boldsymbol{a}_C$	+	$\boldsymbol{a}_{BC}^{\tau}$	=	$\boldsymbol{a}_O^{\mathrm{n}}$	+	$\boldsymbol{a}_O^{\tau}$	+	$\boldsymbol{a}_{BO}^{\mathrm{n}}$	+	$\boldsymbol{a}_{BO}^{\tau}$	
大小	√		$?(\overline{BC}\cdot\alpha_{BC})$		√		$?(r\alpha_O)$		√		$?(r\alpha_O)$	(3)
方向	√		√		√		√		√		√	

因为圆盘在凹圆槽内作纯滚动，速度瞬心在它们的接触点 A，所以在任一瞬时都有 $v_O=r\omega_O$。又盘心 O 绕凹圆中心 O_1 作圆弧运动，故对该式求导可得 $a_O^{\tau}=r\alpha_O$，从而这个矢量式中只有 α_O 及 α_{BC} 两个未知量，问题可解。

式中

$$a_O^{\mathrm{n}}=\frac{v_O^2}{OO_1}=\frac{r^2\omega_O^2}{R-r}=\frac{r^2}{3r-r}\left(\frac{v_C}{2r}\right)^2=\frac{v_C^2}{8r}=25\text{cm/s}^2$$

$$a_{BO}^{\mathrm{n}}=\overline{BO}\cdot\omega_O^2=r\omega_O^2=50\text{cm/s}^2$$

将式(3)沿 BC 方向投影，得

$$a_C\cos\theta=a_O^{\tau}\cos\theta+a_O^{\mathrm{n}}\sin\theta+a_{BO}^{\tau}\cos\theta-a_{BO}^{\mathrm{n}}\sin\theta$$

即

$$a_C=r\alpha_O+\frac{v_C^2}{8r}\tan\theta+r\alpha_O-r\omega_O^2\tan\theta$$

所以圆盘的角加速度

$$\alpha_O=\frac{1}{2r}\left(a_C-\frac{v_C^2}{8r}\times\frac{3}{4}+r\,\frac{v_C^2}{4r^2}\times\frac{3}{4}\right)=\frac{1}{2r}\left(a_C+\frac{3v_C^2}{32r}\right)=3.75\text{rad/s}^2\text{（逆时针转向）}$$

从前面两节的分析可以看到，瞬时转动与定轴转动是有区别的，瞬时平动与平动以及速度瞬心与加速度瞬心也是有区别的。有必要将它们分别作一总结。

1) 平面图形绕速度瞬心的瞬时转动与定轴转动的区别

(1) 刚体定轴转动时，转轴上各点的速度和加速度都恒等于零，而绕速度瞬心作瞬时转

动时,速度瞬心只是速度等于零,而加速度不等于零;

(2) 刚体定轴转动与绕速度瞬心作瞬时转动时,刚体上各点的速度分布规律相同,但两者的加速度分布却不同;

(3) 速度瞬心在刚体上的位置随时间而变化,但刚体定轴转动时转轴在刚体上的位置是固定不变的。

2) 瞬时平动与平动的区别

(1) 刚体平动时,刚体上各点的轨迹相同,速度相同,加速度也相同。而刚体瞬时平动时,刚体上各点只是速度相同,各点的加速度并不相同;

(2) 刚体平动时,刚体的角速度与角加速度恒等于零。而刚体瞬时平动时,只是瞬时角速度等于零,而角加速度不等于零。

3) 速度瞬心和加速度瞬心的区别

(1) 速度瞬心与加速度瞬心是不同的两个点,两者一般并不重合。前者速度为零,加速度不为零。后者加速度为零,速度不为零;

(2) 刚体绕速度瞬心的速度分布与刚体绕定轴转动时速度分布情形一样,刚体绕加速度瞬心的加速度分布与刚体绕定轴转动时的加速度分布情况一样。

6.4 运动学综合应用举例

工程机构都是由若干个物体通过一定的连接方式组成的,各物体间通过连接点来传递运动。为了分析机构的运动,首先要搞清楚各物体都作什么运动,要计算有关连接点的速度和加速度。

在复杂的机构中,可能同时有平面运动和点的合成运动问题。这时就需要分别分析,综合应用有关理论来分析机构及相关点的运动。

例 6-14 在图 6-27 所示机构中,曲柄 OA 以匀角速度 $\omega=0.5\text{rad/s}$ 绕 O 轴逆时针转动,$\overline{OA}=10\text{cm}$,$CD$ 杆以匀速 $v=15\text{cm/s}$ 水平向左滑动。在图示位置,曲柄 OA 水平,槽杆 AB 与水平线的夹角为 45°,A、C 两铰链之间的距离 $\overline{AC}=10\sqrt{2}\,\text{cm}$,求此时槽杆 AB 的角速度 ω_{AB}。

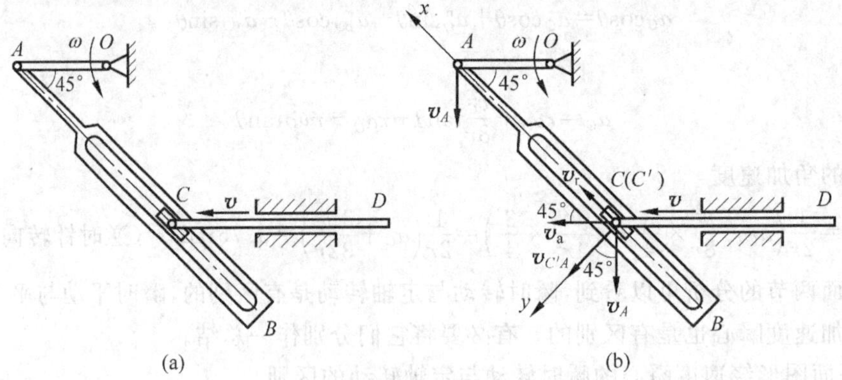

图 6-27

解　这个题目的特点是作平面运动的刚体与其他刚体接触处有相对运动，这类题目属于综合型题目。解决这类题目往往需要综合运用点的合成运动与刚体的平面运动两种理论。

本题是这类综合题目中的一种，它是一个牵连运动为平面运动的点的合成运动问题。因此在分析时，是以动点为研究对象，动系固结在作平面运动的刚体上。对动点进行速度分析时，动点的牵连速度(即作平面运动刚体上与动点重合的那一点的速度)需要以这个平面运动刚体为研究对象，采用基点法求得。由此可得到两个矢量方程，根据题意联立求解。

(1) 机构运动分析　曲柄 OA 绕 O 轴作定轴转动，CD 杆沿水平槽作直线平动，滑块 C 作合成运动(水平直线平动)，槽杆 AB 作平面运动。

(2) 速度分析　为了求槽杆 AB 的角速度 ω_{AB}，先以作平面运动的槽杆 AB 为研究对象，选点 A 为基点，求 AB 杆上与滑块 C 相重合的那一点 C' 的速度 $\boldsymbol{v}_{C'}$。写出速度分析的基点法公式如下：

	$\boldsymbol{v}_{C'}$ =	$\boldsymbol{v}_A$ +	$\boldsymbol{v}_{C'A}$	
大小：	?	$\surd(\overline{OA}\cdot\omega)$	$?(\overline{AC'}\cdot\omega_{AB})$	(1)
方向：	?	$\surd(\perp OA)$	$\surd(\perp AB)$	

式中有三个未知量，不可解。

从点的合成运动观点看，若以滑块 C 为动点，将动系固结在槽杆 AB 上，则 $\boldsymbol{v}_{C'}$ 是滑块 C 的牵连速度。于是由速度合成定理得

	$\boldsymbol{v}_a$ =	$\boldsymbol{v}_e$ +	$\boldsymbol{v}_r$	
大小：	$\surd(v)$	$?(v_{C'})$	?	(2)
方向：	$\surd(\leftarrow)$	?	$\surd(\nwarrow)$	

式中三个未知量，也不可解。

根据前面分析可知

$$\boldsymbol{v}_e=\boldsymbol{v}_{C'}$$

所以，将式(1)代入式(2)中，得

	$\boldsymbol{v}_a$ =	$\boldsymbol{v}_A$ +	$\boldsymbol{v}_{C'A}$ +	$\boldsymbol{v}_r$	
大小：	$\surd(v)$	$\surd(\overline{OA}\cdot\omega)$	$?(\overline{AC'}\cdot\omega_{AB})$	?	(3)
方向：	$\surd(\leftarrow)$	$\surd(\perp OA)$	$\surd(\perp AB)$	$\surd(\nwarrow)$	

式中只有两个未知量，问题可解。各速度矢量如图 6-27(b)所示。

为了求 ω_{AB}，只需求出 $v_{C'A}$ 即可。为此，选取坐标系 Cxy，如图 6-27(b)所示，将式(3)向 y 轴投影，得

$$v_a\sin45^\circ=v_A\cos45^\circ+v_{C'A}$$

式中

$$v_a=v,\quad v_A=\overline{OA}\cdot\omega$$

解出

$$v_{C'A}=5\sqrt{2}\,\text{cm/s}$$

所得为正，说明图中所设的指向与实际相符，于是

$$\omega_{AB}=\frac{v_{C'A}}{\overline{AC'}}=\frac{v_{C'A}}{10\sqrt{2}}=0.5\text{rad/s}$$

例 6-15 如图 6-28(a)所示平面机构，杆 O_1B 和 OC 的长度均为 r，等边三角形板 ABC 的边长为 $2r$，三个顶点分别与杆 O_1B,OC 及套筒 A 铰接；直角弯杆 EDF 穿过套筒 A，其 DF 段置于水平槽内。在图示瞬时，O_1B 杆水平，B、C、O 三点在同一铅垂线上，杆 OC 的角速度为 ω_O。试求此瞬时杆 EDF 的速度。

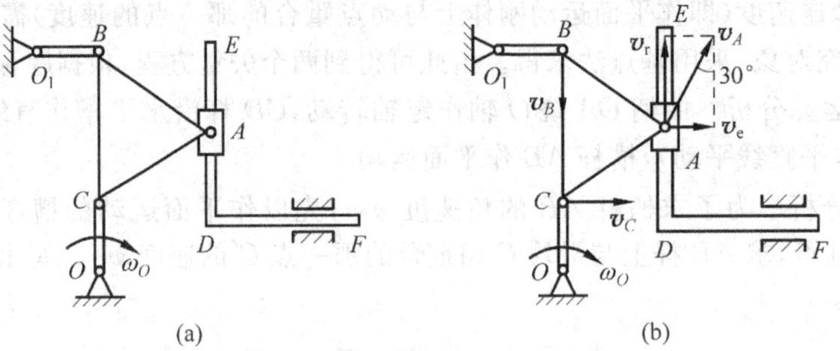

图 6-28

解 这个题目的特点也是作平面运动的刚体与其他刚体接触处有相对运动，但它是一个绝对运动为平面运动的点的合成运动问题。解决这类题目也需要综合运用点的合成运动与刚体的平面运动两种理论。

本题应用速度合成定理对动点进行速度分析时，动点的绝对速度需要以平面运动刚体为研究对象，采用平面运动刚体上求点的速度的方法得到。

(1) 机构运动分析　杆 O_1B 和 OC 均作定轴转动，三角形板 ABC 作平面运动，弯杆 EDF 作平动。

(2) 速度分析　由 B、C 两点速度 $\boldsymbol{v}_B$ 和 $\boldsymbol{v}_C$ 可确知三角形板 ABC 的速度瞬心此瞬时在 B 点，如图 6-28(b)所示，所以 $v_B=0$，三角形板的角速度为

$$\omega_{\triangle}=\frac{v_C}{\overline{CB}}=\frac{\overline{OC}\cdot\omega_O}{\overline{CB}}=\frac{r\omega_O}{2r}=0.5\omega_O \quad (\text{逆时针转向})$$

为求 $\boldsymbol{v}_{EF}$，利用点的合成运动理论分析套筒 A 的速度。选取套筒 A 为动点，动系固结于弯杆 EDF。根据速度合成定理得

	$\boldsymbol{v}_A=\boldsymbol{v}_a$	$=\boldsymbol{v}_e$	$+\boldsymbol{v}_r$
大小	$\surd(\overline{AB}\cdot\omega_{\triangle})$	?	?
方向	$\surd(\perp AB)$	$\surd(\rightarrow)$	$\surd(\uparrow)$

作出速度合成平行四边形如图 6-28(b)所示，可得

$$v_e=v_A\sin30^\circ=\overline{AB}\cdot\omega_{\triangle}\sin30^\circ=2r\times0.5\omega_O\times\frac{1}{2}=0.5r\omega_O$$

因为弯杆 EDF 平动，所以其速度为

$$v_{EF}=v_e=0.5r\omega_O \quad (\text{水平向右})$$

例 6-16 在图 6-29(a)所示机构中，已知：轮Ⅰ固定，轮Ⅱ作纯滚动，其匀角速度为 ω，$\overline{O_1D}=L$，$\overline{O_1A}=3L/4$，两轮半径都是 r。试求图示瞬时：(1) v_A；(2) ω_{AB}；(3) α_{AB}。

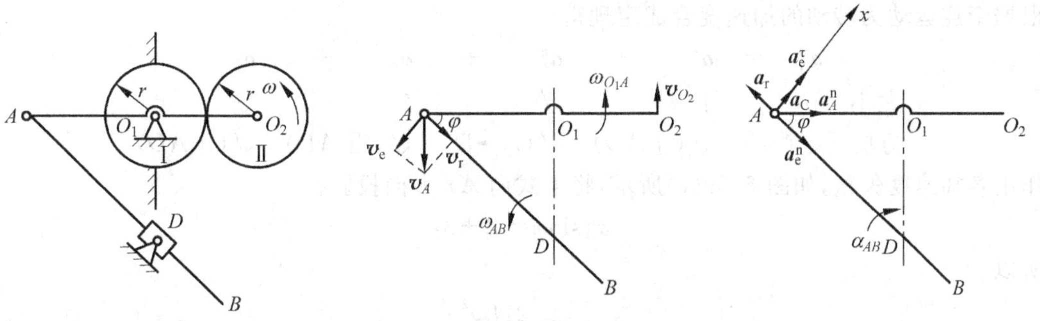

(a)　　(b)　　(c)

图　6-29

解　本题是更为复杂的平面运动和合成运动的综合问题。

(1) 机构运动分析　轮Ⅱ作平面运动，杆 O_2O_1A 绕轴 O_1 作定轴转动，杆 AB 作平面运动。

(2) 速度分析　为求 $\boldsymbol{v}_A$，需先通过点 O_2 的速度 v_{O_2} 求得杆 O_2O_1A 的角速度 ω_{O_1A}。根据轮Ⅱ作平面运动可得

$$v_{O_2}=r\omega$$

于是

$$\omega_{O_1A}=\frac{v_{O_2}}{\overline{O_1O_2}}=\frac{r\omega}{2r}=\frac{\omega}{2}\quad（逆时针转向，亦为匀角速度，即\ \alpha_{O_1A}=0）$$

所以

$$v_A=\overline{O_1A}\cdot\omega_{O_1A}=\frac{3L\omega}{8}$$

$\boldsymbol{v}_A$ 的方向如图 6-29(b)所示。

由于 AB 杆(角速度为 ω_{AB})穿过套筒口(角速度为 ω_D)，故二者角(加)速度相等，即 $\omega_{AB}=\omega_D$，$\alpha_{AB}=\alpha_D$。故为求 ω_{AB}，利用点的合成运动理论分析点 A 的速度。以点 A 为动点，动系固结于套筒 D 上，牵连运动为定轴转动。根据速度合成定理得

	$\boldsymbol{v}_A=$	$\boldsymbol{v}_a$	$=$	$\boldsymbol{v}_e$	$+$	$\boldsymbol{v}_r$
大小		√		?		?
方向		√(↓)		√($\perp AD$)		√(↘)

作出速度合成平行四边形如图 6-29(b)所示，可得

$$v_e=v_A\cos\varphi=\frac{9L\omega}{40},\quad v_r=v_A\sin\varphi=\frac{3L\omega}{10}$$

所以

$$\omega_{AB}=\omega_D=\frac{v_e}{\overline{AD}}=\frac{9\omega}{50}\quad（逆时针转向）$$

(3) 加速度分析　因为 $\alpha_{O_1A}=0$，所以

$$a_A^{\tau}=0,\quad a_A=a_A^{n}=\overline{O_1A}\cdot\omega_{O_1A}^2=\frac{3L\omega^2}{16}$$

$$a_C=2\omega_D v_r=\frac{27L\omega^2}{250}$$

根据牵连运动为转动的加速度合成定理得

	$\boldsymbol{a}_A^{\mathrm{n}}$	=	$\boldsymbol{a}_{\mathrm{e}}^{\tau}$	+	$\boldsymbol{a}_{\mathrm{e}}^{\mathrm{n}}$	+	$\boldsymbol{a}_{\mathrm{r}}$	+	$\boldsymbol{a}_{\mathrm{C}}$
大小	√		?		√		?		√
方向	√(→)		√(⊥AD)		√(A→D)		√(沿 AD)		√(⊥AD)

作出各加速度矢量,如图 6-29(c)所示,将上式向 Ax 方向投影得

$$a_A^{\mathrm{n}}\sin\varphi=a_{\mathrm{e}}^{\tau}+a_C$$

所以

$$a_{\mathrm{e}}^{\tau}=\frac{21L\omega^2}{500}$$

故

$$\alpha_{AB}=\alpha_D=\frac{a_{\mathrm{e}}^{\tau}}{AD}=\frac{21\omega^2}{625}\quad(\text{顺时针转向})$$

例 6-17 在图 6-30(a)所示机构中,已知:$\overline{OA}=20\mathrm{cm}$,$R=20\mathrm{cm}$,$r=5\mathrm{cm}$,轮 B 作纯滚动。当 $\varphi=30°$时,$\omega=1\mathrm{rad/s}$,$\alpha=1\mathrm{rad/s^2}$。试求在该位置时,轮 B 的角速度 ω_B 及角加速度 α_B。

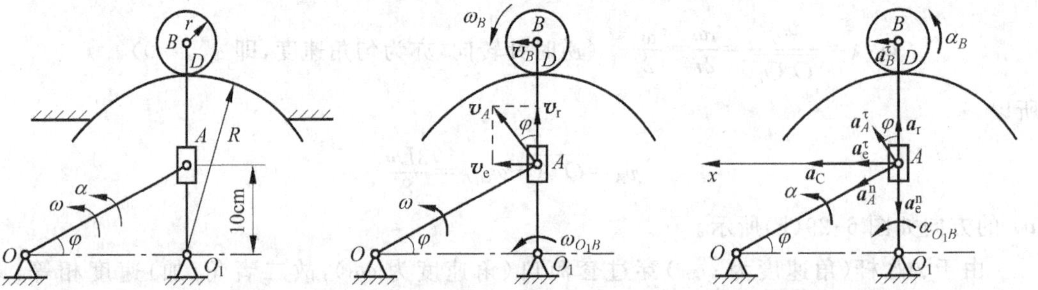

图 6-30

解 (1) 机构运动分析 轮 B 作平面运动,杆 OA 及杆 O_1B 分别绕轴 O 和轴 O_1 作定轴转动。

(2) 速度分析 先用合成运动理论分析套筒 A 的运动,进而求得杆 O_1B 的角速度 ω_{O_1B}。以套筒A 为动点,动系固结于 O_1B 杆上,牵连运动为定轴转动,根据速度合成定理得

	$\boldsymbol{v}_A$ = $\boldsymbol{v}_{\mathrm{a}}$ =	$\boldsymbol{v}_{\mathrm{e}}$	+ $\boldsymbol{v}_{\mathrm{r}}$
大小	√($\overline{OA}\cdot\omega$)	?($\overline{O_1A}\cdot\omega_{O_1B}$)	?
方向	√(⊥OA)	√(⊥O_1A)	√(↑)

作出速度合成平行四边形如图 6-30(b)所示,可得

$$v_{\mathrm{r}}=v_A\cos\varphi=\overline{OA}\cdot\omega\cos\varphi=10\sqrt{3}\,\mathrm{cm/s}$$

$$v_{\mathrm{e}}=v_A\sin\varphi=\overline{OA}\cdot\omega\sin\varphi=10\mathrm{cm/s}$$

再以杆 O_1B 为研究对象,得

$$\omega_{O_1B}=\frac{v_{\mathrm{e}}}{O_1A}=\frac{v_A\sin\varphi}{O_1A}=\omega=1\mathrm{rad/s}$$

$$v_B = \overline{O_1B} \cdot \omega_{O_1B} = 25\text{cm/s}$$

最后以 B 轮为研究对象，点 D 为其速度瞬心，所以

$$\omega_B = \frac{v_B}{r} = 5\text{rad/s} \quad (\text{逆时针转向})$$

(3) 加速度分析 根据牵连运动为转动的加速度合成定理得

	$\boldsymbol{a}_A^n$	+	$\boldsymbol{a}_A^\tau$	=	$\boldsymbol{a}_e^\tau$	+	$\boldsymbol{a}_e^n$	+	$\boldsymbol{a}_r$	+	$\boldsymbol{a}_C$
大小	√		√		?		√		?		√
方向	√($A \to O$)		√($\perp OA$)		√($\perp O_1A$)		√($A \to O_1$)		√(沿 O_1A)		√($\perp O_1A$)

作出各加速度矢量，如图 6-30(c)所示。

式中

$$a_A^n = \overline{OA} \cdot \omega^2 = 20\text{cm/s}^2, \quad a_A^\tau = \overline{OA} \cdot \alpha = 20\text{cm/s}^2$$

$$a_C = 2\omega_{O_1B} v_r = 20\sqrt{3}\,\text{cm/s}^2$$

将加速度合成矢量方程向 Ax 方向投影得

$$a_A^n \cos\varphi + a_A^\tau \sin\varphi = a_e^\tau + a_C$$

解得

$$a_e^\tau = -7.32\text{cm/s}^2$$

在杆 O_1B 上，有

$$\alpha_{O_1B} = \frac{a_e^\tau}{\overline{O_1A}} = -0.732\text{rad/s}^2$$

$$a_B^\tau = \alpha_{O_1B}(R + r) = -18.3\text{cm/s}^2$$

则轮 B 的角加速度

$$\alpha_B = \frac{a_B^\tau}{r} = -3.66\text{rad/s}^2$$

式中，各数值为负，表示图中假设方向(转向)与实际方向(转向)相反。

例 6-18 如图 6-31(a)所示机构，套筒 A 可在 OE 杆上滑动，且与水平杆 AD 及 AB 杆相铰接。设 ω_O 为常数，h、r 已知，当 OE 杆与水平面夹角为 30°时，求做纯滚动的轮 B 上的 G 点的速度和加速度。

解 (1) 机构运动分析 轮 B 作平面运动，杆 AD 及杆 AB 均作平动，杆 OE 绕轴 O 作定轴转动。

(2) 速度分析 先分析套筒 A 的合成运动。以套筒 A 为动点，动系固结于 OE 杆上，根据速度合成定理得

	$\boldsymbol{v}_A$ =	$\boldsymbol{v}_a$ =	$\boldsymbol{v}_e$ +	$\boldsymbol{v}_r$
大小		?	√($\overline{OA} \cdot \omega_O$)	?
方向		√(←)	√($\perp OA$)	√(↙)

作出速度合成平行四边形如图 6-31(b)所示，可得

$$v_A = v_a = \frac{v_e}{\sin 30°} = 2v_e = 2\,\overline{OA} \cdot \omega_O = 4h\omega_O$$

$$v_r = v_e \cdot \tan 60° = \overline{OA} \cdot \omega_O \cdot \sqrt{3} = 2\sqrt{3}\,h\omega_O$$

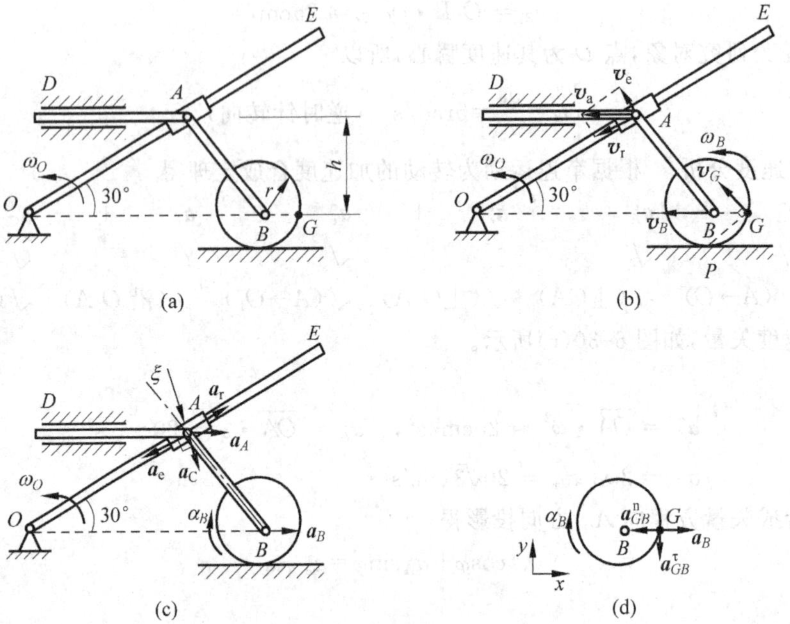

图 6-31

由于杆 AB 作平动,则有

$$v_B = v_A = 4h\omega_O$$

图示瞬时,B 轮速度瞬心为与地面接触点 P,于是有

$$\omega_B = \frac{v_B}{r} = \frac{4h\omega_O}{r}$$

$$v_G = \overline{PG} \cdot \omega_B = \sqrt{2}\,r \cdot \frac{4h\omega_O}{r} = 4\sqrt{2}\,h\omega_O$$

方向如图 6-31(b)所示。

(3) 加速度分析　根据牵连运动为转动的加速度合成定理得

	$\boldsymbol{a}_A$	=	$\boldsymbol{a}_e$	+	$\boldsymbol{a}_r$	+	$\boldsymbol{a}_C$
大小	?		√		?		√
方向	√(→)		√(A→O)		√(沿 OA)		√($\perp OA$)

作出各加速度矢量,如图 6-31(c)所示。

式中

$$a_e = a_e^n = \overline{OA} \cdot \omega_O^2 = 2h\omega_O^2, \quad a_C = 2\omega_O \cdot v_r = 2\omega_O \cdot 2\sqrt{3}\,h\omega_O = 4\sqrt{3}\,h\omega_O^2$$

将加速度合成矢量方程向 ξ 轴投影($\xi \perp OE$),得

$$a_A \cos 60° = a_C$$

解得

$$a_A = 2a_C = 8\sqrt{3}\,h\omega_O^2$$

由于杆 AB 作平动,所以有 $\boldsymbol{a}_B = \boldsymbol{a}_A$

$$a_B = a_A = 8\sqrt{3}\,h\omega_O^2$$

于是 B 轮角加速度为

$$\alpha_B=\frac{a_B}{r}=8\sqrt{3}\frac{h}{r}\omega_O^2$$

在 B 轮上，以 B 为基点计算 G 点加速度 $\boldsymbol{a}_G$

$$\boldsymbol{a}_G=\boldsymbol{a}_{Gx}+\boldsymbol{a}_{Gy}=\boldsymbol{a}_B+\boldsymbol{a}_{GB}^{\mathrm{n}}+\boldsymbol{a}_{GB}^{\tau}$$

大小	?	?	√	√	√
方向	√	√	√	√	√

式中

$$a_{GB}^{\mathrm{n}}=r\omega_B^2=r\times\frac{16h^2\omega_O^2}{r^2}=\frac{16h^2\omega_O^2}{r},\quad a_{GB}^{\tau}=r\alpha_B=8\sqrt{3}h\omega_O^2$$

加速度矢量图如图 6-31(d)所示。将加速度矢量方程向 x、y 轴分别投影，得

$$a_{Gx}=a_B-a_{GB}^{\mathrm{n}}=8\sqrt{3}h\omega_O^2-16\frac{h^2\omega_O^2}{r}=8h\omega_O^2\left(\sqrt{3}-\frac{2h}{r}\right)$$

$$a_{Gy}=-a_{GB}^{\tau}=-8\sqrt{3}h\omega_O^2$$

运动学中分析各构件间的运动联系时，需注意其连接方式：(1)两构件铰接，铰接点处两构件的速度(加速度)相等；(2)两构件无滑动的滚动相接，两构件接触点的速度相等，加速度不相等；(3)两构件滑动相接，两构件接触点的速度(加速度)不相等。

习题

6-1　如题 6-1 图所示，在筛动机构中，筛子的摆动是由曲柄连杆机构所带动的。已知曲柄 OA 的转速 $n_{OA}=40\mathrm{r/min}$，$\overline{OA}=0.3\mathrm{m}$。当筛子 BC 运动到与点 O 在同一水平线上时，$\angle BAO=90°$。求此瞬时筛子 BC 的速度。

6-2　题 6-2 图所示两齿条以速度 $\boldsymbol{v}_1$ 和 $\boldsymbol{v}_2$ 同方向运动。在两齿条间夹一齿轮，其半径为 r，求齿轮的角速度及其中心 O 的速度。

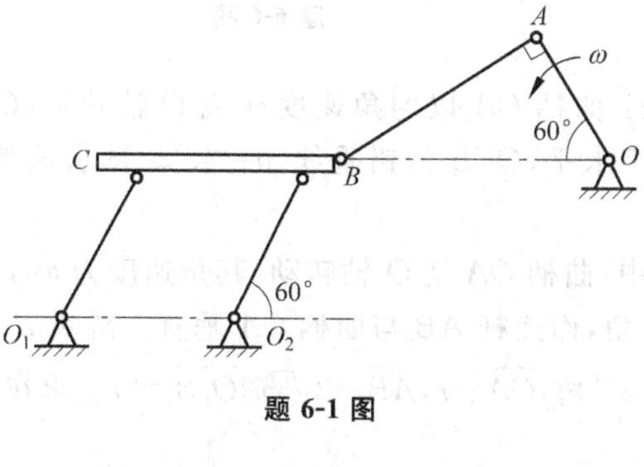

题 6-1 图

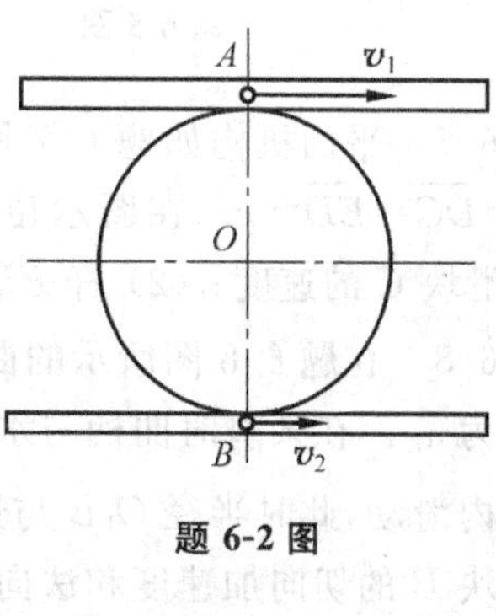

题 6-2 图

6-3　题 6-3 图所示机构中，已知：$\overline{OA}=0.1\mathrm{m}$，$\overline{BD}=0.1\mathrm{m}$，$\overline{DE}=0.1\mathrm{m}$，$\overline{EF}=0.1\sqrt{3}\mathrm{m}$，$\omega_{OA}=4\mathrm{rad/s}$。在图示位置时，曲柄 OA 与水平线 OB 垂直，B、D 和 F 在同一铅直线上，且 DE 垂直于 EF。求杆 EF 的角速度和点 F 的速度。

6-4　在题 6-4 图所示机构中，已知：曲柄 OA 以匀角速度 ω 转动，$\overline{OA}=r$，$\overline{AB}=2r$，$\overline{O_1B}=\overline{BC}=2\sqrt{3}r/3$，$\overline{CD}=4r$。试求在图示($OA$ 铅垂，AB 水平)瞬时，杆 AB、O_1C、CD 各自

的角速度及滑块 D 的速度。

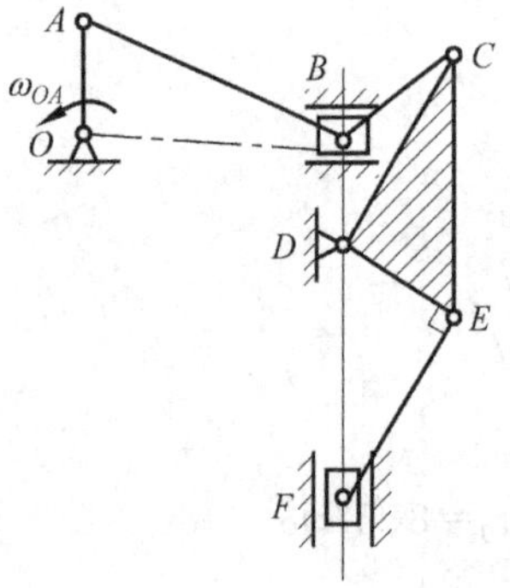

题 6-3 图

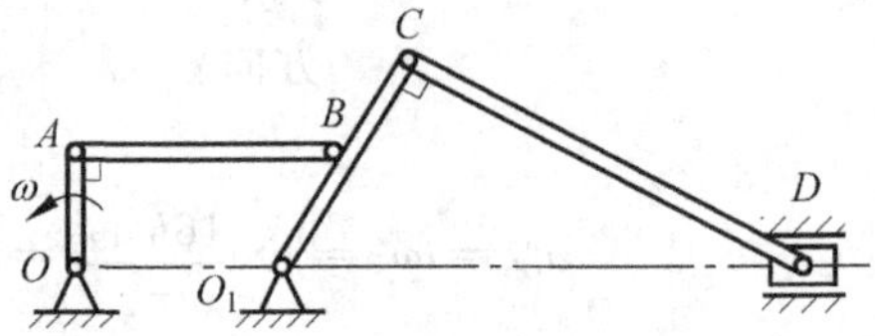

题 6-4 图

6-5 在题 6-5 图所示平面机构中,C 为 AB 中点,$\overline{OA}=r=25\text{cm}$,$\overline{O_1E}=4r$。当 $\varphi=60°$ 时,$\omega=8\text{rad/s}$,OA 和 AB 在同一水平线上,且 $CE\perp EO_1$,$AB\perp BO_1$。试求该瞬时 O_1E 杆的角速度 ω_{O_1}。

6-6 已知:圆柱直径 $d=2\text{m}$,在水平面上作纯滚动,$v_C=2\text{m/s}$,杆 AB 与圆柱相切于 D 点($\overline{AD}=\overline{AE}$)。设杆与圆柱间无滑动,试求在题 6-6 图所示 $\varphi=60°$位置时滑块 A 的速度。

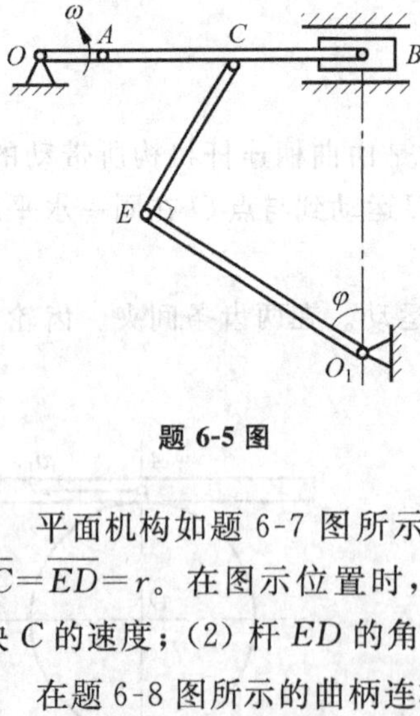

题 6-5 图

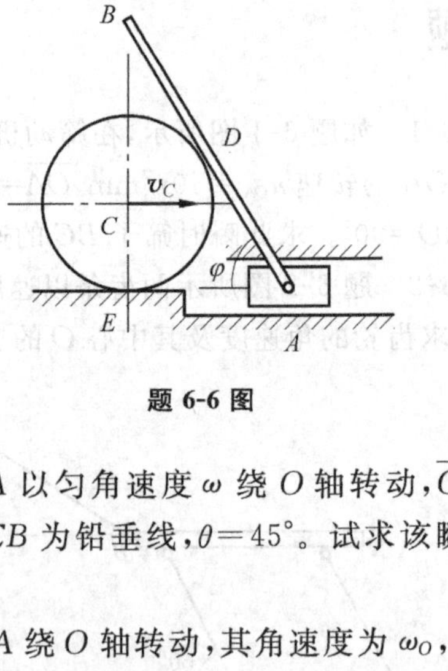

题 6-6 图

6-7 平面机构如题 6-7 图所示。已知:曲柄 OA 以匀角速度 ω 绕 O 轴转动,$\overline{OA}=\overline{BD}=\overline{DC}=\overline{ED}=r$。在图示位置时,$OA$ 位于水平,OEB 为铅垂线,$\theta=45°$。试求该瞬时:(1) 滑块 C 的速度;(2) 杆 ED 的角速度。

6-8 在题 6-8 图所示的曲柄连杆机构中,曲柄 OA 绕 O 轴转动,其角速度为 ω_O,角加速度为 α_O。在某瞬时曲柄与水平线间成 60°角,而连杆 AB 与曲柄 OA 垂直。滑块 B 在圆形槽内滑动,此时半径 O_1B 与连杆 AB 间成 30°角,$\overline{OA}=r$,$\overline{AB}=2\sqrt{3}r$,$\overline{O_1B}=2r$。求在该瞬时滑块 B 的切向加速度和法向加速度。

6-9 在题 6-9 图所示机构中,曲柄 OA 长为 r,绕 O 轴以等角速度 ω_O 转动,$\overline{AB}=6r$,$\overline{BC}=3\sqrt{3}r$。求图示位置时滑块 C 的速度和加速度。

6-10 半径为 r 的圆柱形滚子沿半径为 R 的圆弧槽纯滚动。在题 6-10 图所示瞬时,滚子中心 C 的速度为 v_C,切向加速度为 a_C^t。求这时接触点 A 和同一直径上最高点 B 的加速度。

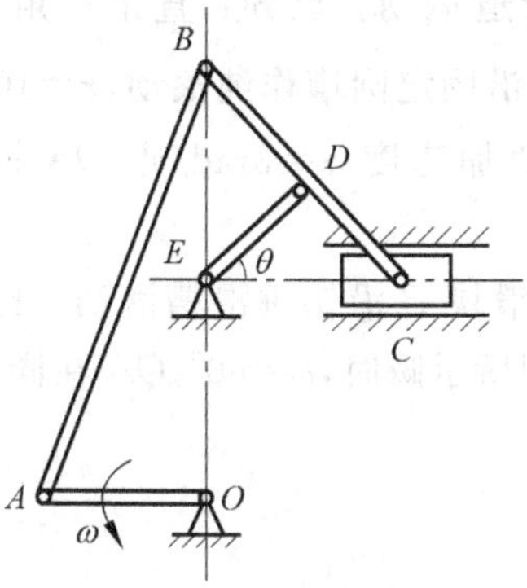

题 6-7 图

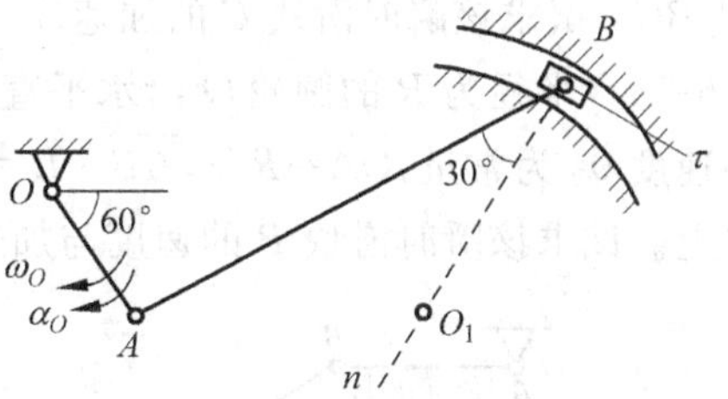

题 6-8 图

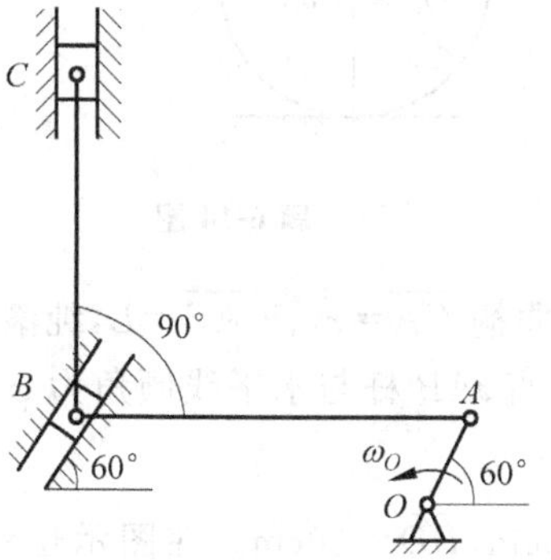

题 6-9 图

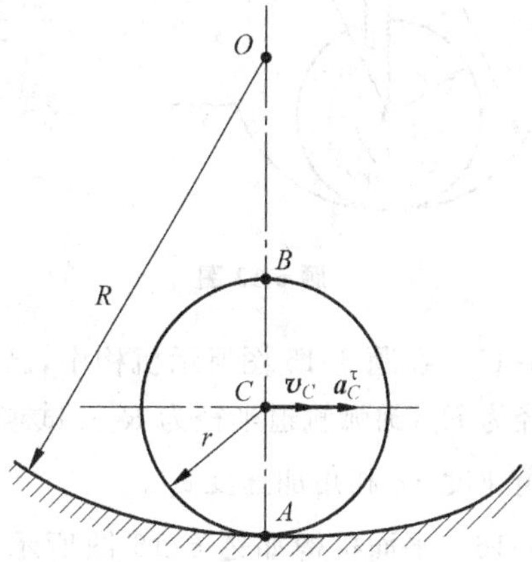

题 6-10 图

6-11　半径为 R 的轮子沿水平面滚动而不滑动，如题 6-11 图所示。在轮上有圆柱部分，其半径为 r。将线绕于圆柱上，线的 B 端以速度 $\boldsymbol{v}$ 和加速度 $\boldsymbol{a}$ 沿水平方向运动。求轮的轴心 O 的速度和加速度。

6-12　曲柄 OA 以恒定的角速度 $\omega=2\mathrm{rad/s}$ 绕轴 O 转动，并借助连杆 AB 驱动半径为 r 的轮子在半径为 R 的圆弧槽中作无滑动的滚动。设 $\overline{OA}=\overline{AB}=R=2r=1\mathrm{m}$，求题 6-12 图所示瞬时点 B 和点 C 的速度与加速度。

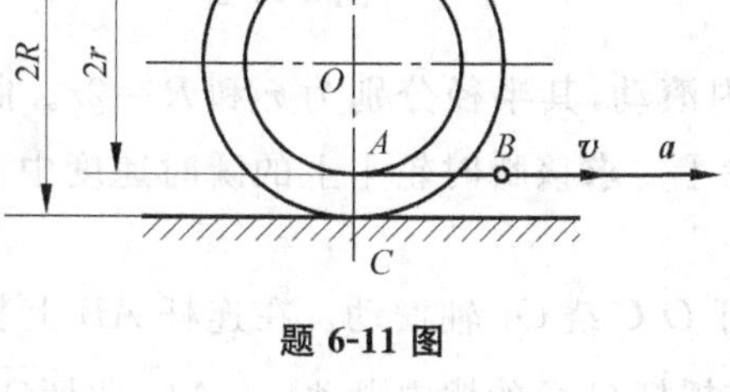

题 6-11 图

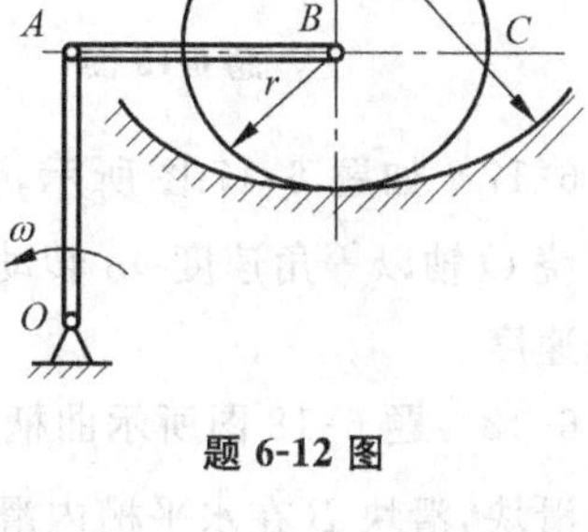

题 6-12 图

6-13 平面机构如题 6-13 图所示，滑块 C 沿水平滑道运动。已知：直角三角形板 OAB 的边长 $\overline{OB}=15\text{cm}$，$\overline{OA}=30\text{cm}$，$\overline{BC}=15\sqrt{3}\,\text{cm}$，圆盘 A 沿固定圆槽作纯滚动，$r=10\text{cm}$，$R=40\text{cm}$。在图示位置时，圆盘 A 的角速度 $\omega=2\text{rad/s}$，角加速度 $\alpha=3\text{rad/s}^2$，OA 铅垂，$AB\perp BC$。试求该瞬时滑块 C 的加速度。

6-14 半径为 R 的圆轮 O 沿水平直线轨道作纯滚动，滑块 B 沿铅垂滑槽滑动。已知：轮心速度 v_O 为常量，$\overline{OA}=R/2$，$\overline{AB}=L=2R$。在题 6-14 图所示瞬时，$\varphi=60°$，OA 在同一水平线上。试求该瞬时滑块 B 的速度与加速度。

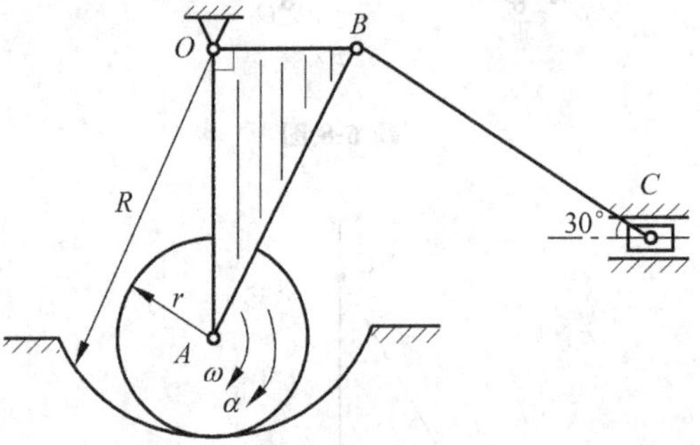

题 6-13 图

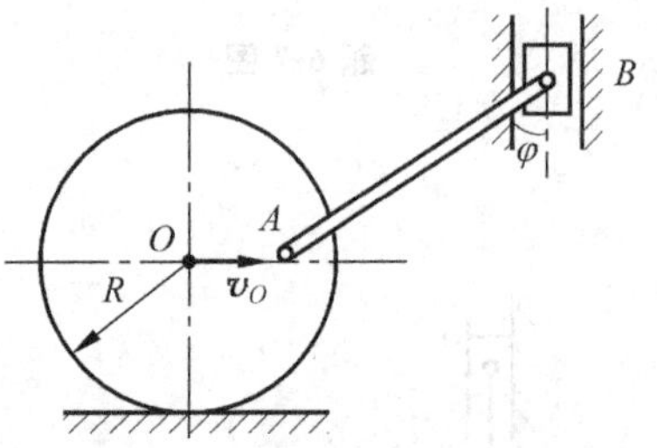

题 6-14 图

6-15 在题 6-15 图所示机构中，已知：匀角速度 ω，曲柄 $\overline{OA}=r$，杆 $\overline{AB}=L$，纯滚动轮 B 半径为 R_1，圆弧轨道半径为 R_2。试求当 OA 与 O_1B 铅直、AB 杆与水平线倾角为 φ 时轮 B 的角速度 ω_B 和角加速度 α_B。

6-16 平面机构如题 6-16 图所示。已知：$\overline{OA}=10\text{cm}$，$\overline{BD}=30\text{cm}$。在图示位置时，$\varphi=\theta=60°$，$OA\perp AB$，$OA$ 的角速度 $\omega=2\text{rad/s}$，角加速度为零。试求该瞬时滑块 D 的速度和加速度。

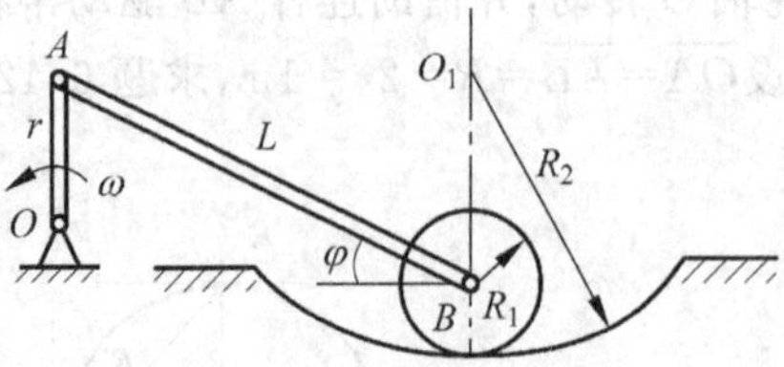

题 6-15 图

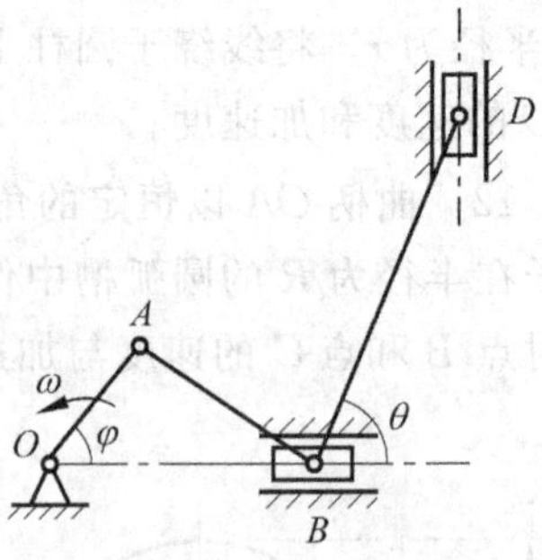

题 6-16 图

6-17 如题 6-17 图所示，齿轮Ⅰ在齿轮Ⅱ内滚动，其半径分别为 r 和 $R=2r$。曲柄 OO_1 绕 O 轴以等角速度 ω_O 转动，并带动行星齿轮Ⅰ。求该瞬时轮Ⅰ上的瞬时速度中心 C 的加速度。

6-18 题 6-18 图所示曲柄连杆机构带动摇杆 O_1C 绕 O_1 轴摆动。在连杆 AB 上装有两个滑块，滑块 B 在水平槽内滑动，而滑块 D 则在摇杆 O_1C 的槽内滑动。已知：曲柄 $\overline{OA}=$

50mm，绕 O 轴匀速转动的角速度 $\omega=10\text{rad/s}$。在图示位置时，曲柄与水平线间成 90°角，$\angle OAB=60°$，摇杆与水平线间成 60°角，$\overline{O_1D}=70\text{mm}$。求摇杆的角速度和角加速度。

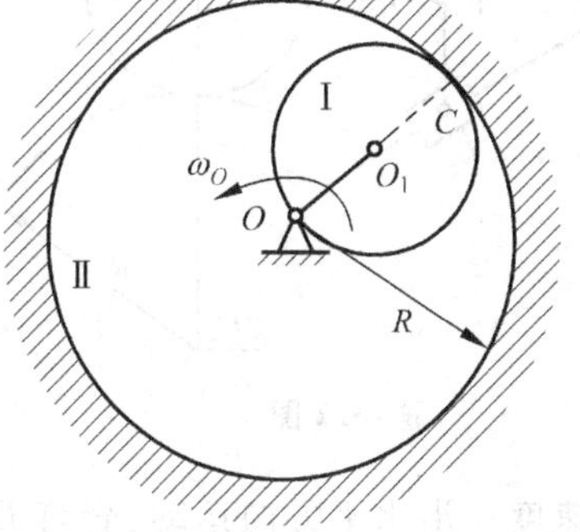

题 6-17 图

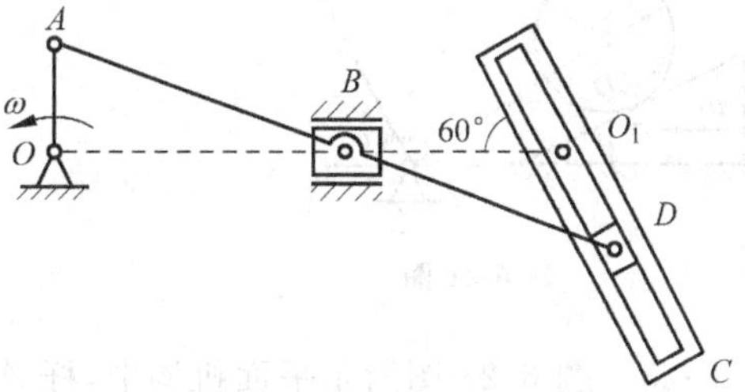

题 6-18 图

6-19　如题 6-19 图所示，轮 O 在水平面上滚动而不滑动，轮心以匀速 $v_O=0.2\text{m/s}$ 运动。轮缘上固连销钉 B，此销钉在摇杆 O_1A 的槽内滑动，并带动摇杆绕 O_1 轴转动。已知：轮的半径 $R=0.5\text{m}$，在图示位置时，AO_1 是轮的切线，摇杆与水平面间的夹角为 60°。求摇杆在该瞬时的角速度和角加速度。

6-20　平面机构如题 6-20 图所示，套筒 B 与 CB 杆相互垂直并且刚性连接，CB 杆与滚子中心 C 点铰接，滚子在车上作纯滚动，小车在水平面上平动。已知：半径 $r=h=10\text{cm}$，$\overline{CB}=4r$。在图示位置时，$\theta=60°$，OA 杆的角速度 $\omega=2\text{rad/s}$，小车的速度 $v=10\text{cm/s}$。试求该瞬时滚子的角速度。

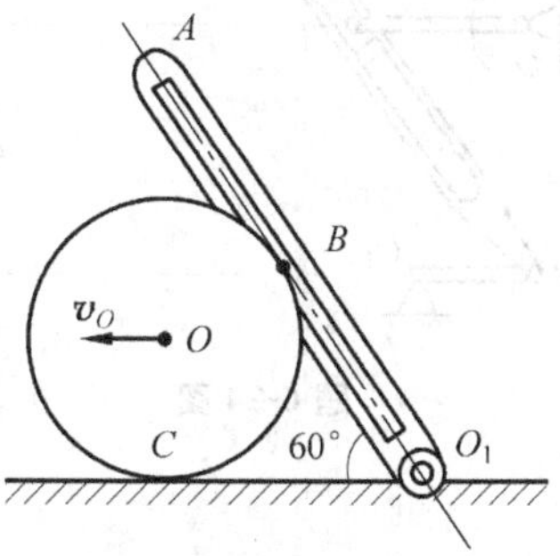

题 6-19 图

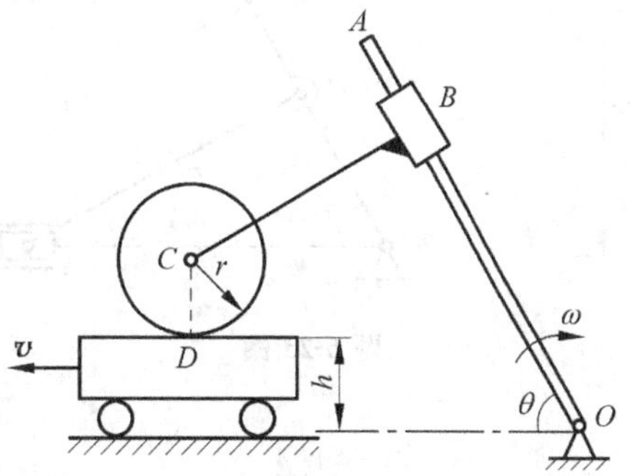

题 6-20 图

6-21　平面机构如题 6-21 图所示。已知：半径 $r=10\text{cm}$ 的滚子在 $\theta=30°$的三角块上作无滑动的滚动，$\overline{BC}=60\text{cm}$。在图示位置时，三角块的速度 $v_E=2\text{cm/s}$，$\varphi=60°$，$\beta=30°$，OC 连线恰与 OA 垂直。试求该瞬时 OA 杆的角速度 ω_O。

6-22　在题 6-22 图所示机构中，已知：ω_O 为常量，$\overline{OA}=\overline{OD}=r$，$R=2r$，轮 B 作纯滚动，图示瞬时 $\varphi=30°$，$\psi=30°$。试求该瞬时：(1) 轮 B 的角速度 ω_B 和角加速度 α_B；(2) O_1C 杆的角速度 ω_{O_1} 及角加速度 α_{O_1}。

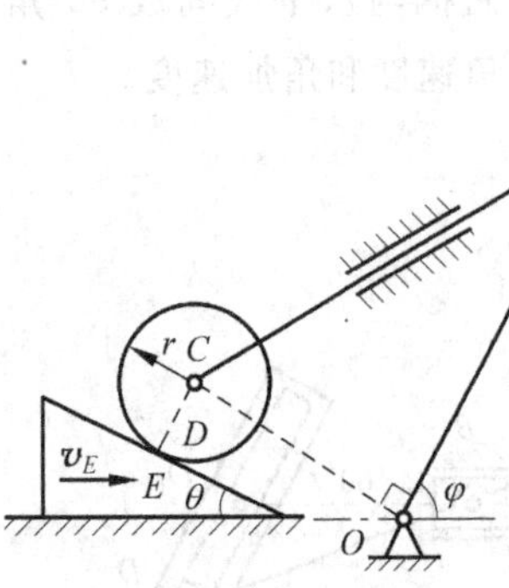

题 6-21 图

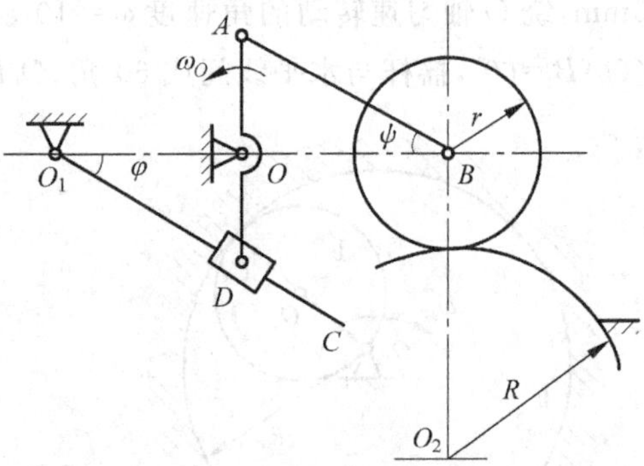

题 6-22 图

6-23 题 6-23 图所示平面机构中，杆 AB 以不变的速度 v 沿水平方向运动，套筒 B 与杆 AB 的端点铰接，并套在绕 O 轴转动的 OC 杆上，可沿该杆滑动。已知 AB 和 OE 两平行线间的垂直距离为 b。求在图示位置($\gamma=60°,\beta=30°,\overline{OD}=\overline{BD}$)时杆 OC 的角速度和角加速度、滑块 E 的速度和加速度。

6-24 如题 6-24 图所示，在牛头刨床的滑道摆杆机构中，曲柄 OA 以匀角速度 ω_O 作逆时针转动，滑块 C 的导轨水平。图示瞬时，OA 处于水平位置，摇杆 O_1B 也处于水平位置。已知 $b,\overline{OA}=R,\overline{O_1B}=r,\overline{BC}=\dfrac{4b}{\sqrt{3}}$。求该瞬时滑块 C 的速度和摇杆 O_1B 的角速度。

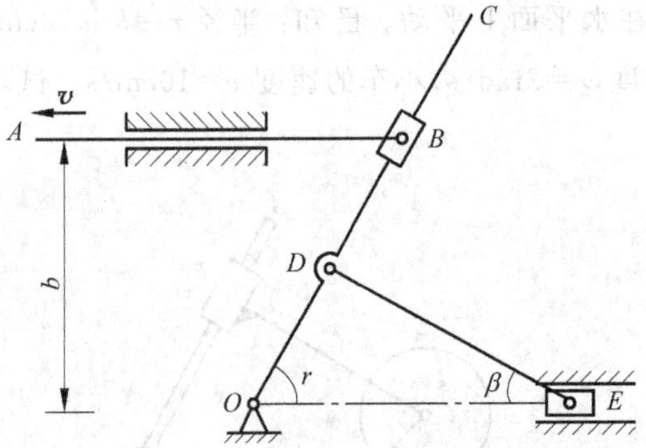

题 6-23 图

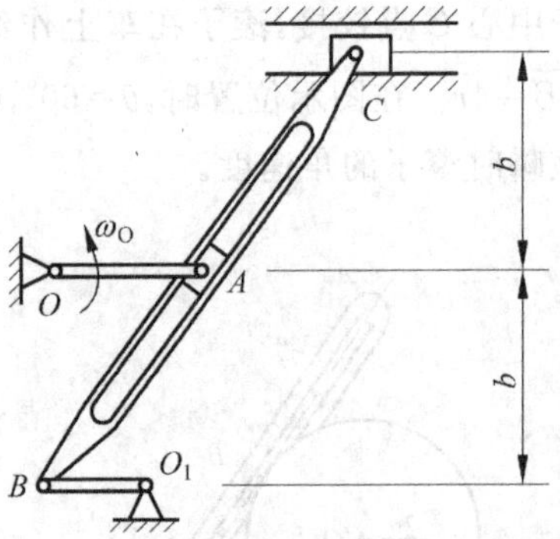

题 6-24 图

第3篇　动　力　学

动力学研究物体的机械运动与作用力之间的关系。

静力学仅研究作用在物体上的力系的简化与平衡问题，不考虑物体在非平衡力系作用下的运动规律。运动学只从几何角度分析物体机械运动的运动规律，不涉及运动产生的物理原因。与静力学和运动学相比，动力学则是对物体的机械运动进行全面的分析研究，从而建立物体机械运动的普遍规律。

动力学中常用的力学模型有质点、质点系、刚体和刚体系。**质点**是具有一定质量但尺寸及几何形状可以忽略不计的物体。**质点系**是有限或无限多个质点的集合，它是力学中最普遍的抽象化模型，包括刚体、弹性体和流体。**刚体**是质点系的一个特例，它是无数个质点组成的不变形质点系。当物体的尺寸和形状不能忽略，但物体的变形可以忽略时，就可将物体抽象为刚体。由若干个刚体组成的系统，称为**刚体系**。在具体问题的研究中，物体被抽象为质点、质点系、刚体或刚体系，不是由物体本身的大小和形状决定的，而是由所研究问题的性质决定的，具有相对的概念。例如，研究地球上相对地球运动的物体的机械运动规律时，地球不能抽象为质点，只能抽象为质点系，但研究地球在太阳系中的运动时，地球则被视为质点。

动力学以牛顿运动定律为基础，主要研究两类基本问题：

(1) 已知物体的运动规律，求作用于物体上的力；

(2) 已知作用于物体上的力，求物体的运动规律。

有时还会遇到混合问题。解决动力学问题，最基本的方法是根据经典牛顿力学的基本原理，对所研究的力学模型，建立联系作用力和物体运动的数学模型。这些基本原理包括：动力学基本定律，以及由其推演产生的动力学普遍定理（动量定理、动量矩定理和动能定理），它们是动力学中用来建立数学模型，进行运动特性分析的有力工具。此外，由牛顿第二定律还可推演出描述动力学基本规律的另一种方法——达朗贝尔原理，它可以像静力学那样用平衡方程研究动力学问题，故而又称动静法。达朗贝尔原理是分析力学的基础，也是解决动力学问题的一种实用方法。

牛顿力学中讨论的许多力学概念，如速度、加速度、力及力矩等都是以矢量形式出现的物理量，概念清晰，表达直观严谨，牛顿定律及其推演出来的动力学基本定理大都以矢量形式表示，因而牛顿力学又称为矢量力学，其研究方法称为矢量力学方法。

工程实际中，存在大量的动力学问题，例如：高速转动机械的动力分析、高层建筑和桥梁结构的风载与地震响应分析、火箭的发射与运行控制、车辆运动的稳定性计算及机器人的动态特性研究等，这些问题都需要应用动力学理论。因此，掌握动力学基本理论，对于解决工程实际问题具有十分重要的意义。

第7章 动力学基础

牛顿运动定律是研究动力学的基础。本章根据牛顿运动定律建立质点运动微分方程，并介绍质点动力学的两类基本问题及其解法。

7.1 动力学基本定律

牛顿在总结伽利略、开普勒等人研究成果的基础上，以质点为研究对象，提出了动力学基本定律——牛顿运动定律。

第一定律 不受力作用的质点将保持静止或匀速直线运动。

这个定律说明任何质点都具有保持静止或匀速直线运动状态的特性，质点的这种保持运动状态不变的性质称为惯性，匀速直线运动也称为惯性运动。第一定律阐述了质点作惯性运动的条件，所以又称为惯性定律。

另一方面，这个定律也说明力是改变质点运动状态的原因，揭示了作用于质点的力与质点惯性、质点运动状态改变三者之间的定性关系。

第二定律 质点的质量与加速度的乘积等于作用于质点的力的大小，加速度的方向与力的方向相同。即

$$m\boldsymbol{a} = \boldsymbol{F} \tag{7-1}$$

上述方程建立了质点的加速度 $\boldsymbol{a}$、质量 m 与作用力 $\boldsymbol{F}$ 之间的定量关系，称为质点动力学的基本方程。若质点受到多个力的作用，则式(7-1)中的力 $\boldsymbol{F}$ 应为此汇交力系的合力。

这个定律表明，在相同力的作用下，质点的质量越大，其加速度越小，运动状态越不容易改变，保持惯性运动的能力越强，也即质点的惯性越大。因此，质量是质点惯性的度量。

第二定律还给出了质点的质量 m 与它的重量 $\boldsymbol{P}$ 之间的关系。

在经典力学中，所研究质点的速度远小于光速，因而可将质点的质量看成常量。由式(7-1)得

$$\boldsymbol{P}=m\boldsymbol{g} \quad 或 \quad m=\frac{\boldsymbol{P}}{\boldsymbol{g}}$$

其中，$\boldsymbol{g}$ 是重力加速度。地球表面各处的重力加速度的数值略有不同，但在工程实际计算中，一般取 $g=9.8\text{m/s}^2$。质量和重量是两个不同的概念。质量是质点惯性的度量，重量是质点所受重力的大小。

在国际单位制中，质量、长度和时间的单位是基本单位，分别取为千克(kg)、米(m)和秒(s)；力的单位是导出单位。质量为 1kg 的质点，获得 1m/s^2 的加速度时，作用于该质点的力为 1 牛顿(N)，即 $1\text{N}=1\text{kg}\times1\text{m/s}^2=1\text{kg}\cdot\text{m/s}^2$。

第三定律 两个物体之间的作用力与反作用力，总是大小相等、方向相反、并沿同一作用线分别作用在两个物体上。

这个定律又称为力的作用与反作用定律，在静力学中曾作为公理提出。它不仅适用于平衡的物体，也适用于任何运动的物体。在动力学中，它仍然是分析两个物体相互作用关系的依据。

必须指出，动力学基本定律并不是对任何参考系都适用的，它只适用于惯性参考系，即不受力作用的质点在其中保持静止或匀速直线运动的参考系。在一般工程实际问题中，把固定在地面的参考系或相对于地面作匀速直线平移的参考系作为惯性参考系，可以得到相当精确的结果。

7.2 质点运动微分方程

质点运动微分方程实质上是牛顿第二定律的微分形式。设质量为m的质点M，沿某曲线轨迹运动，受到n个力$\boldsymbol{F}_1,\boldsymbol{F}_2,\cdots,\boldsymbol{F}_n$作用，其合力$\boldsymbol{F}=\sum \boldsymbol{F}_i$，质点的加速度为$\boldsymbol{a}$，位置矢径为$\boldsymbol{r}$，如图7-1所示。由式(7-1)得

$$m\boldsymbol{a}=\boldsymbol{F}=\sum \boldsymbol{F}_i$$

或

$$m\frac{\mathrm{d}^2\boldsymbol{r}}{\mathrm{d}t^2}=\sum \boldsymbol{F}_i \tag{7-2}$$

这就是矢量形式的质点运动微分方程。具体计算时一般使用它的投影形式。

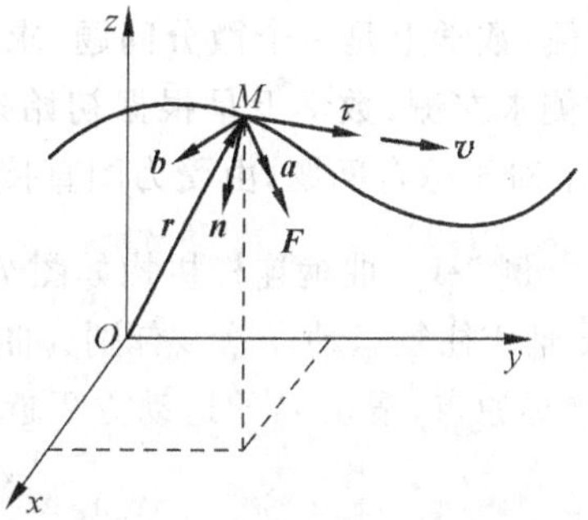

图 7-1

1. 直角坐标形式的质点运动微分方程

将式(7-2)投影到直角坐标轴上，得到直角坐标形式的质点运动微分方程为

$$\left.\begin{aligned} m\frac{\mathrm{d}^2 x}{\mathrm{d}t^2}&=\sum X_i \\ m\frac{\mathrm{d}^2 y}{\mathrm{d}t^2}&=\sum Y_i \\ m\frac{\mathrm{d}^2 z}{\mathrm{d}t^2}&=\sum Z_i \end{aligned}\right\} \tag{7-3}$$

式中，x,y,z分别为矢径$\boldsymbol{r}$在直角坐标轴上的投影，X_i,Y_i,Z_i分别为力$\boldsymbol{F}_i$在直角坐标轴上的投影。

2. 自然坐标形式的质点运动微分方程

$\boldsymbol{\tau},\boldsymbol{n},\boldsymbol{b}$分别为质点$M$运动轨迹的切线、法线和副法线方向的单位矢量，以质点M为坐标原点，以上述三个单位矢量所在直线为轴组成自然坐标轴系，如图7-1所示。将式(7-2)投影到自然坐标轴上，得到自然坐标形式的质点运动微分方程为

$$\left.\begin{aligned} m\frac{\mathrm{d}v}{\mathrm{d}t} &= \sum F_i^{\tau} \\ m\frac{v^2}{\rho} &= \sum F_i^{\mathrm{n}} \\ 0 &= \sum F_i^{\mathrm{b}} \end{aligned}\right\} \tag{7-4}$$

式中 F_i^{τ},F_i^{n},F_i^{b} 分别为力 $\boldsymbol{F}_i$ 在切线、法线和副法线方向上的投影,ρ 为点 M 运动轨迹的曲率半径,v 为点 M 的速度大小。

应用质点运动微分方程,可以求解质点动力学的两类基本问题:

(1) 已知质点的运动,求作用在质点上的力。这类问题称为质点动力学的第一类问题。

(2) 已知作用在质点上的力,求质点的运动。这类问题称为质点动力学的第二类问题。

此外既求质点的运动,又求某些未知力的问题,称为质点动力学综合问题。

各类问题求解的一般步骤为:①选定研究对象。②根据问题,将研究对象置于任意位置或某一特定位置进行受力分析,并画出相应的受力图。③对研究对象进行运动分析,判断质点的运动轨迹是否已知,质点运动方程、速度、加速度是否已知。④选择恰当坐标轴系,列出质点运动微分方程的投影方程,并求解。对于第一类问题,由质点运动微分方程的左侧求右侧,数学上是一个微分问题,求解比较简单;对于第二类问题,则由质点运动微分方程的右侧求左侧,数学上是根据初始条件积分或解微分方程的问题,求解难度较第一类问题大些;对于综合问题,由受力图直接建立质点运动微分方程后,应尽量设法分开求解。

例 7-1 曲柄连杆机构如图 7-2(a)所示。曲柄 OA 以匀角速度 ω 绕轴 O 转动,滑块沿 x 轴作往复运动,r 和 l 分别为曲柄 OA 和连杆 AB 的长度,当 $\lambda=r/l$ 比较小时,以点 O 为坐标原点,滑块 B 的运动方程近似写为

$$x=l\left(1-\frac{\lambda^2}{4}\right)+r\left(\cos\omega t+\frac{\lambda}{4}\cos2\omega t\right)$$

若滑块的质量为 m,忽略摩擦及连杆 AB 的质量,试求当 $\varphi=\omega t=0$ 和 $\frac{\pi}{2}$ 时,连杆 AB 所受的力。

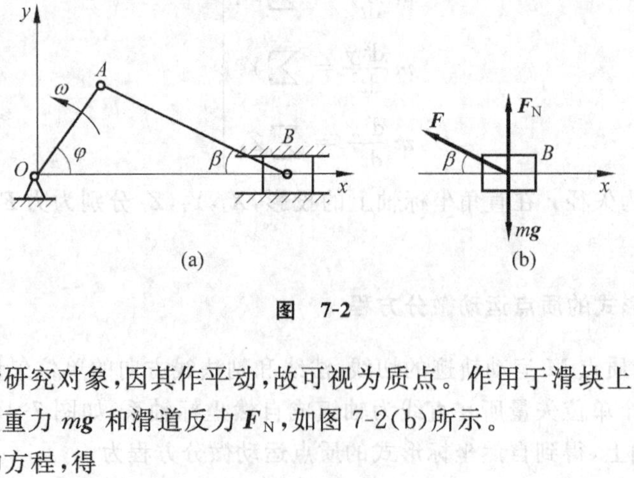

图 7-2

解 取滑块为研究对象,因其作平动,故可视为质点。作用于滑块上的力有连杆(二力杆)的拉力 $\boldsymbol{F}$、滑块重力 $m\boldsymbol{g}$ 和滑道反力 $\boldsymbol{F}_{\mathrm{N}}$,如图 7-2(b)所示。

由题设的运动方程,得

$$a_x = \frac{d^2 x}{dt^2} = -r\omega^2(\cos\omega t + \lambda\cos 2\omega t) \tag{1}$$

根据质点运动微分方程，可得

$$ma_x = -F\cos\beta \tag{2}$$

当 $\varphi=\omega t=0$ 时，$a_x=-r\omega^2(1+\lambda)$，且 $\beta=0$，所以得

$$F = mr\omega^2(1+\lambda)$$

此时，连杆 AB 受拉力。

当 $\varphi=\omega t=\frac{\pi}{2}$ 时，$a_x=r\omega^2\lambda$，而 $\cos\beta=\sqrt{l^2-r^2}/l$，则得

$$mr\omega^2\lambda = -F\sqrt{l^2-r^2}/l$$

即

$$F = -mr^2\omega^2/\sqrt{l^2-r^2}$$

式中，负号说明连杆 AB 作用于滑块的力 $\boldsymbol{F}$ 与图 7-2(b)中所示的方向相反，此时，连杆 AB 受压力。

由以上分析可知，本题属于质点动力学的第一类问题。

例 7-2　如图 7-3 所示桥式起重机，其上小车吊一重物，重量为 P，沿横梁向右作匀速运动(主桥不动)，速度为 v_0。由于突然急刹车，重物因惯性绕悬挂点 O 向前摆动。设绳长为 l，试求钢绳的最大拉力及刹车前、后瞬间钢绳拉力的比。

解　取重物为研究对象，作用于其上的力有重力 $\boldsymbol{P}$ 和钢绳拉力 $\boldsymbol{S}$。

突然刹车瞬间，小车不动，但重物由于惯性，将绕点 O 向右摆动，即重物在以 O 为圆心，l 为半径的一段圆弧上运动。

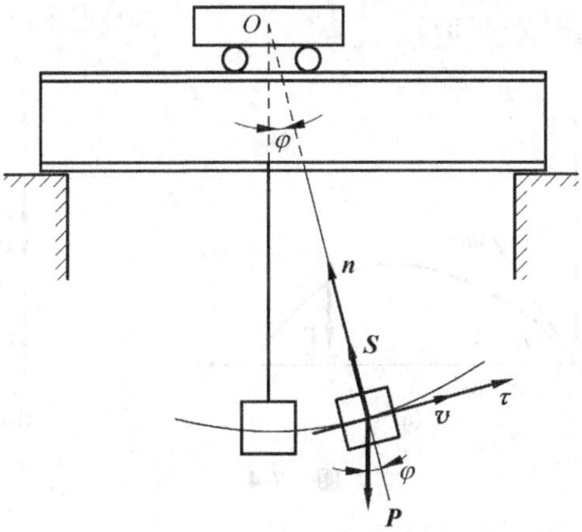

图　7-3

由于运动轨迹已知，建立如图所示的自然坐标轴系，应用式(7-4)，得法线方向的投影方程

$$\frac{Pv^2}{gl} = S - P\cos\varphi \tag{1}$$

所以

$$S = P\cos\varphi + \frac{Pv^2}{gl} \tag{2}$$

刹车后，随着摆角 φ 的增大，重物的速度逐渐变小。由上式知，当 $\varphi=0$ 时，即刚开始刹车的瞬时，钢绳的拉力最大，这时重物的速度为 v_0，则钢绳的最大拉力为

$$S_{\max} = P + \frac{Pv_0^2}{gl} \tag{3}$$

刹车前，重物作匀速直线运动，由平衡条件知，钢绳的拉力大小为 $S=P$。因此，刹车前后瞬间，钢绳拉力的比为

$$\frac{S_{\max}}{S} = 1 + \frac{v_0^2}{gl} \tag{4}$$

讨论 式(2)中右边第一项 $P\cos\varphi$ 是由重物的重力引起的，这部分约束反力称为静反力；第二项 $\frac{Pv^2}{gl}$ 是由重物运动的加速度引起的约束反力，称为附加动反力，简称动反力。因此，在动力学中，约束反力除静反力外，往往还有因加速度而引起的动反力部分，这是动力学中约束反力的显著特点。式(4)中的比值 $\left(1+\frac{v_0^2}{gl}\right)$ 称为动荷系数 K_d，它表示重物变速运动时产生的动拉力与静拉力之比。如果 v_0 超过一定限度，将造成拉断钢绳的生产事故。因此，一般在操作规程中都规定了起重机运行的速度，以确保安全。此外，在不影响吊装工作安全的前提下，钢绳应尽量长一些，以减少动反力。

例 7-3 质量为 m 的小球，从点 O 以初速度 v_0 抛出，空气阻力不计，求下列两种初始条件下小球的运动。

(1) $\boldsymbol{v}_0$ 与水平成 α 角(见图 7-4(a))；

(2) $\boldsymbol{v}_0$ 铅垂向上(见图 7-4(b))。

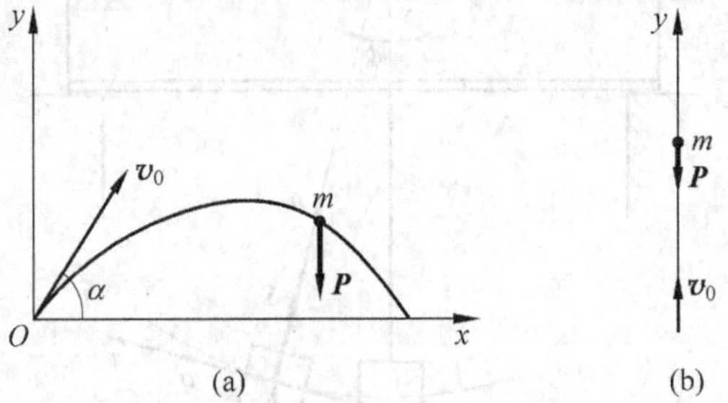

图 7-4

解 (1) $\boldsymbol{v}_0$ 与水平成 α 角。取小球为研究对象，以点 O 为坐标原点建立坐标系 Oxy，使 $\boldsymbol{v}_0$ 在坐标平面内(见图 7-4(a))，则在任一瞬时，小球均只受铅垂向下的重力 $\boldsymbol{P}=m\boldsymbol{g}$ 作用。于是可得小球的运动微分方程为

$$\left.\begin{aligned} m\ddot{x} &= 0 \\ m\ddot{y} &= -mg \end{aligned}\right\} \tag{1}$$

运动的初始条件为：当 $t=0$ 时

$$\left.\begin{aligned} x_0 &= 0, \quad y_0 = 0 \\ \dot{x}_0 &= v_0\cos\alpha, \quad \dot{y}_0 = v_0\sin\alpha \end{aligned}\right\} \tag{2}$$

将式(1)分离变量后，积分得

$$\left.\begin{aligned} \int_{v_0\cos\alpha}^{\dot{x}} \mathrm{d}\,\dot{x} &= 0 \\ \int_{v_0\sin\alpha}^{\dot{y}} \mathrm{d}\,\dot{y} &= -g\int_0^t \mathrm{d}t \end{aligned}\right\} \tag{3}$$

求解式(3)，得小球的速度沿轴 x,y 的投影分别为

$$\left.\begin{aligned} \dot{x} &= v_0\cos\alpha \\ \dot{y} &= v_0\sin\alpha - gt \end{aligned}\right\} \tag{4}$$

将式(4)分离变量后，积分得

$$\left.\begin{aligned} \int_0^x \mathrm{d}x &= \int_0^t v_0\cos\alpha\mathrm{d}t \\ \int_0^y \mathrm{d}y &= \int_0^t (v_0\sin\alpha - gt)\mathrm{d}t \end{aligned}\right\} \tag{5}$$

求解式(5)，得小球直角坐标形式的运动方程为

$$\left.\begin{aligned} x &= v_0 t\cos\alpha \\ y &= v_0 t\sin\alpha - \frac{1}{2}gt^2 \end{aligned}\right\} \tag{6}$$

从式(6)中消去时间 t，得小球的轨迹方程为

$$y = x\tan\alpha - \frac{g}{2v_0^2\cos^2\alpha}x^2 \tag{7}$$

其轨迹是一条平面抛物线。

(2) $\boldsymbol{v}_0$ 铅垂向上，仍取小球为研究对象，以点 O 为坐标原点，轴 y 与 $\boldsymbol{v}_0$ 一致，受力分析及运动分析如图 7-4(b)所示，则小球的运动微分方程为

$$\left.\begin{aligned} m\ddot{x} &= 0 \\ m\ddot{y} &= -mg \end{aligned}\right\} \tag{8}$$

运动的初始条件为：当 $t=0$ 时

$$\left.\begin{aligned} x_0 &= 0, \quad y_0 = 0 \\ \dot{x}_0 &= 0, \quad \dot{y}_0 = v_0 \end{aligned}\right\} \tag{9}$$

重复情况(1)的计算过程，得小球的运动方程为

$$\left.\begin{aligned} x &= 0 \\ y &= v_0 t - \frac{1}{2}gt^2 \end{aligned}\right\} \tag{10}$$

从以上两种情况可以看出，同一物体受力情况完全相同，但由于运动的初始条件不同，其运动方程也不同。

例 7-4 质点 M，质量为 m，以初速度 v_0 铅垂上抛，空气阻力大小为 $R=mkv^2$，方向始终与运动方向相反(见图 7-5(a))，求物体回到地面时的速度。

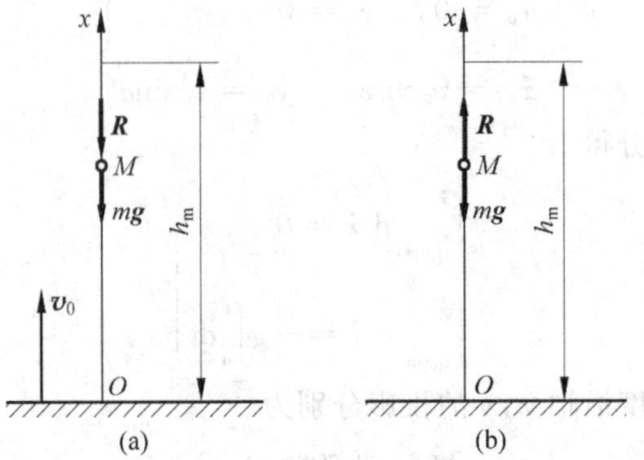

图 7-5

解 此质点的运动过程可分为两个阶段：(1)以初速度 $\boldsymbol{v}_0$ 从地面上抛，运动至 $v=0$，上升最大距离为 h_m；(2)在高度 h_m 处以初速度 $v=0$ 下落，落地的速度即是所要求的速度。

求解过程如下：

上升阶段　取质点 M 为研究对象，受力分析、运动分析如图 7-5(a)所示，选坐标轴 x 为铅直向上的方向(与质点运动方向相同)。质点的运动微分方程为

$$m\ddot{x} = -mg - mkv^2 \tag{1}$$

运动的初始条件为：当 $t=0$ 时

$$x_0 = 0, \quad \dot{x}_0 = v_0 \tag{2}$$

式(1)中，由于轴 x 正向与质点运动方向相同，故

$$\left.\begin{aligned} \dot{x} &= v \\ \ddot{x} &= a = \frac{\mathrm{d}v}{\mathrm{d}t} = \frac{\mathrm{d}v}{\mathrm{d}x}\frac{\mathrm{d}x}{\mathrm{d}t} = v\frac{\mathrm{d}v}{\mathrm{d}x} \end{aligned}\right\} \tag{3}$$

将式(3)代入式(1)得

$$mv\frac{\mathrm{d}v}{\mathrm{d}x} = -mg - mkv^2 \tag{4}$$

将式(4)分离变量并积分得

$$-\int_{v_0}^{0}\frac{v\mathrm{d}v}{g+kv^2} = \int_0^{h_m}\mathrm{d}x \tag{5}$$

求解式(5)得

$$h_m = \frac{1}{2k}\ln\frac{g+kv_0^2}{g} \tag{6}$$

式(6)即为抛体上升的最大高度。

下落阶段　仍取质点 M 为研究对象，受力分析、运动分析如图 7-5(b)所示，同样选坐标轴 x 为铅直向上的方向，与质点运动方向相反。质点的运动微分方程为

$$m\ddot{x} = -mg + mkv^2 \tag{7}$$

运动的初始条件为：当 $t=0$ 时

$$x_0 = h_m, \quad \dot{x}_0 = 0 \tag{8}$$

式(7)中，由于轴 x 正向与质点运动方向相反，故

$$\left.\begin{aligned}\dot{x} &= -v \\ \ddot{x} &= -\frac{dv}{dt} = -\frac{dv}{dx}\frac{dx}{dt} = -\frac{dv}{dx}(-v) = v\frac{dv}{dx}\end{aligned}\right\} \tag{9}$$

设质点落地时的速度为 v_1，将式(9)代入式(7)，分离变量并积分得

$$-\int_0^{v_1}\frac{v\,dv}{g-kv^2} = \int_{h_m}^0 dx \tag{10}$$

求解式(10)得

$$v_1 = v_0\sqrt{\frac{g}{g+kv_0^2}}$$

例 7-5　如图 7-6 所示，一细长杆 OA，O 端用光滑铰链固定，O_1 端处有一小球 M。设球的质量为 m，杆的质量不计，杆长为 l，当杆在铅直位置时，球因受冲击而具有水平初速度 v_0。不计空气阻力，求球的运动方程和杆对球的约束反力。

解　把小球简化为一质点作为研究对象，小球受杆的约束只能在铅直面内沿圆弧运动，是个非自由质点。

由于质点运动的轨迹是圆弧，所以用自然坐标系研究较为方便。设质点在任意瞬时的位置为 M，其弧坐标为 s。杆的摆角为 θ，故 $s=l\theta$，$v=\dfrac{ds}{dt}=l\dot{\theta}$，点 M 的切向、法向矢量 τ 和 $\boldsymbol{n}$ 如图 7-6 所示，设 $\dfrac{d\boldsymbol{v}}{dt}$ 的正向沿 τ 的方向。

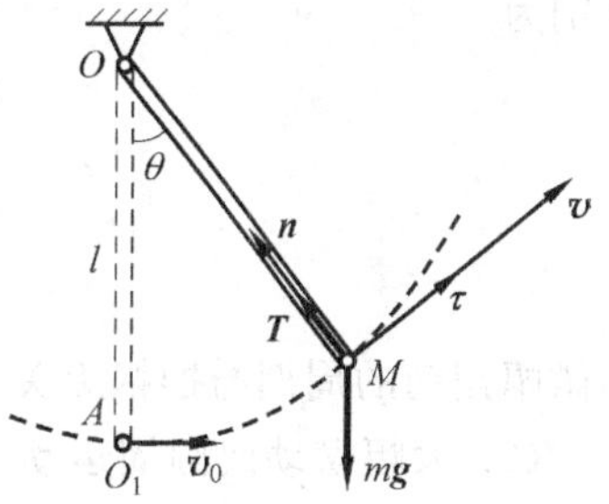

图　7-6

小球的受力分析、运动分析如图 7-6 所示，运动微分方程在 τ 和 $\boldsymbol{n}$ 两个方向的投影分别为

$$\left.\begin{aligned} m\frac{dv}{dt} &= -mg\sin\theta \\ m\frac{v^2}{l} &= T - mg\cos\theta\end{aligned}\right\} \tag{1}$$

式(1)中的第一式建立了主动力与切向加速度的关系，第二式建立了约束反力与法向加速度的关系。

下面分两种情况讨论：

(1) 微幅摆动　当杆的摆角 θ 很小时，$\sin\theta\approx\theta$，将式(1)改写为

$$\left.\begin{aligned} ml\ddot{\theta} &= -mg\theta \\ ml\dot{\theta}^2 &= T - mg\cos\theta\end{aligned}\right\} \tag{2}$$

或

$$\left.\begin{aligned} \ddot{\theta} + \frac{g}{l}\theta &= 0 \\ T &= mg\cos\theta + ml\dot{\theta}^2\end{aligned}\right\} \tag{3}$$

令 $k^2=\dfrac{g}{l}$ 并代入式(3)的第一式得

$$\ddot{\theta} + k^2\theta = 0 \tag{4}$$

这是一个二阶常系数齐次微分方程，其初始条件为：当 $t=0$ 时

$$\theta_0 = 0, \quad \dot{\theta}_0 = \frac{v_0}{l} \tag{5}$$

式(4)的通解为

$$\theta = A\sin(kt + \varphi) \tag{6}$$

式(6)中的 A,φ 为待定常数,将式(5)代入式(6),得

$$\varphi = 0, \quad A = \frac{v_0}{kl} \tag{7}$$

将式(7)代入式(6),得

$$\theta = \frac{v_0}{kl}\sin kt \tag{8}$$

式(8)即为杆的摆角 θ 随时间的变化规律。此式表明小球沿圆弧作简谐运动。当摆长 l 一定时,摆动的弧长幅值 v_0/k 决定于初始速度 v_0,只要 v_0 相当小,弧长的幅值就能在小范围内满足微幅摆动的假设,$\sin\theta\approx\theta$ 就成立。这种摆称为单摆或数学摆。摆动的周期及频率分别为

$$\left.\begin{aligned} T &= \frac{2\pi}{k} = 2\pi\sqrt{\frac{l}{g}} \\ f &= \frac{1}{T} = \frac{1}{2\pi}\sqrt{\frac{g}{l}} \end{aligned}\right\} \tag{9}$$

即微幅摆动的周期与摆幅无关,这种性质称为微幅摆动的等时性。

(2) 大幅摆动或圆周运动　若初始速度 v_0 较大,则不能用 θ 近似代替 $\sin\theta$,式(1)的第一式可重写为

$$\ddot{\theta} + \frac{g}{l}\sin\theta = 0 \tag{10}$$

将 $\ddot{\theta}=\frac{\mathrm{d}\dot{\theta}}{\mathrm{d}t}=\frac{\mathrm{d}\dot{\theta}}{\mathrm{d}\theta}\frac{\mathrm{d}\theta}{\mathrm{d}t}=\dot{\theta}\ \frac{\mathrm{d}\dot{\theta}}{\mathrm{d}\theta}$ 代入式(10)得

$$\dot{\theta}\ \frac{\mathrm{d}\dot{\theta}}{\mathrm{d}\theta} = -\frac{g}{l}\sin\theta \tag{11}$$

式(10)是一个二阶常系数非线性微分方程,其解为椭圆积分,这时运动的周期与初始条件有关,不再具有等时性。只研究其速度的变化规律,将式(11)分离变量并积分(注意初始条件式(5))得

$$\int_{\dot{\theta}_0}^{\dot{\theta}} \mathrm{d}\left(\frac{\dot{\theta}^2}{2}\right) = -\int_{\theta_0}^{\theta} \frac{g}{l}\sin\theta\mathrm{d}\theta \tag{12}$$

求解式(12)得

$$v^2 = (l\dot{\theta})^2 = v_0^2 + 2gl(\cos\theta - 1) \tag{13}$$

式(13)表示杆在任意位置 θ 时小球的速度 v,由式(13)可知,当 $v_0\geqslant\sqrt{4gl}$ 时,小球才能作圆周运动,否则球作摆动。

求得速度之后,可由式(3)的第二式求出未知约束反力 T:

$$T=mg\cos\theta+m\frac{v^2}{l}=mg\cos\theta+\frac{m}{l}[v_0^2+2gl(\cos\theta-1)]=mg(3\cos\theta-2)+\frac{mv_0^2}{l}$$

由以上分析知道,本题属于质点动力学的综合问题。

习题

7-1　如题 7-1 图所示，用绞车沿斜面提升质量为 m 的重物 M，已知斜面的倾角为 θ，斜面与重物间的动摩擦因数为 f。若绞车的鼓轮半径为 r，且鼓轮按 $\varphi=\frac{1}{2}\alpha t^2$（$t$ 以 s 计，φ 以 rad 计）的规律作匀加速转动，试求钢索的拉力。

7-2　如题 7-2 图所示，小车以匀加速度 a 沿倾角为 θ 的斜面向上运动，在小车的平顶上放一质量为 m 的重物 A，随车一起运动，为使重物不从车上脱落，试问重物与车之间的摩擦因数最小应为多少？

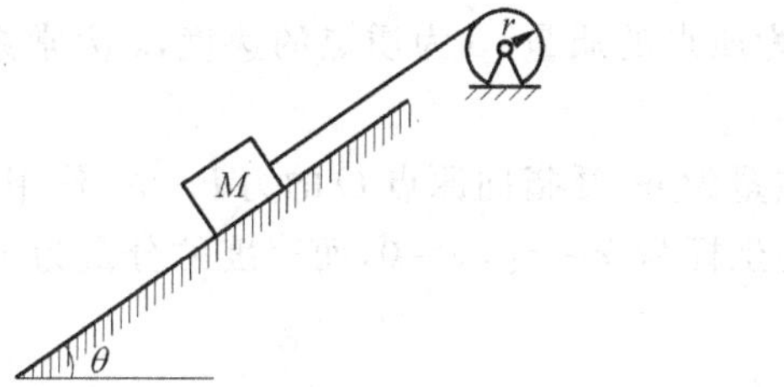

题 7-1 图

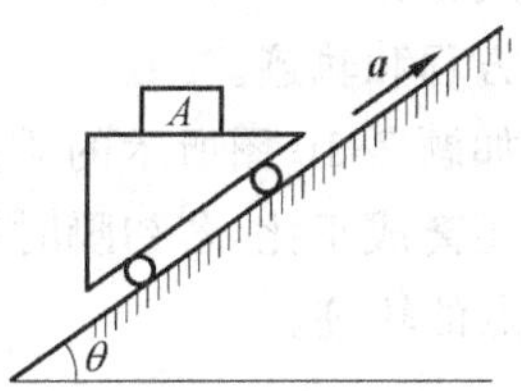

题 7-2 图

7-3　如题 7-3 图所示，质量为 m 的球 M，由两根各长 l 的不计重量的杆支撑，此机构以不变的角速度 ω 绕铅直轴 AB 转动，若 $\overline{AB}=2a$，两杆的各端均为铰接，求杆的内力。

7-4　如题 7-4 图所示，用两绳悬挂的质量为 m 的小球处于静止。试问：(1)两绳的张力各等于多少？(2)若将绳 A 剪断，则绳 B 在该瞬时的张力又等于多少？

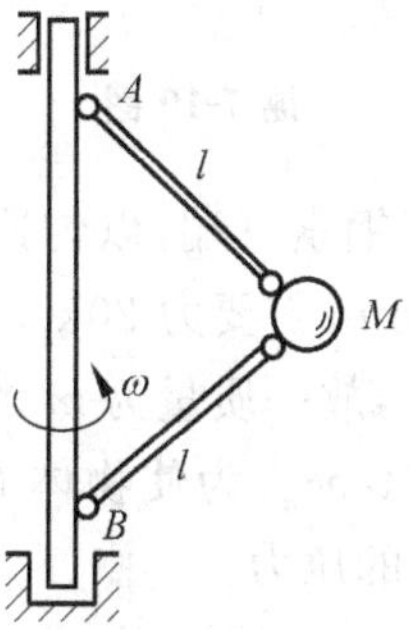

题 7-3 图

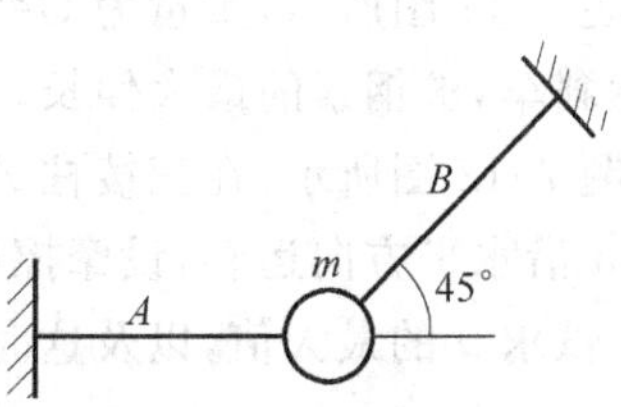

题 7-4 图

7-5　一质点质量为 10kg，在变力 $F=98(1-t)$ 的作用下运动（t 以 s 计，F 以 N 计）。设质点的初速度为 $v_0=20\text{cm/s}$，且力的方位与速度的方位相同。问经过多少秒后，质点停止？停止前走了多少路程？

7-6　小环从固定的光滑半圆柱顶端 A 无初速度地下滑，如题 7-6 图所示。求小环脱离半圆柱时的位置角 φ。

7-7　如题 7-7 图所示，铰接于点 O 的均质杆 OB，质量为 m，长为 l，物体 A 的质量也为 m，物体 A 与杆和地面间的摩擦因数均为 f。物体 A 在常力 $\boldsymbol{F}$ 的拉动下，从杆的中点无初速度地向右移动，试求物体 A 离开杆时的速度。

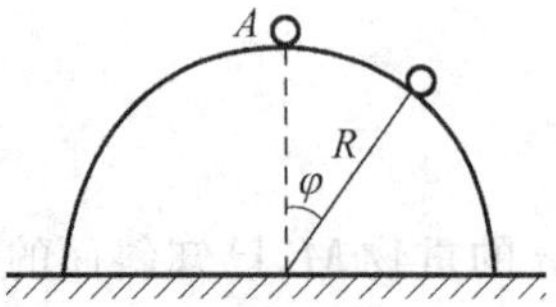

题 7-6 图

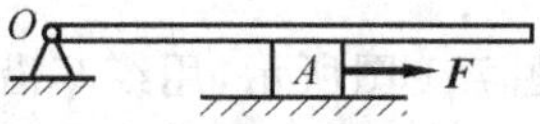

题 7-7 图

7-8　潜水器的质量为 m，受到重力与浮力的向下合力 $\boldsymbol{F}$ 的作用而下沉，设水的阻力 F_1 与速度的一次方成正比，$F_1=kAv$，式中 A 为潜水器下沉的投影面积，v 为下沉瞬时的速度，k 为比例常数。若 $t=0$ 时，$v_0=0$，试求潜水器下沉的速度和距离随时间的变化规律。

7-9　质点由高度 h 处以速度 $\boldsymbol{v}_0$ 水平抛出，如题 7-9 图所示。空气阻力 $\boldsymbol{F}$ 可视为与速度的一次方成正比，$\boldsymbol{F}=-km\boldsymbol{v}$，式中 m 为质点的质量，v 为质点的速度，k 为常系数。试求质点的运动方程和轨迹。

7-10　如题 7-10 图所示的质点的质量为 m，受指向原点 O 的力 $F=kr$ 作用，力 F 与质点到原点的距离成正比，若初瞬时质点的坐标为 $x=x_0$，$y=0$，而速度的分量为 $v_x=0$，$v_y=v_0$。试求质点的轨迹。

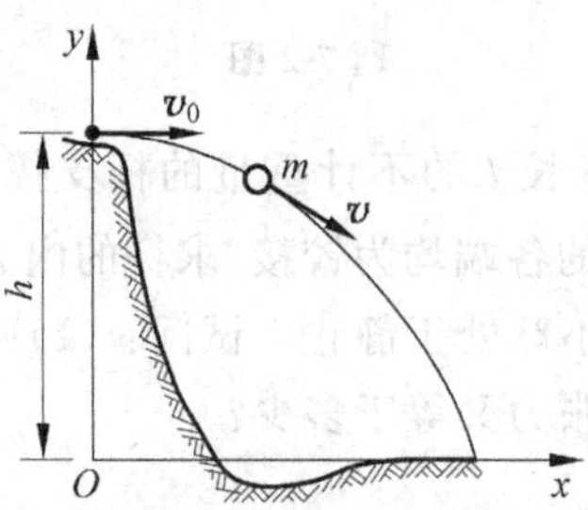

题 7-9 图

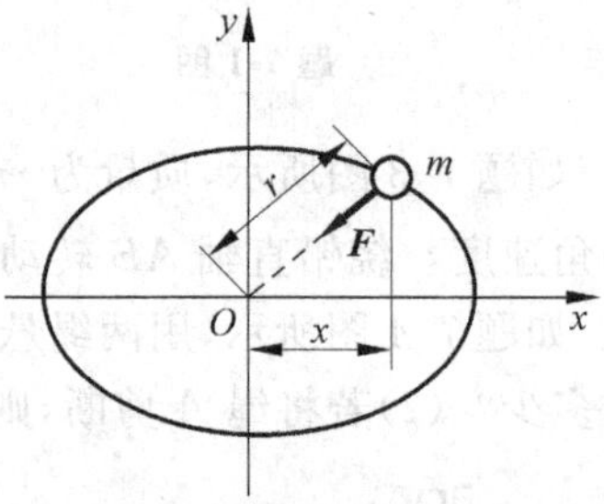

题 7-10 图

7-11　如题 7-11 图所示，重量为 $Q=30\text{kN}$ 的物体悬于钢索下端，以匀速 $v_0=2\text{m/s}$ 下降，若卷筒突然刹车，求钢索的最大伸长。设钢索每伸长 10mm 需要力 20kN。

7-12　如题 7-12 图所示，在三棱柱 ABC 的粗糙斜面上，放一质量为 m 的物体 M，三棱柱以匀加速度 a 沿水平方向运动，设摩擦因数为 f_s，且 $f_s<\tan\theta$。为使物体 M 在三棱柱上处于相对静止，试求 a 的最大值，以及这时物体 M 对三棱柱的压力。

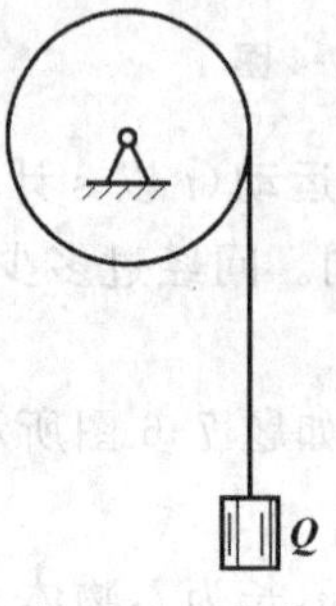

题 7-11 图

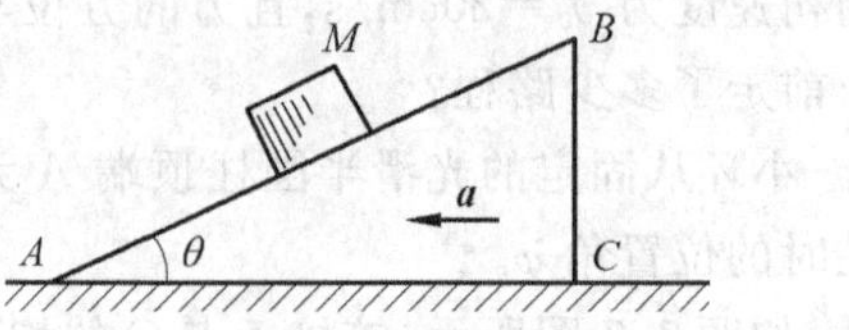

题 7-12 图

7-13　如题 7-13 图所示，半径为 R 的偏心轮绕 O 轴以匀角速度 ω 转动，推动导板沿铅直轨道运动。导板顶部放有一质量为 m 的物块 A，设偏心距 $\overline{OC}=e$，开始时 OC 沿水平线。求：(1)物块对导板的最大压力；(2)使物块不离开导板的 ω 最大值。

7-14　如题 7-14 图所示，质量为 m 的物块 A，因绳子的牵引沿水平导轨滑动，绳子的另一端缠在半径为 r 的鼓轮上，鼓轮以匀角速度 ω 绕 O 轴转动，不计导轨的摩擦，试求绳子的拉力 F 和距离 x 的关系。

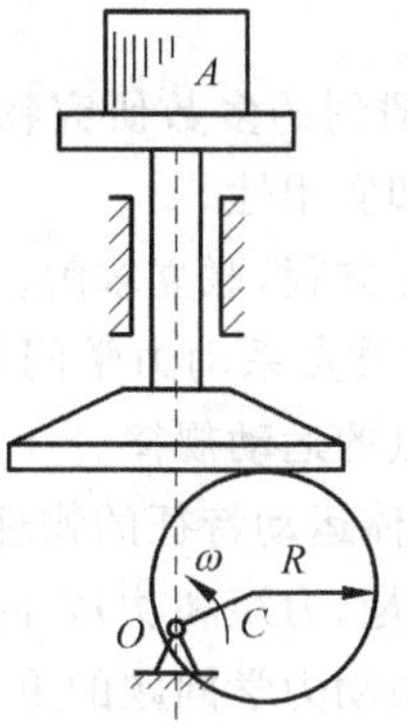

题 7-13 图

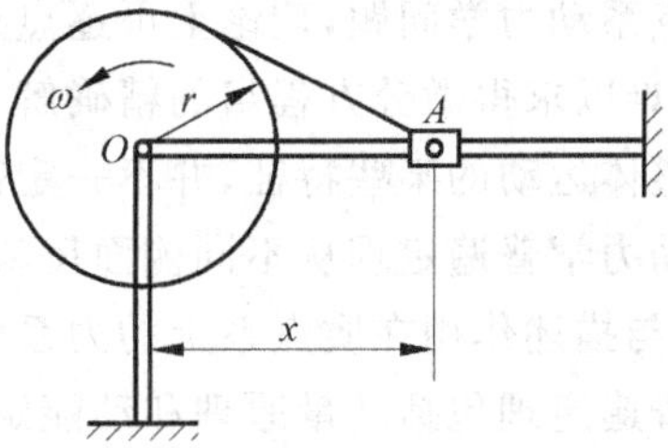

题 7-14 图

第8章 动量原理

第 7 章讨论了质点动力学问题。必须指出，工程实际中遇到的多数研究物体抽象为质点系才更为合理。因此，研究质点系动力学问题更具普遍性和实用性。

对于质点系动力学问题，理论上可逐点列出质点运动微分方程，联立求解。但当质点数目多时，一般难以求得微分方程组的精确解。事实上，对许多质点系动力学问题，往往只需关心质点系整体运动的某些特征，并不一定需要求出每个质点的运动规律。

质点系动力学普遍定理从不同侧面反映了描述质点系整体运动特征的物理量(动量、动量矩和动能)与描述作用在质点系上的力系的作用效应量(冲量、力矩和功)之间的关系。质点系动力学普遍定理包括动量原理和动能定理，是研究质点系动力学问题的重要工具。

动量原理包括动量定理和动量矩定理。本章将介绍质心、转动惯量、动量、冲量、动量矩等基本概念，推导动量定理及其等价形式——质心运动定理、动量矩定理、刚体定轴转动微分方程和刚体平面运动微分方程，并简要阐明它们的应用。

8.1 质心和转动惯量

质点系的运动不仅与作用于质点系上的力以及各质点质量的大小有关，而且还与质点系的质量分布状况有关。质心位置和转动惯量就是反映质点系质量分布的两个特征量。

1. 质心

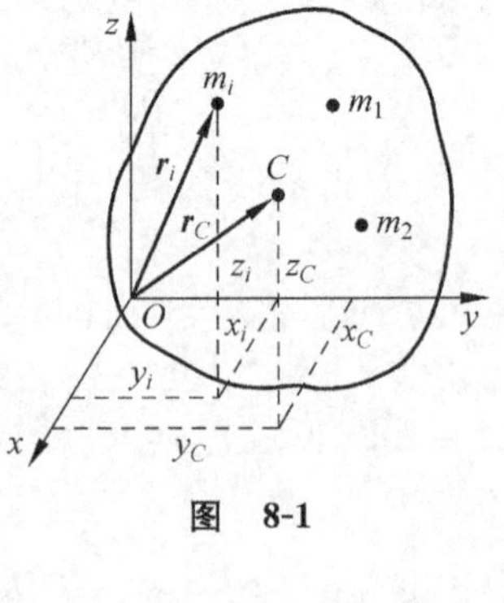

图 8-1

如图 8-1 所示，质点系由 n 个质点组成。质点系中任一质点 i 的质量为 m_i，相对于固定点 O 的位置矢径为 $\boldsymbol{r}_i$，质点系的总质量为 $m=\sum m_i$。则由公式

$$\boldsymbol{r}_C=\frac{\sum m_i\boldsymbol{r}_i}{m} \tag{8-1}$$

所确定的一点 C 称为质点系的质心。在直角坐标系中，质心 C 的坐标(x_C,y_C,z_C)与各质点的坐标(x_i,y_i,z_i)的关系为

$$\left.\begin{aligned}x_C&=\frac{\sum m_ix_i}{m}\\y_C&=\frac{\sum m_iy_i}{m}\\z_C&=\frac{\sum m_iz_i}{m}\end{aligned}\right\} \tag{8-2}$$

质点系质心的位置反映了质点系质量分布的一种特征。在重力场中,质点系的质心与其重心重合。对于质量均匀分布的刚体,质心也是刚体的几何中心。

2. 转动惯量

转动惯量是描述质点系质量分布的又一特征量,它反映质点系质量相对于某一轴的分布情况。对于刚体这种特殊质点系而言,转动惯量是其转动惯性的度量。

刚体的转动惯量等于刚体内各质点的质量与质点到轴的垂直距离平方的乘积之和,即

$$J_z = \sum m_i r_i^2 \tag{8-3}$$

式中,m_i 为刚体内任一质点的质量,r_i 为该质点到轴的垂直距离。式(8-3)表明,转动惯量有三个特征:(1)不仅与刚体的质量大小有关,而且与刚体的质量分布情况有关;(2)是恒大于零的正数;(3)与刚体的运动情况及受力情况无关。

转动惯量的单位在国际单位制中为千克·平方米(kg·m^2)。

对于质量连续分布的刚体,其转动惯量的公式应写成

$$J_z = \int_V r^2 \mathrm{d}m \tag{8-4}$$

式中 V 表示整个刚体区域。

具有规则几何形状的均质刚体,其转动惯量可按上式积分求得。对于形状不规则或质量非均匀分布的刚体,通常用实验方法测定其转动惯量。

1) 规则形状、均质刚体的转动惯量计算

(1) 均质细直杆

设均质细直杆长为 l,质量为 m,如图 8-2 所示。求此杆对通过杆端 A 并与杆垂直的轴 z 的转动惯量 J_z。

在杆上距 A 端 x 处取长为 $\mathrm{d}x$ 的一微段元,其质量为 $\mathrm{d}m=\frac{m}{l}\mathrm{d}x$,则此杆对轴 z 的转动惯量为

$$J_z = \int_0^l x^2 \mathrm{d}m = \int_0^l \frac{m}{l} x^2 \mathrm{d}x = \frac{1}{3} m l^2 \tag{8-5}$$

(2) 均质薄圆环

设圆环质量为 m,半径为 R,如图 8-3 所示。求此环对过圆心 O 且与圆环所在平面垂直的轴 z 的转动惯量 J_z。

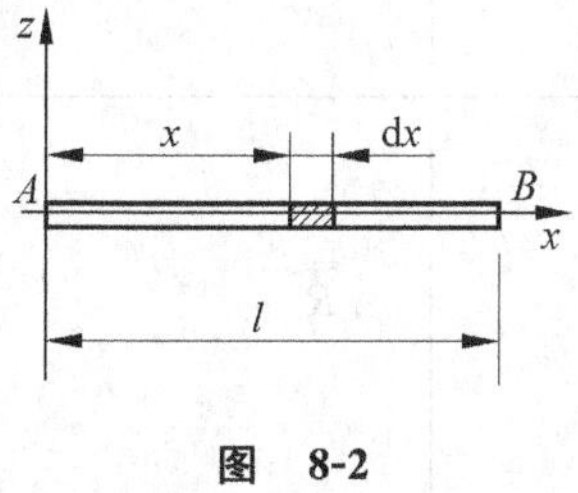

图 8-2

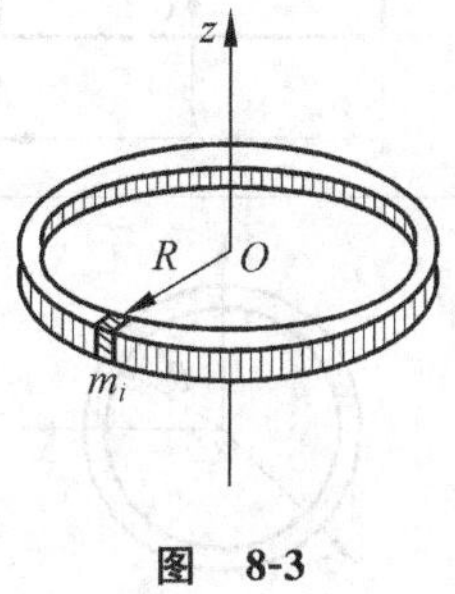

图 8-3

将圆环沿圆周方向分成许多微段，每一微段的质量为 m_i，到轴 z 的垂直距离为 R，对轴 z 的转动惯量为 m_iR^2，故整个圆环对轴 z 的转动惯量为

$$J_z = \sum m_i R^2 = \left(\sum m_i\right) R^2 = mR^2 \tag{8-6}$$

(3) 均质薄圆板

设圆板质量为 m，半径为 R，如图 8-4 所示。求此板对过圆心 O 且与圆板所在平面垂直的轴 z 的转动惯量 J_z。

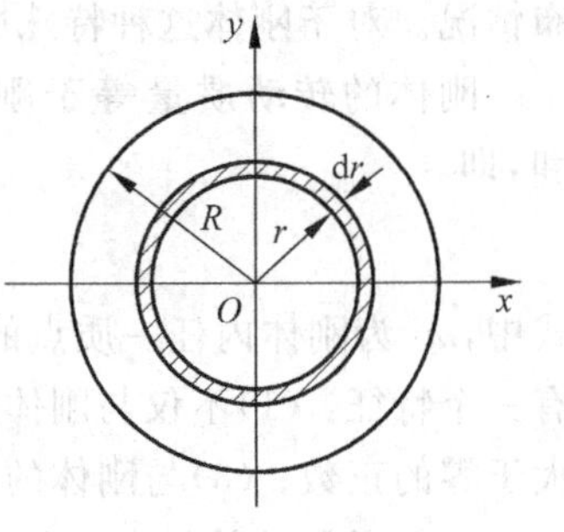

图 8-4

将圆板分为许多同心的细圆环，其半径为 r，宽为 $\mathrm{d}r$，则任一细圆环对轴 z 的转动惯量为 $\mathrm{d}J_z = r^2\mathrm{d}m = r^2\ \dfrac{m}{\pi R^2}\times 2\pi r\mathrm{d}r = \dfrac{2m}{R^2}r^3\,\mathrm{d}r$，故整个圆板对轴 z 的转动惯量为

$$J_z = \int_0^R \frac{2m}{R^2} r^3\,\mathrm{d}r = \frac{1}{2}mR^2 \tag{8-7}$$

2) 惯性半径(回转半径)

设刚体的质量为 m，对轴 z 的转动惯量为 J_z，定义刚体对轴 z 的惯性半径(或回转半径) ρ_z 为

$$\rho_z = \sqrt{\frac{J_z}{m}} \tag{8-8}$$

ρ_z 的物理意义为：如果把刚体的质量集中在某一点，仍保持原有的转动惯量不变，则 ρ_z 就是这个点到轴 z 的距离。ρ_z 的大小仅与刚体的几何形状和尺寸有关，与刚体的材质无关，它具有长度的单位。

若已知刚体的惯性半径 ρ_z，则刚体的转动惯量为

$$J_z = m\rho_z^2 \tag{8-9}$$

即刚体的转动惯量等于刚体的质量与惯性半径平方的乘积。

表 8-1 给出了一些常见的规则形状均质刚体的转动惯量及惯性半径的计算公式。另外一些形状已标准化的刚体的转动惯量和惯性半径可查阅机械工程手册。

表 8-1 常见规则形状均质刚体的转动惯量和惯性半径

刚体形状	简图	转动惯量 J_z	惯性半径 ρ_z
细直杆	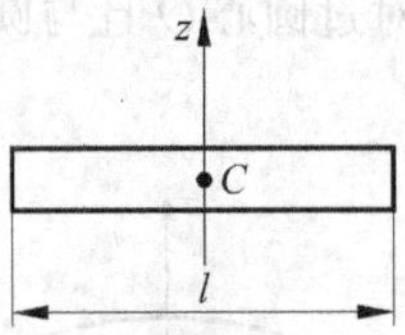	$\frac{1}{12}ml^2$	$\frac{l}{\sqrt{12}}=0.289l$
细圆环	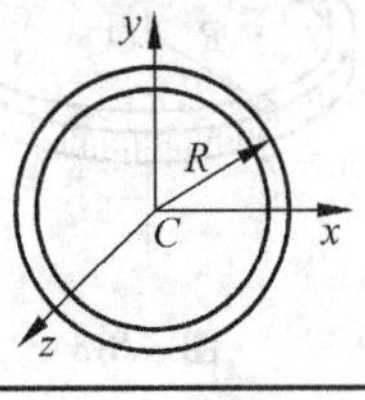	mR^2	R

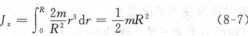

续表

刚体形状	简图	转动惯量 J_z	惯性半径 ρ_z
薄圆盘	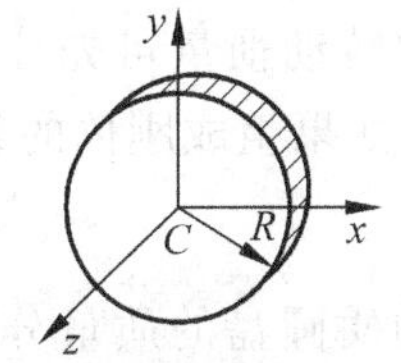	$\frac{1}{2}mR^2$	$\frac{R}{\sqrt{2}}=0.707R$
空心圆柱	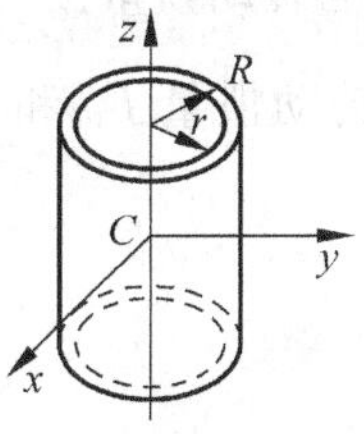	$\frac{1}{2}m(R^2+r^2)$	$\sqrt{\frac{R^2+r^2}{2}}=0.707\sqrt{R^2+r^2}$
实心球	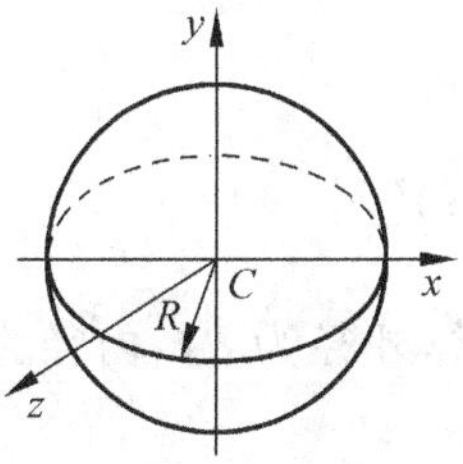	$\frac{2}{5}mR^2$	$0.632R$
矩形块	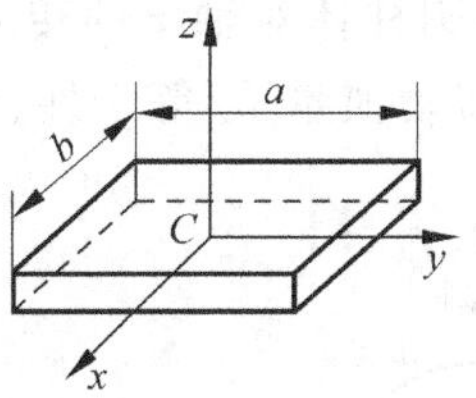	$\frac{1}{12}m(a^2+b^2)$	$0.289\sqrt{a^2+b^2}$

3）平行轴定理

工程手册中，一般只给出刚体对质心轴的转动惯量，但工程实际中，某些刚体的转轴并不过质心，而是与质心轴平行。这就需要应用平行轴定理计算刚体对转轴的转动惯量。

平行轴定理　刚体对任一轴的转动惯量，等于刚体对与该轴平行的质心轴的转动惯量加上刚体的质量与两轴间的距离平方的乘积，即

$$J_z = J_{z_C} + md^2 \tag{8-10}$$

式中，m 为刚体质量，轴 z_C 为质心轴，轴 z 为与质心轴 z_C 平行的轴，d 为两轴间的距离。

应用数学中所讲的坐标移轴公式很容易证明平行轴定理，读者可自行证明。由此定理可知，在一组平行轴中，刚体对质心轴的转动惯量最小。

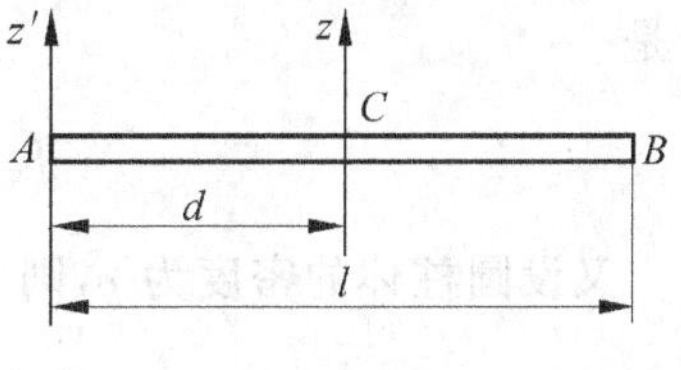

图　8-5

利用平行轴定理，可以计算如图 8-5 所示的均质细直杆对质心轴 z 的转动惯量为

$$J_z = J_{z'} - md^2 = J_{z'} - \frac{ml^2}{4} = \frac{ml^2}{3} - \frac{ml^2}{4} = \frac{ml^2}{12} \tag{8-11}$$

4) 计算转动惯量的组合法

若一个刚体由几个几何形状简单的刚体组成,整体的转动惯量可先分别计算每一个刚体的转动惯量,再将全部刚体的转动惯量求代数和得到。如果组成刚体的某部分无质量(空心的),计算时可把这部分转动惯量视为负值处理。

例 8-1 钟摆简化如图 8-6 所示。已知均质细杆和均质圆盘的质量分别为 m_1 和 m_2,杆长为 l,圆盘半径为 r。求摆对通过悬挂点 O 的水平轴的转动惯量。

解 摆对水平轴 O 的转动惯量 J_O 等于杆对轴 O 的转动惯量 J_{1O} 和盘对轴 O 的转动惯量 J_{2O} 之和。

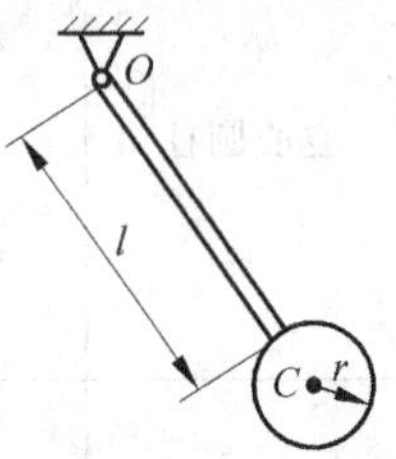

图 8-6

$$J_{1O} = \frac{1}{3}m_1 l^2$$

$$J_{2O} = \frac{1}{2}m_2 r^2 + m_2\,(l + r)^2$$

于是得

$$J_O = J_{1O} + J_{2O} = \frac{1}{3}m_1 l^2 + \frac{1}{2}m_2 r^2 + m_2 (l+r)^2$$

例 8-2 如图 8-7 所示,质量为 m 的均质空心圆柱体外径为 R_1,内径为 R_2,求它对中心轴 z 的转动惯量。

解 空心圆柱体可看成由两个实心圆柱体组成,外圆柱体对轴 z 的转动惯量为 J_{1z},内圆柱体对轴 z 的转动惯量为 J_{2z},空心圆柱体对轴 z 的转动惯量 J_z 等于外、内圆柱体对轴 z 转动惯量之差。

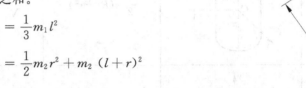

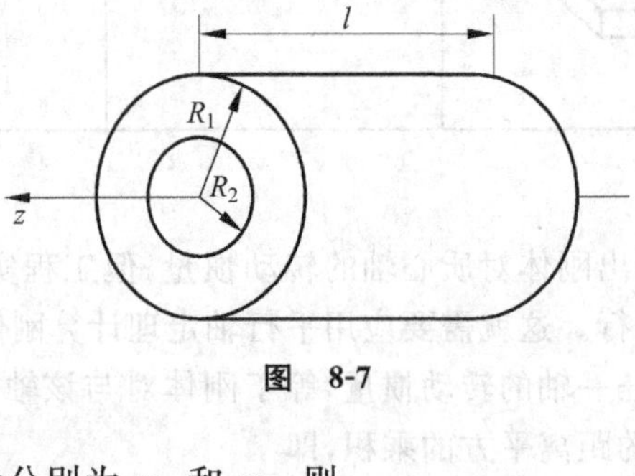

图 8-7

设外、内圆柱体的质量分别为 m_1 和 m_2,则

$$J_{1z} = \frac{1}{2}m_1 R_1^2, \quad J_{2z} = \frac{1}{2}m_2 R_2^2$$

于是

$$J_z = J_{1z} - J_{2z} = \frac{1}{2}m_1 R_1^2 - \frac{1}{2}m_2 R_2^2$$

又设圆柱体的密度为 ρ,则

$$m_1 = \rho\pi R_1^2 l, \quad m_2 = \rho\pi R_2^2 l$$

代入前式,得

$$J_z=\frac{1}{2}m_1R_1^2-\frac{1}{2}m_2R_2^2=\frac{1}{2}\rho\pi l(R_1^4-R_2^4)=\frac{1}{2}\rho\pi l(R_1^2+R_2^2)(R_1^2-R_2^2)$$

注意到 $m=\rho\pi l(R_1^2-R_2^2)$，于是得

$$J_z=\frac{1}{2}m(R_1^2+R_2^2)$$

8.2 动量、动量矩和冲量

从实践中知道，物体机械运动的强弱，不仅与物体的质量有关，还与物体的运动速度有关。因此引入包含物体质量和速度的两个物理量——动量和动量矩，从不同侧面来度量物体机械运动的强弱程度。

1. 动量

1) 质点的动量

质点的质量 m 与其某瞬时的速度 $\boldsymbol{v}$ 的乘积称为质点在该瞬时的动量，即

$$\boldsymbol{p}=m\boldsymbol{v} \tag{8-12}$$

质点的动量是矢量，其方向与质点的速度方向一致。在国际单位制中，动量的单位为千克·米/秒(kg·m/s)，或牛顿·秒(N·s)。

2) 质点系的动量

质点系内各质点动量的矢量和称为质点系的动量，即

$$\boldsymbol{p}=\sum m_i\boldsymbol{v}_i \tag{8-13}$$

式中，n 为质点系的质点数，m_i 为质点系内第 i 个质点的质量，$\boldsymbol{v}_i$ 为该质点的速度。

若将式(8-13)写成

$$\boldsymbol{p}=\sum m_i\boldsymbol{v}_i=\sum m_i\frac{\mathrm{d}\boldsymbol{r}_i}{\mathrm{d}t}=\frac{\mathrm{d}}{\mathrm{d}t}\sum m_i\boldsymbol{r}_i$$

则由式(8-1)可得，$\sum m_i\boldsymbol{r}_i=m\boldsymbol{r}_C$，代入上式得

$$\boldsymbol{p}=\frac{\mathrm{d}}{\mathrm{d}t}(m\boldsymbol{r}_C)=m\boldsymbol{v}_C \tag{8-14}$$

上式表明：质点系的动量等于质点系的质心速度与其全部质量的乘积。若将质点系视为质量都集中于质心的一个质点，则该质点的动量就等于质点系的动量。因此，计算质点系动量时，不需要分析质点系每一个质点的速度，只要知道质心的速度即可。

式(8-14)为刚体动量的计算提供了便捷方法。但对于若干个刚体组成的刚体系统，通过整个系统的质心速度来计算系统的动量，有时并不可取。通常以系统中每个组成刚体动量的矢量和来计算整个系统的动量，即

$$\boldsymbol{p}=\sum m_i\boldsymbol{v}_{C_i} \tag{8-15}$$

式中，m_i 为刚体系统内第 i 个刚体的质量，$\boldsymbol{v}_{C_i}$ 为该刚体质心的速度。

从式(8-14)看出，质点系的动量反映了质点系全部质点随同质心平动的运动变化，但动量只是对质点系机械运动强度一个侧面的度量。倘若质点系绕其质心或质心轴转动，或者质点系既有随同质心的平动，又有绕质心的转动，那么动量就不能度量或不能全面度量这

种质点系机械运动的强度。因此,需要引入另一个物理量——动量矩来表征质点系绕某点(轴)转动的强弱程度。

2. 动量矩

动量矩的定义和计算与力矩的定义和计算类似。只要在原来力矩的定义以及有关力矩的各种计算公式中,将力 $\boldsymbol{F}$ 换成动量 $m\boldsymbol{v}$ 即可。

1) 质点的动量矩

设质点某瞬时的动量为 $m\boldsymbol{v}$,质点相对于点 O 的位置用矢径 $\boldsymbol{r}$ 表示,如图 8-8 所示。质点相对于点 O 的动量矩定义为

$$\boldsymbol{M}_O(m\boldsymbol{v}) = \boldsymbol{r} \times m\boldsymbol{v} \tag{8-16}$$

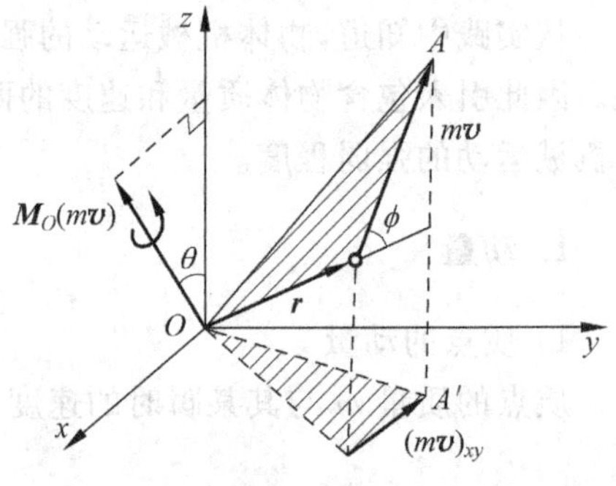

图 8-8

质点对点 O 的动量矩是定位矢量,它垂直于矢径 $\boldsymbol{r}$ 与 $m\boldsymbol{v}$ 所组成的平面,矢量的指向按照右手法则确定,矢量的作用点为矩心 O。

质点动量 $m\boldsymbol{v}$ 在平面 Oxy 内的投影 $(m\boldsymbol{v})_{xy}$ 对于点 O 的矩定义为质点相对于 z 轴的动量矩,即

$$M_z(m\boldsymbol{v}) = M_O[(m\boldsymbol{v})_{xy}] \tag{8-17}$$

对轴的动量矩是代数量。

2) 质点系的动量矩

质点系对点 O 的动量矩等于各质点对同一点 O 的动量矩的矢量和,即

$$\boldsymbol{L}_O = \sum \boldsymbol{M}_O(m_i \boldsymbol{v}_i) \tag{8-18}$$

质点系对 z 轴的动量矩等于各质点对同一 z 轴的动量矩的代数和,即

$$L_z = \sum M_z(m_i \boldsymbol{v}_i) \tag{8-19}$$

和力对点的矩与力对经过该点的任一轴的矩之间的关系类似,动量对一点的矩在经过该点的任一轴的投影就等于动量对该轴的矩,即

$$[\boldsymbol{L}_O]_z = L_z \tag{8-20}$$

在国际单位制中,动量矩的单位为千克·米^2/秒(kg·m^2/s),或牛顿·米·秒(N·m·s)。

3) 刚体的动量矩

刚体是特殊的质点系,其动量矩的计算公式可由式(8-18)、式(8-19)导出。

刚体平动时,由于其上各点的速度相等,可将其等效为质量全部集中于质心的一个质点计算其动量矩,即

$$\begin{aligned} \boldsymbol{L}_O &= \sum \boldsymbol{M}_O(m_i \boldsymbol{v}_i) = \sum \boldsymbol{r}_i \times m_i \boldsymbol{v}_i = \sum \boldsymbol{r}_i \times m_i \boldsymbol{v}_C \\ &= \left(\sum m_i \boldsymbol{r}_i\right) \times \boldsymbol{v}_C = \boldsymbol{r}_C \times m\boldsymbol{v}_C \end{aligned} \tag{8-21}$$

定轴转动刚体其上各点的速度为 $v_i = r_i\omega$（如图 8-9 所示），则刚体对其转轴的动量矩可由式(8-19)导出，即

$$L_z = \sum M_z(m_i \boldsymbol{v}_i) = \sum m_i v_i \cdot r_i = \sum m_i \omega r_i \cdot r_i = \left(\sum m_i r_i^2\right)\omega = J_z\omega \quad (8\text{-}22)$$

上式表明：定轴转动刚体对其转轴的动量矩等于刚体对转轴的转动惯量与转动角速度的乘积。

要计算平面运动刚体对某点(轴)的动量矩，需要引入质点系相对于质心的动量矩。

设质点系的质量为 m，在质点系的质心 C 上铰结一平动参考系 $Cx'y'z'$，如图 8-10 所示。在此平动参考系内，任一质点 m_i 的相对位置矢径为 $\boldsymbol{r}'_i$，相对速度为 $\boldsymbol{v}_{ir}$。若将质点系的运动看成随同质心 C 的平动与相对质心 C 的运动(即相对于平动参考系 $Cx'y'z'$ 的运动)的合成结果，则由速度合成定理，任一质点 m_i 的绝对速度 $\boldsymbol{v}_i$ 就等于其牵连速度 $\boldsymbol{v}_{ie}$ 与相对速度 $\boldsymbol{v}_{ir}$ 的矢量和。因为牵连运动为随同质心 C 的平动，所以牵连速度 $\boldsymbol{v}_{ie}$ 就等于质心 C 的速度 $\boldsymbol{v}_C$，于是任一质点 m_i 的绝对速度为 $\boldsymbol{v}_i = \boldsymbol{v}_C + \boldsymbol{v}_{ir}$。

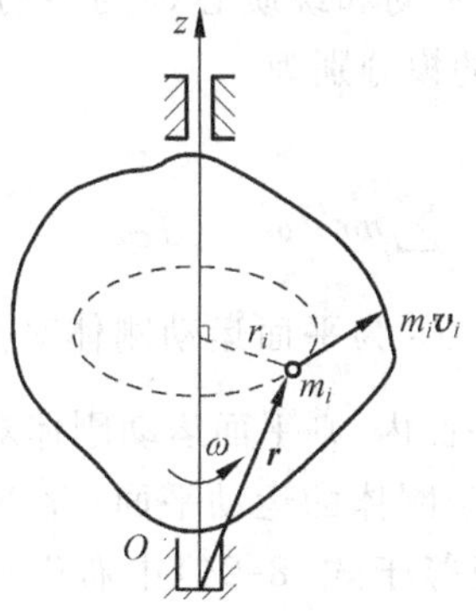

图 8-9

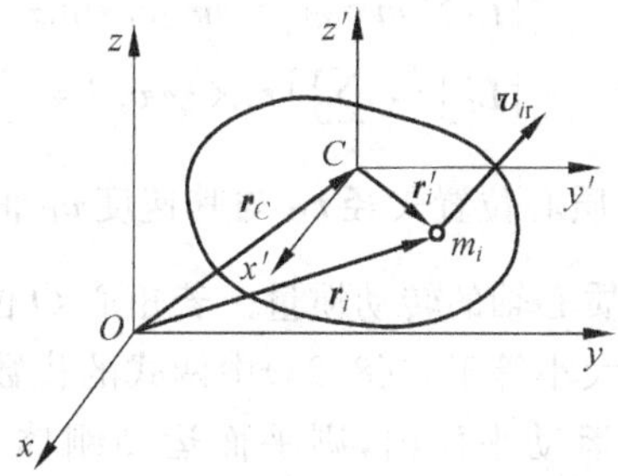

图 8-10

显然，质点系对于质心 C 的相对运动动量矩为

$$\boldsymbol{L}_{Cr} = \sum \boldsymbol{M}_C(m_i \boldsymbol{v}_{ir}) = \sum \boldsymbol{r}'_i \times m_i \boldsymbol{v}_{ir}$$

而质点系对于质心 C 的绝对运动动量矩为

$$\begin{aligned}\boldsymbol{L}_C &= \sum \boldsymbol{M}_C(m_i \boldsymbol{v}_i) = \sum \boldsymbol{r}'_i \times m_i \boldsymbol{v}_i = \sum \boldsymbol{r}'_i \times m_i(\boldsymbol{v}_C + \boldsymbol{v}_{ir}) \\ &= \sum \boldsymbol{r}'_i \times m_i \boldsymbol{v}_C + \sum \boldsymbol{r}'_i \times m_i \boldsymbol{v}_{ir} \\ &= \left(\sum m_i \boldsymbol{r}'_i\right) \times \boldsymbol{v}_C + \sum \boldsymbol{r}'_i \times m_i \boldsymbol{v}_{ir}\end{aligned}$$

由式(8-1)可得，$\sum m_i \boldsymbol{r}'_i = m\boldsymbol{r}'_C$，显然 $\boldsymbol{r}'_C = \boldsymbol{0}$，代入上式得

$$\boldsymbol{L}_C = \boldsymbol{L}_{Cr} = \sum \boldsymbol{r}'_i \times m_i \boldsymbol{v}_{ir} \quad (8\text{-}23)$$

上式表明：质点系对于质心的绝对运动动量矩等于质点系对于质心的相对运动动量矩。必须指出，这里的相对运动是指质点系相对于铰结在质心上的平动参考系的运动。

推导式(8-23)时，应用了质心的特殊性质，因此式(8-23)仅对质心成立。这表明了质心在动力学中的特殊地位。当矩心为质心以外的其他点时，式(8-23)不成立。

欲求质点系对质心以外的其他点的动量矩,通常用质点系中的各质点在绝对运动中的动量对该点取矩,再求矢量和。引入质点系对质心的动量矩,可简化质点系对质心以外的其他点的动量矩计算。

设质点系质量为 m,质心 C 的速度为 $\boldsymbol{v}_C$,任一质点 m_i 相对于点 O 的位置矢径为 $\boldsymbol{r}_i$,绝对速度为 $\boldsymbol{v}_i$,则质点系对点 O 的动量矩为

$$\boldsymbol{L}_O = \sum \boldsymbol{M}_O(m_i \boldsymbol{v}_i) = \sum \boldsymbol{r}_i \times m_i \boldsymbol{v}_i$$

由图 8-10 可知,$\boldsymbol{r}_i = \boldsymbol{r}_C + \boldsymbol{r}'_i$,于是

$$\boldsymbol{L}_O = \sum (\boldsymbol{r}_C + \boldsymbol{r}'_i) \times m_i \boldsymbol{v}_i = \boldsymbol{r}_C \times \left(\sum m_i \boldsymbol{v}_i \right) + \sum \boldsymbol{r}'_i \times m_i \boldsymbol{v}_i = \boldsymbol{r}_C \times m\boldsymbol{v}_C + \boldsymbol{L}_C \tag{8-24}$$

上式表明:质点系对点 O 的动量矩等于质点系随质心平动的动量对点 O 的动量矩与质点系相对于质心的动量矩的矢量和。

由式(8-24)可以导出平面运动刚体对点的动量矩的计算方法。

对于作平面运动的刚体,将其运动分解为随质心 C 的平动和绕质心 C 的转动两部分。考虑到平面运动刚体的运动学关系,则式(8-24)右端两项的模分别为

$$|\boldsymbol{r}_C \times m\boldsymbol{v}_C| = m r_C v_C \sin\varphi$$

$$|\boldsymbol{L}_C| = \sum |\boldsymbol{r}'_i \times m\boldsymbol{v}_{ir}| = \sum m r'_i v_{ir} \sin 90° = \sum m r'^2_i \omega^2 = J_C \omega \tag{8-25}$$

式中,φ 为质心位置矢径 $\boldsymbol{r}_C$ 与其速度 $\boldsymbol{v}_C$ 间小于 $\frac{\pi}{2}$ 的夹角。J_C 为平面运动刚体对垂直其运动平面的质心轴的转动惯量。若矩心 O 位于刚体的运动平面内,则平面运动刚体对点 O 的动量矩的大小等于式(8-25)中两式的代数和,其方位垂直于刚体的运动平面;若矩心 O 不在刚体的运动平面内,则平面运动刚体对点 O 的动量矩等于式(8-24)中右端两项的矢量和。

平面运动刚体对通过其质心并垂直其运动平面的质心轴 C 的动量矩为

$$L_C = J_C \omega \tag{8-26}$$

3. 冲量

物体在力作用下产生的运动变化,不仅与力的大小和方向有关,还与力作用时间的长短有关。为此,引入力的冲量的概念,表征力在一段时间内对物体作用的累积效应。

若常力 $\boldsymbol{F}$ 作用的时间为 Δt,则常力的冲量为

$$\boldsymbol{I} = \boldsymbol{F}\Delta t \tag{8-27}$$

若力 $\boldsymbol{F}$ 是变化的,可将力的作用时间分成无数微小的时间间隔,在每一微小时间间隔内,力可视为常力,由式(8-27)可得到力 $\boldsymbol{F}$ 在时间间隔 $\mathrm{d}t$ 内的冲量,称为元冲量,即

$$\mathrm{d}\boldsymbol{I} = \boldsymbol{F}\mathrm{d}t \tag{8-28}$$

在 t_1 到 t_2 的时间间隔内,变力 $\boldsymbol{F}$ 的冲量则为

$$\boldsymbol{I} = \int_{t_1}^{t_2} \boldsymbol{F}\mathrm{d}t \tag{8-29}$$

冲量是矢量,其方向与力 $\boldsymbol{F}$ 的方向一致。在国际单位制中,冲量的单位为牛顿·秒(N·s),与动量的单位相同。

例 8-3　试求图 8-11 所示各均质刚体或质点系的动量。(a)轮子视为均质薄圆盘，半径为 R，质量为 m，角速度为 ω；(b)杆 AB 长为 l，质量为 m，图示位置 $v_A=v$；(c)杆 OA 长为 l，质量为 m，用球铰链 O 固定，以等角速度 ω 绕铅直线转动，杆与铅直线的夹角为 θ；(d)质点 M 和小车的质量均为 m，$\overline{OM}=r=1\text{m}$，图示位置 $v=3\text{m/s}$，$\omega=2\text{rad/s}$。

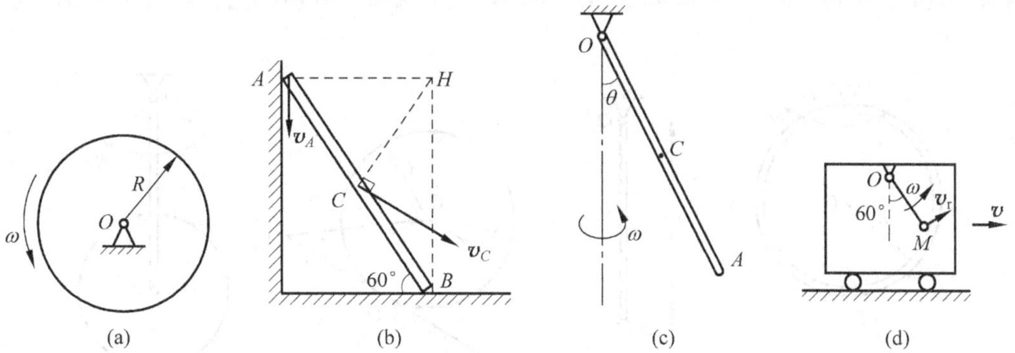

图　8-11

解 (1) 由于轮子的质心与其转动中心 O 重合，质心速度 $v_O=0$，故轮子的动量为

$$p=mv_O=0$$

(2) 由于杆 AB 作平面运动，点 H 为其速度瞬心，则由运动学知识可得质心 C 的速度为

$$v_C=\overline{HC}\cdot\omega_{AB}=\frac{lv_A}{2\,\overline{AH}}=\frac{lv_A}{2l\cos 60^\circ}=v_A$$

方向如图所示。故杆 AB 的动量大小为

$$p=mv_C=mv_A=mv$$

方向与 $\boldsymbol{v}_C$ 的方向相同。

(3) 杆 OA 质心 C 的速度为 $v_C=\dfrac{l}{2}\sin\theta\cdot\omega$，方位沿点 C 轨迹曲线的切向，指向与角速度 ω 的转向满足右手法则。故杆 OA 的动量大小为

$$p=mv_C=m\cdot\frac{l}{2}\sin\theta\cdot\omega=\frac{ml\omega}{2}\sin\theta$$

方向与 $\boldsymbol{v}_C$ 的方向相同。

(4) 此质点系的动量为质点与小车动量的矢量和。设水平方向动量分量为 p_x，铅直方向动量分量为 p_y，则

$$p_x = p_{车x} + p_{质点x} = mv + m(v + v_r\cos 60^\circ) = 2mv + mr\omega\cos 60^\circ = 7m$$

$$p_y = p_{车y} + p_{质点y} = 0 + mv_r\sin 60^\circ = mr\omega\sin 60^\circ = \sqrt{3}m$$

则

$$p=\sqrt{p_x^2+p_y^2}=2\sqrt{13}m$$

设质点系动量 $\boldsymbol{p}$ 正向与水平向右方向的夹角为 α，则 $\cos\alpha=\dfrac{p_x}{p}=\dfrac{7}{2\sqrt{13}}=0.9707$，所以 $\alpha=13.9^\circ$。

例 8-4 求图 8-12 所示各刚体或刚体系对定点(轴)O 的动量矩。(a)均质薄圆环半径为 R,质量为 m,角速度为 ω;(b)均质杆 OA 长为 l,质量为 m,在端点 A 焊接一质量为 m_1 的质点;(c)均质圆轮质量为 m,半径为 R,沿斜面作纯滚动,质心速度为 v_C;(d)均质杆 OA 长为 l,质量为 m,角速度为 ω,在端点 A 连接一质量为 m,半径为 R 的均质圆盘。

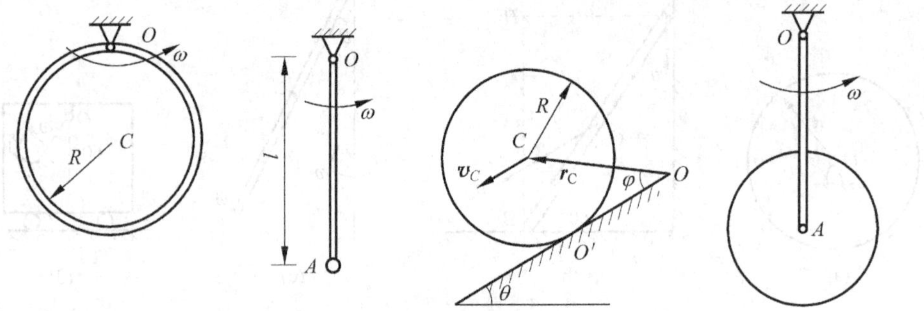

图 8-12

解 (1) 由于薄圆环绕轴 O 定轴转动,则薄圆环对轴 O 的动量矩为

$$L_O = J_O\omega = (mR^2 + mR^2)\omega = 2mR^2\omega$$

(2) 均质杆 OA 与质点焊接成为一质点系,一同绕轴 O 定轴转动,则该质点系对轴 O 的动量矩为

$$L_O = J_O\omega = (J_{杆O} + J_{质点O})\omega = \left(\frac{1}{3}ml^2 + m_1 l^2\right)\omega = \left(\frac{m}{3} + m_1\right)l^2\omega$$

(3) 圆轮作平面运动,且矩心 O 在轮的运动平面内,则圆轮对点 O 的动量矩按式(8-25)计算。

$$|\boldsymbol{L}_O| = mr_C v_C \sin\varphi + J_C\omega = mRv_C + \frac{1}{2}mR^2\frac{v_C}{R} = \frac{3}{2}mRv_C$$

若计算此圆轮对地面上与圆轮相接触的点 O' 的动量矩,则

$$|\boldsymbol{L}_{O'}| = mRv_C\sin\frac{\pi}{2} + J_C\omega = \frac{3}{2}mRv_C = |\boldsymbol{L}_O|$$

(4) 均质杆与均质圆盘组成刚体系统,分别计算在下列两种情况下刚体系统对轴 O 的动量矩

若圆盘与杆固接,一同绕轴 O 定轴转动,则该刚体系统对轴 O 的动量矩为

$$\begin{aligned} L_O &= J_O\omega = (J_{杆O} + J_{盘O})\omega = \left(\frac{1}{3}ml^2 + \frac{1}{2}mR^2 + ml^2\right)\omega \\ &= \left(\frac{4ml^2}{3} + \frac{1}{2}mR^2\right)\omega \end{aligned}$$

8.3　动量定理

动量定理揭示作用于物体上的力产生的冲量与物体动量改变之间的关系。

1. 动量定理

设质点系中任一质点 i 的质量为 m_i，速度为 $\boldsymbol{v}_i$，作用于该质点的外力之和为 $\boldsymbol{F}_i^{(e)}$，内力之和为 $\boldsymbol{F}_i^{(i)}$。由质点动力学基本方程得

$$m_i\frac{\mathrm{d}\boldsymbol{v}_i}{\mathrm{d}t}=\boldsymbol{F}_i^{(e)}+\boldsymbol{F}_i^{(i)}$$

上式可写成

$$\frac{\mathrm{d}}{\mathrm{d}t}(m_i\boldsymbol{v}_i)=\boldsymbol{F}_i^{(e)}+\boldsymbol{F}_i^{(i)}$$

对质点系中每个质点都可以写出这样的方程，将这些方程求和，得

$$\sum\frac{\mathrm{d}}{\mathrm{d}t}(m_i\boldsymbol{v}_i)=\sum\boldsymbol{F}_i^{(e)}+\sum\boldsymbol{F}_i^{(i)}$$

由于质点系的内力总是成对出现，所以其矢量和为零，即 $\sum\boldsymbol{F}_i^{(i)}=\boldsymbol{0}$，又因为 $\sum\frac{\mathrm{d}}{\mathrm{d}t}(m_i\boldsymbol{v}_i)=\frac{\mathrm{d}}{\mathrm{d}t}\left(\sum m_i\boldsymbol{v}_i\right)=\frac{\mathrm{d}\boldsymbol{p}}{\mathrm{d}t}$，于是得

$$\frac{\mathrm{d}\boldsymbol{p}}{\mathrm{d}t}=\sum\boldsymbol{F}_i^{(e)}\tag{8-30}$$

或写成

$$\mathrm{d}\boldsymbol{p}=\sum\boldsymbol{F}_i^{(e)}\mathrm{d}t=\sum\mathrm{d}\boldsymbol{I}_i^{(e)}\tag{8-31}$$

这就是质点系动量定理的微分形式。即质点系动量随时间的变化率等于作用于质点系上的所有外力的矢量和。或者说，质点系动量的微分等于作用于质点系上的所有外力产生的元冲量的矢量和。

从瞬时 t_1 到瞬时 t_2，质点系相应的动量由 $\boldsymbol{p}_1$ 变为 $\boldsymbol{p}_2$，对式(8-31)积分，得

$$\boldsymbol{p}_2-\boldsymbol{p}_1=\sum\int_{t_1}^{t_2}\boldsymbol{F}_i^{(e)}\mathrm{d}t=\sum\boldsymbol{I}_i^{(e)}\tag{8-32}$$

这就是质点系动量定理的积分形式，也称为质点系冲量定理。即质点系动量在某一时间间隔内的改变量等于同一时间间隔内作用于质点系上的所有外力冲量的矢量和。

由质点系动量定理可知，质点系动量的改变只与质点系所受外力有关，与质点系的内力无关。因此，应用质点系动量定理求解质点系动力学问题时，不需要分析系统内力。但是必须指出，内力虽然不改变整个质点系的动量，但可以改变质点系中质点的动量。

动量定理是矢量形式，在具体应用时常采用投影形式。将式(8-30)及式(8-32)在直角坐标系上投影，得

$$\left.\begin{aligned}\frac{\mathrm{d}p_x}{\mathrm{d}t} &= \sum X_i^{(e)}\\ \frac{\mathrm{d}p_y}{\mathrm{d}t} &= \sum Y_i^{(e)}\\ \frac{\mathrm{d}p_z}{\mathrm{d}t} &= \sum Z_i^{(e)}\end{aligned}\right\} \tag{8-33}$$

和

$$\left.\begin{aligned}p_{2x}-p_{1x} &= \sum I_{ix}^{(e)}\\ p_{2y}-p_{1y} &= \sum I_{iy}^{(e)}\\ p_{2z}-p_{1z} &= \sum I_{iz}^{(e)}\end{aligned}\right\} \tag{8-34}$$

在式(8-30)中,若 $\sum \boldsymbol{F}_i^{(e)}=\boldsymbol{0}$,则$\frac{\mathrm{d}\boldsymbol{p}}{\mathrm{d}t}=\boldsymbol{0}$,即

$$\boldsymbol{p}=\text{常矢量}$$

这就是质点系动量守恒定律。它表明:若作用于质点系的所有外力的矢量和恒等于零,则该质点系的动量保持不变。

若作用于质点系的所有外力在某轴(例如 x 轴)上的投影的代数和等于零,即 $\sum X_i^{(e)}=0$,则由式(8-33)得

$$p_x=\text{常数}$$

它表明:若作用于质点系的所有外力在某轴上的投影的代数和恒等于零,则该质点系的动量在同一轴上的投影保持不变。

2. 质心运动定理

将式(8-14)代入式(8-30),得

$$m\frac{\mathrm{d}\boldsymbol{v}_C}{\mathrm{d}t}=\sum \boldsymbol{F}_i^{(e)} \tag{8-35a}$$

考虑到$\frac{\mathrm{d}^2\boldsymbol{r}_C}{\mathrm{d}t^2}=\frac{\mathrm{d}\boldsymbol{v}_C}{\mathrm{d}t}=\boldsymbol{a}_C$,则上式可改写为

$$m\frac{\mathrm{d}^2\boldsymbol{r}_C}{\mathrm{d}t^2}=\sum \boldsymbol{F}_i^{(e)} \tag{8-35b}$$

或

$$m\boldsymbol{a}_C=\sum \boldsymbol{F}_i^{(e)} \tag{8-35c}$$

这就是质点系质心运动定理,它表明:质点系的质量与质心加速度的乘积等于作用于质点系的所有外力的矢量和(即等于外力系的主矢)。由此可知,只有质点系外力系的主矢能改变质点系质心的运动,内力对质心运动不产生影响。

将式(8-35)与质点运动微分方程比较可知:质点系质心的运动可以视为质量等于质点系的总质量,且受力与作用在质点系上的外力系的主矢相同的一个质点的运动。

质心运动定理是矢量形式,将式(8-35)在直角坐标系上投影,得

$$
\left.\begin{aligned}
m\frac{\mathrm{d}^2x_C}{\mathrm{d}t^2}&=m\frac{\mathrm{d}v_{Cx}}{\mathrm{d}t}=ma_{Cx}=\sum X_i^{(e)}\\
m\frac{\mathrm{d}^2y_C}{\mathrm{d}t^2}&=m\frac{\mathrm{d}v_{Cy}}{\mathrm{d}t}=ma_{Cy}=\sum Y_i^{(e)}\\
m\frac{\mathrm{d}^2z_C}{\mathrm{d}t^2}&=m\frac{\mathrm{d}v_{Cz}}{\mathrm{d}t}=ma_{Cz}=\sum Z_i^{(e)}
\end{aligned}\right\}\tag{8-36}
$$

在自然坐标系上投影得

$$
\left.\begin{aligned}
ma_C^{\mathrm{n}}&=m\frac{v_C^2}{\rho}=\sum F_{\mathrm{n}}^{(e)}\\
ma_C^{\tau}&=m\frac{\mathrm{d}v_C}{\mathrm{d}t}=\sum F_{\tau}^{(e)}\\
ma_C^{\mathrm{b}}&=0=\sum F_{\mathrm{b}}^{(e)}
\end{aligned}\right\}\tag{8-37}
$$

这两式就是质心运动定理的应用形式。

对于刚体系统，考虑到式(8-15)，质心运动定理表达为

$$\sum m_i\frac{\mathrm{d}\boldsymbol{v}_{C_i}}{\mathrm{d}t}=\sum \boldsymbol{F}_i^{(e)}\tag{8-38a}$$

或

$$\sum m_i\frac{\mathrm{d}^2\boldsymbol{r}_{C_i}}{\mathrm{d}t^2}=\sum \boldsymbol{F}_i^{(e)}\tag{8-38b}$$

或

$$\sum m_i\boldsymbol{a}_{C_i}=\sum \boldsymbol{F}_i^{(e)}\tag{8-38c}$$

质心运动也存在守恒情况。由质心运动定理可知：

(1) 若作用于质点系的外力系主矢恒等于零，即 $\sum \boldsymbol{F}_i^{(e)}=\mathbf{0}$，由式(8-35)得 $\boldsymbol{v}_C=$常矢量，则质心作匀速直线运动；若质点系由静止开始运动，则有 $\boldsymbol{v}_C=\mathbf{0}$，$\boldsymbol{r}_C=$常矢量，即质心位置保持不变。

(2) 若作用于质点系的所有外力在某轴（例如 x 轴）上的投影的代数和恒等于零，即 $\sum X_i^{(e)}=0$，由式(8-36)得 $v_{Cx}=$常数，则质心速度在该轴上的投影始终保持不变；若开始时质心速度在该轴上的投影等于零，即 $v_{Cx}=0$，则有 $x_C=$常数，即质心在该轴上的坐标保持不变。对于任意两个瞬时 t_1 和 t_2，若质心的 x 坐标分别取为 x_{C1} 和 x_{C2}，则有

$$x_{C1}=x_{C2}\tag{8-39a}$$

考虑到式(8-2)，式(8-39a)又可写为

$$\sum m_ix_{i1}=\sum m_ix_{i2}\tag{8-39b}$$

或

$$\sum m_i\Delta x_i=0\tag{8-39c}$$

式中 $\Delta x_i=x_{i2}-x_{i1}$，表示质点系中任意的 i 质点在瞬时 t_1 和 t_2 之间的时间间隔 Δt 内所产生的位移在 x 轴上的投影。

上述结论，称为质心运动守恒定律。

质心运动定理在质点系动力学问题的研究中有很重要的意义，在很多实际问题中经常

遇到。例如汽车发动机汽缸内燃气的压力是内力,仅靠它不能使汽车的质心运动,但发动机开动后,经过一套机构促使主动轮转动,使路面对车轮产生向前的摩擦力,这个外力使汽车的质心向前运动。另外,许多实际问题中,质心的运动往往是问题的主要方面。例如道路修筑中的定向爆破,爆破后土石的运动很复杂,但对其整体而言,如不计空气阻力,就只受重力作用,则质心的运动就像一个质点在重力作用下作抛射运动一样,只要控制好质心的初速度,就可使爆破后大部分的土石抛掷到指定的地方。

质心运动定理实质上是质点系动量定理的另一种形式。动量定理着眼于质点系各部分的运动,而质心运动定理则着眼于质心这一特殊点的运动。因此,在具体应用时,可根据实际情况,恰当选择相应定理。

例 8-5 如图 8-13 所示,棒球质量为 $m=0.14\text{kg}$,以速度 $v_0=50\text{m/s}$ 沿水平向右运动。被球棒打击后,棒球沿与 $\boldsymbol{v}_0$ 成 $\theta=135°$ 角方向运动,速度大小降至 $v=40\text{m/s}$。球与棒碰撞时间 $\tau=0.02\text{s}$。试计算棒作用在球上的冲量的大小以及平均作用力。

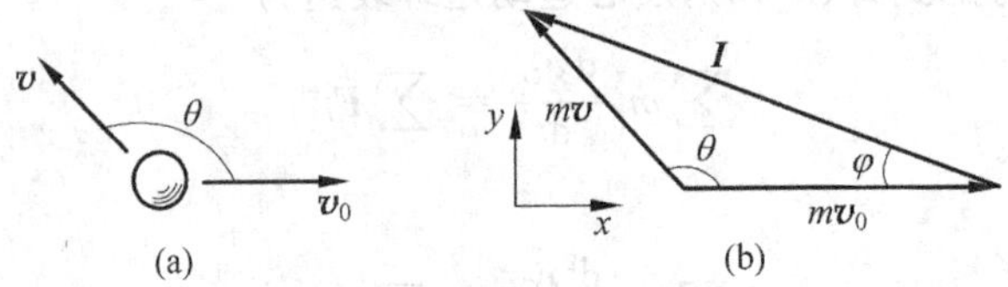

图 8-13

解 取球为研究对象,球与棒接触过程中受到重力和碰撞力作用,由于作用时间很短,重力冲量忽略不计。由式(8-32)得

$$m\boldsymbol{v}-m\boldsymbol{v}_0=\boldsymbol{I}$$

将上式分别向 x,y 轴投影得

$$I_x=-mv\cos45°-mv_0=-10.96\text{N}\cdot\text{s}$$
$$I_y=mv\sin45°=3.96\text{N}\cdot\text{s}$$

于是求得棒作用在球上的冲量的大小为

$$I=\sqrt{I_x^2+I_y^2}=\sqrt{10.96^2+3.96^2}\ \text{N}\cdot\text{s}=11.65\text{N}\cdot\text{s}$$

还可以根据图 8-13(b)中三个矢量的关系,由余弦定理求出棒作用在球上的冲量的大小,由正弦定理求出其方向,即

$$I=\sqrt{(mv_0)^2+(mv)^2-2m^2vv_0\cos135°}=11.65\text{N}\cdot\text{s},\quad \varphi=19.87°$$

由于棒和球的相互作用时间极短,无法找出它们之间作用力的变化规律,因此用平均作用力 F^* 表示棒对球的作用力,故

$$F^*=\frac{I}{\tau}=582.5\text{N}$$

显然,重力比棒对球的平均作用力小很多。在极短时间内的碰撞过程中,忽略重力的冲量不影响问题的计算精度。

例 8-6 如图 8-14(a)所示四连杆机构中,各部分都是均质的,各杆质量均为 m,$\overline{O_1A}=\overline{O_2B}=\overline{AB}=\overline{O_1O_2}=L$,固定在地面上的底座质量为 m_2,杆 O_1A 以匀角速度 ω 转动。试求在 $\theta=\omega t$ 的瞬时,地面对底座的水平、铅直反力。

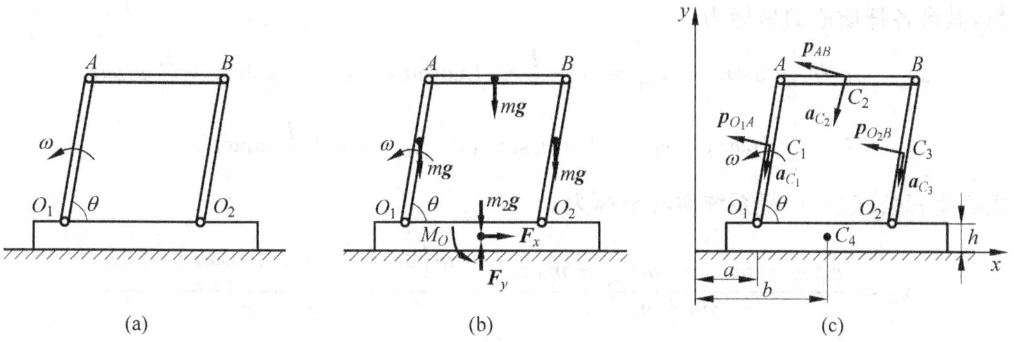

图　8-14

解　取四连杆机构和底座组成的系统为研究对象，作用于系统的外力有各杆重力 $m\boldsymbol{g}$，底座重力 $m_2\boldsymbol{g}$，以及地面对底座的反力 $\boldsymbol{F}_x$，$\boldsymbol{F}_y$ 和反力偶 M_O，如图 8-14(b)所示。

本题涉及系统为刚体系统，拟分别采用质点系动量定理的微分形式、质心运动定理和刚体系统质心运动定理分别求解。

解法一　采用质点系动量定理的微分形式求解

建立如图 8-14(c)所示的直角坐标系，将各杆的质心和底座的质心分别取为 C_1、C_2、C_3、C_4。底座固定不动，系统只有 O_1A、O_2B、AB 杆运动，其中，O_1A、O_2B 杆分别绕 O_1、O_2 轴以匀角速度 ω 转动，AB 杆平动，因此，系统的动量为

$$\boldsymbol{p}=\boldsymbol{p}_{O_1A}+\boldsymbol{p}_{O_2B}+\boldsymbol{p}_{AB}$$

在 $\theta=\omega t$ 的瞬时，

$$p_{O_1A}=mv_{C_1}=m\frac{L}{2}\omega$$

$$p_{O_2B}=mv_{C_3}=m\frac{L}{2}\omega$$

$$p_{AB}=mv_{C_2}=mL\omega$$

各杆动量方向如图 8-14(c)所示，则系统动量在 x，y 轴上的投影为

$$p_x=p_{O_1Ax}+p_{O_2Bx}+p_{ABx}=-m\frac{L}{2}\omega\sin\theta-m\frac{L}{2}\omega\sin\theta-mL\omega\sin\theta=-2mL\omega\sin\omega t$$

$$p_y=p_{O_1Ay}+p_{O_2By}+p_{ABy}=m\frac{L}{2}\omega\cos\theta+m\frac{L}{2}\omega\cos\theta+mL\omega\cos\theta=2mL\omega\cos\omega t$$

根据动量定理微分形式的投影表达式(8-33)得

$$-2mL\omega^2\cos\omega t=F_x$$

$$-2mL\omega^2\sin\omega t=F_y-3mg-m_2g$$

解得

$$F_x=-2mL\omega^2\cos\omega t$$

$$F_y=(3m+m_2)g-2mL\omega^2\sin\omega t$$

解法二　由于系统各部分的运动已知，因此系统质心的运动可以确定，从而可利用质心运动定理求解。

在图 8-14(c)所示的直角坐标系中，取 $x_{O_1}=a$，$x_{C_4}=b$，$y_{C_4}=\dfrac{h}{2}$，由题意知，a，b，h 均为

常数,其余各杆质心的坐标为

$$x_{C_1}=a+\frac{L}{2}\cos\omega t,\quad x_{C_2}=a+\frac{L}{2}+L\cos\omega t,\quad x_{C_3}=a+L+\frac{L}{2}\cos\omega t$$

$$y_{C_1}=h+\frac{L}{2}\sin\omega t,\quad y_{C_2}=h+L\sin\omega t,\quad y_{C_3}=h+\frac{L}{2}\sin\omega t$$

由质心坐标公式(8-2)得系统质心坐标为

$$x_C=\frac{mx_{C_1}+mx_{C_2}+mx_{C_3}+m_2x_{C_4}}{3m+m_2}=\frac{m\left(3a+\frac{3L}{2}+2L\cos\omega t\right)+m_2b}{3m+m_2}$$

$$y_C=\frac{my_{C_1}+my_{C_2}+my_{C_3}+m_2y_{C_4}}{3m+m_2}=\frac{m(3h+2L\sin\omega t)+m_2\frac{h}{2}}{3m+m_2}$$

于是质心的加速度在 x,y 轴上的投影为

$$a_{Cx}=\frac{\mathrm{d}^2x_C}{\mathrm{d}t^2}=-\frac{2mL\omega^2\cos\omega t}{3m+m_2}$$

$$a_{Cy}=\frac{\mathrm{d}^2y_C}{\mathrm{d}t^2}=-\frac{2mL\omega^2\sin\omega t}{3m+m_2}$$

应用质心运动定理的投影形式(8-36)得

$$-2mL\omega^2\cos\omega t=F_x$$

$$-2mL\omega^2\sin\omega t=F_y-3mg-m_2g$$

解得

$$F_x=-2mL\omega^2\cos\omega t$$

$$F_y=(3m+m_2)g-2mL\omega^2\sin\omega t$$

解法三 由于系统各组成刚体质心的加速度已知,因此也可直接采用刚体系统的质心运动定理求解。

由于底座固定不动,故 $a_{C_4}=0$,其余各杆的加速度分别为

$$a_{C_1}=a_{C_3}=\frac{L}{2}\omega^2,\quad a_{C_2}=L\omega^2$$

各加速度方向如图 8-14(c)所示。由式(8-38)可得

$$ma_{C_1x}+ma_{C_2x}+ma_{C_3x}+m_2a_{C_4x}=-2mL\omega^2\cos\omega t=F_x$$

$$ma_{C_1y}+ma_{C_2y}+ma_{C_3y}+m_2a_{C_4y}=-2mL\omega^2\sin\omega t=F_y-3mg-m_2g$$

解得

$$F_x=-2mL\omega^2\cos\omega t$$

$$F_y=(3m+m_2)g-2mL\omega^2\sin\omega t$$

讨论 (1) 由计算结果可知,地面对底座的动约束反力是由静反力 $(3m+m_2)g$ 和附加动反力 $2mL\omega^2\cos\omega t$,$2mL\omega^2\sin\omega t$ 两部分组成。附加动反力是时间的周期函数,它将引起底座和机构的振动,这是十分不利的,应尽量减小和消除。

(2) 本题采用了质点系动量定理的微分形式、质心运动定理和刚体系统质心运动定理三种方法分别求解。三种解法最终的求解方程完全一致。这表明:三个定理实质上是完全等价的。针对具体问题的计算,可比较其繁简程度,灵活使用。由本题讨论可知,对刚体系统的动力学问题,当已知运动求未知反力时,用刚体系统质心运动定理求解最为简便。

(3) 本题中，地面对底座的约束反力包含水平、铅直反力 $\boldsymbol{F}_x$，$\boldsymbol{F}_y$ 和反力偶 M_O。为什么题目没有求反力偶 M_O，用动量定理或与之等价的质心运动定理能否求出这样的未知力偶？请读者自行思考。

例 8-7　物块 A 可沿光滑水平面自由滑动，其质量为 m_A，小球 B 的质量为 m_B，与质量不计、长为 l 的细杆固接，细杆与物块铰接，如图 8-15(a)所示。初始时刻，系统静止，并有初始摆角 φ_0，释放后，细杆近似以 $\varphi=\varphi_0\cos\omega t$ 规律摆动(ω 为已知常数)，求物块 A 的最大速度。

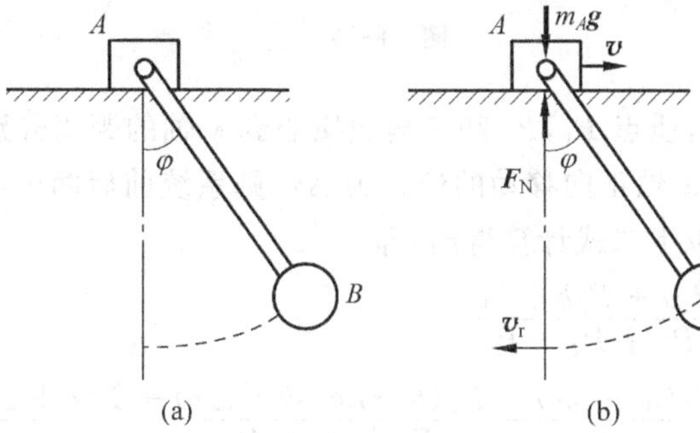

图　8-15

解　取物块、细杆和小球组成的系统为研究对象，受力分析、运动分析如图 8-15(b)所示。此系统水平方向不受外力作用，则沿水平方向系统动量守恒。

由题意知，细杆角速度为 $\dot{\varphi}=-\omega\varphi_0\sin\omega t$，当 $\sin\omega t=1$ 时，其绝对值最大，此时应有 $\cos\omega t=0$，即 $\varphi=0$。由此可知，当细杆铅垂时，小球相对于物块有最大的水平速度，其值为

$$v_r=l\dot{\varphi}_{\max}=l\omega\varphi_0$$

当此速度 v_r 向左时，物块应有向右的绝对速度，设为 v，则小球向左的绝对速度值为 $v_a=v_r-v$。根据动量守恒定律，有

$$m_A v-m_B(v_r-v)=0$$

解出物块的最大速度为

$$v=\frac{m_B v_r}{m_A+m_B}=\frac{m_B l\omega\varphi_0}{m_A+m_B}$$

当 $\sin\omega t=1$，即 $\varphi=0$ 时，物块有向右的最大速度为 $\dfrac{m_B l\omega\varphi_0}{m_A+m_B}$。

例 8-8　如图 8-16(a)所示，三角块可沿光滑水平面滑动，已知：三角块重 $P=4P_1=8P_2$，$\theta=30°$，系统开始静止。试求当 P_1 下降 $h=10\text{cm}$ 时三角块沿水平方向的位移 Δx(不计摩擦力)。

解　取系统为研究对象，受力如图 8-16(b)所示，由于 $\sum X_i^{(e)}=0$，故系统的动量在 x 方向守恒，又因为系统开始静止，故有 $v_{Cx}=常数=0$，因此，系统的质心在 x 方向保持不变，即

$$x_{C_1}=x_{C_2} \tag{1}$$

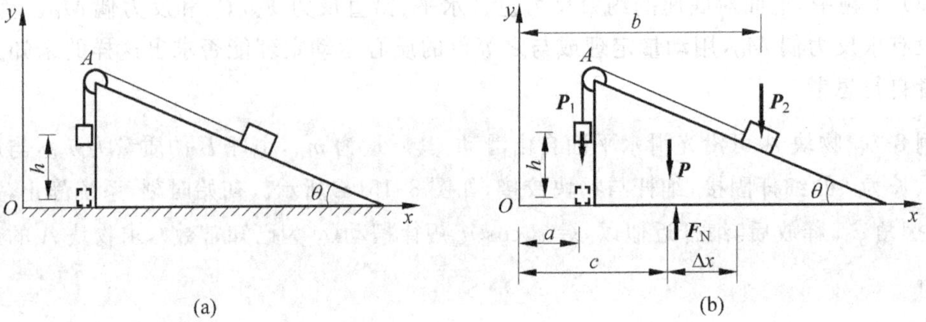

图 8-16

设系统在静止状态时,质点 P_1,P_2 和三角块质心到 y 轴的距离分别为 a,b,c;当 P_1 下降 $h=10\text{cm}$ 时,三角块沿 x 轴正向移动的位移为 Δx,则系统前后两个位置的质心在 x 方向的坐标 x_{C_1},x_{C_2} 分别可由以下二式计算得出,即

$$\begin{aligned} x_{C_1} &= \frac{P_1 a + P_2 b + Pc}{P_1 + P_2 + P} \\ x_{C_2} &= \frac{P_1(a+\Delta x) + P_2(b - h\cos\theta + \Delta x) + P(c+\Delta x)}{P_1 + P_2 + P} \end{aligned} \tag{2}$$

将式(2)代入式(1)得

$$\Delta x = \frac{P_2 h\cos\theta}{P_1+P_2+P} = \frac{10\cos30^\circ}{8+2+1}\text{cm} = 0.787\,3\text{cm}$$

由于求解的是位移,此题亦可采用式(8-39c)求得。解法如下:

由点的合成运动知识可得,点的绝对位移等于其相对位移和牵连位移的矢量和。由题意知,三角块的水平位移(沿 x 轴正向移动的位移)即为其绝对位移,设为 Δx。而质点 P_1,P_2 的绝对位移则需由合成运动知识求得,故分别取质点 P_1,P_2 为动点,动系固结在三角块上,则质点 P_1,P_2 的绝对位移在 x 轴上的投影分别为

$$\Delta x_1 = \Delta x,\quad \Delta x_2 = \Delta x - h\cos\theta \tag{3}$$

于是由式(8-39c)列方程得

$$\frac{P}{g}\Delta x + \frac{P_1}{g}\Delta x_1 + \frac{P_2}{g}\Delta x_2 = 0 \tag{4}$$

将式(3)代入式(4),整理得

$$\Delta x = \frac{P_2 h\cos\theta}{P_1+P_2+P} = \frac{10\cos30^\circ}{8+2+1}\text{cm} = 0.787\,3\text{cm}$$

通过以上例题分析,将应用动量定理(或质心运动定理)解题的步骤和要点总结如下:

(1) 根据题意,恰当选择与待求量和已知条件有关的质点或质点系为研究对象。

(2) 分析研究对象的受力情况,并根据受力图,判断用动量定理或质心运动定理,还是用相应的守恒定律求解。

(3) 分析研究对象的运动情况,写出相关质点或质点系的运动特征量(如坐标、位移、速度、加速度等)。需要指出,动量定理(质心运动定理)都是由动力学基本方程推导出来的,故而定理中出现的所有运动量必须是绝对运动量。

(4) 根据分析,应用动量定理或质心运动定理建立研究对象的运动特征量和外力之间

的关系；若应用的是守恒定律，则建立研究对象各部分运动量之间的关系。

(5) 求解未知量。

由于动量定理(质心运动定理)都是从整体运动的角度建立质点系的动量与系统外力主矢之间的关系，均不包含复杂的系统内力，因而动量定理(质心运动定理)不仅可以解决诸如流体、松散体的运动和碰撞等实际问题，而且求解质点系的某些动力学问题也很方便。具体来说，主要适于解决以下两类问题：①已知质点系的运动，求作用于质点系上的某些未知外力；②当外力主矢为零(或外力主矢在某轴上的投影为零)时，可应用守恒定律求质点系质心或质点系内某些质点的运动速度或位移、位置等运动量。

动量定理(质心运动定理)的应用也有某些局限性。由于定理中只涉及外力主矢，故应用该定理无法求解未知反力偶。同时，若研究对象上的未知外力个数多于定理能提供的投影方程数，则应用该定理无法求解全部未知量，还必须应用其他定理综合求解。另外，还应指出，动量定理(质心运动定理)只描述质点系随质心平动的机械运动规律，对于绕质心(轴)转动的质点系，或既随质心平动，又绕质心转动的质点系，甚至作更一般运动的质点系，该定理无法或不能全面反映其机械运动规律，必须引入诸如动量矩定理，或结合其他定理求解。

8.4　动量矩定理

动量矩定理给出了作用于物体上的力矩与物体动量矩改变之间的关系，揭示出物体相对于某一定点(或定轴)的运动规律。

1. 动量矩定理

设质点系中任一质点 i 的质量为 m_i，速度为 $\boldsymbol{v}_i$，作用于该质点的外力为 $\boldsymbol{F}_i^{(e)}$，内力为 $\boldsymbol{F}_i^{(i)}$。该质点对固定点 O 的动量矩为

$$\boldsymbol{M}_O(m_i\boldsymbol{v}_i)=\boldsymbol{r}_i\times m\boldsymbol{v}_i$$

上式两边对时间 t 求导，得

$$\frac{\mathrm{d}}{\mathrm{d}t}\boldsymbol{M}_O(m_i\boldsymbol{v}_i)=\frac{\mathrm{d}}{\mathrm{d}t}(\boldsymbol{r}_i\times m\boldsymbol{v}_i)=\frac{\mathrm{d}\boldsymbol{r}_i}{\mathrm{d}t}\times m_i\boldsymbol{v}_i+\boldsymbol{r}_i\times\frac{\mathrm{d}}{\mathrm{d}t}(m_i\boldsymbol{v}_i)$$

由于

$$\frac{\mathrm{d}\boldsymbol{r}_i}{\mathrm{d}t}=\boldsymbol{v}_i,\quad \frac{\mathrm{d}}{\mathrm{d}t}(m_i\boldsymbol{v}_i)=\boldsymbol{F}_i^{(e)}+\boldsymbol{F}_i^{(i)}$$

故

$$\frac{\mathrm{d}}{\mathrm{d}t}\boldsymbol{M}_O(m_i\boldsymbol{v}_i)=\boldsymbol{v}_i\times m_i\boldsymbol{v}_i+\boldsymbol{r}_i\times\boldsymbol{F}_i^{(e)}+\boldsymbol{r}_i\times\boldsymbol{F}_i^{(i)}=\boldsymbol{r}_i\times\boldsymbol{F}_i^{(e)}+\boldsymbol{r}_i\times\boldsymbol{F}_i^{(i)}$$

对质点系中每个质点都可以写出这样的方程，将这些方程求和，得

$$\sum\frac{\mathrm{d}}{\mathrm{d}t}\boldsymbol{M}_O(m_i\boldsymbol{v}_i)=\sum(\boldsymbol{r}_i\times\boldsymbol{F}_i^{(e)})+\sum(\boldsymbol{r}_i\times\boldsymbol{F}_i^{(i)})$$

将求和与求导顺序交换，并考虑到力矩的矢积表示，上式改写为

$$\frac{\mathrm{d}\boldsymbol{L}_O}{\mathrm{d}t}=\sum\boldsymbol{M}_O(\boldsymbol{F}_i^{(e)})+\sum\boldsymbol{M}_O(\boldsymbol{F}_i^{(i)})$$

式中右端第二项为质点系所有内力对固定点 O 力矩的矢量和,由内力性质可知,这一项应为零,即 $\sum \boldsymbol{M}_O(\boldsymbol{F}_i^{(i)})=\boldsymbol{0}$,于是上式写为

$$\frac{\mathrm{d}\boldsymbol{L}_O}{\mathrm{d}t}=\sum \boldsymbol{M}_O(\boldsymbol{F}_i^{(e)}) \tag{8-40}$$

这就是质点系对固定点 O 的动量矩定理。它表明:质点系对任一固定点的动量矩随时间的变化率,等于作用于质点系的所有外力对同一点力矩的矢量和。

将式(8-40)投影到直角坐标系上,得

$$\left.\begin{aligned}\frac{\mathrm{d}L_x}{\mathrm{d}t}&=\sum M_x(\boldsymbol{F}_i^{(e)})\\ \frac{\mathrm{d}L_y}{\mathrm{d}t}&=\sum M_y(\boldsymbol{F}_i^{(e)})\\ \frac{\mathrm{d}L_z}{\mathrm{d}t}&=\sum M_z(\boldsymbol{F}_i^{(e)})\end{aligned}\right\} \tag{8-41}$$

这就是质点系动量矩定理的投影形式,也称为质点系对固定轴的动量矩定理。它表明:质点系对任一固定轴的动量矩随时间的变化率,等于作用于质点系的所有外力对同一轴力矩的代数和。

由质点系动量矩定理可知,质点系动量矩的改变只与质点系所受外力有关,与质点系的内力无关。因此,应用质点系动量矩定理求解质点系动力学问题时,和质点系动量定理的应用一样,也不需要分析系统内力。同样,内力不改变整个质点系的动量矩,但可以改变质点系中质点的动量矩。

由式(8-40)及式(8-41)可知,若 $\sum \boldsymbol{M}_O(\boldsymbol{F}_i^{(e)})=\boldsymbol{0}\left(\text{或} \sum M_z(\boldsymbol{F}_i^{(e)})=0\right)$,则 $\boldsymbol{L}_O=$ 常矢量(或 $L_z=$ 常数)。即若质点系所受的所有外力对某一固定点(或固定轴)的力矩(外力系主矩)始终等于零,则质点系对该点(或该轴)的动量矩保持不变。这就是质点系动量矩守恒定律。

必须指出,上述动量矩定理的表达式只适用于固定点或固定轴。对于一般的动点或动轴,动量矩定理具有更复杂的表达式,本书不讨论。

2. 刚体定轴转动微分方程

将质点系动量矩定理应用于工程中常见的刚体运动形式——定轴转动,可以得到刚体定轴转动微分方程。

设一刚体在主动力 $\boldsymbol{F}_1,\boldsymbol{F}_2,\cdots,\boldsymbol{F}_n$ 和轴承约束反力 $\boldsymbol{F}_{\mathrm{N1}}$ 及 $\boldsymbol{F}_{\mathrm{N2}}$ 作用下绕固定轴 z 转动,其角速度为 ω,角加速度为 α,如图 8-17 所示。已知刚体对轴 z 的转动惯量为 J_z,则刚体对轴 z 的动量矩为 $L_z=J_z\omega$。

不计轴承摩擦,并考虑到轴承约束反力对轴 z 的力矩等于零,由质点系对固定轴的动量矩定理得

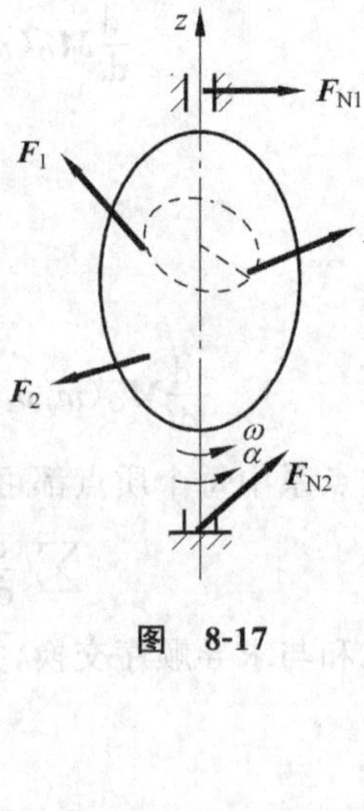

图 8-17

$$\frac{\mathrm{d}}{\mathrm{d}t}(J_z\omega)=\sum M_z(\boldsymbol{F}_i)$$

即

$$J_z \frac{\mathrm{d}\omega}{\mathrm{d}t} = \sum M_z(\boldsymbol{F}_i) \tag{8-42a}$$

上式也可写成

$$J_z\alpha = \sum M_z(\boldsymbol{F}_i) \tag{8-42b}$$

或

$$J_z \frac{\mathrm{d}^2\varphi}{\mathrm{d}t^2} = \sum M_z(\boldsymbol{F}_i) \tag{8-42c}$$

以上各式均为刚体定轴转动微分方程。它表明：刚体对定轴的转动惯量与角加速度的乘积等于作用于刚体上的主动力对该轴力矩的代数和。

由式(8-42)可以看出：

(1) 将作用于刚体的外力分为主动力和约束反力，由于约束反力往往是未知的轴承反力，其对转轴的力矩常为零，故而主动力对转轴的力矩使刚体的转动状态发生变化。

(2) 若 $\sum M_z(\boldsymbol{F}_i)=0$，则 $\alpha=0$，$\omega=$常数，即若作用于刚体上的主动力对转轴的力矩之和等于零，则刚体作匀速转动。若 $\sum M_z(\boldsymbol{F}_i)=$常数，则 $\alpha=$常数，即若作用于刚体上的主动力对转轴的力矩之和等于常数，则刚体作匀变速转动。

(3) 在一定时间间隔内，当主动力对转轴的力矩相同时，刚体的转动惯量越大，转动状态变化越小；转动惯量越小，转动状态变化越大。即刚体转动惯量的大小反映了刚体转动状态改变的难易程度。因此，转动惯量是刚体转动惯性的度量。

(4) 应用刚体定轴转动微分方程可以求解刚体的转动规律(如转动方程、角速度、角加速度等)，也可求解能对转轴产生力矩的未知外力或外力偶，但不能求解轴承处的约束反力。

3. 质点系相对于质心的动量矩定理

前面阐述的动量矩定理只适用于惯性参考系中的固定点或固定轴，对于一般的动点或动轴，动量矩定理表达式(8-40)及式(8-41)一般具有修正项。然而，相对于质点系的质心或质心轴的动量矩定理的表达式仍保持与式(8-40)及式(8-41)相同的简单形式。

将式(8-24)代入质点系相对于固定点 O 的动量矩定理表达式(8-40)，则有

$$\frac{\mathrm{d}\boldsymbol{L}_O}{\mathrm{d}t} = \frac{\mathrm{d}}{\mathrm{d}t}(\boldsymbol{r}_C \times m\boldsymbol{v}_C + \boldsymbol{L}_C) = \sum \boldsymbol{M}_O(\boldsymbol{F}_i^{(e)}) = \sum \boldsymbol{r}_i \times \boldsymbol{F}_i^{(e)}$$

展开上式的括号，并注意到右端项中 $\boldsymbol{r}_i=\boldsymbol{r}_C+\boldsymbol{r}_i'$，于是上式化为

$$\frac{\mathrm{d}\boldsymbol{r}_C}{\mathrm{d}t} \times m\boldsymbol{v}_C + \boldsymbol{r}_C \times \frac{\mathrm{d}(m\boldsymbol{v}_C)}{\mathrm{d}t} + \frac{\mathrm{d}\boldsymbol{L}_C}{\mathrm{d}t} = \sum \boldsymbol{r}_C \times \boldsymbol{F}_i^{(e)} + \sum \boldsymbol{r}_i' \times \boldsymbol{F}_i^{(e)}$$

因为

$$\frac{\mathrm{d}\boldsymbol{r}_C}{\mathrm{d}t} = \boldsymbol{v}_C, \quad \frac{\mathrm{d}\boldsymbol{v}_C}{\mathrm{d}t} = \boldsymbol{a}_C$$

$$\boldsymbol{v}_C \times \boldsymbol{v}_C = \boldsymbol{0}, \quad m\boldsymbol{a}_C = \sum \boldsymbol{F}_i^{(e)}$$

于是上式成为

$$\frac{\mathrm{d}\boldsymbol{L}_C}{\mathrm{d}t}=\sum \boldsymbol{r}'_i\times \boldsymbol{F}_i^{(\mathrm{e})}$$

上式右端是质点系所受外力对于质心的主矩，于是得

$$\frac{\mathrm{d}\boldsymbol{L}_C}{\mathrm{d}t}=\sum \boldsymbol{M}_C(\boldsymbol{F}_i^{(\mathrm{e})})\tag{8-43}$$

上式表明：质点系相对于质心的动量矩随时间的变化率，等于作用于质点系的外力对质心的主矩。这个结论称为质点系相对于质心的动量矩定理。该定理在形式上与质点系相对于固定点的动量矩定理完全一样，因此，与质点系对固定点的动量矩定理有关的陈述也适用于质点系对质心的动量矩定理。例如，飞机或轮船必须有舵才能转弯。当舵有偏角时，流体对于舵的推力对质心的力矩使得飞机或轮船对质心的动量矩改变，从而产生转弯的角加速度；如果外力系对质心的主矩为零，由式(8-43)可知，质点系相对于质心的动量矩守恒。如跳水运动员跳水时，如果准备在空中翻跟斗，运动员必须用力蹬跳板，以获得初角速度。这是因为运动员在空中时，若不计空气阻力，将只受重力作用，重力作用线过质心，对质心的力矩恒为零，运动员对其质心的动量矩守恒，若无初角速度，运动员对质心的动量矩恒为零，是不可能翻出跟斗的。若有初角速度，运动员在空中将身体蜷缩起来，使得转动惯量变小，从而得到较大的角速度，可以多翻几个跟斗。这种增大角速度的方法，也常应用在花样滑冰、芭蕾舞、体操和杂技表演等。

在这里不加证明地指出：若刚体上某一动点的加速度等于零(即刚体的加速度瞬心)，或者运动过程中，刚体上某一动点的加速度方向恒指向质心(如作纯滚动的轮子的速度瞬心)，则以这样的动点作为动量矩定理中的矩心，动量矩定理的表达式具有如式(8-40)及式(8-43)一样的简单形式。

4. 刚体平面运动微分方程

设质量为 m，角速度为 ω，角加速度为 α 的平面运动刚体上作用的外力可向其质心所在的运动平面简化为一平面力系 $\boldsymbol{F}_1,\boldsymbol{F}_2,\cdots,\boldsymbol{F}_n$，则应用质心运动定理表达式(8-35)和质点系相对于质心的动量矩定理表达式(8-43)，并考虑到式(8-26)得

$$\begin{aligned}
&m\frac{\mathrm{d}^2\boldsymbol{r}_C}{\mathrm{d}t^2}=m\frac{\mathrm{d}\boldsymbol{v}_C}{\mathrm{d}t}=m\boldsymbol{a}_C=\sum \boldsymbol{F}_i^{(\mathrm{e})}\\
&J_C\frac{\mathrm{d}^2\varphi}{\mathrm{d}t^2}=J_C\frac{\mathrm{d}\omega}{\mathrm{d}t}=J_C\alpha=\sum M_C(\boldsymbol{F}_i^{(\mathrm{e})})
\end{aligned}\tag{8-44}$$

以上两式称为刚体平面运动微分方程。

应用时常利用它们在直角坐标系或自然坐标系上的投影形式：

$$\left.\begin{aligned}
&m\frac{\mathrm{d}^2x_C}{\mathrm{d}t^2}=m\frac{\mathrm{d}v_{Cx}}{\mathrm{d}t}=ma_{Cx}=\sum X_i^{(\mathrm{e})}\\
&m\frac{\mathrm{d}^2y_C}{\mathrm{d}t^2}=m\frac{\mathrm{d}v_{Cy}}{\mathrm{d}t}=ma_{Cy}=\sum Y_i^{(\mathrm{e})}\\
&J_C\frac{\mathrm{d}^2\varphi}{\mathrm{d}t^2}=J_C\frac{\mathrm{d}\omega}{\mathrm{d}t}=J_C\alpha=\sum M_C(\boldsymbol{F}_i^{(\mathrm{e})})
\end{aligned}\right\}\tag{8-45}$$

$$\left.\begin{aligned} ma_C^{\mathrm{n}} &= m\frac{v_C^2}{\rho} = \sum F_{\mathrm{n}}^{(\mathrm{e})} \\ ma_C^{\tau} &= m\frac{\mathrm{d}v_C}{\mathrm{d}t} = \sum F_{\tau}^{(\mathrm{e})} \\ J_C\frac{\mathrm{d}^2\varphi}{\mathrm{d}t^2} &= J_C\frac{\mathrm{d}\omega}{\mathrm{d}t} = J_C\alpha = \sum M_C(\boldsymbol{F}_i^{(\mathrm{e})}) \end{aligned}\right\} \tag{8-46}$$

应用刚体平面运动微分方程，可以求解平面运动刚体的动力学问题。

例 8-9　如图 8-18(a)所示，固接在一起的两均质轮，半径分别为 r_1、r_2，重量分别为 P_1、P_2，重物 M 重 P_3，斜面倾角为 θ，斜面与拉重物的绳平行，不计绳重和各处摩擦。试求在铅垂常力 $\boldsymbol{F}$ 作用下，均质轮的角加速度。

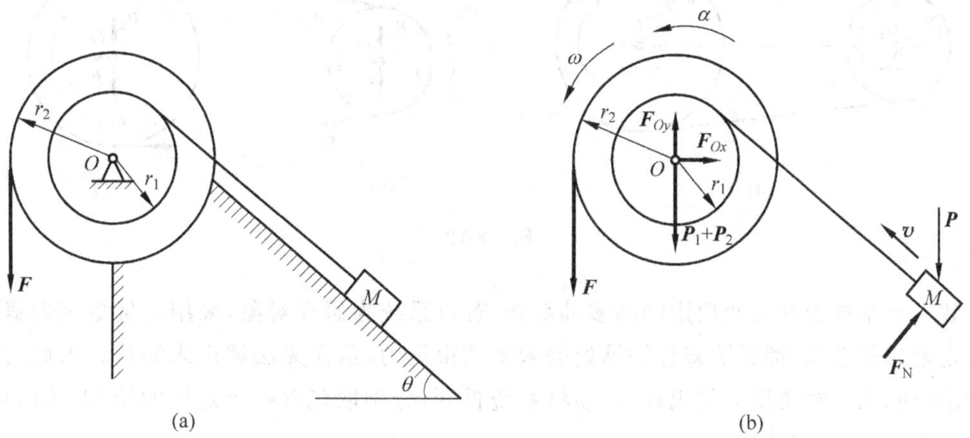

图　8-18

解　取均质轮和重物 M 组成的系统为研究对象，受力分析、运动分析如图 8-18(b)所示。应用质点系对定轴的动量矩定理求解。以逆时针转向为矩的正向，此质点系对 O 轴的动量矩为

$$\begin{aligned} L_O &= L_{\text{轮}1O} + L_{\text{轮}2O} + L_{\text{重物}O} = J_{\text{轮}1O}\omega + J_{\text{轮}2O}\omega + \frac{P_3}{g}vr_1 \\ &= \frac{P_1}{2g}r_1^2\omega + \frac{P_2}{2g}r_2^2\omega + \frac{P_3}{g}r_1^2\omega \\ &= (P_1r_1^2 + P_2r_2^2 + 2P_3r_1^2)\frac{\omega}{2g} \end{aligned}$$

作用于质点系的外力除力 $\boldsymbol{F}$，重力 $\boldsymbol{P}_1$、$\boldsymbol{P}_2$ 和 $\boldsymbol{P}_3$ 外，还有轴承 O 处的反力 $\boldsymbol{F}_{Ox}$，$\boldsymbol{F}_{Oy}$，斜面对重物的约束反力 $\boldsymbol{F}_{\mathrm{N}}$。其中 $\boldsymbol{P}_1$、$\boldsymbol{P}_2$ 和 $\boldsymbol{F}_{Ox}$，$\boldsymbol{F}_{Oy}$ 对 O 轴的力矩为零，将力 $\boldsymbol{P}_3$ 沿斜面及垂直斜面方向分解为 $\boldsymbol{P}_{3/\!/}$ 和 $\boldsymbol{P}_{3\perp}$ 两个分力，由重物 M 在垂直斜面方向上的平衡条件可知，$\boldsymbol{F}_{\mathrm{N}}$ 和 $\boldsymbol{P}_{3\perp}$ 相互抵消，而 $P_{3/\!/} = P_3\sin\theta$，于是外力系对 O 轴的力矩之和为

$$\sum M_O(\boldsymbol{F}_i^{(\mathrm{e})}) = Fr_2 - P_3r_1\sin\theta$$

由质点系对 O 轴的动量矩定理列方程，得

$$\frac{\mathrm{d}}{\mathrm{d}t}\left[(P_1r_1^2 + P_2r_2^2 + 2P_3r_1^2)\frac{\omega}{2g}\right] = Fr_2 - P_3r_1\sin\theta$$

即

$$(P_1r_1^2+P_2r_2^2+2P_3r_1^2)\frac{\alpha}{2g}=Fr_2-P_3r_1\sin\theta$$

解得

$$\alpha=2g(Fr_2-P_3r_1\sin\theta)/(P_1r_1^2+P_2r_2^2+2P_3r_1^2)$$

例 8-10 如图 8-19(a)所示两带轮的半径各为 R_1 和 R_2，重量各为 P_1 和 P_2，如在轮 O_1 上作用一主动力矩 M，在轮 O_2 上作用一阻力矩 M'，带轮视为均质圆盘，胶带的质量和轴承摩擦略去不计，求轮 O_1 的角加速度。

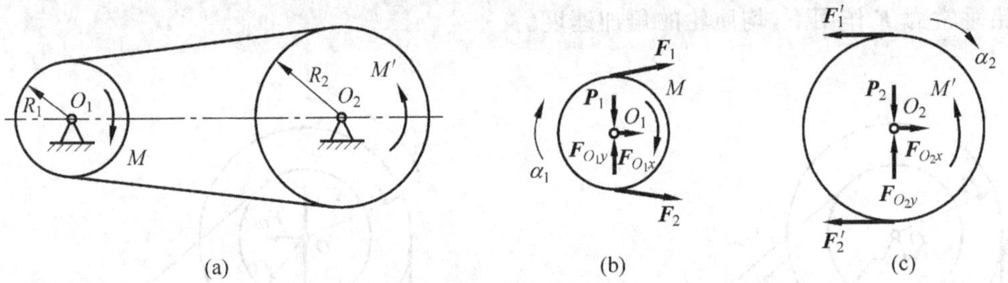

图 8-19

解 此系统为存在两根定轴的多轴系统，若以系统为研究对象，采用动量矩定理解题，无论定轴如何选取，都无法避免轴承处的未知约束反力，从而无法解出未知量。因此，为避免轴承处的未知约束反力的出现，必须将系统拆开，分别取包含一个定轴的轮 O_1、轮 O_2 为研究对象，联立方程求解。

首先以轮 O_1 为研究对象，设其角加速度为 α_1，受力分析如图 8-19(b)所示。规定顺时针转向为运动量和力矩计算的正向。由于轮 O_1 作定轴转动，则由刚体定轴转动微分方程得

$$J_1\alpha_1=M+(F_1-F_2)R_1 \tag{1}$$

再以轮 O_2 为研究对象，设其角加速度为 α_2，受力分析如图 8-19(c)所示。同样由刚体定轴转动微分方程得

$$J_2\alpha_2=-M'-(F_1'-F_2')R_2 \tag{2}$$

又由运动学关系得

$$R_1\alpha_1=R_2\alpha_2 \tag{3}$$

考虑到

$$F_1-F_2=F_1'-F_2',\quad J_1=\frac{P_1}{2g}R_1^2,\quad J_2=\frac{P_2}{2g}R_2^2$$

联立式(1)、(2)、(3)解得

$$\alpha_1=\frac{2g(MR_2-M'R_1)}{R_1^2R_2(P_1+P_2)}$$

为说明刚体定轴转动微分方程的应用，本题采用了上述解法。但这种方法并非最佳解法，以系统为研究对象采用动能定理求解将更为简便。

例 8-11　如图 8-20 所示，半径为 R 的圆环，对铅直轴 z 的转动惯量为 J，初角速度为 ω_0，质量为 m 的小球自顶端 A 沿圆环内槽自由下落。试求小球到达 B 处时，圆环的角速度 ω。

解　此系统所受的重力和轴承反力对于转轴 z 的矩都等于零，因此系统对转轴 z 的动量矩守恒，即 $L_{z1}=L_{z2}$。

当 $\theta=0$（小球位于圆环的顶端 A）时

$$L_{z1}=J\omega_0$$

当 $\theta\neq0$（小球到达 B 处）时

$$L_{z2}=J\omega+m(R\sin\theta)^2\omega$$

由动量矩守恒定律列方程，得

$$J\omega_0=J\omega+m(R\sin\theta)^2\omega$$

解得

$$\omega=J\omega_0/(J+mR^2\sin^2\theta)$$

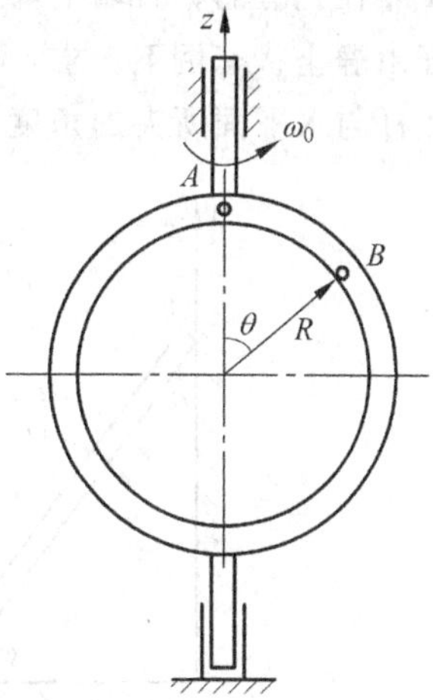

图　8-20

例 8-12　如图 8-21(a)所示，滚子重 P，外轮半径为 R，滚子的鼓轮半径为 r，对质心轴 C 的回转半径为 ρ，鼓轮上绕有细绳，细绳拉力为 T，与水平面的夹角为 θ，滚子在粗糙水平面上纯滚动。试求滚子所受的摩擦力。

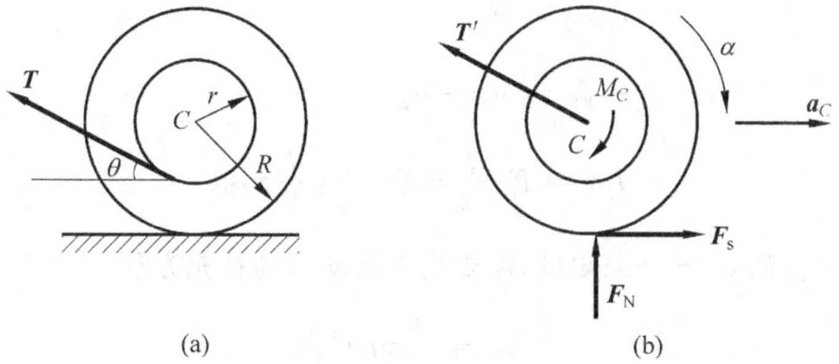

图　8-21

解　取滚子为研究对象，它作平面运动，受力分析、运动分析如图 8-21(b)所示。其中 $\boldsymbol{T}'=\boldsymbol{T}$，$M_C=Tr$，是将拉力 $\boldsymbol{T}$ 向质心 C 平移的结果，应用刚体平面运动微分方程，得

$$\begin{aligned}\frac{P}{g}a_C&=-T'\cos\theta+F_s\\J_C\alpha&=-F_sR+M_C\end{aligned}\tag{1}$$

以上两式中，$J_C=\dfrac{P}{g}\rho^2$，未知量有 a_C，α，F_s，考虑到滚子在固定平面上作纯滚动的运动学条件，即

$$a_C=R\alpha\tag{2}$$

三式联立,解得

$$F_s = T(Rr + \rho^2\cos\theta)/(\rho^2 + R^2)$$

例 8-13 如图 8-22(a)所示,均质杆 AB 质量为 m,长为 l,放在铅直平面内,杆的一端 A 靠在光滑的铅直墙上,另一端 B 放在光滑的水平地板上,并与水平面成 φ_0 角。此后,杆由静止状态倒下。求:(1)杆在任意位置时的角速度和角加速度;(2)当杆脱离墙时,此杆与水平面所夹的角度。

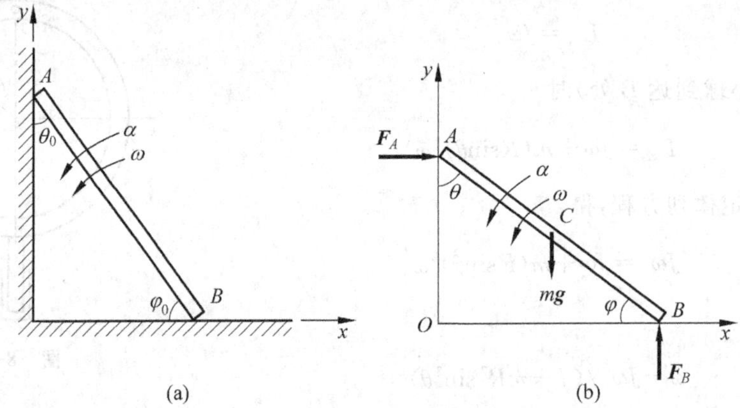

图 8-22

解 取杆 AB 为研究对象,杆 AB 作平面运动,受力分析、运动分析如图 8-22(b)所示。应用刚体平面运动微分方程,得

$$m\ddot{x}_C = F_A \tag{1}$$

$$m\ddot{y}_C = F_B - mg \tag{2}$$

$$J_C\alpha = F_B\frac{l}{2}\sin\theta - F_A\frac{l}{2}\cos\theta \tag{3}$$

式中共有 $\ddot{x}_C, \ddot{y}_C, F_A, F_B, \alpha$ 五个未知量,需要建立运动学的补充方程

$$\left.\begin{aligned} x_C &= \frac{l}{2}\sin\theta \\ y_C &= \frac{l}{2}\cos\theta \end{aligned}\right\} \tag{4}$$

将式(4)对时间 t 求二阶导数,得

$$\left.\begin{aligned} \ddot{x}_C &= -\frac{l}{2}\dot{\theta}^2\sin\theta + \frac{l}{2}\ddot{\theta}\cos\theta \\ \ddot{y}_C &= -\frac{l}{2}\dot{\theta}^2\cos\theta - \frac{l}{2}\ddot{\theta}\sin\theta \end{aligned}\right\} \tag{5}$$

将式(5)代入式(1)、(2)得

$$\frac{ml}{2}(-\dot{\theta}^2\sin\theta + \ddot{\theta}\cos\theta) = F_A \tag{6}$$

$$\frac{ml}{2}(-\dot{\theta}^2\cos\theta-\ddot{\theta}\sin\theta)=F_B-mg \tag{7}$$

因为 $\alpha=\ddot{\theta}$，$J_C=\dfrac{1}{12}ml^2$，故由式(3)得

$$ml^2\ddot{\theta}=6l(F_B\sin\theta-F_A\cos\theta) \tag{8}$$

将式(6)、式(7)代入式(8)得

$$ml^2\ddot{\theta}=6l\left\{\left[\frac{ml}{2}(-\dot{\theta}^2\cos\theta-\ddot{\theta}\sin\theta)+mg\right]\sin\theta-\frac{ml}{2}(-\dot{\theta}^2\sin\theta+\ddot{\theta}\cos\theta)\cos\theta\right\}$$

简化整理得

$$\ddot{\theta}=\alpha=\frac{3g}{2l}\sin\theta=\frac{3g}{2l}\cos\varphi \tag{9}$$

又因为

$$\ddot{\theta}=\frac{d\dot{\theta}}{dt}=\frac{d\dot{\theta}}{dt}\cdot\frac{d\theta}{d\theta}=\dot{\theta}\frac{d\dot{\theta}}{d\theta} \tag{10}$$

将式(10)代入式(9)得

$$\dot{\theta}\frac{d\dot{\theta}}{d\theta}=\frac{3g}{2l}\sin\theta$$

分离变量并积分得

$$\int_0^{\dot{\theta}}\dot{\theta}d\dot{\theta}=\int_{\frac{\pi}{2}-\varphi_0}^{\theta}\frac{3g}{2l}\sin\theta d\theta$$

解得

$$\dot{\theta}=\omega=\sqrt{\frac{3g}{l}(\sin\varphi_0-\cos\theta)}=\sqrt{\frac{3g}{l}(\sin\varphi_0-\sin\varphi)} \tag{11}$$

当杆脱离墙时，$F_A=0$，将其代入式(6)得

$$-\dot{\theta}^2\sin\theta+\ddot{\theta}\cos\theta=0 \tag{12}$$

将式(9)、式(11)代入式(12)得

$$-\frac{3g}{l}(\sin\varphi_0-\sin\varphi)\sin\theta+\frac{3g}{2l}\cos\varphi\cos\theta=0$$

解得

$$\varphi=\arcsin\left(\frac{2}{3}\sin\varphi_0\right)$$

例 8-14　如图 8-23(a)所示，两均质轮 A 和 B，质量分别为 m_1、m_2，半径分别为 r_1、r_2，用不计重量的细绳连接。轮 A 绕固定轴 O 转动，不计轴承 O 处的摩擦，试求轮 B 下落时轮心 C 的加速度及细绳的拉力。

解　此系统中，轮 A 绕轴 O 定轴转动，轮 B 作平面运动，轮心 C 点的轨迹是铅垂直线。分别取两轮为研究对象，受力分析、运动分析如图 8-23(b)、(c)所示。列轮 A 的定轴转动微分方程，轮 B 的平面运动微分方程，得

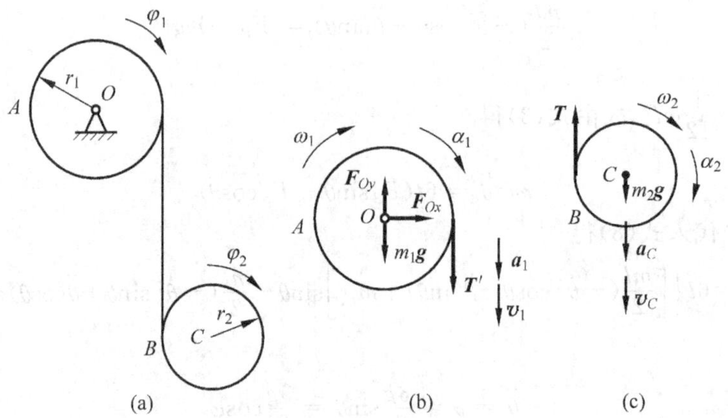

图 8-23

$$J_O\alpha_1 = T'r_1 \tag{1}$$

$$J_C\alpha_2 = Tr_2 \tag{2}$$

$$m_2a_C = m_2g - T \tag{3}$$

以上三式中,共有 α_1,α_2,a_C,T 四个未知量,需要建立运动学的补充方程。分析轮心 C 的速度,有

$$v_C = v_1 + r_2\omega_2 = r_1\omega_1 + r_2\omega_2 \tag{4}$$

将式(4)对时间 t 求一阶导数,得

$$\frac{\mathrm{d}v_C}{\mathrm{d}t} = a_C = r_1\frac{\mathrm{d}\omega_1}{\mathrm{d}t} + r_2\frac{\mathrm{d}\omega_2}{\mathrm{d}t}$$

即

$$a_C = r_1\alpha_1 + r_2\alpha_2 \tag{5}$$

式(1)、(2)、(3)、(5)联立解得

$$\left.\begin{aligned}\alpha_1 &= \frac{2m_2g}{r_1(3m_1+2m_2)}, \quad \alpha_2 = \frac{2m_1g}{r_2(3m_1+2m_2)}\\ a_C &= \frac{2(m_1+m_2)g}{3m_1+2m_2}, \quad T = \frac{m_1m_2g}{3m_1+2m_2}\end{aligned}\right\}$$

例 8-15 如图 8-24(a)所示,均质圆轮 A 质量为 m_1,半径为 r_1,以角速度 ω 绕长为 l 的 OA 杆的 A 端转动,此时将轮 A 放置在质量为 m_2,半径为 r_2 的另一均质圆轮 B 上,轮 B 原为静止的,但可绕其中心轴自由转动。放置后,轮 A 的重量由轮 B 支撑。不计轴承处的摩擦和 OA 杆的重量,并设两轮间的摩擦因数为 f。问自轮 A 放在轮 B 上,到两轮间没有相对滑动时为止,经过多少时间?

解 此题中,轮 A、轮 B 均作定轴转动,OA 杆静止不动,分别取两轮及 OA 杆为研究对象,受力分析、运动分析如图 8-24(b)、(c)、(d)所示。两轮间有相对运动时,分别对轮 A、轮 B 及 OA 杆应用定轴转动微分方程,得

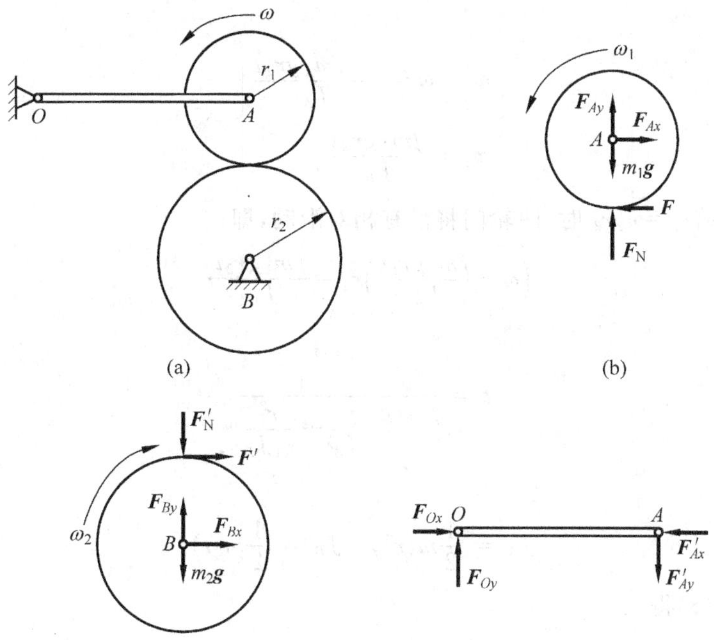

图 8-24

$$J_A \frac{d\omega_1}{dt} = -Fr_1 \tag{1}$$

$$J_B \frac{d\omega_2}{dt} = F'r_2 \tag{2}$$

$$0 = F'_{Ay} l \tag{3}$$

由式(3)得，$F'_{Ay} = F_{Ay} = 0$，对轮 A 沿铅直方向应用质心运动定理，得

$$m_1 a_{Ay} = F_{Ay} - m_1 g + F_N \tag{4}$$

因为

$$a_{Ay} = 0, \quad F_{Ay} = 0$$

故由式(4)得

$$F_N = m_1 g$$

所以

$$F = F' = fF_N = fm_1 g \tag{5}$$

将式(5)分别代入式(1)、(2)得

$$\left.\begin{aligned} J_A \frac{d\omega_1}{dt} &= -fm_1 g r_1 \\ J_B \frac{d\omega_2}{dt} &= fm_1 g r_2 \end{aligned}\right\} \tag{6}$$

将式(6)积分得

$$\left.\begin{aligned} \int_{\omega}^{\omega'_1} J_A d\omega_1 &= \int_0^t -fm_1 g r_1 dt \\ \int_0^{\omega'_2} J_B d\omega_2 &= \int_0^t fm_1 g r_2 dt \end{aligned}\right\}$$

即

$$\left.\begin{aligned}\omega_1'-\omega&=\frac{-fm_1gr_1t}{J_A}\\ \omega_2'&=\frac{fm_1gr_2t}{J_B}\end{aligned}\right\}\tag{7}$$

以上两式中的$\omega'_1r_1=\omega'_2r_2$时,两轮间将没有相对滑动,即

$$\left(\omega-\frac{fm_1gr_1t}{J_A}\right)r_1=\frac{fm_1gr_2t}{J_B}r_2$$

求解上式,得

$$t=\frac{\omega}{fm_1g}\frac{1}{\dfrac{r_1}{J_A}+\dfrac{r_2^2}{r_1J_B}}\tag{8}$$

又

$$J_A=\frac{1}{2}m_1r_1^2,\quad J_B=\frac{1}{2}m_2r_2^2\tag{9}$$

将式(9)代入式(8)得

$$t=\frac{m_2r_1\omega}{2fg(m_1+m_2)}$$

通过以上例题分析,将应用动量矩定理(或刚体定轴转动微分方程、刚体平面运动微分方程)的解题步骤和要点总结如下:

(1) 根据题意,恰当选择研究对象。研究对象最好只包含一根转轴。若系统存在两根或两根以上的转轴,大多数情况应拆开来分析。应用动量矩定理时,一般以整个系统或系统中某几个物体的组合为研究对象;而应用刚体定轴转动微分方程、刚体平面运动微分方程时,仅以作相应运动的单一刚体为研究对象。

(2) 分析研究对象的受力情况,并根据受力图判断用动量矩定理(或刚体定轴转动微分方程、刚体平面运动微分方程)还是用相应的动量矩守恒定律求解。

(3) 分析研究对象的运动情况,写出相应的动量矩或运动量。需要指出,计算动量矩或运动量时必须用绝对运动量。

(4) 应用动量矩定理(或刚体定轴转动微分方程、刚体平面运动微分方程)建立方程,求解未知量。列方程时,等式两边的动量矩(或运动量)及力矩的转向规定必须一致。

另外,还需要注意以下几点:

(1) 应用动量矩定理时,矩心(轴)一般选固定点(轴)或系统的质心(轴);应用刚体定轴转动微分方程时,矩轴只能选刚体的转轴;应用刚体平面运动微分方程时,矩心(轴)只能是刚体的质心(轴)。

(2) 应用动量矩定理(或刚体定轴转动微分方程、刚体平面运动微分方程)时,因为所列方程大都是微分形式(动量矩守恒除外),故应将研究对象置于一般位置,进行受力分析和运动分析。

(3) 应用动量矩定理(或刚体定轴转动微分方程、刚体平面运动微分方程)时,往往仅靠定理本身建立的基本方程是不够求解未知量的,还要通过静力学和运动学的相关知识加列足够的补充方程,方能求解,大致归纳如下:①对存在多个转轴的系统,应分析各个转动刚

体间角速度的关系(如例 8-10)；②对既有平动刚体，又有转动刚体的系统，则应分析平动刚体的速度和转动刚体角速度之间的关系(如例 8-9)；③对平面运动刚体，则要分析其质心速度与其角速度之间的关系(如例 8-12、例 8-13)；④若需要系统组成物体加速度之间的关系，则可通过系统处于一般位置时，建立的速度关系求导得到(如例 8-14)；⑤当物体间接触面上考虑滑动摩擦时，可利用动滑动摩擦定律加列补充方程(如例 8-15)；⑥还可利用某些物体在与其运动垂直方向上的静力平衡条件加列补充方程(如例 8-9)。

(4) 刚体平面运动的动力学问题一般较复杂，解题的关键往往在于补充平面运动刚体质心加速度与其角加速度间的运动学关系，现将各种情况大致归纳如下：① 圆轮沿固定面作纯滚动时，若轮心 C 轨迹为直线，轮心加速度与轮子角加速度的关系为 $a_C = R\alpha$(如例 8-12)。若轮心 C 轨迹为曲线，轮心加速度与轮子角加速度的关系为 $a_C^t = R\alpha$。当圆轮沿运动面作纯滚动时，则由合成运动定理求出运动量关系(如例 8-14)；②杆子作平面运动时，可列出质心坐标与转角的函数关系，然后求二阶导数得出质心加速度与杆子角加速度之间的关系(如例 8-13)；③还可以利用基点法建立平面运动刚体的运动学关系。

动量矩定理(或刚体定轴转动微分方程、刚体平面运动微分方程)也可求解质点系动力学的两类基本问题：①已知运动求力。动量矩定理(或刚体定轴转动微分方程、刚体平面运动微分方程)适于求解能对矩轴产生力矩的未知外力，特别适合求未知外力偶；②已知力求运动。当系统的未知外力均与矩轴共面时，应用动量矩定理(或刚体定轴转动微分方程、刚体平面运动微分方程)可求系统中的某些速度量、加速度量，也可建立系统的运动方程。当系统的外力对矩轴的主矩为零时，也可应用动量矩守恒定律求系统中的某些速度量。尤其当质点系带有明显的转动运动时，用动量矩定理(或刚体定轴转动微分方程、刚体平面运动微分方程)求解质点系的某些动力学问题更为方便。

动量矩定理也有其局限性。它不能求解对矩轴不产生力矩的未知外力。对矩轴产生力矩的未知外力个数多于动量矩定理能提供的独立方程数时，单靠该定理也不能求解，需要与其他定理综合求解。

习题

8-1　题 8-1 图所示各物体均为均质物体，重量皆是 P，求各物体对 O 轴的转动惯量。

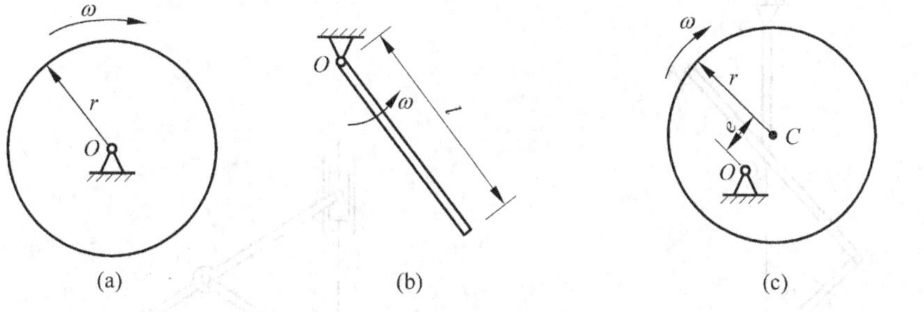

题 8-1 图

8-2　题 8-2 图所示十字杆由两根均质细杆固接而成，OA 长为 $2l$，质量为 $2m$，BD 长为 l，质量为 m。求十字杆对 Oz 轴的转动惯量。

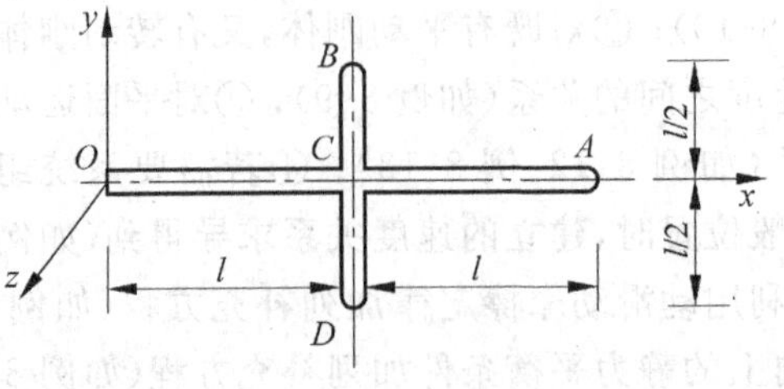

题 8-2 图

8-3 质量均为 m 的均质细杆 AB,BC 和均质圆盘 CD 用铰链连接在一起,如题 8-3 图所示。已知 $\overline{AB}=\overline{BC}=\overline{CD}=2R$,图示瞬时 A、B、C 处在同一水平直线位置上,而 CD 铅直,且 AB 杆以角速度 ω 转动,求该瞬时系统的动量。

8-4 如题 8-4 图所示,一直径为 20cm、质量为 10kg 的均质圆盘,在水平面内以角速度 $\omega=2\text{rad/s}$ 绕 O 轴转动。一质量为 5kg 的小球 M,在通过 O 轴的直径槽内以 $L=5t$(L 以 cm 计,t 以 s 计)的规律运动,求 $t=2\text{s}$ 时系统动量的大小。

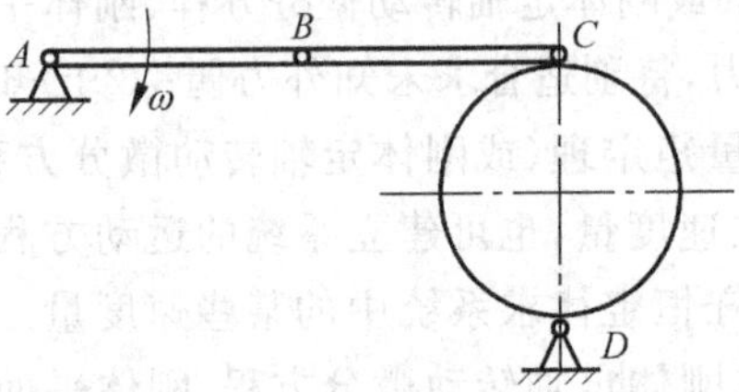

题 8-3 图

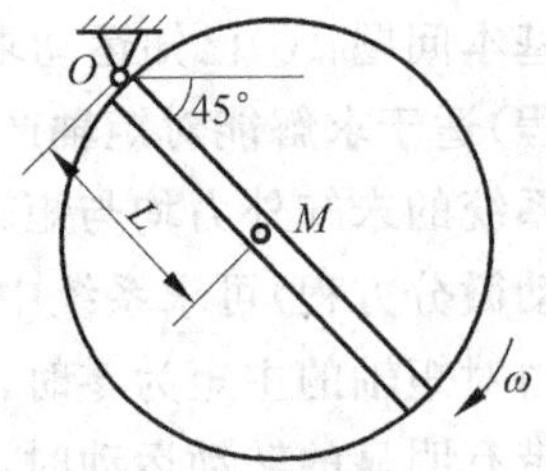

题 8-4 图

8-5 题 8-5 图所示系统中,各杆均为均质杆。已知:杆 OA,CD 的质量各为 m,杆 AB 的质量为 $2m$,$\overline{OA}=\overline{AC}=\overline{CB}=\overline{CD}=l$,杆 OA 以角速度 ω 转动,求图示瞬时各杆动量的大小,并在图中标明各杆动量的方向。

8-6 题 8-6 图所示椭圆规尺 AB 的质量为 $2m_1$,曲柄 OC 的质量为 m_1,而滑块 A 和 B 的质量均为 m_2,已知:$\overline{OC}=\overline{AC}=\overline{CB}=l$,曲柄和尺的质心分别在其中点上,曲柄绕 O 轴转动的角速度 ω 为常量。刚开始时,曲柄水平向右,求当 $\omega t=45°$ 时系统动量的大小。

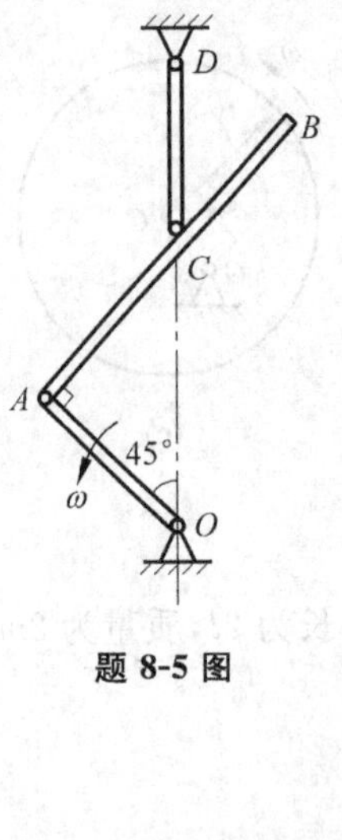

题 8-5 图

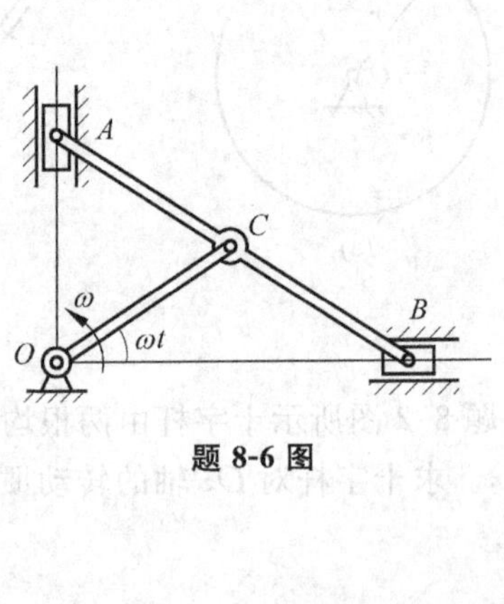

题 8-6 图

8-7　质量为 M，半径为 R 的均质圆盘，以角速度 ω 转动，其边缘上焊接一质量为 m，长为 b 的均质细杆 AB，如题 8-7 图所示。求图示位置系统动量的大小以及对轴 O 的动量矩的大小。

8-8　如题 8-8 图所示，均质细圆环质量为 m_2，半径为 R，圆心为 C，其上固接一质量为 m_1 的均质细杆 AB，系统在铅垂面内以角速度 ω 绕轴 O 转动，已知 $\angle CAB=60°$。求图示位置系统对轴 O 的动量矩的大小。

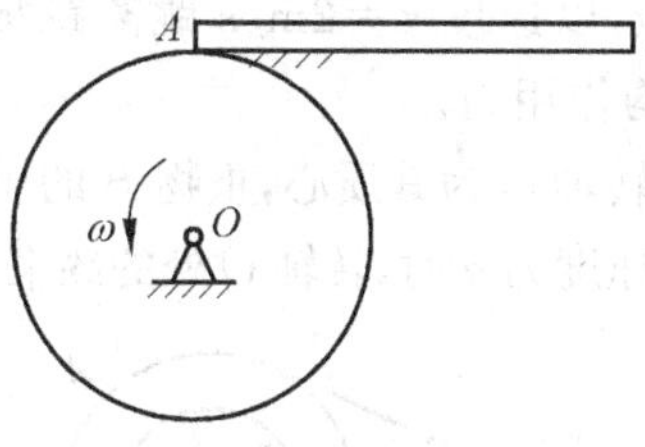

题 8-7 图

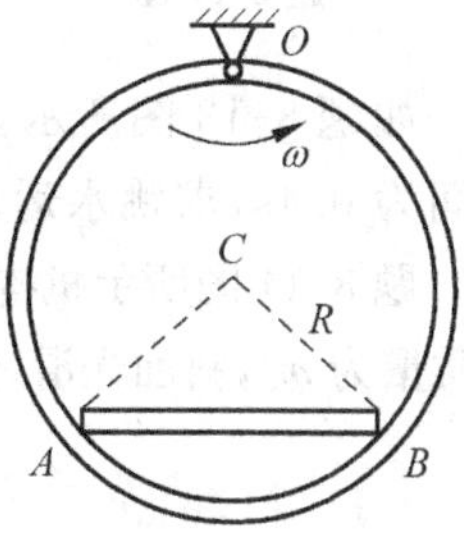

题 8-8 图

8-9　行星齿轮机构如题 8-9 图所示，齿轮 D 固定，轮心为 A；行星齿轮 C 质量为 m_1，半径为 R，对质心轴 B 的回转半径为 ρ；曲柄 AB 可看作均质细杆，其质量为 m_2，长为 l。当杆 AB 以角速度 ω 绕轴 A 转动时，求图示位置系统对轴 A 的动量矩的大小。

8-10　偏心圆轮质量为 m，半径为 R，偏心距为 e，对质心轴 C 的回转半径为 ρ，轮子只滚动而不滑动，轮子的角速度为 ω，求题 8-10 图所示瞬时，轮子的动量及轮子相对于质心 C 的动量矩。

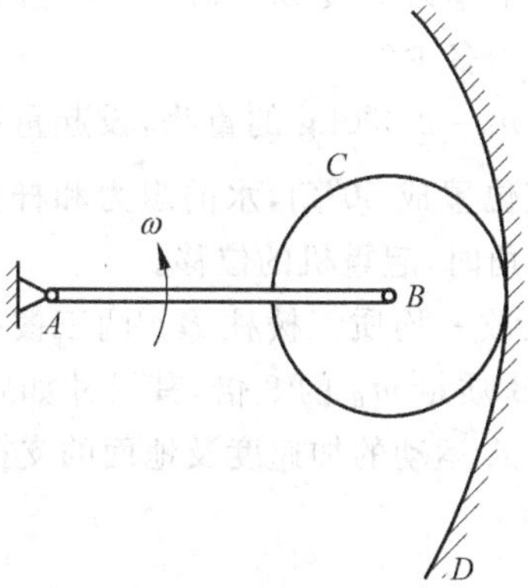

题 8-9 图

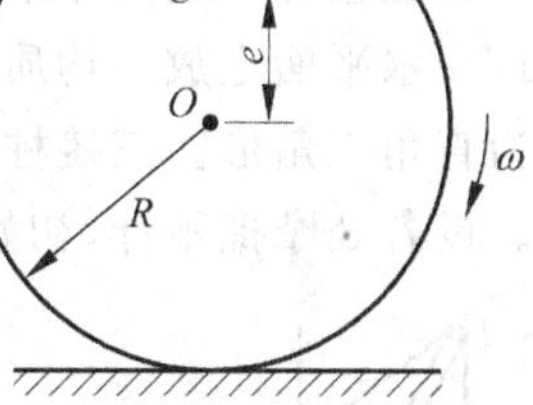

题 8-10 图

8-11　如题 8-11 图所示，平面机构的曲柄 OA 以匀角速度 ω 绕固定轴 O 转动，带动连杆 AB 运动，AB 可在套筒 C 中滑动。已知 $\overline{OA}=l$，$\overline{AB}=2l$。设杆 OA 与 AB 均为均质细杆，其单位长度的质量均为 ρ，套筒质量不计。求当 $\theta=60°$，$\overline{OC}=l$ 时，系统对轴 O 的动量矩。

8-12　题 8-12 图所示机构中，曲柄 OA 为均质细杆，质量为 m，长为 r，以匀角速度 ω_0 绕固定轴 O 转动，均质细杆 AB 质量为 m，长为 l，均质圆轮 B 质量为 $2m$，半径为 R，在水平面上作纯滚动，求当 $\theta=90°$ 时，系统对轴 O 的动量矩。

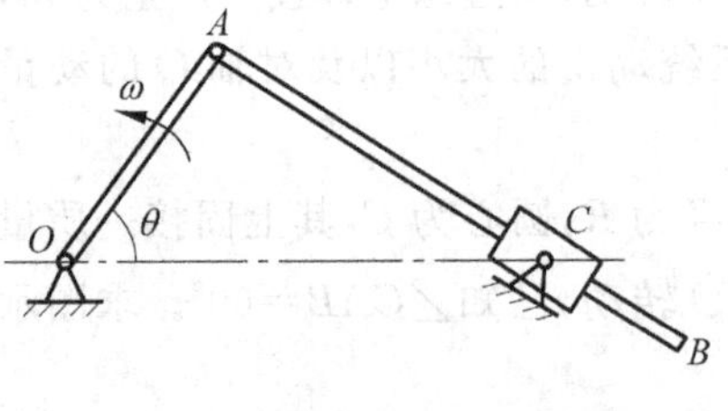

题 8-11 图

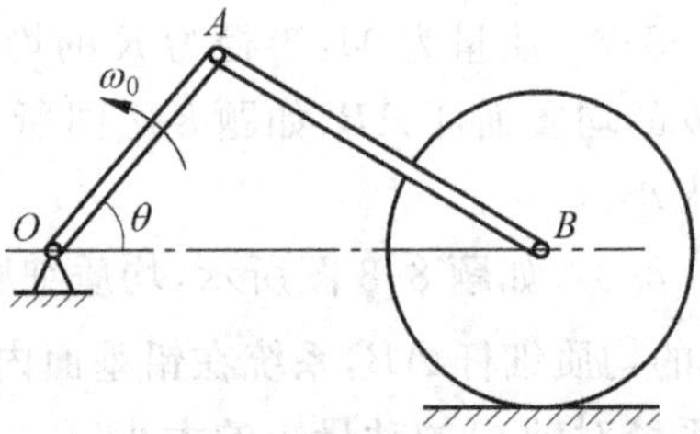

题 8-12 图

8-13　如题 8-13 图所示，跳水运动员体重为 60kg，以速度 $v=2\text{m/s}$ 跳离跳板末端 A，设起跳时间为 0.4s，求跳水运动员作用在跳板上的平均作用力。

8-14　题 8-14 图所示机构中，鼓轮 A 的质量为 m_1，转轴 O 为其质心，重物 B 的质量为 m_2，重物 C 的质量为 m_3，斜面光滑，倾角为 θ。求重物 B 的加速度为 a 时，转轴 O 处的约束反力。

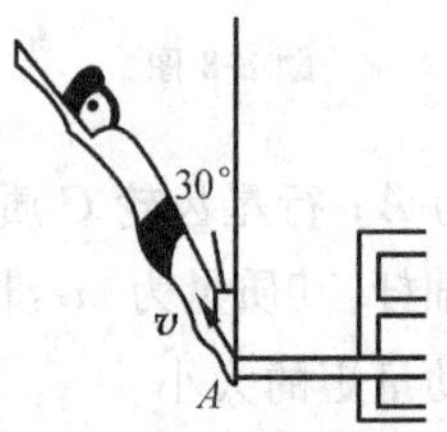

题 8-13 图

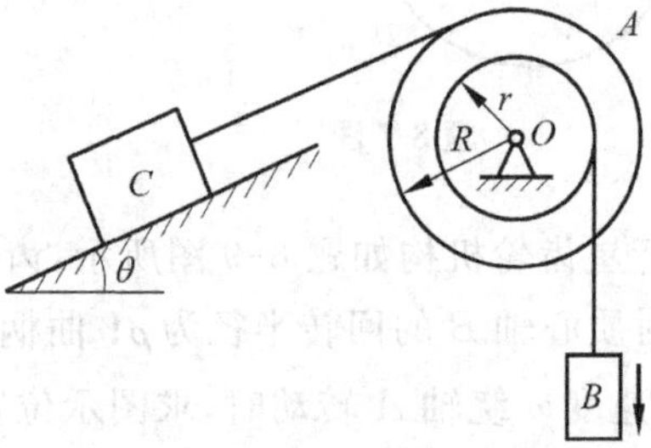

题 8-14 图

8-15　平台车质量为 $m_1=500\text{kg}$，可沿水平轨道运动。平台车上站有一人，质量为 $m_2=70\text{kg}$，车与人以共同速度 v_0 向右运动。若人相对于车以速度 $v_r=2\text{m/s}$ 向左跳出，不计平台车水平方向的阻力及摩擦，问平台车增加的速度为多少？

8-16　如题 8-16 图所示，浮动起重机举起质量为 $m_1=2\,000\text{kg}$ 的重物，设起重机质量为 $m_2=20\,000\text{kg}$，起重杆长 $\overline{OA}=8\text{m}$；开始时杆与铅直位置成 60°角，水的阻力和杆重均略去不计。求起重杆 OA 从开始转动到与铅直位置成 30°角时，起重机的位移。

8-17　水平面上放一均质三棱柱 A，在其斜面上又放一均质三棱柱 B。两三棱柱的横截面均为直角三角形。三棱柱 A 的质量 m_A 为三棱柱 B 质量 m_B 的 3 倍，其尺寸如题 8-17 图所示。设各处摩擦不计，初始时系统静止。求三棱柱 A 运动的加速度及地面的支持力。

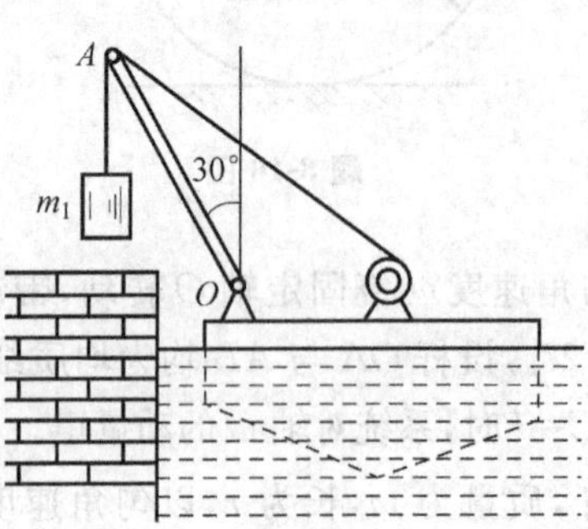

题 8-16 图

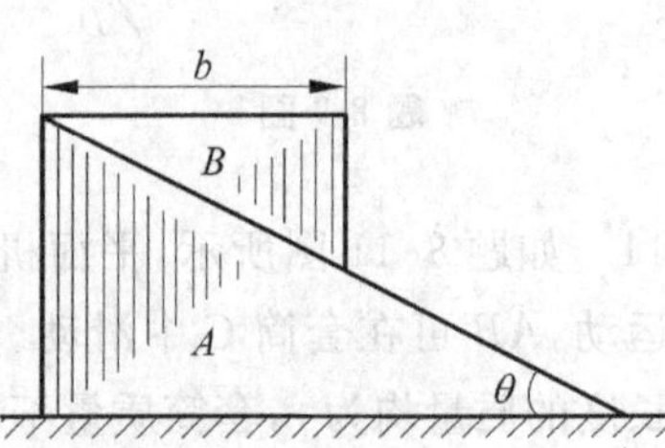

题 8-17 图

8-18　如题 8-18 图所示，均质细杆 OA，重为 P，长为 $2l$，绕着通过 O 端的水平轴在铅直面内转动，转到与水平成 φ 角时，角速度与角加速度分别为 ω 及 α。试求该瞬时，铰支座 O 的约束反力。

8-19　题 8-19 图所示曲柄滑杆机构中，曲柄 OA 为均质细杆，以匀角速度 ω 绕固定轴 O 转动，质量为 m_1，开始时曲柄 OA 水平向右。滑块 A 的质量为 m_2，滑杆的质量为 m_3，其质心在点 C_1，已知：$\overline{OA}=l$，$\overline{BC_1}=l/2$，不计各处摩擦。求：(1)机构质心的运动方程；(2)作用在轴 O 的最大水平反力。

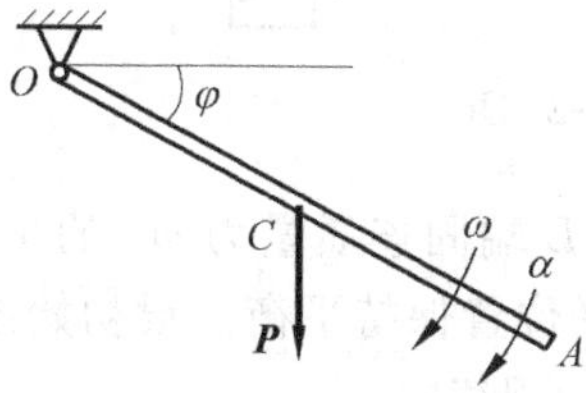

题 8-18 图

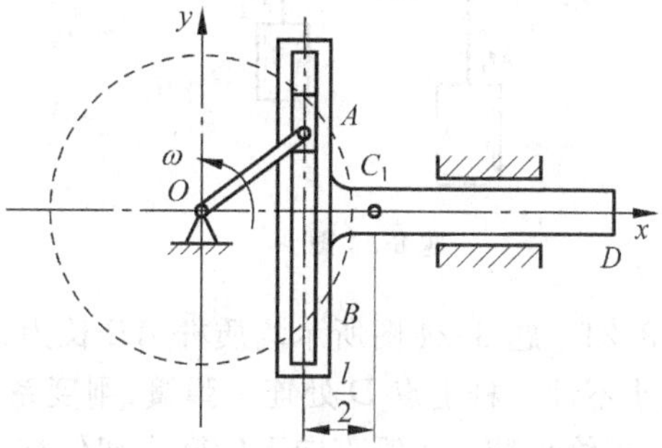

题 8-19 图

8-20　如题 8-20 图所示，小球 A 质量为 m，连接在长为 l 的不计重量的杆 AB 上，放在盛有液体的容器中。杆以初角速度 ω_0 绕 O_1O_2 轴转动，小球受到与速度反向的液体阻力 $F=km\omega$，k 为比例常数。问经过多少时间，杆的角速度 ω 为初角速度的一半？

8-21　如题 8-21 图所示，水平均质圆盘重 Q，半径为 R，细杆 BB_1 重 P，长为 l，可在 OA 槽内滑动，开始时 B 端在 O 处，系统转动角速度为 ω_0。若松开 B 端，试求 B 距点 O 为 $R/2$ 时，圆盘的角速度。

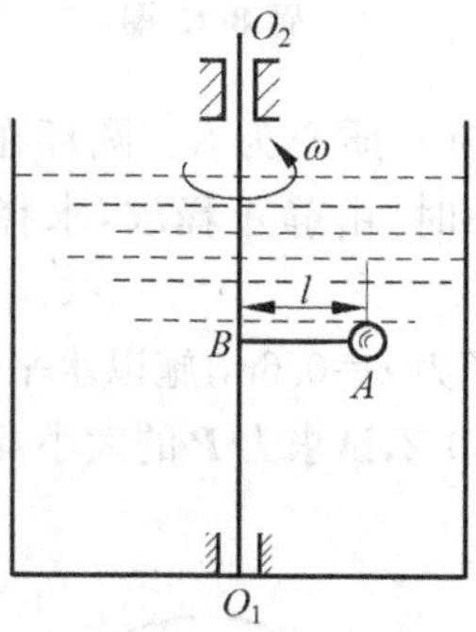

题 8-20 图

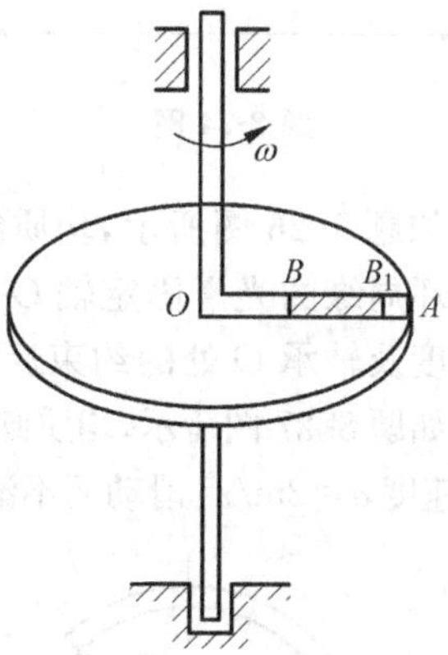

题 8-21 图

8-22　如题 8-22 图所示，两个重物 M_1 和 M_2 的质量各为 m_1 与 m_2，分别系在两条不计质量的绳上，此两绳又分别绕在半径为 r_1 和 r_2 的塔轮上。塔轮质量为 m_3，对质心轴 O 的回转半径为 ρ。重物受重力作用而运动，求塔轮的角加速度 α。

8-23　如题 8-23 图所示系统中，均质圆轮质量为 m_2，半径为 r，其上绕一不可伸长的绳子，绳子的一端挂重物 A，其质量为 m_1，一刚度系数为 k 的弹簧一端连在轮的点 E，另一端连在墙上,处于水平位置。$\overline{OE}=e$。图示位置为系统的平衡位置,此时 OE 线铅直。试求当圆轮偏离平衡位置一微小转角 φ 时,其角加速度是多少?

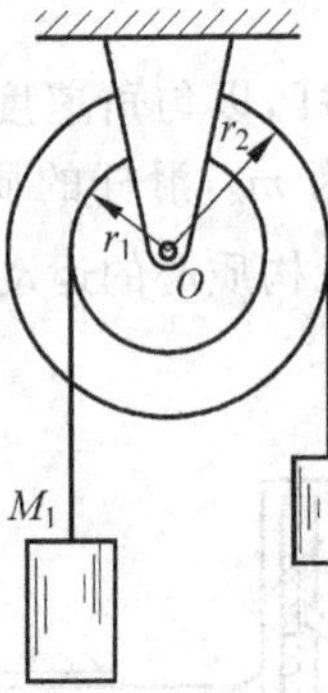

题 8-22 图

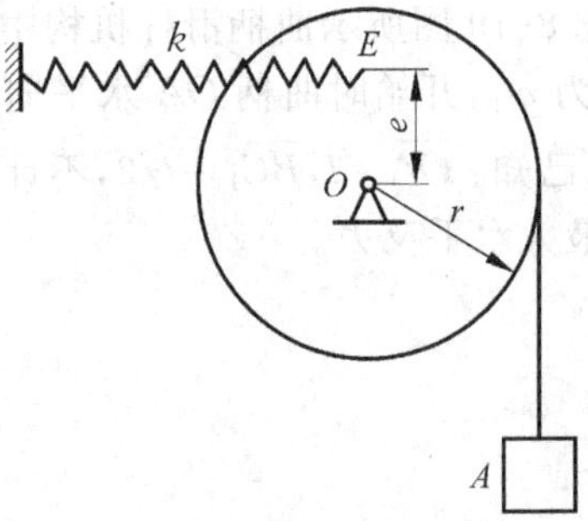

题 8-23 图

8-24 题 8-24 图所示均质杆 AB 长为 l,质量为 m_1,杆的 B 端固连质量为 m_2 的小球,其大小不计。杆上点 D 处连一弹簧,刚度系数为 k,使杆在水平位置保持平衡。设初始系统静止,求给小球一个铅直向下的微小初位移 δ_0 后,杆 AB 的运动规律。

8-25 如题 8-25 图所示,均质圆盘重 W,半径为 a,以角速度 ω 绕水平轴转动。今在不计重量的闸杆的一端加一铅直力 $\boldsymbol{P}$,以使圆盘停止转动。设杆与盘间的动摩擦系数为 f,问圆盘转过多少周后才停下来?

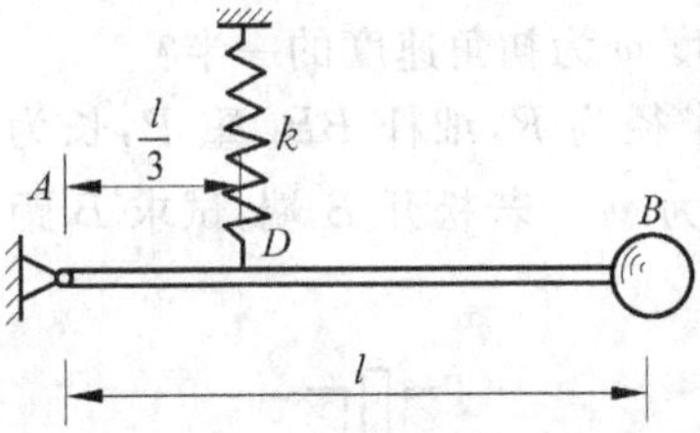

题 8-24 图

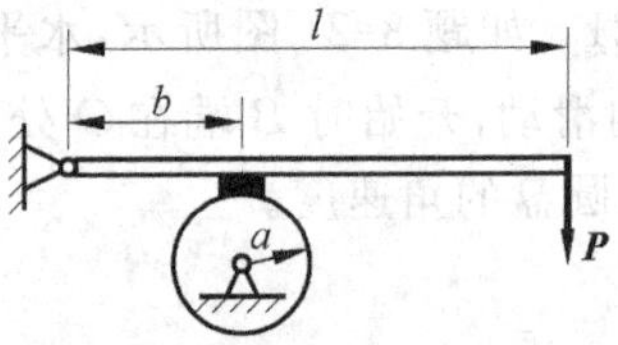

题 8-25 图

8-26 如题 8-26 图所示,均质细圆环质量为 m,半径为 r,质心为 C。圆环在铅垂面内,可绕位于圆环周缘的光滑固定轴 O 转动。圆环在 OC 水平时,由静止释放,求释放瞬时,圆环的角加速度及轴承 O 处的约束反力。

8-27 如题 8-27 图所示,均质圆柱质量为 $m=10\text{kg}$,半径为 $r=0.6\text{m}$,施以水平力 $\boldsymbol{P}$ 使其沿水平面以加速度 $a=2\text{m/s}^2$ 滑动而不滚动。设动摩擦系数 $f=0.2$,试求力 $\boldsymbol{P}$ 的大小及高度 h。

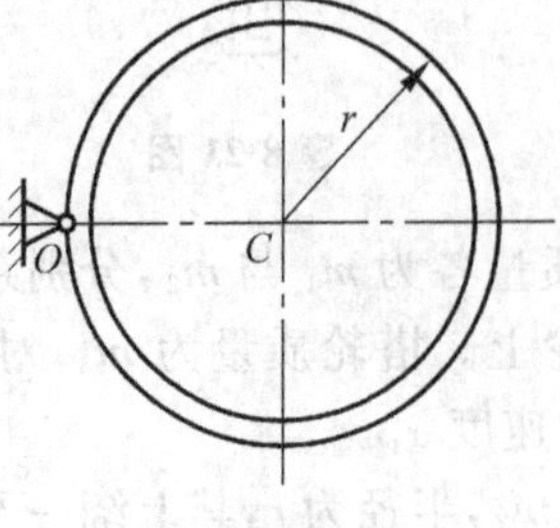

题 8-26 图

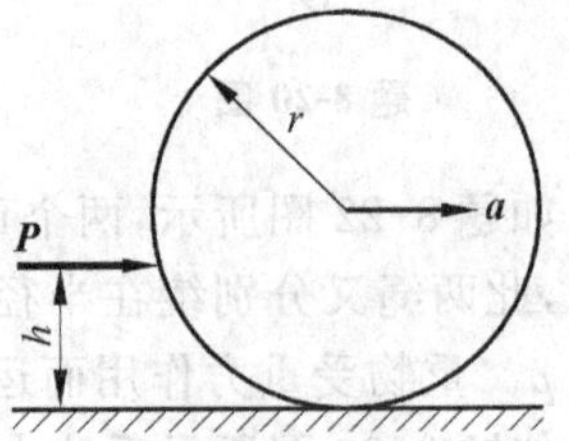

题 8-27 图

8-28　如题 8-28 图所示，均质细杆重 90N，通过铰接在 A 端的小滚轮铅垂地搁置在光滑水平面上，滚轮的质量略去不计。现在点 A 作用一水平力 $\boldsymbol{F}$，其大小为 45N，使细杆由静止进入运动，试求运动初瞬时，点 A 和细杆质心 C 的加速度。

8-29　如题 8-29 图所示，均质细杆 AB 长为 l，质量为 m，一端系在绳 BD 上，另一端搁在光滑水平面上。当绳处于铅直而杆静止时，杆与水平面间的倾角 $\varphi=45°$。现绳突然断掉，试求杆对 A 端的约束反力。

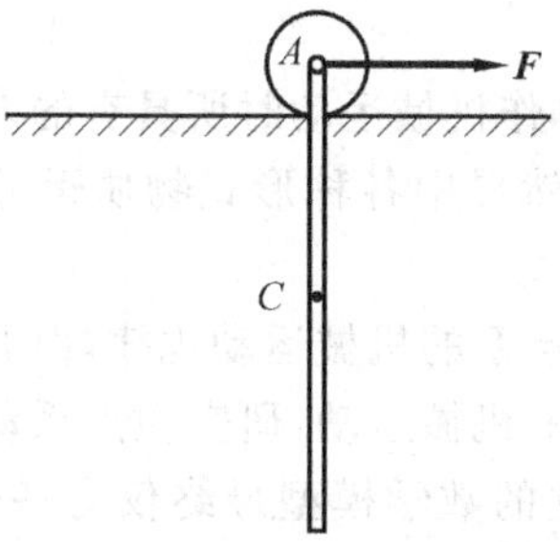

题 8-28 图

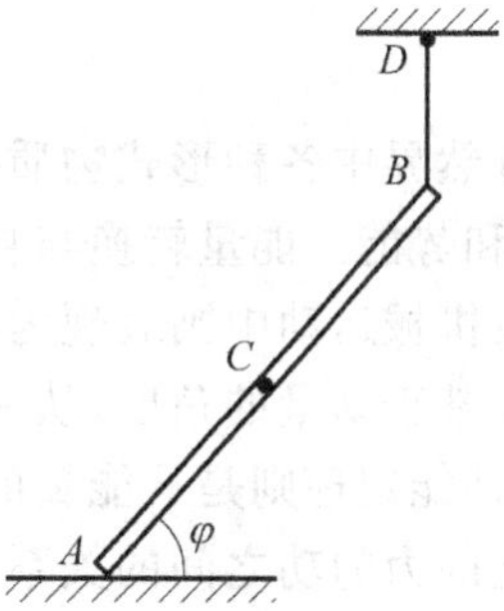

题 8-29 图

8-30　如题 8-30 图所示的卷扬机，轮 B、C 的半径分别为 R、r，对通过点 O_1、O_2 的水平轴的转动惯量分别为 J_1、J_2，物体 A 重 P，在轮 C 上作用一常力矩 M。试求物体 A 上升的加速度。

8-31　重物 A 质量为 m_1，系在绳上，绳子跨过不计质量的定滑轮 D，并绕在鼓轮 B 上，如题 8-31 图所示。由于重物 A 下降，带动轮 C，使之沿水平轨道滚动而不滑动。设鼓轮 B 半径为 r，轮 C 的半径为 R，两者固连在一起，总质量为 m_2，对水平质心轴 O 的回转半径为 ρ，求重物 A 的加速度。

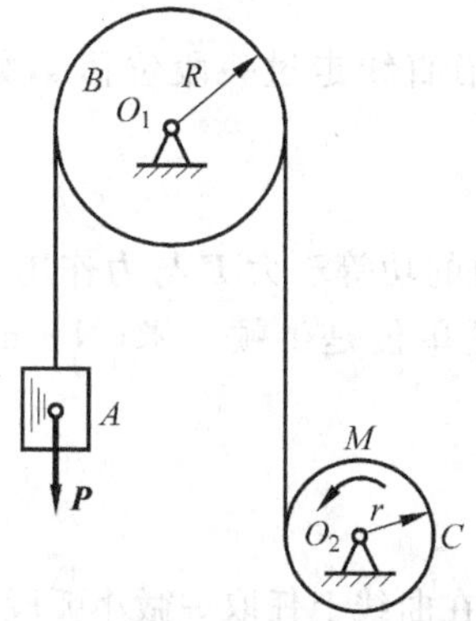

题 8-30 图

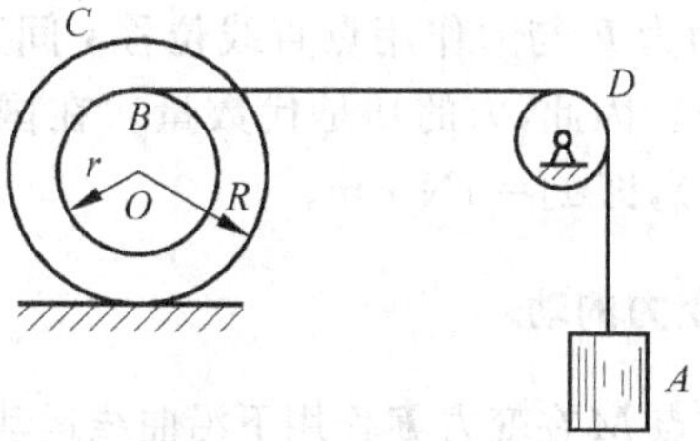

题 8-31 图

第9章 动能定理

能量是自然界中各种形式物质运动的度量。物体作机械运动时所具有的能量称为机械能,包括动能和势能。能量转换与功之间的关系是自然界中各种形式物质运动相互转化的普遍规律。在机械运动中则表现为动能定理。

动量原理基于动量的角度,从一个侧面揭示了质点系的机械运动规律,但非全貌。不同于动量原理,动能定理则是从能量的角度度量质点系的机械运动,研究质点系动能改变与作用在质点系上的力的功之间的关系。由动能定理建立的数学模型最终仅为一个标量方程,不仅计算简便,而且物理概念明确。因此,有些时候用动能定理解决工程实际中的质点系动力学问题更为方便有效,且更具有广泛意义。

本章将介绍力的功、动能和势能等重要概念,推导动能定理和机械能守恒定律。

9.1 力的功和功率

物体受力的作用引起运动状态的变化,不仅取决于力的大小和方向,而且与物体在力作用下经过的路程有关。为此,引入力的功这个物理量,表示力在一段路程上的累积效应。

1. 常力的功

设质点 M 在常力 $\boldsymbol{F}$(力的大小和方向都不变)作用下沿直线走过一段位移 $\boldsymbol{s}$,如图 9-1 所示,力 $\boldsymbol{F}$ 在这段位移上所做的功为

$$W = \boldsymbol{F} \cdot \boldsymbol{s} = Fs\cos\theta \tag{9-1}$$

式中,θ 为力 $\boldsymbol{F}$ 与力作用点直线位移 $\boldsymbol{s}$ 间正向的夹角。即力的功等于力 $\boldsymbol{F}$ 与力作用点位移 $\boldsymbol{s}$ 的数量积。因此,力的功是代数量。在国际单位制中,功的单位是牛顿·米(N·m),也称为焦耳(J),即 1J=1N·m。

2. 变力的功

设质点 M 在变力 $\boldsymbol{F}$ 作用下沿曲线运动,如图 9-2 所示。在曲线上任取一微小弧段 ds,对应的位移为 d$\boldsymbol{r}$,在微小弧段 ds 上力 $\boldsymbol{F}$ 可近似看作常力。力 $\boldsymbol{F}$ 在位移 d$\boldsymbol{r}$ 上所做的功称为元功,即

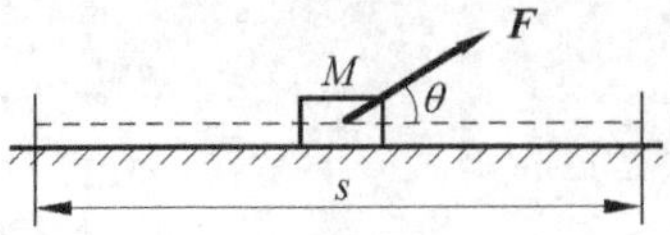

图 9-1

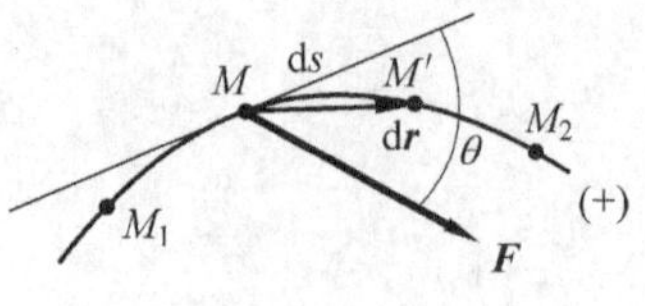

图 9-2

$$\delta W = \boldsymbol{F} \cdot \mathrm{d}\boldsymbol{r} = F \mathrm{d}s\cos\theta = F_\tau \mathrm{d}s \tag{9-2}$$

式中,θ 为力 $\boldsymbol{F}$ 与质点轨迹切向间正向的夹角。F_τ 是力 $\boldsymbol{F}$ 在质点轨迹切向上的投影。

引入力 $\boldsymbol{F}$ 及位移 $\mathrm{d}\boldsymbol{r}$ 在直角坐标系中的解析表达式,即

$$\left.\begin{aligned} \boldsymbol{F} &= X\boldsymbol{i} + Y\boldsymbol{j} + Z\boldsymbol{k} \\ \mathrm{d}\boldsymbol{r} &= \mathrm{d}x\boldsymbol{i} + \mathrm{d}y\boldsymbol{j} + \mathrm{d}z\boldsymbol{k} \end{aligned}\right\}$$

将其代入式(9-2),可得元功在直角坐标系中的解析表达式,即

$$\delta W = \boldsymbol{F} \cdot \mathrm{d}\boldsymbol{r} = X\mathrm{d}x + Y\mathrm{d}y + Z\mathrm{d}z \tag{9-3}$$

当质点 M 从位置 M_1 运动到位置 M_2,力 $\boldsymbol{F}$ 所做的总功为

$$W = \int_s \boldsymbol{F} \cdot \mathrm{d}\boldsymbol{r} = \int_s F \mathrm{d}s\cos\theta = \int_s F_\tau \mathrm{d}s \tag{9-4}$$

或

$$W = \int_{M_1}^{M_2} \boldsymbol{F} \cdot \mathrm{d}\boldsymbol{r} = \int_{M_1}^{M_2} X\mathrm{d}x + Y\mathrm{d}y + Z\mathrm{d}z \tag{9-5}$$

3. 几种常见力的功

1) 重力的功

设物体在运动时只受重力作用,重心轨迹如图 9-3 所示。重力 mg 在直角坐标系中的投影为

$$X=0, \quad Y=0, \quad Z=-mg$$

应用式(9-5),则重力的功为

$$W_{12} = \int_{z_1}^{z_2} -mg\mathrm{d}z = mg(z_1 - z_2) \tag{9-6}$$

上式表明:重力做功仅与重心在运动初始和终了位置的高度差$(z_1 - z_2)$有关,与运动轨迹的形状无关。物体运动过程中,重心下降,重力做正功,反之,重力做负功。

2) 弹性力的功

设质点受到弹性力的作用,作用点 A 的轨迹为图 9-4 所示的曲线 A_1A_2。设弹簧的自然长度(原长)为 l_0,求质点从 A_1 点运动到 A_2 点时,弹性力 $\boldsymbol{F}$ 所做的功。

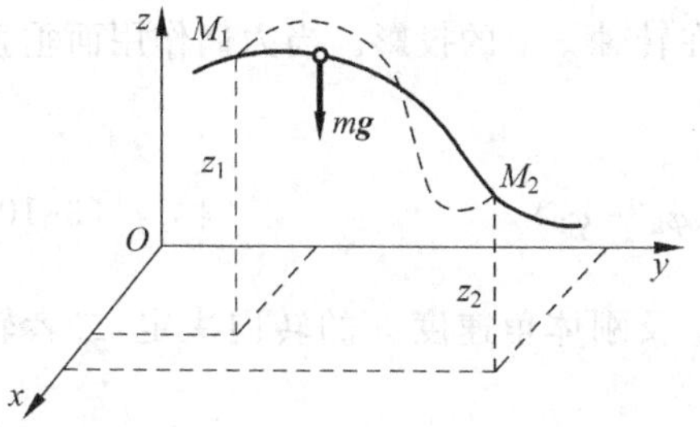

图 9-3

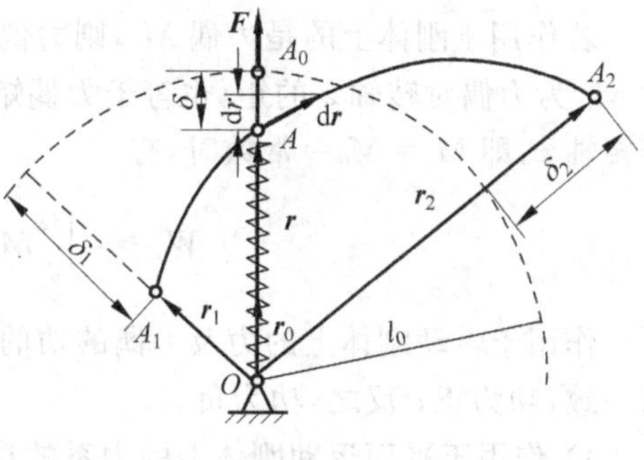

图 9-4

在弹簧的弹性极限内，弹性力的大小与其变形量 δ 成正比，即 $F=k\delta$。弹性力的方向总是沿弹簧中心线，指向该瞬时弹簧自然长度的末端(即弹簧不变形时，其自由端对应的位置 A_0)。比例常数 k 称为弹簧的刚度系数，在国际单位制中，k 的单位取牛顿/米(N/m)。

以点 O 为原点，设点 A 的位置矢径为 $\boldsymbol{r}$，沿矢径方向的单位矢量为 $\boldsymbol{r}_0$，则 $\boldsymbol{r}=r\boldsymbol{r}_0$。弹性力可表示为

$$\boldsymbol{F}=-k(r-l_0)\boldsymbol{r}_0$$

上式表明：当弹簧伸长时，$r>l_0$，力 $\boldsymbol{F}$ 与 $\boldsymbol{r}_0$ 的方向相反；当弹簧压缩时，$r<l_0$，力 $\boldsymbol{F}$ 与 $\boldsymbol{r}_0$ 的方向相同。应用式(9-4)，求得质点从 A_1 点运动到 A_2 点时，弹性力 $\boldsymbol{F}$ 所做的功为

$$W_{12}=\int_{A_1}^{A_2}\boldsymbol{F}\cdot\mathrm{d}\boldsymbol{r}=\int_{A_1}^{A_2}-k(r-l_0)\boldsymbol{r}_0\cdot\mathrm{d}\boldsymbol{r}$$

因为 $\boldsymbol{r}_0\cdot\mathrm{d}\boldsymbol{r}=\dfrac{\boldsymbol{r}\cdot\mathrm{d}\boldsymbol{r}}{r}=\dfrac{\mathrm{d}(\boldsymbol{r}\cdot\boldsymbol{r})}{2r}=\dfrac{\mathrm{d}(r^2)}{2r}=\mathrm{d}r$，所以

$$W_{12}=\int_{r_1}^{r_2}-k(r-l_0)\mathrm{d}r=\frac{k}{2}[(r_1-l_0)^2-(r_2-l_0)^2]=\frac{k}{2}(\delta_1^2-\delta_2^2) \tag{9-7}$$

上式表明：弹性力做功仅与弹簧在初始和终了位置的变形量 δ_1，δ_2 有关，与力作用点 A 的轨迹形状无关。弹性力做功的正负与弹簧的变形形式无关，当 $|\delta_1|>|\delta_2|$，弹性力做正功，反之，弹性力做负功。

3) 作用于转动刚体上的力及力偶的功

设刚体绕 z 轴转动，力 $\boldsymbol{F}$ 作用于刚体上的点 M，如图 9-5 所示。若刚体转动角度 $\mathrm{d}\varphi$，则 M 点的微小位移为 $\mathrm{d}s=r\mathrm{d}\varphi$。于是，刚体在定轴转动过程中，仅有力 $\boldsymbol{F}$ 的切向分量 $\boldsymbol{F}_\tau$ 做功，故其元功为

$$\delta W=F_\tau\mathrm{d}s=F_\tau r\mathrm{d}\varphi$$

式中，$F_\tau r=M_z(\boldsymbol{F})=M_z$，为力 $\boldsymbol{F}$ 对 z 轴的矩。所以

$$\delta W=M_z\mathrm{d}\varphi \tag{9-8}$$

当转动刚体在力 $\boldsymbol{F}$ 作用下由位置 φ_1 运动到位置 φ_2，则力 $\boldsymbol{F}$ 的总功

$$W_{12}=\int_{\varphi_1}^{\varphi_2}M_z\mathrm{d}\varphi \tag{9-9}$$

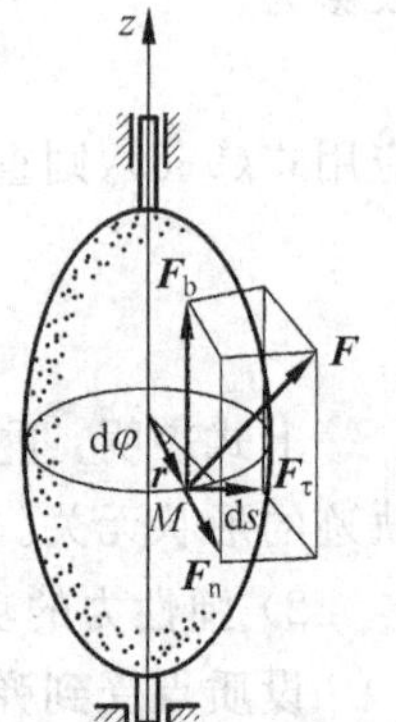

图 9-5

若作用于刚体上的是力偶 M_0，则力偶所做的功仍可用上式计算，这时 M_z 为力偶对转轴 z 的矩，也等于力偶矩矢量 $\boldsymbol{M}_0$ 在转轴 z 上的投影。当力偶作用面垂直于转轴 z，即 $M_z=M_0=$常数时，有

$$W_{12}=\int_{\varphi_1}^{\varphi_2}M_0\mathrm{d}\varphi=M_0(\varphi_2-\varphi_1) \tag{9-10}$$

作用于转动刚体上的力及力偶的功的正负由 M_z 及刚体角速度 ω 的转向决定，二者转向一致，功为正；反之，功为负。

4) 作用于平面运动刚体上的力系的功

设平面运动刚体受多个力作用。取刚体的质心 C 为基点，当刚体有无限小位移时，任

一力 $\boldsymbol{F}_i$ 作用点 i 的位移为

$$\mathrm{d}\boldsymbol{r}_i=\mathrm{d}\boldsymbol{r}_C+\mathrm{d}\boldsymbol{r}_{iC}$$

式中，$\mathrm{d}\boldsymbol{r}_C$ 为质心 C 的无限小位移，$\mathrm{d}\boldsymbol{r}_{iC}$ 为点 i 绕质心 C 的无限小转动位移，如图 9-6 所示。力 $\boldsymbol{F}_i$ 在其作用点 i 的位移上所做元功为

$$\delta W_i=\boldsymbol{F}_i\cdot\mathrm{d}\boldsymbol{r}_i=\boldsymbol{F}_i\cdot\mathrm{d}\boldsymbol{r}_C+\boldsymbol{F}_i\cdot\mathrm{d}\boldsymbol{r}_{iC}$$

若刚体无限小转角为 $\mathrm{d}\varphi$，则刚体的转动位移 $\mathrm{d}\boldsymbol{r}_{iC}\perp\boldsymbol{r}_{iC}$，其大小为 $\mathrm{d}r_{iC}=r_{iC}\mathrm{d}\varphi$。因此，上式右边第二项为

$$\boldsymbol{F}_i\cdot\mathrm{d}\boldsymbol{r}_{iC}=F_i\cos\theta r_{iC}\mathrm{d}\varphi=M_C(\boldsymbol{F}_i)\mathrm{d}\varphi$$

式中，θ 为力 $\boldsymbol{F}_i$ 与转动位移 $\mathrm{d}\boldsymbol{r}_{iC}$ 间的夹角，$M_C(\boldsymbol{F}_i)$ 为力 $\boldsymbol{F}_i$ 对质心 C 的矩。

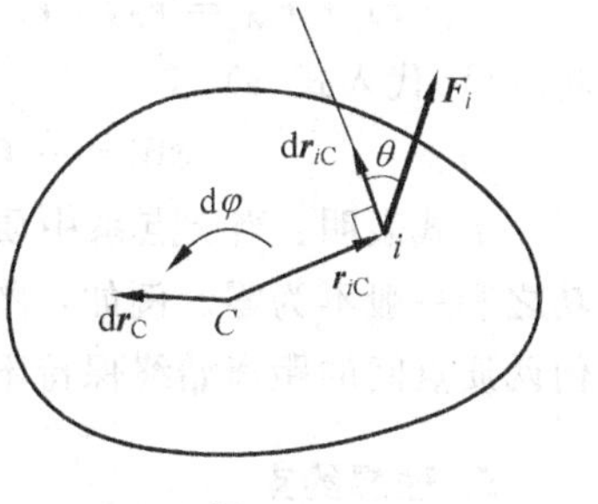

图　9-6

力系全部力所做元功之和为

$$\delta W=\sum\delta W_i=\sum\boldsymbol{F}_i\cdot\mathrm{d}\boldsymbol{r}_C+\sum M_C(\boldsymbol{F}_i)\mathrm{d}\varphi=\boldsymbol{F}'_R\cdot\mathrm{d}\boldsymbol{r}_C+M_C\mathrm{d}\varphi \tag{9-11}$$

式中，$\boldsymbol{F}'_R$为力系主矢，M_C 为力系对质心 C 的主矩。刚体质心 C 由 C_1 移到 C_2，同时刚体又由 φ_1 转到 φ_2 角度时，力系所做的功为

$$W_{12}=\int_{C_1}^{C_2}\boldsymbol{F}'_R\cdot\mathrm{d}\boldsymbol{r}_C+\int_{\varphi_1}^{\varphi_2}M_C\mathrm{d}\varphi \tag{9-12}$$

上式表明：平面运动刚体上力系的功等于力系向质心简化所得的力和力偶做功之和。这个结论也适用于作一般运动的刚体，基点也可以是刚体上的任意一点。

5）滑动摩擦力的功

设物体沿粗糙轨道从位置 M_1 运动到位置 M_2，如图 9-7(a)所示。运动过程中受到的动摩擦力 $\boldsymbol{F}_\mathrm{d}$ 方向始终与物体滑动方向相反，所以动滑动摩擦力的功恒为负值，且与物体的运动路径有关。

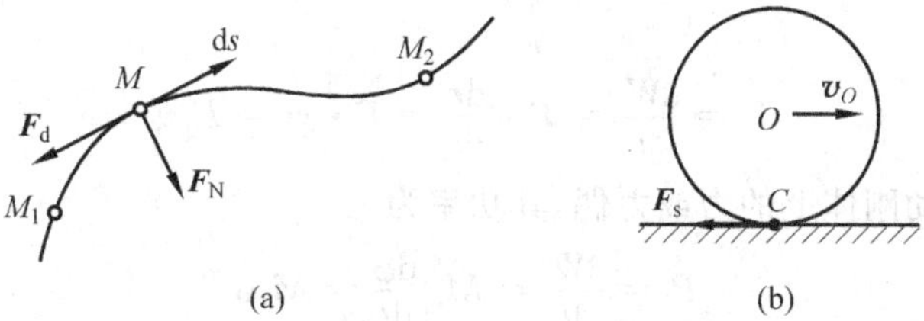

图　9-7

当物体沿固定面纯滚动时，例如图 9-7(b)所示的纯滚动圆轮，它与地面间没有相对滑动，其滑动摩擦力为静滑动摩擦力 $\boldsymbol{F}_\mathrm{s}$。圆轮纯滚动时，轮与地面的接触点 C 是圆轮在此瞬时的速度瞬心，即 $v_C=0$，由式(9-2)得

$$\delta W=\boldsymbol{F}_\mathrm{s}\cdot\mathrm{d}\boldsymbol{r}_C=\boldsymbol{F}_\mathrm{s}\cdot\boldsymbol{v}_C\mathrm{d}t=0$$

即圆轮沿固定轨道滚动而无滑动时，静滑动摩擦力不做功。

4. 质点系内力的功

设质点系中两质点间的内力 $\boldsymbol{F}_A=-\boldsymbol{F}_B$，如图 9-8 所示。

内力元功之和为

$$\begin{aligned}\delta W &= \boldsymbol{F}_A \cdot \mathrm{d}\boldsymbol{r}_A + \boldsymbol{F}_B \cdot \mathrm{d}\boldsymbol{r}_B \\ &= \boldsymbol{F}_A \cdot \mathrm{d}\boldsymbol{r}_A - \boldsymbol{F}_A \cdot \mathrm{d}\boldsymbol{r}_B = \boldsymbol{F}_A \cdot \mathrm{d}(\boldsymbol{r}_A - \boldsymbol{r}_B) \qquad \text{(a)}\end{aligned}$$

$$\boldsymbol{r}_A + \boldsymbol{r}_{BA} = \boldsymbol{r}_B, \quad \boldsymbol{r}_A - \boldsymbol{r}_B = -\boldsymbol{r}_{BA} \qquad \text{(b)}$$

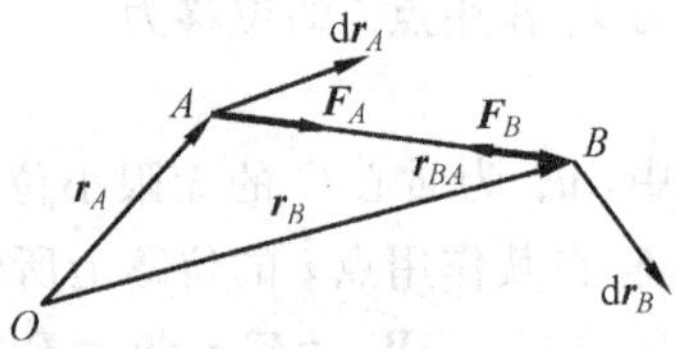

图 9-8

将式(b)代入式(a),得

$$\delta W = -\boldsymbol{F}_A \cdot \mathrm{d}\boldsymbol{r}_{BA} \qquad (9\text{-}13)$$

上式表明：当质点系中质点间的距离可变化时,内力功之和一般不为零。例如：弹簧内力、发动机气缸内气体压力做的功等。但对刚体而言,任何两质点间的距离始终保持不变,所以刚体内力的元功之和恒等于零。

5. 理想约束

约束反力做功等于零或约束反力做功之和为零的约束,称为理想约束。

对于光滑接触面、滚动支座以及一端固定的理想柔性约束等,因其约束反力都垂直于力作用点的位移,约束反力做功为零；而固定铰支座、固定端约束等,则因其力作用点没有位移,使得约束反力不做功。这些约束通常是理想外约束。

光滑圆柱型铰链、刚性连杆以及不可伸长的柔索等约束作为系统的内约束时,其中单个约束反力不一定不做功,但一对约束反力做功之和一定等于零。因此,这些约束通常是理想内约束。

6. 功率

在工程实际中,不仅要知道力做了多少功,而且还要知道在单位时间内做了多少功。单位时间内,力所做的功称为功率。它是衡量机器工作能力的一个重要指标。

设在 dt 时间内,某力的元功为 δW,则此力的功率为 $P=\dfrac{\delta W}{\mathrm{d}t}$。考虑到 $\delta W=\boldsymbol{F}\cdot\mathrm{d}\boldsymbol{r}$,于是有

$$P = \frac{\delta W}{\mathrm{d}t} = \boldsymbol{F} \cdot \frac{\mathrm{d}\boldsymbol{r}}{\mathrm{d}t} = \boldsymbol{F} \cdot \boldsymbol{v} = F_\tau v \qquad (9\text{-}14)$$

对于作用于转动刚体上的力或力偶,其功率为

$$P = \frac{\delta W}{\mathrm{d}t} = M_z \frac{\mathrm{d}\varphi}{\mathrm{d}t} = M_z \omega \qquad (9\text{-}15)$$

式中,M_z 是力对转轴的矩,ω 是刚体转动的角速度。

功率和功一样,也是代数量。在国际单位制中,功率的单位是瓦特(W),1 瓦特=1 焦耳/秒(J/s),瓦特的 1 000 倍称为千瓦(kW)。

机器工作时,必须输入功率。输入的功率中,一部分用于克服摩擦力之类的阻力而损耗掉,只有一部分作为输出,成为做功的有效功率。输出功率与输入功率之比称为机械效率。若用 η 表示机械效率,则有

$$\eta = \frac{P_{\text{输出}}}{P_{\text{输入}}} \qquad (9\text{-}16)$$

由于摩擦不可避免,故机械效率 η 值总是小于 1,机械效率越接近于 1,机器的损耗功率也越小。因此,机械效率表明机器对输入功率的有效利用程度,它是衡量机器性能的又一重

要指标。

例 9-1　如图 9-9(a)所示，重量为 Q，半径为 R 的卷筒 B 上，作用一变力偶 $M=c\varphi$，其中 c 为常数，φ 为卷筒的转角。缠绕在卷筒上的绳索的引出部分与斜面平行，并与重量为 P 的物块 A 相连，斜面光滑，倾角为 θ，其上放一刚度系数为 k 的弹簧，弹簧的下端固定，上端与物块 A 相连。若卷筒的转角 $\varphi=0$ 时，绳索对物块的拉力为零，物块处于平衡状态，则当卷筒转过任意角度 φ 时，作用于系统的所有力做的功为多少？

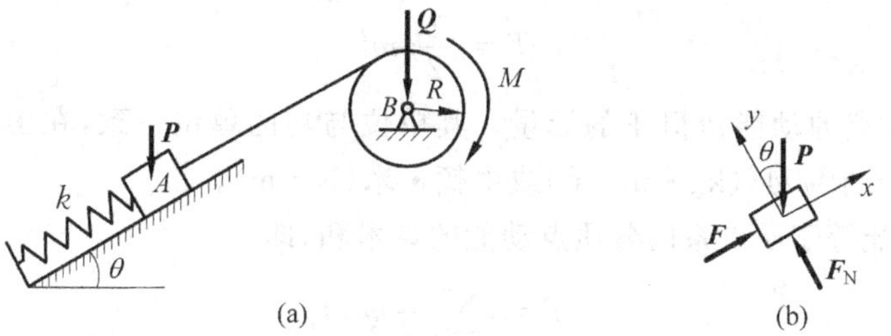

图　9-9

解　取物块 A 为研究对象，当 $\varphi=0$ 时，绳索对物块 A 的拉力为零，物块 A 处于平衡状态，其受力如图 9-9(b)所示，由静平衡条件得

$$\sum X=0,\quad F-P\sin\theta=0$$

将 $F=k\delta_1$ 代入上式，得弹簧的变形量

$$\delta_1=\frac{P}{k}\sin\theta\quad\text{（弹簧压缩变形）}$$

再取整个系统为研究对象，当卷筒转过任意角度 φ 时，物块 A 由静平衡位置向上滑移的距离为 $R\varphi$，此时弹簧的变形量 δ_2 和物块 A 上升的高度 h 分别为

$$\delta_2=R\varphi-\delta_1=R\varphi-\frac{P}{k}\sin\theta,\quad h=R\varphi\sin\theta$$

作用于系统上的重力 $\boldsymbol{P}$，弹性力 $\boldsymbol{F}$ 和力偶 M 的功分别为

$$W_P=-Ph=-PR\varphi\sin\theta$$

$$W_F=\frac{k}{2}(\delta_1^2-\delta_2^2)=PR\varphi\sin\theta-\frac{k}{2}R^2\varphi^2$$

$$W_M=\int_0^\varphi M\mathrm{d}\varphi=\int_0^\varphi c\varphi\mathrm{d}\varphi=\frac{1}{2}c\varphi^2$$

系统运动过程中，全部约束反力及卷筒的重力 $\boldsymbol{Q}$ 均不做功，故作用于系统的所有力的总功为

$$W_\varphi=W_P+W_F+W_M=\frac{1}{2}(c-kR^2)\varphi^2$$

9.2 动能

动能是度量物体机械运动的一个物理量，它描述物体运动时所具有的做功的能力。

1. 质点和质点系的动能

设质点的质量为 m，某瞬时速度为 $\boldsymbol{v}$，则该瞬时质点的动能定义为

$$T=\frac{1}{2}mv^2 \tag{9-17}$$

任一瞬时，质点的动能是恒正的标量。其单位与功的单位一致，在国际单位制中为焦耳(J)，亦即千克·米^2/秒^2($kg\cdot m^2/s^2$)或牛顿·米(N·m)。

质点系的动能等于质点系内各质点动能的算术和，即

$$T=\sum\frac{1}{2}m_iv_i^2 \tag{9-18}$$

式中，m_i，v_i 分别是质点系中任一质点的质量和速度。

2. 刚体的动能

刚体作不同形式的运动时，其上各质点的速度分布规律不同。因此，刚体的动能应按照刚体的运动形式写出具体的表达式。

1) 平动刚体的动能

根据刚体平动时的特点，其上各点的速度均相同。所以，同一瞬时其上各点的速度都等于刚体质心 C 的速度 v_C，从而得到刚体平动时的动能

$$T=\sum\frac{1}{2}m_iv_i^2=\frac{1}{2}mv_C^2 \tag{9-19}$$

式中，$m=\sum m_i$ 是刚体的质量。

由此可知，平动刚体的动能等于刚体的质量与质心速度平方乘积的一半。也可以把整个刚体视为质量集中于质心的一个质点，平动刚体的动能就等于该质点的动能。

2) 定轴转动刚体的动能

设刚体绕定轴 z 转动，某瞬时角速度为 ω，则刚体上任一点的质量为 m_i，相应的速度为 $v_i=r_i\omega$，如图 9-10 所示。定轴转动刚体的动能为

$$T=\sum\frac{1}{2}m_iv_i^2=\frac{1}{2}\left(\sum m_ir_i^2\right)\omega^2=\frac{1}{2}J_z\omega^2 \tag{9-20}$$

式中，$J_z=\sum m_ir_i^2$ 是刚体对定轴 z 的转动惯量。即定轴转动刚体的动能等于刚体对转轴的转动惯量与其角速度平方乘积的一半。

3) 平面运动刚体的动能

刚体作平面运动时，可视为绕速度瞬心 P 的瞬时转动，如图 9-11 所示。故平面运动刚体的动能为

$$T=\frac{1}{2}J_P\omega^2 \tag{9-21}$$

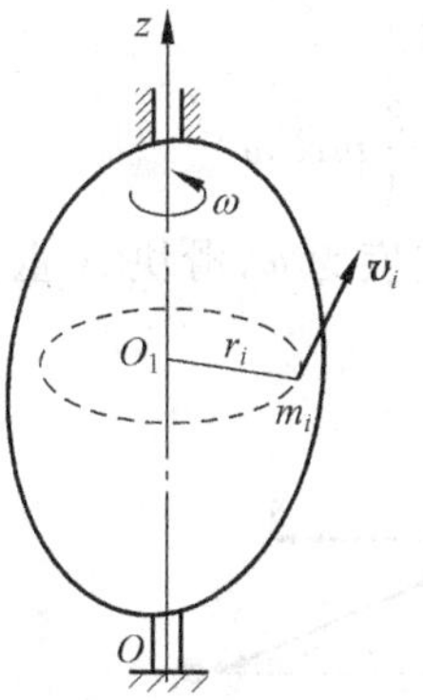

图 9-10

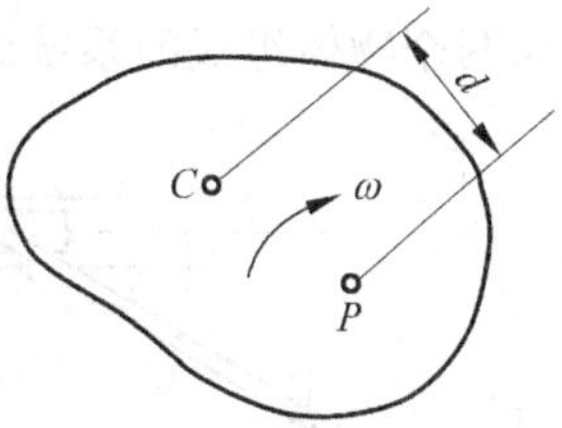

图 9-11

式中，J_P 是刚体对速度瞬心轴 P 的转动惯量，ω 是刚体的角速度。

由于速度瞬心 P 的位置不断变化，所以 J_P 也在不断变化。为了便于计算，可将上式写成另一种形式。取通过刚体质心 C，并与速度瞬心轴平行的转轴，刚体对速度瞬心轴的转动惯量 J_P 可由转动惯量的平行轴定理求得，即

$$J_P = J_C + md^2$$

代入式(9-21)，得

$$T = \frac{1}{2}J_P\omega^2 = \frac{1}{2}(J_C + md^2)\omega^2 = \frac{1}{2}J_C\omega^2 + \frac{1}{2}md^2\omega^2$$

由运动学知，$v_C = d\omega$，上式可改写为

$$T = \frac{1}{2}mv_C^2 + \frac{1}{2}J_C\omega^2 \tag{9-22}$$

即平面运动刚体的动能等于刚体随质心平动的动能与刚体绕质心转动的动能之和。

例 9-2 求下列各物体或物体系统的动能。

(1) 在图 9-12 中，已知 $OA /\!/ O_1B$，$\overline{OA} = \overline{O_1B} = r$，三角板 GDE 的质量为 m，OA 杆转动的角速度为 ω，求三角板 GDE 的动能。

解 三角板 GDE 的运动为平动，故由式(9-19)得其动能为

$$T = \frac{1}{2}mv_C^2 = \frac{1}{2}m(r\omega)^2 = \frac{1}{2}mr^2\omega^2$$

(2) 已知均质圆盘的半径为 R，质量为 m，绕 O 轴转动的角速度为 ω，如图 9-13 所示。求圆盘的动能。

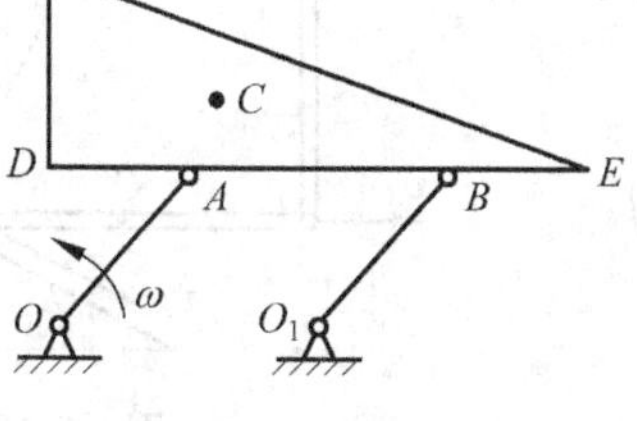

图 9-12

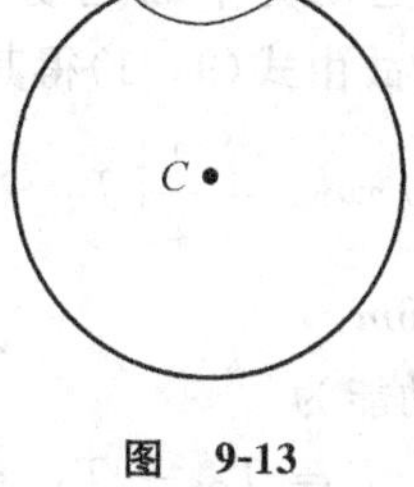

图 9-13

解 圆盘的运动为定轴转动,故由式(9-20)得其动能为

$$T=\frac{1}{2}J_O\omega^2=\frac{1}{2}\left(\frac{1}{2}mR^2+mR^2\right)\omega^2=\frac{3}{4}mR^2\omega^2$$

(3) 如图9-14(a)所示,均质杆AB长为l,重为P,角速度为ω,滑块A重为Q,速度为v,角$\varphi=30°$,求两个物体组成的系统的动能。

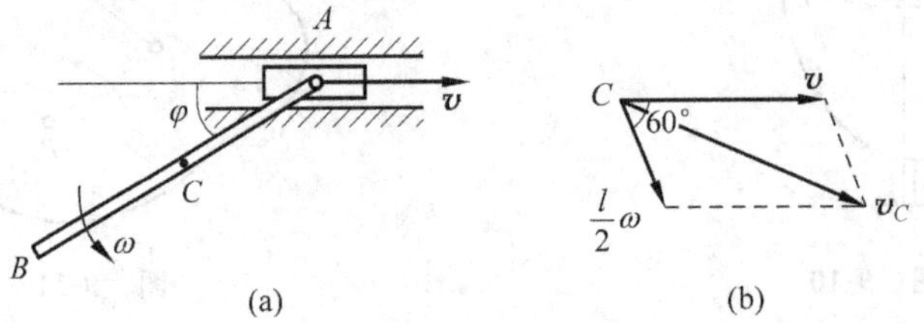

图 9-14

解 滑块A简化为一个质点(或刚体),其运动为直线运动(或平动),故由式(9-17)或式(9-19)得其动能为

$$T_A=\frac{1}{2}\frac{Q}{g}v^2$$

杆AB的运动为平面运动,其质心速度可由基点法求得(如图9-14(b)所示),故由式(9-22)得其动能为

$$\begin{aligned}T_{AB}&=\frac{P}{2g}v_C^2+\frac{1}{2}J_C\omega^2=\frac{P}{2g}\left[v^2+\left(\frac{l\omega}{2}\right)^2-2v\frac{l\omega}{2}\cos120°\right]+\frac{1}{2}\times\frac{Pl^2}{12g}\omega^2\\&=\frac{P}{2g}v^2+\frac{P}{6g}l^2\omega^2+\frac{Pl}{4g}v\omega\end{aligned}$$

于是,两个物体组成的系统的动能为

$$T=T_A+T_{AB}=\frac{Q}{2g}v^2+\frac{P}{2g}v^2+\frac{P}{6g}l^2\omega^2+\frac{Pl}{4g}v\omega$$

(4) 如图9-15所示,均质杆AB长为40cm,其端点B沿与水平面成$\varphi=30°$夹角的平面运动,而端点A沿半径$\overline{OA}=60$cm的圆弧运动。已知均质杆OA和杆AB的质量分别为m和$2m$,当杆AB水平时,$OA\perp AB$,杆OA转动的角速度为$\omega=2$rad/s,求此时系统的动能(质量的单位为kg)。

解 杆OA的运动为定轴转动,故由式(9-20)得其动能为

$$T_{OA}=\frac{1}{2}J_O\omega^2=\frac{1}{2}\times\frac{1}{3}m(\overline{OA})^2\omega^2=0.24m$$

杆AB的运动为平面运动,其速度瞬心为点P(如图9-15所示),故由式(9-21)得其动能为

$$\begin{aligned}T_{AB}&=\frac{1}{2}J_P\omega_{AB}^2=\frac{1}{2}[J_C+2m(\overline{CP})^2]\left(\frac{v_A}{AP}\right)^2\\&=1.6m\end{aligned}$$

此时,系统的动能为

$$T=T_{OA}+T_{AB}=1.84m$$

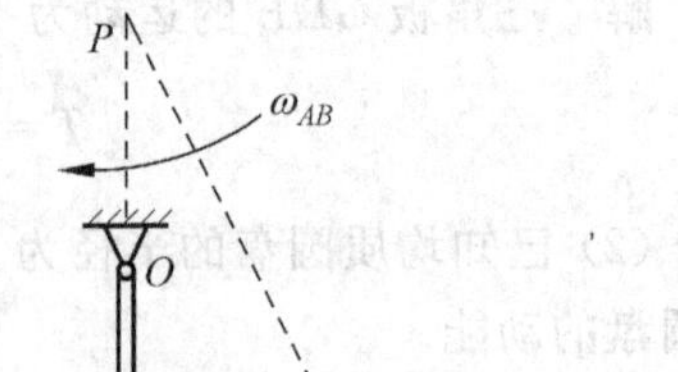

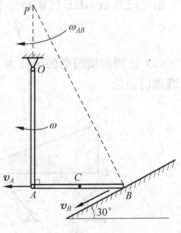

图 9-15

9.3　动能定理

动能定理研究作用于物体上的力的功和物体动能改变之间的关系。

1. 动能定理

设质点系中任一质点 i 的质量为 m_i，速度为 $\boldsymbol{v}_i$，作用于该质点的力为 $\boldsymbol{F}_i$，由质点动力学基本方程得

$$m_i \frac{\mathrm{d}\boldsymbol{v}_i}{\mathrm{d}t}=\boldsymbol{F}_i$$

上式两边分别点乘 $\mathrm{d}\boldsymbol{r}_i$，得 $m_i \boldsymbol{v}_i \cdot \mathrm{d}\boldsymbol{v}_i=\boldsymbol{F}_i \cdot \mathrm{d}\boldsymbol{r}_i$
即

$$\mathrm{d}\left(\frac{1}{2}m_i v_i^2\right)=\delta W_i$$

每个质点都可以写出这样一个方程，将这些方程叠加，得

$$\sum \mathrm{d}\left(\frac{1}{2}m_i v_i^2\right)=\sum \delta W_i$$

也可表示为

$$\mathrm{d}\left(\sum \frac{1}{2}m_i v_i^2\right)=\sum \delta W_i$$

式中 $\sum \frac{1}{2}m_i v_i^2$ 为整个质点系的动能 T，于是

$$\mathrm{d}T=\sum \delta W_i \tag{9-23}$$

上式为质点系动能定理的微分形式，它表明：质点系动能的微小增量等于作用于质点系的力的元功之和。

对式(9-23)积分，得

$$T_2-T_1=\sum W_i \tag{9-24}$$

上式为质点系动能定理的积分形式，它表明：在某一运动过程中，质点系动能在运动初末位置的改变量等于作用于质点系的力在此运动过程中所做功之和。

若将作用于质点系的力分为主动力和约束反力，则式(9-24)中的 $\sum W_i$ 应包括所有的主动力和约束反力的功。但对于理想约束系统，由于约束反力不做功，或做功之和为零，应用动能定理时，只需计算作用于质点系的主动力的功。

对于一般的质点系，由于内力做功之和不一定等于零，应用动能定理时，应计算作用于质点系上的所有内力和外力的功。但对于刚体而言，由于内力功之和为零，应用动能定理时，只需计算作用于刚体上的外力的功。

2. 功率方程

将质点系动能定理微分形式的表达式(9-23)两边同除时间 $\mathrm{d}t$，得

$$\frac{\mathrm{d}T}{\mathrm{d}t}=\sum \frac{\delta W_i}{\mathrm{d}t}=\sum P_i \tag{9-25}$$

上式称为功率方程。它表明：质点系动能随时间的变化率，等于作用于质点系的所有力的功率的代数和。

功率方程常用于研究机器工作时能量的变化和转化问题。机器工作时，必须输入一定的功率，称为输入功率($P_入$)；机器对外输出的功率，如机床加工零件时付出的功率，称为有用功率或输出功率($P_有$)；机器自身运行所消耗的功率，如克服摩擦力消耗的功率、机器传动部件碰撞损耗的功率，称为无用功率或损耗功率($P_无$)。因此，常将式(9-25)改写为

$$\frac{\mathrm{d}T}{\mathrm{d}t}=P_入-P_有-P_无 \tag{9-26}$$

或

$$P_入=\frac{\mathrm{d}T}{\mathrm{d}t}+P_有+P_无 \tag{9-27}$$

上式常称为机器的功率方程。它表明：系统的输入功率等于有用功率、无用功率与系统动能变化率之和。

一般来说，机器的运转都有三个阶段：启动阶段、正常稳定运行阶段和制动阶段。启动时，速度逐渐增加，即$\frac{\mathrm{d}T}{\mathrm{d}t}>0$，这时必须 $P_入>P_有+P_无$；正常稳定运行时，一般是匀速的，即$\frac{\mathrm{d}T}{\mathrm{d}t}=0$，此时 $P_入=P_有+P_无$；刹车制动时，机器作减速运动，即$\frac{\mathrm{d}T}{\mathrm{d}t}<0$，这时 $P_入<P_有+P_无$；停车时，$P_入=0$，若机器停止对外工作，$P_有=0$，$\frac{\mathrm{d}T}{\mathrm{d}t}<0$，机器受到无用阻力的作用而逐渐停止运转。

例 9-3 如图 9-16(a)所示，鼓轮重 W，半径为 R，轮轴的半径为 r，鼓轮对质心轴 O 的回转半径为 ρ，且 $\rho^2=Rr$。鼓轮在与斜面平行的拉力 $\boldsymbol{P}$ 作用下，沿倾角为 θ 的粗糙斜面往上滚动而不滑动，不计滚动摩阻。试求质心 O 的加速度。

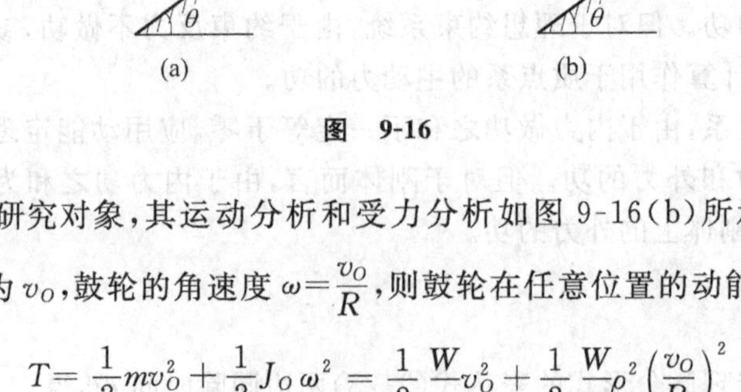

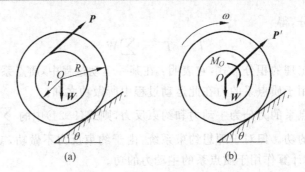

图 9-16

解 取鼓轮为研究对象，其运动分析和受力分析如图 9-16(b)所示，设鼓轮运动过程中，质心 O 的速度为 v_O，鼓轮的角速度 $\omega=\frac{v_O}{R}$，则鼓轮在任意位置的动能为

$$T=\frac{1}{2}mv_O^2+\frac{1}{2}J_O\omega^2=\frac{1}{2}\frac{W}{g}v_O^2+\frac{1}{2}\frac{W}{g}\rho^2\left(\frac{v_O}{R}\right)^2$$

$$=\frac{1}{2}\frac{W}{g}v_O^2+\frac{1}{2}\frac{W}{g}Rr\left(\frac{v_O}{R}\right)^2=\frac{1}{2}\frac{W}{g}v_O^2\left(1+\frac{r}{R}\right)$$

鼓轮运动过程中，轮与斜面接触处的静摩擦力和支持力均不做功。将力 $\boldsymbol{P}$ 向质心 O 平移，得一个力 $\boldsymbol{P}'=\boldsymbol{P}$ 及一个力偶 $M_O=Pr$(如图 9-16(b)所示)，则主动力的元功之和为

$$\sum\delta W_i=P\mathrm{d}s+M_O\frac{\mathrm{d}s}{R}-W\mathrm{d}s\sin\theta=\left(P+P\frac{r}{R}-W\sin\theta\right)\mathrm{d}s$$

由动能定理微分形式的表达式(9-23)列方程，得

$$\frac{W}{g}v_O\left(1+\frac{r}{R}\right)\mathrm{d}v_O=\left(P+P\frac{r}{R}-W\sin\theta\right)\mathrm{d}s$$

考虑到 $\mathrm{d}v_O=a_O\mathrm{d}t$，$\mathrm{d}s=v_O\mathrm{d}t$，代入上式，整理得

$$\frac{W}{g}a_O\left(1+\frac{r}{R}\right)=P+P\frac{r}{R}-W\sin\theta$$

解方程，得

$$a_O=\frac{PR+Pr-WR\sin\theta}{(R+r)W}g$$

例 9-4　不可伸长的绳子，绕过半径为 r 的均质滑轮 B，一端悬挂物体 A，另一端连接于放在光滑水平面上的物块 C，物块 C 又与一端固定于墙壁的弹簧相连，如图 9-17(a)所示。已知物体 A 重 P，滑轮 B 重 Q，物块 C 重 W，弹簧的刚度系数为 k，绳子与滑轮之间无滑动。设系统原来静止于平衡位置，现给物体 A 向下的速度 v_0，求物体 A 下降一段距离 h 时的速度。滑轮转轴处的摩擦不计。

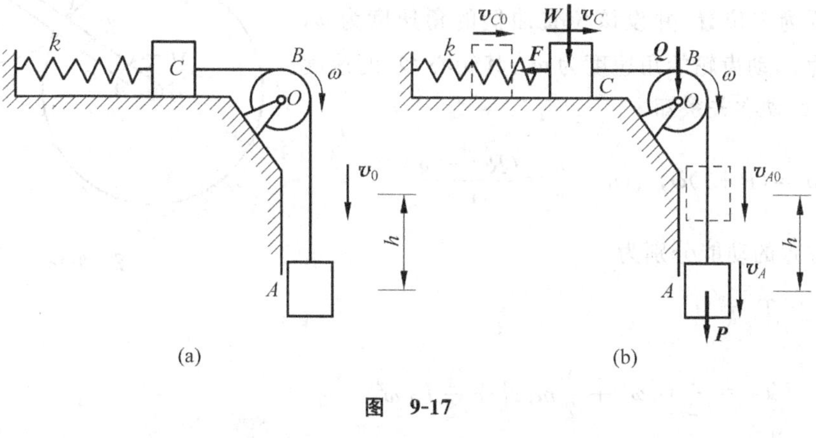

图　9-17

解　取整个系统为研究对象，其运动分析和受力分析如图 9-17(b)所示。

因为绳子不可伸长，开始时物体 A 的速度为 v_0，物块 C 的速度为 $v_{C0}=v_{A0}=v_0$，滑轮 B 的角速度为 $\omega_0=\dfrac{v_0}{r}$；又设物体 A 下降 h 时的速度为 v，这时物块 C 的速度为 $v_C=v$，滑轮 B 的角速度为 $\omega=\dfrac{v}{r}$。则系统在这两个位置处的动能分别为

$$T_1=\frac{P}{2g}v_0^2+\frac{1}{2}\frac{Qr^2}{2g}\frac{v_0^2}{r^2}+\frac{W}{2g}v_0^2=\frac{v_0^2}{4g}(2P+Q+2W)$$

$$T_2=\frac{P}{2g}v^2+\frac{1}{2}\frac{Qr^2}{2g}\frac{v^2}{r^2}+\frac{W}{2g}v^2=\frac{v^2}{4g}(2P+Q+2W)$$

系统在运动过程中，只有弹性力 $\boldsymbol{F}$ 和重力 $\boldsymbol{P}$ 做功，其功之和为

$$W_{12}=Ph+\frac{k}{2}[\delta_0^2-(\delta_0+h)^2]$$

式中，δ_0 为弹簧在开始位置的静伸长量，可由静平衡方程 $k\delta_0=P$ 求得，从而

$$W_{12}=Ph-\frac{k}{2}(2\delta_0 h+h^2)=-\frac{k}{2}h^2$$

由动能定理积分形式的表达式(9-24)列方程，得

$$\frac{2P+Q+2W}{4g}(v^2-v_0^2)=-\frac{k}{2}h^2$$

解方程，得

$$v=\sqrt{v_0^2-2kgh^2/(2P+Q+2W)}$$

例 9-5 行星齿轮传动机构放在水平面内，如图 9-18 所示。已知动齿轮半径为 r，质量为 m_1，可视为均质圆盘；曲柄 OO_1，质量为 m_2，可视为均质细杆，定齿轮半径为 R。在曲柄上作用一不变的力偶，其矩为 M，使机构由静止开始运动。求曲柄转过 φ 角后的角速度和角加速度(动齿轮相对定齿轮作纯滚动)。

解 取动齿轮和曲柄组成的系统为研究对象，其运动分析和受力分析如图 9-18 所示。

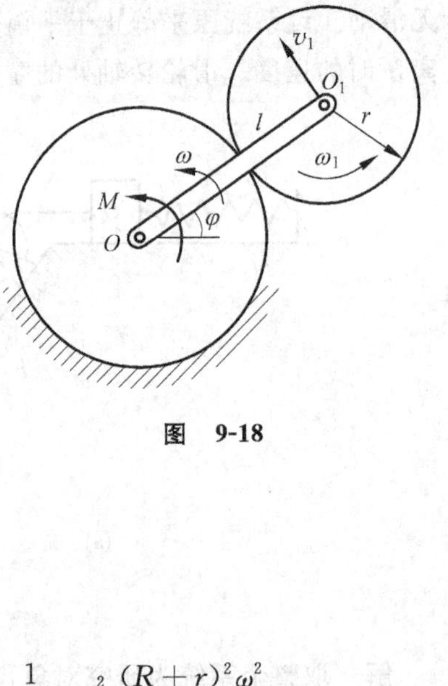

图 9-18

取系统静止的位置为初位置，曲柄转过 φ 角时系统对应的位置为末位置，并设该位置曲柄的角速度为 ω，角加速度为 α，动齿轮的角速度为 ω_1，其轮心 O_1 的速度为 v_1，则由运动学关系知

$$v_1=(R+r)\omega,\quad \omega_1=\frac{v_1}{r}=\frac{(R+r)\omega}{r}$$

系统在两位置的动能分别为

$$T_1=0,$$

$$\begin{aligned}T_2&=\frac{1}{2}J_O\omega^2+\frac{1}{2}m_1v_1^2+\frac{1}{2}J_{O_1}\omega_1^2\\&=\frac{1}{6}m_2(R+r)^2\omega^2+\frac{1}{2}m_1(R+r)^2\omega^2+\frac{1}{4}m_1r^2\frac{(R+r)^2\omega^2}{r^2}\\&=\frac{9m_1+2m_2}{12}(R+r)^2\omega^2\end{aligned}$$

系统在运动过程中，只有力偶 M 做功，其功为

$$W_{12}=M\varphi$$

由动能定理积分形式的表达式(9-24)列方程，得

$$\frac{9m_1+2m_2}{12}(R+r)^2\omega^2 = M\varphi \tag{1}$$

解方程，得

$$\omega=\frac{1}{R+r}\sqrt{\frac{12M\varphi}{9m_1+2m_2}}$$

将式(1)两端对时间 t 同时求一阶导数，得

$$\frac{9m_1+2m_2}{6}(R+r)^2\omega\alpha=M\omega$$

解方程，得

$$\alpha=\frac{6M}{(9m_1+2m_2)(R+r)^2}$$

例 9-6　图 9-19 所示系统中，滚子 A、滑轮 B 均质，重量和半径均为 P_1 及 r，滚子沿倾角为 α 的斜面向下滚动而不滑动，借跨过滑轮 B 的不可伸长的绳索提升重量为 P 的物体，同时带动滑轮 B 绕轴 O 转动，求滚子质心 C 的加速度 a_C。

解　取整个系统为研究对象，应用动能定理的两种形式分别求解。

解法一　用动能定理的微分形式求加速度。

系统在运动过程中，任意位置的动能为

$$T=\frac{P_1}{2g}v_C^2+\frac{1}{2}J_C\omega_A^2+\frac{1}{2}J_O\omega_B^2+\frac{P}{2g}v_P^2$$

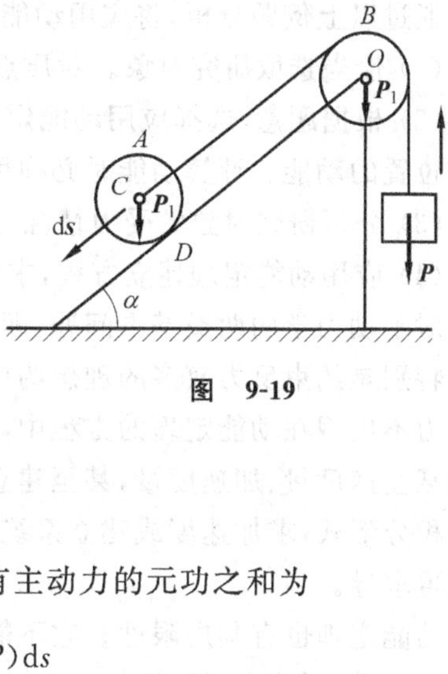

图　9-19

考虑到运动学关系 $\omega_A=\frac{v_C}{r}$，$\omega_B=\frac{v_C}{r}$，$v_P=v_C$ 以及 $J_C=\frac{P_1}{2g}r^2$，$J_O=\frac{P_1}{2g}r^2$，上式可改写为

$$T=\frac{P+2P_1}{2g}v_C^2 \tag{1}$$

系统为理想约束系统，只有主动力做功，则系统所有主动力的元功之和为

$$\sum\delta W_i=(P_1\sin\alpha-P)\mathrm{d}s$$

由动能定理微分形式的表达式(9-23)列方程，得

$$\frac{P+2P_1}{g}v_C\mathrm{d}v_C=(P\sin\alpha-P)\mathrm{d}s$$

考虑到 $\mathrm{d}v_C=a_C\mathrm{d}t$，$\mathrm{d}s=v_C\mathrm{d}t$，代入上式，整理得

$$\frac{P+2P_1}{g}a_C=P\sin\alpha-P$$

解方程，得

$$a_C=\frac{P\sin\alpha-P}{P+2P_1}g$$

解法二　用动能定理的积分形式求加速度。

设系统初始位置的动能为 T_0，它是一个确定值，系统运动过程中，任意位置的动能如

式(1)所示。并设从初始位置到任意位置,滚子质心 C 走过的距离为 s,则这个过程中,系统所有主动力所做的总功为

$$W_{12}=(P_1\sin\alpha-P)s$$

由动能定理积分形式的表达式(9-24)列方程,得

$$\frac{P+2P_1}{2g}v_C^2-T_0=(P_1\sin\alpha-P)s \tag{2}$$

将式(2)两端对时间 t 同时求一阶导数,得

$$\frac{P+2P_1}{g}v_Ca_C=(P\sin\alpha-P)v_C$$

解方程,得

$$a_C=\frac{P\sin\alpha-P}{P+2P_1}g$$

通过以上例题分析,将应用动能定理解题的步骤总结如下:

(1) 恰当选取研究对象。对质点系,一般可取整个系统为研究对象。

(2) 根据题意,选择应用动能定理的一段运动过程,并根据运动情况,计算研究对象在相应位置的动能。计算动能时必须用绝对速度或绝对角速度。

(3) 分析研究对象的受力情况,并计算各力在选定运动过程中所做的功。

(4) 应用动能定理建立方程,求解未知量。

对于动力学的两类基本问题,即已知运动求力和已知力求运动,动能定理主要适用于后者。特别是约束反力较多的理想约束系统,要由已知的主动力求系统的运动,由于未知的约束反力不出现在动能定理的方程中,应用动能定理求解尤为方便。应用动能定理可求系统中的某些速度量、加速度量,甚至建立系统的运动微分方程。一般而言,求速度宜用动能定理的积分形式,求加速度或建立系统的运动微分方程宜用动能定理的微分形式,或先用积分形式再求导。

动能定理也有其局限性。它不能求解理想约束反力。它只提供一个标量方程,只能解一个未知数,因此它只适用于单自由度系统。如果系统不止一个自由度,那么只靠动能定理是不能求解的,还必须应用其他定理,综合求解。

9.4 势力场、势能、机械能守恒定律

1. 势力场

如果物体在某空间内部任一位置都受到一个大小和方向完全由所在位置确定的力的作用,则这部分空间就称为力场。例如地球表面附近的重力场、太阳系周围的太阳引力场都是力场。

如果质点在某一力场内运动时,力对质点所做的功仅与质点的初末位置有关,而与质点的运动路径无关,则称这样的力场为势力场或保守力场。重力场、万有引力场、弹性力场均

为势力场。

在势力场中，物体受到的力称为有势力（势力）或保守力。重力、万有引力、弹性力均为势力。

2. 势能

在势力场中，质点从点 M 运动到任选的点 M_0，有势力所做的功称为质点在点 M 处相对于点 M_0 的势能，记为 V，即

$$V=\int_{M}^{M_0}\boldsymbol{F}\cdot\mathrm{d}\boldsymbol{r}=\int_{M}^{M_0}(X\mathrm{d}x+Y\mathrm{d}y+Z\mathrm{d}z) \tag{9-28}$$

若令点 M_0 的势能等于零，即 $V_{M_0}=0$，则称点 M_0 为零势能点。显然，在势力场中，势能的大小是相对于零势能点而言的。零势能点 M_0 可以任意选取，因而对于不同的零势能点，势力场中同一位置的势能可以有不同的数值。

下面计算几种常见的势能。

1）重力势能

在重力场中，设坐标轴如图 9-20 所示，则重力在各轴上的投影为

$$X=0,\quad Y=0,\quad Z=-mg$$

取点 M_0 为零势能点，则点 M 处的势能为

$$V=\int_{z}^{z_0}-mg\,\mathrm{d}z=mg(z-z_0) \tag{9-29}$$

2）弹性势能

设弹簧的一端固定，另一端与物体连接，如图 9-21 所示，弹簧的刚度系数为 k。取点 M_0 为零势能点，则点 M 处的势能为

$$V=\frac{k}{2}(\delta^2-\delta_0^2) \tag{9-30}$$

式中，δ 和 δ_0 分别为弹簧在点 M 和 M_0 时的变形量。

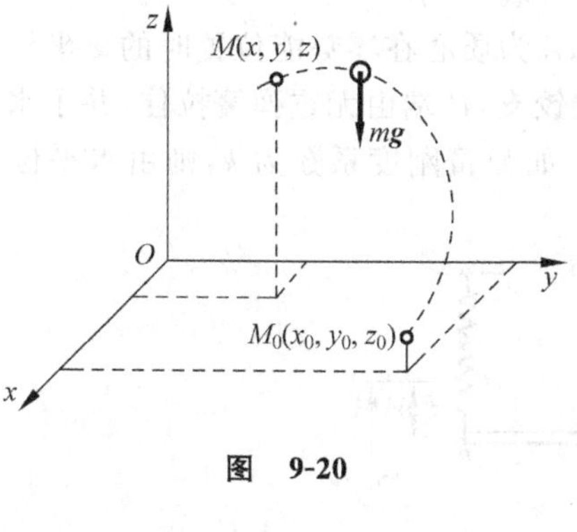

图　9-20

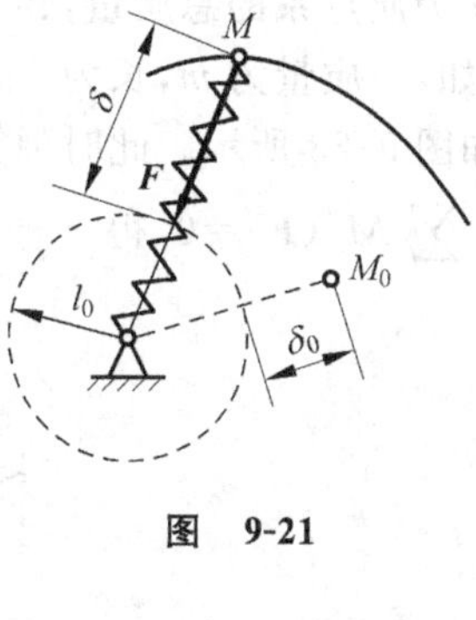

图　9-21

如果取弹簧的自然位置（即弹簧不变形的位置）为零势能点，即 $\delta_0=0$，于是得

$$V=\frac{k}{2}\delta^2 \tag{9-31}$$

3) 万有引力势能

设质量为m_1的质点受到质量为m_2的物体的万有引力$\boldsymbol{F}$的作用，如图9-22所示，取点A_0为零势能点，则质点在点A处的势能为

$$V=\int_A^{A_0}\boldsymbol{F}\cdot \mathrm{d}\boldsymbol{r}=\int_A^{A_0}-\frac{fm_1m_2}{r^2}\boldsymbol{r}_0\cdot \mathrm{d}\boldsymbol{r}$$

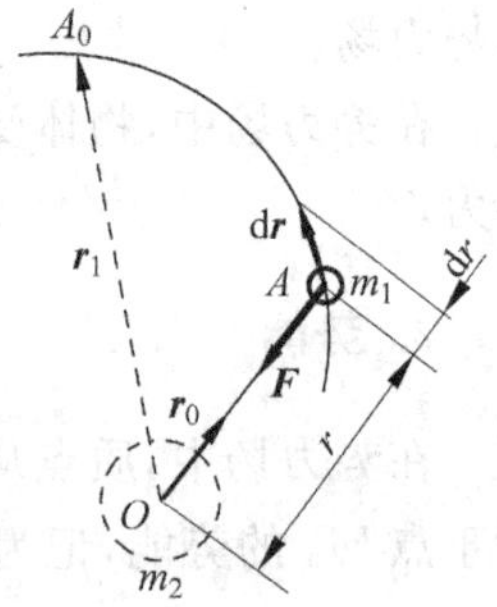

图 9-22

式中，f为引力常数，$\boldsymbol{r}_0$是质点矢径方向的单位矢量，即$\boldsymbol{r}_0=\dfrac{\boldsymbol{r}}{r}$，因此$\boldsymbol{r}_0\cdot \mathrm{d}\boldsymbol{r}=\mathrm{d}r$。设$r_1$为零势能点的矢径，于是有

$$V=\int_r^{r_1}-\frac{fm_1m_2}{r^2}\mathrm{d}r=fm_1m_2\left(\frac{1}{r_1}-\frac{1}{r}\right) \tag{9-32}$$

如果选取的零势能点在无穷远处，即$r_1=\infty$，于是有

$$V=-\frac{fm_1m_2}{r} \tag{9-33}$$

上述计算表明：质点的势能可以表示成质点位置坐标(x,y,z)的单值连续函数，这种函数称为势能函数。一般形式的质点势能函数可以写成$V=V(x,y,z)$。

如果势能是常量，即$V=V(x,y,z)=$常数，则由此式可以确定一个曲面，在这个曲面上，各点的势能都相等。这种曲面称为等势面。例如，重力场中的等势面是不同高度的水平面($z=$常数)，牛顿引力场中的等势面是以引力中心为球心的不同半径的同心球面($r=$常数)。零势能点位置所在的等势面称为零势面。

如果质点系受到多个有势力作用，各有势力可有各自不同的零势能点。质点系的“零势能位置”是指各质点都处于其零势能点的一组位置。质点系从某位置到其“零势能位置”的运动过程中，各有势力做功的代数和称为质点系在该位置的势能。

例如，在重力场中的由n个质点组成的质点系，取各质点的z坐标分别为$z_{10},z_{20},\cdots,z_{n0}$时为零势能位置，则质点系各质点的坐标分别为$z_1,z_2,\cdots,z_n$时的势能为

$$V=\sum m_ig(z_i-z_{i0})$$

由质点系质心坐标公式(8-2)，质点系在该位置的重力势能可重写为

$$V=mg(z_C-z_{C0}) \tag{9-34}$$

式中，m为质点系的总质量，z_C为质心的z坐标，z_{C0}为质心在零势能位置时的z坐标。

又如，一质量为m，长为l的均质杆AB，A端铰支，B端由无重弹簧拉住，并于水平位置平衡，如图9-23所示。此时弹簧已有伸长量δ_0。如弹簧刚度系数为k，则由水平位置的平衡方程$\sum M_A(\boldsymbol{F})=0$，得

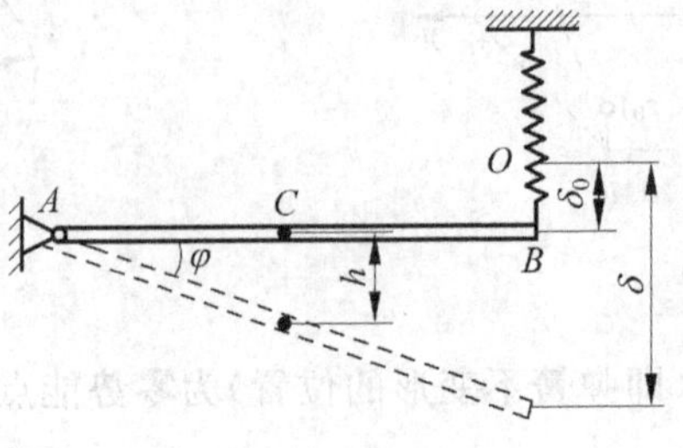

图 9-23

$$k\delta_0 l = \frac{l}{2}mg \quad 或 \quad \delta_0 = \frac{mg}{2k}$$

此系统所受重力及弹性力都是有势力。如重力势能以杆的水平位置为零势能点，弹性势能以弹簧自然位置 O 为零势能点，则杆在偏离水平位置微小角度 φ 处，其重力势能为 $-mgl\varphi/2$，弹性势能为 $k(\delta_0+l\varphi)^2/2$，由 $\delta_0=mg/2k$，其总势能为

$$V'=\frac{k}{2}(\delta_0+l\varphi)^2-\frac{l}{2}mg\varphi=\frac{k}{2}l^2\varphi^2+\frac{m^2g^2}{8k}$$

如取杆的水平位置为重力势能和弹性势能的共同零势能点(即系统的零势能位置)，则杆在偏离水平位置微小角度 φ 处的总势能应改写为

$$V=\frac{k}{2}[(\delta_0+l\varphi)^2-\delta_0^2]-\frac{l}{2}mg\varphi=\frac{k}{2}l^2\varphi^2$$

由此可见，对于不同的零势能位置，系统在同一位置的势能是不相同的。对于如上所述的常见重力-弹力系统(即系统在平衡位置处可写出只包含重力和弹力的平衡方程)，以系统的平衡位置为系统的零势能位置，系统在任意位置上的总势能计算往往更为简便，其值为系统在任意位置相对其平衡位置的相对弹性势能。

3. 有势力的功可用势能表示

设某个有势力的作用点在质点系的运动过程中，从点 M_1 到点 M_2，如图 9-24 所示。设该力所做的功为 W_{12}，若取 M_0 为零势能点，则从 M_1 到 M_0 和从 M_2 到 M_0，有势力所做的功分别为 M_1 和 M_2 位置的势能 V_1 和 V_2。因为有势力的功与力作用点的轨迹形状无关，所以可认为质点从点 M_1 经过点 M_2 到点 M_0，有势力的功为

$$W_{10}=W_{12}+W_{20}$$

由式(9-28)得 $W_{10}=V_1$，$W_{20}=V_2$，于是有

$$W_{12} = V_1 - V_2 \tag{9-35}$$

即有势力的功等于质点系在运动过程中的初始与终了位置的势能差。

若质点系受多个有势力作用，则质点系在运动过程中，各有势力所做功的代数和等于质点系在初始与终了位置的势能差。

4. 用势能对坐标的偏导数表示有势力

设有势力 $\boldsymbol{F}$ 的作用点从点 M 移动到点 M'，如图 9-25 所示。这两点的势能分别为 $V(x,y,z)$和 $V(x+\mathrm{d}x,y+\mathrm{d}y,z+\mathrm{d}z)$，有势力的元功可用势能的差计算，即

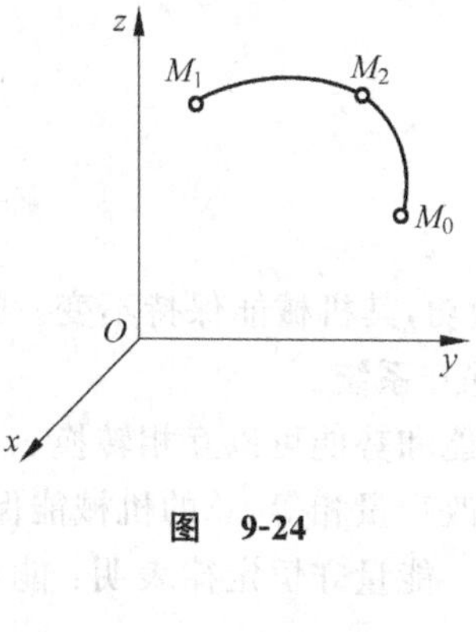

图　9-24

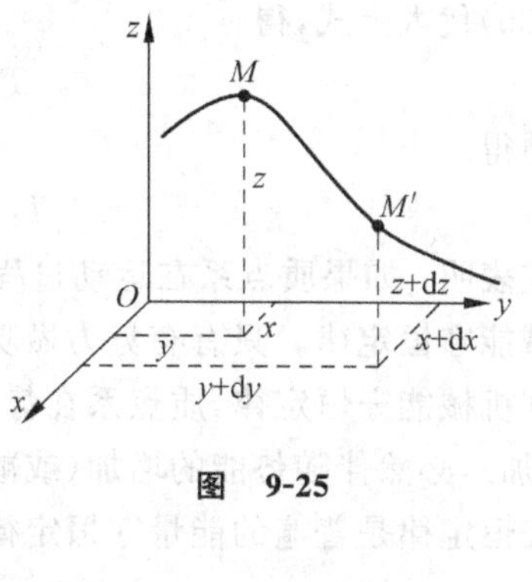

图　9-25

$$\delta W=V(x,y,z)-V(x+\mathrm{d}x,y+\mathrm{d}y,z+\mathrm{d}z)=-\mathrm{d}V$$

因为

$$\mathrm{d}V=\frac{\partial V}{\partial x}\mathrm{d}x+\frac{\partial V}{\partial y}\mathrm{d}y+\frac{\partial V}{\partial z}\mathrm{d}z$$

所以

$$\delta W=-\frac{\partial V}{\partial x}\mathrm{d}x-\frac{\partial V}{\partial y}\mathrm{d}y-\frac{\partial V}{\partial z}\mathrm{d}z$$

设有势力 $\boldsymbol{F}$ 在直角坐标轴上的投影分别为 X,Y,Z,则力的元功解析表达式为

$$\delta W=X\mathrm{d}x+Y\mathrm{d}y+Z\mathrm{d}z$$

比较以上两式,得

$$\left.\begin{aligned}X&=-\frac{\partial V}{\partial x}\\Y&=-\frac{\partial V}{\partial y}\\Z&=-\frac{\partial V}{\partial z}\end{aligned}\right\}\tag{9-36}$$

即有势力在直角坐标轴上的投影等于势能对该坐标的偏导数的负值。如果势能函数已知,应用上式即可求得作用于物体上的有势力。

若质点系受多个有势力作用,其总势能为 V,则对于作用点坐标为(x_i,y_i,z_i)的有势力 $\boldsymbol{F}_i$,其相应投影为

$$\left.\begin{aligned}X_i&=-\frac{\partial V}{\partial x_i}\\Y_i&=-\frac{\partial V}{\partial y_i}\\Z_i&=-\frac{\partial V}{\partial z_i}\end{aligned}\right\}\tag{9-37}$$

5. 机械能守恒定律

质点系在某瞬时的动能和势能的代数和称为机械能。

设质点系在运动过程的初始和终了瞬间,系统的动能分别为 T_1 和 T_2,若运动过程中仅有有势力做功,设为 W_{12},根据动能定理得

$$T_2-T_1=W_{12}$$

将式(9-35)代入上式,得

$$T_2-T_1=V_1-V_2$$

上式移项得

$$T_1+V_1=T_2+V_2\tag{9-38}$$

上式表明:如果质点系在运动过程中,只有有势力做功,其机械能保持不变。这一规律称为机械能守恒定律。只有有势力做功的质点系,称为保守系统。

根据机械能守恒定律,质点系在势力场中运动时,动能和势能可以互相转换。动能的减少(或增加),必然伴随势能的增加(或减少),而且二者的改变量相等,总的机械能保持不变。机械能守恒定律是普遍的能量守恒定律的一种特殊情况。能量守恒定律表明:能量不会消

失，也不能创造，只能从一种形式转换为另一种形式。如运动的物体由于受摩擦阻力的作用而减少速度，是动能转换成了热能；水流冲击水轮机带动发电机发电，是动能转换成了电能；电动机带动机器运转，则是电能转换成了机械能，等等。在这些地方，机械能改变了，但机械能和热能、电能等的总和保持不变。虽然我们不研究运动形式的变化，但从这些地方可以看出机械运动与其他物质运动形式之间的联系。

例 9-7　如图 9-26 所示，鼓轮的质量 $m_1=100\text{kg}$，轮半径 $R=0.5\text{m}$，轴半径 $r=0.2\text{m}$，可在水平面上作纯滚动，对质心轴 O 的回转半径 $\rho=0.25\text{m}$。弹簧的刚度系数 $k=60\text{N/m}$，开始时，弹簧为自然长度，弹簧和 EH 段绳与水平面平行，定滑轮的质量不计。试求当质量 $m_2=20\text{kg}$ 的物体 D 无初速度下降 $s=0.4\text{m}$ 时，鼓轮的角速度和角加速度。

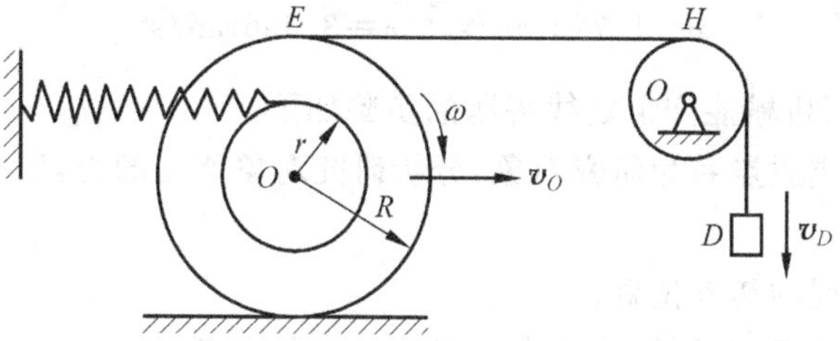

图　9-26

解　取系统为研究对象，设物体 D 下降 s 时的速度为 v_D，鼓轮的角速度为 ω，轮心 O 的速度为 v_O，则由运动学知识得

$$v_D=2v_O=2R\omega$$

系统运动时，只有弹簧的弹性力和物体 D 的重力做功，因此系统为保守系统，机械能守恒。

取系统运动的初始位置为系统的零势能位置，则系统在该位置的动能和势能分别为

$$T_1=0,\quad V_1=0$$

物体 D 下降 s 时，系统对应的动能和势能分别为

$$T_2=\frac{1}{2}m_1v_O^2+\frac{1}{2}m_1\rho^2\omega^2+\frac{1}{2}m_2v_D^2=\frac{1}{2}m_1(R\omega)^2+\frac{1}{2}m_1\rho^2\omega^2+\frac{1}{2}m_2(2R\omega)^2$$

$$=\left[\frac{1}{2}m_1(R^2+\rho^2)+2m_2R^2\right]\omega^2$$

$$V_2=\frac{k}{2}\left[(R+r)\frac{s}{2R}\right]^2-m_2gs$$

由机械能守恒定律的表达式(9-38)列方程，得

$$\left[\frac{1}{2}m_1(R^2+\rho^2)+2m_2R^2\right]\omega^2+\frac{k}{2}\left[(R+r)\frac{s}{2R}\right]^2-m_2gs=0 \tag{1}$$

解方程，得

$$\omega=\sqrt{\frac{2m_2gs-k\left[(R+r)\dfrac{s}{2R}\right]^2}{m_1(R^2+\rho^2)+4m_2R^2}}$$

将式(1)两端对时间 t 同时求一阶导数，得

$$[m_1(R^2+\rho^2)+4m_2R^2]\omega\alpha+\left[k\left(\frac{R+r}{2R}\right)^2 s-m_2 g\right]\frac{ds}{dt}=0 \tag{2}$$

考虑到 $\frac{ds}{dt}=v_D=2R\omega$,则式(2)重写为

$$[m_1(R^2+\rho^2)+4m_2R^2]\alpha+2R\left[k\left(\frac{R+r}{2R}\right)^2 s-m_2 g\right]=0$$

解方程,得

$$\alpha=\frac{4R^2m_2g-k(R+r)^2s}{2R[m_1(R^2+\rho^2)+4m_2R^2]}$$

当 $s=0.4\text{m}$ 时,有

$$\omega=1.723\text{rad/s},\quad \alpha=3.356\text{rad/s}^2$$

由上例可见,应用机械能守恒定律解题的步骤如下:

(1) 选取某质点或质点系为研究对象,分析研究对象所受的力,所有做功的力都应为有势力;

(2) 确定运动过程的初末位置;

(3) 确定零势能位置,分别计算初末位置的动能和势能;

(4) 应用机械能守恒定律列方程,并求解未知量。

习题

9-1 (1) 在题9-1(a)图所示系统中,弹簧原长为$\sqrt{2}R$,刚度系数为k,小球重为P,其尺寸不计。当小球从题图所示位置M沿粗糙固定圆弧面纯滚动到位置B时,试求:滑动摩擦力的功W_1,重力的功W_2,弹性力的功W_3。

(2) 如题9-1(b)图所示,一质量为m的重物悬挂于刚度系数为k的弹簧上,试求重物由平衡位置起,向下移动Δ时弹性力所做的功。

9-2 题9-2图所示鼓轮在固定水平面上作纯滚动。已知:常量的拉力$\boldsymbol{T}$、静滑动摩擦力$\boldsymbol{F}_s$、重力$\boldsymbol{Q}$、法向反力$\boldsymbol{F}_N$和矩为M_k的力偶作用其上,轮和轴的半径分别为R和r,试求当轮心移动距离s时,各力所做的功。

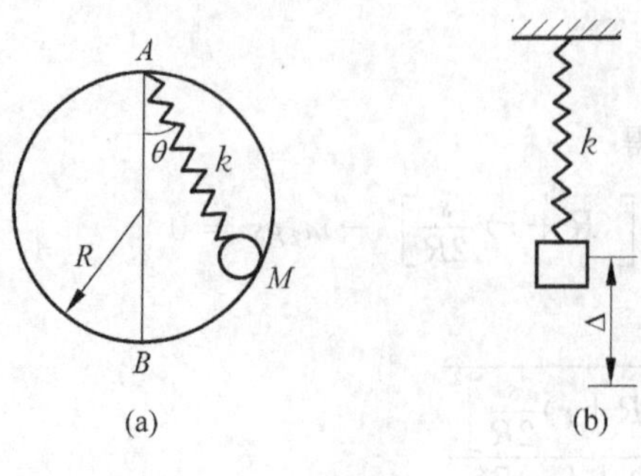

题9-1图

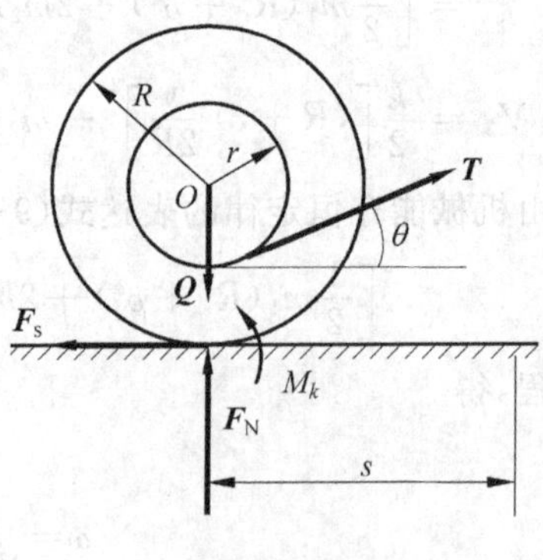

题9-2图

9-3　题9-3图所示重量为Q，半径为r的卷筒上，作用一矩为$M=a\varphi+b\varphi^2$的力偶，其中φ为卷筒转角，a和b为常数。卷筒上的绳索拉动水平面上的重物B。设重物B的重量为P，它与水平面之间的滑动摩擦因数为f，绳索质量不计。试求当卷筒转过两圈时，作用于系统上所有力的总功。

9-4　题9-4图所示一滑块A重量为W，可在滑道内滑动，与滑块A用铰链连接的是重量为P，长为l的均质杆AB。已知滑块沿滑道的速度为v_1，杆AB的角速度为ω_1，此时杆与铅垂线的夹角为φ，试求该瞬时系统的动能。

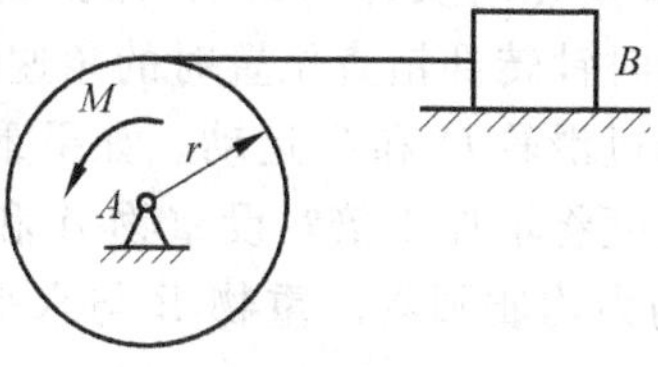

题9-3图

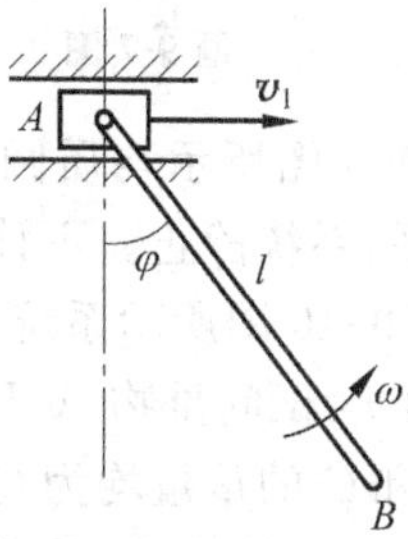

题9-4图

9-5　题9-5图所示长为l，重为P的均质杆OA，以匀角速度ω绕铅直轴Oz转动，并与轴Oz的夹角θ保持不变，求杆OA的动能。

9-6　题9-6图所示坦克的履带质量为m，两个车轮的质量均为m_1。车轮可视为均质圆盘，半径为R，两车轮轴间的距离为πR。设坦克前进的速度为v，试计算此质点系的动能。

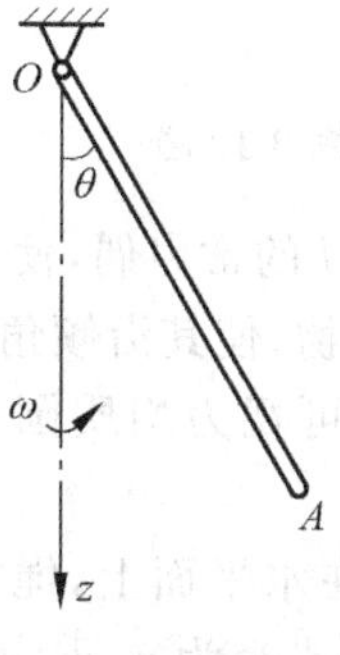

题9-5图

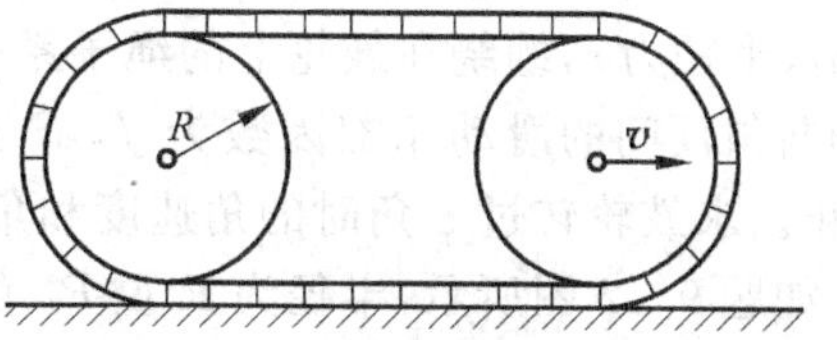

题9-6图

9-7　质量各为m，长度各为b的两根均质细杆在点B铰接，可在铅垂面内运动。杆AB上作用一大小不变的力偶矩M，由图示位置无初速度释放，求当点A触及点O时，点A的速度等于多少？

9-8　题9-8图所示系统，物体M和滑轮A、B的重量均为P，且滑轮可视为均质圆盘。弹簧刚度系数为k，绳重不计，绳与轮之间无滑动。当物体M离地面h时，系统处于平衡位置。现给物体M向下的初速度v_0，使其恰能达到地面处，问v_0应为多少？

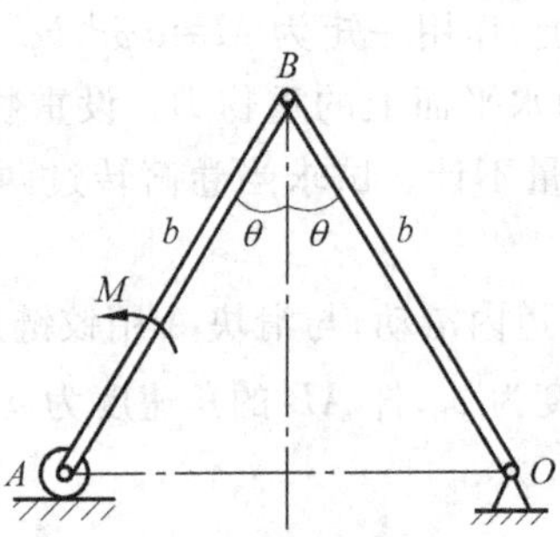

题 9-7 图

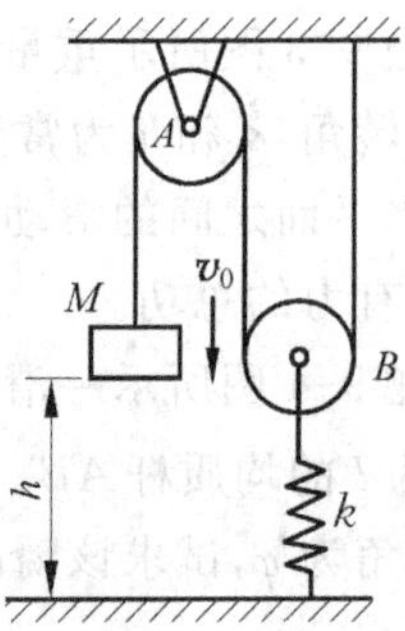

题 9-8 图

9-9 题 9-9 图所示均质圆盘重 P，半径 R，铰接在均质杆 AB 上，杆长 l，重 W。开始时，杆 AB 水平，系统静止。不计摩擦，求杆 AB 顺时针转到铅直位置时的角速度。

9-10 题 9-10 图所示系统中，重物 A 和 B 通过滑轮 D 和 C 运动。如果重物 A 开始时向下的速度为 v_0，试问重物 A 下落多大距离，其速度将增加 1 倍？设重物 A 和 B 的重量均为 P，滑轮 D 和 C 的重量均为 Q，半径均为 r，且均为均质圆盘。重物 B 与水平面间的动摩擦因数为 f，绳索不能伸长，其质量忽略不计。

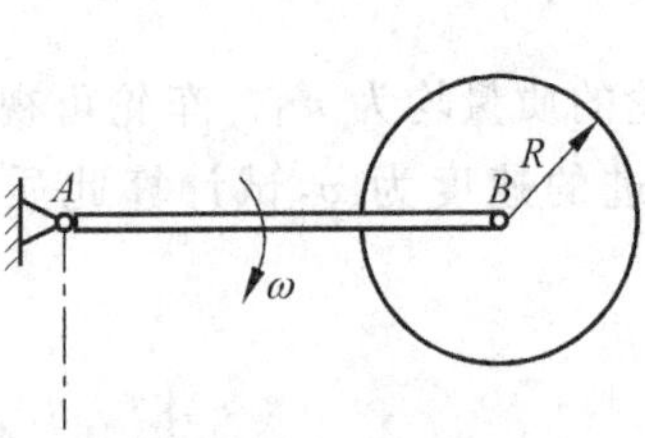

题 9-9 图

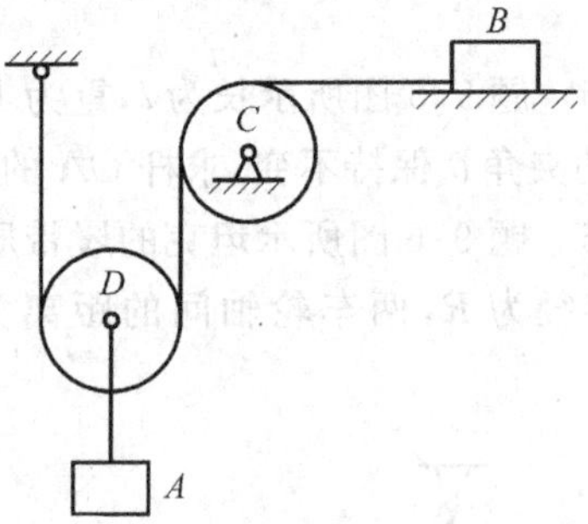

题 9-10 图

9-11 题 9-11 图所示系统中，若在绞车的鼓轮上作用矩为 M 的常力偶，使轮转动。轮的质量为 m_1，半径为 r，缠绕在鼓轮上的绳子系一质量为 m_2 的重物，使其沿倾角为 θ 的斜面上升。重物与斜面间的滑动摩擦因数为 f，绳子质量不计，鼓轮可视为均质圆柱。在开始时，系统静止。求鼓轮转过 φ 角时的角速度和角加速度。

9-12 如题 9-12 图所示，半径为 R 重 P_1 的均质圆盘 A 放在水平面上，绳子的一端系在圆盘中心，另一端绕过均质滑轮 O 后挂重物 B。已知滑轮 O 的半径为 r，重为 P_2，重物 B 重 P_3，绳子不可伸长，其质量略去不计，圆盘滚而不滑，并不计滚动摩擦。系统从静止开始运动。求重物 B 下落的距离为 x 时，圆盘中心的速度和加速度。

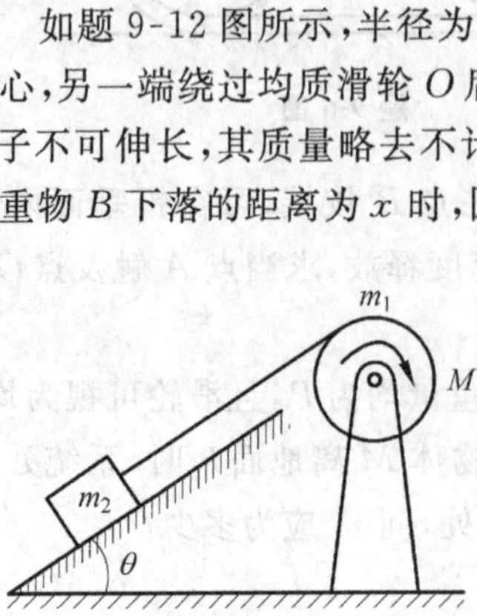

题 9-11 图

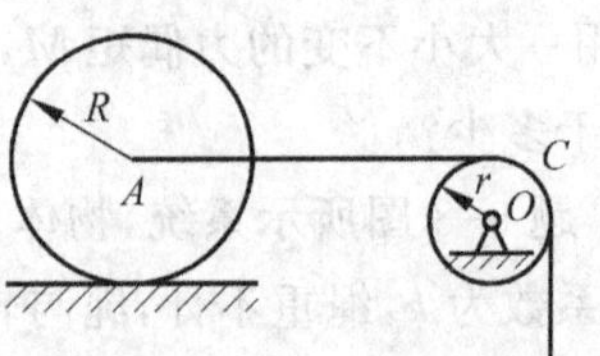

题 9-12 图

9-13　题 9-13 图所示系统中，卷筒 O_1 的质量为 m_1，半径为 r_1，对水平转轴的回转半径为 ρ；滑轮 O_2 的质量为 m_2，半径为 r_2，可视为均质圆盘；重物 A 质量为 m_3。若在卷筒上作用矩为 M 的常力偶，试求重物 A 由静止开始沿光滑斜面上滑距离 s 时的速度和加速度（斜面倾角为 α）。

9-14　题 9-14 图所示机构中，已知：物块 M 重为 P，匀质滑轮 A 与匀质滚子 B 半径相等，重量均为 Q，斜面倾角为 β，弹簧刚度系数为 k，$P>Q\sin\beta$，滚子作纯滚动，开始时弹簧为原长，绳的倾斜段和弹簧与斜面平行。试求当物块下落距离为 h 时，物块 M 的加速度。

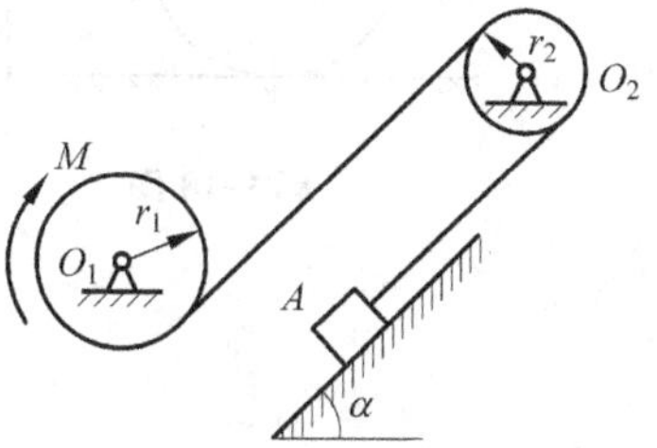

题 9-13 图

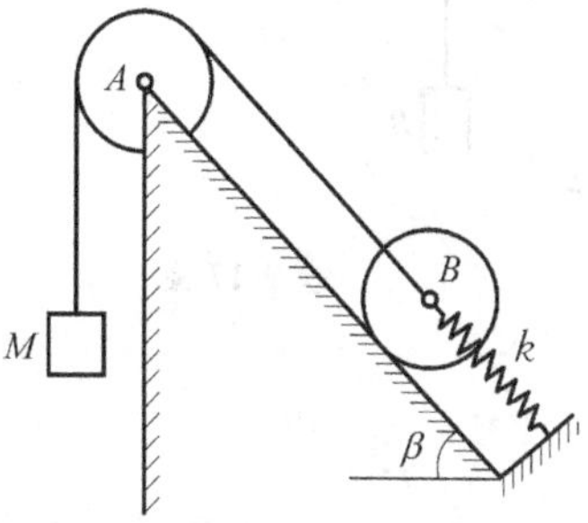

题 9-14 图

9-15　椭圆规位于水平面内，由曲柄 OC 带动规尺 AB 运动，如题 9-15 图所示。曲柄和椭圆规尺都是均质杆，质量分别为 m_1 和 $2m_1$，$\overline{OC}=\overline{AC}=\overline{BC}=l$，滑块 A 和 B 的质量均为 m_2。若作用在曲柄上的力偶矩为 M，且 M 为常数。设 $\varphi=0$ 时系统静止，忽略摩擦，求机构运动时曲柄的角速度和角加速度（以转角 φ 的函数表示）。

9-16　题 9-16 图所示系统中，已知：一摆由匀质的直角弯杆 AOB 组成，O 点为悬挂点，弯杆 AOB 在同一竖直平面内运动。设 $\overline{OB}<\overline{OA}$，$OB$ 与向下竖直线的夹角为 φ，平衡时 $\varphi=\varphi_0$。将 OA 杆置于水平位置，然后无初速度释放，试求 φ 角的最大值与 φ_0 的关系。

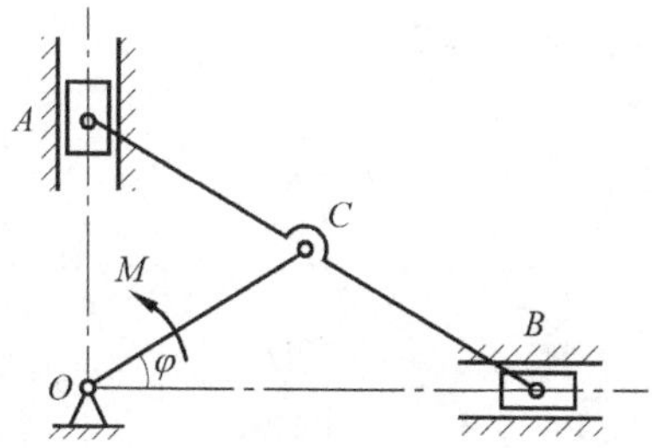

题 9-15 图

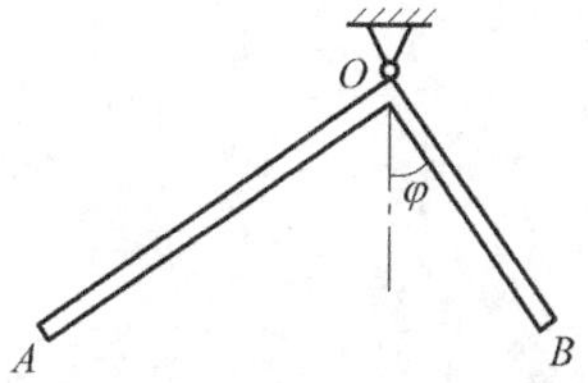

题 9-16 图

9-17　一机械系统如题 9-17 图所示，已知物块 A、B 的质量分别为 $m_A=5\text{kg}$，$m_B=1\text{kg}$。均质滑轮 C、D 的半径均为 r，质量分别为 $m_C=1\text{kg}$，$m_D=2\text{kg}$。物块 A 与斜面间的摩擦因数 $f=0.1$，绳与轮之间无相对滑动，轴承处摩擦不计。试求系统运动时物块 B 的加速度。

9-18 均质细杆长 l,质量为 m_1,上端 B 靠在光滑的墙上,下端 A 以铰链与均质圆柱的中心相连,圆柱质量为 m_2,半径为 R,放在粗糙的地面上,自题 9-18 图所示位置,由静止开始滚动而不滑动,杆与水平线的交角 $\theta=45°$。求点 A 在初瞬时的加速度。

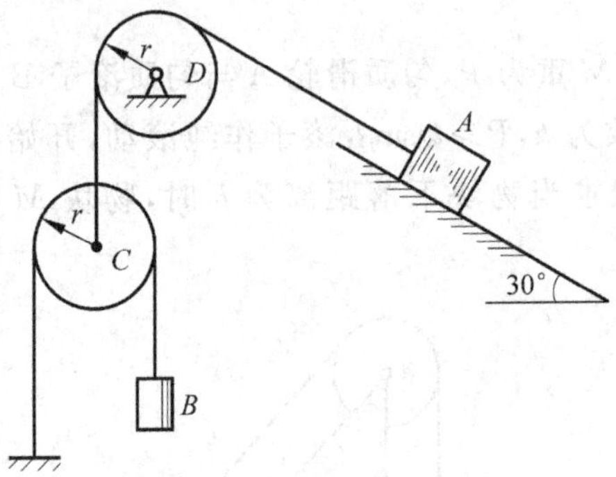

题 9-17 图

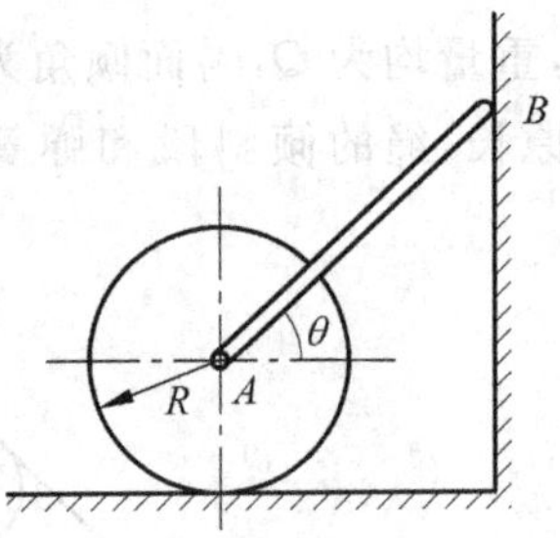

题 9-18 图

第10章

达朗贝尔原理

如前两章所述，动力学普遍定理是研究质点系动力学问题的重要工具。它们为解决某些动力学问题提供了简捷而有效的方法。但是，它们也存在一定的局限性。在处理某些质点系动力学问题时，需要几个定理综合应用，显得繁琐复杂。因此，有必要引入新的、更具普遍意义的动力学问题的研究方法。

达朗贝尔原理是十八世纪为求解机器动力学问题而提出的。这个原理的基本思想是：引入惯性力，将动力学问题转化为形式上的静力学问题，用静力学中研究平衡问题的方法来研究动力学问题。因此，它又被称为动静法。达朗贝尔原理提供了研究质点系动力学问题的一个新的普遍方法，在工程技术领域有着广泛的应用。

本章将引入惯性力的概念，推导质点和质点系达朗贝尔原理，应用达朗贝尔原理求解质点系和刚体动力学问题，并简述动力学综合问题的求解。

10.1 惯性力 达朗贝尔原理

达朗贝尔原理是在牛顿第二定律基础上引入惯性力而导出的。因此首先引入惯性力的概念，再建立达朗贝尔原理。

1. 惯性力 质点的达朗贝尔原理

设一非自由质点的质量为 m，加速度为 $\boldsymbol{a}$，作用在这个质点上的主动力为 $\boldsymbol{F}$、约束反力为 $\boldsymbol{F}_N$，如图 10-1 所示。由牛顿第二定律得

$$\boldsymbol{F} + \boldsymbol{F}_N = m\boldsymbol{a}$$

上式移项，得

$$\boldsymbol{F} + \boldsymbol{F}_N - m\boldsymbol{a} = \boldsymbol{0}$$

令

$$\boldsymbol{F}_g = -m\boldsymbol{a} \tag{10-1}$$

则得

$$\boldsymbol{F} + \boldsymbol{F}_N + \boldsymbol{F}_g = \boldsymbol{0} \tag{10-2}$$

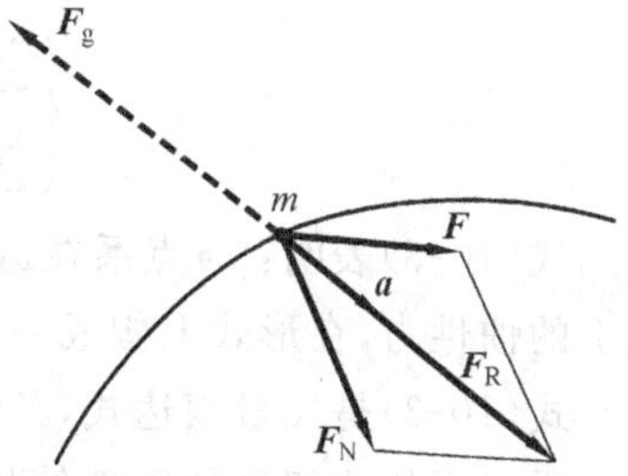

图 10-1

式中，$\boldsymbol{F}_g$ 称为质点的惯性力，其大小等于质点的质量与加速度的乘积，方向与质点的加速度方向相反。

惯性力是体现质点惯性的力学量，是人为地将运动量表达成力的形式。其实质是当质点受力作用发生运动状态改变时，质点由于惯性要抵抗其运动状态变化，而对周围施力于它的物体产生的反作用力。因此，惯性力并不作用于质点本身。从这个意义上说，惯性力是假

想的、并非质点上的真实作用力。

式(10-2)表明：质点在运动的每一瞬间，作用于质点上的主动力、约束反力与虚加在质点上的惯性力，在形式上构成一平衡力系。这就是质点的达朗贝尔原理。

应该看到，由于惯性力不是质点上的真实作用力，这里研究的质点并非处于平衡状态，式(10-2)只是形式上的平衡方程，之所以将惯性力虚拟地施加在质点上，是为了将动力学基本定律在形式上化为静力学的平衡关系，从而可以用解决静力学平衡问题的方法研究动力学问题。

2. 质点系的达朗贝尔原理

质点系达朗贝尔原理可由质点达朗贝尔原理推广得到。

设质点系中任一质点 i 的质量为 m_i，加速度为 $\boldsymbol{a}_i$，作用于该质点的外力合力为 $\boldsymbol{F}_i^{(e)}$，内力合力为 $\boldsymbol{F}_i^{(i)}$，给该质点虚加惯性力 $\boldsymbol{F}_{gi}=-m_i\boldsymbol{a}_i$，则由质点的达朗贝尔原理得

$$\boldsymbol{F}_i^{(e)}+\boldsymbol{F}_i^{(i)}+\boldsymbol{F}_{gi}=\boldsymbol{0}$$

即作用在质点 i 上的所有外力、内力以及虚加在质点 i 上的惯性力组成形式上的平衡力系。

给质点系中的每个质点虚加惯性力，则每个质点所受的外力、内力以及其上虚加的惯性力都构成形式上的平衡力系。于是，整个质点系上所有的外力、内力以及各质点上虚加的惯性力也组成一个形式上的平衡力系，这就是质点系的达朗贝尔原理。

由静力学知识可知，力系的平衡条件是力系的主矢为零，对任一点的主矩为零，即

$$\begin{cases}\sum\boldsymbol{F}_i^{(e)}+\sum\boldsymbol{F}_i^{(i)}+\sum\boldsymbol{F}_{gi}=\boldsymbol{0}\\ \sum\boldsymbol{M}_O(\boldsymbol{F}_i^{(e)})+\sum\boldsymbol{M}_O(\boldsymbol{F}_i^{(i)})+\sum\boldsymbol{M}_O(\boldsymbol{F}_{gi})=\boldsymbol{0}\end{cases}$$

考虑到内力总是成对出现，且等值反向，故

$$\begin{cases}\sum\boldsymbol{F}_i^{(i)}=\boldsymbol{0}\\ \sum\boldsymbol{M}_O(\boldsymbol{F}_i^{(i)})=\boldsymbol{0}\end{cases}$$

于是有

$$\begin{cases}\sum\boldsymbol{F}_i^{(e)}+\sum\boldsymbol{F}_{gi}=\boldsymbol{0}\\ \sum\boldsymbol{M}_O(\boldsymbol{F}_i^{(e)})+\sum\boldsymbol{M}_O(\boldsymbol{F}_{gi})=\boldsymbol{0}\end{cases}\tag{10-3}$$

式(10-3)表明：质点系在运动的每一瞬间，作用于质点系上的所有外力与虚加在各质点上的惯性力，在形式上构成一平衡力系。

式(10-3)是矢量表达式，具体应用时，应选择其在相应坐标轴上的投影形式。

质点系的达朗贝尔原理等价于动量原理。其中式(10-3)的第一式等价于质点系动量定理(或质心运动定理)，第二式等价于质点系对任意点的动量矩定理。两个原理等价性的证明，本书不予讨论，读者可参阅相关文献资料。由于本书仅讨论了质点系对固定点(固定轴)或质心(质心轴)的动量矩定理，因此本书应用动量矩定理解题时，矩心或矩轴不能任意选取，只能取定点(定轴)或质点系的质心(质心轴)。而由质点系达朗贝尔原理建立的质点系形式上的力矩平衡方程中，矩心的选择则是任意的，并非一定要是定点或质点系的质心。从这一点来说，质点系达朗贝尔原理在应用上比质点系动量原理更为方便。

10.2　刚体惯性力系的简化

由上一节可知，在质点系中应用达朗贝尔原理时，需要对每个质点虚加惯性力，这些惯性力组成一个惯性力系。若是几个质点组成的质点系，可逐点虚加惯性力。若组成质点系的质点个数非常多，逐点虚加惯性力的方法就很繁琐。对如刚体这类由无限多个质点组成的质点系而言，这种方法甚至是失效的。因此，为了应用方便，可以按照静力学中力系简化的方法，将质点系的惯性力系进行简化，用简化结果等效替代原来的惯性力系。

由静力学力系简化理论可知，任一力系向任选的简化中心简化，其简化结果一般为一个力和一个力偶，其中这个力等于力系的主矢，其大小、方向与简化中心无关，这个力偶矩等于力系对简化中心的主矩，其大小、方向与简化中心有关。本节讨论刚体惯性力系的简化。

1. 惯性力系的主矢

设刚体内任一质点的质量为 m_i，速度为 $\boldsymbol{v}_i$，加速度为 $\boldsymbol{a}_i$；刚体的质量为 m，质心 C 的速度为 $\boldsymbol{v}_C$，加速度为 $\boldsymbol{a}_C$，则惯性力系的主矢为

$$\boldsymbol{F}'_{\mathrm{gR}} = \sum \boldsymbol{F}_{\mathrm{g}i} = \sum(-m_i\boldsymbol{a}_i) = -\sum m_i\boldsymbol{a}_i$$

由运动学知识及式(8-14)得

$$\sum m_i\boldsymbol{a}_i = \sum m_i \frac{\mathrm{d}\boldsymbol{v}_i}{\mathrm{d}t} = \frac{\mathrm{d}}{\mathrm{d}t}\left(\sum m_i\boldsymbol{v}_i\right) = \frac{\mathrm{d}}{\mathrm{d}t}(m\boldsymbol{v}_C) = m\boldsymbol{a}_C$$

则上式改写为

$$\boldsymbol{F}'_{\mathrm{gR}} = -m\boldsymbol{a}_C \tag{10-4}$$

式(10-4)表明：无论刚体作什么形式的运动，且无论向哪一点简化，惯性力系的主矢都等于刚体的质量与质心加速度的乘积，方向与质心加速度方向相反。

2. 惯性力系的主矩

惯性力系的主矩随刚体运动形式的不同而不同。下面分别计算平动刚体、定轴转动刚体和平面运动刚体惯性力系的主矩。

1) 平动刚体

刚体平动时，各质点的加速度在每一瞬时都相同，均等于质心 C 的加速度，即 $\boldsymbol{a}_i=\boldsymbol{a}_C$。则刚体内质量为 m_i 的任一质点 i 的惯性力为 $\boldsymbol{F}_{\mathrm{g}i}=-m_i\boldsymbol{a}_i=-m_i\boldsymbol{a}_C$，于是平动刚体上各点的惯性力组成一个同向平行力系，如图 10-2 所示。

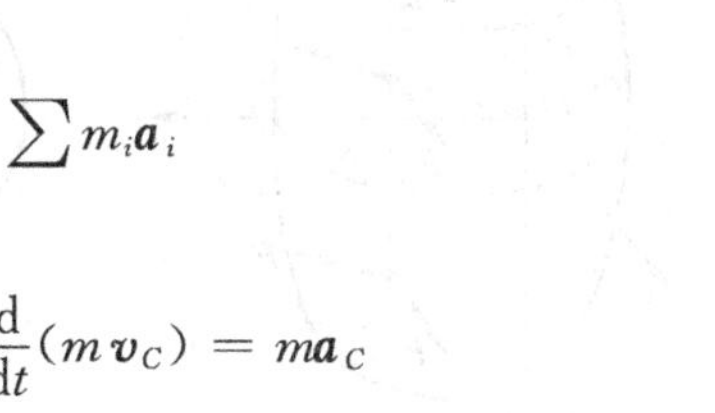

图　10-2

将此惯性力系向质心 C 简化，则惯性力系的主矩为

$$\boldsymbol{M}_{\mathrm{g}C} = \sum \boldsymbol{M}_C(\boldsymbol{F}_{\mathrm{g}i}) = \sum \boldsymbol{r}_{iC}\times\boldsymbol{F}_{\mathrm{g}i} = -\sum \boldsymbol{r}_{iC}\times(m_i\boldsymbol{a}_C) = -\left(\sum m_i\boldsymbol{r}_{iC}\right)\times\boldsymbol{a}_C$$

由于 $\sum m_i\boldsymbol{r}_{iC} = m\boldsymbol{r}_{CC}$，则上式改写为

$$\boldsymbol{M}_{gC}=-m\boldsymbol{r}_{CC}\times\boldsymbol{a}_C$$

式中 $\boldsymbol{r}_{CC}$ 为质心 C 对其本身的位置矢径,故 $\boldsymbol{r}_{CC}=0$,于是

$$\boldsymbol{M}_{gC}=0$$

通过以上分析可得结论:平动刚体惯性力系简化为过其质心 C 的一个合力 $\boldsymbol{F}_{gR}$,其大小等于刚体的质量与质心加速度的乘积,方向与质心加速度方向相反,如图 10-2 所示。即

$$\boldsymbol{F}_{gR}=-m\boldsymbol{a}_C \tag{10-5}$$

2) 定轴转动刚体

本书只讨论具有质量对称面,而且转轴垂直于质量对称面的特殊的定轴转动刚体。

设刚体绕固定轴 z 转动,具有质量对称面 S,S 与转轴 z 垂直相交于点 O,点 O 称为质量对称面内的转动中心。某瞬时刚体具有角速度 ω,角加速度 α,如图 10-3(a)所示。

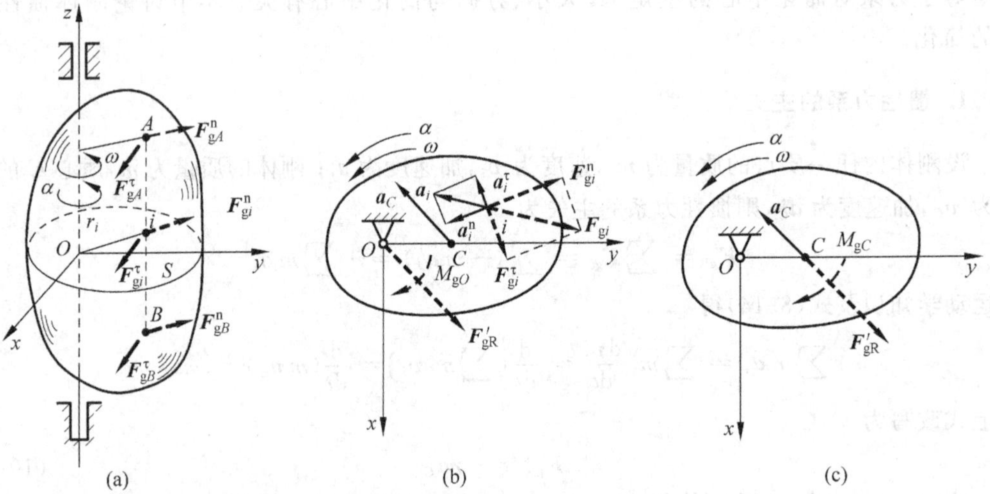

图 10-3

由于转轴 z 垂直于质量对称面 S,故刚体的空间惯性力系首先简化为质量对称面内的平面力系。质量对称面内任一点 i 的惯性力为 $\boldsymbol{F}_{gi}=-m_i\boldsymbol{a}_i$,其中 m_i 为刚体上过点 i 并垂直于质量对称面 S 的柱状元素的质量,$\boldsymbol{a}_i$ 为点 i 的加速度。由运动学知识可知,定轴转动刚体上任一点的加速度可分解为法向加速度和切向加速度两项,即 $\boldsymbol{a}_i=\boldsymbol{a}_i^{n}+\boldsymbol{a}_i^{\tau}$。于是质点 i 的惯性力 $\boldsymbol{F}_{gi}$ 也相应分解为法向惯性力 $\boldsymbol{F}_{gi}^{n}$ 和切向惯性力 $\boldsymbol{F}_{gi}^{\tau}$ 两项,即 $\boldsymbol{F}_{gi}=\boldsymbol{F}_{gi}^{n}+\boldsymbol{F}_{gi}^{\tau}=-m_i\boldsymbol{a}_i^{n}-m_i\boldsymbol{a}_i^{\tau}$,其中 $F_{gi}^{n}=m_ia_i^{n}=m_ir_i\omega^2$,$F_{gi}^{\tau}=m_ia_i^{\tau}=m_ir_i\alpha$,方向分别与质点 i 的法向加速度 $\boldsymbol{a}_i^{n}$ 和切向加速度 $\boldsymbol{a}_i^{\tau}$ 相反,如图 10-3(b)所示。

将质量对称面内的平面惯性力系进一步简化。取转动中心点 O 为简化中心,则惯性力系的主矩为

$$\begin{aligned}M_{gO}&=\sum M_O(\boldsymbol{F}_{gi})=\sum M_O(\boldsymbol{F}_{gi}^{n})+\sum M_O(\boldsymbol{F}_{gi}^{\tau})=\sum M_O(\boldsymbol{F}_{gi}^{\tau})\\&=-\sum m_ia_i^{\tau}r_i=-\sum m_ir_i\alpha r_i=-\left(\sum m_ir_i^2\right)\alpha\end{aligned}$$

即

$$M_{gO}=-J_O\alpha$$

式中,J_O 为刚体对转轴的转动惯量,负号表示惯性主矩 M_{gO} 的转向与角加速度 α 转向相反。

通过以上分析可得结论：具有质量对称面的刚体绕垂直于质量对称面的转轴转动时，惯性力系向质量对称面内的转动中心 O 简化，得到过转动中心 O 的一个力 $\boldsymbol{F}'_{gR}$ 以及一个力偶 M_{gO}，其中力的大小等于刚体的质量与质心加速度的乘积，方向与质心加速度方向相反，力偶矩大小等于刚体对转轴的转动惯量与角加速度的乘积，转向与角加速度转向相反，如图 10-3(b)所示。即

$$\left.\begin{aligned} \boldsymbol{F}'_{gR} &= -m\boldsymbol{a}_C \\ M_{gO} &= -J_O\alpha \end{aligned}\right\} \tag{10-6}$$

质量对称面内的平面惯性力系也可以向对称面内任一点简化。若向质心 C 简化，只要将图 10-3(b)所示的简化结果按力的平移定理向质心 C 移动，就可得如下结论：

具有质量对称面的刚体绕垂直于质量对称面的转轴转动时，惯性力系向质心 C 简化，得到过质心 C 的一个力 $\boldsymbol{F}'_{gR}$ 以及一个力偶 M_{gC}，其中力的大小等于刚体的质量与质心加速度的乘积，方向与质心加速度方向相反，力偶矩大小等于刚体对质心 C 的转动惯量与角加速度的乘积，转向与角加速度转向相反，如图 10-3(c)所示。即

$$\left.\begin{aligned} \boldsymbol{F}'_{gR} &= -m\boldsymbol{a}_C \\ M_{gC} &= -J_C\alpha \end{aligned}\right\} \tag{10-7}$$

在下列三种情况下，具有质量对称面且绕垂直于质量对称面的转轴转动的刚体的惯性力系的简化结果将更加简单：

(1) 刚体绕质心轴变速转动，即 $\boldsymbol{a}_C=\boldsymbol{0}$，$\alpha\neq 0$。由式(10-6)或(10-7)可知，惯性力系简化为一个合力偶 $M_{gC}=-J_C\alpha$，如图 10-4(a)所示。

(2) 刚体绕非质心轴匀速转动，即 $\boldsymbol{a}_C\neq\boldsymbol{0}$，$\alpha=0$。由式(10-6)或式(10-7)可知，惯性力系简化为一个合力 $\boldsymbol{F}_{gR}=-m\boldsymbol{a}_C=-m\boldsymbol{a}_C^n$，该合力大小为 $mr_C\omega^2$，方向由转动中心 O 指向质心 C，如图 10-4(b)所示。

(3) 刚体绕质心轴匀速转动，即 $\boldsymbol{a}_C=\boldsymbol{0}$，$\alpha=0$。由式(10-6)或式(10-7)可知，$\boldsymbol{F}'_{gR}=\boldsymbol{0}$，$M_{gC}=0$。刚体惯性力系自身相互平衡。这种现象称为动平衡。

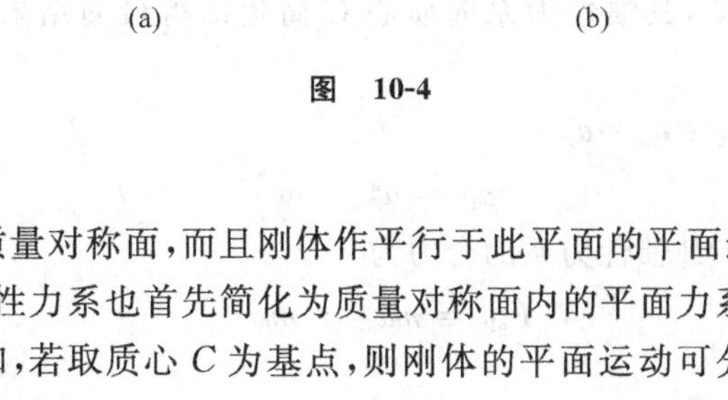

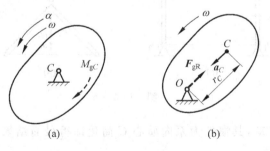

图 10-4

3) 平面运动刚体

本书只讨论具有质量对称面，而且刚体作平行于此平面的平面运动的特殊情况。这种情况下，刚体的空间惯性力系也首先简化为质量对称面内的平面力系。

由运动学知识可知，若取质心 C 为基点，则刚体的平面运动可分解为随质心 C 的平动和绕质心 C 的转动两部分。

设质心 C 的加速度为 $\boldsymbol{a}_C$，刚体的角加速度为 α，如图 10-5 所示。由平动刚体和定轴转动刚体惯性力系的简化结果知：随质心 C 平动部分的惯性力系简化为过质心 C 的一个力 $\boldsymbol{F}'_{gR}=-m\boldsymbol{a}_C$；绕质心 C 转动部分的惯性力系简化为一个力偶 $M_{gC}=-J_C\alpha$。于是，可得如下结论：

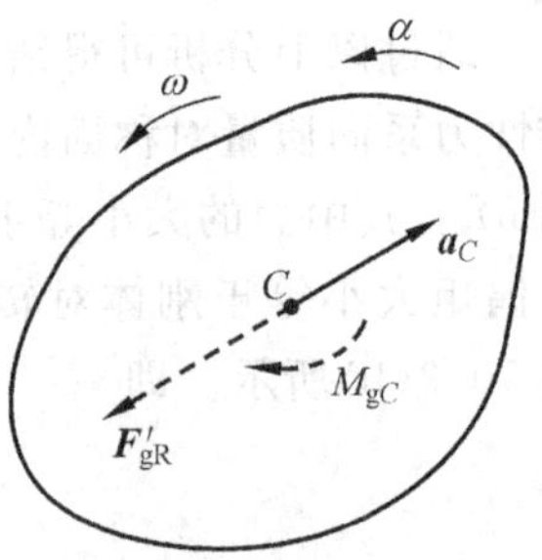

图 10-5

具有质量对称面，而且平行于此平面作平面运动的刚体，其惯性力系向质心 C 简化，得到过质心 C 的一个力 $\boldsymbol{F}'_{gR}$ 以及一个力偶 M_{gC}，其中力的大小等于刚体的质量与质心加速度的乘积，方向与质心加速度方向相反，力偶矩大小等于刚体对垂直于质量对称面的质心轴 C 的转动惯量与角加速度的乘积，转向与角加速度转向相反，如图 10-5 所示。即

$$\left.\begin{aligned}\boldsymbol{F}'_{gR}&=-m\boldsymbol{a}_C\\ M_{gC}&=-J_C\alpha\end{aligned}\right\}\tag{10-8}$$

由以上讨论可知：刚体运动形式不同，惯性力系的简化结果不同；简化中心不同，即使同一刚体，惯性力系的简化结果也不同。因此，对刚体的惯性力系进行简化时，首先必须弄清刚体的运动形式，其次要明确简化中心。

例 10-1 机构如图 10-6(a)所示，已知：$\overline{O_1A}=\overline{O_2B}=r$，且 $O_1A/\!/O_2B$，杆 O_1A 以匀角速度 ω 绕 O_1 轴转动，均质直角杆 ADB 质量为 m，$\overline{AD}=\overline{BD}$。求图示瞬时，杆 ADB 惯性力系简化的最简结果。

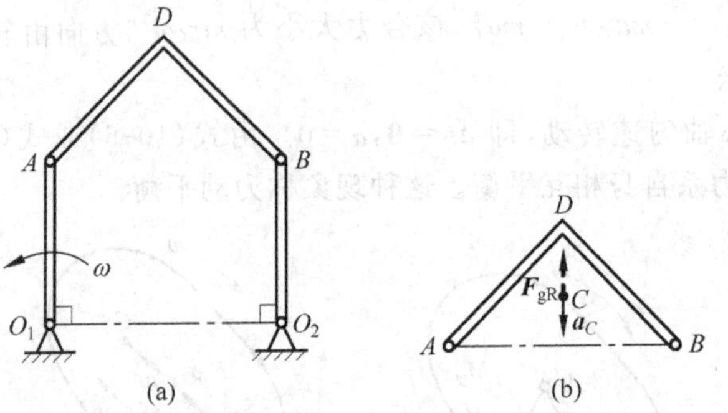

图 10-6

解 杆 ADB 作平动，其惯性力系向质心 C 简化即得最简结果。先求质心 C 的加速度 $\boldsymbol{a}_C$。

由运动学知识，得 $\boldsymbol{a}_C=\boldsymbol{a}_A=\boldsymbol{a}_A^n$

$$a_C=a_A^n=r\omega^2$$

由式(10-5)得杆 ADB 惯性力系的合力为

$$F_{gR}=ma_C=mr\omega^2$$

方向如图 10-6(b)所示。

【例 10-2】 已知图 10-7(a)所示偏心轮为均质圆盘，质量为 m，半径为 R，质心在 C 点，偏心距 $\overline{OC}=R/2$，转动角速度为 ω，角加速度为 α，求偏心轮惯性力系向转动中心 O 的简化结果。

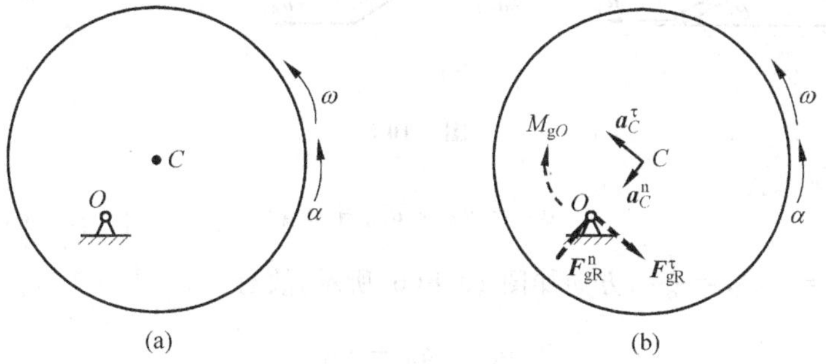

图 10-7

解 偏心轮作定轴转动，其惯性力系向转动中心 O 简化，需先求质心 C 的加速度 $\boldsymbol{a}_C$。由运动学知识得

$$\boldsymbol{a}_C=\boldsymbol{a}_C^{\mathrm{n}}+\boldsymbol{a}_C^{\tau}$$

其中

$$a_C^{\mathrm{n}}=\overline{OC}\omega^2=\frac{R}{2}\omega^2,\quad a_C^{\tau}=\overline{OC}\cdot\alpha=\frac{R}{2}\alpha$$

方向如图 10-7(b)所示。

由式(10-6)得偏心轮惯性力系的主矢为

$$\boldsymbol{F}_{\mathrm{gR}}=\boldsymbol{F}_{\mathrm{gR}}^{\mathrm{n}}+\boldsymbol{F}_{\mathrm{gR}}^{\tau}=-m\boldsymbol{a}_C^{\mathrm{n}}-m\boldsymbol{a}_C^{\tau}$$

其中

$$F_{\mathrm{gR}}^{\mathrm{n}}=ma_C^{\mathrm{n}}=\frac{1}{2}mR\omega^2,\quad F_{\mathrm{gR}}^{\tau}=ma_C^{\tau}=\frac{1}{2}mR\alpha$$

方向如图 10-7(b)所示。

偏心轮惯性力系对转动中心 O 的主矩为

$$M_{\mathrm{g}O}=J_O\alpha=(J_C+m\overline{OC}^2)\alpha=\frac{3}{4}mR^2\alpha$$

其转向与角加速度 α 转向相反，如图 10-7(b)所示。

例 10-3 均质细杆支承如图 10-8(a)所示，已知杆长为 l，重为 P，斜面倾角 $\varphi=60°$。若杆与水平面夹角 $\theta=30°$ 的瞬时，A 端的加速度为 $\boldsymbol{a}_A$，杆的角速度为零，角加速度为 α。试求该瞬时杆上惯性力系的简化结果。

解 杆 AB 作平面运动，可将其惯性力系向质心 C 简化，故需先求质心 C 的加速度 $\boldsymbol{a}_C$。以杆的端点 A 为基点，由运动学知识得

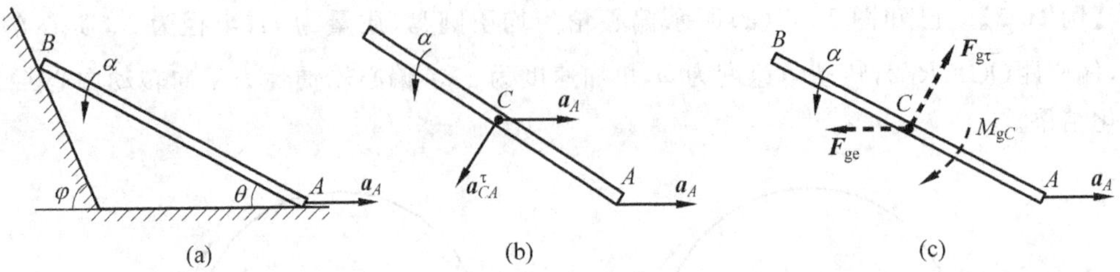

图 10-8

$$\boldsymbol{a}_C = \boldsymbol{a}_A + \boldsymbol{a}_{CA}^{n} + \boldsymbol{a}_{CA}^{\tau}$$

其中 $a_{CA}^{n}=\dfrac{l}{2}\omega^2=0$，$a_{CA}^{\tau}=\dfrac{l}{2}\alpha$，方向如图 10-8(b)所示，故有

$$\boldsymbol{a}_C = \boldsymbol{a}_A + \boldsymbol{a}_{CA}^{\tau}$$

由式(10-8)得杆惯性力系的主矢为

$$\boldsymbol{F}_{gR} = -\frac{P}{g}\boldsymbol{a}_C = -\frac{P}{g}(\boldsymbol{a}_A + \boldsymbol{a}_{CA}^{\tau}) = \boldsymbol{F}_{ge} + \boldsymbol{F}_{g\tau}$$

其中

$$F_{ge} = \frac{P}{g}a_A,\quad F_{g\tau} = \frac{P}{g}a_{CA}^{\tau} = \frac{Pl}{2g}\alpha$$

方向如图 10-8(c)所示。

杆惯性力系对质心 C 的主矩为

$$M_{gC} = J_C\alpha = \frac{P}{12g}l^2\alpha$$

转向如图 10-8(a)所示。

10.3 达朗贝尔原理应用举例

应用达朗贝尔原理可以求解质点系动力学的两类基本问题，即已知力求运动或已知运动求力。尤其对于刚体或刚体系既求运动又求力的综合问题，达朗贝尔原理具有明显的优势。

例 10-4 水平均质细杆 AB，质量 $m=12\text{kg}$，长 $l=1\text{m}$，A 端用铰链连接，B 端用铅直绳吊住，如图 10-9(a)所示，现将绳子突然割断，求此时杆的角加速度和铰链 A 处的约束反力。

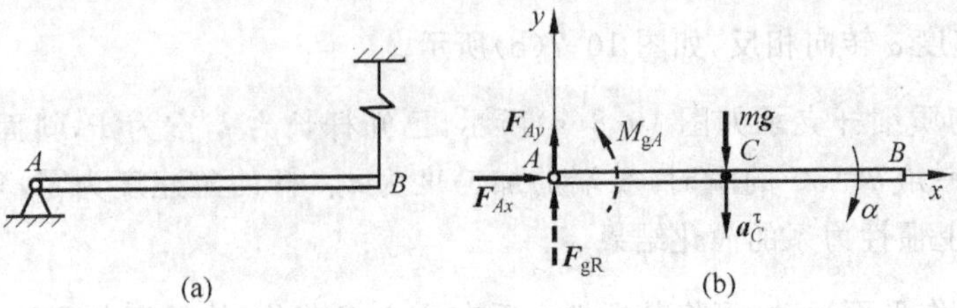

图 10-9

解　取杆 AB 为研究对象，当绳子突然割断瞬时，作用在杆上的力有重力 mg，铰链 A 的约束反力 $\boldsymbol{F}_{Ax}$，$\boldsymbol{F}_{Ay}$。此时杆的角速度 $\omega=0$，角加速度 $\alpha\neq0$，杆质心 C 的法向加速度 $a_C^n=\frac{l}{2}\omega^2=0$，切向加速度 $a_C^\tau=\frac{l}{2}\alpha$，绳子割断后，杆 AB 将绕轴 A 转动。将杆 AB 的惯性力系向点 A 简化，如图 10-9(b)所示，其中

$$F_{gR}=ma_C^\tau=\frac{1}{2}ml\alpha,\quad M_{gA}=J_A\alpha=\frac{1}{3}ml^2\alpha \tag{1}$$

这样，力 mg，$\boldsymbol{F}_{Ax}$，$\boldsymbol{F}_{Ay}$，$\boldsymbol{F}_{gR}$ 和 M_{gA} 在形式上组成一平衡力系。应用达朗贝尔原理列方程得

$$\begin{aligned}&\sum M_A(\boldsymbol{F})=0,\quad M_{gA}-\frac{mgl}{2}=0\\&\sum X=0,\qquad F_{Ax}=0\\&\sum Y=0,\qquad F_{Ay}+F_{gR}-mg=0\end{aligned} \tag{2}$$

将式(1)代入方程组(2)，解方程得

$$\alpha=\frac{3g}{2l}=14.7\text{rad/s}^2,\quad F_{Ax}=0,\quad F_{Ay}=mg-\frac{ml\alpha}{2}=29.4\text{N}$$

应当注意，惯性力的方向及惯性力偶的转向已在受力图上考虑，因此，计算惯性力和惯性力偶矩大小时，不能带负号。

讨论　本题为刚体由静止状态突然产生运动的一类动力学问题。这类问题求解的关键有两点：①明确刚体在突然产生运动瞬时，刚体的平衡状态已不存在，应作为动力学问题进行分析。在此瞬时，刚体各点的速度为零，加速度不为零。若刚体存在转动成分，则刚体的角速度为零，角加速度不为零；②正确判断产生运动后刚体的运动形式。

本题亦可采用动量原理求解。读者可自行比较两种方法在求解这类问题时应注意的问题。

例 10-5　如图 10-10(a)所示，质量为 m，半径为 r 的滑轮上绕有不可伸长的软绳，绳的一端固定于点 A，滑轮视为均质圆盘，令滑轮自由下落，不计软绳的质量，求轮心 C 的加速度和绳子的拉力。

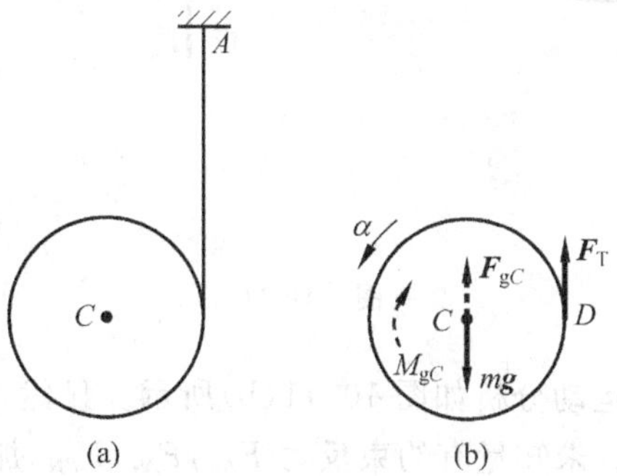

图　10-10

解　取滑轮为研究对象，作用在滑轮上的力有重力 mg，绳子的拉力 $\boldsymbol{F}_T$。滑轮作平面运动，设其质心 C 的速度及加速度分别为 $\boldsymbol{v}_C$、$\boldsymbol{a}_C$(铅直向下)，轮的角加速度为 α(逆时针转

向)。由运动学知识可知,轮的角速度 $\omega=v_C/r$,角加速度 $\alpha=a_C/r$。

滑轮惯性力系向质心 C 简化,其主矢、主矩大小分别为

$$F_{gC}=ma_C,\quad M_{gC}=J_C\alpha=\frac{1}{2}mr^2\alpha=\frac{1}{2}mra_C \tag{1}$$

方向如图 10-10(b)所示。

应用达朗贝尔原理列方程得

$$\begin{cases}\sum Y=0, & F_T+F_{gC}-mg=0\\ \sum M_C(\boldsymbol{F})=0, & M_{gC}-F_Tr=0\end{cases} \tag{2}$$

将式(1)代入方程组(2),解方程得

$$a_C=\frac{2g}{3},\quad F_T=\frac{mg}{3}$$

例 10-6 如图 10-11(a)所示,均质圆轮铰接于水平梁的中点。已知:轮半径为 r,重为 P,梁长为 $2l$,重为 $3P$,绕在轮上的绳的一端挂一重为 P 的物块 G。求系统运动时支座 B 的反力。

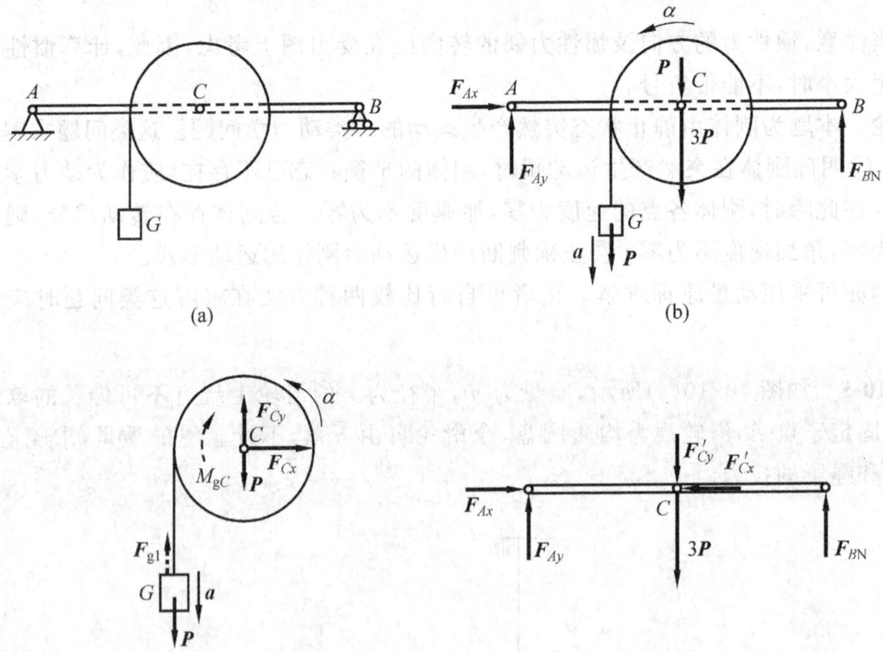

图 10-11

解 对系统受力分析、运动分析如图 10-11(b)所示。显然,系统中只有轮和物块 G 运动,而水平梁 AB 静止不动。未知量有约束反力 F_{Ax},F_{Ay},F_{BN},加速度 a 及角加速度 α,共计 5 个。

(1) 取轮和物块 G 为研究对象。画出全部外力(主动力和约束反力)及虚加的惯性力如图 10-11(c)所示,这是一个形式上的平面平衡力系。其中

$$F_{g1}=\frac{P}{g}a,\quad M_{gC}=J_C\alpha=\frac{P}{2g}r^2\alpha \tag{1}$$

考虑到运动学条件

$$a=r\alpha \tag{2}$$

应用达朗贝尔原理列方程得

$$\begin{aligned}&\sum X=0,\quad F_{Cx}=0\\&\sum Y=0,\quad F_{g1}+F_{Cy}-2P=0\\&\sum M_C(\boldsymbol{F})=0,\quad -M_{gC}-F_{g1}r+Pr=0\end{aligned} \tag{3}$$

将式(1)、(2)代入方程组(3)，解方程组得

$$a=\frac{2g}{3},\quad F_{Cx}=0,\quad F_{Cy}=\frac{4P}{3}$$

(2) 取水平梁 AB 为研究对象，其受力分析如图 10-11(d)所示。因其静止不动，水平梁 AB 所受力系为一个平衡力系，列静平衡方程得

$$\sum M_A(\boldsymbol{F})=0,\quad 3Pl+F'_{Cy}l-2F_{BN}l=0 \tag{4}$$

解方程得

$$F_{BN}=\frac{13P}{6}$$

讨论　本题应用动静法求解时，解题方案也有其他形式。可以首先以轮和物块 G 为研究对象，对其形式平衡力系列出"平衡"方程 $\sum M_C(\boldsymbol{F})=0$，求出物块 G 的加速度 a；再以整个系统为研究对象，对其形式平衡力系列出"平衡"方程 $\sum M_A(\boldsymbol{F})=0$，求出支座 B 的反力 F_{BN}。此方案仅用了两个"平衡"方程就得到所求未知量，比上述解题方案更为简捷。

本题亦可综合应用动能定理及达朗贝尔原理求解。

例 10-7　图 10-12(a)所示系统位于铅直面内，由两相同的均质细杆铰接而成，D 端搁在光滑的水平面上。已知：杆长均为 l，质量均为 m，不计滑道摩擦，杆 AB 铅直。试用达朗贝尔原理求 $\theta=60°$开始运动瞬时，杆 BD 的角加速度及 D 处的约束反力。

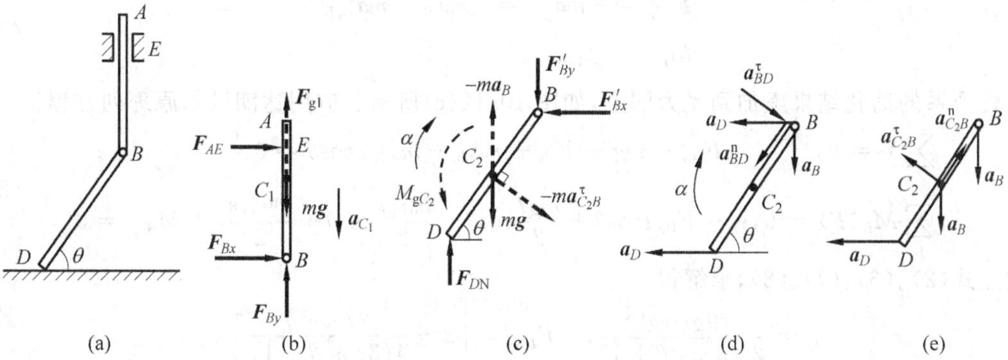

图　10-12

解　系统运动，杆 AB 作平动，杆 BD 作平面运动，它们的受力分析、运动分析分别如图 10-12(b)、(c)所示。设杆 AB 质心 C_1 向下运动的加速度为 $\boldsymbol{a}_{C_1}$，杆 BD 质心 C_2 的加速度

为 $\boldsymbol{a}_{C_2}$，转动的角加速度为 α，则虚加惯性力后可用达朗贝尔原理求解。

在图 10-12(c)中，杆 BD 质心 C_2 的加速度 $\boldsymbol{a}_{C_2}$ 大小、方向均未知，可以点 B 为基点，求 $\boldsymbol{a}_{C_2}$，分以下两步进行。

(1) 以 D 点为基点，求 B 点的加速度。加速度矢量图如图 10-12(d)所示。加速度矢量方程为

$$\boldsymbol{a}_B = \boldsymbol{a}_D + \boldsymbol{a}_{BD}^{n} + \boldsymbol{a}_{BD}^{\tau} \tag{1}$$

其中 $a_{BD}^{\tau} = l\alpha$，因为开始运动的瞬时，杆 BD 的角速度为 $\omega_{BD}=0$，故有 $a_{BD}^{n} = l\omega_{BD}^2 = 0$。于是由式(1)得

$$a_B = a_{BD}^{\tau}\cos\theta = l\alpha\cos\theta \tag{2}$$

(2) 再以 B 点为基点，求 C_2 点的加速度。加速度矢量图如图 10-12(e)所示。加速度矢量方程为

$$\boldsymbol{a}_{C_2} = \boldsymbol{a}_B + \boldsymbol{a}_{C_2B}^{n} + \boldsymbol{a}_{C_2B}^{\tau} \tag{3}$$

其中

$$a_{C_2B}^{\tau} = \frac{l}{2}\alpha,\quad a_{C_2B}^{n} = \frac{l}{2}\omega_{BD}^2 = 0$$

所以

$$\boldsymbol{a}_{C_2} = \boldsymbol{a}_B + \boldsymbol{a}_{C_2B}^{\tau}$$

取杆 AB 为研究对象，受力分析、运动分析如图 10-12(b)所示。因其作平动，故其惯性力系向质心 C_1 简化得

$$F_{g1} = ma_{C_1} = ma_B \tag{4}$$

惯性合力虚加到受力图上，如图 10-12(b)所示。应用达朗贝尔原理列方程得

$$\sum Y = 0,\quad F_{g1} - mg + F_{By} = 0 \tag{5}$$

联立式(2)、式(4)、式(5)，求解得

$$F_{By} = mg - ml\alpha\cos\theta \tag{6}$$

再取杆 BD 为研究对象，受力分析、运动分析如图 10-12(c)所示。因其作平面运动，故其惯性力系向质心 C_2 简化得

$$\begin{aligned} \boldsymbol{F}_{gC_2} &= -m\boldsymbol{a}_{C_2} = -m\boldsymbol{a}_B - m\boldsymbol{a}_{C_2B}^{\tau} \\ M_{gC_2} &= J_{C_2}\alpha \end{aligned} \tag{7}$$

惯性力系的简化结果虚加到受力图上，如图 10-12(c)所示。应用达朗贝尔原理列方程得

$$\begin{aligned} &\sum Y = 0,\quad F_{DN} - mg - F'_{By} + ma_B - ma_{C_2B}^{\tau}\cos\theta = 0 \\ &\sum M_B(\boldsymbol{F}) = 0,\quad -F_{DN}l\cos\theta + \frac{mgl}{2}\cos\theta - \frac{ma_Bl}{2}\cos\theta + \frac{ma_{C_2B}^{\tau}}{2}l + M_{gC_2} = 0 \end{aligned} \tag{8}$$

联立式(2)、(6)、(7)、(8)，求解得

$$\alpha = \frac{9g\cos\theta}{2l(3\cos^2\theta+1)},\quad F_{DN} = \left[2 - \frac{27\cos^2\theta}{4(3\cos^2\theta+1)}\right]mg$$

开始运动瞬时 $\theta=60°$，于是得

$$\alpha = \frac{9g}{7l},\quad F_{DN} = \frac{29}{28}mg$$

通过以上例题分析，将应用达朗贝尔原理求解动力学问题的步骤和要点总结如下：

(1) 根据题意,恰当选择研究对象。

研究对象可以是一个质点(或一个刚体),也可以是几个质点(或刚体)的组合,或者就是整个质点系。研究对象的选取原则与静力学中物系平衡问题的选取原则相同。因而也存在制订和比较解题方案的问题,即确定研究对象的先后次序,建立不同形式的平衡方程等。

(2) 对研究对象进行受力分析。

在受力图上,画出研究对象所受的全部主动力和外约束反力。

(3) 处理研究对象上的惯性力。

首先正确分析研究对象的运动情况,确定其运动形式,进而确定处理其惯性力所需要的运动量。对于刚体系,还要分析各组成刚体相关运动量之间的关系,并将相关运动量图示在受力图上;其次计算相关惯性力的大小;最后将惯性力虚加到受力图上。

(4) 列"平衡"方程,求解未知量。

根据上述主动力、约束反力及惯性力构成的"受力图",按照未知量的分布情况,合理选择投影轴和矩心,列出相应的"平衡"方程,完成求解。

10.4　定轴转动刚体的轴承动反力

刚体绕定轴转动时,由于转子质量不均匀以及制造或安装时的误差,转子对转动轴线常常产生偏心或偏角,转动时出现的惯性力将使轴承处产生除静反力以外的附加反力,这种附加反力称为附加动反力(一般简称动反力)。机器高速转动时,产生的动反力不仅数值可能很大,而且方向也在不断变化,影响机器或机械的平稳运行和正常工作,甚至造成破坏。因此,如何消除动反力,或将它控制在一定范围内,具有重要的意义。

本书将讨论一般情况下(即刚体无质量对称面,或刚体的质量对称面与转轴不垂直)的轴承动反力问题。

1. 一般情况下定轴转动刚体惯性力系的简化

一般刚体定轴转动时,其上任一质点的惯性力为 $\boldsymbol{F}_{gi}=-m_i\boldsymbol{a}_i$,如图 10-13 所示。全部惯性力组成空间力系,将此空间力系向转轴上的任一点 O 简化,得到过点 O 的一个力和一个力偶。这个力等于惯性力系的主矢 $\boldsymbol{F}_{gR}$,这个力偶的矩等于惯性力系对点 O 的主矩 $\boldsymbol{M}_{gO}$,即

$$\boldsymbol{F}_{gR}=\sum\boldsymbol{F}_{gi}=\sum(-m_i\boldsymbol{a}_i)=-\sum m_i\boldsymbol{a}_i$$

$$\boldsymbol{M}_{gO}=\sum M_O(\boldsymbol{F}_{gi})$$

如前所述,此惯性力系的主矢为

$$\boldsymbol{F}_{gR}=-m\boldsymbol{a}_C \tag{10-9}$$

式中 m 为刚体的质量,$\boldsymbol{a}_C$ 为刚体质心的加速度。由于刚体定轴转动时 $\boldsymbol{a}_C$ 与转轴垂直,因而 $\boldsymbol{F}_{gR}$ 垂直于转轴。

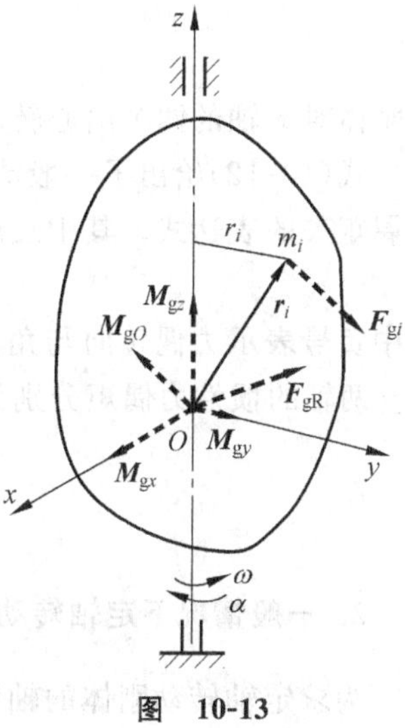

图　10-13

为求惯性力系对点 O 的主矩 $\boldsymbol{M}_{gO}$,现将质点的速度 $\boldsymbol{v}_i$ 和加速度 $\boldsymbol{a}_i$ 写成矢积形式,即

$$\boldsymbol{v}_i=\boldsymbol{\omega}\times\boldsymbol{r}_i$$

$$\boldsymbol{a}_i=\boldsymbol{\alpha}\times\boldsymbol{r}_i+\boldsymbol{\omega}\times\boldsymbol{v}_i$$

式中 $\boldsymbol{r}_i$ 为质点到固定点 O 的矢径；$\boldsymbol{\omega}$，$\boldsymbol{\alpha}$ 为刚体沿 z 轴的角速度矢量和角加速度矢量。由此得

$$\begin{aligned}\boldsymbol{M}_{gO}&=\sum\boldsymbol{M}_O(\boldsymbol{F}_{gi})=\sum\boldsymbol{r}_i\times\boldsymbol{F}_{gi}=-\sum\boldsymbol{r}_i\times(m_i\boldsymbol{a}_i)\\&=-\sum\boldsymbol{r}_i\times m_i(\boldsymbol{\alpha}\times\boldsymbol{r}_i)-\sum\boldsymbol{r}_i\times m_i(\boldsymbol{\omega}\times\boldsymbol{v}_i)\end{aligned}\tag{10-10}$$

以 $\boldsymbol{i},\boldsymbol{j},\boldsymbol{k}$ 表示固结于刚体的直角坐标轴 x,y,z 的单位矢量，并写出 $\boldsymbol{r}_i$ 的解析式

$$\boldsymbol{r}_i=x_i\boldsymbol{i}+y_i\boldsymbol{j}+z_i\boldsymbol{k}$$

注意到$\boldsymbol{\omega}$，$\boldsymbol{\alpha}$ 皆沿 z 轴，而 $\boldsymbol{k}\times\boldsymbol{i}=\boldsymbol{j}$，$\boldsymbol{k}\times\boldsymbol{j}=-\boldsymbol{i}$，$\boldsymbol{k}\times\boldsymbol{k}=\boldsymbol{0}$，则有

$$\boldsymbol{\alpha}\times\boldsymbol{r}_i=\alpha\boldsymbol{k}\times(x_i\boldsymbol{i}+y_i\boldsymbol{j}+z_i\boldsymbol{k})=\alpha(x_i\boldsymbol{j}-y_i\boldsymbol{i})$$

$$\boldsymbol{v}_i=\boldsymbol{\omega}\times\boldsymbol{r}_i=\omega\boldsymbol{k}\times(x_i\boldsymbol{i}+y_i\boldsymbol{j}+z_i\boldsymbol{k})=\omega(x_i\boldsymbol{j}-y_i\boldsymbol{i})$$

$$\boldsymbol{\omega}\times\boldsymbol{v}_i=\omega\boldsymbol{k}\times\omega(x_i\boldsymbol{j}-y_i\boldsymbol{i})=-\omega^2(x_i\boldsymbol{i}+y_i\boldsymbol{j})$$

将以上各式代入式(10-10)，得

$$\begin{aligned}\boldsymbol{M}_{gO}&=-\sum(x_i\boldsymbol{i}+y_i\boldsymbol{j}+z_i\boldsymbol{k})\times m_i\alpha(x_i\boldsymbol{j}-y_i\boldsymbol{i})+\sum(x_i\boldsymbol{i}+y_i\boldsymbol{j}+z_i\boldsymbol{k})\times m_i\omega^2(x_i\boldsymbol{i}+y_i\boldsymbol{j})\\&=-\sum m_i\alpha[(x_i^2+y_i^2)\boldsymbol{k}-x_iz_i\boldsymbol{i}-y_iz_i\boldsymbol{j}]+\sum m_i\omega^2(x_iz_i\boldsymbol{j}-y_iz_i\boldsymbol{i})\\&=\left(\alpha\sum m_ix_iz_i-\omega^2\sum m_iy_iz_i\right)\boldsymbol{i}+\left(\alpha\sum m_iy_iz_i+\omega^2\sum m_ix_iz_i\right)\boldsymbol{j}-\alpha\sum m_i(x_i^2+y_i^2)\boldsymbol{k}\end{aligned}\tag{10-11}$$

或

$$\boldsymbol{M}_{gO}=(J_{xz}\alpha-J_{yz}\omega^2)\boldsymbol{i}+(J_{yz}\alpha+J_{xz}\omega^2)\boldsymbol{j}-J_z\alpha\boldsymbol{k}\tag{10-12}$$

式中 $J_z=\sum m_i(x_i^2+y_i^2)=\sum m_ir_i^2$ 为刚体对 z 轴的转动惯量，而

$$\begin{cases}J_{xz}=\sum m_ix_iz_i\\J_{yz}=\sum m_iy_iz_i\end{cases}\tag{10-13}$$

为刚体对 z 轴的两个离心转动惯量或惯性积。

式(10-12)给出了一般情况下，定轴转动刚体惯性力系向转轴上任一点 O 简化的惯性力偶矩矢的表达式。其中最后一项为对转轴 z 的惯性力偶矩，即

$$M_{gz}=-J_z\alpha$$

式中负号表示力偶转向与角加速度转向相反。而惯性力系对固结于刚体并垂直于转轴的 x,y 两轴的惯性力偶矩分别为

$$\begin{cases}M_{gx}=J_{xz}\alpha-J_{yz}\omega^2\\M_{gy}=J_{yz}\alpha+J_{xz}\omega^2\end{cases}\tag{10-14}$$

2. 一般情况下定轴转动刚体的轴承动反力

为求定轴转动刚体的轴承动反力，将此刚体上的主动力系也向转轴上任一点 O 简化，

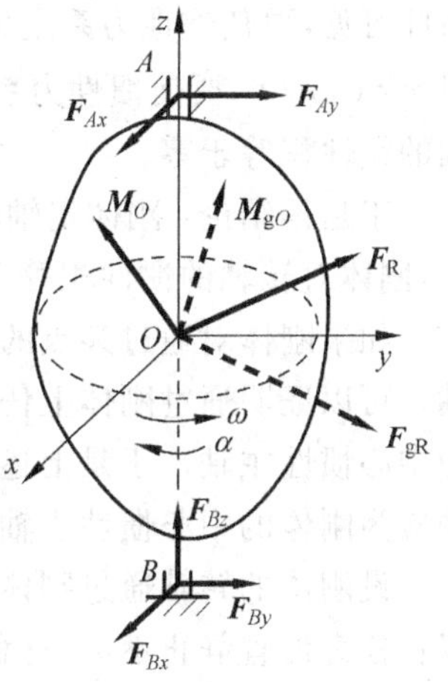

图　10-14

得到过点 O 的一个力 $\boldsymbol{F}_R$ 和一个力偶 $\boldsymbol{M}_O$，加上轴承反力及惯性力系的简化结果，得到如图 10-14所示的形式平衡力系。

根据达朗贝尔原理，可列出下列 6 个方程：

$$
\begin{cases}
F_{Ax}+F_{Bx}+F_{gRx}+F_{Rx}=0\\
F_{Ay}+F_{By}+F_{gRy}+F_{Ry}=0\\
F_{Bz}+F_{Rz}=0\\
-\overline{OA}\cdot F_{Ay}+\overline{OB}\cdot F_{By}+M_{Ox}+M_{gx}=0\\
\overline{OA}\cdot F_{Ax}-\overline{OB}\cdot F_{Bx}+M_{Oy}+M_{gy}=0\\
M_{Oz}+M_{gz}=0
\end{cases}
$$

由前 5 个方程解得轴承反力，即

$$
\begin{cases}
F_{Ax}=-\dfrac{1}{\overline{AB}}[(M_{Oy}+\overline{OB}\cdot F_{Rx})+(M_{gy}+\overline{OB}\cdot F_{gRx})]\\
F_{Ay}=\dfrac{1}{\overline{AB}}[(M_{Ox}-\overline{OB}\cdot F_{Ry})+(M_{gx}-\overline{OB}\cdot F_{gRy})]\\
F_{Bx}=\dfrac{1}{\overline{AB}}[(M_{Oy}-\overline{OA}\cdot F_{Rx})+(M_{gy}-\overline{OA}\cdot F_{gRx})]\\
F_{By}=-\dfrac{1}{\overline{AB}}[(M_{Ox}+\overline{OA}\cdot F_{Ry})+(M_{gx}+\overline{OA}\cdot F_{gRy})]\\
F_{Bz}=-F_{Rz}
\end{cases}
\tag{10-15}
$$

由上式可知，由于惯性力系分布在垂直于转轴的各平面内，止推轴承沿 z 轴的反力 $\boldsymbol{F}_{Bz}$ 与惯性力无关。与 z 轴垂直的轴承反力 $\boldsymbol{F}_{Ax}$，$\boldsymbol{F}_{Ay}$，$\boldsymbol{F}_{Bx}$，$\boldsymbol{F}_{By}$ 由两部分组成：①由主动力引起的静反力；②由惯性力引起的附加动反力。

3. 静平衡与动平衡

要使附加动反力等于零，必须有

$$
\begin{cases}
M_{gx}=M_{gy}=0\\
F_{gRx}=F_{gRy}=0
\end{cases}
$$

即轴承附加动反力等于零的条件是惯性力系主矢等于零，惯性力系对 x，y 两轴的主矩等于零。

由式(10-9)和式(10-14)可得

$$
\begin{cases}
F_{gRx}=Ma_{Cx}=0\\
F_{gRy}=Ma_{Cy}=0\\
M_{gx}=J_{xz}\alpha-J_{yz}\omega^2=0\\
M_{gy}=J_{yz}\alpha+J_{xz}\omega^2=0
\end{cases}
$$

由此可见,要使惯性力系主矢等于零,必须有 $a_C=0$,即转轴必须通过质心;刚体转动时,一般 $\omega\neq0$,$\alpha\neq0$,要使惯性力系对 x,y 两轴的主矩等于零,必须有 $J_{xz}=J_{yz}=0$,即刚体对于转轴的惯性积等于零。

于是得结论:刚体定轴转动时,避免出现轴承附加动反力的条件是转轴通过刚体的质心,刚体对转轴的惯性积等于零。

如果刚体对通过某点的 z 轴的惯性积 $J_{xz}=J_{yz}=0$,则此 z 轴称为通过该点的惯性主轴。可以证明通过刚体上任一点,都有三个相互垂直的惯性主轴。通过质心的惯性主轴称为中心惯性主轴。于是上述结论也可叙述如下:避免出现轴承附加动反力的条件是刚体转轴应为刚体的中心惯性主轴。

设刚体的转轴通过刚体的质心,且除重力外,刚体没有受到其他主动力作用,则刚体可以在任意位置静止不动,这种现象称为静平衡。当刚体的转轴通过质心且为惯性主轴时,刚体转动时不出现轴承附加动反力,这种现象称为动平衡。能够静平衡的转子,不一定实现动平衡。由于材料不十分均匀,为了达到动平衡目的,通常都在安装好之后,用动平衡机进行动平衡试验,并根据试验结果在转子的适当位置附加或挖去一小部分质量,以使转动轴成为中心惯性主轴。

10.5 质点系动力学综合应用

质点系动力学问题可以用动力学基本定理进行研究。本书所讲动力学基本定理包括动力学普遍定理(动量原理和动能定理)以及达朗贝尔原理。这些定理虽然都可以从动力学基本方程导出,但它们研究问题的着眼点不同,提供的动力学方程的数学形式也不同。因而各定理具有各自的特点,也都存在一定的适用范围。

按照动力学基本定理所提供动力学方程的数学形式,可以将这些定理分成标量形式和矢量形式两类。

本书涉及的标量形式的基本定理只有动能定理。动能定理的特点是理想约束反力不在系统动力学方程中出现,仅能提供一个标量形式的动力学方程。因此,对于具有理想约束的单自由度系统,应用动能定理求运动特别方便。而对于多自由度系统求运动或单自由度系统求未知力的问题,应用动能定理相对繁琐,且往往单靠动能定理还不可解,需要结合其他定理求解。

矢量形式的基本定理包括动量原理(动量定理及动量矩定理)和与之等价的达朗贝尔原理。它们共同的特点是研究对象的内力不出现在动力学方程中,并且能提供多个动力学方程。就动量原理的应用而言,若全部的约束反力与某轴垂直,可用动量定理求运动。若全部的约束反力与某定轴共面,可用动量矩定理求运动。若研究对象的受力满足动量或动量矩守恒,宜优先应用相关守恒定律求运动。在已知运动前提下,动量定理宜于求在某轴上产生投影的未知约束反力。动量矩定理宜于求对某定轴产生力矩的未知约束反力和未知力偶。若所求约束反力是内力,需要将研究对象拆分后,再选择动量定理或动量矩定理求解。对于既求运动又求力的综合问题来说,总的原则是先求运动后求力。此外,无论是求运动还是求力,若研究对象是单个刚体,还可根据刚体的运动形式直接应用质心运动定理、刚体定轴转动微分方程以及刚体平面运动微分方程建立动力学方程求解。达朗贝尔原理由于与动量原理等价，因而动量原理能解的所有问题，都可换成达朗贝尔原理求解。由于应用达朗贝尔原理时，取矩轴较之动量矩定理更为灵活多样，求力时也不必先求出运动量，因而达朗贝尔原理在既求运动又求力的综合问题的求解上，比之动量原理更具优势。

所有的动力学问题，都可以采用上述动力学基本定理求解。有的问题只能用某一定理求解，而有的问题则可用不同的定理求解，还有一些较复杂的问题，需要同时应用几个定理才能求解。针对具体问题，应根据问题的类型、约束性质及各定理的特点等，恰当选择一个或几个定理列出动力学方程。同时，动力学问题往往还需要利用运动学关系、摩擦定律，甚至某些条件下的静平衡关系增列补充方程，才能完成问题的求解。当然，动力学问题的求解方法灵活多样，并没有一成不变的规则。上述对各定理的总结，仅是一般原则，读者可参考使用。

例 10-8 图 10-15(a)所示均质圆盘 A 和滑块 B 质量均为 m，圆盘半径为 r，杆 AB 质量不计，平行于倾角为 θ 的斜面。已知滑块与斜面间的摩擦因数为 f，圆盘在斜面上作纯滚动，初时系统静止。求滑块下滑的加速度、圆盘受到的摩擦力以及杆 AB 受到的力。

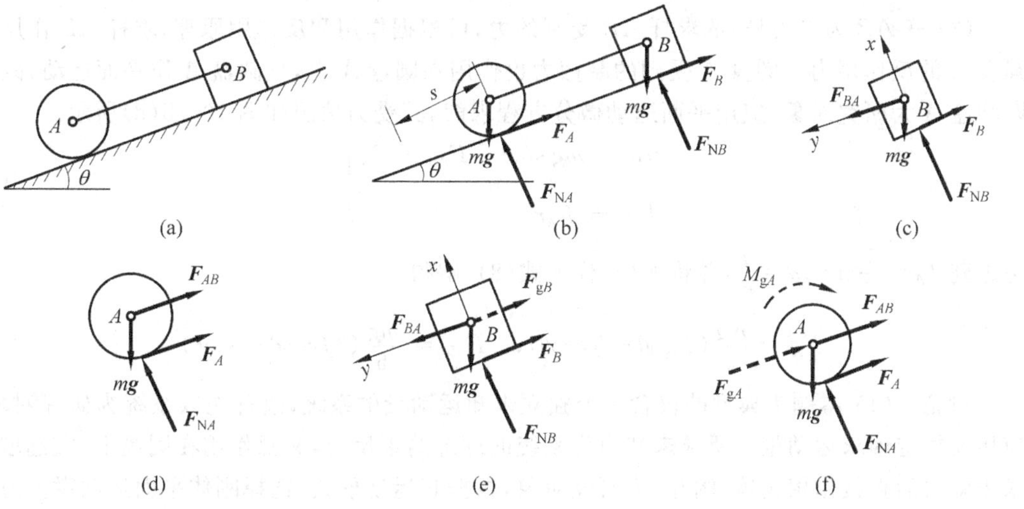

图 10-15

解 (1) 取圆盘、滑块及杆组成的系统为研究对象，受力如图 10-15(b)所示。

设滑块下滑速度为 v，加速度为 a，位移为 s，则圆盘质心 A 的速度为 $v_A=v$，加速度为 $a_A=a$，圆盘 A 的角速度为 $\omega=v/r$，角加速度为 $\alpha=a_A/r=a/r$。

初时系统静止，系统动能为

$$T_1=0$$

滑块下滑位移 s 时，系统动能为

$$T_2=\frac{1}{2}mv_A^2+\frac{1}{2}J_A\omega^2+\frac{1}{2}mv^2=\frac{5}{4}mv^2 \tag{1}$$

在系统向下运动过程中，只有重力和摩擦力 F_B 做功

$$W_{12}=2mgs\sin\theta-F_Bs \tag{2}$$

由动摩擦定律，补充方程

$$F_B=fF_{NB} \tag{3}$$

欲求 F_{NB}，再取滑块 B 为研究对象，受力如图 10-15(c)所示。由于滑块 B 在 x 方向无运动，因此作用在滑块 B 上的力在 x 方向保持平衡，即

$$F_{NB} = mg\cos\theta \tag{4}$$

将式(3)、(4)代入式(2)得

$$W_{12} = mgs(2\sin\theta - f\cos\theta) \tag{5}$$

由动能定理的积分形式列方程，得

$$\frac{5}{4}mv^2 = mgs(2\sin\theta - f\cos\theta) \tag{6}$$

对式(6)两边求导，得

$$\frac{5}{2}ma = mg(2\sin\theta - f\cos\theta)$$

解得

$$a = \frac{2g}{5}(2\sin\theta - f\cos\theta) \tag{7}$$

(2) 杆 AB 为二力杆，欲求杆 AB 受到的力，可根据作用和反作用原理，求杆 AB 作用给圆盘 A 的反作用力。圆盘 A 受到的摩擦力也作用在圆盘 A 上，且圆盘 A 作平面运动，故而取圆盘 A 为研究对象，应用平面运动微分方程求解，其受力情况如图 10-15(d)所示。

$$\left.\begin{aligned} ma &= mg\sin\theta - F_{AB} - F_A \\ J_A\alpha &= F_A r \end{aligned}\right\} \tag{8}$$

考虑到 $J_A = \frac{1}{2}mr^2$，$\alpha = \frac{a}{r}$，并将式(7)代入式(8)，解得

$$F_A = \frac{mg}{5}(2\sin\theta - f\cos\theta), \quad F_{AB} = \frac{mg}{5}(3f\cos\theta - \sin\theta)$$

讨论 (1) 本题为典型的仅含一个独立未知运动量的系统，故首先以系统为研究对象，应用动能定理求运动量。所求未知力为系统的理想约束反力，又都作用在圆盘上，宜选取所求未知力的直接作用物体(圆盘)为研究对象，根据其运动形式，选择刚体平面运动微分方程列出求力的动力学方程。当然，也可直接对圆盘应用达朗贝尔原理列方程，完成未知力的求解。

(2) 本题还可以全部采用达朗贝尔原理，同时完成未知运动量和未知力的求解。解法如下：

① 取滑块 B 为研究对象，其作平动，故而其上惯性力系简化为过质心 B 的一个惯性合力 $\boldsymbol{F}_{gB}$，将其虚加到滑块 B 的受力图上，如图 10-15(e)所示。

$$F_{gB} = ma \tag{1'}$$

应用达朗贝尔原理列方程得

$$\begin{aligned} &\sum X = 0, \quad F_{NB} - mg\cos\theta = 0 \\ &\sum Y = 0, \quad -F_{gB} - F_B + F_{BA} + mg\sin\theta = 0 \end{aligned} \tag{2'}$$

又由动摩擦定律得

$$F_B = fF_{NB} \tag{3'}$$

由式(1')、(2')、(3')整理得

$$-ma-fmg\cos\theta+F_{BA}+mg\sin\theta=0 \qquad (4')$$

② 再取圆盘 A 为研究对象，其作平面运动，故其惯性力系向质心 A 简化，得过质心 A 的一个惯性力 $\boldsymbol{F}_{gA}$ 及一个惯性力偶 M_{gA}，虚加到受力图上，如图 10-15(f)所示。

$$\begin{aligned} F_{gA} &= ma \\ M_{gA} &= J_A\alpha=\frac{mr^2}{2}\cdot\frac{a}{r}=\frac{1}{2}mra \end{aligned} \qquad (5')$$

应用达朗贝尔原理列方程得

$$\begin{aligned} &\sum Y=0, && -F_{gA}-F_A-F_{AB}+mg\sin\theta=0 \\ &\sum M_A(\boldsymbol{F})=0, && F_Ar-M_{gA}=0 \end{aligned} \qquad (6')$$

考虑到 $F_{AB}=F_{BA}$，联立式(4′)、(5′)、(6′)，解方程得

$$a=\frac{2g}{5}(2\sin\theta-f\cos\theta),\quad F_A=\frac{mg}{5}(2\sin\theta-f\cos\theta),\quad F_{AB}=\frac{mg}{5}(3f\cos\theta-\sin\theta)$$

例 10-9　图 10-16(a)所示的起重装置中，均质轮 A 重为 P，半径为 R，均质轮 B 重量为 Q，半径为 r，轮 C 半径为 r，质量不计，其上作用有力偶矩为 M 的常值力偶，且 $R=2r$，倾角为 β，设轮与绳子间无相对滑动。试求：(1)轮心 B 的加速度 a_B；(2)支座 A 的反力。

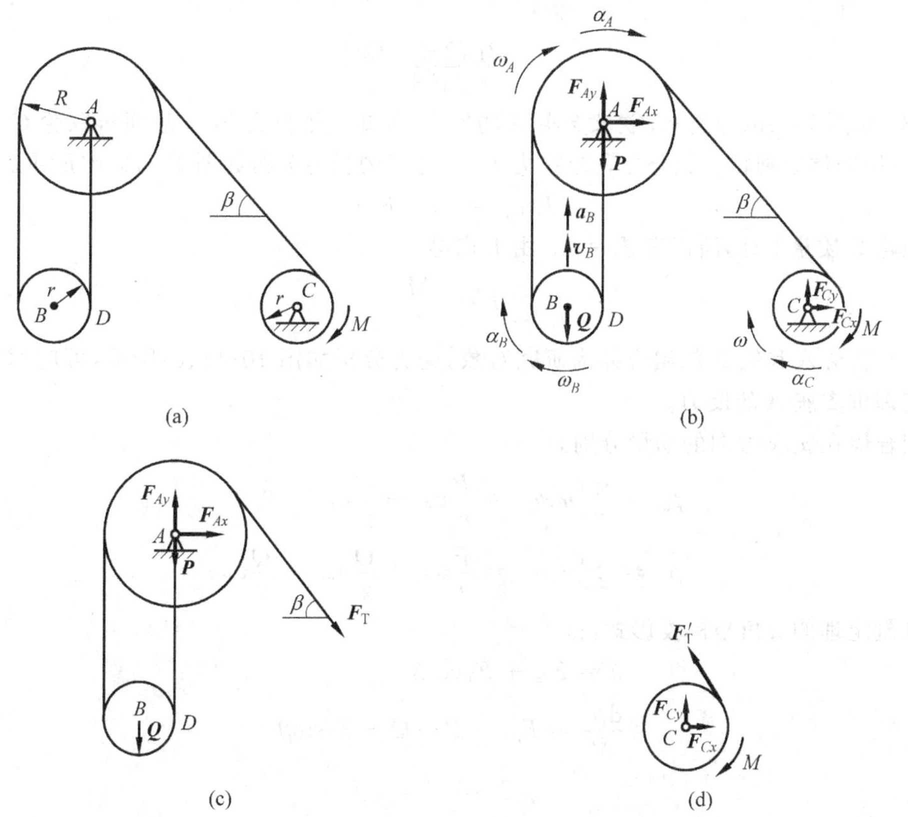

图　10-16

解　(1) 取整个刚体系统为研究对象，受力分析、运动分析如图 10-16(b)所示，可先求

运动后求力。

用动能定理求 a_B。系统所受约束均为理想约束，故主动力的元功为

$$\sum \delta W = M\mathrm{d}\phi_C - Q\mathrm{d}h_B$$

系统任意位置的动能为

$$T = \frac{1}{2}J_A\omega_A^2 + \frac{1}{2}J_B\omega_B^2 + \frac{1}{2}m_B v_B^2$$

$$= \frac{1}{2}\times\frac{PR^2}{2g}\left(\frac{2v_B}{R}\right)^2 + \frac{1}{2}\times\frac{Qr^2}{2g}\left(\frac{v_B}{r}\right)^2 + \frac{Q}{2g}v_B^2$$

$$= \frac{v_B^2}{4g}(4P+3Q)$$

由动能定理的微分形式，列方程得

$$\frac{1}{2g}v_B a_B(4P+3Q)\mathrm{d}t = M\mathrm{d}\varphi_C - Q\mathrm{d}h_B$$

式中，$\mathrm{d}\varphi_C = \omega_C\mathrm{d}t = \frac{2v_B}{r}\mathrm{d}t$，$\mathrm{d}h_B = v_B\mathrm{d}t$，代入上式，整理得

$$\frac{1}{2g}a_B(4P+3Q) = \frac{2M}{r} - Q$$

解得

$$a_B = \frac{2g(2M-Qr)}{r(4P+3Q)}$$

(2) 如图 10-16(c)所示，欲求支座 A 的反力，须知绳子拉力 F_{T}。故而再取轮 C 为研究对象，应用刚体定轴转动微分方程求拉力 F_{T}。轮 C 的受力分析如图 10-16(d)所示。

$$J_C\alpha_C = M - F'_{\mathrm{T}}r$$

考虑到轮 C 质量不计，所以有 $J_C=0$。由上式得

$$F'_{\mathrm{T}} = \frac{M}{r}$$

(3) 取轮 A 和轮 B 的组合体为研究对象，受力分析如图 10-16(c)所示，可应用质点系动量定理求支座 A 的反力。

组合体在 x，y 方向的动量分别为

$$p_x = \sum m_i v_{ix} = \frac{P}{g}v_{Ax} + \frac{Q}{g}v_{Bx} = 0$$

$$p_y = \sum m_i v_{iy} = \frac{P}{g}v_{Ay} + \frac{Q}{g}v_{By} = \frac{Q}{g}v_B$$

代入动量定理的直角坐标投影式，得

$$0 = F_{Ax} + F_{\mathrm{T}}\cos\beta$$

$$\frac{\mathrm{d}p_y}{\mathrm{d}t} = F_{Ay} - P - Q - F_{\mathrm{T}}\sin\beta$$

或

$$F_{Ax} = -F_{\mathrm{T}}\cos\beta = -\frac{M}{r}\cos\beta$$

$$\frac{Q}{g}\frac{\mathrm{d}v_B}{\mathrm{d}t} = F_{Ay} - P - Q - F_{\mathrm{T}}\sin\beta$$

因为 $a_B=\dfrac{dv_B}{dt}$，代入上式得

$$F_{Ay}=P+Q+\frac{M}{r}\sin\beta+\frac{2Q(2M-Qr)}{r(4P+3Q)}$$

讨论　本题求支座 A 的反力时，也可仅取轮 A 和轮 B 的组合体为研究对象，先用对定轴 A 的动量矩定理求得绳子拉力 F_T，再用动量定理求支座 A 的反力。

例 10-10　三棱柱 ABC 质量为 m_2，放在光滑的水平面上，可以无摩擦地滑动，质量为 m_1 的均质圆柱体沿斜边向下滚动而不滑动，如图 10-17(a)所示。若斜面倾角为 θ，试求三棱柱体的加速度。设系统开始静止。

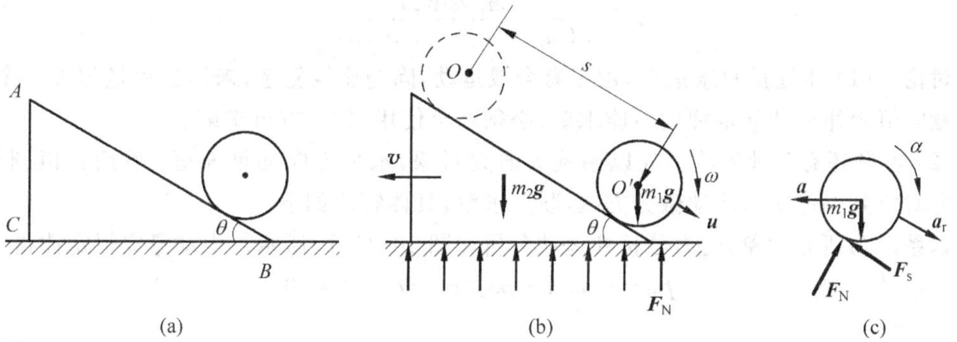

图　10-17

解　取三棱柱和圆柱体组成的系统为研究对象，系统所受的外力有重力 $m_2\boldsymbol{g}$、$m_1\boldsymbol{g}$，反力 $\boldsymbol{F}_N$，如图 10-17(b)所示。系统在水平方向不受外力，则系统水平方向动量守恒。显然，当圆柱体沿斜边 AB 向下滚动时，三棱柱体必向左滑动。

设圆柱体的质心 O 相对于三棱柱体的速度为 $\boldsymbol{u}$，三棱柱体向左滑的速度为 $\boldsymbol{v}$，由于系统初始处于静止状态，则由动量守恒定律得

$$p_x=-m_2v+m_1(u\cos\theta-v)=0$$

解方程得

$$u=\frac{m_2+m_1}{m_1\cos\theta}v \tag{1}$$

由于上式中的 u、v 均为未知量，一个方程不能求解两个未知量，故需要再应用动能定理，建立一个动力学方程，与之联立求解。

位置Ⅰ：初始瞬时，系统动能为

$$T_1=0$$

位置Ⅱ：圆柱体向下滚动距离时 s，系统动能为

$$T_2=\frac{1}{2}m_2v^2+\frac{1}{2}m_1(v^2+u^2-2uv\cos\theta)+\frac{1}{2}J_O\omega^2$$

式中，$J_O=\dfrac{1}{2}m_1r^2$，$\omega=\dfrac{u}{r}$，r 为圆柱体的半径，ω 为圆柱体滚动的角速度。于是

$$T_2=\frac{1}{2}m_2v^2+\frac{1}{2}m_1(v^2+u^2-2uv\cos\theta)+\frac{1}{4}mu^2$$

作用于系统所有力的功为

$$W_{12} = m_1 g s \sin\theta$$

代入积分形式的质点系动能定理表达式，得

$$\frac{1}{2}m_2 v^2 + \frac{1}{2}m_1(v^2 + u^2 - 2uv\cos\theta) + \frac{1}{4}m_1 u^2 = m_1 g s \sin\theta \tag{2}$$

将式(1)代入式(2)得

$$\frac{m_2 + m_1}{4m_1\cos^2\theta}[3(m_2 + m_1) - 2m_1\cos^2\theta]v^2 = m_1 g s \sin\theta$$

将上式两端对时间 t 求一阶导数，并注意到 $\frac{dv}{dt}=a$，$\frac{ds}{dt}=u$，可得三棱柱体的加速度为

$$a = \frac{m_1 g \sin 2\theta}{3(m_2 + m_1) - 2m_1\cos^2\theta}$$

讨论 (1) 本题虽只求运动，由于有合成运动，问题比较复杂，未知运动量超过一个，仅用动量守恒定律或动能定理均不能求解，必须综合使用二者，方可求解。

(2) 本题还有其他解法。先以系统为研究对象，水平方向动量守恒；然后再以圆柱体为研究对象列刚体平面运动微分方程，联立求解，具体解法如下：

以系统为研究对象，受力分析和运动分析如图 10-17(b)所示。由动量守恒定律得

$$p_x = -m_2 v + m_1(u\cos\theta - v) = 0$$

解得

$$u = \frac{m_2 + m_1}{m_1\cos\theta}v$$

将上式两端对时间 t 求一阶导数，得

$$a_r = \frac{m_2 + m_1}{m_1\cos\theta}a$$

再以圆柱体为研究对象，受力分析和运动分析如图 10-17(c)所示。由刚体平面运动微分方程得

$$m_1(a_r - a\cos\theta) = m_1 g\sin\theta - F_s$$

$$\frac{1}{2}m_1 r^2\alpha = F_s r$$

以上三个方程，有四个未知量，即 a_r，a，α，F，为此，要由运动学条件补充一个方程，即

$$\alpha = \frac{a_r}{r}$$

四个方程联立，解得

$$a = \frac{m_1 g\sin 2\theta}{3(m_2 + m_1) - 2m_1\cos^2\theta}$$

习题

10-1 题 10-1 图所示的平面机构中，$AC /\!/ BD$，且 $\overline{AC} = \overline{BD} = d$，均质杆 AB 的质量为 m，长为 l。AB 杆惯性力系的简化结果是什么？

10-2 题 10-2 图所示系统由匀质圆盘和匀质细杆铰接而成。已知：圆盘半径为 r，质

量为 m_2，杆长为 L，质量为 m_1。图示位置，杆的角速度为 ω，角加速度为 α，圆盘的角速度和角加速度均为零。试求该瞬时，系统惯性力系向点 O 简化的主矢及主矩。

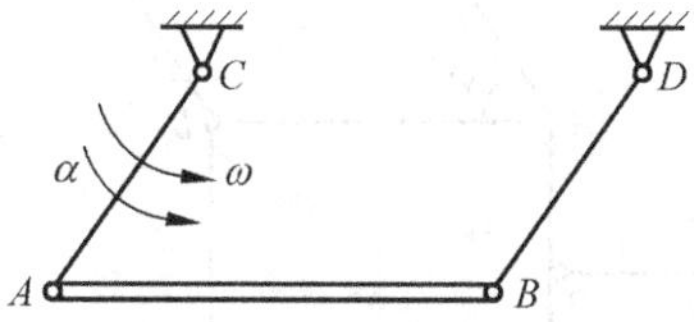

题 10-1 图

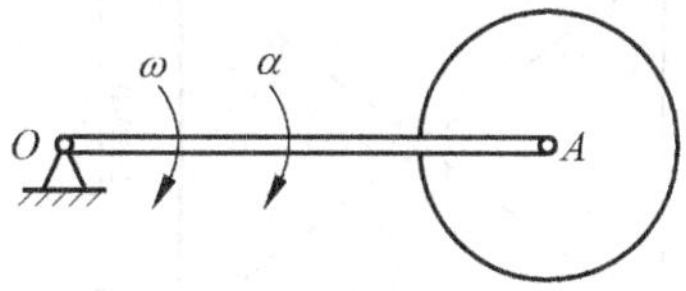

题 10-2 图

10-3　题 10-3 图所示系统中，已知：匀质轮的质量为 m，半径为 r，在半径 $R=4r$ 的固定圆弧面上作纯滚动。若在图示瞬时，轮的角速度为 ω，角加速度为 α。试求该瞬时，轮的惯性力系向点 O 简化的结果。

10-4　直角刚性弯杆 OAB，由 OA 与 AB 固接而成。其中 $\overline{AB}=2R$，$\overline{OA}=R$，AB 杆的质量为 m，OA 杆的质量不计。题 10-4 图所示瞬时，杆绕 O 轴转动的角速度为 ω，角加速度为 α。试求该瞬时，均质杆 AB 的惯性力系向点 O 简化的结果，并将方(转)向标注在图上。

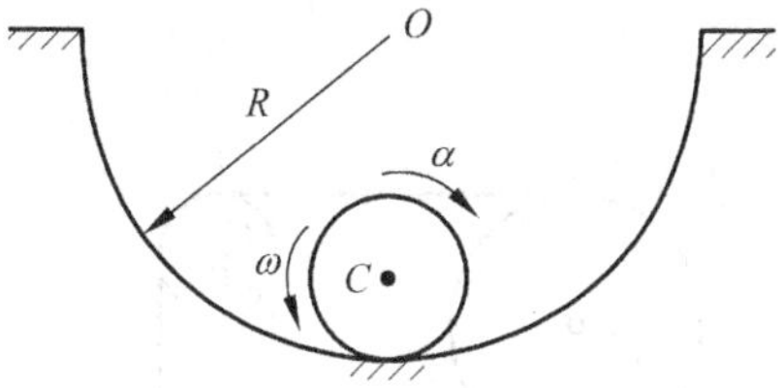

题 10-3 图

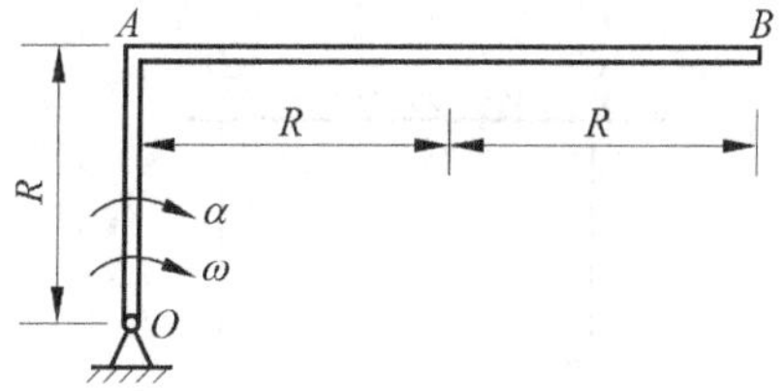

题 10-4 图

10-5　题 10-5 图所示提升矿石的传送带与水平面的倾角为 θ。设传送带以匀加速度 a 运动，为保持矿石不在带上滑动，求传送带所需的摩擦因数。

10-6　题 10-6 图所示均质杆 AB 的质量为 4kg，置于光滑的水平面上。在杆的 B 端作用一水平推力 $P=60\text{N}$，使杆 AB 沿 $\boldsymbol{P}$ 力方向作直线平移。试求杆 AB 的加速度和角 θ 之值。

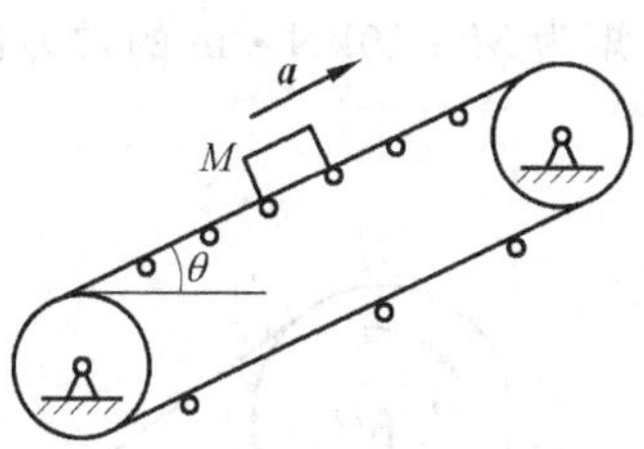

题 10-5 图

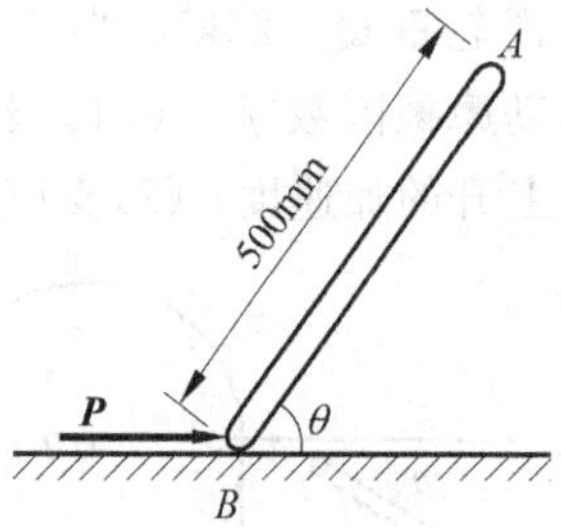

题 10-6 图

10-7　题 10-7 图所示长方形均质平板，质量为 27kg，由两个销 A 和 B 悬挂。如果突然撤去销 B，求在撤去销 B 的瞬时，平板的角加速度和销 A 的约束反力。

10-8　题 10-8 图所示正方形均质平板，重为 400N，由三根绳拉住。板的边长 $b=0.1\text{m}$，$\varphi=60°$，求：当绳 FG 被剪断的瞬时，AD 和 BE 两绳的张力。

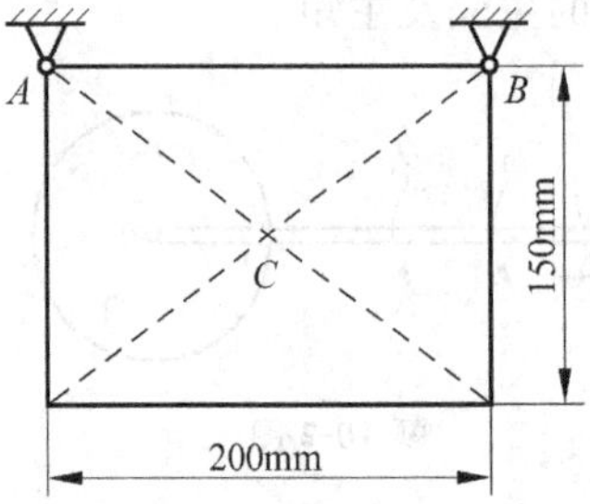

题 10-7 图

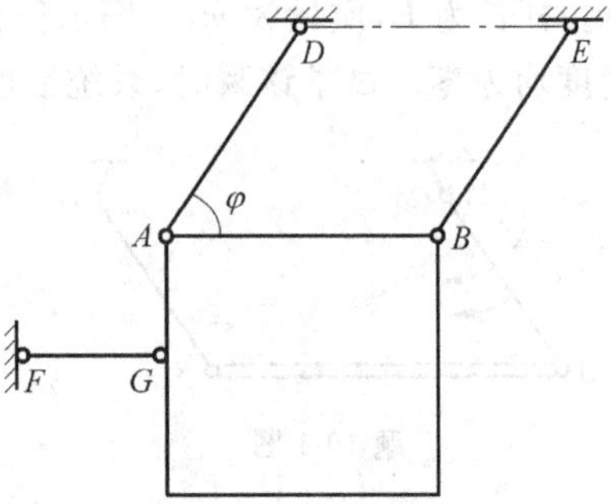

题 10-8 图

10-9　题10-9图所示均质棒AB的质量为$m=4\text{kg}$,其两端悬挂在两条平行绳上,棒处在水平位置。若其中一绳突然断了,求该瞬时另一绳的张力。

10-10　题10-10图所示系统中,已知:匀质轮C重为Q,半径为r,在水平面上作纯滚动,物块A重为P,绳BE段水平,定滑轮质量不计。试用动静法求:(1)轮心C的加速度;(2)轮子与地面间的摩擦力。

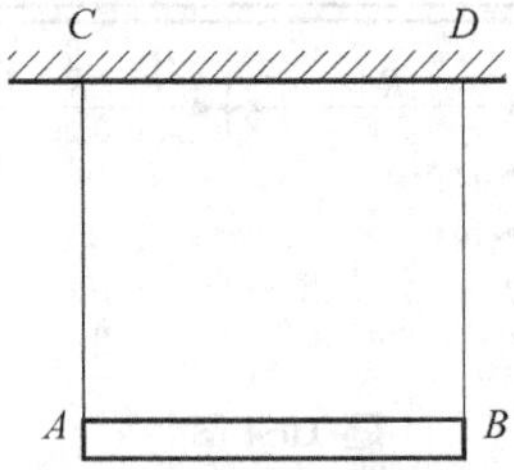

题 10-9 图

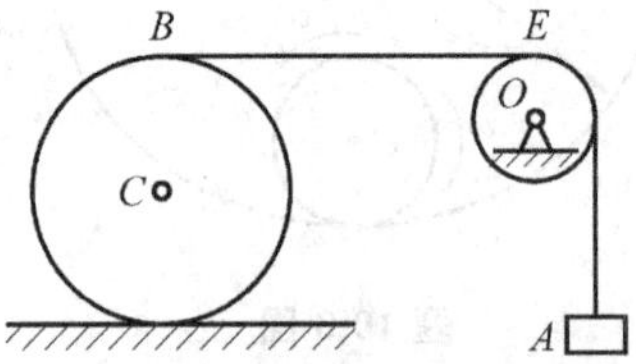

题 10-10 图

10-11　题10-11图所示两重物通过无重滑轮用绳连接,滑轮又铰接在不计重量的支架上。已知:物块G_1,G_2的质量分别为$m_1=50\text{kg}$,$m_2=70\text{kg}$,杆AB长$l_1=120\text{cm}$,A,C间的距离$l_2=80\text{cm}$,夹角$\theta=30°$。试用动静法求杆CD的内力。

10-12　题10-12图所示均质定滑轮装在铅直的不计重量的悬臂梁上,用绳与滑块连接。已知:滑轮重$Q=20\text{kN}$,半径$r=1\text{m}$,滑块重$P=10\text{kN}$,梁OA长为$2r$,斜面的倾角$\tan\theta=3/4$,动摩擦因数$f'=0.1$。若在轮O上作用一矩为$M=10\text{kN}\cdot\text{m}$的常力偶。试求:(1)滑块$B$上升的加速度;(2)支座$A$处的反力。

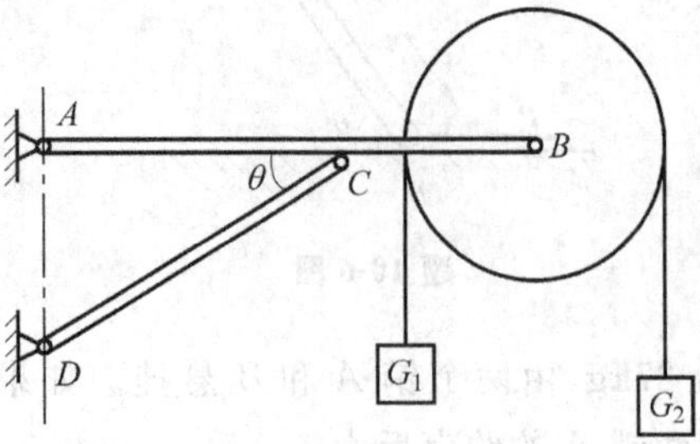

题 10-11 图

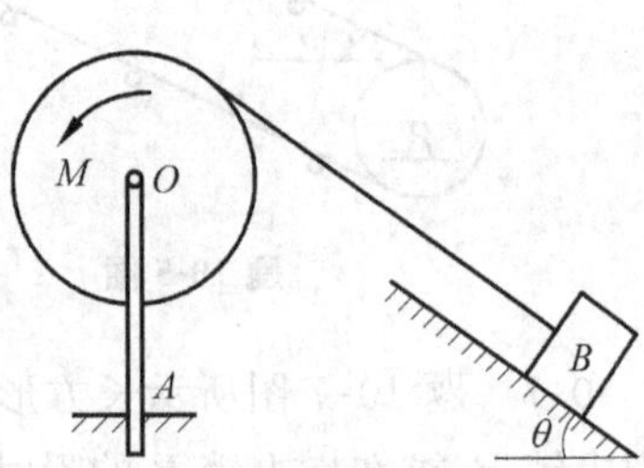

题 10-12 图

10-13　题 10-13 图所示，铅垂面内的曲柄连杆滑块机构，均质直杆$\overline{OA}=r$，$\overline{AB}=2r$，质量分别为 m 和 $2m$，滑块质量为 m。曲柄 OA 匀速转动，角速度为 ω_0。图示瞬时，滑块运行阻力为 F。不计摩擦，求滑道对滑块的约束反力及杆 OA 上的驱动力偶矩 M_0。

10-14　曲柄摇杆机构的曲柄 OA 长为 r，质量为 m，在力偶 M(随时间变化)驱动下以匀角速度 ω_0 转动，并通过滑块 A 带动摇杆 BD 运动。OB 铅垂，BD 可视为质量为 $8m$ 的均质等直杆，长为 $3r$。不计滑块 A 的质量和各处摩擦。题 10-14 图所示瞬时，OA 水平，$\theta=30°$。求此时驱动力偶矩 M 和点 O 处的反力。

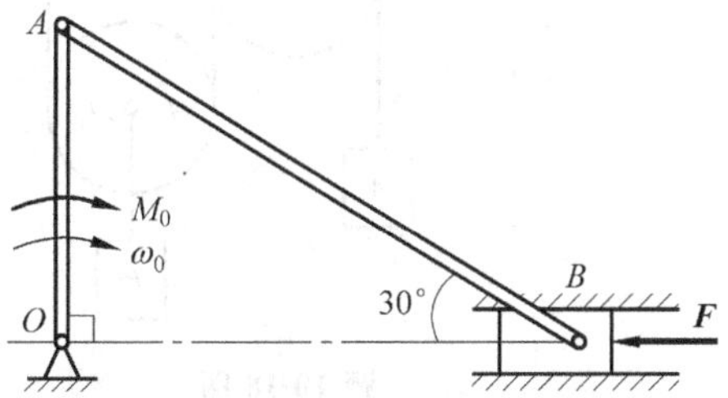

题 10-13 图

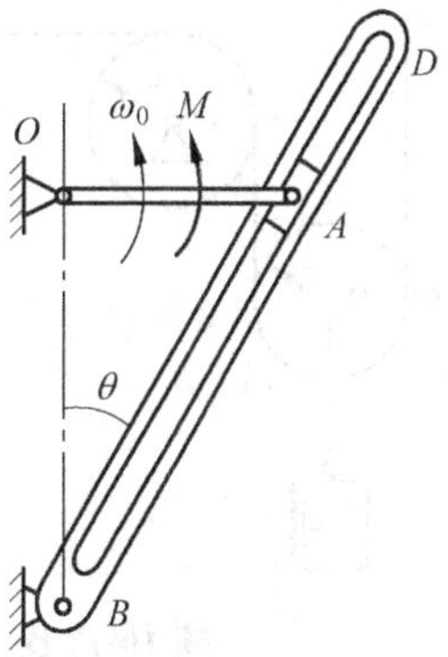

题 10-14 图

综合题

10-15　题 10-15 图所示滚子 A 的质量为 m_1，沿倾角为 θ 的斜面向下滚动而不滑动，滚子借一跨过滑轮 B 的绳提升质量为 m_2 的物体 C，同时滑轮 B 绕轴 O 转动。滚子 A 与滑轮 B 的质量相等，半径相同，且都可视为均质圆盘，求滚子重心的加速度和系在滚子上的绳的张力。

10-16　题 10-16 图所示机构中，沿斜面纯滚动的圆柱体 O' 和鼓轮 O 为均质物体，质量均为 m，半径均为 R。绳子不能伸缩，其质量略去不计。粗糙斜面的倾角为 θ，不计滚动摩擦。如在鼓轮上作用一常力偶 M。求：(1)鼓轮的角加速度；(2)轴承 O 的水平反力。

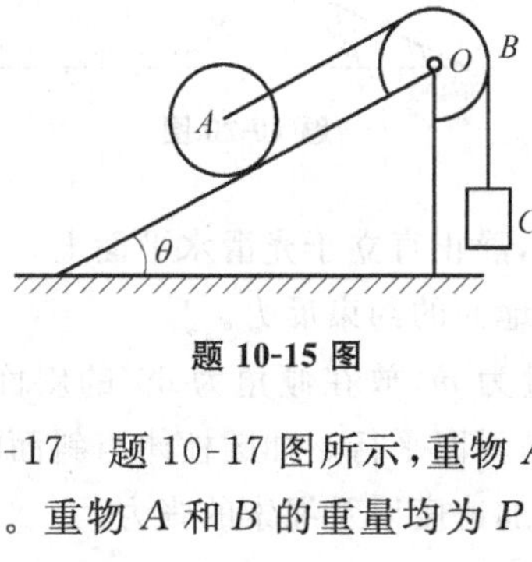

题 10-15 图

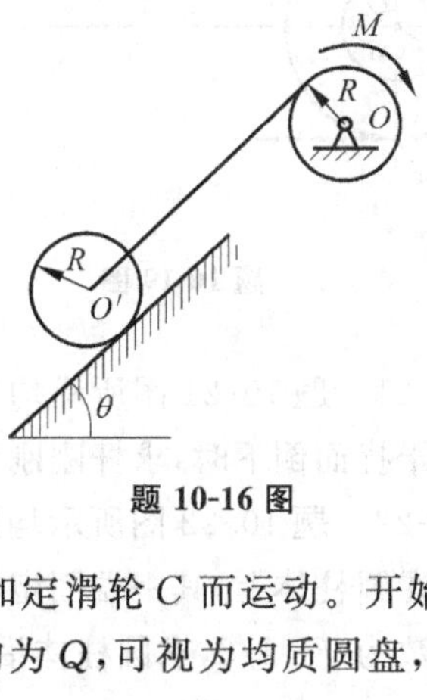

题 10-16 图

10-17　题 10-17 图所示，重物 A 和 B 通过动滑轮 D 和定滑轮 C 而运动。开始时，系统静止。重物 A 和 B 的重量均为 P，滑轮 C 和 D 的重量均为 Q，可视为均质圆盘，重物 B

与水平面间的动滑动摩擦因数为 f'，绳索不可伸长，其质量不计。试求重物 A 下降 h 时的速度、加速度以及 EF 段绳中的拉力。

10-18 题10-18图所示机构中，物块 A、B 的质量均为 m，两均质圆轮 C、D 的质量均为 $2m$，半径均为 R。C 轮铰接于无重悬臂梁 CK 上，D 为动滑轮，梁 CK 的长度为 $3R$，绳与轮间无滑动。系统由静止开始运动，求：(1)物块 A 上升的加速度；(2)HE 段绳的拉力；(3)固定端 K 处的约束反力。

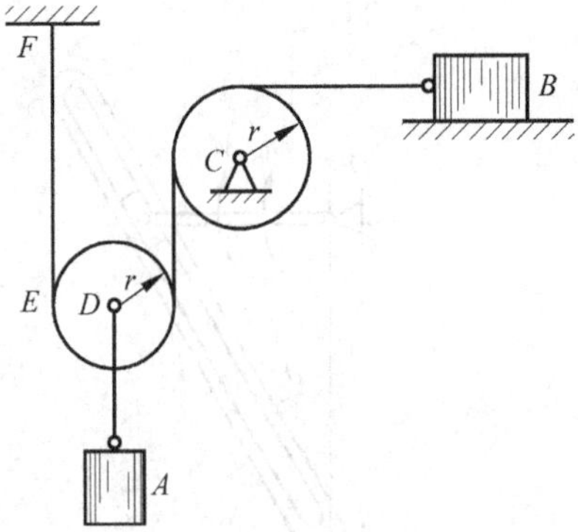

题 10-17 图

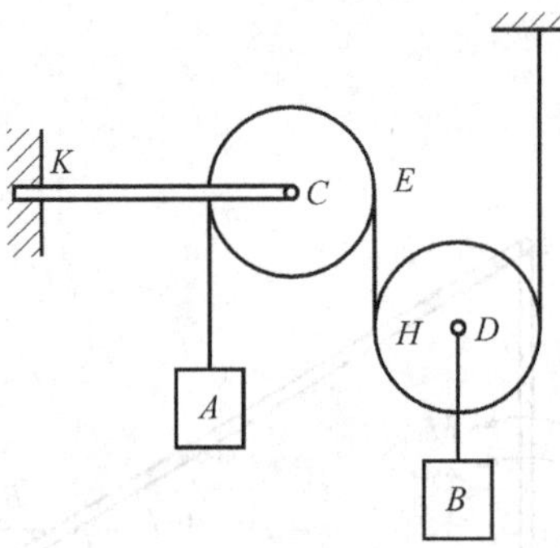

题 10-18 图

10-19 题10-19图所示，重物 A 重 P，连在一根不计重量且不可伸长的绳上，绳绕过固定滑轮 D 并绕在鼓轮 B 上。由于重物下降，带动轮 C 沿水平轨道滚动而不滑动。鼓轮 B 的半径为 r，轮 C 的半径为 R，两者固连在一起，总重量为 Q，对于水平质心轴 O 的惯性半径为 ρ。求重物 A 的加速度及地面对轮 C 的作用力。轮 D 的质量不计。

10-20 机构如题10-20图所示，已知：均质轮 O 沿倾角为 β 的固定斜面作纯滚动，重为 P，半径为 R，均质细杆 OA 重 Q，且水平。初始时系统静止，忽略杆两端 A、O 处的摩擦。试求：(1)轮中心 O 的速度、加速度与经过的路程 s 的关系；(2)A、B 处的约束反力。

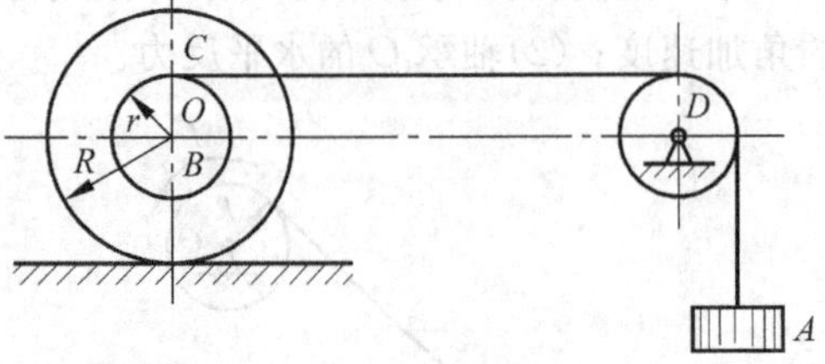

题 10-19 图

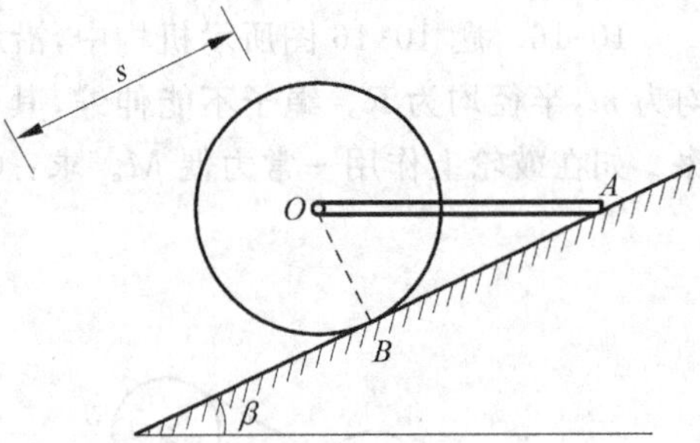

题 10-20 图

10-21 题10-21图所示均质细杆长为 l，质量为 m，静止直立于光滑水平面上。当杆受到微小干扰而倒下时，求杆刚刚到达地面时的角速度和地面的约束反力。

10-22 题10-22图所示均质圆柱体半径为 r，质量为 m，放在倾角为 $60°$ 的斜面上，一细绳绕在圆柱体上，其一端固定于点 A，绳的引出部分与斜面平行。如圆柱体与斜面间的动摩擦因数为 $f=1/3$，求圆柱体沿斜面落下时，质心 C 的加速度以及绳索的张力。

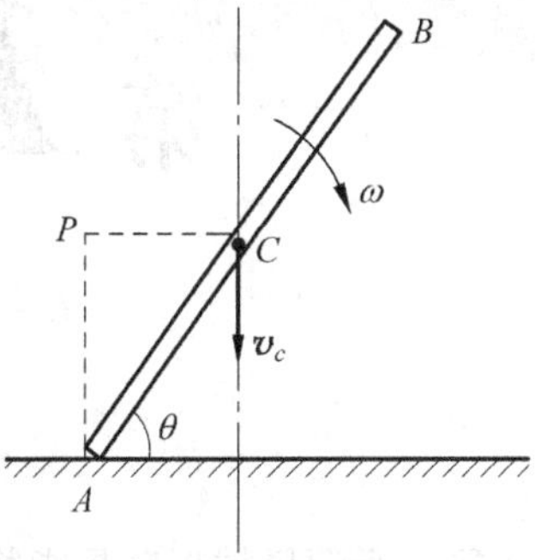

题 10-21 图

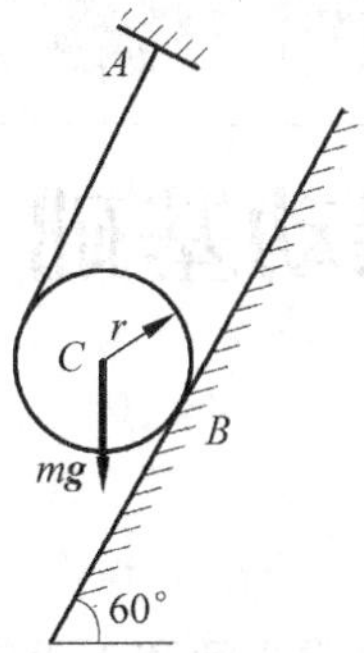

题 10-22 图

10-23　题 10-23 图所示，板的质量为 m_1，受水平力 $\boldsymbol{F}$ 作用，沿水平面运动，板与平面间的动摩擦因数为 f。在板上放一质量为 m_2 的均质实心圆柱，此圆柱对板只滚动而不滑动。求板的加速度。

10-24　题 10-24 图所示弹簧两端各系以重物 A 和 B，放在光滑的水平面上，其中重物 A 的质量为 m_1，重物 B 的质量为 m_2，弹簧的原长为 l_0，刚性系数为 k。若将弹簧拉长到 l，然后无初速度释放，问弹簧回到原长时，重物 A 和 B 的速度各为多少？

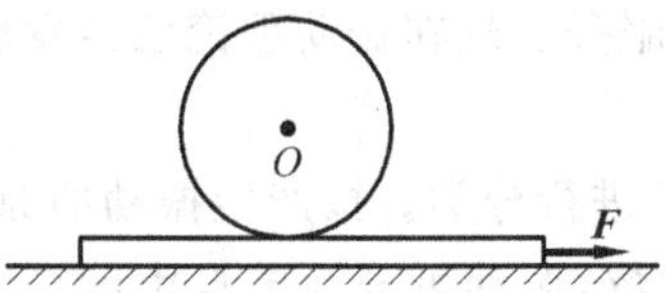

题 10-23 图

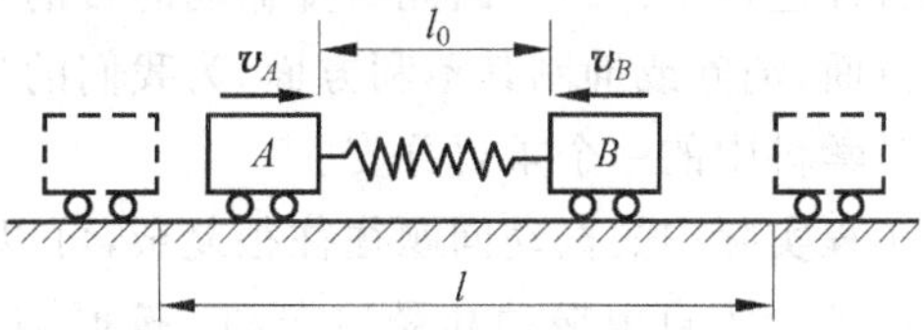

题 10-24 图

第11章 机械振动基础

振动是日常生活和工程实际中普遍存在的物理现象。所谓机械振动是指物体在其平衡位置附近所作的往复机械运动，如钟摆的摆动、汽车的颠簸、混凝土振动捣实以及地震时地面的强烈震动等现象都是机械振动。任何具有弹性的结构物或机器的各组成部分，一旦离开其平衡位置，都可能发生振动。很多振动具有周期性，如钟摆的摆动，但也有一些振动比较复杂，不具有十分严格的周期性，如汽车的颠簸、地震等。

在许多情况下，振动是有害的。剧烈的振动常常危害结构物的强度或造成各种机械零部件损坏，影响机器设备的正常运转及加工精度，振动产生的噪声还会危害人体健康。但是振动也有其有利的一面。如地震仪、混凝土振捣器、振动送料机、振动筛等装置都是利用振动的特性进行工作的。因此研究振动的目的在于认识和掌握振动的基本规律，充分利用其有利方面，消除或抑制其不利方面，为我们的生产生活实际服务。现在振动理论已经发展成为力学学科中的一个重要分支。

工程实际中的振动问题往往很复杂，可以按不同的标准进行分类。按产生振动的原因，可把振动分为自由振动和受迫振动；按振动系统的自由度数，振动可分为单自由度系统振动、多自由度系统振动和无限多自由度系统即连续体的振动；按振动系统的激励性质，振动可分为简谐振动、随机振动及瞬态振动等；按描述振动系统的微分方程的性质，振动可分为线性振动和非线性振动。

本章仅介绍单自由度系统的线性振动，以此讨论机械振动的动力学基本原理，为研究复杂振动问题奠定基础。

11.1 单自由度系统的自由振动

系统受到初干扰（初位移或初速度）后，仅靠系统本身的能量维持的振动，称为自由振动。

1. 振动系统的动力学模型

实际中的振动系统是很复杂的。为了便于研究和使用数学工具进行计算，需要在满足工程要求的条件下，将实际的振动系统抽象简化为动力学模型。例如图 11-1(a)所示的电动机和支承它的梁组成的系统沿铅垂方向振动时，若与电动机相比，梁的质量很小而弹性较大，则在一定条件下，可以略去梁的质量，认为只有它的弹性对系统的振动起作用，于是梁就可以用一根不计重量的竖向弹簧等效代替。同时，电动机也可视为一集中质量（质量块）绕其平衡位置往复运动，称为振动系统的振动体。这样，图 11-1(a)所示的实际振动系统就可以简化为如图 11-1(b)所示的动力学模型（质量-弹簧系统）。简化后振动体的位置只需用一个独立坐标就可确定，也即系统具有一个自由度，因此这种振动系统称为单自由度振动系统。如果振动系统需要 n 个独立坐标才能确定振动体的位置，则称为 n 自由度振动系统。

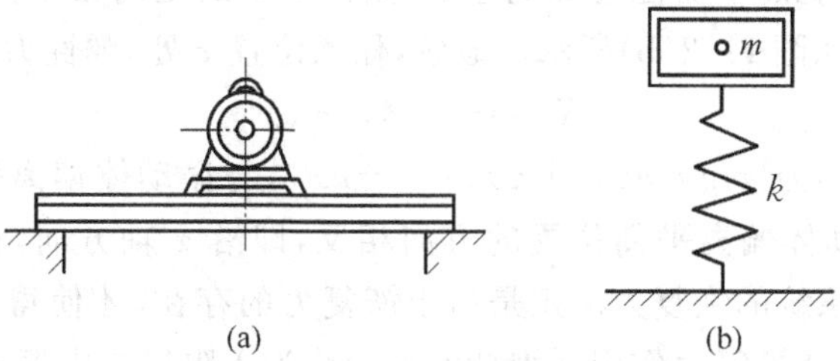

图　11-1

质量-弹簧系统是最简单、最典型的振动系统动力学模型。通常包含惯性元件和弹性元件两类组成物体。图 11-1(b)所示的质量块(振动体)即为惯性元件，用质量 m 表示其特性，弹簧就是弹性元件，用刚度系数 k 表示其特性。工程实际中的很多振动系统都可简化为这种动力学模型。

2. 无阻尼自由振动

图 11-2(a)所示的质量-弹簧系统，在没有外界干扰时，振动体在位置 O 保持平衡，因此称位置 O 为振动系统的平衡位置。如果给振动体以初始扰动(初位移或初速度)，使其偏离平衡位置，则它将在平衡位置附近发生振动。如果不考虑空气阻力，振动体的振动将持续不断地进行下去。这是典型的单自由度无阻尼自由振动系统。

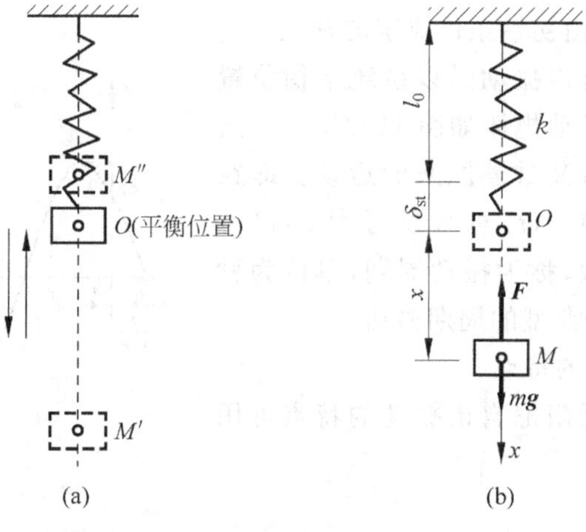

图　11-2

1) 无阻尼自由振动的运动规律

下面就以图 11-2(a)所示的质量-弹簧系统为例，建立单自由度无阻尼自由振动系统的运动微分方程。

设振动体的质量为 m，弹簧的原长为 l_0，质量不计，其刚度系数为 k。在系统的平衡位置 O 处，振动体所受重力 mg 和弹性力 $\boldsymbol{F}$ 相互抵消，即 $mg=F=k\delta_{st}$(δ_{st} 为弹簧在平衡位置处的伸长变形量，称为静变形)，于是有

$$\delta_{st}=\frac{mg}{k} \tag{11-1}$$

为方便研究,取系统的平衡位置O为坐标原点,x轴的正向铅垂向下,则振动体在任意位置x处的受力情况如图11-2(b)所示。显然,任意位置x处,弹性力$\boldsymbol{F}$在x轴上的投影为

$$X_F=-k(\delta_{st}+x)$$

则振动体所受合力大小为$|mg-k(\delta_{st}+x)|=|-kx|$,与振动体偏离平衡位置的距离成正比;合力方向恒与振动体偏离平衡位置的方向相反,即沿x轴方向,恒指向系统的平衡位置。称此合力为振动系统的恢复力。正是由于恢复力的存在,才使得系统的振动得以持续进行下去。因此,将只在恢复力作用下维持的振动称为无阻尼自由振动。

根据牛顿第二定律,振动体的运动微分方程为

$$m\ddot{x}=mg-k(\delta_{st}+x)$$

考虑到式(11-1),则上式变为

$$m\ddot{x}=-kx \tag{11-2}$$

引入参数

$$\omega_n^2=\frac{k}{m} \tag{11-3}$$

则式(11-2)变为

$$\ddot{x}+\omega_n^2x=0 \tag{11-4}$$

上式称为无阻尼自由振动微分方程的标准形式。它是一个二阶常系数齐次线性微分方程,其通解为

$$x=A\sin(\omega_n t+\theta) \tag{11-5}$$

式中待定参数A和θ是由初始条件决定的常数。

由此可知,无阻尼自由振动是以系统平衡位置为中心的简谐振动,其运动规律如图11-3所示。这种振动每经过时间T后又重复原来的运动。即在任何瞬时t,其运动规律$x(t)$总可以写为$x(t)=x(t+T)$,其中T为常数,称为振动周期,单位为秒(s)。无阻尼自由振动是典型的周期振动。

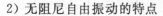

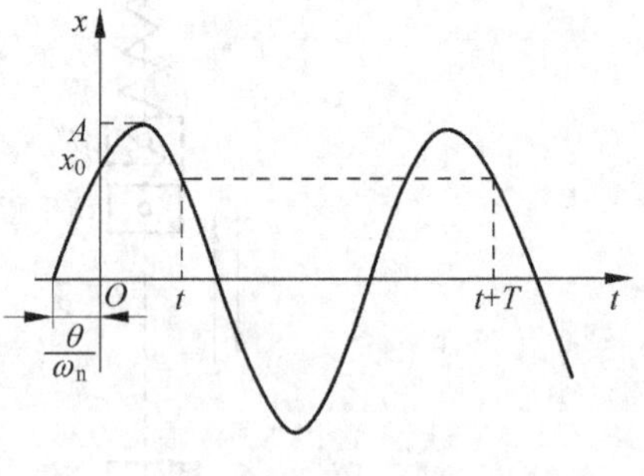

图 11-3

2) 无阻尼自由振动的特点

由式(11-5)可知,无阻尼自由振动的特点可用如下的参数表征。

(1) 固有频率

式(11-5)中的ω_n称为固有角(圆)频率,其单位为弧度/秒(rad/s)。由式(11-3)可知

$$\omega_n=\sqrt{\frac{k}{m}} \tag{11-6}$$

上式表明:ω_n只与表征系统本身特性的参数(质量m和刚度系数k)有关,即只与系统的结构有关,而与系统运动的初始条件无关。因此,它是振动系统固有的特性,一般简称为固有频率。利用式(11-6)求振动系统固有频率的方法称为定义法。

固有频率是振动理论中的重要概念,是振动系统的典型动力学特征参数。计算系统的

固有频率是研究振动问题的重要内容之一。

对图 11-2 所示的系统，考虑到式(11-1)，则系统的固有频率可写为

$$\omega_n = \sqrt{\frac{g}{\delta_{st}}} \tag{11-7}$$

上式表明：在铅垂方向振动的单自由度质量-弹簧系统，只要知道重力作用下的静变形，即可求得系统的固有频率。利用式(11-7)求振动系统固有频率的方法称为静变形法。

由简谐振动的特点，可得无阻尼自由振动的周期为

$$T = \frac{2\pi}{\omega_n} \tag{11-8}$$

振动体在单位时间内的完整振动次数称为振动频率，其单位为赫[兹](Hz 或 1/s)，它与周期 T 互为倒数，即

$$f = \frac{1}{T} = \frac{\omega_n}{2\pi} \tag{11-9}$$

(2) 振幅与初相位

式(11-5)中，A 表示振动体偏离振动中心或平衡位置的最大距离，称为振幅。它反映振动体自由振动的范围和强弱程度，是表示振动特征的重要物理量。$(\omega_n t+\theta)$称为相位(或相位角)，表示振动体在某瞬时 t 的位置，它具有角度的量纲，θ 称为初相位，它表示振动体的初始运动位置。

自由振动的振幅 A 和初相位 θ 是两个待定常数，可由运动的初始条件决定。设初始条件为 $t=0$ 时，$x=x_0$，$\dot{x}=\dot{x}_0$，代入式(11-5)可求得

$$A = \sqrt{x_0^2 + \left(\frac{\dot{x}_0}{\omega_n}\right)^2},\quad \theta = \arctan\left(\frac{\omega_n x_0}{\dot{x}_0}\right) \tag{11-10}$$

上式表明：自由振动的振幅 A 和初相位 θ 不仅与系统的固有特性有关，还都与振动的初始条件有关。

3) 串、并联弹簧系统的等效刚度系数计算

两刚度系数分别为 k_1、k_2 的弹簧，组成如图 11-4(a)、(c)所示的串联弹簧系统和并联弹簧系统。下面分别研究这两个系统的等效弹簧刚度系数和固有频率。

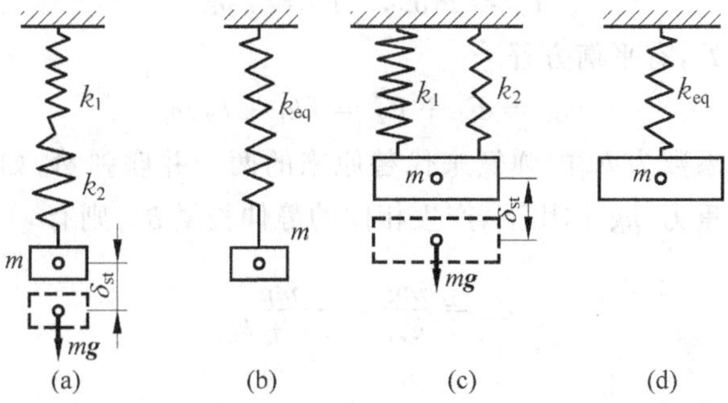

图　11-4

(1) 两弹簧串联

如图 11-4(a)所示两弹簧串联，在系统的静平衡位置处，两弹簧所受拉力大小都等于所

挂物体的重量 mg，于是两弹簧的静伸长量分别为

$$\delta_{st1}=\frac{mg}{k_1},\quad \delta_{st2}=\frac{mg}{k_2}$$

则两弹簧串联后的总静伸长量 δ_{st} 应等于两弹簧的静伸长量之和，即

$$\delta_{st}=\delta_{st1}+\delta_{st2}=\frac{mg}{k_1}+\frac{mg}{k_2}$$

若用另一个刚度系数为 k_{eq} 的弹簧来代替原来的两个串联弹簧，如图 11-4(b)所示，并使两个系统在相等的重力 mg 作用下，产生相同的静伸长量 δ_{st}，则有

$$\delta_{st}=\frac{mg}{k_{eq}}=\frac{mg}{k_1}+\frac{mg}{k_2}$$

于是得

$$\frac{1}{k_{eq}}=\frac{1}{k_1}+\frac{1}{k_2}$$

即

$$k_{eq}=\frac{k_1k_2}{k_1+k_2} \tag{11-11}$$

所得刚度系数 k_{eq} 称为上述串联弹簧系统的等效刚度系数。上式表明：弹簧串联后，系统总的刚度系数降低了。于是上述串联弹簧系统的固有频率为

$$\omega_n=\sqrt{\frac{k_{eq}}{m}}=\sqrt{\frac{k_1k_2}{m(k_1+k_2)}}$$

(2) 两弹簧并联

如图 11-4(c)所示两弹簧并联，在所挂物体的重力 mg 作用下，两弹簧所受拉力大小一般并不相等，分别设为 F_1 和 F_2，但两弹簧的变形量相同。在系统的静平衡位置处，两弹簧的静伸长量均为 δ_{st}，于是有

$$\delta_{st}=\frac{F_1}{k_1}=\frac{F_2}{k_2}$$

或

$$F_1=k_1\delta_{st},\quad F_2=k_2\delta_{st}$$

在系统的静平衡位置处，有平衡方程

$$mg=F_1+F_2=(k_1+k_2)\delta_{st}$$

若用另一个刚度系数为 k_{eq} 的弹簧来代替原来的两个并联弹簧，如图 11-4(d)所示，并使两个系统在相等的重力 mg 作用下，产生相同的静伸长量 δ_{st}，则有

$$\delta_{st}=\frac{mg}{k_{eq}}=\frac{mg}{k_1+k_2}$$

于是得

$$k_{eq}=k_1+k_2 \tag{11-12}$$

所得刚度系数 k_{eq} 称为上述并联弹簧系统的等效刚度系数。上式表明：弹簧并联后，系统总的刚度系数增大了。于是上述并联弹簧系统的固有频率为

$$\omega_n = \sqrt{\frac{k_{eq}}{m}} = \sqrt{\frac{k_1 + k_2}{m}}$$

4）无阻尼自由振动系统的其他类型

除质量-弹簧系统外，工程中还有很多振动系统，如摆振系统（图 11-5(a)所示）、扭振系统（图 11-5(b)所示）、多体系统等。这些系统虽然在组成结构、振动体的运动形式上各不相同，但它们的运动微分方程却具有相同的数学形式和特征。

下面以图 11-5(b)所示的扭振系统为例，简要介绍无阻尼自由振动系统其他类型的运动微分方程及运动规律。

图 11-5(b)所示的扭振系统由匀质圆截面弹性直杆下端固结一水平均质圆盘组成。圆盘被转过一个角度后突然释放，圆盘将在水平面内作自由扭转振动。

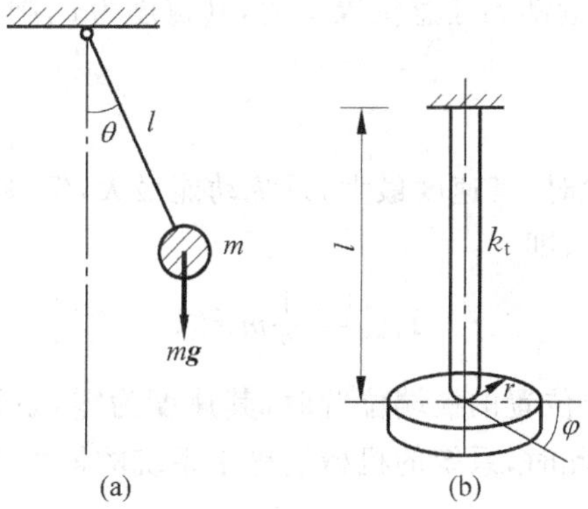

图　11-5

设圆盘的扭转角为 φ，圆盘对转轴的转动惯量为 J，弹性杆的扭转刚度系数为 k_t（单位为 N·m/rad）。当扭转角为 φ 时，圆盘所受扭转力矩的大小为 $M=k_t\varphi$，其转向恒与扭转角转向相反。于是由刚体定轴转动微分方程得

$$J\ddot{\varphi} = -k_t\varphi$$

令

$$\omega_n^2 = \frac{k_t}{J}$$

可得

$$\ddot{\varphi} + \omega_n^2\varphi = 0 \tag{11-13}$$

上式为圆盘自由扭转振动微分方程的标准形式，它与式(11-4)一样，都是二阶常系数齐次线性微分方程，故其解的形式与式(11-5)类似，即

$$\varphi = \Phi\sin(\omega_n t + \theta) \tag{11-14}$$

式中 Φ 为角振幅（最大扭转角），θ 为初相位，它们均由系统运动的初始条件决定。

该扭转振动系统的固有频率为

$$\omega_n = \sqrt{\frac{k_t}{J}} \tag{11-15}$$

这种通过列出系统振动微分方程标准形式求得振动系统固有频率的方法称为标准方程法。

5) 计算固有频率的能量法

在振动问题中,确定系统的固有频率很重要。由前面讨论可知,若能建立系统的振动微分方程,则系统的固有频率不难计算。然而,对于比较复杂的系统,建立振动微分方程往往比较麻烦,如果仅限于确定系统的固有频率,利用能量法则比较方便。

考虑图11-2所示的质量-弹簧系统,略去弹簧质量,只考虑振动体质量。不考虑阻尼时,系统是保守系统,其机械能守恒,即

$$T+V=\text{常数} \tag{11-16}$$

设系统的平衡位置为描述振动体位置的独立坐标 x 的坐标原点,并令该位置为系统势能计算的零势能位置。振动体运动到任意位置 x 时,其速度为 $\dot{x}$,则系统的动能为 $T=\frac{1}{2}m\dot{x}^2$,系统的势能为 $V=\frac{1}{2}kx^2$。

当振动体处于平衡位置时,其速度最大,系统动能最大,但系统势能为零。此时,系统的机械能等于系统的最大动能,即

$$T_{\max}=\frac{1}{2}m\dot{x}_{\max}^2$$

当振动体处于偏离平衡位置的极端位置时,其速度为零,系统动能为零,但振动体具有最大位移,系统势能最大。此时,系统的机械能等于系统的最大势能,即

$$V_{\max}=\frac{1}{2}kx_{\max}^2$$

根据机械能守恒定律,得 $T_{\max}=V_{\max}$,即

$$\frac{1}{2}m\dot{x}_{\max}^2=\frac{1}{2}kx_{\max}^2 \tag{11-17}$$

由于图11-2所示的质量-弹簧系统作自由振动,其运动规律为

$$x=A\sin(\omega_n t+\theta)$$

于是有

$$\dot{x}=A\omega_n\cos(\omega_n t+\theta)$$

显然

$$x_{\max}=A,\quad \dot{x}_{\max}=A\omega_n$$

代入式(11-17)得

$$\frac{1}{2}m(A\omega_n)^2=\frac{1}{2}kA^2$$

即

$$\omega_n=\sqrt{\frac{k}{m}}$$

根据上述方法,我们还可以计算其他系统无阻尼自由振动的固有频率,下面举例说明。

例 11-1　图 11-6 所示振动系统中，摆杆 OA 对过铰接点的水平轴 O 的转动惯量为 J，在杆的 A、B 两点各放置一刚度系数分别为 k_1 和 k_2 的弹簧，系统在水平位置处于平衡状态，求系统微振动的固有频率。

解　摆杆 OA 作自由振动，设其摆角 φ 的变化规律为

$$\varphi = \Phi\sin(\omega_n t + \theta)$$

则系统微振动时，摆杆的最大角速度为 $\dot{\varphi}_{\max} = \Phi\omega_n$，于是系统的最大动能为

$$T_{\max} = \frac{1}{2}J\dot{\varphi}_{\max}^2 = \frac{1}{2}J\Phi^2\omega_n^2$$

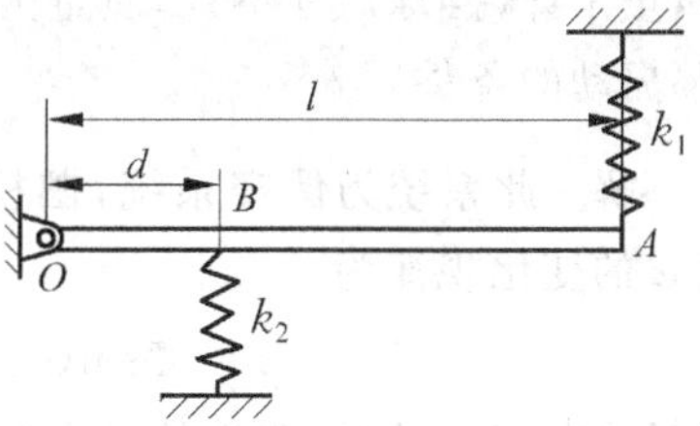

图　11-6

计算势能时，选择水平位置为系统的零势能位置，则摆杆产生最大的角位移 Φ 时，系统取得最大势能，即

$$V_{\max} = \frac{1}{2}k_1(l\Phi)^2 + \frac{1}{2}k_2(d\Phi)^2 = \frac{1}{2}(k_1 l^2 + k_2 d^2)\Phi^2$$

由机械能守恒定律得

$$T_{\max} = V_{\max}$$

即

$$\frac{1}{2}J\Phi^2\omega_n^2 = \frac{1}{2}(k_1 l^2 + k_2 d^2)\Phi^2$$

解得

$$\omega_n = \sqrt{\frac{k_1 l^2 + k_2 d^2}{J}}$$

讨论　此题也可通过列出系统任意位置的机械能，利用式(11-16)求导，得到系统振动微分方程的标准形式，采用标准方程法求系统的固有频率。具体解法如下：

设摆杆微振动的摆角为 φ，则系统的动能为

$$T = \frac{1}{2}J\dot{\varphi}^2$$

计算势能时，选择水平位置为系统的零势能位置，则系统势能为

$$V = \frac{1}{2}k_1(l\varphi)^2 + \frac{1}{2}k_2(d\varphi)^2$$

则系统任意位置的机械能为

$$T + V = \frac{1}{2}J\dot{\varphi}^2 + \frac{1}{2}(k_1 l^2 + k_2 d^2)\varphi^2$$

因为机械能守恒，有 $\frac{\mathrm{d}(T+V)}{\mathrm{d}t} = 0$，将上式对时间求一阶导数，并整理得系统振动微分方程的标准形式，即

$$\ddot{\varphi} + \frac{k_1 l^2 + k_2 d^2}{J}\varphi = 0$$

于是，系统的固有频率为

$$\omega_n=\sqrt{\frac{k_1l^2+k_2d^2}{J}}$$

例 11-2 图 11-7 所示为一倒立式水平测振仪，已知在铅垂位置时两弹簧无变形，摆杆质量不计，摆球尺寸不计，质量为 m。试计算测振仪微幅振动的固有频率，并讨论保证微幅振动的条件。

解 此系统为保守系统，摆杆 OM 作自由振动，设其摆角 φ 的变化规律为

$$\varphi=\Phi\sin(\omega_nt+\theta)$$

则系统微幅振动时，摆杆的最大角速度为 $\dot{\varphi}_{max}=\Phi\omega_n$，于是系统的最大动能为

$$T_{max}=\frac{1}{2}ml^2\dot{\varphi}_{max}^2=\frac{1}{2}ml^2\Phi^2\omega_n^2$$

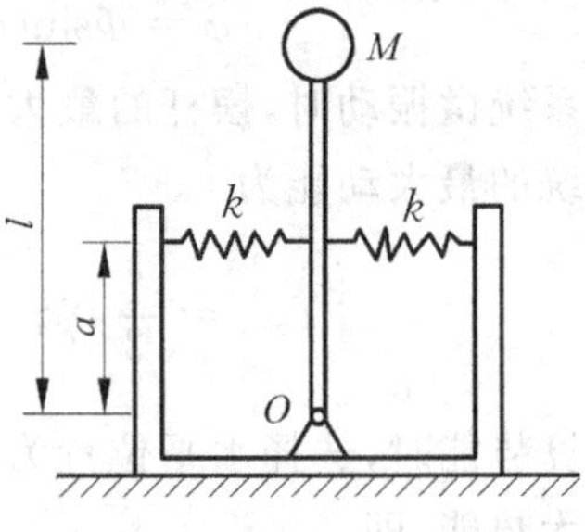

图 11-7

计算势能时，选择铅垂位置为系统的零势能位置，则摆杆产生最大的角位移 Φ 时，系统取得最大势能，即

$$V_{max}=2\times\frac{1}{2}k(a\Phi)^2-mgl(1-\cos\Phi)=ka^2\Phi^2-mgl(1-\cos\Phi)$$

由于 Φ 很小，有 $\sin\frac{\Phi}{2}\approx\frac{\Phi}{2}$，故上式可写为

$$V_{max}=ka^2\Phi^2-mgl\times2\sin^2\frac{\Phi}{2}=ka^2\Phi^2-\frac{1}{2}mgl\Phi^2=\frac{1}{2}(2ka^2-mgl)\Phi^2$$

由机械能守恒定律得

$$T_{max}=V_{max}$$

即

$$\frac{1}{2}ml^2\Phi^2\omega_n^2=\frac{1}{2}(2ka^2-mgl)\Phi^2$$

解得

$$\omega_n=\sqrt{\frac{2ka^2-mgl}{ml^2}}$$

由上面的结果可见，只有当 $2ka^2>mgl$ 时，ω_n 才是实数。这就是系统微幅振动的条件。

3. 有阻尼自由振动

无阻尼自由振动的规律是简谐振动，一旦振动发生，便将永远保持等幅的周期运动。但实际的观察表明，自由振动的振幅是逐渐衰减的，经过一定时间后，振动将完全停止。理论与实际不相符，表明无阻尼自由振动仅是一种理想情况，在实际的振动过程中，系统除受恢复力的作用外，还存在各种阻力，如接触面摩擦力、气体或液体介质阻力以及材料内部分子间的内阻力等。由于这些阻力的存在，将不断消耗振动能量，使振幅不断减小，以致停止振动。

1）阻尼

振动过程中出现的阻力，习惯上称为阻尼。不同的阻尼有各自不同的性质。在线性振动范围内，我们仅讨论最简单、最常见的阻尼——粘性阻尼。

当振动速度不大时，由于介质粘性引起的阻力大小近似地与速度的一次方成正比，阻力方向恒与速度方向相反。这样的阻尼称为粘性阻尼。

设振动体的速度为 $\boldsymbol{v}$，则粘性阻尼的阻力 $\boldsymbol{F}_c$ 可表示为

$$\boldsymbol{F}_c = -c\boldsymbol{v} \tag{11-18}$$

式中，比例系数 c 称为粘性阻尼系数，它决定于振动体的形状大小及介质的性质，单位为牛顿·秒/米（N·s/m）。

2）有阻尼自由振动的力学模型

考虑阻尼影响的自由振动称为有阻尼自由振动。当系统中存在粘性阻尼时，常用图 11-8(a)所示的与弹性元件并联的缓冲器表示阻尼元件（其特性用粘性阻尼系数 c 表示）。这样，一般的有阻尼单自由度自由振动系统都可以简化为由惯性元件、弹性元件和阻尼元件构成的力学模型，如图 11-8(a)所示。

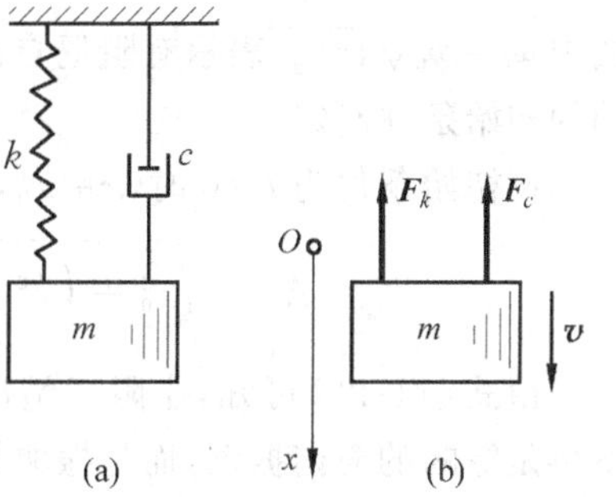

图　11-8

3）有阻尼自由振动的运动规律

现在建立图 11-8(b)所示系统的自由振动微分方程。设振动体的质量为 m，弹簧的刚度系数为 k，粘性阻尼系数为 c。以系统的平衡位置 O 为坐标原点。由于在系统静平衡时，重力和弹性力相互抵消，故而在振动过程中，可以不再计入重力的作用，这样，作用在振动体上的力有：

(1) 恢复力 $\boldsymbol{F}_k$，其方向恒指向平衡位置 O，大小与偏离平衡位置的距离成正比，即

$$F_k = kx$$

(2) 粘性阻尼力 $\boldsymbol{F}_c$，其方向恒与振动体速度方向相反，大小与速度成正比，即

$$F_c = c\dot{x}$$

由牛顿第二定律列振动微分方程为

$$m\ddot{x} = -kx - c\dot{x}$$

令

$$\omega_n = \sqrt{\frac{k}{m}},\quad n = \frac{c}{2m} \tag{11-19}$$

式中，ω_n 为无阻尼固有频率，n 为阻尼系数。代入前式并整理得

$$\ddot{x} + 2n\dot{x} + \omega_n^2 x = 0 \tag{11-20}$$

上式是有阻尼自由振动微分方程的标准形式。它仍是二阶常系数齐次线性微分方程，其解可设为

$$x = e^{rt}$$

代入式(11-20)，消去因子 e^{rt}，得到特征方程

$$r^2 + 2nr + \omega_n^2 = 0 \tag{11-21}$$

引入阻尼比 $\zeta=\frac{n}{\omega_n}$,解得特征根为

$$r=-\zeta\omega_n\pm\omega_n\sqrt{\zeta^2-1}$$

根据阻尼的大小不同,其解有三种情况,分别对应三种不同的状态,讨论如下:

(1) 小阻尼情况

当 $\zeta<1$,即 $n<\omega_n$,$c<2\sqrt{mk}$ 时,阻尼较小,称为小阻尼(欠阻尼)状态。此时,特征方程(11-21)的两个特征根为共轭复数,即

$$r_1=-\zeta\omega_n+\mathrm{i}\omega_n\sqrt{1-\zeta^2},\quad r_2=-\zeta\omega_n-\mathrm{i}\omega_n\sqrt{1-\zeta^2}$$

式中 $\mathrm{i}=\sqrt{-1}$,微分方程(11-20)的通解可写成

$$x=A\mathrm{e}^{-\zeta\omega_n t}\sin(\omega_d t+\theta) \tag{11-22}$$

式中 $\omega_d=\omega_n\sqrt{1-\zeta^2}$ 表示有阻尼自由振动的固有角(圆)频率,A 和 θ 是两个积分常数,由运动的初始条件确定。

设初始条件为 $t=0$ 时,$x=x_0$,$\dot{x}=\dot{x}_0$,代入式(11-22)可求得

$$A=\sqrt{x_0^2+\left(\frac{\dot{x}_0+\zeta\omega_n x_0}{\omega_d}\right)^2},\quad \theta=\arctan\left(\frac{\omega_d x_0}{\dot{x}_0+\zeta\omega_n x_0}\right) \tag{11-23}$$

由式(11-22)可知,小阻尼情况下,自由振动的振幅是随时间不断衰减的,系统的振动不再是等幅的简谐振动,而是振幅被限制在曲线 $x=\pm A\mathrm{e}^{-\zeta\omega_n t}$ 内的衰减振动,其运动曲线如图 11-9 所示。

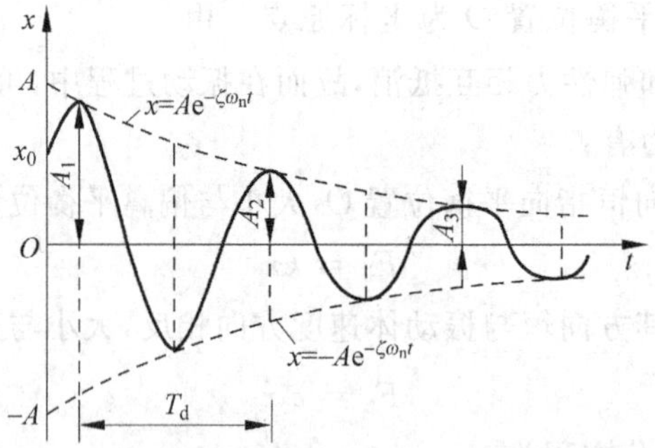

图 11-9

这种运动不符合周期振动的定义,所以不是周期振动。但这种运动仍然是围绕平衡位置的往复运动,仍具有振动的特点。由于振动体往复一次所需的时间是一定的,我们仍把这段时间称为周期,它只表示衰减振动的等时性,但运动过程并不周期性地重复。于是衰减振动的周期为

$$T_d=\frac{2\pi}{\omega_d}=\frac{2\pi}{\omega_n\sqrt{1-\zeta^2}} \tag{11-24}$$

上式表明:由于阻尼的存在,使系统自由振动的频率减小,周期增大。但当阻尼非常小时,也可忽略阻尼对系统自由振动的影响,近似认为 $\omega_d=\omega_n$,$T_d=T$。

衰减振动曲线 11-9 中,两个任意相邻振幅之比称为振幅减缩率或减幅系数 η:

$$\eta = \frac{A_i}{A_{i+1}} = \frac{A e^{-\zeta\omega_n t_i}}{A e^{-\zeta\omega_n (t_i + T_d)}} = e^{\zeta\omega_n T_d} \tag{11-25}$$

上式表明：衰减振动中，任意两个相邻振幅之比为一常数，衰减振动的振幅呈几何级数下降，很快趋近于零。

在实际应用中，常用对数减缩率 Λ 代替减幅系数 η，即

$$\Lambda = \ln\eta = \zeta\omega_n T_d \tag{11-26}$$

(2) 临界阻尼情况

当 $\zeta=1$，即 $n=\omega_n$ 时，称为临界阻尼状态。此时，系统的阻尼系数 $c_{cr}=2\sqrt{mk}$，称为临界阻尼系数。特征方程(11-21)有两个相等的负实根，即

$$r_1 = r_2 = -\omega_n$$

微分方程(11-20)的通解可写成

$$x = e^{-\omega_n t}(C_1 + C_2 t) \tag{11-27}$$

式中 C_1 和 C_2 是两个积分常数，由运动的初始条件确定。

上式表明：临界阻尼情况下，系统的运动是随时间的增加而无限趋于系统的平衡位置的，因此运动已不具有振动的特点。

(3) 大阻尼情况

当 $\zeta>1$，即 $n>\omega_n$ 时，称为大阻尼状态。此时，$c>c_{cr}$，特征方程(11-21)有两个不等的实根，即

$$r_1 = -\zeta\omega_n + \omega_n\sqrt{\zeta^2-1}, \quad r_2 = -\zeta\omega_n - \omega_n\sqrt{\zeta^2-1}$$

微分方程(11-20)的通解可写成

$$x = C_1 e^{-r_1 t} + C_2 e^{-r_2 t} \tag{11-28}$$

式中 C_1 和 C_2 是两个积分常数，由运动的初始条件确定。

大阻尼情况下的运动曲线如图 11-10 所示。可以看出，由于存在较大的粘性阻尼，系统的运动也不再具有振动的特点。

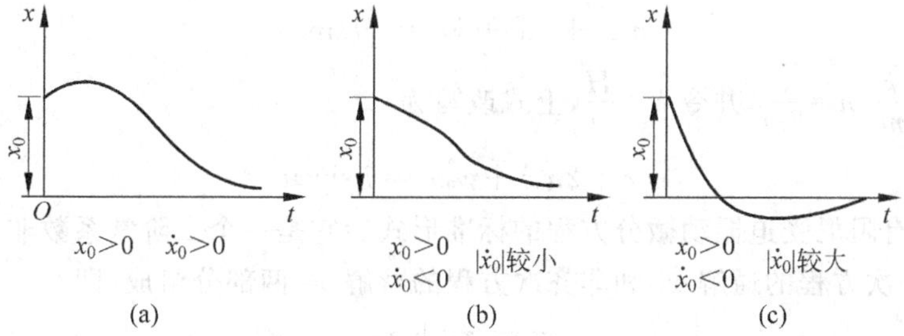

图　11-10

11.2　单自由度系统的受迫振动

工程中的自由振动都会由于阻尼的存在逐渐衰减直至停止。但实际上，很多机器或结构又存在大量不衰减的持续振动。例如，图 11-11 所示的交流电通过电磁铁产生交变电磁力而引起的系统振动；图 11-12 所示的弹性梁上的电动机由于转子偏心而造成的转动时的

振动。这些振动有的是外界有能量输入弥补了阻尼的消耗,有的是承受外加激振力,从而产生持续不断的振动。这里,我们把外加激励作用下的所有振动,统称为受迫振动。

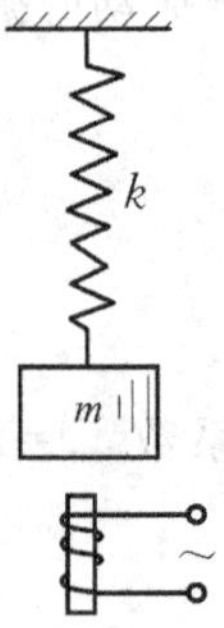

图 11-11

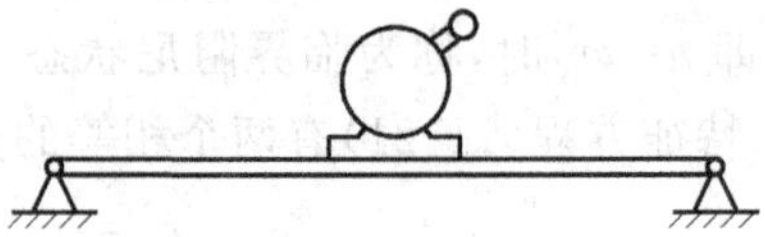

图 11-12

外加激励的形式很多,对振动系统的激励作用取决于激振力的大小及其随时间的变化规律。一般可分为简谐激励、周期激励、非周期激励及随机激励等。本节仅讨论简谐激振力作用下的受迫振动。

1. 受迫振动的运动规律

设单自由度有阻尼振动系统受到一简谐激振力作用,如图 11-13 所示。振动体的质量为 m,弹簧的刚度系数为 k,粘性阻尼系数为 c。

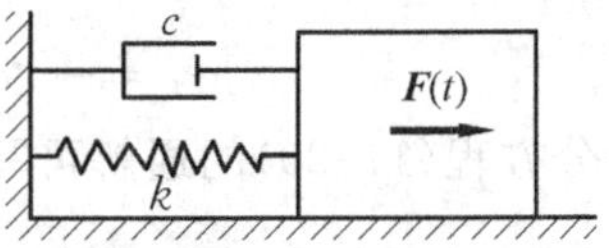

图 11-13

简谐激振力是一种典型的周期变化激振力。简谐激振力随时间变化的关系可写成

$$F = H\sin\omega t \tag{11-29}$$

式中,H 称为激振力的力幅,即激振力的最大值,ω 是激振力的圆频率,它们都是确定值。

取系统的平衡位置 O 为坐标原点,x 轴的正向水平向右,则振动体的运动微分方程为

$$m\ddot{x} + c\dot{x} + kx = H\sin\omega t \tag{11-30}$$

引入参数 $\omega_n^2 = \dfrac{k}{m}$,$n = \dfrac{c}{2m}$,并令 $h = \dfrac{H}{m}$,上式改写为

$$\ddot{x} + 2n\dot{x} + \omega_n^2 x = h\sin\omega t \tag{11-31}$$

上式称为有阻尼受迫振动微分方程的标准形式。它是一个二阶常系数非齐次线性微分方程,其解由齐次方程的通解 x_1 和非齐次方程的特解 x_2 两部分组成,即

$$x = x_1 + x_2$$

通解 x_1 对应有阻尼自由振动,其形式为衰减振动表达式(11-22)或衰减非周期运动表达式(11-27)或式(11-28)。它随时间的增加,很快衰减,只在振动开始的短暂时间内有意义,因此称其为瞬态响应。这个过程也称为受迫振动的过渡过程(或瞬态过程)。一般情况下,瞬态响应可以不予考虑。

受迫振动主要考虑在简谐激振力作用下的系统响应,即微分方程(11-31)的特解 x_2,称此响应为稳态响应,它对应的过程称为受迫振动的稳态过程。设特解 x_2 的形式为

$$x_2 = b\sin(\omega t - \varepsilon) \tag{11-32}$$

将其代入式(11-31)，并整理得

$$[b(\omega_n^2-\omega^2)-h\cos\varepsilon]\sin(\omega t-\varepsilon)+(2nb\omega-h\sin\varepsilon)\cos(\omega t-\varepsilon)=0$$

对任何瞬时 t，上式都必须满足，则有

$$b(\omega_n^2-\omega^2)-h\cos\varepsilon=0$$

$$2nb\omega-h\sin\varepsilon=0$$

联立上面两个方程，解得

$$b=\frac{h}{\sqrt{(\omega_n^2-\omega^2)^2+4n^2\omega^2}} \tag{11-33}$$

$$\tan\varepsilon=\frac{2n\omega}{\omega_n^2-\omega^2} \tag{11-34}$$

2. 受迫振动的特点

由上述讨论可知，简谐激振力作用下的受迫振动具有如下特点：

1）受迫振动仍为简谐振动，响应与激振力具有相同的频率。

2）振幅 b 和相位差 ε 均与初始运动条件无关。

3）振幅 b 不仅与系统本身的特征参数有关，还与激振力的特征参数有关。为清楚表达振幅与这些因素的关系，可引入不同阻尼条件下的幅频特性曲线加以说明。

引入阻尼比 $\zeta=\frac{n}{\omega_n}$，并令频率比 $\lambda=\frac{\omega}{\omega_n}$，振幅放大因子 $\beta=\frac{b\omega_n^2}{h}$，则式(11-33)可改写为

$$\beta=1/\sqrt{(1-\lambda^2)^2+4\zeta^2\lambda^2} \tag{11-35}$$

对于不同阻尼比 ζ，得到一系列 β-λ 曲线，称为受迫振动的幅频特性曲线，如图 11-14 所示。

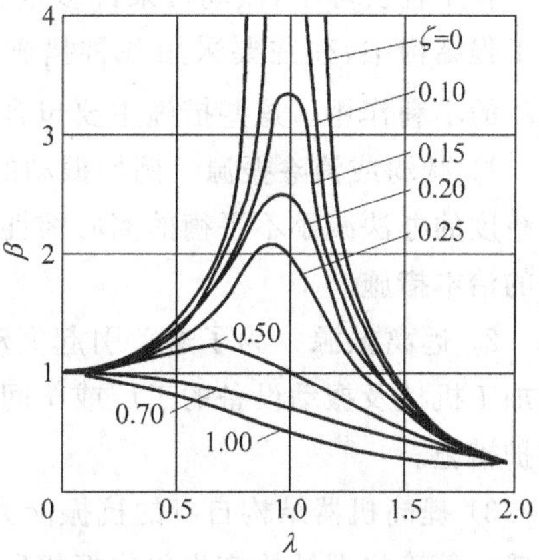

图　11-14

由幅频特性曲线可知：

(1) 当 $\omega\ll\omega_n$，即 $\lambda\ll1$ 时，$\beta\approx1$，阻尼对振幅的影响很小，这时可忽略系统的阻尼，视为无阻尼受迫振动。

(2) 当 $\omega\to\omega_n$，即 $\lambda\to1$ 时，振幅显著增大。这时阻尼对振幅有明显的影响，阻尼增大，振幅显著下降。

对于无阻尼系统，即 $\zeta=0$，当 $\lambda=1$，即激振力频率 ω 无限接近于系统的固有频率 ω_n（$\omega\approx\omega_n$）时，系统的振幅为无穷大，通常称这种现象为共振。

对于有阻尼系统，由式(11-33)及(11-35)知，当 $\omega=\omega_n\sqrt{1-2\zeta^2}$，即 $\lambda=\sqrt{1-2\zeta^2}$ 时，振幅 b 具有最大值 b_{max}，即

$$b_{max}=\frac{h}{2\zeta\omega_n^2\sqrt{1-\zeta^2}}$$

这时的频率称为共振频率,小于系统的固有频率。在共振区域附近,阻尼较小时,振幅较大且变化剧烈,阻尼较大时,振幅较小且变化平缓。

(3) 当 $\omega \gg \omega_n$,即 $\lambda \gg 1$ 时,$\beta \approx 0$,阻尼对振幅的影响也很小,这时又可忽略系统的阻尼,视为无阻尼系统。

4) 式(11-32)表明,有阻尼受迫振动总比激振力落后一个相位角 ε,ε 称为相位差。式(11-34)表明相位差 ε 也与系统本身的特征参数及激振力的频率有关,可引入不同阻尼条件下的相频特性曲线来说明相位差与这些因素的关系。

引入阻尼比 $\zeta=\dfrac{n}{\omega_n}$,频率比 $\lambda=\dfrac{\omega}{\omega_n}$,则式(11-34)可改写为

$$\varepsilon = \arctan[2\zeta\lambda/(1-\lambda^2)] \tag{11-36}$$

对于不同阻尼比 ζ,得到一系列 ε-λ 曲线,称为受迫振动的相频特性曲线,如图 11-15 所示。

由相频特性曲线可知:

(1) 当 $\omega \ll \omega_n$,即 $\lambda \ll 1$ 时,$\varepsilon \approx 0$,当 $\omega \gg \omega_n$,即 $\lambda \gg 1$ 时,$\varepsilon \approx \pi$。说明受迫振动响应和激励在低频范围内同相,在高频范围内反相。

(2) 当 $\omega = \omega_n$,即 $\lambda = 1$ 时,$\varepsilon = \pi/2$,且与阻尼无关。说明在共振时,无论系统是否存在阻尼,受迫振动响应和激励间的相位差均为 $\pi/2$,这是共振时的又一重要特征。

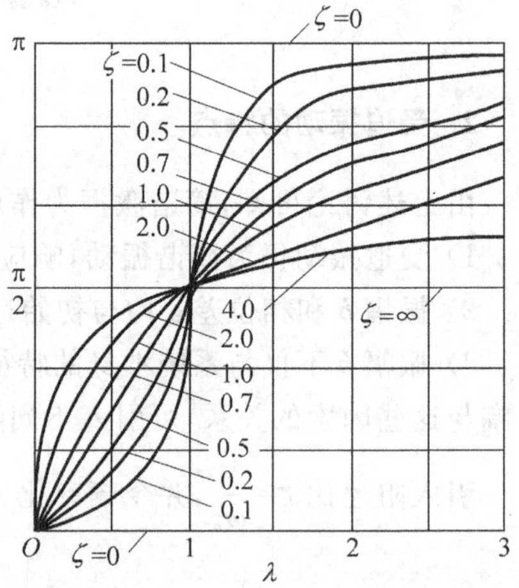

图 11-15

3. 减振和隔振的概念

在工程实际中,振动带来许多危害和影响。现代工程结构中,往往要采用各种措施,防止或限制振动的不利作用。这些措施主要包含以下几种:

1) 减弱或消除振源　例如振动的原因是由于转动部件的偏心引起的,可以用提高动平衡精度的办法减小不平衡的离心惯性力,从而达到减小,甚至消除振动的目的。这是一种积极的治本措施。

2) 远离振源　为了避免引起振动,精密仪器设备应尽可能远离装有大型动力机械、压力加工机械及振动设备的工厂或车间,以及运输繁忙的公路、铁路等场所。这是一种消极的防护措施。

3) 提高机器结构自身的抗振能力　动刚度是衡量机器结构抗振能力的主要指标,它在数值上等于机器结构产生单位振幅所需的动态力。动刚度越大,机器结构在动态力作用下的振动量越小。

4) 避开共振区　根据实际情况,尽可能改变系统的固有频率或改变机器的工作转速,使机器不在共振区域内工作。

5) 适当增加阻尼　阻尼吸收系统的振动能量,使自由振动的振幅迅速衰减,并对受迫振动的振幅也有抑制作用,在共振区域内尤为显著。

6）采用隔振措施　如将振动的机器或结构与地基用具有弹性的隔振器隔开，从而减少振源通过地基影响周围设备或物体，这种措施称为主动（积极）隔振；还可以将需要保护的精密仪器设备与振动物体隔离，使之不受周围振源的影响，这种措施称为被动隔振。

习题

11-1　题 11-1 图所示两弹簧的刚度系数分别为 $k_1=5\text{kN/m}$，$k_2=3\text{kN/m}$。物块质量 $m=4\text{kg}$。求物体自由振动的周期。

11-2　如题 11-2 图所示，一托盘悬挂在弹簧上。当盘上放质量为 m_1 的物体时，系统作微幅振动，测得周期为 T_1。若盘上放质量为 m_2 的物体时，测得周期为 T_2。求弹簧的刚度系数 k。

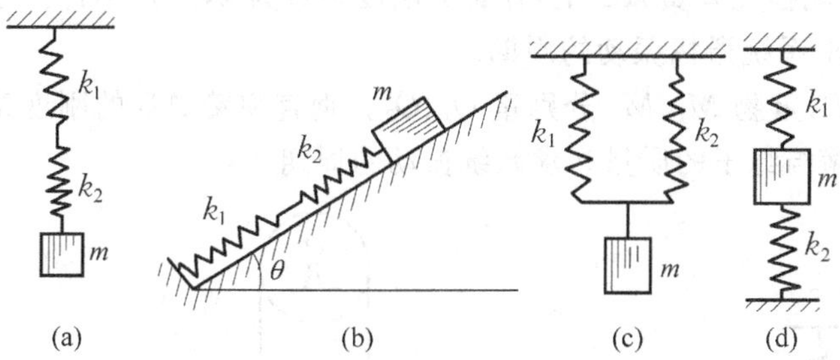

题 11-1 图

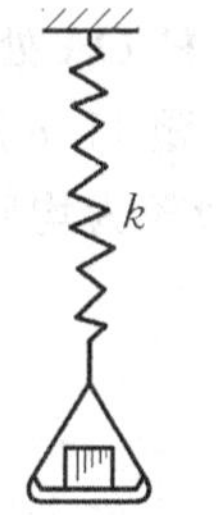

题 11-2 图

11-3　质量为 m 的小车在光滑斜面上自高度 h 处滑下，与缓冲器相碰，如题 11-3 图所示，缓冲弹簧的刚度系数为 k，斜面倾角为 θ。求小车碰着缓冲器后自由振动的周期与振幅。

11-4　题 11-4 图所示均质杆 AB，质量为 m_1，长为 $3l$，B 端刚性连接一质量为 m_2 的小球，其大小不计。杆 AB 在 O 处受铰支座约束，两弹簧的刚度系数均为 k。求系统微幅振动的固有频率。

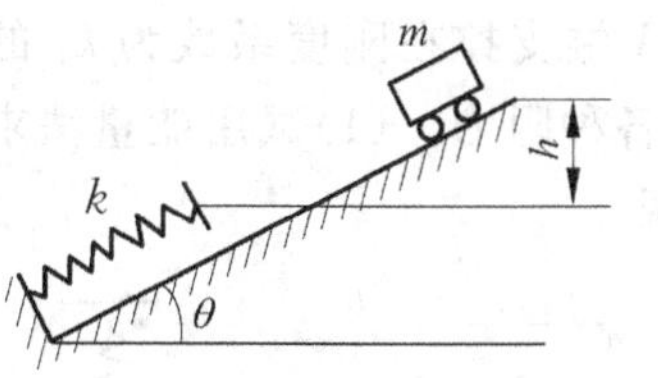

题 11-3 图

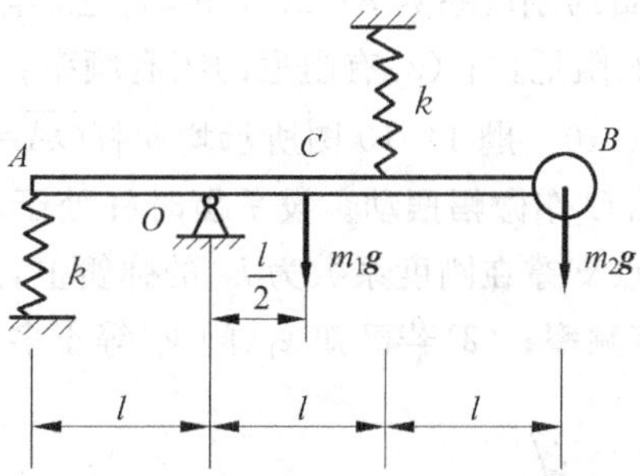

题 11-4 图

11-5　质量为 m 的物体通过弹簧悬挂在杆 AB 上，杆上尺寸如题 11-5 图所示。如杆 AB 的质量不计，两弹簧的刚度系数分别为 k_1 和 k_2。求系统微幅自由振动的频率。

11-6　题 11-6 图所示均质杆 $AB=l$，质量为 m，其两端销子可分别在水平槽、铅垂槽中滑动，$\theta=0$ 为杆的静平衡位置。不计销子质量和摩擦，如水平槽内两弹簧的刚度系数均为 k，求系统微幅振动的固有频率。当弹簧刚度系数为多大时，这种振动才能发生？

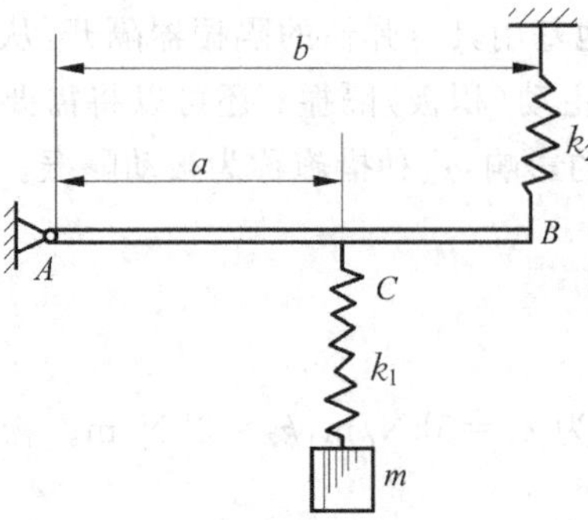

题 11-5 图

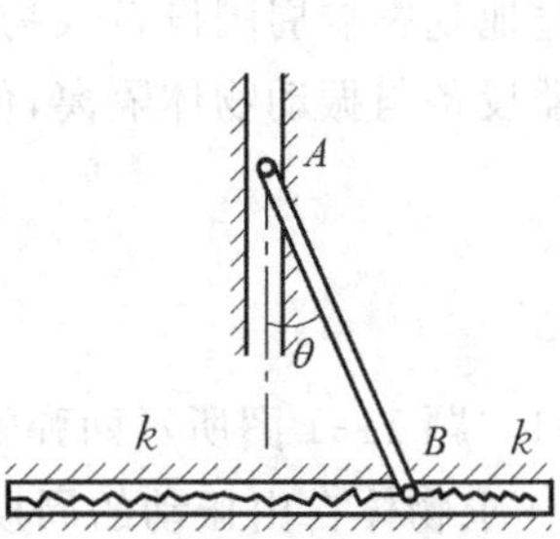

题 11-6 图

11-7　题 11-7 图所示均质杆$\overline{OA}=l$,重 P,均质圆盘 C 焊接于杆 OA 的中点 B,圆盘重 Q,半径为 R,杆 OA 的 O 端铰支,A 端挂在弹簧 AE 上,弹簧的刚度系数为 k,质量不计。系统静平衡时杆 OA 处于水平位置。求系统微幅振动的周期。

11-8　题 11-8 图所示滑轮重 P,重物 M_1、M_2 分别重 Q_1、Q_2。垂直弹簧 AB 的刚度系数为 k,设滑轮为均质圆盘,略去弹簧与绳子的质量。求系统振动的周期。

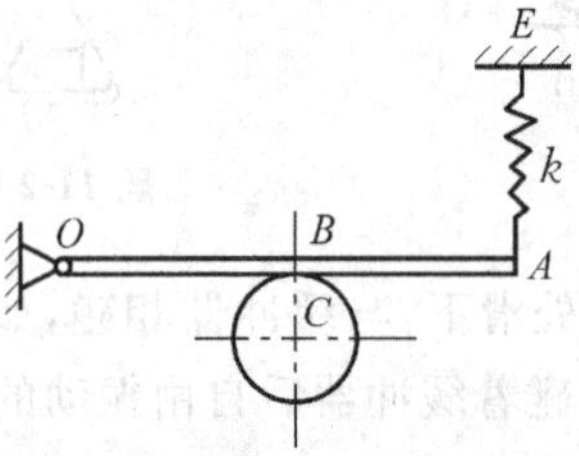

题 11-7 图

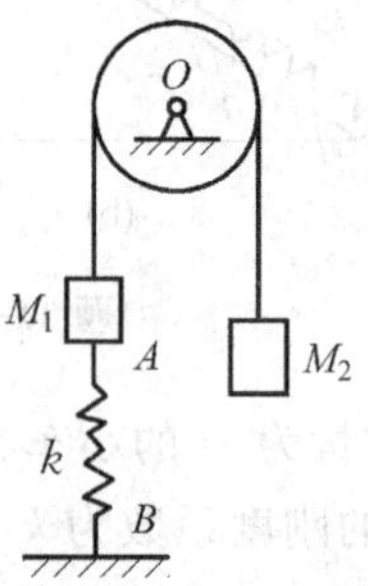

题 11-8 图

11-9　题 11-9 图所示均质滚子质量 $m=10\text{kg}$,半径 $r=0.25\text{m}$,能在斜面上保持纯滚动,弹簧的刚度系数 $k=20\text{N/m}$,阻尼器阻尼系数 $c=10\text{N}\cdot\text{s/m}$。求:(1)无阻尼的固有频率;(2)阻尼比;(3)有阻尼的固有频率;(4)此阻尼系统自由振动的周期。

11-10　题 11-10 图所示均质杆$\overline{OA}=l$,质量为 m,受已知力偶 $M=M_0\sin\omega t$ 作用,绕水平轴 O 作微幅摆动。设平衡时杆处于水平位置,杆的 A 端支撑在刚度系数为 k_1 的弹簧上,B 点支撑在刚度系数为 k_2 的弹簧上,忽略弹簧质量及各种阻力。(1)试用能量法求系统的固有频率;(2)若已知 k_1,问 k_2 等于多少时,杆发生共振?

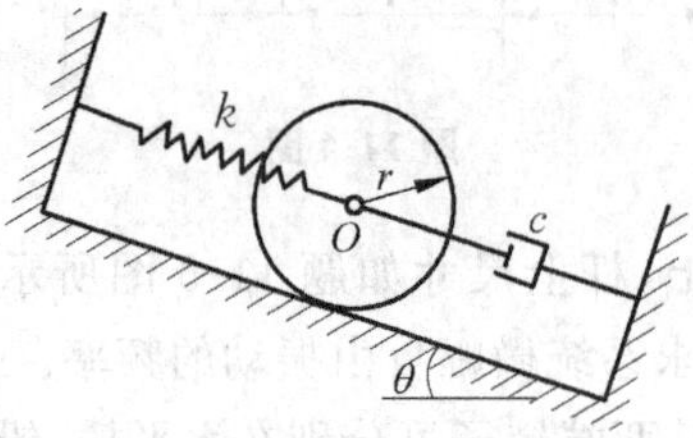

题 11-9 图

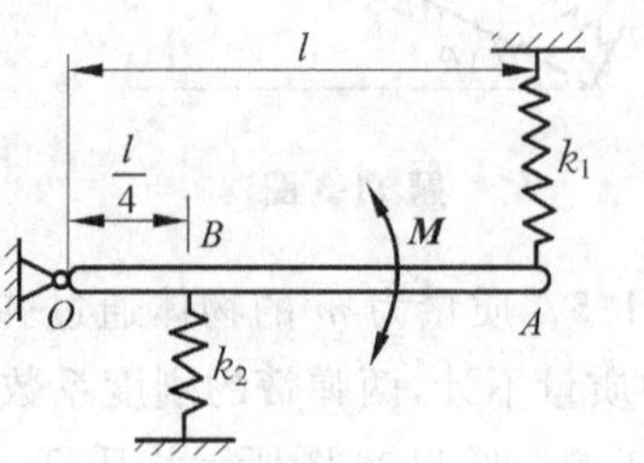

题 11-10 图

第4篇　分析力学基础

以牛顿运动定律为基础建立的力学体系，属于经典矢量力学的范畴。矢量力学理论严密，表述直观，可以解决许多工程实际问题，尤其是研究不受约束的自由物体最为方便。但矢量力学离不开对力的分析，用矢量力学方法分析各种复杂工程机械和工程结构时，将不可避免地考虑约束对物体运动的影响，在求解方程中涉及较多的约束反力，从而增加方程中未知量的数目，增加计算的复杂性。

分析力学是与矢量力学并列的另一力学体系。这一力学理论体系的建立，始于1788年拉格朗日发表《分析力学》。它的特点是引入标量形式的广义坐标、能量和功，完全摆脱以矢量为特征的几何方法，采用纯粹的数学分析方法（主要是微积分学和变分学），得出整个力学问题统一的原理和公式。用分析力学方法研究受约束的系统，可完全避免系统的理想约束反力，从而简化计算。

本篇简要介绍分析力学的基础内容，包括分析力学的基本概念、分析静力学基本原理（虚位移原理）和分析动力学基本方程（动力学普遍方程和拉格朗日方程）。

随着计算机技术的飞速发展，目前对于复杂工程系统的力学计算已经越来越多地使用分析力学方法，分析力学也已从纯理论的抽象思维走上与现代计算机技术相结合的发展道路。在本课程中，适当介绍分析力学的内容，可方便读者比较矢量力学和分析力学两种方法的特点，并综合使用这两种方法解决工程实际中的力学问题。

第12章

虚位移原理

在第一篇静力学中，主要采用矢量方法研究刚体及刚体系统的平衡。这部分内容称为矢量静力学或刚体静力学。由矢量静力学建立的平衡条件，对刚体及刚体系的平衡是必要和充分的，但对变形体的平衡，仅是必要条件。此外，应用矢量静力学的平衡条件分析复杂系统（即使仅为刚体系统）的平衡问题，有时也会比较繁琐。

分析静力学是应用数学分析的方法研究非自由质点系（包括刚体、变形体及相关物体系统）的平衡规律。在分析静力学中建立的平衡条件，对任意非自由质点系的平衡都是必要且充分的。它是研究静力学平衡问题的比较简捷且普遍适用的有效方法。

本章将介绍分析力学的基本概念，阐述分析静力学的重要原理——虚位移原理及其工程应用。

12.1 分析力学基本概念

1. 约束及约束方程

在刚体静力学中，将限制某物体运动的周围物体称为约束。约束对被约束物体的作用表现为约束反力。为更便于问题的数学分析，现在从运动学的角度重新定义约束，即限制质点或质点系运动的一切条件称为约束。约束条件的数学表达式称为约束方程。

可以从不同角度对约束进行如下分类：

1）几何约束和运动约束

限制质点或质点系空间几何位置的条件称为几何约束，其约束方程的一般形式为

$$f_r(x_1,y_1,z_1,\cdots,x_n,y_n,z_n,t)=0\quad (r=1,2,\cdots,s)\tag{12-1}$$

式中，n 是确定质点系位置所需的质点个数，(x_i,y_i,z_i)是第 i 个质点的坐标，t 是时间，s 是约束方程数目。

限制质点或质点系速度的条件称为运动约束，其约束方程的一般形式为

$$f_r(x_1,y_1,z_1,\cdots,x_n,y_n,z_n,\dot{x}_1,\dot{y}_1,\dot{z}_1,\cdots,\dot{x}_n,\dot{y}_n,\dot{z}_n,t)=0\quad (r=1,2,\cdots,s)\tag{12-2}$$

式中，$(\dot{x}_i,\dot{y}_i,\dot{z}_i)$是第 i 个质点的速度分量。

例如图 12-1 所示的曲柄滑块机构，铰链 A 只能作圆周运动，滑块 B 只能沿水平滑槽运动，且 OA、AB 两杆不变形。这些限制条件都属于几何约束，其约束方程可写为

$$\left.\begin{aligned}&x_A^2+y_A^2=r^2\\&(x_A-x_B)^2+(y_A-y_B)^2=l^2\\&y_B=0\end{aligned}\right\}$$

而图 12-2 所示的沿直线轨道纯滚动的车轮，除受到轮心 A 始终与轨道保持距离为 r 的几何约束，还受到只滚不滑的运动约束，其约束方程可写为

$$\left.\begin{aligned} y_A &= r \\ v_A &= r\omega \end{aligned}\right\}$$

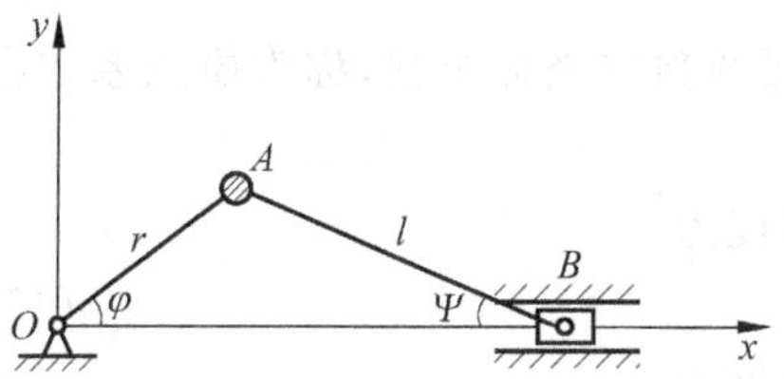

图 12-1

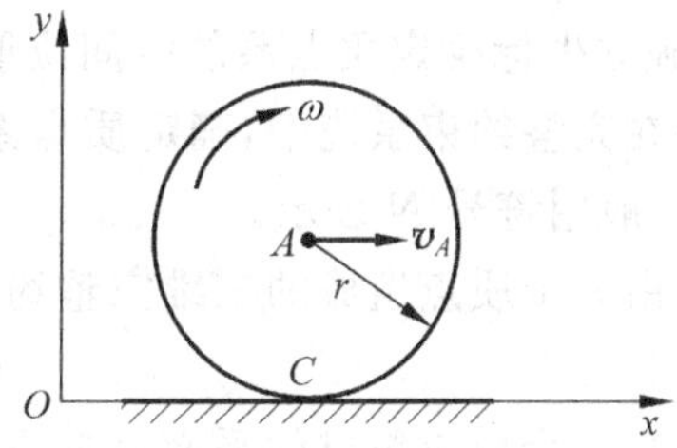

图 12-2

由运动学关系可知，$v_A=\dot{x}_A$，$\omega=\dot{\varphi}$，则上述运动约束方程又可写为$\dot{x}_A=r\dot{\varphi}$。

2）定常约束和非定常约束

约束条件不随时间变化，即约束方程中不显含时间变量 t 的约束，称为定常约束。上两例中，无论几何约束还是运动约束，都属于定常约束。

而约束条件随时间变化，即约束方程中显含时间变量 t 的约束，称为非定常约束。例如图 12-3 所示的摆长随时间变化的单摆，若设开始的摆长为 l_0，并以速度 v 匀速拉动细绳的另一端，则单摆的几何约束方程为

$$x^2+y^2=(l_0-vt)^2$$

此种约束即是典型的非定常约束。

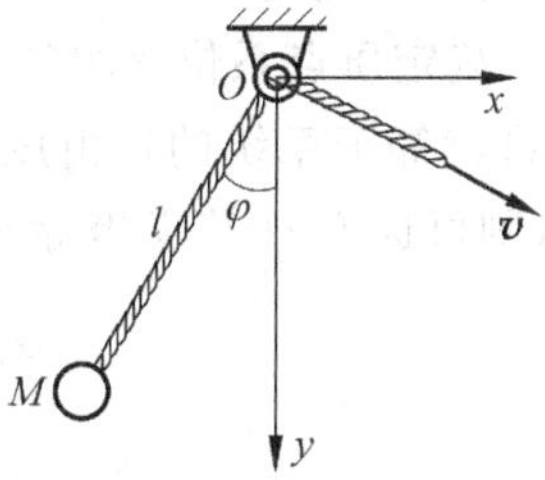

图 12-3

3）完整约束与非完整约束

约束方程中不包含坐标对时间的导数（如几何约束方程），或者约束方程中的微分项可以积分为有限形式（如图 12-2 中的运动约束方程$\dot{x}_A=r\dot{\varphi}$，虽为微分方程，但可以积分为有限形式 $x_A-x_{A_0}=r(\varphi-\varphi_0)$，其中 x_{A_0}，φ_0 分别为初始瞬时轮心 A 的坐标和车轮的转角）的约束，称为完整约束。上述三例中的所有约束均为完整约束。

如果约束方程中包含坐标对时间的导数，且方程中的微分项不可以积分为有限形式的约束，称为非完整约束。非完整约束方程总是微分方程的形式。

4）双面约束和单面约束

既能限制物体沿某一方向运动，又能限制其沿相反方向运动的约束，称为双面约束。若仅能限制物体沿某一方向运动，不能限制其沿相反方向运动的约束，称为单面约束。双面约束方程为等式，而单面约束方程为不等式。

本书中仅考虑定常完整双面约束系统的力学问题，如遇到单面约束的情形，只要约束不致消失或松弛，都当作双面约束处理。

2. 自由度和广义坐标

质点系中各质点空间位置的集合称为质点系的位形，它是质点位置概念的推广。确定

一个自由质点在空间的位置需用直角坐标系中的三个独立坐标。确定由 n 个质点组成的自由质点系在空间的位形，就需要用 $3n$ 个独立坐标。对于受到约束的非自由质点系，则质点系中各质点的位置坐标因须满足相应约束方程，不是完全独立的。一般来说，在完整约束系统中，对于一个由 n 个质点组成的三维非自由质点系，若受到 s 个完整约束，则确定该质点系在空间的位形，只需要 $3n-s$ 个独立坐标；若质点系的运动被限制在平面内，则只需 $2n-s$ 个独立坐标确定质点系的空间位形。

在完整约束系统中，确定质点系空间位形所需要的独立坐标个数，称为质点系的自由度，一般用符号 N 表示。

由 n 个质点组成的三维完整约束质点系，其自由度为

$$N = 3n - s \tag{12-3}$$

由 n 个质点组成的平面完整约束质点系，其自由度为

$$N = 2n - s \tag{12-4}$$

如确定图 12-1 所示的曲柄滑块机构的位形，需要 A、B 两点的四个坐标(x_A, y_A, x_B, y_B)，但它们需要同时满足三个完整约束方程，故该机构只有一个自由度。

通常质点系的质点和约束条件都很多，而自由度较少，即 n 和 s 很大，N 很小。因此，确定质点系的空间位形，用恰当选择的 N 个独立坐标，要比用 $3n$ 个直角坐标和 s 个完整约束方程方便得多。

确定质点系位形的独立坐标，称为该质点系的广义坐标。在完整约束系统中，广义坐标数目就等于系统的自由度。一般地，由 n 个质点组成的定常完整约束质点系，若自由度为 N，则可选 N 个广义坐标 $q_1, q_2, \cdots, q_N$ 来确定质点系的位形，其表达式为

$$\left.\begin{aligned} x_i &= x_i(q_1, q_2, \cdots, q_N) \\ y_i &= y_i(q_1, q_2, \cdots, q_N) \\ z_i &= z_i(q_1, q_2, \cdots, q_N) \end{aligned}\right\} \quad (i = 1, 2, \cdots, n) \tag{12-5}$$

式中，(x_i, y_i, z_i)为质点系中第 i 个质点的直角坐标。

可以选择任意参变量(如直角坐标、弧坐标、角度等)作为系统的广义坐标。如图 12-1 所示的曲柄滑块机构，因其只有一个自由度，故而可以选择 A、B 两点的任一直角坐标(如 x_A)，或者曲柄的转角 φ 为广义坐标。作为广义坐标的参变量间必须彼此独立，且一经确定，质点系的位形就唯一确定。

对于同一系统，广义坐标的选择不是唯一的，无一定法则，可根据问题的性质和解题的要求恰当选取，具有较大灵活性。

3. 虚位移

某一瞬时，质点或质点系在约束允许的条件下，可能实现的任意无限小位移，称为质点或质点系的虚位移(或可能位移)。虚位移可以是线位移，也可以是角位移。虚位移用对位形参数的变分 $\delta \boldsymbol{r}, \delta x, \delta y, \delta z, \delta \varphi$ 等表示，如图 12-4 所示。在定常完整约束条件下变分计算同微分计算类似。

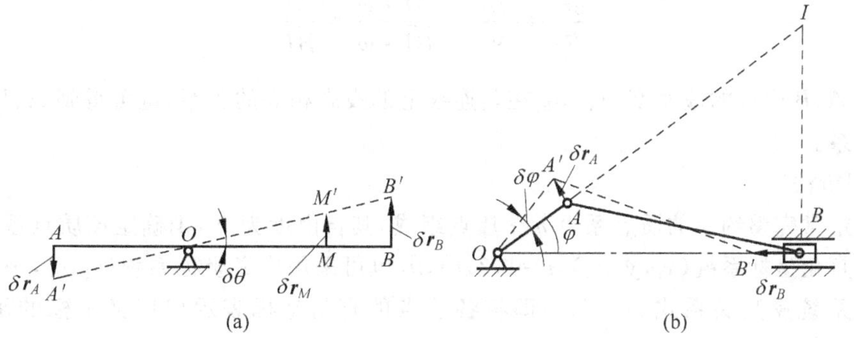

图　12-4

必须指出，虚位移与真实运动产生的实际位移（简称实位移）是有本质区别的：

(1) 虚位移是假想的纯几何概念，仅与质点系的约束条件有关，不需要经历时间，也与质点系所受的主动力及运动情况无关；而实位移是在一定时间内真实发生的，不仅与质点系的约束条件有关，还与质点系所受的主动力及运动初始条件有关。

(2) 虚位移只能是无限小位移，即质点系产生虚位移不会改变质点系原来的平衡条件；而实位移既可以是无限小位移，也可以是有限位移。

(3) 虚位移视约束情况，可以有多个，甚至无穷多个（如图 12-4(b)所示的曲柄滑块机构中的滑块 B 就既可以取如图所示的向左方向的虚位移，也可以取向右方向的虚位移）；而实位移在确定载荷和约束条件下，具有确定方向，只能有一个。

同时，还必须看到，在定常完整约束系统中，无限小实位移是系统若干可能实现的虚位移中的一种。

质点系中各质点的虚位移，必须满足约束条件，因而它们之间存在一定的关系。一般情况下，可采用下面的几种方法求质点系各虚位移之间的关系。

1) 几何法

设刚体和刚体系统在某处产生虚位移，作图得到其产生虚位移后的新位形，然后利用新、旧位形各虚位移之间的几何关系求得各点虚位移之间的关系。

例如，在图 12-4(a)中，要建立虚位移 $\delta \boldsymbol{r}_A$ 和 $\delta \boldsymbol{r}_B$ 之间的大小关系，就可利用$\triangle OAA'$和$\triangle OBB'$相似的几何关系得到，即$\dfrac{\delta r_A}{\delta r_B}=\dfrac{\overline{OA}}{\overline{OB}}$；而要建立虚位移 $\delta\theta$ 和 $\delta \boldsymbol{r}_B$ 之间的大小关系，则由于 $\delta\theta$ 很小，可利用圆心角和弧长之间的几何关系得到，即 $\delta r_B=\overline{OB}\cdot\delta\theta$。

2) 虚速度法

对于刚体和刚体系统，也可按运动学中分析速度的方法分析虚位移。即设系统在某处产生虚速度，计算各相关点的虚速度。计算虚速度时，可运用运动学中各种方法，如点的合成运动方法、平面运动刚体速度分析的基点法、速度投影法、速度瞬心法等。各点虚位移之比即等于各点虚速度之比。此方法称为虚速度法。

例如，在图 12-4(b)中，设 I 点为连杆 AB 的虚速度瞬心，ω 为连杆 AB 的虚角速度，A、B 两点的虚速度分别为 $\boldsymbol{v}_A$、$\boldsymbol{v}_B$，要得到两点虚位移 $\delta \boldsymbol{r}_A$ 和 $\delta \boldsymbol{r}_B$ 之间的大小关系，则有

$$\frac{\delta r_A}{\delta r_B}=\frac{v_A}{v_B}=\frac{\overline{AI}\cdot\omega}{\overline{BI}\cdot\omega}=\frac{\overline{AI}}{\overline{BI}}$$

或者考虑 A、B 两点的虚速度 $\boldsymbol{v}_A$、$\boldsymbol{v}_B$ 在其连线上的投影相等的关系，也可得到 A、B 两点的虚位移关系。

3) 解析法

设受定常完整约束的质点系由 n 个质点组成，其自由度为 N，则确定该质点系的位形，既可采用直角坐标系统 (x_i,y_i,z_i)，$i=1,2,\cdots,n$，也可采用广义坐标系统 $(q_1,q_2,\cdots,q_N)$，且两组坐标系统满足关系式(12-5)。即将各质点的直角坐标表示成广义坐标的函数。将式(12-5)对各广义坐标进行变分运算，可得

$$\left.\begin{aligned}\delta x_i&=\frac{\partial x_i}{\partial q_1}\delta q_1+\frac{\partial x_i}{\partial q_2}\delta q_2+\cdots+\frac{\partial x_i}{\partial q_N}\delta q_N=\sum_{k=1}^{N}\frac{\partial x_i}{\partial q_k}\delta q_k\\\delta y_i&=\frac{\partial y_i}{\partial q_1}\delta q_1+\frac{\partial y_i}{\partial q_2}\delta q_2+\cdots+\frac{\partial y_i}{\partial q_N}\delta q_N=\sum_{k=1}^{N}\frac{\partial y_i}{\partial q_k}\delta q_k\\\delta z_i&=\frac{\partial z_i}{\partial q_1}\delta q_1+\frac{\partial z_i}{\partial q_2}\delta q_2+\cdots+\frac{\partial z_i}{\partial q_N}\delta q_N=\sum_{k=1}^{N}\frac{\partial z_i}{\partial q_k}\delta q_k\end{aligned}\right\}\quad(i=1,2,\cdots,n)\qquad(12\text{-}6)$$

式中广义坐标的变分称为广义虚位移，它们既可以是线位移，也可以是角位移。由于广义坐标间相互独立，广义虚位移间也相互独立。

解析法确定各虚位移关系，就是针对定常完整约束质点系，选择恰当的广义坐标描述系统位形，并将相关质点的直角坐标写成广义坐标的函数，并按式(12-6)对相应直角坐标函数进行变分运算，从而确定各虚位移之间的关系。

4. 虚功

力在虚位移上所做的功称为虚功。

如图 12-5 所示，设质点受力 $\boldsymbol{F}$ 的作用，并给质点一假想的虚位移 $\delta\boldsymbol{r}$，则力 $\boldsymbol{F}$ 在虚位移 $\delta\boldsymbol{r}$ 上所做的虚功为

$$\delta W=\boldsymbol{F}\cdot\delta\boldsymbol{r}=F\delta r\cos\varphi\qquad(12\text{-}7)$$

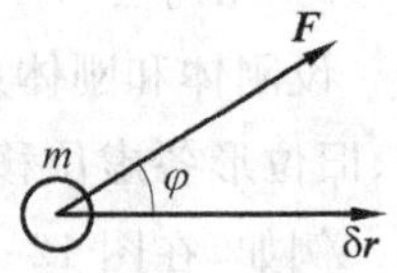

图 12-5

其在直角坐标系中的解析表达式可写为

$$\delta W=X\delta x+Y\delta y+Z\delta z\qquad(12\text{-}8)$$

式中，X,Y,Z 是力 $\boldsymbol{F}$ 在直角坐标轴上的投影，$\delta x,\delta y,\delta z$ 是虚位移 $\delta\boldsymbol{r}$ 在直角坐标轴上的投影。

虚功与虚位移是同阶的无穷小量。它与力在真实微小位移上所做的功，采用同一符号 δW 表示，但虚功是在假想的虚位移上所做的功，所以虚功也是假想的。

5. 理想约束

约束反力在质点系任何虚位移上所做虚功之和为零的约束称为理想约束。

如图 12-6 所示，若以 $\boldsymbol{F}_{Ni}$ 表示作用在某质点 i 上的约束反力，$\delta\boldsymbol{r}_i$ 表示该质点的虚位移，

δW_{Ni}表示该约束反力在虚位移上所做的功，则理想约束的作用可用数学公式表示为

$$\delta W_N = \sum \delta W_{Ni} = \sum \boldsymbol{F}_{Ni} \cdot \delta \boldsymbol{r}_i = 0 \qquad (12\text{-}9)$$

在动能定理一章，已分析过光滑接触面、光滑铰链、无重刚性杆、不可伸长柔索、固定端等约束，因其反力不做功或做功之和等于零，被视为理想约束。同样，这些约束的约束反力在虚位移上也不做虚功，或所做虚功之和为零，因而从分析力学的角度，它们也是理想约束。

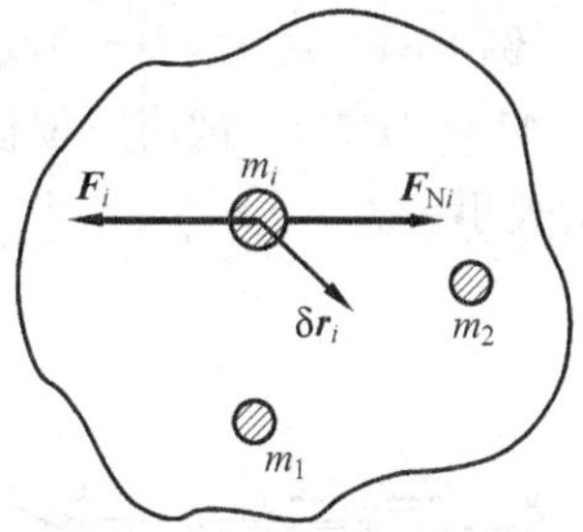

图　12-6

12.2　虚位移原理

设一具有定常完整约束的质点系处于静止平衡状态，取质点系中任一质点 i，作用在该质点上的主动力的合力为 $\boldsymbol{F}_i$，约束反力的合力为 $\boldsymbol{F}_{Ni}$，如图 12-6 所示。因为质点系平衡，则该质点也处于平衡状态，所以有

$$\boldsymbol{F}_i + \boldsymbol{F}_{Ni} = \boldsymbol{0}$$

若给质点系某种虚位移，其中质点 i 的虚位移为 $\delta \boldsymbol{r}_i$，则作用在质点 i 上的力 $\boldsymbol{F}_i$ 和 $\boldsymbol{F}_{Ni}$所做的虚功之和为

$$\boldsymbol{F}_i \cdot \delta \boldsymbol{r}_i + \boldsymbol{F}_{Ni} \cdot \delta \boldsymbol{r}_i = 0$$

对于质点系内的所有质点，都可得到与上式同样的等式，将这些等式相加，得

$$\sum \boldsymbol{F}_i \cdot \delta \boldsymbol{r}_i + \sum \boldsymbol{F}_{Ni} \cdot \delta \boldsymbol{r}_i = 0$$

如果质点系是理想约束系统，考虑到式(12-9)，则上式改写为

$$\sum \boldsymbol{F}_i \cdot \delta \boldsymbol{r}_i = 0 \qquad (12\text{-}10)$$

于是可得结论：对于具有理想约束的质点系，其平衡的充要条件是作用于该质点系的所有主动力在任何虚位移上所做虚功之和为零。上述结论称为虚位移原理，又称为虚功原理。式(12-10)称为虚功方程。可以证明，式(12-10)不仅是平衡的必要条件，也是充分条件。

式(12-10)在直角坐标系中的解析表达式可写为

$$\sum (X_i \delta x_i + Y_i \delta y_i + Z_i \delta z_i) = 0 \qquad (12\text{-}11)$$

式中，X_i，Y_i，Z_i 是作用在质点 i 上的主动力 $\boldsymbol{F}_i$ 在直角坐标轴上的投影，δx_i，δy_i，δz_i 是质点 i 的虚位移 $\delta \boldsymbol{r}_i$ 在直角坐标轴上的投影。

虚功方程是质点系最一般的平衡条件，也称为静力学普遍方程。如果平衡的质点系受到非理想约束，仍可使用虚功方程式(12-10)，但应将非理想约束反力视为主动力，并在虚功方程中计入其虚功。

虚位移原理在理论上具有重要的意义，它是分析力学的基础，在弹性力学、结构力学中也有广泛应用。在工程实际中，虚位移原理一般可用来解决以下静力学问题：

(1) 求质点系在给定位置平衡时主动力之间的关系；

(2) 求质点系在已知主动力作用下的平衡位置；

(3) 求质点系在已知主动力作用下平衡时的约束反力。

下面举例说明虚位移原理在工程实际中的应用。

例 12-1 图 12-7(a)所示机构中,各杆及滑块 B 的重量不计。已知:$\overline{OA}=l$,$\overline{O_1C}=3l$,P,$M_1=3Pl/2$。试用虚位移原理求机构在图示位置平衡时作用在 OA 杆上的力偶矩 M 的大小。

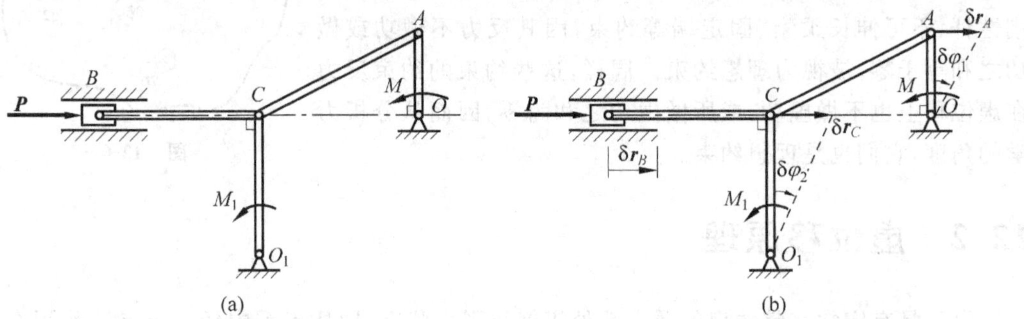

图 12-7

解 取整个系统为研究对象,所有约束均为理想约束。主动力有 $\boldsymbol{P}$、M_1、M,求 M 的大小实际上是求在图示位置平衡时 $\boldsymbol{P}$、M_1、M 之间的关系。

给系统一组如图 12-7(b)所示的虚位移。即给滑块 B 一向右的虚位移 $\delta\boldsymbol{r}_B$,则 O_1C 杆有顺时针转向的虚角位移 $\delta\varphi_2$,C,A 两点有向右的虚位移 $\delta\boldsymbol{r}_C$、$\delta\boldsymbol{r}_A$,OA 杆有顺时针转向的虚角位移 $\delta\varphi_1$。各虚位移间的关系为

$$\left.\begin{aligned}\delta r_A &= \delta r_C = \delta r_B \\ \delta\varphi_1 &= \frac{\delta r_A}{\overline{OA}} = \frac{\delta r_B}{l} \\ \delta\varphi_2 &= \frac{\delta r_C}{\overline{O_1C}} = \frac{\delta r_B}{3l}\end{aligned}\right\} \tag{1}$$

计算所有主动力在对应虚位移上所做的虚功,列出虚功方程

$$P\delta r_B - M_1\delta\varphi_2 - M\delta\varphi_1 = 0 \tag{2}$$

将式(1)代入式(2),得

$$P\delta r_B - M_1\frac{\delta r_B}{3l} - M\frac{\delta r_B}{l} = 0$$

整理得

$$\left(P - \frac{M_1}{3l} - \frac{M}{l}\right)\delta r_B = 0$$

因为 $\delta r_B \neq 0$,故有

$$P - \frac{M_1}{3l} - \frac{M}{l} = 0$$

解得

$$M = \frac{Pl}{2}$$

注意:(1) 此题是用几何法,由式(1)确定各虚位移间的定量关系;

(2) 式(2)中各项正负号的确定:当力与虚位移(线位移)夹角小于 90°时取正,否则取

负；当力偶与虚位移(转角)同向时取正，否则取负。

例 12-2　图 12-8(a)所示椭圆规机构中，连杆 AB 长为 l，杆重及滑道、铰链上的摩擦均忽略不计。求机构在图示位置平衡时，主动力 $\boldsymbol{F}_A$ 和 $\boldsymbol{F}_B$ 之间的关系。

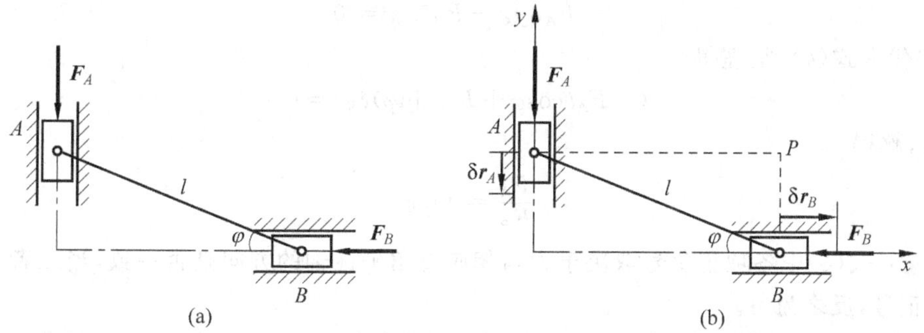

图　12-8

解　取整个机构为研究对象，系统的约束均为理想约束。给系统以如图 12-8(b)所示的虚位移。即给滑块 B 一向右的虚位移 $\delta \boldsymbol{r}_B$，则滑块 A 有向下的虚位移 $\delta \boldsymbol{r}_A$。由于杆 AB 不可伸缩，则 A,B 两点的虚位移在连线上的投影应相等，由图 12-8(b)可知

$$\delta r_A \sin\varphi = \delta r_B \cos\varphi$$

即

$$\delta r_B = \delta r_A \tan\varphi \tag{1}$$

计算所有主动力在对应虚位移上所做的虚功，列出虚功方程

$$F_A \delta r_A - F_B \delta r_B = 0 \tag{2}$$

将式(1)代入式(2)，整理得

$$(F_A - F_B \tan\varphi)\delta r_A = 0$$

因为 $\delta r_A \neq 0$，故有

$$F_A - F_B \tan\varphi = 0$$

解得

$$\frac{F_A}{F_B} = \tan\varphi$$

讨论　(1) 本题也可采用虚速度法求虚位移间的关系。假想机构运动时，杆 AB 作虚平面运动，图示位置，点 P 为其虚速度瞬心(如图 12-8(b)所示)，故由速度瞬心法可建立 A，B 两点的虚速度关系，即

$$\frac{v_B}{v_A} = \frac{\overline{PB}}{\overline{PA}} = \tan\varphi$$

A,B 两点虚位移大小之比即等于 A,B 两点的虚速度之比，因此有

$$\frac{\delta r_B}{\delta r_A} = \frac{v_B}{v_A} = \tan\varphi$$

(2) 本题还可采用解析法求解。选取如图 12-8(b)所示的坐标系，机构具有一个自由度，取图中的 φ 角为确定机构位形的广义坐标，则主动力作用点 A,B 两点的必要的直角坐标函数可写为

$$y_A = l\sin\varphi, \quad x_B = l\cos\varphi$$

将上式变分，得

$$\delta y_A = l\cos\varphi\delta\varphi, \quad \delta x_B = -l\sin\varphi\delta\varphi \tag{3}$$

利用虚功方程的解析表达式(12-11)，写出相应的虚功方程

$$-F_A\delta y_{A'} - F_B\delta x_B = 0 \tag{4}$$

将式(3)代入式(4)，整理得

$$(-F_A l\cos\varphi + F_B l\sin\varphi)\delta\varphi = 0$$

消去 $\delta\varphi$，解得

$$\frac{F_A}{F_B} = \tan\varphi$$

注意：式(4)中各项正负号取决于力与相应直角坐标轴的方向是否一致，当二者方向相同时取正号，反之为负。

例 12-3 图 12-9(a)所示机构中，已知：$\overline{AB}=\overline{BC}=l$，$\overline{BD}=\overline{BE}=b$，杆重不计，弹簧的刚度系数为 k。当$\overline{AC}=a$ 时，弹簧为原长。设在 C 处作用一水平力 $\boldsymbol{P}$，求机构处于平衡时，A，C 间的距离 x。

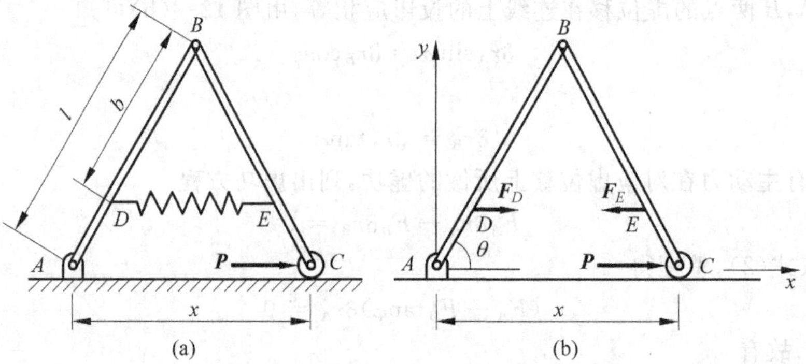

图 12-9

解 取整个机构为研究对象，除弹簧提供非理想内约束外，系统的其余约束均为理想约束。故而必须解除弹簧提供的非理想内约束，并在弹簧的作用点 D，E 两点处施加等值、反向、共线的一对弹簧反力 $\boldsymbol{F}_D=-\boldsymbol{F}_E$，代替弹簧内约束对机构平衡的贡献，如图 12-9(b)所示。

由胡克定律，可计算出机构平衡时弹簧力的大小为

$$F_D = F_E = k\Delta = k\left(\frac{xb}{l} - \frac{ab}{l}\right) = \frac{kb}{l}(x-a) \tag{1}$$

采用解析法建立各虚位移间的关系。如图 12-9(b)所示建立直角坐标系，并选图中的 θ 角为确定机构位形的广义坐标，则主动力及非理想约束反力作用点 C，D，E 三点的必要的直角坐标函数可写为

$$x_C = 2l\cos\theta, \quad x_D = (l-b)\cos\theta, \quad x_E = (l+b)\cos\theta$$

将上式变分，得

$$\delta x_C = -2l\sin\theta\delta\theta, \quad \delta x_D = -(l-b)\sin\theta\delta\theta, \quad \delta x_E = -(l+b)\sin\theta\delta\theta \tag{2}$$

利用虚功方程的解析表达式(12-11)，写出相应的虚功方程

$$P\delta x_C + F_D\delta x_D - F_E\delta x_E = 0 \tag{3}$$

将式(1)、式(2)代入式(3),整理得

$$\left[-2Pl\sin\theta - \frac{kb}{l}(x-a)(l-b)\sin\theta + \frac{kb}{l}(x-a)(l+b)\sin\theta\right]\delta\theta = 0$$

消去 $\sin\theta\delta\theta$,解得

$$x = a + \frac{Pl^2}{kb^2}$$

前面曾指出,理想约束的约束反力不出现在虚功方程中。事实上,虚位移原理也可用于理想约束反力的求解。只需将相应的理想约束解除或变更,代以所要求的约束反力,并将此约束反力视为主动力,在虚功方程中计入其虚功,即可由虚功方程求出相应理想约束反力。举例说明如下。

例 12-4 图 12-10(a)所示机构中,已知:弹簧的刚度系数 $k=100\text{N/cm}$,原长 $l_0=50\text{cm}$,$l=60\text{cm}$,$\beta=30°$,$EF/\!/AB$,杆重不计。试用虚位移原理求机构在图示位置平衡时,连杆 EF 的内力。

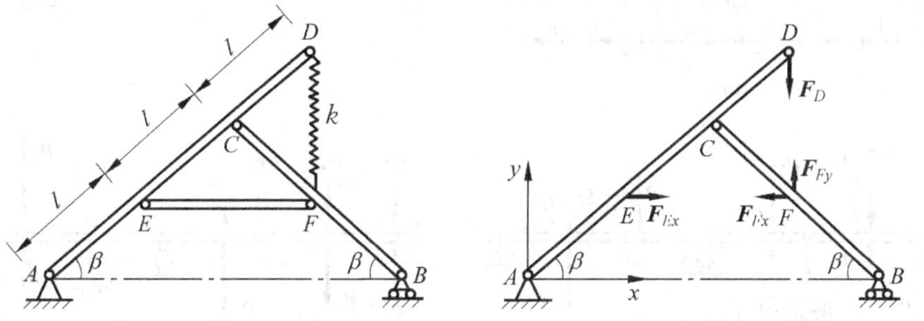

图 12-10

解 取整个机构为研究对象,除弹簧提供非理想内约束外,系统的其余约束均为理想约束。故而必须解除弹簧提供的非理想内约束,并在弹簧的作用点 D,F 两点处施加等值、反向、共线的一对弹簧反力 $\boldsymbol{F}_D=-\boldsymbol{F}_{Fy}$,并将其视为主动力,代替弹簧内约束对机构平衡的贡献。由胡克定律,计算出机构平衡时弹簧力的大小为

$$F_D = F_{Fy} = k\Delta = k(2l\sin\beta - l_0) \tag{1}$$

由于连杆 EF 是刚性二力杆,其所受内力大小等于作用在连杆两端的沿杆长方向的外力,也等于连杆在 E,F 两点施加给系统的理想内约束反力。这种理想内约束反力不会直接出现在机构的虚功方程中,想用虚位移原理求出这种理想内约束反力,必须解除这种理想内约束,并在该内约束的作用点上施加一对等值、反向、共线的主动力 $\boldsymbol{F}_{Ex}=-\boldsymbol{F}_{Fx}$,如图 12-10(b)所示。它们与该内约束提供的一对内约束反力相等,其对机构平衡的贡献与连杆 EF 的内约束作用一样。求出这一对主动力,即求得连杆 EF 的内力。

本题亦采用解析法建立各虚位移间的关系。如图 12-10(b)所示建立直角坐标系,并选图中的 β 角为确定机构位形的广义坐标,则各力作用点 D,E,F 三点的必要的直角坐标函数可写为

$$x_E = l\cos\beta,\quad x_F = 3l\cos\beta,\quad y_F = l\sin\beta,\quad y_D = 3l\sin\beta$$

将上式变分,得

$$\delta x_E = -l\sin\beta\delta\beta,\quad \delta x_F = -3l\sin\beta\delta\beta,\quad \delta y_F = l\cos\beta\delta\beta,\quad \delta y_D = 3l\cos\beta\delta\beta \tag{2}$$

利用虚功方程的解析表达式(12-11),写出相应的虚功方程

$$F_{Ex}\delta x_E - F_{Fx}\delta x_F + F_{Fy}\delta y_F - F_D\delta y_D = 0 \tag{3}$$

将式(1)、式(2)代入式(3),并考虑到 $F_{Ex}=F_{Fx}$,整理得

$$[2F_{Ex}l\sin\beta - 2kl(2l\sin\beta - l_0)\cos\beta]\delta\beta = 0$$

消去 $\delta\beta$,解得

$$F_{Ex} = k(2l\sin\beta - l_0)\cot\beta = 1\,732\text{N}$$

例 12-5 图 12-11(a)所示连续梁,载荷 $P_1=800\text{N}$,$P_2=600\text{N}$,$P_3=1\,000\text{N}$;尺寸 $a=2\text{m}$,$b=3\text{m}$。求梁在图示位置平衡时,滚动支座 E 及固定端 A 的约束反力。

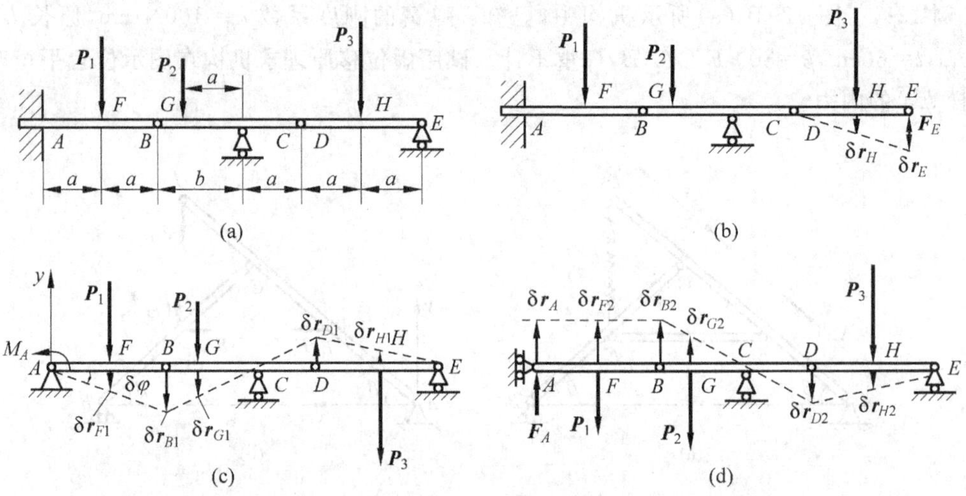

图 12-11

解 取整个连续梁为研究对象,它是静定梁,不可能产生任何虚位移。

(1) 为了用虚位移原理求出滚动支座 E 的约束反力 F_E,可解除 E 处的约束,并将滚动支座 E 的约束反力 F_E 作用在梁的 E 端,视为主动载荷,代替滚动支座 E 对梁平衡的贡献。在这种约束条件下,梁 AB、BC 仍然不能产生任何虚位移,但 DE 梁可产生如图 12-11(b)所示的虚位移。

用几何法建立各点虚位移大小之间的关系,由图 12-11(b)可知

$$\delta r_H = \frac{1}{2}\delta r_E \tag{1}$$

计算所有主动力在对应虚位移上所做的虚功,列出虚功方程

$$-F_E\delta r_E + P_3\delta r_H = 0 \tag{2}$$

将式(1)代入式(2),得

$$(-2F_E + P_3)\delta r_H = 0$$

解得

$$F_E = \frac{P_3}{2} = 500\text{N}$$

(2) 由于固定端 A 的约束反力不止一个，为了求出固定端 A 的约束反力偶 M_A，只能解除其转动约束，将固定端约束变更为固定铰支座，并将固定端 A 的约束反力偶 M_A 作用在梁的 A 端，视为主动载荷。这样，整个连续梁就变成一个单自由度的杆系结构，可产生如图 12-11(c)所示的虚位移。

用几何法建立各点虚位移大小之间的关系，由图 12-11(c)可知

$$\left.\begin{aligned} \delta r_{F_1} &= a\delta\varphi = 2\delta\varphi \\ \delta r_{G_1} &= \frac{a}{b}\delta r_{B_1} = \frac{2}{3}\times 4\delta\varphi = \frac{8}{3}\delta\varphi \\ \delta r_{H_1} &= \frac{a}{2a}\delta r_{D_1} = \frac{1}{2}\times\frac{a}{b}\delta r_{B_1} = \frac{1}{2}\times\frac{8}{3}\delta\varphi = \frac{4}{3}\delta\varphi \end{aligned}\right\} \tag{3}$$

计算所有主动力在对应虚位移上所做的虚功，列出虚功方程

$$P_1\delta r_{F_1} + P_2\delta r_{G_1} - P_3\delta r_{H_1} - M_A\delta\varphi = 0 \tag{4}$$

将式(3)代入式(4)，得

$$\left(2P_1 + \frac{8}{3}P_2 - \frac{4}{3}P_3 - M_A\right)\delta\varphi = 0$$

解得

$$M_A = 2P_1 + \frac{8}{3}P_2 - \frac{4}{3}P_3 = 1\,867\text{N}\cdot\text{m}$$

(3) 为了求出固定端 A 的约束反力 F_A，可将固定端约束变更为铅直滚轮，并将固定端 A 的铅直约束反力 F_A 作用在梁的 A 端，视为主动载荷。这样，整个连续梁可产生如图 12-11(d)所示的虚位移。

用几何法建立各点虚位移大小之间的关系，由图 12-11(d)可知

$$\left.\begin{aligned} \delta r_{F_2} &= \delta r_{B_2} = \delta r_A \\ \delta r_{G_2} &= \frac{a}{b}\delta r_{B_2} = \frac{2}{3}\delta r_A \\ \delta r_{H_2} &= \frac{a}{2a}\delta r_{D_2} = \frac{1}{2}\times\frac{a}{b}\delta r_{B_2} = \frac{1}{2}\times\frac{2}{3}\delta r_A = \frac{1}{3}\delta r_A \end{aligned}\right\} \tag{5}$$

计算所有主动力在对应虚位移上所做的虚功，列出虚功方程

$$-P_1\delta r_{F_2} - P_2\delta r_{G_2} + P_3\delta r_{H_2} + F_A\delta r_A = 0 \tag{6}$$

将式(5)代入式(6)，得

$$\left(-P_1 - \frac{2}{3}P_2 + \frac{1}{3}P_3 + F_A\right)\delta r_A = 0$$

解得

$$F_A = P_1 + \frac{2}{3}P_2 - \frac{1}{3}P_3 = 867\text{N}$$

例 12-6　结构如图 12-12(a)所示，已知：P, M, l_1, l_2，不计杆重。试用虚位移原理求结构在图示位置平衡时，支座 D 的约束反力。

解　取整个结构为研究对象，约束均为理想约束。在这种约束条件下，结构不可能产生任何虚位移。

(1) 解除支座 D 的水平约束，代之以水平方向的约束反力 F_{Dx}。此时，系统成为单自由

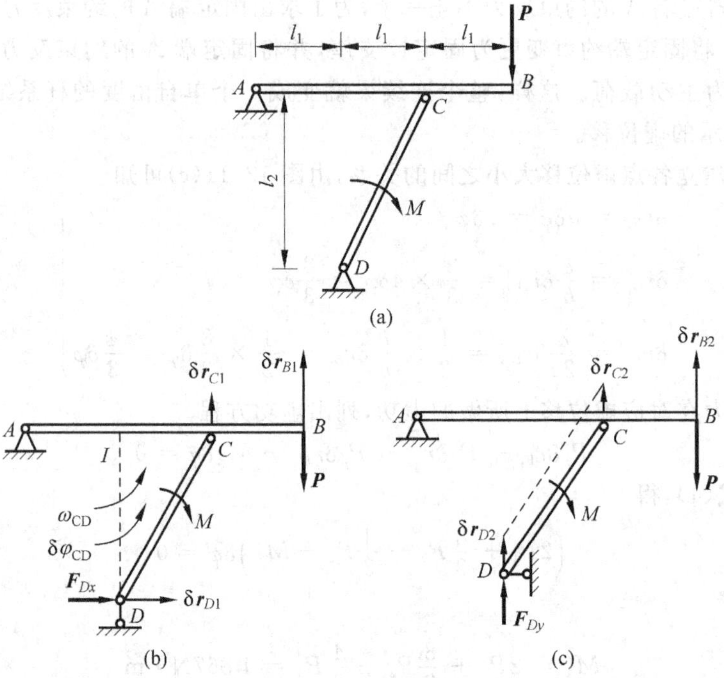

图 12-12

度的机构,可产生如图 12-12(b)所示的虚位移。

用虚速度法建立各点虚位移大小之间的关系,由图 12-12(b)可知,I 点为 CD 杆的虚速度瞬心,则

$$\left.\begin{aligned}\delta r_{C1} &= v_{C1}\,\mathrm{d}t = \overline{CI}\omega_{CD}\,\mathrm{d}t = \overline{CI}\,\delta\varphi_{CD} = l_1\delta\varphi_{CD}\\ \delta r_{D1} &= v_{D1}\,\mathrm{d}t = \overline{DI}\omega_{CD}\,\mathrm{d}t = \overline{DI}\delta\varphi_{CD} = l_2\delta\varphi_{CD}\end{aligned}\right\} \tag{1}$$

式中,$\delta\varphi_{CD}$ 为 CD 杆的虚角位移。杆 AB 可作虚定轴转动,故有

$$\frac{\delta r_{C1}}{\delta r_{B1}} = \frac{v_{C1}}{v_{B1}} = \frac{\overline{AC}\omega_{AB}}{\overline{AB}\omega_{AB}} = \frac{\overline{AC}}{\overline{AB}} = \frac{2}{3} \tag{2}$$

计算所有主动力在对应虚位移上所做的虚功,列出虚功方程

$$F_{Dx}\delta r_{D1} - M\delta\varphi_{CD} - P\delta r_{B1} = 0 \tag{3}$$

将式(1)、式(2)代入式(3),整理得

$$\left(F_{Dx}l_2 - M - \frac{3}{2}l_1 P\right)\delta\varphi_{CD} = 0$$

解得

$$F_{Dx} = \frac{2M + 3Pl_1}{2l_2}$$

(2) 解除支座 D 的竖向约束,代之以竖直方向的约束反力 F_{Dy}。此时,系统仍为单自由度的机构,杆 AB 仍可作虚定轴转动,而 CD 杆作虚瞬时平动,系统可产生如图 12-12(c)所示的虚位移。

用虚速度法建立各点虚位移大小之间的关系,由图 12-12(c)可知

$$\left.\begin{aligned}&\frac{\delta r_{C2}}{\delta r_{B2}}=\frac{v_{C2}}{v_{B2}}=\frac{\overline{AC}\omega_{AB}}{\overline{AB}\omega_{AB}}=\frac{\overline{AC}}{\overline{AB}}=\frac{2}{3}\\&\frac{\delta r_{C2}}{\delta r_{D2}}=\frac{v_{C2}}{v_{D2}}=1\\&\delta\varphi_{CD}=0\end{aligned}\right\}\tag{4}$$

计算所有主动力在对应虚位移上所做的虚功，列出虚功方程

$$F_{Dy}\delta r_{D2}-P\delta r_{B2}=0\tag{5}$$

将式(4)代入式(5)，整理得

$$\left(F_{Dy}-\frac{3}{2}P\right)\delta r_{D2}=0$$

解得

$$F_{Dy}=\frac{3P}{2}$$

通过以上例题，可归纳出虚位移原理解题的一般步骤：

(1) 一般取整个系统为研究对象，判断约束是否为理想约束(若有非理想约束，可将其约束反力视为主动力处理)。

(2) 受力分析。若求主动力之间的关系，或求系统的平衡位置，只需画出研究对象的主动力和非理想约束反力；若求系统的约束反力，则需解除或变更相应的约束，将待求约束反力视为主动力画出。

(3) 画出相关力作用点和相关辅助点的虚位移，利用几何法或虚速度法建立各虚位移之间的关系；或者采用广义坐标系统描述系统的位形，利用解析法建立相关虚位移间的关系。

(4) 根据虚位移原理，列出虚功方程(计算虚功时必须考虑功的正负)，求解未知量。

12.3　广义力及以广义力表示的质点系平衡条件

在式(12-11)表达的虚位移原理中，是以质点直角坐标的变分表示虚位移。这些虚位移往往不是相互独立的，所以在解题时，还要建立虚位移间的关系，然后才能将问题解决。如果采用广义坐标系统描述质点系的位形，则质点系的虚位移也可通过相互独立的广义虚位移描述，从而简化虚功的计算，得到更为简洁的虚功方程及质点系的平衡条件。

1. 广义坐标系统下的虚功计算及广义力

设一定常完整理想约束质点系，由 n 个质点组成，具有 N 个自由度，选 N 个广义坐标 $q_1,q_2,\cdots,q_N$ 来确定质点系的位形，则各质点的直角坐标可按式(12-5)表示为广义坐标的函数，各质点的直角坐标虚位移也可按式(12-6)表示为广义虚位移的函数。于是作用于质点系的所有主动力的虚功之和可表示为

$$\begin{aligned}\sum\delta W_i&=\sum_{i=1}^{n}(X_i\delta x_i+Y_i\delta y_i+Z_i\delta z_i)\\&=\sum_{i=1}^{n}\left(X_i\sum_{k=1}^{N}\frac{\partial x_i}{\partial q_k}\delta q_k+Y_i\sum_{k=1}^{N}\frac{\partial y_i}{\partial q_k}\delta q_k+Z_i\sum_{k=1}^{N}\frac{\partial z_i}{\partial q_k}\delta q_k\right)\end{aligned}$$

$$= \sum_{k=1}^{N}\left[\sum_{i=1}^{n}\left(X_i \frac{\partial x_i}{\partial q_k} + Y_i \frac{\partial y_i}{\partial q_k} + Z_i \frac{\partial z_i}{\partial q_k}\right)\right]\delta q_k$$

$$= \sum_{k=1}^{N} Q_k \delta q_k \tag{12-12}$$

式中

$$Q_k = \sum_{i=1}^{n}\left(X_i \frac{\partial x_i}{\partial q_k} + Y_i \frac{\partial y_i}{\partial q_k} + Z_i \frac{\partial z_i}{\partial q_k}\right) \quad (k = 1,2,\cdots,N) \tag{12-13}$$

由于 Q_k 与广义虚位移 δq_k 的乘积是功，因此称 Q_k 为广义坐标 q_k 对应的广义力。广义力的量纲由它对应的广义虚位移决定：当广义虚位移是线位移时，对应广义力具有力的量纲；当广义虚位移是角位移时，对应广义力具有力矩的量纲。

如果作用在质点系上的主动力都是有势力，则质点系的势能应为各质点直角坐标的函数，即

$$V = V(x_i, y_i, z_i) \quad (i = 1,2,\cdots,n)$$

作用在各质点上的主动力在直角坐标轴上的投影可根据第9章式(9-37)表示为

$$X_i = -\frac{\partial V}{\partial x_i}, \quad Y_i = -\frac{\partial V}{\partial y_i}, \quad Z_i = -\frac{\partial V}{\partial z_i}$$

将上式分别代入式(12-12)及式(12-13)，得到质点系在势力场中的虚功之和及广义力的表达式如下：

$$\sum \delta W_i = \sum_{i=1}^{n}(X_i\delta x_i + Y_i\delta y_i + Z_i\delta z_i)$$

$$= -\sum_{i=1}^{n}\left(\frac{\partial V}{\partial x_i}\delta x_i + \frac{\partial V}{\partial y_i}\delta y_i + \frac{\partial V}{\partial z_i}\delta z_i\right)$$

$$= -\delta V \tag{12-14}$$

$$Q_k = \sum_{i=1}^{n}\left(X_i \frac{\partial x_i}{\partial q_k} + Y_i \frac{\partial y_i}{\partial q_k} + Z_i \frac{\partial z_i}{\partial q_k}\right)$$

$$= -\sum_{i=1}^{n}\left(\frac{\partial V}{\partial x_i}\frac{\partial x_i}{\partial q_k} + \frac{\partial V}{\partial y_i}\frac{\partial y_i}{\partial q_k} + \frac{\partial V}{\partial z_i}\frac{\partial z_i}{\partial q_k}\right) \quad (k = 1,2,\cdots,N)$$

$$= -\frac{\partial V}{\partial q_k} \tag{12-15}$$

式(12-14)表明：在势力场中，质点系所有主动力的虚功之和等于质点系势能一阶变分的负数。式(12-15)表明：在势力场中，质点系某一广义坐标对应的广义力等于质点系势能对该广义坐标一阶偏导数的负值。

实际应用中，除在势力场中，采用式(12-15)计算广义力外，通常求广义力的方法有两种：

(1) 解析法　即采用公式(12-13)计算相应广义力。

(2) 虚功法　考虑到广义虚位移间的相互独立性，只给质点系一个不为零的广义虚位移，即 $\delta q_i \neq 0$，而令其余 $(N-1)$ 个广义虚位移都等于零，即 $\delta q_j = 0 (j \neq i)$，则由式(12-12)可知，质点系所有主动力在相应虚位移上所做虚功之和

$$\delta W_i = Q_i \delta q_i$$

由此可求出对应广义力，即

$$Q_i = \frac{\delta W_i}{\delta q_i} \quad (i = 1,2,\cdots,N) \tag{12-16}$$

在解决实际问题时，往往采用第二种方法比较方便。

例 12-7 结构如图 12-13(a)所示，杆 OA 和 AB 以光滑铰链相连，O 端与光滑圆柱型铰链相连，$\overline{OA}=a$，$\overline{AB}=b$，杆的质量均不计。在 A 点作用一铅垂向下的力 $\boldsymbol{P}$，在自由端 B 作用一水平力 $\boldsymbol{F}$，又在 AB 杆上作用一力偶，其矩为 M。取图中的 φ_1，φ_2 为系统的广义坐标，求图示位置，两广义坐标对应的广义力 Q_{φ_1}，Q_{φ_2}。

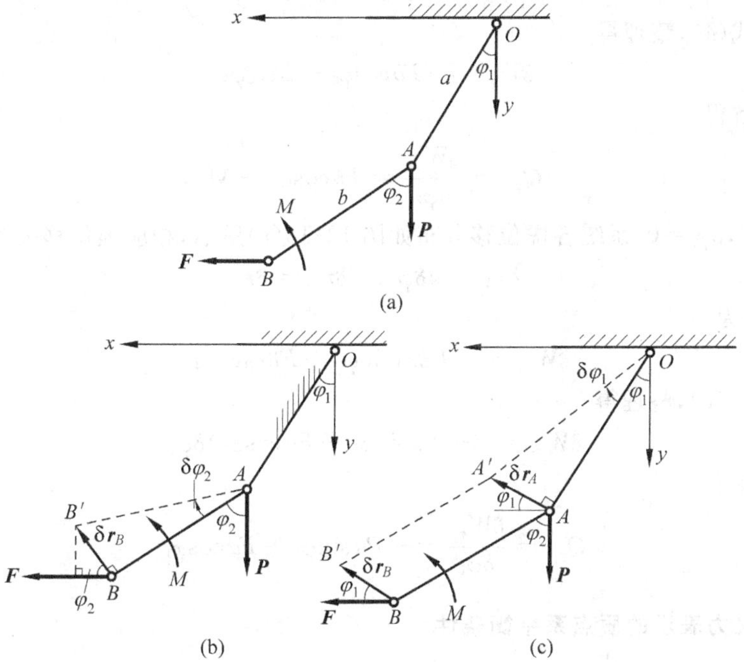

图 12-13

解 系统所受约束均为理想约束，其上作用的主动力有 $\boldsymbol{P}$，$\boldsymbol{F}$ 及 M。广义坐标 φ_1，φ_2 相互独立，其对应的广义虚位移 $\delta\varphi_1$，$\delta\varphi_2$ 也相互独立。下面分别用上述两种方法计算广义力。

(1) 解析法

如图 12-13(a)所示建立直角坐标轴系 Oxy，各主动力作用点必要的直角坐标函数可写为

$$y_A = a\cos\varphi_1, \quad x_B = a\sin\varphi_1 + b\sin\varphi_2$$

对上式分别对广义坐标 φ_1，φ_2 求偏导，得

$$\left.\begin{aligned} \frac{\partial y_A}{\partial \varphi_1} &= -a\sin\varphi_1 \\ \frac{\partial x_B}{\partial \varphi_1} &= a\cos\varphi_1 \\ \frac{\partial \varphi_2}{\partial \varphi_1} &= 0 \end{aligned}\right\} \quad (1) \qquad \left.\begin{aligned} \frac{\partial y_A}{\partial \varphi_2} &= 0 \\ \frac{\partial x_B}{\partial \varphi_2} &= b\cos\varphi_2 \\ \frac{\partial \varphi_2}{\partial \varphi_2} &= 1 \end{aligned}\right\} \quad (2)$$

将式(1)、式(2)分别代入式(12-13)得

$$Q_{\varphi_1} = P\frac{\partial y_A}{\partial \varphi_1} + F\frac{\partial x_B}{\partial \varphi_1} - M\frac{\partial \varphi_2}{\partial \varphi_1} = -Pa\sin\varphi_1 + Fa\cos\varphi_1$$

$$Q_{\varphi_2} = P\frac{\partial y_A}{\partial \varphi_2} + F\frac{\partial x_B}{\partial \varphi_2} - M\frac{\partial \varphi_2}{\partial \varphi_2} = Fb\cos\varphi_2 - M$$

(2) 虚功法

令 $\delta\varphi_1=0,\delta\varphi_2\neq 0$,系统各虚位移分布如图 12-13(b)所示,相应虚位移关系为

$$\delta r_A = 0,\quad \delta r_B = b\delta\varphi_2 \tag{3}$$

则系统的虚功为

$$\delta W_{\varphi_2} = F\delta r_B\cos\varphi_2 - M\delta\varphi_2 \tag{4}$$

将式(3)代入式(4),整理得

$$\delta W_{\varphi_2} = (Fb\cos\varphi_2 - M)\delta\varphi_2$$

由式(12-16)解得

$$Q_{\varphi_2} = \frac{\delta W_{\varphi_2}}{\delta\varphi_2} = Fb\cos\varphi_2 - M$$

令 $\delta\varphi_1\neq 0,\delta\varphi_2=0$,系统各虚位移分布如图 12-13(c)所示,相应虚位移关系为

$$\delta r_A = a\delta\varphi_1,\quad \delta r_B = \delta r_A \tag{5}$$

则系统的虚功为

$$\delta W_{\varphi_1} = -P\delta r_A\sin\varphi_1 + F\delta r_B\cos\varphi_1 \tag{6}$$

将式(5)代入式(6),整理得

$$\delta W_{\varphi_1} = (-Pa\sin\varphi_1 + Fa\cos\varphi_1)\delta\varphi_1$$

由式(12-16)解得

$$Q_{\varphi_1} = \frac{\delta W_{\varphi_1}}{\delta\varphi_1} = -Pa\sin\varphi_1 + Fa\cos\varphi_1$$

2. 以广义力表示的质点系平衡条件

根据虚位移原理,对于具有理想约束的质点系,其平衡的充要条件是式(12-10)或式(12-11),即

$$\sum \delta W_i = 0 \tag{12-17}$$

将式(12-12)代入式(12-17),即得

$$\sum \delta W_i = \sum_{k=1}^{N} Q_k\delta q_k = 0$$

由于各广义虚位移相互独立,要使上式成立,必须满足

$$Q_k = 0\quad (k=1,2,\cdots,N) \tag{12-18}$$

式(12-18)表明:对于具有理想约束的质点系平衡的充要条件为系统所有的广义力都等于零。

如果质点系处于势力场中,将式(12-14)代入式(12-17)或式(12-15)代入式(12-18)中,则质点系在势力场中的平衡条件为

$$\delta V = 0 \tag{12-19}$$

或

$$\frac{\partial V}{\partial q_k} = 0\quad (k=1,2,\cdots,N) \tag{12-20}$$

上两式表明:在势力场中,定常完整理想约束质点系的平衡条件为质点系的势能在平

衡位置处的一阶变分为零，或者质点系势能对每个广义坐标的一阶偏导数都为零。

对于具有 N 个自由度的定常完整理想约束质点系的平衡问题，利用广义力表示的质点系平衡条件是 N 个相互独立的平衡方程组成的方程组，用它解决实际问题，尤其是复杂系统的平衡问题时，往往所需方程较少，数学分析过程更为简单。

习题

12-1　质点 A，B 分别由两根长为 a，b 的刚性杆铰接，支承如题 12-1 图所示。若系统只能在 xy 平面内运动，该系统的自由度是多少？约束方程有哪些？

12-2　题 12-2 图所示机构中，若 $\overline{OA}=r$，$\overline{BD}=2l$，$\overline{CE}=l$，$\angle OAB=90°$，$\angle CED=30°$，求点 A，D 虚位移间的关系。

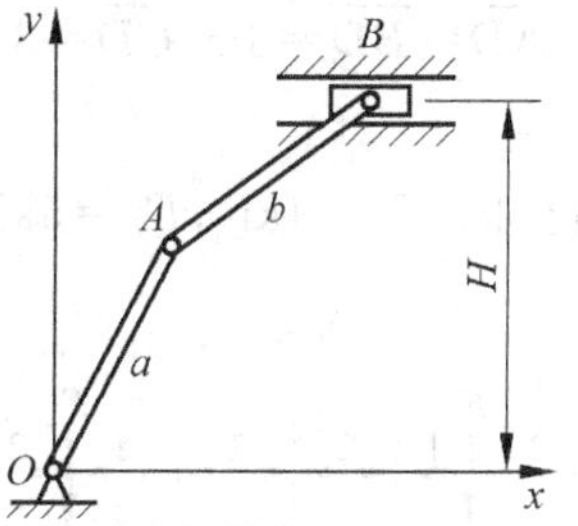

题 12-1 图

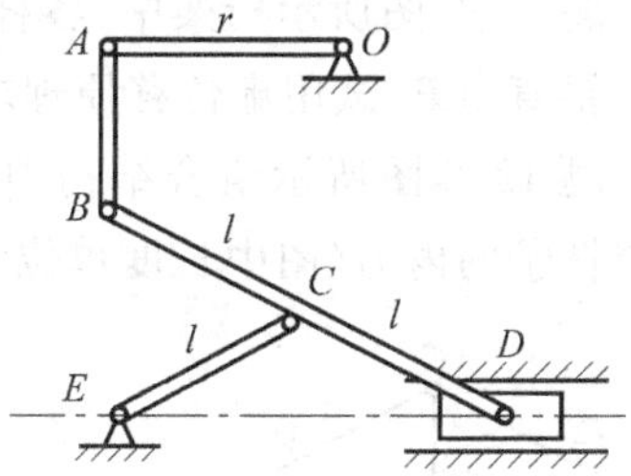

题 12-2 图

12-3　题 12-3 图所示机构中，两杆 OA，AB 各长 l，重量及各处摩擦均不计，用虚位移原理求解在铅直力 $\boldsymbol{P}$ 和水平力 $\boldsymbol{F}$ 作用下，机构保持平衡时，θ 的值是多少？

12-4　题 12-4 图所示的连杆机构中，杆重均不计，当曲柄 OC 绕轴 O 摆动时，套筒 A 沿曲柄自由滑动，从而带动杆 AB 在铅垂导槽 K 内移动。已知：$\overline{OC}=a$，$\overline{OK}=l$，在点 C 垂直于曲柄作用一力 $\boldsymbol{F}_1$，而在点 B 沿 BA 作用一力 $\boldsymbol{F}_2$。求机构平衡时，力 F_2 与 F_1 的关系？

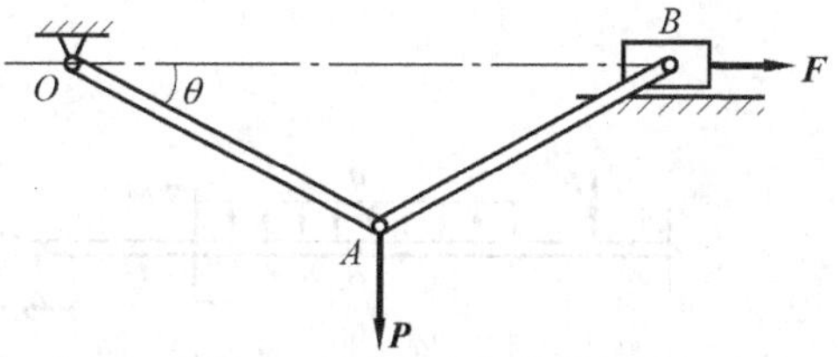

题 12-3 图

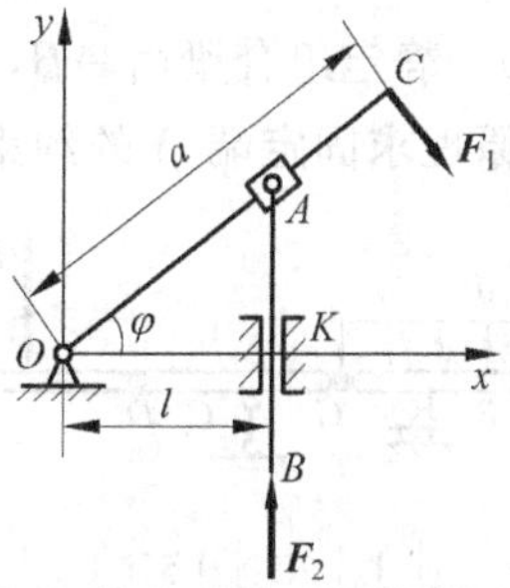

题 12-4 图

12-5　题 12-5 图所示机构中，各杆及轮子重量不计，已知：$\overline{AB}=\overline{BC}=l$，弹簧 AC 原长为 l_0，其刚度系数为 k，在 B 点作用一铅直力 $\boldsymbol{P}$，试用虚位移原理求：(1)机构平衡时的 θ 值；(2)此时弹簧 AC 的拉力 F。

12-6　题 12-6 图所示机构中，各杆重量不计，已知：弹簧原长为 l，刚度系数为 k，$\overline{AC}=\overline{BC}=\overline{CE}=\overline{CD}=\overline{DG}=\overline{EG}=l$，在 G 点作用一铅直力 $\boldsymbol{P}$，试用虚位移原理求机构平衡时，力 P

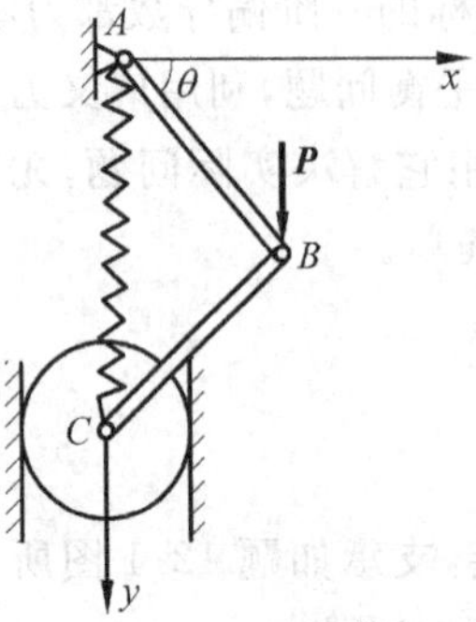

题 12-5 图

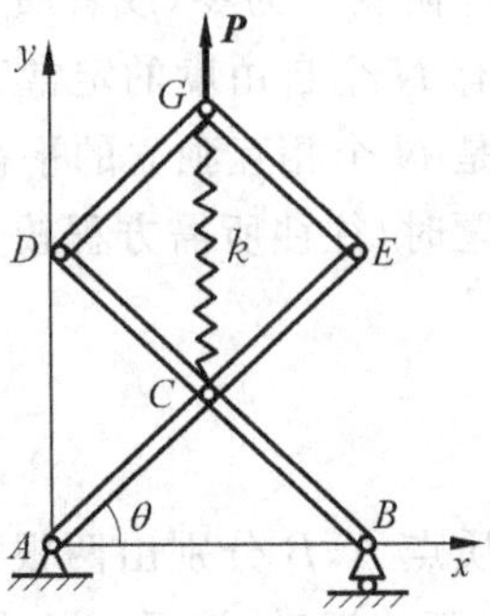

题 12-6 图

与 θ 的关系。

12-7 题 12-7 图所示桁架中，各杆重量不计，已知：$\overline{AD}=\overline{BD}=6\text{m}$，$\overline{CD}=3\text{m}$，在节点 D 处作用一铅直力 $\boldsymbol{P}$，试用虚位移原理求杆③的内力。

12-8 题 12-8 图所示组合结构中，各杆重量不计，已知：$F_1=4\text{kN}$，$F_2=5\text{kN}$，试用虚位移原理求杆①的内力(图中长度单位为 m)。

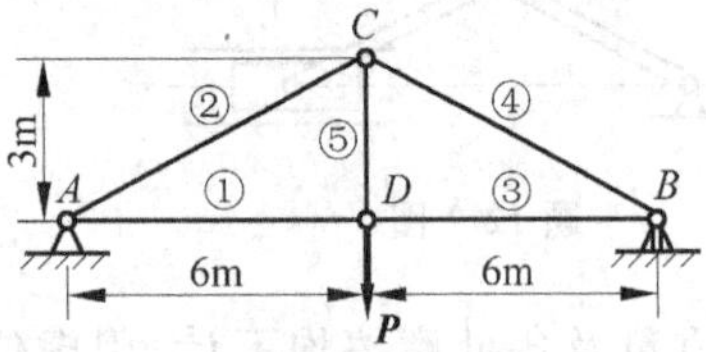

题 12-7 图

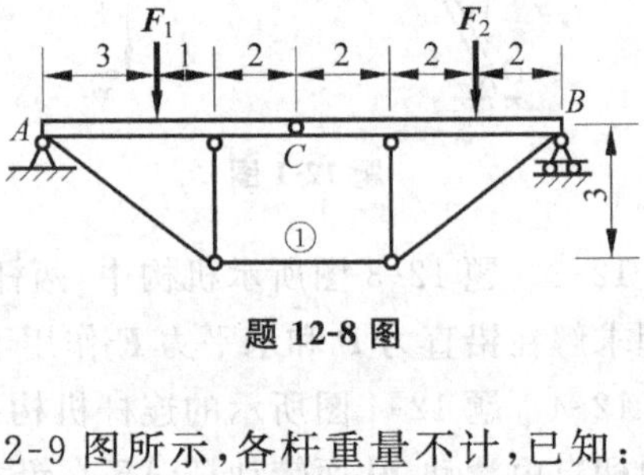

题 12-8 图

12-9 静定组合梁由 AG，GD，DE 组成，如题 12-9 图所示，各杆重量不计，已知：$q=1.5\text{kN/m}$，$F=4\text{kN}$，$M=2\text{kN}\cdot\text{m}$，试用虚位移原理求 A，B，C，E 四处的反力(图中长度单位为 m)。

12-10 静定组合梁由 AB，BC 组成，受载荷情况如题 12-10 图所示，各杆重量不计，试用虚位移原理求固定端 A 的约束反力偶矩。

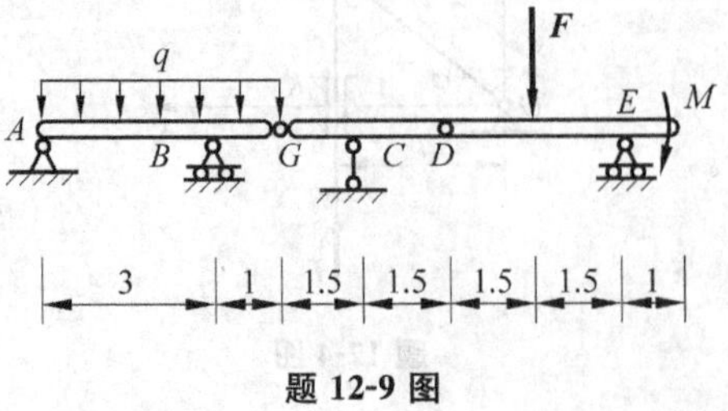

题 12-9 图

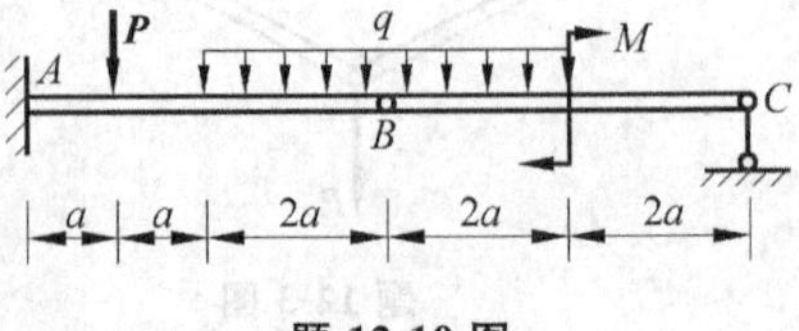

题 12-10 图

12-11 题 12-11 图所示结构中，已知：$P=4\text{kN}$，$q=3\text{kN/m}$，$M=2\text{kN}\cdot\text{m}$，$\overline{BD}=\overline{CD}=2\text{m}$，$\overline{AC}=\overline{CB}=4\text{m}$，$\theta=30°$。试用虚位移原理求固定端 A 的反力偶矩和铅直反力。

12-12 题 12-12 图所示三铰拱结构中，已知：$P=4\text{kN}$，$q=1\text{kN/m}$，$M=12\text{kN}\cdot\text{m}$，试用虚位移原理求支座 B 的约束反力。

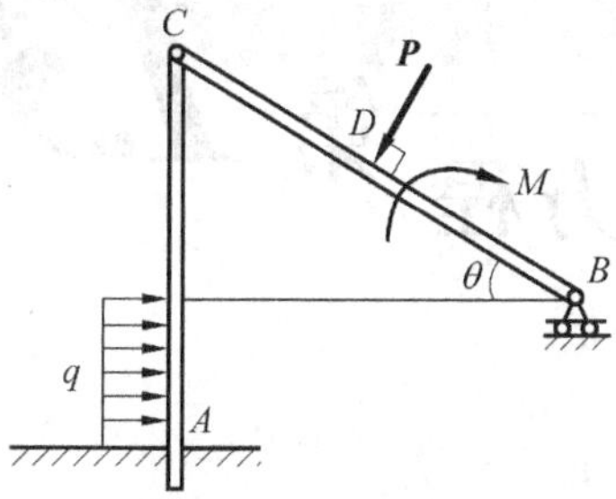

题 12-11 图

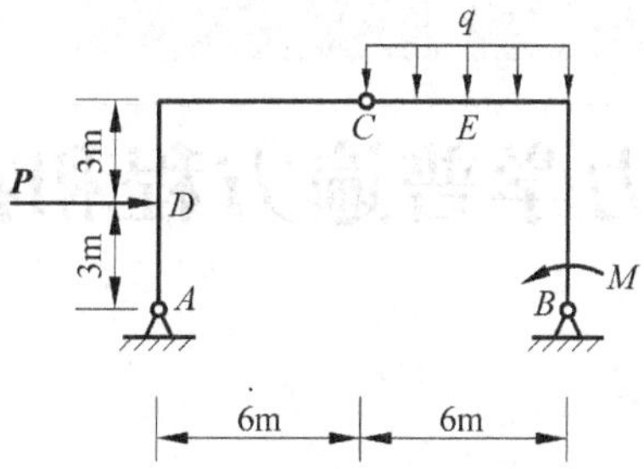

题 12-12 图

12-13　题 12-13 图所示系统中物 A 重 P_1，物 B 重 P_2，物 C 重 W，滑轮与绳索的质量以及各处摩擦均不计。系统有两个自由度，取广义坐标为 x_A，x_B，试求系统的广义力。

12-14　题 12-14 图所示系统中，均质细杆 AB 长 L，重 P，可在铅垂面内绕 A 转动，小球 M 重 W 可在 AB 杆上滑动，弹簧原长 L_0，刚性系数 k，不计弹簧重量和各处摩擦。今取 φ，x 为广义坐标，试求系统的广义力。

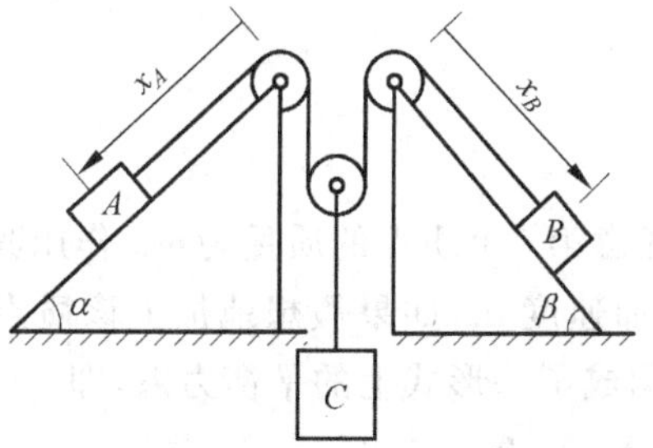

题 12-13 图

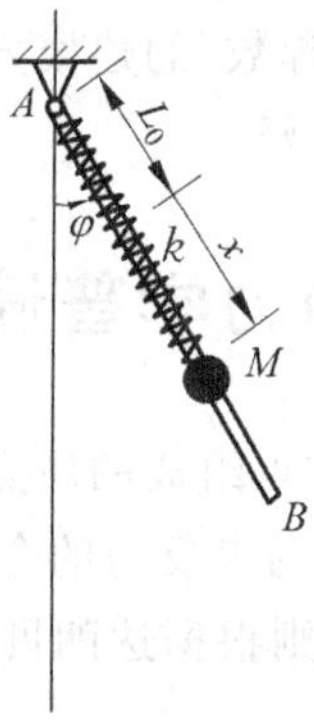

题 12-14 图

12-15　题 12-15 图所示系统中，均质细杆 OA 长 L，重 P，在重力作用下可在铅垂平面内摆动，滑块 O 质量不计，斜面倾角 α，略去各处摩擦，若取 x 及 φ 为广义坐标，试求系统的广义力。

12-16　三根长为 l 的杆件 OA，AB，BC 连接如题 12-16 图所示，各杆质量不计。杆 OA 上作用一矩为 M 的力偶，在 A，B 两点分别作用一向下的力 F_1，F_2，试求对应于广义坐标 φ_1，φ_2 的广义力。

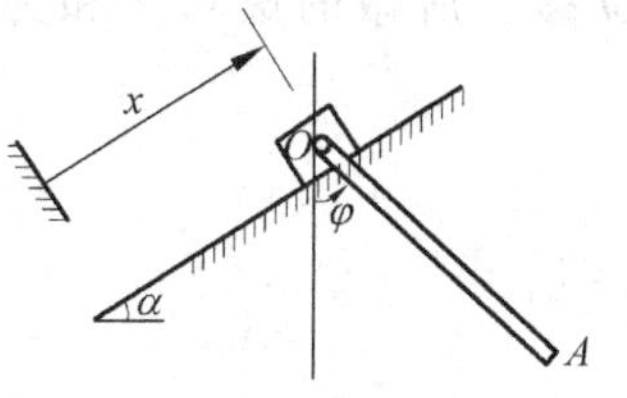

题 12-15 图

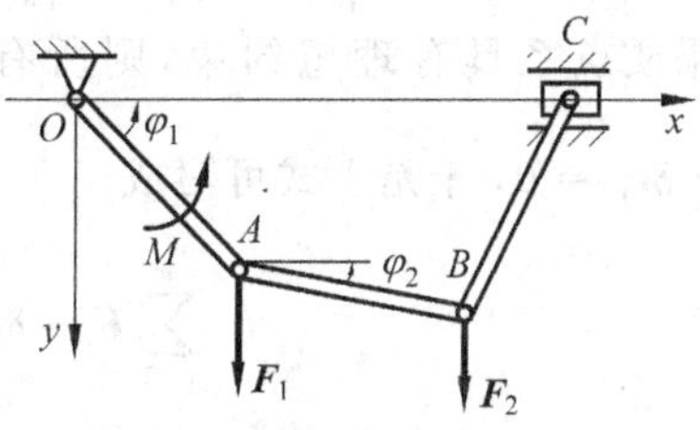

题 12-16 图

第13章 动力学普遍方程和拉格朗日方程

在第7～10各章中，主要采用矢量方法研究动力学问题，称为矢量动力学。也可用数学分析的方法研究动力学问题，称为分析动力学。

分析动力学采用能量和功描述物体运动与相互作用之间的关系，将矢量动力学中的达朗贝尔原理与分析静力学中的虚位移原理相结合，得到求解非自由质点系动力学问题的普遍方程，并以此为基础，推导出分析动力学中的各种动力学方程。

本章首先介绍分析动力学的基本方程——动力学普遍方程。在此基础上，对于受完整、理想约束的质点系，引入广义坐标描述系统的位形，推导出拉格朗日方程。拉格朗日方程是一种“最少方程数”的建模方法，用它解决动力学问题，分析建模、运算过程规范，因而在工程实际中应用广泛。

13.1 动力学普遍方程

设n个质点组成的质点系处于运动状态，任意第i个质点的质量为m_i，作用其上的主动力合力为$\boldsymbol{F}_i$，约束反力的合力为$\boldsymbol{F}_{Ni}$，使其产生加速度$\boldsymbol{a}_i$，如果假想地加上该质点的惯性力$\boldsymbol{F}_{gi}=-m_i\boldsymbol{a}_i$，则根据达朗贝尔原理，$\boldsymbol{F}_i$，$\boldsymbol{F}_{Ni}$，$\boldsymbol{F}_{gi}$构成了一形式上的平衡力系，即

$$\boldsymbol{F}_i+\boldsymbol{F}_{Ni}+\boldsymbol{F}_{gi}=\boldsymbol{0}$$

若对质点系中的每个质点都作同样的处理，则作用于该质点系的所有主动力、约束反力及虚加的惯性力也构成形式平衡力系，从而就将动力学问题转化为形式上的静力学平衡问题。给质点系任意一组虚位移，设其中第i质点的虚位移为$\delta\boldsymbol{r}_i$，将虚位移原理应用于此问题中，则有

$$\boldsymbol{F}_i\cdot\delta\boldsymbol{r}_i+\boldsymbol{F}_{Ni}\cdot\delta\boldsymbol{r}_i+\boldsymbol{F}_{gi}\cdot\delta\boldsymbol{r}_i=0$$

针对质点系中的每个质点列出上述方程，并将它们求和，得

$$\sum_{i=1}^{n}\boldsymbol{F}_i\cdot\delta\boldsymbol{r}_i+\sum_{i=1}^{n}\boldsymbol{F}_{Ni}\cdot\delta\boldsymbol{r}_i+\sum_{i=1}^{n}\boldsymbol{F}_{gi}\cdot\delta\boldsymbol{r}_i=0$$

如果质点系具有理想约束，则所有约束反力在虚位移上所做的虚功之和为零，即$\sum_{i=1}^{n}\boldsymbol{F}_{Ni}\cdot\delta\boldsymbol{r}_i=0$，于是上式可写成

$$\sum_{i=1}^{n}\boldsymbol{F}_i\cdot\delta\boldsymbol{r}_i+\sum_{i=1}^{n}\boldsymbol{F}_{gi}\cdot\delta\boldsymbol{r}_i=0 \tag{13-1}$$

或

$$\sum_{i=1}^{n}(\boldsymbol{F}_i-m_i\boldsymbol{a}_i)\cdot\delta\boldsymbol{r}_i=0 \tag{13-1'}$$

其在直角坐标系中的解析表达式可写为

$$\sum_{i=1}^{n}[(X_i - m_i\ddot{x}_i)\delta x_i + (Y_i - m_i\ddot{y}_i)\delta y_i + (Z_i - m_i\ddot{z}_i)\delta z_i] = 0 \qquad (13\text{-}2)$$

上述方程表明：对于理想约束质点系，任一瞬时，其所受主动力和虚加的惯性力在任意虚位移上的虚功之和等于零。式(13-1)、式(13-2)称为动力学普遍方程(达朗贝尔-拉格朗日方程)，也称为动力学的虚功方程，它是分析动力学中最普遍的方程。由于方程中不出现理想约束的约束反力，适合于求解非自由质点系的动力学问题。

例 13-1 图 13-1(a)所示滑轮机构中，动滑轮上悬挂质量为 m_1 的重物，绳子绕过定滑轮后悬挂质量为 m_2 的重物。滑轮和绳子重量不计，轮轴摩擦忽略不计。求质量为 m_2 的重物下降的加速度。

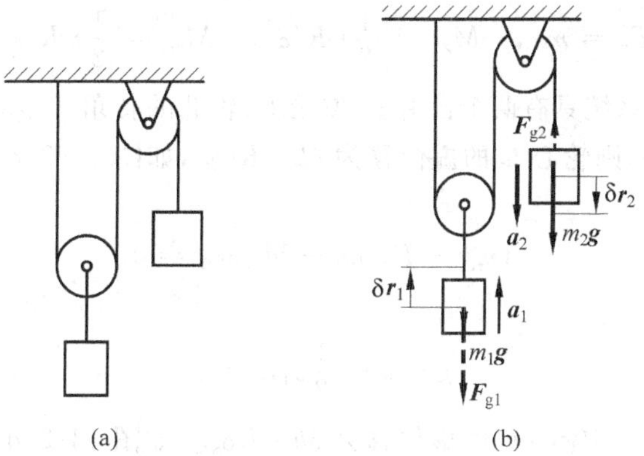

图 13-1

解 取整个滑轮机构为研究对象，系统具有理想约束，所受主动力为重力 $m_1\boldsymbol{g}$ 和 $m_2\boldsymbol{g}$，虚加上系统的惯性力 $\boldsymbol{F}_{g1}$ 和 $\boldsymbol{F}_{g2}$，且

$$F_{g1} = m_1a_1, \quad F_{g2} = m_2a_2$$

给系统以虚位移 $\delta\boldsymbol{r}_1$ 和 $\delta\boldsymbol{r}_2$，如图 13-1(b)所示。由动力学普遍方程(13-1)，得

$$(m_2g - m_2a_2)\delta r_2 - (m_1g + m_1a_1)\delta r_1 = 0 \qquad (1)$$

这是单自由度系统，由滑轮的运动传递关系，得

$$a_1 = a_2/2, \quad \delta r_1 = \delta r_2/2 \qquad (2)$$

将式(2)代入式(1)，整理得

$$(4m_2g - 4m_2a_2 - 2m_1g - m_1a_2)\delta r_2 = 0$$

由于 $\delta r_2 \neq 0$，于是解得

$$a_2 = \frac{(4m_2 - 2m_1)g}{4m_2 + m_1}$$

例 13-2 如图 13-2(a)所示，两均质圆轮半径皆为 R，质量皆为 m。轮Ⅰ可绕 O 轴转动，轮Ⅱ通过细绳跨在轮Ⅰ上。不计细绳质量，且轮与绳间不打滑。求当细绳直线部分铅垂时，轮Ⅱ中心 C 的加速度。

解 取整个系统为研究对象，设轮Ⅰ、轮Ⅱ的角加速度分别为 α_1、α_2，轮Ⅱ中心 C 的加速

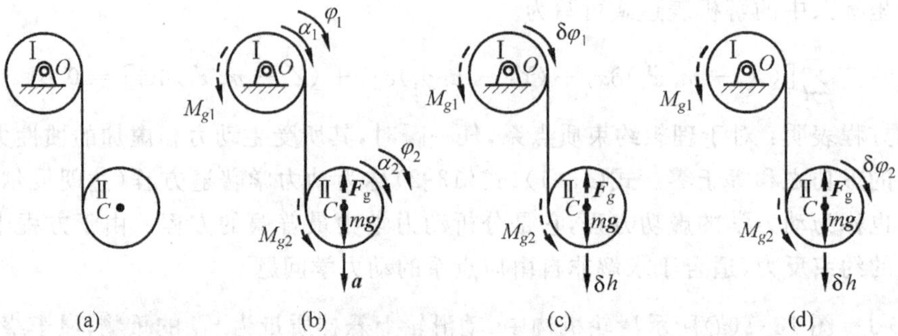

图 13-2

度 a。系统的惯性力系简化为

$$F_g = ma,\quad M_{g1} = \frac{1}{2}mR^2\alpha_1,\quad M_{g2} = \frac{1}{2}mR^2\alpha_2$$

如图 13-2(b)所示。此系统具有两个自由度,取轮Ⅰ、轮Ⅱ的转角 φ_1、φ_2 为系统的广义坐标。

令 $\delta\varphi_1 \neq 0, \delta\varphi_2 = 0$,则轮心 C 的虚位移为 $\delta h = R\delta\varphi_1$,如图 13-2(c)所示。由动力学普遍方程(13-1),得

$$(mg - F_g)\delta h - M_{g1}\delta\varphi_1 = 0$$

即

$$g - a - \frac{1}{2}\alpha_1 R = 0 \tag{1}$$

令 $\delta\varphi_1 = 0, \delta\varphi_2 \neq 0$,则轮心 C 的虚位移为 $\delta h = R\delta\varphi_2$,如图 13-2(d)所示。由动力学普遍方程(13-1),得

$$(mg - F_g)\delta h - M_{g2}\delta\varphi_2 = 0$$

即

$$g - a - \frac{1}{2}\alpha_2 R = 0 \tag{2}$$

又由运动学关系,得到

$$a = R\alpha_1 + R\alpha_2 \tag{3}$$

联立式(1)~式(3),解得

$$a = \frac{4}{5}g$$

由以上例题,可归纳出用动力学普遍方程解题的一般步骤:

(1) 选择研究对象。由于理想约束反力虚功之和为零,故常取整个系统为研究对象。

(2) 判断系统的自由度数,选择系统的广义坐标。

(3) 分析研究对象的主动力,若系统受到非理想约束,则将非理想约束反力当作主动力看待。

(4) 在质点或刚体上虚加惯性力(力偶),或者虚加惯性力系的等效简化结果。

(5) 给研究对象以恰当的虚位移,计算主动力及惯性力的虚功(注意各虚功正负号的取法)。

(6) 将各虚功代入动力学普遍方程,求解未知量。

13.2 拉格朗日方程

动力学普遍方程是基于直角坐标系统描述质点系的位形而建立起来的方程，由于系统存在约束，该方程中出现的各虚位移可能不是相互独立的，从而解题时需要将各虚位移间的关系代入动力学普遍方程中，使得应用动力学普遍方程求解复杂非自由质点系的动力学问题时不很方便。若采用广义坐标系统描述质点系的位形，则相应广义虚位移相互独立，将其代入动力学普遍方程中，就可得到一组与广义坐标数目相同的独立微分方程，即第二类拉格朗日方程。

设由 n 个质点组成的理想完整约束质点系具有 N 个自由度。以 $q_1, q_2, \cdots, q_N$ 表示系统的广义坐标，在非定常约束条件下，设系统中任一质点 i 的质量为 m_i，其位置矢径 $\boldsymbol{r}_i$ 可表示为广义坐标和时间的函数，即

$$\boldsymbol{r}_i = \boldsymbol{r}_i(q_1, q_2, \cdots, q_N, t) \tag{13-3}$$

则该质点的虚位移可由上式对广义坐标 $q_1, q_2, \cdots, q_N$ 的等时变分表示为

$$\delta\boldsymbol{r}_i = \frac{\partial \boldsymbol{r}_i}{\partial q_1}\delta q_1 + \frac{\partial \boldsymbol{r}_i}{\partial q_2}\delta q_2 + \cdots + \frac{\partial \boldsymbol{r}_i}{\partial q_N}\delta q_N = \sum_{k=1}^{N}\frac{\partial \boldsymbol{r}_i}{\partial q_k}\delta q_k \tag{13-4}$$

将其代入动力学普遍方程(13-1)，并考虑到式(12-12)，则有

$$\sum_{i=1}^{n}\boldsymbol{F}_i \cdot \delta\boldsymbol{r}_i = \sum_{k=1}^{N} Q_k \delta q_k$$

需要指出的是，这里的主动力系 $\boldsymbol{F}_i$ 不是平衡力系中的主动力，所以广义力 Q_k 不一定等于零。

$$-\sum_{i=1}^{n} m_i \boldsymbol{a}_i \cdot \delta\boldsymbol{r}_i = -\sum_{i=1}^{n} m_i \ddot{\boldsymbol{r}}_i \cdot \left(\sum_{k=1}^{N}\frac{\partial \boldsymbol{r}_i}{\partial q_k}\delta q_k\right) = -\sum_{k=1}^{N}\left(\sum_{i=1}^{n} m_i \ddot{\boldsymbol{r}}_i \cdot \frac{\partial \boldsymbol{r}_i}{\partial q_k}\right)\delta q_k$$

于是，式(13-1)可以写为

$$\begin{aligned}\sum_{i=1}^{n}(\boldsymbol{F}_i - m_i\boldsymbol{a}_i)\cdot\delta\boldsymbol{r}_i &= \sum_{k=1}^{N} Q_k\delta q_k - \sum_{k=1}^{N}\left(\sum_{i=1}^{n} m_i \ddot{\boldsymbol{r}}_i \cdot \frac{\partial \boldsymbol{r}_i}{\partial q_k}\right)\delta q_k \\ &= \sum_{k=1}^{N}\left(Q_k - \sum_{i=1}^{n} m_i \ddot{\boldsymbol{r}}_i \cdot \frac{\partial \boldsymbol{r}_i}{\partial q_k}\right)\delta q_k \\ &= 0\end{aligned}$$

对于完整约束系统，因为广义坐标是相互独立的，所以相应广义虚位移也是相互独立的，欲使上式成立，必须有

$$Q_k - \sum_{i=1}^{n} m_i \ddot{\boldsymbol{r}}_i \cdot \frac{\partial \boldsymbol{r}_i}{\partial q_k} = 0 \quad (k = 1, 2, \cdots, N) \tag{13-5}$$

这是一个具有 N 个方程的方程组，其中第二项与广义力 Q_k 对应，可称为广义惯性力(含有质量与加速度的乘积，或转动惯量与角加速度的乘积)。上式表明：广义力与广义惯性力相互平衡。上式可理解为用广义坐标表示的达朗贝尔原理。

为了方便计算，再作如下变换

$$\sum_{i=1}^{n} m_i \ddot{\boldsymbol{r}}_i \cdot \frac{\partial \boldsymbol{r}_i}{\partial q_k} = \sum_{i=1}^{n} m_i \frac{\mathrm{d}}{\mathrm{d}t}\left(\dot{\boldsymbol{r}}_i \cdot \frac{\partial \boldsymbol{r}_i}{\partial q_k}\right) - \sum_{i=1}^{n} m_i \dot{\boldsymbol{r}}_i \cdot \frac{\mathrm{d}}{\mathrm{d}t}\left(\frac{\partial \boldsymbol{r}_i}{\partial q_k}\right) \tag{13-6}$$

将式(13-3)两边同时对时间 t 求一阶导数，得

$$\dot{\boldsymbol{r}}_i = \sum_{k=1}^{N} \frac{\partial \boldsymbol{r}_i}{\partial q_k}\dot{q}_k + \frac{\partial \boldsymbol{r}_i}{\partial t} \tag{13-7}$$

式中，$\dot{q}_k=\frac{\mathrm{d}q_k}{\mathrm{d}t}$称为广义速度。注意到$\frac{\partial \boldsymbol{r}_i}{\partial q_k}$，$\frac{\partial \boldsymbol{r}_i}{\partial t}$都只是广义坐标和时间的函数，与广义速度无关，将上式两边对某个广义速度$\dot{q}_k$求偏导数，得

$$\frac{\partial \dot{\boldsymbol{r}}_i}{\partial \dot{q}_k} = \frac{\partial \boldsymbol{r}_i}{\partial q_k} \quad (k=1,2,\cdots,N) \tag{13-8}$$

将$\dot{\boldsymbol{r}}_i$对某一广义坐标q_k求偏导数，并交换与时间求导的次序，得

$$\frac{\partial \dot{\boldsymbol{r}}_i}{\partial q_k} = \frac{\mathrm{d}}{\mathrm{d}t}\left(\frac{\partial \boldsymbol{r}_i}{\partial q_k}\right) \quad (k=1,2,\cdots,N) \tag{13-9}$$

将式(13-8)、式(13-9)代入式(13-6)，并注意到$\dot{\boldsymbol{r}}_i=\boldsymbol{v}_i$，得

$$\begin{aligned}
\sum_{i=1}^{n} m_i \ddot{\boldsymbol{r}}_i \cdot \frac{\partial \boldsymbol{r}_i}{\partial q_k} &= \sum_{i=1}^{n} m_i \frac{\mathrm{d}}{\mathrm{d}t}\left(\dot{\boldsymbol{r}}_i \cdot \frac{\partial \boldsymbol{r}_i}{\partial q_k}\right) - \sum_{i=1}^{n} m_i \dot{\boldsymbol{r}}_i \cdot \frac{\mathrm{d}}{\mathrm{d}t}\left(\frac{\partial \boldsymbol{r}_i}{\partial q_k}\right) \\
&= \sum_{i=1}^{n} m_i \frac{\mathrm{d}}{\mathrm{d}t}\left(\dot{\boldsymbol{r}}_i \cdot \frac{\partial \dot{\boldsymbol{r}}_i}{\partial \dot{q}_k}\right) - \sum_{i=1}^{n} m_i \dot{\boldsymbol{r}}_i \cdot \frac{\partial \dot{\boldsymbol{r}}_i}{\partial q_k} \\
&= \frac{\mathrm{d}}{\mathrm{d}t}\left[\frac{\partial}{\partial \dot{q}_k}\left(\sum_{i=1}^{n} \frac{1}{2} m_i \dot{\boldsymbol{r}}_i \cdot \dot{\boldsymbol{r}}_i\right) - \frac{\partial}{\partial q_k}\left(\sum_{i=1}^{n} \frac{1}{2} m_i \dot{\boldsymbol{r}}_i \cdot \dot{\boldsymbol{r}}_i\right)\right. \\
&= \frac{\mathrm{d}}{\mathrm{d}t}\left[\frac{\partial}{\partial \dot{q}_k}\left(\sum_{i=1}^{n} \frac{1}{2} m_i \boldsymbol{v}_i \cdot \boldsymbol{v}_i\right) - \frac{\partial}{\partial q_k}\left(\sum_{i=1}^{n} \frac{1}{2} m_i \boldsymbol{v}_i \cdot \boldsymbol{v}_i\right)\right. \\
&= \frac{\mathrm{d}}{\mathrm{d}t}\left(\frac{\partial T}{\partial \dot{q}_k}\right) - \frac{\partial T}{\partial q_k}
\end{aligned} \tag{13-10}$$

将式(13-10)代入式(13-5)，得

$$\frac{\mathrm{d}}{\mathrm{d}t}\left(\frac{\partial T}{\partial \dot{q}_k}\right) - \frac{\partial T}{\partial q_k} = Q_k \quad (k=1,2,\cdots,N) \tag{13-11}$$

上述N个独立方程就是广义坐标形式的质点系运动微分方程，称为第二类拉格朗日方程，简称拉氏方程。

如果作用在质点系上的主动力都是有势力(保守力)，则广义力可用质点系势能对相应广义坐标一阶偏导数的负数来表示，即式(12-15)：

$$Q_k = -\frac{\partial V}{\partial q_k} \quad (k=1,2,\cdots,N)$$

则拉氏方程(13-11)写为

$$\frac{\mathrm{d}}{\mathrm{d}t}\left(\frac{\partial T}{\partial \dot{q}_k}\right) - \frac{\partial T}{\partial q_k} + \frac{\partial V}{\partial q_k} = 0 \quad (k=1,2,\cdots,N) \tag{13-12}$$

引入拉格朗日函数(或动势)

$$L = T - V \tag{13-13}$$

并注意到势能不是广义速度的函数，则保守系统的拉氏方程又可以动势形式写成

$$\frac{\mathrm{d}}{\mathrm{d}t}\left(\frac{\partial L}{\partial \dot{q}_k}\right) - \frac{\partial L}{\partial q_k} = 0, \quad (k=1,2,\cdots,N) \tag{13-14}$$

由式(13-11)及式(13-14)可以看出，对于完整约束系统，拉氏方程的数目与系统的自由度数相同，方程中避免了全部理想约束的未知约束反力，并且方程的形式简洁，不随坐标的选择而改变。因而，对于约束多而自由度少的复杂系统的动力学问题，应用拉氏方程求解比其他方法方便得多，是一种"最少方程数"的建模方法。

应用拉氏方程建立动力学模型的过程易于掌握，可遵循完全系统化的方案进行，其步骤可大致归纳如下：

(1) 以系统为研究对象，确定系统的自由度数，选择同样数目、恰当的广义坐标。

(2) 将系统的动能写成广义坐标、广义速度的函数。

(3) 计算广义力。当系统是保守系统时，计算系统的势能，并将其表达成广义坐标的函数。

(4) 建立拉氏方程，即可得到系统的运动微分方程。求解这些方程，即得系统的加速度未知量，或者通过积分，将各广义坐标表示成时间的已知函数，即可得到系统的运动规律。

下面举例说明拉氏方程在工程实际中的应用。

例 13-3 在水平面内运动的行星齿轮机构如图 13-3 所示，均质系杆 OA 的质量为 m_1，它可绕端点 O 转动，另一端装有一质量为 m_2、半径为 r 的均质小齿轮，小齿轮沿半径为 R 的固定大齿轮纯滚动。求当系杆受力偶 M 的作用时，该系统的运动微分方程及系杆的角加速度。

解 取整个机构为研究对象，机构具有一个自由度，选系杆的转角 φ 为广义坐标。

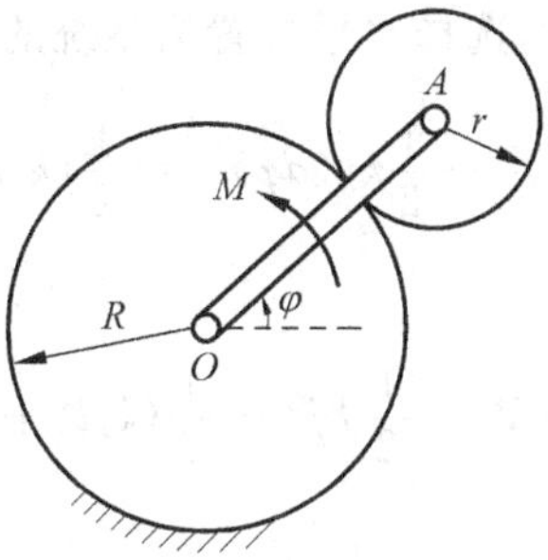

图 13-3

当系杆的角速度为 $\omega_O=\dot{\varphi}$ 时，由运动学知识可得，小齿轮轮心 A 的速度为 $v_A=(R+r)\omega_O=(R+r)\dot{\varphi}$，其角速度为 $\omega_A=\dfrac{v_A}{r}=\dfrac{(R+r)\dot{\varphi}}{r}$，于是系统的动能为

$$
\begin{aligned}
T &= \frac{1}{2}J_O\omega_O^2+\frac{1}{2}m_2v_A^2+\frac{1}{2}J_A\omega_A^2 \\
&= \frac{1}{2}\cdot\frac{1}{3}m_1(R+r)^2\dot{\varphi}^2+\frac{1}{2}m_2(R+r)^2\dot{\varphi}^2+\frac{1}{2}\cdot\frac{1}{2}m_2r^2\left[\frac{(R+r)\dot{\varphi}}{r}\right]^2 \\
&= \frac{1}{12}(2m_1+9m_2)(R+r)^2\dot{\varphi}^2
\end{aligned}
$$

系统的广义力为

$$Q_\varphi = \frac{\delta W_\varphi}{\delta \varphi} = \frac{M\delta\varphi}{\delta\varphi} = M$$

代入拉格朗日方程

$$\frac{\mathrm{d}}{\mathrm{d}t}\left(\frac{\partial T}{\partial \dot{\varphi}}\right) - \frac{\partial T}{\partial \varphi} = Q_\varphi$$

整理得系统的运动微分方程为

$$(2m_1 + 9m_2)(R+r)^2\ddot{\varphi} - 6M = 0$$

解得系杆的角加速度为

$$\ddot{\varphi} = \frac{6M}{(2m_1 + 9m_2)(R+r)^2}$$

例 13-4 试用拉氏方程建立例 11-1 所示系统微幅振动的运动微分方程,并求系统微振动的固有频率。

解 此系统为单自由度振动系统,取摆杆 OA 为研究对象,选其转角 φ 为广义坐标,如图 13-4 所示。已知系统处于平衡位置时 $\varphi=0$。

设 OA 杆对轴 O 的转动惯量为 J_O。系统微振动时,动能为

$$T = \frac{1}{2}J_O\dot{\varphi}^2$$

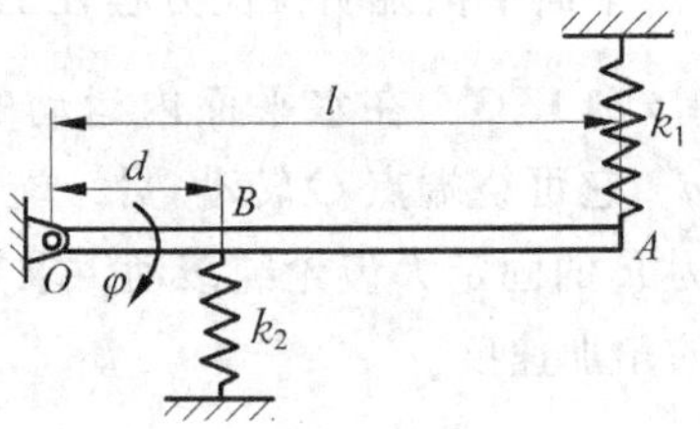

图 13-4

系统为保守系统,计算势能时,选择水平位置为系统的零势能位置,则系统的势能为

$$V = \frac{1}{2}k_1(l\varphi)^2 + \frac{1}{2}k_2(d\varphi)^2 = \frac{1}{2}(k_1 l^2 + k_2 d^2)\varphi^2$$

系统的拉格朗日函数为

$$L = T - V = \frac{1}{2}J\dot{\varphi}^2 - \frac{1}{2}(k_1 l^2 + k_2 d^2)\varphi^2$$

代入保守系统的拉格朗日方程

$$\frac{\mathrm{d}}{\mathrm{d}t}\left(\frac{\partial L}{\partial \dot{\varphi}}\right) - \frac{\partial L}{\partial \varphi} = 0$$

整理得系统微幅振动的运动微分方程为

$$\ddot{\varphi} + \frac{k_1 l^2 + k_2 d^2}{J_O}\varphi = 0$$

于是系统的固有频率为

$$\omega_{\mathrm{n}} = \sqrt{\frac{k_1 l^2 + k_2 d^2}{J_O}}$$

例 13-5 试用拉氏方程建立例 13-2 所示系统的运动微分方程,并求当细绳直线部分铅垂时,轮Ⅱ中心 C 的加速度。

解　取整个系统为研究对象，此系统具有两个自由度，取轮Ⅰ、轮Ⅱ的转角 φ_1、φ_2 为系统的广义坐标，如图 13-5 所示，并令系统初始运动瞬时，$\varphi_1=\varphi_2=0$。于是轮Ⅰ、轮Ⅱ的角速度分别为 $\omega_1=\dot{\varphi}_1$、$\omega_2=\dot{\varphi}_2$，轮Ⅱ轮心 C 的速度为 $v_C=R(\dot{\varphi}_1+\dot{\varphi}_2)$。

则系统任意运动位置的动能为

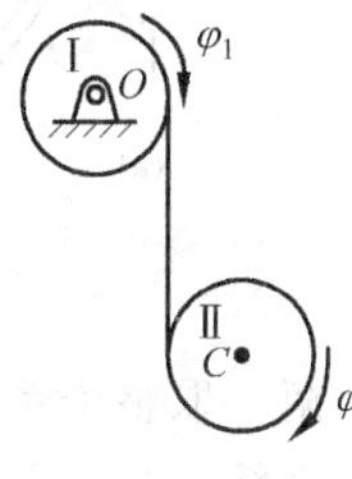

图　13-5

$$T=\frac{1}{2}J_O\omega_1^2+\frac{1}{2}mv_C^2+\frac{1}{2}J_C\omega_2^2$$

$$=\frac{1}{2}\cdot\frac{1}{2}mR^2\dot{\varphi}_1^2+\frac{1}{2}mR^2(\dot{\varphi}_1+\dot{\varphi}_2)^2+\frac{1}{2}\cdot\frac{1}{2}mR^2\dot{\varphi}_2^2$$

$$=\frac{mR^2}{4}(3\dot{\varphi}_1^2+3\dot{\varphi}_2^2+4\dot{\varphi}_1\dot{\varphi}_2)$$

系统为保守系统，取系统的初始运动位置为系统的零势能位置，则系统任意位置的势能为

$$V=-mg(R\varphi_1+R\varphi_2)$$

系统的拉格朗日函数为

$$L=T-V=\frac{mR^2}{4}(3\dot{\varphi}_1^2+3\dot{\varphi}_2^2+4\dot{\varphi}_1\dot{\varphi}_2)+mg(R\varphi_1+R\varphi_2)$$

由此得

$$\frac{\partial L}{\partial\varphi_1}=-\frac{\partial V}{\partial\varphi_1}=mgR,\quad \frac{\partial L}{\partial\dot{\varphi}_1}=\frac{\partial T}{\partial\dot{\varphi}_1}=\frac{3mR^2}{2}\dot{\varphi}_1+mR^2\dot{\varphi}_2,\quad \frac{\mathrm{d}}{\mathrm{d}t}\left(\frac{\partial L}{\partial\dot{\varphi}_1}\right)=\frac{3mR^2}{2}\ddot{\varphi}_1+mR^2\ddot{\varphi}_2$$

$$\frac{\partial L}{\partial\varphi_2}=-\frac{\partial V}{\partial\varphi_2}=mgR,\quad \frac{\partial L}{\partial\dot{\varphi}_2}=\frac{\partial T}{\partial\dot{\varphi}_2}=\frac{3mR^2}{2}\dot{\varphi}_2+mR^2\dot{\varphi}_1,\quad \frac{\mathrm{d}}{\mathrm{d}t}\left(\frac{\partial L}{\partial\dot{\varphi}_2}\right)=\frac{3mR^2}{2}\ddot{\varphi}_2+mR^2\ddot{\varphi}_1$$

将以上结果代入保守系统的拉格朗日方程(13-14)，整理得系统的运动微分方程为

$$\begin{cases}3R\ddot{\varphi}_1+2R\ddot{\varphi}_2-2g=0\\2R\ddot{\varphi}_1+3R\ddot{\varphi}_2-2g=0\end{cases}$$

解以上方程组，得轮Ⅰ、轮Ⅱ的角加速度分别为

$$\alpha_1=\ddot{\varphi}_1=\frac{2g}{5R},\quad \alpha_2=\ddot{\varphi}_2=\frac{2g}{5R}$$

由运动学知识，可得轮Ⅱ中心 C 的加速度为

$$a=R\alpha_1+R\alpha_2=\frac{4}{5}g$$

此题在 13.1 节采用动力学普遍方程求解，也曾在第 8 章中采用动力学普遍定理求解，读者可自行比较各种方法的特点，选择恰当方法求解。

例 13-6　在图 13-6(a)所示系统中，已知：物块 A 质量为 m_A，其上作用一常力 $\boldsymbol{F}$，置于光滑水平面上，均质细杆 AB 长为 $2b$，质量为 m，通过铰链 A 与物块连接。以图中的 x 和 θ 为广义坐标，试用拉氏方程建立系统的运动微分方程。

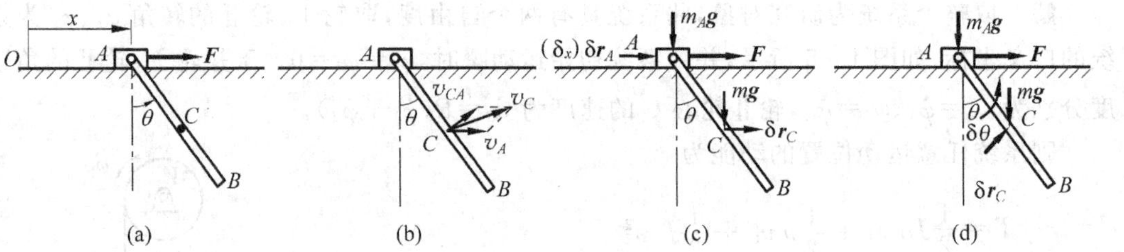

图 13-6

解 取整个系统为研究对象,此系统具有两个自由度,常力 $\boldsymbol{F}$ 为非保守力,故系统为非保守系统。当以 x 和 θ 为广义坐标时,物块 A 的速度为 $v_A=\dot{x}$,均质细杆 AB 的角速度为 $\omega=\dot{\theta}$,采用平面运动刚体上点的速度分析的基点法公式得到杆 AB 质心 C 的速度,其速度图见图 13-6(b),由图可知

$$v_C^2=v_A^2+v_{CA}^2+2v_Av_{CA}\cos\theta=\dot{x}^2+(b\dot{\theta})^2+2\dot{x}b\dot{\theta}\cos\theta$$

则系统的动能为

$$\begin{aligned}T&=\frac{1}{2}m_Av_A^2+\frac{1}{2}mv_C^2+\frac{1}{2}J_C\omega^2\\&=\frac{1}{2}m_A\dot{x}^2+\frac{1}{2}m[\dot{x}^2+(b\dot{\theta})^2+2\dot{x}b\dot{\theta}\cos\theta]+\frac{1}{2}\cdot\frac{1}{12}m(2b)^2\dot{\theta}^2\\&=\frac{1}{2}(m_A+m)\dot{x}^2+\frac{2}{3}mb^2\dot{\theta}^2+m\dot{x}b\dot{\theta}\cos\theta\end{aligned}$$

采用虚功法计算系统的广义力:

令 $\delta\theta=0,\delta x\neq0$,系统各点虚位移分布如图 13-6(c)所示,相应虚位移关系为

$$\delta r_A=\delta r_C=\delta x \tag{1}$$

则系统的虚功为

$$\delta W_x=F\delta r_A \tag{2}$$

将式(1)代入式(2),整理得

$$\delta W_x=F\delta x$$

则

$$Q_x=\frac{\delta W_x}{\delta x}=F$$

令 $\delta\theta\neq0,\delta x=0$,系统各点虚位移分布如图 13-6(d)所示,相应虚位移关系为

$$\delta r_C=b\delta\theta,\quad \delta r_A=0 \tag{3}$$

则系统的虚功为

$$\delta W_\theta=-mg\,\delta r_C\sin\theta \tag{4}$$

将式(3)代入式(4),整理得

$$\delta W_\theta=-mgb\sin\theta\delta\theta$$

则

$$Q_\theta=\frac{\delta W_\theta}{\delta\theta}=-mgb\sin\theta$$

由此得

$$\frac{\partial T}{\partial\dot{x}}=(m_A+m)\dot{x}+mb\dot{\theta}\cos\theta,\quad \frac{\partial T}{\partial x}=0,$$

$$\frac{\mathrm{d}}{\mathrm{d}t}\left(\frac{\partial T}{\partial \dot{x}}\right)=(m_A+m)\ddot{x}+mb\ddot{\theta}\cos\theta-mb\dot{\theta}^2\sin\theta$$

$$\frac{\partial T}{\partial \dot{\theta}}=\frac{4}{3}mb^2\dot{\theta}+mb\dot{x}\cos\theta,\quad \frac{\partial T}{\partial \theta}=-m\dot{x}b\dot{\theta}\sin\theta$$

$$\frac{\mathrm{d}}{\mathrm{d}t}\left(\frac{\partial T}{\partial \dot{\theta}}\right)=\frac{4}{3}mb^2\ddot{\theta}+mb\ddot{x}\cos\theta-mb\quad\dot{x}\dot{\theta}\sin\theta$$

将以上结果代入系统的拉格朗日方程(13-11)，整理得系统的运动微分方程为

$$\begin{cases}(m_A+m)\ddot{x}+mb\ddot{\theta}\cos\theta-mb\dot{\theta}^2\sin\theta=F\\ \dfrac{4}{3}mb^2\ddot{\theta}+mb\ddot{x}\cos\theta=-mgb\sin\theta\end{cases}$$

以上例题表明，拉氏方程在求解质点系的运动规律方面十分方便。但是，拉氏方程也有缺点。它仅适用于完整约束系统，且方程中不出现理想约束反力。若需要求解理想约束反力，则必须解除约束，将相应约束反力视为主动力，这样必将增加系统的自由度数，使问题的分析复杂化。另外，拉氏方程中包含两阶导数，当系统的自由度数较大时，将导致非常繁琐的数学推导过程，以至于必须借助计算机才能完成这样的过程。

习题

13-1　题 13-1 图所示，重物 A 重 P，连在一根无重量的、不可伸长的绳上，绳绕过固定滑轮 D 并绕在鼓轮 B 上。由于重物下降，带动轮 C 沿水平轨道滚动而不滑动。鼓轮 B 的半径为 r，轮 C 的半径为 R，两者固连在一起，总重量为 Q，对于水平质心轴 O 的惯性半径为 ρ。试用动力学普遍方程求重物 A 的加速度。轮 D 的质量不计。

13-2　题 13-2 图所示系统中物块 A、B、C 质量均为 m，滑轮与绳索的质量以及各处摩擦均不计。试用动力学普遍方程求：(1)系统的运动微分方程；(2)物块 A、B 的加速度。

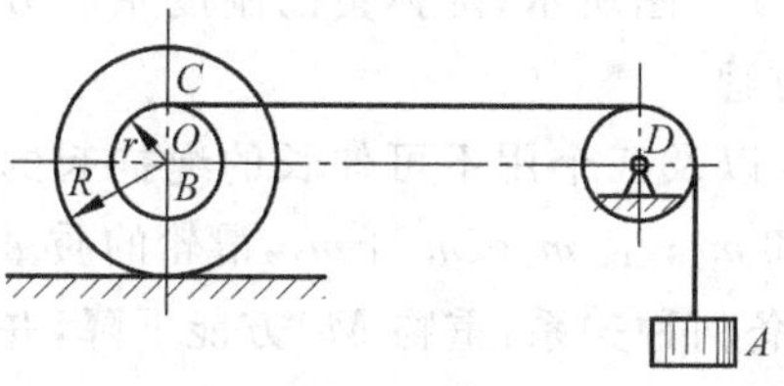

题 13-1 图

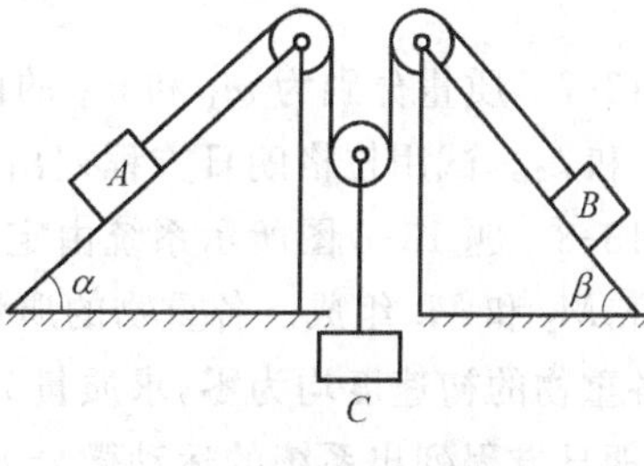

题 13-2 图

13-3　试用拉格朗日方程推导题 13-3 图所示单摆的运动微分方程。分别取下列参数为广义坐标：(1)转角 φ；(2)水平坐标 x；(3)竖直坐标 y。

13-4　题 13-4 图所示的椭圆规机构在水平面内运动，作用在曲柄 OC 上的转动力偶矩为 M_0，已知：$\overline{OC}=\overline{AC}=\overline{BC}=l$，曲柄和连杆均为均质的，重量分别为 P 和 $2P$，滑块 A 和 B 的重量均为 G，如不计摩擦，试用拉格朗日方程求曲柄的角加速度。

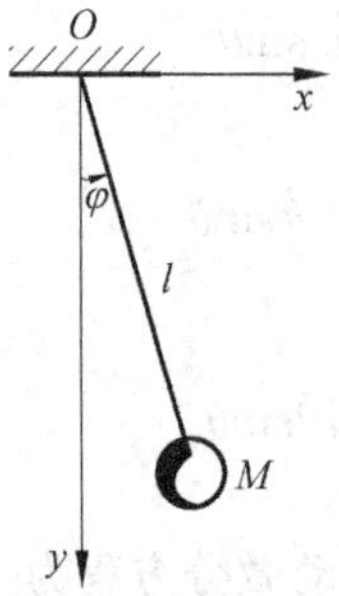

题 13-3 图

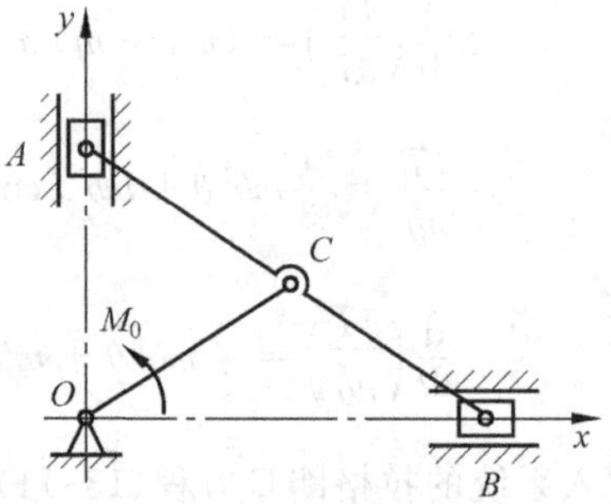

题 13-4 图

13-5 质量为 m_1 的物体用绳绕过质量为 m_2、半径为 r 的滑轮，与刚度系数为 k 的弹簧连接如题 13-5 图所示。不计绳的质量，并将滑轮视为均质薄圆环。试用拉格朗日方程列出系统的运动微分方程，并求系统自由振动的周期。

13-6 题 13-6 图所示系统中，重为 W_2 的物块 A 放在粗糙的水平面上，动滑动摩擦系数为 f，通过绳重不计的不可伸长细绳绕过重量不计的定滑轮 O，与重量为 W_1 的均质圆柱相连。如圆柱由静止开始下落作平面运动，试用拉格朗日方程求物块 A 和圆柱质心 C 的加速度。

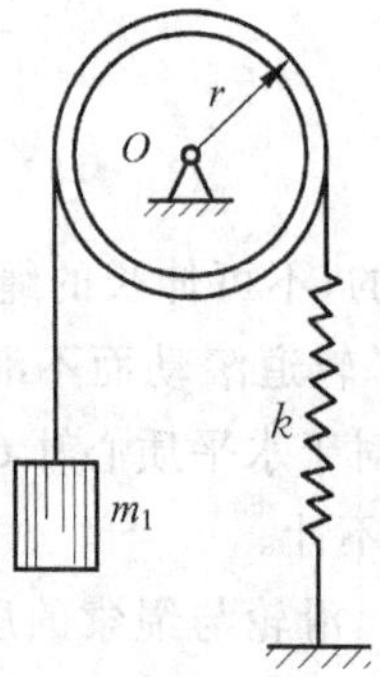

题 13-5 图

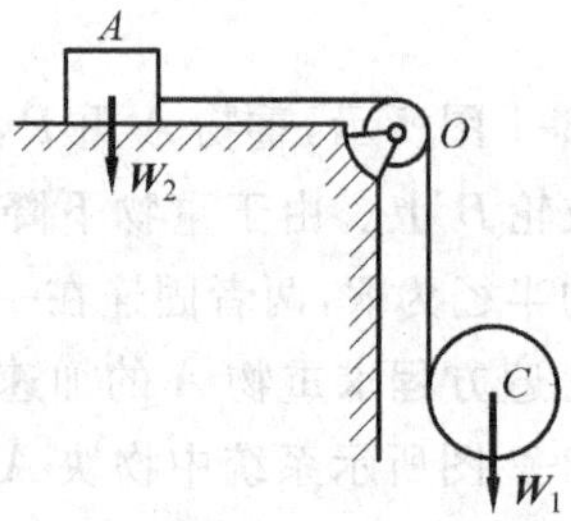

题 13-6 图

13-7 质量分别为 m_1 和 m_2 的两物体悬挂如题 13-7 图所示，两弹簧的刚度系数分别为 k_1 和 k_2。试用拉格朗日方程列出系统的运动微分方程。

13-8 题 13-8 图所示系统由定滑轮 A、动滑轮 B 以及三个用不可伸长的绳挂起的重物 M_1,M_2 和 M_3 组成。各重物的质量分别为 m_1,m_2 和 m_3；且 $m_1 < m_2 + m_3$，滑轮的质量不计，各重物的初速度均为零，求质量 m_1,m_2 和 m_3 应具备何种关系，重物 M_1 方能下降，并用拉格朗日方程列出系统的运动微分方程。

13-9 题 13-9 图所示系统中，三棱柱重 P，放在光滑的水平面上，另有一重 Q 的均质圆柱放在三棱柱的斜面 AB 上，系统由静止开始运动，圆柱在斜面上纯滚动。以图中的 x_1，x_2 为广义坐标，试用拉格朗日方程求三棱柱的加速度。

13-10 题 13-10 图所示，板的质量为 m_1，受水平力 $\boldsymbol{F}$ 作用，沿水平面运动，板与平面间的动摩擦因数为 f。在板上放一质量为 m_2、半径为 r 的均质实心圆柱，此圆柱对板只滚动而不滑动。以图中的 x,φ 为广义坐标，试用拉格朗日方程求板的加速度。

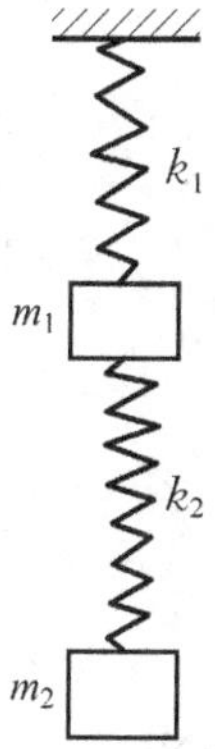

题 13-7 图

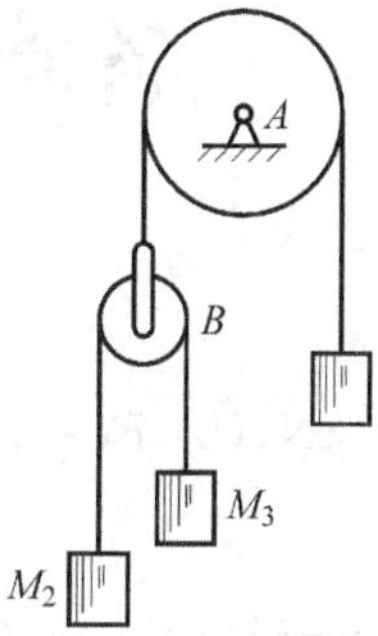

题 13-8 图

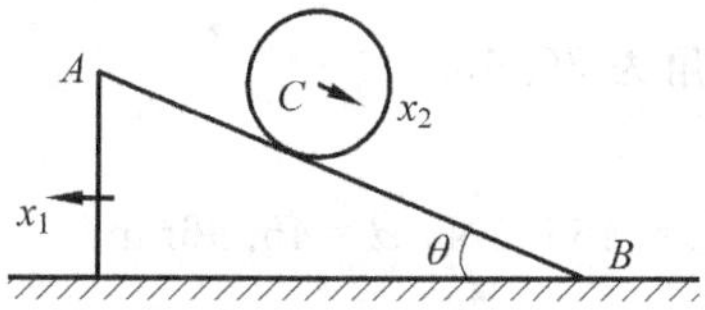

题 13-9 图

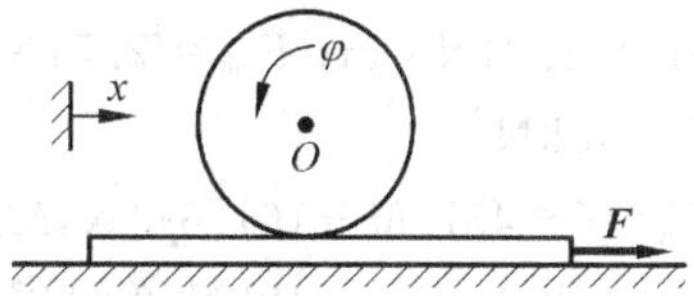

题 13-10 图

13-11　题 13-11 图所示系统中，已知：均质圆柱 A 质量为 m_A、半径为 r，物块 B 质量为 m_B，光滑斜面的倾角为 β，滑轮质量忽略不计，并假设斜绳段平行斜面，以图中的 y,θ 为广义坐标，(1)试用拉格朗日方程建立系统的运动微分方程；(2)求圆柱 A 的角加速度 α 和物块 B 的加速度 a。

13-12　椭圆摆由一半径为 r、质量为 m_1 的均质圆盘 A 与一大小不计、质量为 m_2 的小球 B 构成，圆盘可沿水平面纯滚动，小球用长为 l 的不计重量的杆 AB 与圆盘相连，杆 AB 能绕与图面垂直，且与圆盘相连的 A 轴转动，如题 13-12 图所示。以图中的 y,α 为广义坐标，试用拉格朗日方程建立椭圆摆的运动微分方程。

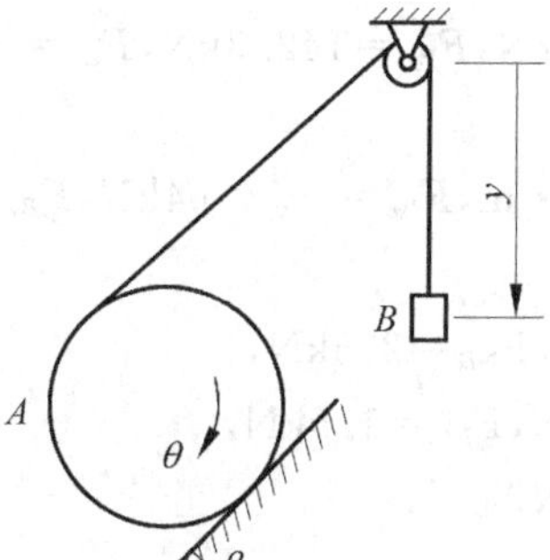

题 13-11 图

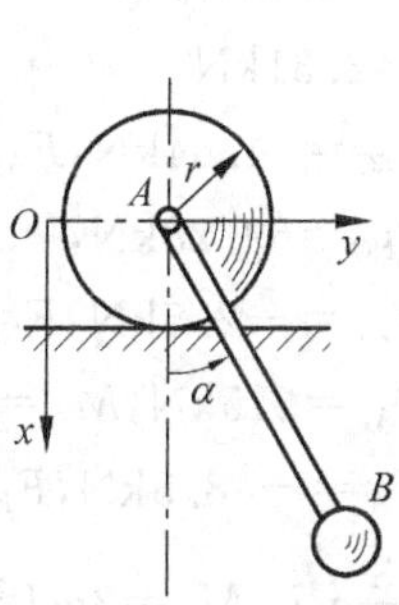

题 13-12 图

各章习题参考答案

第 1 章

1-2 (a) $F_R=171.3\text{N}$,(b) $F_R=161.2\text{N}$

第 2 章

2-1 (1) $M_D(\boldsymbol{F})=-88.8\text{N}\cdot\text{m}$,(2) $F=395\text{N}(\leftarrow)$,(3) $F_{\min}=279\text{N}$

2-2 (a) $75\text{N}\cdot\text{m}$,(b) $8\text{N}\cdot\text{m}$

2-3 $247.1\text{N}\cdot\text{m}$

2-4 $M=11.21\text{N}\cdot\text{m}$; $F_{\min}=2.51\text{N}$,方向与铅直线夹角为 $26.57°$

2-5 $T=40\text{kN}$

2-6 $\boldsymbol{F}'_R=(-437.6\boldsymbol{i}-161.6\boldsymbol{j})\text{N}$,$M_O=21.44\text{N}\cdot\text{m}$,$F_R=466.5\text{N}$, $d=45.96\text{mm}$

2-7 $F=15\text{kN}$; $F_{\min}=12\text{kN}$,$\theta=27°$

2-8 $F_1/F_2=0.61$

2-9 (a) $F_{Ax}=0.69\text{kN}$,$F_{Ay}=0.30\text{kN}$,$F_B=1.10\text{kN}$,
(b) $F_{Ax}=0$,$F_{Ay}=15\text{kN}$,$F_B=21\text{kN}$,
(c) $F_{Ax}=2.12\text{kN}$,$F_{Ay}=0.33\text{kN}$,$F_B=4.23\text{kN}$,
(d) $F_{Ax}=0$,$F_{Ay}=1.50\text{kN}$,$M_A=1.50\text{kN}\cdot\text{m}$

2-10 $F_A=\dfrac{20}{\sqrt{3}}\text{kN}$,$F_B=\dfrac{20}{\sqrt{3}}\text{kN}$,$F_{EC}=10\sqrt{2}\text{kN}$

2-11 $F_A=\dfrac{P_1a+P_2b}{c}$,$F_{Bx}=\dfrac{P_1a+P_2b}{c}$,$F_{By}=P_1+P_2$

2-12 $361\text{kN}\leqslant P_2\leqslant 375\text{kN}$

2-13 $F_{Ax}=7.69\text{kN}$,$F_{Ay}=57.69\text{kN}$,$F_{Bx}=-57.69\text{kN}$,$F_{By}=142.3\text{kN}$,$F_{Cx}=-57.69\text{kN}$,
$F_{Cy}=42.31\text{kN}$

2-14 (a) $F_{AC}=34.64\text{kN}$,$F_{Ay}=60\text{kN}$,$M_A=220\text{kN}\cdot\text{m}$,$F_{Bx}=-34.64\text{kN}$,$F_{By}=60\text{kN}$,
$F_{NC}=69.28\text{kN}$,
(b) $F_{Ay}=-2.5\text{kN}$,$F_{NB}=15\text{kN}$,$F_{Cy}=2.5\text{kN}$,$F_{ND}=2.5\text{kN}$,
(c) $F_{Ay}=2.5\text{kN}$,$M_A=10\text{kN}\cdot\text{m}$,$F_{By}=2.5\text{kN}$,$F_{NC}=1.5\text{kN}$,
(d) $F_A=-48.3\text{kN}$,$F_B=100\text{kN}$,$F_D=8.33\text{kN}$

2-15 $F_A=\dfrac{3}{2}q_0L$,$M_A=3q_0L^2$,$F_E=q_0L$

2-16 $F_C=1\,200\text{N}$

2-17 $F_{Ax}=\dfrac{F}{2}$,$F_{Ay}=\dfrac{qa}{2}-F$,$F_B=2F+\dfrac{qa}{2}$

2-18 $F_{Gx}=\dfrac{1}{2a}(Fa\cot\theta-M)$,$F_{Gy}=F$,$M_G=\dfrac{b}{2a}(M-Fa\cot\theta)$

2-19 $AC=a+\frac{Fl^2}{kb^2}$

2-20 $F_{Ax}=0, F_{Ay}=-\frac{M}{2a}$；$F_{Dx}=0, F_{Dy}=\frac{M}{a}$；$F_{Bx}=0, F_{By}=-\frac{M}{2a}$

2-21 $F_{Ax}=200\sqrt{2}\text{N}, F_{Ay}=2\,083\text{N}, M_A=-1\,178\text{N}\cdot\text{m}, F_{Dx}=0, F_{Dy}=-1\,400\text{N}$

2-22 $F_{Ax}=-qa, F_{Ay}=P+qa, M_A=(P+qa)a$；$F_{CBx}=\frac{1}{2}qa, F_{CBy}=qa$；$F_{ABx}=-\frac{1}{2}qa$，
$F_{ABy}=-(P+qa)$

2-23 (a) $F_1=-10\text{kN}, F_2=8.66\text{kN}, F_3=10\text{kN}, F_4=-10\text{kN}, F_5=8.66\text{kN}$；
(b) $F_1=F_4=2F, F_2=-F_6=-2.24F, F_3=F, F_5=0$

2-24 (a) $F_1=-5.33F, F_2=2F, F_3=-1.667F$；
(b) $F_1=0, F_2=\sqrt{2}F, F_3=-2F$；
(c) $F_1=-0.38F$(压)，$F_2=0, F_3=-0.67F$(压)

2-26 (a) 静平衡，$F_s=86.6\text{N}$；(b) 临界平衡，$F_s=100\text{N}$；(c) $F_\alpha=75\text{N}$

2-27 (1) $\beta=\theta+\varphi_m$；(2) $P_{\min}=Q\sin(\theta+\varphi_m)$

2-28 $a=0.195l$

2-29 500N

2-30 A 动，B 不动；$F_{AB}=F_B=2.5\text{N}$

2-31 $b\leqslant 110\text{mm}$

2-32 (1) 不会滑动，(2) 不会翻倒，(3) $x=0.7\text{m}$(距 A 点)

2-33 $\frac{M\sin(\theta-\varphi_m)}{l\cos\theta\cos(\alpha-\varphi_m)}\leqslant F\leqslant\frac{M\sin(\theta+\varphi_m)}{l\cos\theta\cos(\alpha+\varphi_m)}$

2-34 $M=1.869\text{kN}\cdot\text{m}, f_s\geqslant 0.752$

2-35 $f_s\geqslant\delta/2R$

第 3 章

3-2 $F_{Ax}=-345.4\text{N}, F_{Ay}=249.6\text{N}, F_{Az}=10.56\text{N}, M_x=-51.78\text{N}\cdot\text{m}$，
$M_y=-36.65\text{ N}\cdot\text{m}, M_z=103.6\text{N}\cdot\text{m}$

3-3 $F_R=20\text{kN}$，作用线与 xy 平面交点的坐标：(60mm，32.5mm)

3-4 $\boldsymbol{M}=\boldsymbol{M}_1+\boldsymbol{M}_2=(60\boldsymbol{i}+12\boldsymbol{j}+16\boldsymbol{k})\text{N}\cdot\text{m}$

3-5 $F_R=638\text{N}, M=163\text{N}\cdot\text{m}$

3-6 $M=Fa\sin\alpha\sin\theta$

3-7 $M_x=\frac{F}{4}(h-3r), M_y=\frac{\sqrt{3}}{4}F(h+r), M_z=-\frac{Fr}{2}$

3-8 $F_{OA}=-1\,414\text{N}$(压)，$F_{OB}=F_{OC}=707\text{N}$(拉)

3-9 $F_A=8.33\text{kN}, F_B=78.3\text{kN}, F_C=43.3\text{kN}$

3-10 $F=50\text{N}, \alpha=143°8'$

3-11 $F_{Ox}=-5\text{kN}, F_{Oy}=-4\text{kN}, F_{Oz}=8\text{kN}, M_x=32\text{kN}\cdot\text{m}, M_y=-30\text{kN}\cdot\text{m}$，
$M_z=20\text{kN}\cdot\text{m}$

3-12 $F=200\text{N}, F_{Bx}=F_{Bz}=0, F_{Ax}=86.6\text{N}, F_{Ay}=150\text{N}, F_{Az}=100\text{N}$

3-13 $F_G=F_H=28.3\text{kN}$, $F_{Ax}=0$, $F_{Ay}=20\text{kN}$, $F_{Az}=69\text{kN}$

3-14 $F_N=10.8\text{kN}$, $F_{1z}=-0.27\text{kN}$, $F_{1x}=-0.39\text{kN}$, $F_{1y}=2\text{kN}$, $F_{2y}=-12\text{kN}$, $F_{2x}=4.06\text{kN}$

3-15 $F_1=F_5=-F$(压), $F_3=F$(拉), $F_2=F_4=F_6=0$

3-16 (a) $y_C=105\text{mm}$, (b) $x_C=39.5\text{mm}$, $y_C=64.5\text{mm}$

3-17 重心至图形左边及底边距离分别为 81.73mm 和 59.53mm

3-18 $b=1.33\text{m}$

第 4 章

4-1 (1) $x=a\tan\omega t, v=\dfrac{a\omega}{\cos^2\omega t}$; (2) $s=\dfrac{a}{\cos\omega t}, v_r=\dfrac{a\omega\sin\omega t}{\cos^2\omega t}$

4-2 (1) 13m; (2) $2\sqrt{2}\,\text{m/s}^2$

4-3 运动方程 $\begin{cases} x_D=0.2\cos\dfrac{\pi t}{5} \\ y_D=0.1\sin\dfrac{\pi t}{5} \end{cases}$; 轨迹方程 $\dfrac{x_D^2}{0.04}+\dfrac{y_D^2}{0.01}=1$

4-4 轨迹方程 $\dfrac{(x_A-a)^2}{(b+l)^2}+\dfrac{y_A^2}{l^2}=1$

4-5 运动方程 $\begin{cases} x_B=0.24\sin\dfrac{\pi t}{8} \\ y_B=0.24\cos\dfrac{\pi t}{8} \end{cases}$; $v_B=0.03\pi\text{m/s}$; $a_B=\dfrac{0.03\pi^2}{8}\text{m/s}^2$

4-6 运动方程 $\begin{cases} x=v_0t\cos\alpha \\ y=h+v_0t\sin\alpha-\dfrac{1}{2}gt^2 \end{cases}$; 轨迹方程 $y=h+x\tan\alpha-\dfrac{gx^2}{2v_0^2\cos^2\alpha}$

4-7 运动方程 $\begin{cases} x=3t \\ y=\dfrac{1}{2}(1-\cos 4\pi t) \end{cases}$; 轨迹方程 $y=\dfrac{1}{2}\left(1-\cos\dfrac{4\pi x}{3}\right)$

4-8 $y=4+2x$; $s=2\sqrt{5}\sin\dfrac{\pi t}{3}$; $v=\dfrac{2\sqrt{5}}{3}\pi\cos\dfrac{\pi t}{3}$; $a_\tau=-\dfrac{2\sqrt{5}}{9}\pi^2\sin\dfrac{\pi t}{3}$

4-9 $v=12.9\text{m/s}$; $a_\tau=5.12\text{m/s}^2$; $a_n=3.71\text{m/s}^2$; $\rho=44.75\text{m}$

4-10 $v_O=70.7\text{cm/s}$; $a_O=333\text{cm/s}^2$

4-11 $a_D^n=4r\omega^2$, $a_D^\tau=2r\alpha$

4-12 $\theta=\arctan\dfrac{\sin\omega_0 t}{\dfrac{h}{r}-\cos\omega_0 t}$

4-13 $\omega=\dfrac{v}{2l}$, $\alpha=-\dfrac{v^2}{2l^2}$

4-14 $\omega=20t\,\text{rad/s}$, $\alpha=20\text{rad/s}^2$, $a=10\sqrt{1+400t^4}\,\text{m/s}^2$

4-15 $x_{BC}=0.2\cos 4t$, $v_{BC}=0.4\text{m/s}$, $a_{BC}=1.6\sqrt{3}\,\text{m/s}^2$

4-16 $a_B=-\dfrac{2}{9}r\omega^2$

第 5 章

5-1 $v_A=\dfrac{alv}{a^2+x^2}$

5-2 $\omega_2=2\text{rad/s}$

5-3 $v_C=\dfrac{av}{2l}$

5-4 $v_B=\dfrac{\sqrt{3}}{3}r\omega$

5-5 $v_{AB}=\sqrt{2}L\omega_0$

5-6 $\omega_{CD}=0.5\text{rad/s}$

5-7 $\omega_2=1.5\omega_1$

5-8 $v_{BA}=139\text{km/h}, a_{BA}=51\,840\text{km/h}^2$

5-9 $v_{CD}=0.1\text{m/s}, a_{CD}=0.2\sqrt{3}\text{m/s}^2$

5-10 $v_C=0.173\text{m/s}, a_C=0.05\text{m/s}^2$

5-11 $\omega_1=0.5\omega, \alpha_1=\dfrac{\sqrt{3}}{12}\omega^2$

5-12 $a_{aA}=0.746\text{m/s}^2(\uparrow)$

5-13 $a_{a1}=\dfrac{v^2}{r}+2v\omega-r\omega^2(\uparrow), a_{a2}=\sqrt{\left(r\omega^2+\dfrac{v^2}{r}+2v\omega\right)^2+4r^2\omega^4}$

5-14 $v_{aM}=0.173\text{m/s}, a_{aM}=0.35\text{m/s}^2$

5-15 $\omega_{OA}=\dfrac{v}{L}, \alpha_{OA}=\dfrac{v^2}{L^2}$

5-16 $v_{aM}=73.9\text{cm/s}, a_{aM}=43.55\text{cm/s}^2$

5-17 $v_{aM}=762.6\text{mm/s}, a_{aM}=3\,120.4\text{mm/s}^2$

5-18 $a_{BC}=19.2\text{mm/s}^2$

5-19 $\omega_{AB}=\dfrac{e\omega}{l}, \alpha_{AB}=\dfrac{e^2(e-l)}{l^2\sqrt{r^2-e^2}}\omega^2$

5-20 $a_{aM}=1\,627.5\text{cm/s}^2$

5-21 $a_{rM}^{n}=\dfrac{5}{6}\pi^4\text{cm/s}^2(\downarrow), a_{rM}^{\tau}=\dfrac{5}{9}\pi^3\text{cm/s}^2(\rightarrow), a_{eM}=640\text{cm/s}^2(\rightarrow), a_C=\dfrac{80}{3}\sqrt{3}\pi^2\text{cm/s}^2$
(垂直纸面向里)

5-22 (1) $v_{DE}=\dfrac{800}{3}\sqrt{3}\text{mm/s}(\leftarrow), v_{rC}=\dfrac{400}{3}\sqrt{3}\text{mm/s}(\swarrow)$

(2) $\alpha_{O_1B}=\dfrac{\sqrt{3}}{2}\text{rad/s}^2$(逆时针转向), $a_{DE}=\dfrac{1\,600}{3}\text{mm/s}^2(\leftarrow)$

5-23 $v_M=\sqrt{\dfrac{(v_1-v_2\cos\alpha)^2}{\sin^2\alpha}+v_2^2}$

第 6 章

6-1 $v_{BC}=0.8\pi\text{m/s}$

6-2 $\omega=\frac{v_1-v_2}{2r}, v_O=\frac{v_1+v_2}{2}$

6-3 $\omega_{EF}=\frac{4}{3}\text{rad/s}, v_F=\frac{0.8\sqrt{3}}{3}\text{m/s}$

6-4 $\omega_{AB}=\frac{\sqrt{3}}{6}\omega, \omega_{O_1C}=\omega, \omega_{CD}=\frac{\omega}{3}, v_D=\frac{8}{3}r\omega$

6-5 $\omega_{O_1}=0.5\sqrt{3}\text{rad/s}$

6-6 $v_A=6\text{m/s}$

6-7 $v_C=r\omega, \omega_{ED}=\frac{\sqrt{2}}{2}\omega$

6-8 $a_B^n=2r\omega_O^2, a_B^\tau=r(2\alpha_O-\sqrt{3}\omega_O^2)$

6-9 $v_C=\frac{3}{2}r\omega_O(\downarrow), a_C=\frac{\sqrt{3}}{12}r\omega_O^2(\uparrow)$

6-10 $a_A=\frac{Rv_C^2}{r(R-r)}, a_B^n=\frac{(R-2r)v_C^2}{r(R-r)}, a_B^\tau=2a_C^\tau$

6-11 $v_O=\frac{Rv}{R-r}, a_O=\frac{Ra}{R-r}$

6-12 $v_B=2\text{m/s}, v_C=2\sqrt{2}\text{m/s}, a_B=8\text{m/s}^2, a_C=8\sqrt{2}\text{m/s}^2$

6-13 $a_C=21.25\text{cm/s}^2$

6-14 $v_B=\frac{2\sqrt{3}-1}{2}v_O(\uparrow), a_B=\frac{(8+\sqrt{3})}{2R}v_O^2(\downarrow)$

6-15 $\omega_B=\frac{r\omega}{R_1}, a_B=\frac{r\omega^2}{R_1}\left(1+\frac{r}{R_2-R_1}\right)\tan\varphi$

6-16 $v_D=13.3\text{cm/s}(\downarrow), a_D=32.5\text{cm/s}^2(\downarrow)$

6-17 $a_C=2r\omega_O^2$

6-18 $\omega_{O_1}=6.186\text{rad/s}, \alpha_{O_1}=78.13\text{rad/s}^2$

6-19 $\omega_{O_1}=0.2\text{rad/s}, \alpha_{O_1}=0.0462\text{rad/s}^2$

6-20 $\omega_C=11.67\text{rad/s}$

6-21 $\omega_O=\frac{1}{90}\text{rad/s}$

6-22 (1) $\omega_B=\omega_O, \alpha_B=\frac{2\sqrt{3}}{9}\omega_O^2$ (2) $\omega_{O_1}=\frac{\omega_O}{4}, \alpha_{O_1}=\frac{\sqrt{3}}{8}\omega_O^2$

6-23 $\omega_{OC}=\frac{3v}{4b}, \alpha_{OC}=\frac{3\sqrt{3}v^2}{8b^2}, v_E=\frac{v}{2}, a_E=\frac{7v^2}{8\sqrt{3}b}$

6-24 $v_C=\sqrt{3}R\omega_O, \omega_{O_1}=\frac{R\omega_O}{r}$

第 7 章

7-1 $F=mg\left(\frac{r\alpha}{g}+f\cos\theta+\sin\theta\right)$

7-2 $f_{s,\min}=\frac{a\cos\theta}{g+a\sin\theta}$

7-3 $F_{AM}=\dfrac{ml}{2a}(\omega^2 a+g)$，$F_{BM}=\dfrac{ml}{2a}(\omega^2 a-g)$

7-4 (1) $F_A=mg$，$F_B=\sqrt{2}mg$；(2) $F_B=\dfrac{\sqrt{2}}{2}mg$

7-5 $t=2.02\text{s}$，$s=692\text{cm}$

7-6 $\varphi=48.2°$

7-7 $v=\sqrt{\dfrac{Fl}{m}-gfl(1+\ln 4)}$

7-8 $v=\dfrac{F}{kA}(1-e^{-\frac{kA}{m}t})$，$x=\dfrac{F}{kA}\left[t-\dfrac{m}{kA}(1-e^{-\frac{kA}{m}t})\right]$

7-9 $x=\dfrac{v_0}{k}(1-e^{-kt})$，$y=h+\dfrac{g}{k}t+\dfrac{g}{k^2}(1-e^{kt})$

轨迹为 $y=h+\dfrac{g}{k^2}\ln\dfrac{v_0}{v_0-kx}-\dfrac{gx}{k(v_0-kx)}$

7-10 轨迹为椭圆$\dfrac{x^2}{x_0^2}+\dfrac{ky^2}{mv_0^2}=1$

7-11 $\delta_{\max}=93.3\text{mm}$

7-12 $a_{\max}=\dfrac{\sin\theta+f_s\cos\theta}{\cos\theta-f_s\sin\theta}g$，$F_N=\dfrac{mg}{\cos\theta-f_s\sin\theta}$

7-13 (1) $F_{N,\max}=m(g+e\omega^2)$，(2) $\omega_{\max}=\sqrt{\dfrac{g}{e}}$

7-14 $F=\dfrac{mr^4\omega^2}{x^4}\sqrt{r^2+x^2}$

第 8 章

8-1 (a) $\dfrac{P}{2g}r^2$，(b) $\dfrac{P}{3g}l^2$，(c) $\dfrac{P}{2g}(r^2+2e^2)$

8-2 $J_z=\dfrac{15}{4}ml^2$

8-3 $p=2mR\omega$

8-4 $p=3.01\text{N}\cdot\text{s}$

8-5 $p_{OA}=\dfrac{1}{2}ml\omega$，$p_{AB}=2\sqrt{2}ml\omega$，$p_{CD}=\dfrac{\sqrt{2}}{2}ml\omega$

8-6 $p=\dfrac{1}{2}l\omega(5m_1+4m_2)$

8-7 $p=\dfrac{1}{2}m\omega\sqrt{b^2+4R^2}$，$L_O=\left(\dfrac{1}{2}MR^2+mR^2+\dfrac{1}{3}mb^2\right)\omega$

8-8 $L_O=\left[2m_2R^2+\dfrac{1}{12}m_1R^2+m_1R^2\left(1+\dfrac{\sqrt{3}}{2}\right)^2\right]\omega$

8-9 $L_A=\left(\dfrac{1}{3}m_2+m_1-\dfrac{m_1\rho^2}{lR}\right)l^2\omega$

8-10 $p=m(R+e)\omega$，$L_C=m\rho^2\omega$

8-11 $L_O=\frac{13}{6}\rho l^3\omega$

8-12 $L_O=\frac{5}{6}mr^2\omega_0+mRr\omega_0$

8-13 861N

8-14 $F_{Ox}=m_3\frac{Ra}{r}\cos\theta+m_3g\cos\theta\sin\theta$

$F_{Oy}=(m_1+m_2+m_3)g-m_3g\cos^2\theta+m_3\frac{Ra}{r}\sin\theta-m_2a$

8-15 $\Delta v=0.246\text{m/s}$

8-16 向左移动 0.266m

8-17 $a_A=\frac{\sin\theta\cos\theta}{3+\sin^2\theta}g, F_N=\frac{12m_B}{3+\sin^2\theta}g$

8-18 $F_{Ox}=\frac{Pl}{g}(\omega^2\cos\varphi+\alpha\sin\varphi), F_{Oy}=P+\frac{Pl}{g}(\omega^2\sin\varphi-\alpha\cos\varphi)$

8-19 $x_C=\frac{m_3l+(m_1+2m_2+2m_3)l\cos\omega t}{2(m_1+m_2+m_3)}, y_C=\frac{(m_1+2m_2)l\sin\omega t}{2(m_1+m_2+m_3)}$

$F_{x,\max}=\frac{(m_1+2m_2+2m_3)l\omega^2}{2}$

8-20 $t=\frac{l\ln 2}{k}$

8-21 $\omega=\frac{6QR^2+4Pl^2}{6QR^2+4Pl^2+3PR^2+6PRl}\omega_0$

8-22 $\alpha=\frac{m_1r_1-m_2r_2}{m_1r_1^2+m_2r_2^2+m_3\rho^2}g$

8-23 $\alpha=\ddot{\varphi}=-\frac{2ke^2\varphi}{(m_2+2m_1)r^2}$，逆时针转向

8-24 $\varphi=\frac{\delta_0}{l}\sin\left(\sqrt{\frac{k}{3(m_1+3m_2)}}t+\frac{\pi}{2}\right)$

8-25 $N=\frac{\omega^2Wab}{8\pi fPgl}$

8-26 $\alpha=\frac{g}{2r}$(顺时针转向)，$F_{Ox}=0, F_{Oy}=\frac{1}{2}mg$

8-27 $P=39.6\text{N}, h=0.3\text{m}$

8-28 $a_A=19.6\text{m/s}^2, a_C=4.9\text{m/s}^2$

8-29 $F_A=\frac{2}{5}mg$

8-30 $a_A=\frac{(M-rP)R^2rg}{(J_1r^2+J_2R^2)g+PR^2r^2}$

8-31 $a_A=\frac{m_1g(r+R)^2}{m_1(r+R)^2+m_2(\rho^2+R^2)}$

第 9 章

9-1 (1) $W_1=0, W_2=2PR\sin^2\theta, W_3=2kR^2(\sqrt{2}-\sqrt{2}\cos\theta-\sin^2\theta)$

(2) $W=-\Delta\left(mg+\frac{k\Delta}{2}\right)$

9-2 $W_T=Ts\left(\cos\theta-\frac{r}{R}\right), W_{F_s}=0, W_Q=0, W_{F_N}=0, W_{m_k}=-\frac{M_k s}{R}$

9-3 $\sum W=\frac{4\pi}{3}(6\pi a+16\pi^2 b-3fPr)$

9-4 $T=\frac{W}{2g}v_1^2+\frac{P}{2g}\left(v_1^2+\frac{l^2\omega_1^2}{4}+v_1 l\omega_1\cos\varphi\right)+\frac{Pl^2\omega_1^2}{24g}$

9-5 $T=\frac{Pl^2\omega^2}{6g}\sin^2\theta$

9-6 $T=\frac{v^2}{2}(3m_1+2m)$

9-7 $v_A=\sqrt{\frac{3}{m}[M\theta-mgb(1-\cos\theta)]}$

9-8 $v_0=h\sqrt{\frac{2kg}{15P}}$

9-9 $\omega=\sqrt{\frac{3g(W+2P)}{(W+3P)l}}$

9-10 $h=\frac{3v_0^2(10P+7Q)}{4g(P+Q-2fP)}$

9-11 $\omega=\frac{2}{r}\sqrt{\frac{M\varphi-m_2 gr\varphi(\sin\theta+f\cos\theta)}{m_1+2m_2}}, \alpha=\frac{2[M-m_2 gr(\sin\theta+f\cos\theta)]}{r^2(m_1+2m_2)}$

9-12 $v_A=\sqrt{\frac{4gP_3 x}{3P_1+P_2+2P_3}}, a_A=\frac{2gP_3}{3P_1+P_2+2P_3}$

9-13 $v_A=\sqrt{\frac{4r_1(Ms-m_3 gr_1 s\sin\alpha)}{2m_1\rho^2+m_2 r_1^2+2m_3 r_1^2}}, a_A=\frac{2r_1(M-m_3 gr_1\sin\alpha)}{2m_1\rho^2+m_2 r_1^2+2m_3 r_1^2}$

9-14 $a_M=\frac{g(P-Q\sin\beta-kh)}{P+2Q}$

9-15 $\omega_{OC}=\frac{1}{l}\sqrt{\frac{2M\varphi}{3m_1+4m_2}}, \alpha_{OC}=\frac{M}{l^2(3m_1+4m_2)}$

9-16 $\varphi_{\max}=2\varphi_0$

9-17 $a_B=0.114\text{m/s}^2$,方向向下

9-18 $a_A=\frac{3m_1 g}{4m_1+9m_2}$

第 10 章

10-1 过 AB 杆质心的一个惯性合力,其法向和切向分力分别为 $F_{gR}^{n}=md\omega^2$, $F_{gR}^{\tau}=md\alpha$

10-2 主矢为 $F_{gR}^{n}=\frac{L\omega^2}{2}(m_1+2m_2), F_{gR}^{\tau}=\frac{L\alpha}{2}(m_1+2m_2)$;主矩为 $M_{gO}=\frac{L^2\alpha}{3}(m_1+3m_2)$

10-3 $F_{gR}^{n}=\frac{1}{3}mr\omega^2$(向下),$F_{gR}^{\tau}=mr\alpha$(向左),$M_{gO}=\frac{5}{2}mr^2\alpha$(顺时针)

10-4 $F_{gR}^{n}=\sqrt{2}mR\omega^2,F_{gR}^{\tau}=\sqrt{2}mR\alpha,M_{gO}=\frac{7}{3}mR^2\alpha$

10-5 $f\geqslant\frac{a+g\sin\theta}{g\cos\theta}$

10-6 $a=15\text{m/s}^2,\theta=33.16°$

10-7 $\alpha=47\text{rad/s}^2,F_{Ax}=95.2\text{N},F_{Ay}=137.7\text{N}$

10-8 $F_A=73.2\text{N},F_B=273.2\text{N}$

10-9 $F=9.8\text{N}$

10-10 (1) $a_C=\frac{4Pg}{8P+3Q}$,(2) $F_s=\frac{PQ}{8P+3Q}$

10-11 $F_{CD}=3\ 430\text{N}$

10-12 (1) $a_B=1.57\text{m/s}^2$,(2) $F_{Ax}=6.72\text{kN},F_{Ay}=25.04\text{kN},M_A=13.44\text{kN}\cdot\text{m}$

10-13 (1) $F_{NB}=2mg+\frac{\sqrt{3}}{3}F+\frac{2}{9}mr\omega_0^2$,(2) $M_0=Fr+\frac{2\sqrt{3}}{3}mr^2\omega_0^2$

10-14 $M=2mgr+\frac{3\sqrt{3}}{2}mr^2\omega_0^2,F_{Ox}=\frac{3\sqrt{3}}{2}mg+5mr\omega_0^2,F_{Oy}=2mg+\frac{3\sqrt{3}}{2}mr\omega_0^2$

10-15 $a_A=\frac{m_1g\sin\theta-m_2g}{2m_1+m_2},F_T=\frac{3m_1m_2+2m_1m_2\sin\theta+m_1^2\sin\theta}{2(2m_1+m_2)}g$

10-16 $\alpha_O=\frac{M-mgR\sin\theta}{2mR^2},F_{Ox}=\frac{3M+mgR\sin\theta}{4R}\cos\theta$

10-17 $v_A=\sqrt{\frac{4hg(P+Q-2f'P)}{10P+7Q}},a_A=\frac{2g(P+Q-2f'P)}{10P+7Q},F_{EF}=\frac{P+Q}{2}-\frac{2P+Q}{4g}a_A$

10-18 (1) $a_A=\frac{g}{6}$,(2) $F_{HE}=\frac{4}{3}mg$,(3) $F_{Kx}=0,F_{Ky}=\frac{9}{2}mg,M_K=\frac{27}{2}mgR$

10-19 $a_A=\frac{gP(R+r)^2}{(R+r)^2P+(R^2+\rho^2)Q},F_N=Q,F_s=\frac{gPQ(Rr-\rho^2)}{g[(R+r)^2P+(R^2+\rho^2)Q]}$

10-20 (1) $v_O=\sqrt{\frac{4gs(P+Q)\sin\beta}{3P+2Q}},a_O=\frac{2g(P+Q)\sin\beta}{3P+2Q}$

(2) $F_A=\frac{Q(g-a_O\sin\beta)}{2g\cos\beta},F_{NB}=(P+Q)\cos\beta-\frac{Q(g-a_O\sin\beta)}{2g\cos\beta},F_{sB}=\frac{Pa_O}{2g}$

10-21 $\omega=\sqrt{\frac{3g}{l}},F_A=\frac{mg}{4}$

10-22 $a_C=\frac{3\sqrt{3}-2}{9}g,F_T=\frac{3\sqrt{3}+1}{18}mg$

10-23 $a=\frac{3F-3fg(m_1+m_2)}{3m_1+m_2}$

10-24 $v_A=(l-l_0)\sqrt{\frac{km_2}{m_1(m_1+m_2)}},v_B=(l-l_0)\sqrt{\frac{km_1}{m_2(m_1+m_2)}}$

第 11 章

11-1 (a)、(b) 弹簧串联 $T=2\pi\sqrt{\frac{m(k_1+k_2)}{k_1k_2}}=0.290\text{s}$，

(c)、(d) 弹簧并联 $T=2\pi\sqrt{\frac{m}{k_1+k_2}}=0.140\text{s}$

11-2 $k=\frac{4\pi^2(m_1-m_2)}{T_1^2-T_2^2}$

11-3 $T=2\pi\sqrt{\frac{m}{k}}, A=\sqrt{\frac{mg}{k}\left(\frac{mg\sin^2\theta}{k}+2h\right)}$

11-4 $\omega_n=\sqrt{\frac{2k}{m_1+4m_2}}$

11-5 $f=\frac{b}{2\pi}\sqrt{\frac{k_1k_2}{m(k_1a^2+k_2b^2)}}$

11-6 $\omega_n=\sqrt{\frac{6k}{m}-\frac{3g}{2l}}, k>\frac{mg}{4l}$

11-7 $T=2\pi\sqrt{\frac{1}{12gk}\left[4P+3Q+18Q\left(\frac{R}{l}\right)^2\right]}$

11-8 $T=2\pi\sqrt{\frac{1}{2gk}[P+2(Q_1+Q_2)]}$

11-9 (1) $\omega_n=\sqrt{\frac{4}{3}}\text{rad/s}$,(2) $\zeta=0.289$,(3) $\omega_d=1.105\text{rad/s}$,(4) $T_d=5.677\text{s}$

11-10 (1) $\omega_n=\sqrt{\frac{3k_2+48k_1}{16m}}$,(2) $k_2=\frac{16(m\omega^2-3k_1)}{3}$

第 12 章

12-1 系统的自由度是1；约束方程为：

$$x_A^2+y_A^2=a^2,\quad (x_B-x_A)^2+(y_B-y_A)^2=b^2,\quad y_B=H$$

12-2 $\delta r_A:\delta r_D=\sqrt{3}$

12-3 $\theta=\arctan\left(\frac{P}{2F}\right)$

12-4 $\frac{F_2}{F_1}=\frac{a\cos^2\varphi}{l}$

12-5 (1) $\theta=\arcsin\left(\frac{P+2kl_0}{4kl}\right)$；(2) $F=\frac{P}{2}$

12-6 $P=\frac{2}{3}kl(2\sin\theta-1)$

12-7 $F_3=P$

12-8 $F=3.67\text{kN}$

12-9 $F_{Ax}=0, F_{Ay}=\frac{22}{9}\text{kN}, F_B=\frac{20}{9}\text{kN}, F_C=\frac{8}{3}\text{kN}, F_E=\frac{8}{3}\text{kN}$

12-10 $M_A=M-Pa-12qa^2$

12-11 $M_A=2\text{kN}\cdot\text{m},F_{Ay}=\frac{\sqrt{3}}{3}\text{kN}$

12-12 $F_{Bx}=3.5\text{kN}(\leftarrow),F_{By}=4.5\text{kN}(\uparrow)$

12-13 $Q_{x_A}=P_1\sin\alpha-\frac{W}{2},Q_{x_B}=P_2\sin\beta-\frac{W}{2}$

12-14 $Q_\varphi=-\frac{PL}{2}\sin\varphi-W(L_0+x)\sin\varphi,Q_x=W\cos\varphi-kx$

12-15 $Q_x=-P\sin\alpha,Q_\varphi=-\frac{PL}{2}\sin\varphi$

12-16 $Q_{\varphi_1}=-M+(F_1+F_2)l\cos\varphi_1,Q_{\varphi_2}=F_2l\cos\varphi_2$

第 13 章

13-1 $a_A=\frac{gP(R+r)^2}{(R+r)^2P+(R^2+\rho^2)Q}$

13-2 (1) $\begin{cases}5\ddot{x}_1+\ddot{x}_2-4g\sin\alpha+2g=0\\ \ddot{x}_1+5\ddot{x}_2-4g\sin\beta+2g=0\end{cases}$

(2) $\begin{cases}\ddot{x}_1=\frac{5g\sin\alpha-g\sin\beta-2g}{6}\\ \ddot{x}_2=\frac{5g\sin\beta-g\sin\alpha-2g}{6}\end{cases}$

13-3 (1) $\ddot{\varphi}+\frac{g}{l}\sin\varphi=0$

(2) $l^2[(l^2-x^2)\ddot{x}+x\dot{x}^2]+gx(l^2-x^2)^{3/2}=0$

(3) $l^2[(l^2-y^2)\ddot{y}+y\dot{y}^2]-g(l^2-y^2)^2=0$

13-4 $\alpha=\frac{M_0g}{l^2(3P+4G)}$

13-5 $(m_1+m_2)\ddot{\varphi}+k\varphi=0$；$T=2\pi\sqrt{\frac{m_1+m_2}{k}}$

13-6 $a_A=\frac{W_1-3fW_2}{W_1+3W_2}g,a_C=\frac{W_1+(2-f)W_2}{W_1+3W_2}g$

13-7 $\begin{cases}m_1\ddot{x}_1+(k_1+k_2)x_1-k_2x_2=0\\ m_2\ddot{x}_2+k_2x_2-k_2x_1=0\end{cases}$

13-8 必须具备 $m_1>\frac{4m_2m_3}{m_2+m_3}$,重物 M_1 方能下降；

$$\begin{cases}(m_1+4m_3)\ddot{x}_1-2m_3\ddot{x}_2=(m_1-2m_3)g\\ -2m_3\ddot{x}_1+(m_2+m_3)\ddot{x}_2=(m_3-m_2)g\end{cases}$$

13-9 $a=\ddot{x}_1=\frac{Qg\sin2\theta}{3(P+Q)-2Q\cos^2\theta}$,向左

13-10 $a=\ddot{x}=\frac{3F-3f(m_1+m_2)g}{3m_1+m_2}$

13-11 $\begin{cases}(m_A+m_B)\ddot{y}-m_A r\ddot{\theta}=(m_B-m_A\sin\beta)g \\ 3m_A r\ddot{\theta}-2m_A\ddot{y}=2m_A g\sin\beta\end{cases}$

$$a=\ddot{y}=\frac{3m_B-m_A\sin\beta}{3m_B+m_A}g,\ \alpha=\ddot{\theta}=\frac{2m_B(1+\sin\beta)}{(3m_B+m_A)r}g$$

13-12 $\begin{cases}l\ddot{\alpha}+\ddot{y}\cos\alpha+g\sin\alpha=0 \\ m_2 l\ddot{\alpha}\cos\alpha+\left(\frac{3}{2}m_1+m_2\right)\ddot{y}-m_2 l\dot{\alpha}^2\sin\alpha=0\end{cases}$

参考文献

[1] 哈尔滨工业大学理论力学教研室.理论力学[M].7版.北京：高等教育出版社,2009.

[2] 贾书惠.理论力学教程[M].北京：清华大学出版社,2004.

[3] 郭应征,周志红.理论力学[M].北京：清华大学出版社,2005.

[4] 周志红.理论力学[M].北京：人民交通出版社,2009.

[5] 同济大学航空航天与力学学院基础力学教学研究部.理论力学[M].上海：同济大学出版社,2005.

[6] 陈立群.理论力学[M].北京：清华大学出版社,2006.

[7] 重庆建筑大学.理论力学[M].3版.北京：高等教育出版社,1999.

[8] 尹冠生.理论力学[M].西安：西北工业大学出版社,2000.

[9] 王爱勤.理论力学[M].西安：西北工业大学出版社,2009.

[10] Andrew P, Jaan K. Engineering mechanics：Statics[M]. 2th ed.(影印版).北京：清华大学出版社,2001.

[11] Andrew P, Jaan K. Engineering mechanics：Dynamics[M]. 2th ed.(影印版).北京：清华大学出版社,2001.